浙江省普通本科高校“十四五”重点教材

智慧农业

何　勇等　著

科学出版社

北　京

内 容 简 介

本书以著者团队十多年的研究成果为基础，全面介绍了智慧农业的关键技术、系统、装备及其应用，主要包括农业信息感知技术与传感器、智能农业装备技术、农用航空技术及应用、智慧农业生产系统、农业病虫害防治系统、农产品智能物流与安全溯源系统、智慧农业信息化平台建设及数字乡村等内容。书中还提供了相关典型应用案例，并结合著者团队的研究工作展示了智慧农业综合应用成果。本书兼具理论与实践，能够使读者全面了解智慧农业的基本理论及其应用。

本书可供高等院校智慧农业、农业工程、智能农机装备等相关专业的教师和学生阅读，也可作为农业农村信息化、数字农业和数字乡村等领域技术人员的培训参考书。

图书在版编目（CIP）数据

智慧农业/何勇等著. —北京：科学出版社，2023.5
ISBN 978-7-03-074033-5

Ⅰ.①智… Ⅱ.①何… Ⅲ. ①信息技术–应用–农业 Ⅳ. ①S126

中国版本图书馆 CIP 数据核字(2022)第 227398 号

责任编辑：王海光　赵小林 / 责任校对：郑金红
责任印制：赵　博 / 封面设计：北京图阅盛世文化传媒有限公司

科学出版社出版
北京东黄城根北街 16 号
邮政编码: 100717
http://www.sciencep.com

涿州市般润文化传播有限公司印刷
科学出版社发行　各地新华书店经销
*
2023 年 5 月第 一 版　开本：787 × 1092 1/16
2025 年 5 月第三次印刷　印张：28 3/4
字数：682 000

定价：339.00 元

(如有印装质量问题，我社负责调换)

《智慧农业》著者名单

何　勇	浙江大学求是特聘教授
方　慧	浙江大学副教授
李晓丽	浙江大学教授
吴　迪	浙江大学教授
刘羽飞	浙江大学副教授
王校帅	浙江大学特聘副研究员
何立文	浙江大学副研究员

著 者 简 介

何勇　浙江大学求是特聘教授，浙江大学数字农业农村研究中心主任，农业农村部光谱检测重点实验室主任，国家“双一流”和A+学科学术带头人之一，曾先后在日本东京大学、东京农工大学、美国伊利诺伊大学访学或担任客座教授。国际农业与生物系统工程科学院（iAABE）院士，入选科睿唯安 2016～2018 年全球高被引科学家、2020～2021 年 Elsevier 中国高被引学者，入选 2022 年美国斯坦福大学发布的“全球前 2%顶尖科学家榜单”。国家 863 计划主题专家和项目首席科学家，国务院农业工程学科评议组秘书长。以第一完成人获国家科技进步奖二等奖 1 项、教育部科技进步奖一等奖 2 项、浙江省科技进步奖一等奖 4 项、第十届大北农智慧农业奖 1 项。撰写学术专著（含英文专著）和教材 20 多部，发表 SCI 论文 400 余篇，获美国、欧洲、中国等授权发明专利 180 多项。担任期刊 *Computers and Electronics in Agriculture* 主编、*Journal of Agriculture and Food Research* 创刊主编。获国家级教学名师、“新世纪百千万人才工程”国家级人选、全国优秀科技工作者等荣誉。

序

农为邦本，本固邦宁。农业强国是社会主义现代化强国的根基，满足人民美好生活需要、实现高质量发展、夯实国家安全基础，都离不开农业现代化。我国农业农村基础差、底子薄、发展滞后的状况尚未从根本改变，经济社会发展中最明显的短板仍然在“三农”，现代化建设中最薄弱的环节仍然是农业农村。随着城镇化加速推进、农村老龄化率不断提高和农村劳动力大量转移，未来“谁来种地，怎么种好地”已成为我国农业和世界农业面临的共同问题。同时，资源环境约束趋紧，农业生产面临更严峻的挑战。我国已进入加快改造传统农业、走中国特色农业现代化道路的关键时期，农业农村正经历着广泛而深刻的变革，世界范围正在孕育着一场新的农业科技革命，农业科技对新时期“三农”发展的支撑作用更加突出。随着农业科技的发展，数字技术的应用和智慧农业已成为现代农业发展的方向和重要趋势，成为当前农业科技领域研究的热点。智慧农业是以信息和知识为核心要素，将互联网、物联网、大数据、云计算、人工智能等现代化信息技术与农业生产、经营、管理深度融合，通过数字化感知、智能化决策、精准化作业和智慧化管理，实现将农业集约化生产、智能化控制、精细化管理、扁平化经营集于一体的现代农业发展，从生产、管理、销售等环节彻底升级传统的农业产业链，提高效率，改变产业结构。当前，我国正处于高质量发展时期，大力发展智慧农业，对变革传统农业生产方式，大幅提高农业资源利用率和生产效率，实现农业高质量发展、“全面推进乡村振兴，加快农业农村现代化”具有重大意义。

目前，全国各地已掀起智慧农业理论和实践探索的热潮，我国高校农业工程及相关专业纷纷把智慧农业列为主干和核心课程。通过讲授农业信息感知技术与传感器、智能农业装备技术、农用航空技术及应用、智慧农业生产系统、农业病虫害防治系统、农产品智能物流与安全溯源系统、智慧农业信息化平台建设及数字乡村等专业知识，可使学生深刻认识中国和世界农业的发展现状及需求，培养他们良好的科学素养与社会责任感，激发年轻人科技报国的家国情怀和使命担当，为中国农业现代化发展贡献青春力量。

该书的撰写团队是国内最早开展智慧农业理论和实践研究的主力团队之一。全书在借鉴发达国家智慧农业理论与实践、结合中国乡村振兴和农业现代化发展现状的基础上，汇集了著者及研究团队近年来所取得的研究成果，并列举了诸多典型应用案例，理论与实际密切结合，探索了中国智慧农业的发展途径。

该书紧密结合现代农业发展和人才培养要求，构建思政教育与专业知识的深度融合体系，注重培养学生的“大国三农”情怀，引导学生以强农兴农为己任，以“懂农业、爱农村、爱农民”为目标，树立把论文写在祖国大地上的信念，增强学生服务农业农村现代化、服务乡村全面振兴的使命感和责任感。该书已入选浙江省普通本科高校“十四五”首批新农科重点教材建设项目。相信该书的出版，能够大力推动新时代高素质新型农林人才培养，能够推动“理工农”多学科交叉、“空天地”高技术融合的智慧农业类人才培养，满足现代农业生产对高层次、复合型科技人才的需求，快速推进智慧农业在我国的研究、示范和推广，为我国农业科技跨入世界领先行列做出贡献。

罗锡文

中国工程院院士

2023年2月

前 言

智慧农业是以信息和知识为核心要素，将互联网、物联网、大数据、云计算、人工智能等现代化信息技术与农业生产、经营、管理深度结合，实现农业信息感知、智慧决策、智能控制、精准管理、个性化服务的农业生产方式，是数字农业发展的高级阶段，是将集约化生产、智能化控制、精细化管理、扁平化经营集于一体的现代农业发展全新阶段。智慧农业可以从生产、管理、销售等环节将传统农业产业链彻底升级，提高效率，改变产业结构。

智慧农业作为先进的农业生产方式，主要融合了三大生产力要素：一是农业作物和农艺技术，即在遵循作物基本生长规律的同时进行智慧化管理；二是信息技术，即通过先进的信息科技使农业生产、经营管理过程数字化与智能化，提升农业产业智能决策水平；三是农业智能装备，即用智能装备辅助或替代人为操作，充分实现机器换人，减少生产经营者的数量和劳动强度，从而大幅提高生产经营管理效率，实现农业全过程信息感知、分析、存储、加工、处理和智慧化决策，有效提升农资利用率、土地利用率和劳动生产率，助力农业产业的协调发展，达到改善生态环境、提高农作物产量和质量的目的。

智慧农业已成为现代农业发展的方向，我国多地已经掀起智慧农业理论和实践探索的热潮，各高校也纷纷开授相关课程，但目前尚缺乏系统论述智慧农业理论和实践的著作。本书撰写团队是国内最早开展智慧农业理论和实践研究的主力团队之一，书中内容主要来源于著者承担的国家重点研发计划、863 计划项目、国家科技支撑计划项目、中国工程院重大咨询项目、国家自然科学基金项目和省部级相关科研项目的资助所取得的成果。

本书从农业信息感知技术与传感器、智能农业装备技术、农用航空技术及应用、智慧农业生产系统、农业病虫害防治系统、农产品智能物流与安全溯源系统、智慧农业信息化平台建设和数字乡村等方面，系统全面地介绍了智慧农业的关键技术、系统、装备及其应用，探索了中国智慧农业的理论和实践。此外，书中还汇集了近几年智慧农业领域研究成果与实际应用的案例。

本书已入选浙江省普通本科高校“十四五”首批新农科重点教材建设项目，可作为高等院校智慧农业、农业工程、智能农机装备等相关专业的本科生和研究生教材，也可作为农业农村信息化、数字农业和数字乡村领域技术人员的培训教材和参考书，为中国农业的数字化、智慧化做出贡献。

本书主要由浙江大学何勇、方慧、李晓丽、吴迪、刘羽飞、王校帅、何立文等撰写。浙江大学张洪及浙江省气候中心的肖晶晶参与了部分章节的撰写。团队研究生曹孟冰、黄伟男、任世洁、史永强、陶明珠、汪暨淳、王月影、郛文涛、虞嘉媛、占智豪、张文凯、郑力源等参与了部分撰写、修改、整理和校稿工作。本书相关研究和撰写工作得到了汪懋华院士、罗锡文院士、赵春江院士、陈学庚院士，以及美国华盛顿州立大学张勤教授、美国约翰迪尔公司前首席工程师韩树丰研究员的指导和帮助。在此一并表示衷心的感谢。

由于著者水平有限，书中难免存在不足之处，恳请广大读者批评指正。

著　者

2022 年 12 月于浙江大学紫金港

目　　录

第 1 章　智慧农业概述

1.1　智慧农业概念

1.1.1　智慧农业内涵

智慧农业是以信息和知识为核心要素，将互联网、物联网、大数据、云计算、人工智能等现代化信息技术与农业生产、经营、管理深度结合，实现农业信息感知、智慧决策、智能控制、精准管理、个性化服务的农业生产方式，是数字农业发展的高级阶段，是将集约化生产、智能化控制、精细化管理、扁平化经营集于一体的现代农业发展全新阶段，是现代信息技术与农业生产、经营、管理和服务全产业链的无缝融合，可以从生产、营销等环节彻底升级传统的农业产业链，提高效率，改变产业结构。

智慧农业的一个重要标志是基于信息的智慧化决策管理，精准管理农业生产投入品使用，确保农产品产量和品质安全。智慧农业是现代产业体系中生产、经营及产业化的核心推动力量。随着我国农业设施的不断完善和高标准农田建设不断推进，农业机械化与农业设施装备也在不断完善，信息技术越来越深入地应用于农业生产管理中。近年来，大量的大数据、云计算、5G 通信、物联网、人工智能等研究成果在农业生产管理中应用，覆盖了种植业、水产养殖业、畜牧业、林业、农资供应链、农产品物流等，这些新技术的应用为产业发展带来新的机遇，大幅提升了农业生产管理效率，对社会发展产生了积极的影响。

智慧农业的基本手段是利用现代信息技术、互联网、物联网、大数据、人工智能等技术，在充分实现农业数字化的前提下，构建农业智慧化决策管控平台，对农业的生产、经营过程进行智慧化管控，大幅提高生产经营管理效率，实现农业全过程信息感知、分析、存储、加工、处理和智慧化决策，有效提升农资利用率，提高农业劳动力效率，助力农业产业的协调发展，达到改善生态环境、提高农作物产量和质量的目的。

智慧农业作为先进的农业生产方式，主要融合了三大生产力要素：一是农业生物与农艺技术，生物基本生长规律和管理知识是智慧农业的根基；二是信息技术，即主要通过先进的信息科技使农业生产管理、经营管理过程数字化与智能化，提升农业产业智能决策水平；三是农业智能装备，智能装备是智慧农业的主要执行机构，用于辅助或替代人操作，充分实现机器换人，减少生产经营者的劳动强度。

智慧农业技术是先进生产力，通过与农业各生产力要素深度融合，可大幅提高农业劳动生产率。随着信息科技不断发展，智慧农业将充分与物联网、人工智能、大数据、区块链等技术深度结合，提升农业生产者决策和管理行为的智慧化水平。农业传感器、农业机器人、农业智能装备等技术将不断提高智慧农业的感知能力与智能执行能力，进一步提升产业化水平。

1.1.2 智慧农业特点

智慧农业贯穿农业生产、经营、管理、服务几个阶段，具有以下特点。

1.1.2.1 生产管理智慧化

生产管理智慧化，即结合传感器、物联网、大数据、3S［遥感（remote sensing，RS）、地理信息系统（geography information system，GIS）和全球定位系统（global positioning system，GPS）的统称］技术、人工智能技术、智能农机装备在农业生产中的应用，通过环境自动调控、投入品精准管理、智能装备应用、农产品个体标识技术、加工智能装备技术、现代信息化物流技术等方式，做到从农业生产的过程管理、机械化作业到投入品精准管控、农产品的全程溯源等精细化管理，推进农业生产过程管理的智能化向智慧化转型，从管理上的智能化，上升到决策系统本身的智慧化。

智慧农业系统既要考虑到生产过程的最优化管理，生产效益的提升，也要考虑到人与自然环境的协调发展。充分贯彻生态、绿色发展理念，将智慧农业与环境友好充分结合，转变农业生产方式和发展理念，实现智慧化生产。

1.1.2.2 经营智慧化

农业智慧化经营管理从品种选育和市场需求开始，通过数字化与大数据分析，达到农产品供需市场趋于平衡状态。智慧农业的经营管理模式是基于互联网、大数据平台的市场化运作方式，将生产与市场需求相结合，以实际需求为基础，解析农业生产力与需求间的相关关系，破解农产品供需信息断裂难题。同时，智慧农业经营不仅面向生产，也将与农业生态、旅游、文化相结合，推动智慧农业的互动式发展，构建环境友好、生态健康的智慧经营生态圈。

1.1.2.3 农业生产个性化与多样性

智慧农业能够最大限度地解决土壤、气候、水质等对传统农业限制的难题，同时，智慧农业生产可以做到个性化，对于产品等级、营养、大小、色泽等方面的不同要求实现个性化定制，满足不同地区的多样化需求，从而增加农业产业的收益，避免同质化恶性竞争。

智慧农业的基础是互联网和物联网技术，需要根据农业生产实际需求，采用顶层设计、统一规划、数据共享、标准化集成、分布式服务，形成点上个性化应用，面上数据化共享，点面结合的全域信息化覆盖及智慧化应用。

1.2 智慧农业的系统架构

1.2.1 智慧农业构成

智慧农业系统架构如图 1-1 所示，智慧农业服务云平台面向的是政府、企业、科研机构、合作社、益农信息社、农户等服务对象。

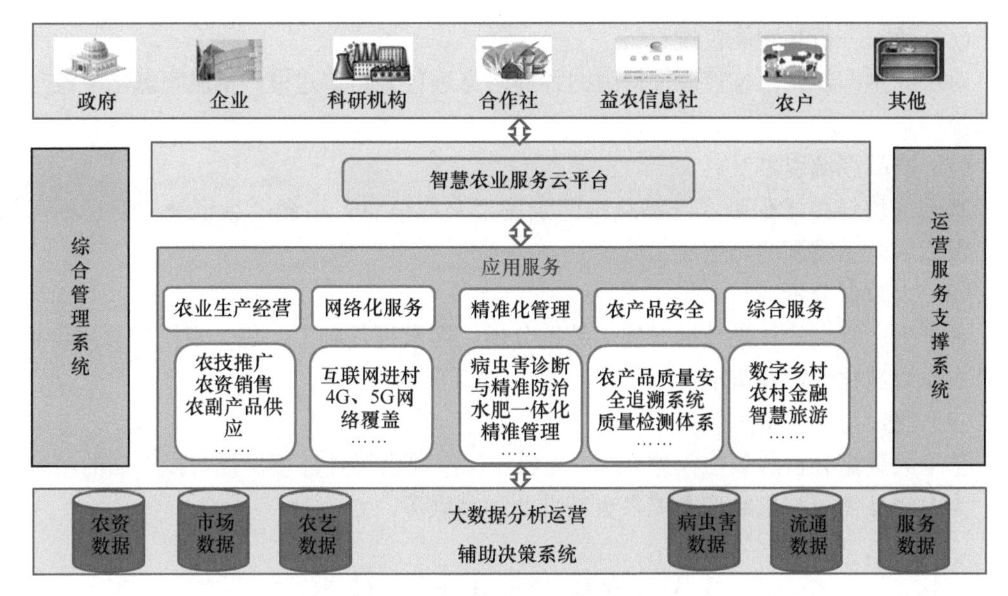

图 1-1　智慧农业系统架构图

智慧农业系统架构由综合管理系统、运营服务支撑系统、大数据分析运营辅助决策系统等向不同用户提供智慧化决策与服务。其核心是信息感知、定量决策、智能控制、精准投入、个性化服务等特性。

1.2.2　智慧农业核心技术模块

依据领域设计理念，智慧农业系统架构中的核心领域模型有地理空间模型、作物种类模型、季节天气模型、土壤水文模型、作物生长模型、病虫害模型、农产品售卖模型和设备模型等，主要功能有以下几方面。

（1）云计算与云服务

以微服务架构设计理念、微服务设计原则划分服务大小和作用范围，同时通过此引擎可以水平扩展和集群式发展，实现根据用户量或使用量的动态需求集中化管理。

（2）感知与遥感监测

提供物联网信息感知、卫星遥感等数据，为农业生产经营提供基础信息。

（3）数字与图像分析

主要用于分析作物病虫害，识别病虫害的类型、数量、严重程度，并给予用户提醒等。

（4）智能硬件接口

兼容各种技术的智能硬件设备，结合中间件交互通信，为平台与智能硬件间建立起有效连接的中间层。

（5）地理信息系统

向智慧农业系统提供地理信息系统服务，如三维视图管理农场、农地等。

（6）数据分析与智能决策

对农业生产、经营与管理过程中的各类信息进行分析、建模，实现智慧化决策与最优调控。

（7）产品溯源引擎

基于区块链技术保障农产品从田间到餐桌全程信息可追溯，且记录的信息不可篡改，保障农产品溯源的可信度。

（8）大数据分析

基于生产管理的种类数据开展大数据分析，在数据基础上，进一步挖掘数据价值，提升农业智慧化管理决策水平。

（9）决策与调控管理

基于大数据分析与调控模型计算，为农业生产提供最佳环境调控与投入品的精准管理，为农产品需求与供给平衡提供更精准的预测服务。

1.3 智慧农业的核心技术

1.3.1 物联网技术

物联网（internet of things，IoT）技术从字面上理解即为物物相联的互联网，物联网的本质和基础仍是互联网，但其应用对象拓展到物与物的互联。物联网按照规定的协议与网络相连接，实现物体信息的交换与通信，人们可以智能化地对设备进行控制、定位、识别和监管等。

物联网主要含三个层面：感知层、网络层、应用层。

感知层：是物联网整体架构的基础，是物理世界和信息世界融合的关键环节。感知层可以通过传感器感知物体本身及周围的信息，让物体具备表达自己信息的能力，感知层负责为物联网采集和获取信息。

网络层：在整个物联网架构中起到承上启下的作用，它负责向上层传输感知信息和向下层传输命令。网络层把感知层采集而来的信息传输给物联网云平台，也负责把平台下达的指令传输给应用层。

应用层：是物联网价值体现的核心，通过大数据、云计算等技术进行有效的整合和利用，挖掘出来的有价值的信息会被应用到实际生活和工作中，如智慧农业、智慧交通、智慧医疗、食品安全、智慧园区等，为具体应用领域提供科学有效的指导。

1.3.2 云计算技术

云计算（cloud computing）属于分布式计算，通过网络“云”将巨大的数据计算处理程序分解成无数个小程序，通过多部服务器组成的系统处理和分析这些小程序得到结果并返回给用户，可以在短时间内完成对数以万计的数据的处理，从而提供强大的网络计算服务。随着云计算技术应用不断深入，云服务已发展为分布式计算、效用计算、负载均衡、并行计算、网络存储、热备份冗余和虚拟化等计算机技术混合演进并跃升的结果。

云计算服务分为三类，基础设施即服务（infrastructure as a service，IaaS）、平台即服务（platform as a service，PaaS）和软件即服务（software as a service，SaaS）。由于这 3 种云计算服务构建堆栈，它们位于彼此之上，有时也称为云计算堆栈。

（1）基础设施即服务（IaaS）

基础设施即服务是主要的服务类别之一，它向个人或组织提供虚拟化计算资源，如虚拟机、存储、网络和操作系统。

（2）平台即服务（PaaS）

平台即服务是一种服务类别，为开发人员提供通过全球互联网构建应用程序和服务的平台，PaaS 为开发、测试和管理软件应用程序提供按需开发环境。

（3）软件即服务（SaaS）

软件即服务也是其服务的一类，通过互联网提供按需软件付费应用程序，云计算提供商托管和管理软件应用程序，允许其用户连接到应用程序并通过全球互联网访问应用程序。

1.3.3　大数据技术

大数据（big data）又称为巨量资料，是指需要新处理模式才能具有更强的决策力、洞察力和流程优化能力的海量、高增长率和多样化的信息资产。农业大数据即是面向农业生产过程的生产数据、环境数据、生物信息、统计数据等形成的结构化海量数据，并使用结构化的数据进行存储。农业大数据的形成不是简单的数据集合，其需要预处理。

大数据预处理主要包括四个方面：数据清理、数据集成、数据转换、数据规约。

数据清理：是指利用清洗工具，对缺项数据、干扰数据、偏离数据等进行甄别与分析处理。

数据集成：是指将不同数据源中的数据，统一合并存放到数据库，可以解决三模式匹配、数据冗余、数据值冲突检测与处理等问题。

数据转换：是指对所抽取出来的数据中存在的不一致现象进行处理的过程。它包含了数据清洗，即根据业务规则对异常数据进行清洗，以保证后续分析结果的准确性。

数据规约：是指在保持数据原貌的基础上，最大限度地精简数据量，以得到较小数据集的操作，包括数据方聚集、维规约、数据压缩、数值规约、概念分层等。

1.3.4　人工智能技术

人工智能（artificial intelligence，AI），是研究、开发用于模拟、延伸和扩展人类智能的理论、方法、技术及应用系统的一门新的技术科学。人工智能利用机器学习方法，用于研究计算机怎样模拟或实现人类的学习行为，以获取新的知识或技能，重新组织已有的知识结构使之不断改善自身的性能，并生产出一种新的能与以人类智能相似方式做出反应的智能机器。基于数据的机器学习是现代智能技术中的重要方法之一，研究从温度、湿度、降水量观测数据出发寻找规律，利用这些规律对未来数据或无法观测的数据进行预测。

结合云计算和物联网，人工智能已经被确定为实施智慧农业的主要驱动因素之一；机器学习是目前在农业领域应用最有前途的技术之一，在粮食供应和安全、杂草、土壤、作物和动物监测和管理，以及天气和气候变化中都有应用。

1.3.5 边缘计算技术

边缘计算（edge computing）是指在靠近物或数据源头的一侧，采用集网络、计算、存储、应用核心能力于一体的开放平台，就近提供计算服务。其应用程序在边缘侧发起，产生更快的网络服务响应，满足行业在实时业务、应用智能、安全与隐私保护等方面的基本需求。边缘计算处于物理实体和工业连接之间，或处于物理实体的顶端。而云计算，仍然可以访问边缘计算的历史数据。

边缘计算是一种分散式运算的架构，将应用程序、数据资料与服务的运算，由网络中心节点移往网络逻辑上的边缘节点来处理。边缘计算将原本完全由中心节点处理的大型服务加以分解，切割成更小与更容易管理的部分，分散到边缘节点去处理。边缘节点更接近于用户终端装置，可以加快资料的处理与传送速度，减少延迟。边缘计算是在靠近数据源头的地方提供智能分析处理服务，减少时延，提升效率，提高安全隐私保护。

1.3.6 区块链技术

区块链（blockchain）是分布式数据存储、点对点传输、共识机制、加密算法等计算机技术新型应用模式，它是比特币的一个重要概念，本质上是一个去中心化的数据库，同时作为比特币的底层技术，是一串使用密码学方法相关联产生的数据块，每个数据块中都包含了一批次比特币网络交易信息，用于验证其信息的有效性（防伪）和生成下一个区块。

区块链涉及数学、密码学、互联网和计算机编程等很多科学技术问题，从应用视角来看，区块链是一个分布式的共享账本和数据库，具有去中心化、不可篡改、全程留痕、可以追溯、公开透明、集体维护等特点。区块链的应用场景丰富，用于解决信息不对称问题，实现多个主体之间的协作信任与一致行动。

区块链技术既提供了互联网信用基础，也创造了可靠的合作机制。对于农产品的供需矛盾及质量安全难题，区块链技术将是一剂良方，可以帮助产销两端提高交易效率，降低流通成本，通过供应链等方式可以解决农产品品牌保护与消费者的信任危机。

1.3.7 5G 技术

第五代移动通信技术（5th generation mobile communication technology，5G）是具有高速率、低时延和大连接特点的新一代宽带移动通信技术，是实现人机物互联的网络基础设施。

国际电信联盟（International Telecommunication Union，ITU）定义了 5G 的三大类应用场景，即增强移动宽带（eMBB）、超高可靠低时延通信（uRLLC）和海量机器类通信（mMTC）。增强移动宽带（eMBB）主要面向移动互联网流量爆炸式增长，为移动互联网用户提供更加极致的应用体验；超高可靠低时延通信（uRLLC）主要面向工业控制、远程医疗、自动驾驶等对时延和可靠性具有极高要求的垂直行业应用需求；海量机器类通信（mMTC）主要面向智慧城市、智能家居、环境监测等以传感和数据采集为目标的应用需求。

5G 作为一种新型移动通信网络，不仅要解决人与人的通信问题，为用户提供增强现实、虚拟现实、超高清（3D）视频等更加身临其境的极致业务体验，更要解决人与物、物与物的通信问题，满足移动医疗、车联网、智能家居、工业控制、环境监测等物联网应用需求。最终，5G 将渗透到经济社会的各行业各领域，成为支撑经济社会数字化、网络化、智能化转型的关键新型基础设施。

1.4　智慧农业国内外发展现状

1.4.1　国外智慧农业发展现状

1.4.1.1　发达国家智慧农业发展现状

近年来，美国、加拿大、英国、法国、德国、日本等农业发达国家高度关注和积极推动智慧农业的发展，从国家层面进行战略部署，积极推进农业物联网、农业传感器、农业大数据、农业机器人、农业区块链等智慧农业关键技术的创新发展。在相关政策支持、新技术研发应用等方面走在了世界的前列，形成了具有鲜明特征的智慧农业发展模式。

美国将信息化作为现代农业发展的重要支撑。从 20 世纪 90 年代开始，美国开始建设农业信息网络并进行应用推广，以政府为主体建立农业数据资源采集、储存、发布系统，构建农业教育科研推广系统，即融科技、生产、推广于一体的产业化服务体系，为农场主提供技术服务，用于农场生产管理及精细化耕作，提高生产效率。

从国家战略层面，美国科学院、美国工程院和美国医学科学院于 2018 年联合发布《面向 2030 年的食品和农业科学突破》报告，重点突出了传感器、数据科学、人工智能、区块链等技术发展方向，积极推进农业与食品信息化。美国国家科学技术委员会（NSTC）“国家人工智能研发战略计划”中，将农业作为人工智能优先应用发展的第 10 个领域，资助农业人工智能科技的中长期研发；美国农业部《2018—2022 年战略规划》也突出了农业人工智能、自动化与遥感技术的应用。

美国现有大量的结合物联网、AI 技术的实际应用案例，大幅度提升了美国农场的运营效率。美国已应用“5S 技术”（遥感、地理信息系统、全球定位系统、数字摄影测量系统、专家系统）、智能化农机技术等形成了农业精细化、规模化发展的智慧农业生产线系统，至 2020 年，美国 74%的大型规模农场均开展了信息化技术的应用，充分将农业物联网、智能传感器、农业机器人应用到播种、喷药、收割等农业生产中。同时，美国也正在发展智慧农业核心传感器技术，如利用激光诱导光谱技术测量土壤养分和重金属含量，利用微纳米技术研制可进入动植物生命体新陈代谢循环系统中的传感器等。总体判断，美国、德国、日本等国家在农业传感器领域处于领先地位，垄断了感知元器件、高端农业环境传感器、动植物生命信息传感器、农产品品质在线检测设备等相关技术产品。

法国是欧盟最大的农业生产国，也是世界第二大农产品出口国。法国农业信息数据库系统完善，政府主导的农业数据库涵盖了种植、渔业、畜牧、农产品加工等领域，并着力打造集高新技术研发、商业市场咨询、法律政策保障，以及互联网应用等于一体的智慧农业数据体系。定期公布农业生产信息、管控农产品流通秩序，为生产者提供法律、农业科技、农场管理等领域的信息支持和定制化服务，用于提高农业生产效率。

德国是率先实施工业 4.0 的国家，而智慧农业的基本理念与工业 4.0 基本相似。德国农业科技含量较高，农业信息技术、生物技术、环保技术等在德国应用广泛，已充分将 3S 技术、大型农业机械、智能控制技术相结合，研发出了新型智能作业装备，为耕地、播种、施肥、植保作业提供智能化服务。同时大量推广应用个体识别技术，建立了种植业、畜牧业等产业的全链条数字化管理技术体系，为农业生产者与消费者提供了一系列的技术解决方案。

英国为了应对气候变化和全球农业竞争加剧危机，启动了“农业技术战略”，旨在通过大数据和信息技术提升农业生产效率，构建和实施未来农场（future farm）智慧农业计划，并充分应用农业机器人技术，实现从播种到收获全过程的机器人作业。其搭建了完善数据科学和建模平台；建立了“农业信息技术和可持续发展指标中心”，搜集处理产业链上下游行业数据；建立了健全的农业空间资源数据库和农作物生产管理专家决策系统等。除英国外，美国、荷兰、以色列、日本等国家同样重视数据分析与建模的决策价值，在农业数字分析模型、知识认知计算与挖掘、可视交互服务引擎等理论算法体系上处于国际领先地位。

日本政府重视农业信息化体系建设，制定了农村信息化与市场规划的发展政策，建立了完善的农业市场信息服务体系，如中央批发市场管理委员会建立的市场销售信息服务体系，建立了统计发布各种农产品生产数量和价格行情预测的系统，制定了《生鲜食品电子交易标准》，建立了生产资料共同订货、发送、结算标准。并于 2014 年启动实施“跨部委战略创新推进计划”，2015 年启动了基于“智能机械+现代信息技术”的“下一代农林水产业创造技术”等行动计划。

在智慧农业的决策执行方面，美国、德国、英国、日本等国家的农业智能装备研究与应用发展迅速，主要农业生产作业环节（包括果蔬嫁接、移栽、施药、采摘，畜禽饲喂、清粪、奶牛挤奶，农产品在线分级、标识、包装等）已经或正在实现“机器换人”或“无人作业”，大幅度提高了劳动生产效率和农业资源利用效率。

1.4.1.2 国外智慧农业发展特点

从国外的经验来看，智慧农业发展既依赖农业信息领域核心技术和工艺突破，也取决于各国政府宏观政策、法律等方面给予的支持和保障，形成了政府和市场共同推进的智慧农业建设体系。国外智慧农业的快速发展与规模化应用，除了原始技术创新与应用创新，各国宏观政策、法律和社会经营保障体系建设也极具参考价值。国外智慧农业发展在政策、法律和运行模式上主要有以下特点。

1）智慧农业扶持政策力度大。国外完善的、推动智慧农业发展的政策法规和知识产权保护制度，促进了智慧农业的发展。例如，美国提出“精确农业”构想，在信息、科研、教育、基础设施、投资等方面，形成了一套从信息资源采集到发布的立法管理体系，注重监管和知识产权保护，为智慧农业发展提供了良好的政策环境。在 2020 年之后，支持农业革新和数字化成为欧盟共同农业政策（CAP）调整的重要方向，欧盟将会依据智慧农业发展制定农机行业的政策。

2）构建智慧农业科技研发体系。发达国家多数都构建了自有农业科技研发体系，以适应本国的智慧农业发展。虽然农业科技研发系统组成主体多样化，但基本都以政府、高校、农业科技研发机构为主体，政府是主要研发推动者，企业及其他农业相关者紧密配合主要研发机构。欧盟制定的“地平线 2020”科研与创新框架计划（H2020 计划），主要研究国际前沿和竞争性科技难点问题。欧盟委员会提出“农业生产力与可持续的欧洲创新伙伴关系计划”（EIP-AGRI），建立了“地平线 2020”计划与农村发展支持计划之间的联系。在此计划中，各方参与者致力于建立一个“运营组织团体”，寻求创新方法解决区域发展难题。

3）新技术的推广应用效率高。很多国家都在进行产学研融合发展，以推进农业科研技术快速应用于智慧农业，形成了各具特色的农业推广体系，创新应用成效比较显著。欧盟委员会通信网络内容与技术总司和农业部推出实现农业数字化的物联网联盟（Alliance for Internet of Things Innovation，AIOTI）计划，是智能农业领域的一项大规模的试点计划，该计划将得到 3000 万欧元的资助，以推进欧盟农业部门在资金和基础设施等方面实现“数字化飞跃”。美国则通过发展智慧农业生产系统，帮助农场主进行新技术应用推广。

1.4.2　国内智慧农业发展现状

1.4.2.1　我国智慧农业发展宏观政策

数字乡村是伴随网络化、信息化和数字化在农业农村经济社会发展中的应用，以及农民现代信息技能的提高而内生的农业农村现代化发展和转型进程，它既是乡村振兴的战略方向和建设数字中国的重要内容，也是解决“三农”问题的历史机遇和时代要求。自 2019 年 5 月中共中央办公厅、国务院办公厅发布《数字乡村发展战略纲要》以来，中央有关部委先后出台了《数字农业农村发展规划（2019—2025 年）》《数字乡村建设指南 1.0》《数字乡村发展行动计划（2022—2025 年）》《数字乡村标准体系建设指南》等。随着国家数字乡村战略和相关行动计划的实施，我国数字乡村发展取得了明显进展。2021 年中央一号文件指出，发展智慧农业，建立农业农村大数据体系，推动新一代信息技术与农业生产经营深度融合。此外，《中华人民共和国国民经济和社会发展第十四个五年规划和 2035 年远景目标纲要》中提出“完善农业科技创新体系，创新农技推广服务方式，建设智慧农业”。各省（自治区、直辖市）也纷纷出台支持智慧农业发展的政策及相关支持项目，形成了良好的智慧农业发展政策支撑体系。

1.4.2.2 我国智慧农业发展现状

我国智慧农业领域发展迅速，近年来进步明显。我国智慧农业相关技术装备供应商数量稳步增长，自主研发的传感器、智能化控制装备、软件系统、服务平台等技术取得长足进步，智慧农业的环境、气候等传统传感器基本全部实现国产化；农业遥感技术广泛应用于农情监测、估产，以及灾害定量化评损定级；农业无人机应用技术达到国际领先，广泛用于农业信息获取、病虫害精准防控；肥水一体化技术、侧深精准施肥技术、智能灌溉技术、精准施药技术广泛应用于规模化生产；农机北斗导航在农业耕种管收全程得到广泛应用，自主产权技术产品成为市场主导，对国外产品实现了全替代；设施园艺超大型智能温室技术、植物工厂技术等也取得了很大进步，基本上可以实现自主技术自主生产。此外，我国在农业大数据技术和农业人工智能应用方面，对大数据挖掘、智能算法、知识图谱、知识模型决策等也进行了广泛的研究。

近年来，在国家政策大力支持下，智慧农业技术在全国范围内得到较好的推广应用。在东北、新疆等大面积农田生产领域，通过广泛应用遥感监测、专家决策系统和农机北斗导航作业等技术，实现大田精准作业；在畜禽养殖领域，大量应用了动物生长环境监测、个体形态与行为识别、精细饲喂、疫病防控等技术，在非洲猪瘟高发后，高度智能化设施养猪技术得到了大力发展与推广应用；在水产领域，海水智慧化养殖体系逐渐形成，淡水智慧水产养殖技术在南方发展很快，应用广泛；在设施园艺领域，较普遍地采用了物联网环境监测与调控、水肥一体化精准管理技术。

当前，我国正处于高质量发展时期，大力发展智慧农业，对变革传统农业生产方式，大幅度提高农业资源利用率和生产效率，实现农业高质量发展具有重要作用，对“全面推进乡村振兴，加快农业农村现代化”具有重大意义。作为“十四五”时期乃至 2035 年我国推动农业高质量发展的重要建设内容，发展智慧农业正面临良好的机遇。

1.5 我国智慧农业发展目标与趋势

1.5.1 我国智慧农业发展目标

我国发展智慧农业，主要以提高农业产业的劳动生产率、资源利用率和土地产出率为目标，重点突破农业传感器、农业大数据和人工智能、农业智能控制与农业机器人等智慧农业关键核心技术和产品，实现技术产品自主化；集成建立“信息感知、定量决策、智能控制、精准投入、个性化服务”的智慧农业产业技术体系，建成智慧农（牧、渔）场，建立农产品智慧供应链，实现农业生产智能化、管理数字化、服务网络化，农产品流通智慧化，农业农村信息服务个性化，推进知识替代经验、机器替代人工，培育农业智能装备、农业信息服务、农产品流通等新产业。到 2025 年，智慧农业将实现跨越发展，农业生产数字化水平由目前的 20%提高到 40%，农业数字经济占农业国内生产总值（gross domestic product，GDP）比重由目前的 8%提高到 15%，为实施乡村振兴战略、实现农业农村现代化提供强有力的科技支撑。

1.5.2　我国智慧农业发展趋势

随着智慧农业技术的不断创新和发展，物联网技术已渗透到农业的各个领域，并逐步形成专业化经营管理模式，在农业生产、经营、管理中发挥着积极的推动作用。具体体现在以下几方面。

1.5.2.1　新型农业传感器不断丰富

未来农业物联网技术的发展离不开传感器体系的完善。当前，比较成熟的农用传感器主要为常规环境类传感器。可感知复杂种植/养殖环境信息，以及生命体征动态信息的新型多功能复合传感器的研发，仍是未来农用传感器发展的重要方向。同时，随着智能技术发展的不断深入，微型、低成本、自适应、微功耗、高可靠性的农业传感器的研发，也将是农业物联网发展的重要趋势。

1.5.2.2　数据清洗与数据质量管理技术快速发展

随着农业物联网技术的深入应用，涉农数据将呈现出爆炸式增长。数据的可靠性和准确性是保障信息转化为价值的前提，而现实中感知到的数据多是冗余、错误、不完整和不一致的。农业数据源多、数据类型复杂、甄别困难将成为制约数字农业发展的重要因素。科学高效的数据清洗与数据质量管理机制不仅会推动相关政策的制定，也将催生新业态，激发产业活力。因此，高效的数据清洗、数据管理体系及数据共享机制的建立迫在眉睫。

1.5.2.3　新型农业智能作业装备不断涌现

随着农业物联网技术的发展，越来越多的智能装备将被广泛应用在农业领域中，逐步取缔传统农业作业方式。轻量化、小型化、智能化、低成本作业装备将越来越多，并成为未来智慧农业发展的主流方向。此外，智能装备的广泛应用也将进一步推进农机与农艺的深度融合，促进农业机械发挥更大的作用。

1.5.2.4　促进分子设计育种技术快速发展

农业物联网技术的发展与应用，将会积累大量的农业气候、作物生命、土壤养分等信息，极大丰富了现代设计育种领域的信息来源，促进农业育种与生物信息、大数据、人工智能等学科领域的汇聚融合，有效推动农业育种高效快速发展。

1.5.2.5　加快现代绿色生态农业发展进程

农业物联网技术应用将转变传统的肥、药施用手段，进一步提高植物生长生命体征、病虫害信息精确度。结合大数据与人工智能技术，大幅提升病虫害预测与防治能力。结合多功能变量作业控制系统，指导变量施肥、变量喷药和变量灌溉等作业，有效降低农药、化肥施用量，保障农产品及环境绿色、安全，推进农业的绿色生态可持续发展。

1.5.2.6 农业大数据将加速现代农业发展

农业生产、经营与管理等数据的大规模汇聚形成了农业大数据体系，包括数据接入、数据清洗、数据管理、资源目录、共享交换、数据稽核、数据报表、预测预报等服务。全面覆盖涉农数据资源，如耕地数据、种质资源数据、农业气象数据、遥感数据、种植业数据、畜牧业数据、渔业数据、农产品加工流通数据、农产品进出口数据等数据资源。大数据体系的应用将进一步提升农业各环节信息的透明度，推进农业向高效、节约型现代农业转型。

1.5.2.7 区块链技术将深刻影响农业物联网技术发展模式

区块链本质上是一个互联网共享数据库。充分利用区块链技术可重塑农产品追溯体系和品牌，也有助于管理农资流向，保障食品安全。由于当前农业生产、流通、销售等环节中设施设备的落后，农业区块链技术始终面临着“产业链数据难以上链”的困境。对于农业物联网而言，区块链不仅是技术手段，更是一种管理模式。基于区块链技术的应用模式将深刻影响智慧农业管理模式，是未来智慧农业领域的重要发展方向和攻关目标。

1.5.2.8 智慧农业促进数字乡村发展

数字乡村是产业数字化、智慧化后又一个升级系统。在产业数字化、智能化基础上，充分共享数字农业成果，进一步将乡村治理、服务相结合，推进乡村治理现代化和数字化服务。

参 考 文 献

韩佳伟, 李佳铖, 任青山, 等. 2021. 农产品智慧物流发展研究. 中国工程科学, 23(4): 30-36.

吕文晶, 陈劲, 刘进. 2018. 第四次工业革命与人工智能创新. 高等工程教育研究, (3): 63-70.

宋超, 孙胜凯, 陈进东, 等. 2017. 世界主要国家工程科技重大计划与前沿问题综述. 中国工程科学, 19(1): 4-12.

孙九林, 李灯华, 许世卫, 等. 2021. 农业大数据与信息化基础设施发展战略研究. 中国工程科学, 23(4): 10-18.

王雄. 2019. 云计算的历史和优势. 计算机与网络, 45(2): 44.

许子明, 田杨锋. 2018. 云计算的发展历史及其应用. 信息记录材料, 19(8): 66-67.

杨天阳, 田长青, 刘树森. 2021. 生鲜农产品冷链储运技术装备发展研究. 中国工程科学, 23(4): 37-44.

殷浩栋, 霍鹏, 肖荣美, 等. 2021. 智慧农业发展的底层逻辑、现实约束与突破路径. 改革, (11): 95-103.

赵春江. 2019. 智慧农业发展现状及战略目标研究. 智慧农业, 1(1): 1-7.

赵春江, 李瑾, 冯献. 2021. 面向2035年智慧农业发展战略研究. 中国工程科学, 23(4): 1-9.

赵敏娟. 2020. 智慧农业的经济学解释与突破路径. 人民论坛·学术前沿, (24): 70-78.

郑纪业, 阮怀军, 封文杰, 等. 2017. 农业物联网体系结构与应用领域研究进展. 中国农业科学, 50(4): 657-668.

中国信息通信研究院. 2021. 2021 年中国数字经济发展白皮书. 北京: 中国信息通信研究院.
钟文晶, 罗必良, 谢琳. 2021. 数字农业发展的国际经验及其启示. 改革, (5): 64-75.
Duan Y E. 2011. Design of intelligent agriculture management information system based on IOT. Shenzhen: Intelligent Computation Technology and Automation (ICICTA), 2011 International Conference on IEEE: 1: 1045-1049.
Moysiadis V, Sarigiannidis P, Vitsas V, et al. 2021. Smart farming in Europe. Computer Science Review, 39: 100345.
Nie P C, Wu N, He Y, et al. 2021. Integrated IoT applications platform based on cloud technology and big data//He Y, Nie P C, Zhang Q, et al. Agricultural Internet of Things. Agriculture Automation and Control. Cham: Springer: 401-415.
Sott M K, Furstenau L B, Kipper L M, et al. 2020. Precision techniques and agriculture 4.0 technologies to promote sustainability in the coffee sector: state of the art, challenges and future trends. IEEE Access, 8: 149854-149867.
Xu G W, Li H W, Liu S, et al. 2019. Verifynet: Secure and verifiable federated learning. IEEE Transactions on Information Forensics and Security, 15: 911-926.

第 2 章　农业信息感知技术与传感器

2.1　智能农机装备传感器

智能农机装备传感器根据检测对象的不同分为农田土壤信息传感器、作物生长信息及病虫害传感器、作业环境传感器和农机装备作业参数传感器。农田土壤信息传感器主要用于检测土壤养分（如氮、磷、钾、有机质等含量）及土壤质地情况（如土壤类型、含水量、pH 及电导率等）；作物生长信息及病虫害传感器用于检测植物的外形尺寸（株高、茎秆粗细等）、胁迫情况（缺水、缺氮等），以及病虫草害情况；作业环境传感器可对工作中的农机装备所处的位置、地形及周边障碍物情况进行实时监测，结合自动导航的智能控制策略指导农机实现最佳路径规划和避障；农机装备作业参数传感器根据作物生长不同阶段对应的农机作业环节分为耕整机械传感器、播种机械传感器、田间管理机械传感器及收获机械传感器。

2.1.1　农田土壤信息传感器技术

土壤环境在作物的生长过程中起着举足轻重的作用。为实现对作物的精准按需生产，快速准确地获取土壤信息是必要的。对氮、磷、钾及有机质含量等农田信息进行准确的测量、管理和控制，有利于农场主制定合理的管理策略，也能辅助预测农作物产量。土壤养分直接影响着农作物的种植，其检测技术研究最为广泛，检测方式也最为繁多。传统农田土壤信息传感技术存在检测参数单一、车载化传感器缺乏，以及物联网化程度低等问题。近些年利用光谱分析方法检测土壤肥力及理化参数的应用逐渐增多。该技术具有分析成本低、分析效率高的优势。通过光谱技术对土壤进行原位实时分析，有益于实现实时测量土壤肥力参数作业，这为推广和实践精准施肥打下了坚实的基础。

目前，利用光谱技术获取农田土壤信息已逐渐走向成熟。例如，利用近红外光谱结合偏最小二乘法建立数学模型可实现对土壤中的有机碳和全氮的测量（申艳等，2010）。此外，中国农业大学李民赞团队从 20 世纪 90 年代开始致力于土壤参数和营养成分的光谱学检测方法的研究，以中国东北黑土和华北潮土为主要研究对象，分析了土壤参数与光谱特性的相关性并建立了相关分析预测模型，但传统光谱仪器体型庞大、价格昂贵，阻碍了其在农业中的进一步应用和推广。开发便携性、成本较低的光谱仪器成为实现车载化、实用化的前提。为此，研究人员在便携式光谱仪器开发上进行了探索，并取得了突破。例如，面向有机质含量测量的便携式测定仪，可实现对最大深度 30 cm 的土壤有机质含量的检测（李民赞等，2010）。该测定仪主要由光学单元和电路单元组成，光学单元包括光源、入射和反射光信号传导光纤、光电转换器件等。安晓飞等（2012）研发的便携式土壤氮素含量测定仪，通过增加光源波长数量，由单一波长变为多波长扫描，可实现对土壤氮素的快速测量。开发基于便携式高光谱土壤养分检测设备，通过特征波长筛选算法，可建立高光谱和土壤总氮含量的定量关系模型（章海亮，2015）。这些仪器的开发对光谱技术在农业中的实际应用起到了推动作用，但仍然存在着土壤养分检测易受环境因素（水分、温度、颗粒和类型等）的影响，以及物联网适配度低等问题。

国外对于土壤传感器的研究较为全面，在手持式和车载式土壤传感器方面都有涉及。美国、德国、意大利、比利时等国家在农田土壤信息感知方面都进行了较为深入的研究。20 世纪 90 年代，国外出现了基于光谱技术的便携式土壤实时传感器，主要用于测量土壤表层的有机质含量（Sudduth and Hummel，1993）。这类传感器不仅具有较好的测定精度，其设计理念也对后续相似设备的开发影响深远。例如，利用可见/近红外光谱技术研发的土壤属性实时检测装置（Christy，2008）。工作时，传感器采用卤钨灯泡照明，其观测平面比地面低约 7 cm，机具的前进速度约 6 km/h，每秒钟可采集 20 条土壤光谱。关键部件分光光度计的光谱范围为 920～1718 nm，光谱分辨率为 6.35 nm。在田间试验条件下该车载式土壤检测设备可用于土壤有机质含量空间变异分布的在线测量。此外，国外一些公司也利用电化学或光谱技术开发了相应的土壤传感器。例如，荷兰 30 MHz 公司（Innovating Horticulture：About 30 MHz）推出了一款电容式土壤水分传感器，通过改变电容极板间的介质得到不同的电容值。该传感器加入了温度补偿，可同时检测土壤的水分和温度，并根据温度值对检测的水分值进行校正，以提高土壤水分检测的精度。美国 Veris Technologies 公司研发了一款土壤特性测定仪。该设备采用可见/近红外光谱获取带有位置信息的土壤频谱图，并通过建立土壤-光谱关系模型计算得到土壤的有机质、碳、pH、土壤水分和磷等物质成分的含量。检测仪集成了两个光谱仪，光谱波段范围 450～2200 nm，光谱分辨率 8 nm，检测速度为每秒 20 个光谱数据，通过控制器分析后可快速得到土壤的养分含量。

2.1.2　作物生长信息及病虫害传感器技术

叶绿素、氮素含量是作物生长的重要营养指标，也是进行变量施肥和精准管理的实施依据。叶绿素、氮素传感器技术在实验室条件下已比较可靠。然而，车载式叶绿素和氮素传感器在市场上还未有成熟的产品。作物光谱反射特征与作物叶绿素含量具有高度相关性。因此，采用光谱方式检测作物叶绿素含量与施氮水平成了植株生长信息获取的重要手段。同样，当植株遭受病害、虫害和草害时，也可以通过光谱技术实现对这些胁迫的检测。光谱检测技术在作物生长信息获取上的应用为智能化作物信息的获取提供了帮助。

国外在叶绿素含量检测领域成果卓著的科研单位有美国俄克拉何马州立大学、美国爱达荷大学、德国慕尼黑工业大学等。目前对叶绿素的检测，主要利用光谱技术或结合图像处理技术进行。采用多光谱成像系统确定光谱反射率，结合反射率与实验室测定的叶绿素含量和浓度数据进行建模，可以准确预测叶绿素浓度（Jones et al.，2007）。此外，通过将光谱和数字图像分析方法相结合，也可有效测定生物量和叶片含氮量（Baresel et al.，2017）。国外已有较为成熟的叶绿素含量及氮含量检测仪器，如美国 Trimble 公司的 GreenSeeker 植物冠层光谱仪，工作波段为 774 nm 和 656 nm，可采用手持方式对植株进行检测，也可安装在拖拉机上对植物冠层进行实时检测。澳大利亚 Yara 公司开发的 N-Sensor 传感器，可安装在拖拉机两侧，利用光谱反射进行作物叶绿素含量检测，并以此指导氮肥施用。拓普康（Topcon）公司研发的 CropSpec 植物冠层监测系统可覆盖两个波段区间（730～740 nm，800～810 nm），安装高度为 2～4 m，探测角度为 45°～55°。

围绕作物生长信息获取，国内一些科研单位及企业利用光谱技术进行了系列探索。例如，李庆波等（2009）研制出了可实现对叶绿素浓度的快速、无损检测的便携式植物叶绿素无损检测仪器。在此基础上，采用主动光源的双波长便携式叶绿素含量检测装置可实现高效检测作物的叶绿素含量（孙红等，2019）。国内相关企业也都发布了各自独立开发的叶绿素测定仪，这些测定仪的原理是通过测量叶片在叶绿素 a 和叶绿素 b 吸收范围的波长下的透光系数以精确测定其叶绿素的相对含量，并将检测值显示在液晶屏上，测量精度约为±1.0 SPAD（叶绿素含量）。目前的叶绿素和氮素主要采用手持式检测的方式，且大部分是使用光谱方法进行，其检测精度比较容易受环境影响，因此开展准确且稳定的车载实时在线叶绿素及含氮量检测装置研究对于农机智能化控制的意义重大。另外，采用机器学习和深度学习实现叶绿素与氮素的准确预测是未来的研究趋势。

植株病虫草害的准确监测是智能化精准靶向变量喷施的基础，是季节性病虫草害预防的重要数据参考。病虫害的检测最初采用破坏性的检测方式，检测速度慢，成本高。目前病虫害的检测向快速无损检测方向发展，采用的检测方式主要有：高光谱成像、荧光成像、可见/近红外光谱和数字图像处理等。例如，利用可见/近红外光谱技术并结合连续投影算法（successive projections algorithm，SPA）等，可实现作物病害的早期快速无损检测，准确率高达 95.45%（冯雷等，2012），其检测系统如图 2-1 所示。为实现植株病虫害的高效管理与预报，基于地理信息系统（geographic information system，GIS）的植株病虫害管理信息系统可以较好地预测病虫害的蔓延趋势，为农作物病虫害管理、田间数据分析与精细农业研究提供技术支撑（张谷丰等，2009）。此外，实现智能化的株间机械除草装置自主避让作物并进入株间区域对于精细农业的实施意义重大。通过株间机械除草装置的作物识别与定位方法，可以正确识别田间作物并提供准确的位置信息（胡炼等，2013）。尽管如此，受田间复杂环境影响，目前国内对农田病虫草害的感知还处在研究试验阶段，试验也一般在实验室条件下进行，还未大规模实现机载田间环境下的智能、准确检测。未来可结合现有植保机械开展病虫草害智能感知装置，实现病虫草害的实时检测和精准对靶喷施，达到减少农药用量和环境污染的目的。

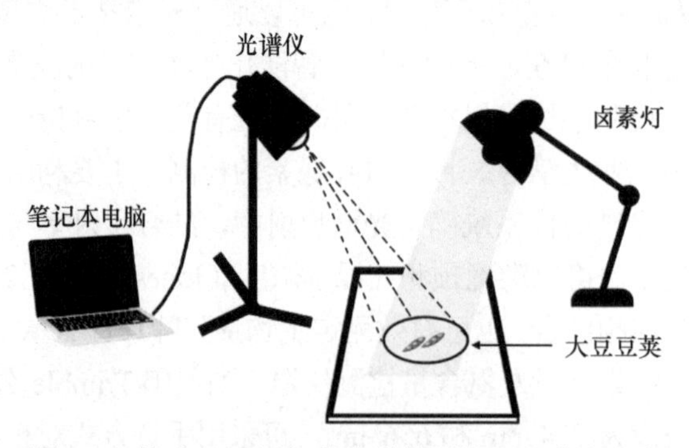

图 2-1　基于可见/近红外光谱检测大豆豆荚炭疽病

2.1.3 作业环境传感器技术

随着我国经济的持续发展和城市化进程的日益进步，大量劳动力由农村向城市转移，农村可用劳动力日益短缺，这在一定程度上制约着我国农业健康稳定的发展，不利于“三农”问题的解决。农业机器人、农机自动导航和驾驶技术的出现，不仅解放了农业生产力，还提高了农产品产量及质量，使其具有广阔的应用前景。农业采摘机器人和农机自动导航技术的自主作业需要对农机装备的位置、周边的地形和障碍物情况进行实时监测，使用到的传感器包括避障传感器、视觉传感器、力传感器和定位系统等。目前上述四类传感器已基本实现国产化，但在准确性和可靠性方面逊于国外知名企业生产的传感器。

农机装备的自动定位与导航是实现农机自动驾驶的基础，主要包括全球导航卫星系统（global navigation satellite system，GNSS）定位技术和视觉定位技术。随着 GNSS 定位技术向民用领域的开放，利用载波相位差分技术的实时动态定位精度可达厘米级，在精准农业领域得到了广泛推广应用，并促进了自动导航技术的快速发展。例如，基于即时动态差分全球卫星定位系统（real-time kinematic differential global positioning system, RTK-DGPS）的自动导航控制系统（图 2-2），在拖拉机行进速度为 0.8 m/s 时，直线跟踪的最大误差小于 0.15 m，其中应用的跨行地头转向控制方法对试验拖拉机具有良好的适用性（罗锡文等，2009）。基于双闭环 PID 控制算法和 CAN 总线的导航控制系统，其直线行驶的横向跟踪误差平均为 0.021 m，地头转向的横向跟踪误差平均为 0.016 m（黎永键等，2016）。这些方法表明，该技术的创新应用对于实现农机精准导航、农作物的智能播种等具有重要意义。

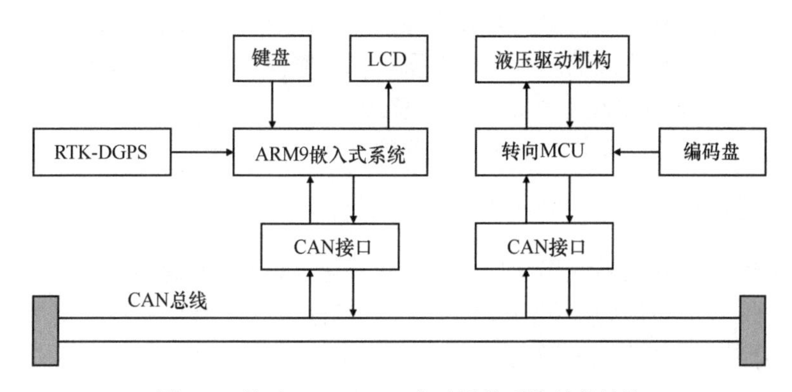

图 2-2　基于 RTK-DGPS 自动导航系统总体结构

农机装备作业时的障碍感知是智能农机装备在复杂非确定性农田环境下安全可靠作业的保证。农机装备作业环境中的障碍物千变万化，静态障碍物包括田埂、电杆、水沟等，动态障碍物包括人、牲畜或其他移动的动物或农机具。目前障碍物检测手段主要有红外、超声波、激光雷达、机器视觉等。例如，利用机器视觉技术，采用支持向量机代替传统的图像分割法对水田田埂边界的识别进行研究，并将其搭载在 NVIDIA 的 Jetson TX2 硬件平台上，算法的运行时间在 0.8 s 以内，满足了水田直播机的实时性要求

（蔡道清等，2019）。利用激光雷达和车载全球定位系统（global positioning system，GPS）也可实现动态障碍物的检测（王葵等，2013）。这些方法在障碍感知能力上各有优缺点，通过将这些技术进行有效整合、联用，将进一步提高农机装备的障碍感知能力和稳定性，也是障碍感知技术未来的发展趋势。例如，借助多传感器融合技术，对不同动态特征及相对位置关系障碍物识别、定位和避障进行研究。研究表明，搭载多传感器感知系统的农机能够准确识别动态和静态障碍物并可平稳地绕过障碍物，或及时停车以避免与障碍物发生碰撞（刘美辰，2018）。

2.1.3.1 位置感知技术

位置定位主要有 GNSS 定位技术和视觉定位技术，其不仅在精准农业中得到了广泛应用，还大大推动了自动导航技术的进步。例如，以全方位视觉为外部传感器可确定农业移动机器人在环境中的位置（Dayoub and Duckett，2008）。使用增强现实（augment reality，AR）技术并结合全球定位系统和惯性测量单元可开发直观显示的拖拉机导航系统，利用虚拟三维（3D）图像技术，通过改变拖拉机在实际场地上静止时的横摇、俯仰和偏航角，对 AR 导航系统的定位精度进行研究。结果表明，其对距离拖拉机前方 3 m 以内的定位误差小于 3 cm，在图像坐标系中定位误差小于 3 像素（Kaizu and Choi，2012）。

在企业应用方面，Case 公司推出了 AFS ACCUSTAR 系列 GNSS 定位接收机，可与 AFS 系列的终端（如 AFS Pro 700）实现通信，并配合 AFS AccuGuide 控制策略从而实现农业机械的高精度定位与导航。约翰迪尔（John Deere）公司研发出了 RTK 系列接收机，通过运用 RTK-GPS 技术形成了地空配合的 StarFire 解决方案。此外，许多外国企业也开发了应用于农业机械的导航配套产品，如 Trimble、Ag Leader、Topcon、Rave 等公司都在各自现有定位系统的基础上研发了农机导航控制系统。未来的农机装备自动定位与导航控制技术会越来越多地采用多传感融合技术，研究在导航策略中加入侧滑补偿、姿态补偿等，以进一步提高定位导航的精度和控制准确性。

2.1.3.2 地形感知技术

地形检测对于农机装备在田间的平稳驾驶有重要意义，准确的地形感知能为耕整机械的犁深控制、收获机械的割茬高度控制等提供信息参考。地形检测采用的传感器主要有陀螺仪、超声波、摄像头和激光雷达等。

利用车载超声波传感器可实现地表形状检测和确定机器人移动行为，指导机器人在移动过程中碰到不同地形时应采取的行走策略（Nabulsi et al.，2006）。计算机视觉和机器学习技术可获取土壤图像的纹理和颜色特征，能够实现不同地形的区分（Narváez et al.，2018），从而为机器人路径规划提供地形信息。使用三维激光雷达检测地形的同时还可以检测岩石、树干等障碍物，克服了植被覆盖地形中的安全问题（Vandapel et al.，2004）。Ojeda 等（2006）基于移动机器人车载的陀螺仪加速度传感器提出了一种移动机器人地形分类和特征描述的新方法。地形分类的目的是将地形与一些预定义的、常见的类别（如砾石、沙子或沥青）联系起来，地形表征的目的是确定影响车辆交通能力的关键地形参数。这些方法在单一或特定环境下表现良好，但实际工作环境往往比较复杂，利用单一技术很难达到理想效果。将激光雷达、姿态检测、机器视觉和陀螺仪等组成多传感融合的地形感知系统，可以使传感器之间形成优势互助，提高检测的准确性和稳定性。目前，地形传感器感知技术主要的应用场合是移动机器人领域，在农机装备领域应用相对偏少。随着全球化农机装备自动驾驶技术的发展，地形感知技术在农机装备领域将会得到越来越多的推广和应用。

2.1.3.3　作业障碍感知技术

障碍检测是保证智能农机在复杂农田环境安全可靠作业的前提条件。国外研究机构和企业利用超声波、激光雷达、机器视觉等传感器对农机作业过程中的农田障碍物检测进行了深入研究。

使用超声波传感器可对农业环境中的大部分障碍物实现准确检测，其检测结果可为农业装备自主导航时障碍物的检测提供参考（Dvorak et al.，2016）。在此基础上，基于相控阵技术的超声障碍探测阵列，可利用电子技术而非机械手段引导声波束通过环境。根据码分多址（code-division multiple access，CDMA）技术，阵列中每个元素的传输都经过了编码。该技术允许同时传输多个波束，不仅提高了图像速率，而且实现了更长的检测距离（Diego et al.，2011）。基于单目图像和稀疏激光雷达数据的机器人障碍物检测，通过安装在机器人头部的激光测距仪获取数据来分析机器人周围的场景，然后利用激光数据中的障碍物识别知识，对基于颜色和纹理信息的视觉分类器进行自监督训练。该技术为安全、高效的机器导航提供了参考（Maier et al.，2013）。使用双目立体视觉开发基于板载立体视觉的地图系统，引入可以直接用于快速局部避障和路径规划的局部障碍物地图，采用同步定位和映射（SLAM）算法生成障碍物点云信息，识别障碍物的准确率比单目视觉更高（Brand et al.，2014）。

2.1.4　农机装备作业参数传感器技术

智能农机装备作业参数传感器技术包括耕整机械作业参数感知技术、播种机械作业参数感知技术、田间管理机械作业参数感知技术及收获机械作业参数感知技术。农机装备作业参数传感器技术是农机装备智能化作业和无人化操控的关键技术之一。

2.1.4.1　耕整机械作业参数感知技术

耕整机械需要获取的作业参数较为单一，主要集中在耕深检测方面。深松作业时通过对耕整深度的实时准确检测，进而控制执行机构调整耕作深度，达到耕作深度的闭环控制，保证农机深松耕作时的耕深一致性。

目前，研究人员也对耕整机械进行了改制创新。在测量农机具耕深方面，基于倾角传感器自动测量农机具耕深的方法，通过检测提升臂的水平倾角变化，并结合悬挂机构间的几何关系，以及耕深值与测量电压值之间的线性关系，可推算出实际耕深（谢斌等，2013）。为提高农机深松耕整地作业质量，利用深松机组姿态估测的耕深检测方法及系统，通过检测安装在拖拉机后悬挂杆和悬挂式深松机上的姿态传感器输出角度，可实时计算深松机耕深。结果表明，该系统耕深检测最大误差为 1.18 cm，平均误差小于 0.45 cm，具有较高的耕深检测精度和稳定性（尹彦鑫等，2018）。此外，以北斗卫星定位技术和信息传输技术为基础，通过一种远程深松作业信息采集、传输和管理的技术方案，在实时获取作业深度信息的同时对作业面积进行统计，能够满足深松作业远程监测和管理的实际需要（刘阳春等，2016）。

2.1.4.2　播种机械作业参数感知技术

施肥播种机械的作业参数主要有播种量、重漏播数及播种深度等。播种机械作业参数的准确感知是为了及时发现播种过程中排种器故障或排种管堵塞造成的漏种和重种等问题，从而有效避免缺苗漏苗现象，保证作物产量。

作物播种量对于作物品质、产量具有重要影响。基于电容法的作物播种量检测系统，可建立种子数量与电容变化量之间的线性关系（陈建国等，2018）。此外，通过排种质量自动检测仪，可在不同播种参数（如播种粒距、播种速度、排种盘型和孔数）下实时检测排种器的合格率、漏播率、重播率、粒距变异系数等播种质量参数，并可实现指夹式排种器各个指夹的重播数和漏播数检测，以及种子下落情况的实时动画模拟（和贤桃等，2016）。这些方法与装备能实时感知作物播种过程中出现的问题，这对于提高土地利用率及粮食产量具有现实意义。

2.1.4.3　田间管理机械作业参数感知技术

田间管理机械一般包括施肥机械、灌溉机械和植物保护机械等。不同形式的田间管理机械，其检测作业参数也不一样。例如，植保机械作业时系统喷雾压力、喷雾流量、喷杆姿态和运动状态等多个参数对作业质量均具有直接影响，故在植保作业时需要对喷雾压力和流量等信息进行实时监测，而施肥机械和灌溉机械则需要分别对植株的缺素与缺水情况进行检测。

当前研究主要集中在喷雾参数影响、流体力学仿真技术与实际实验相结合、多传感器融合技术等方面。研究无人机施药雾滴空间分布对于提高农药利用率、减少农药喷洒量至关重要，通过机载 GPS 和北斗定位系统可有效获取飞行参数，并可获取无人机施药雾滴空间分布情况及下旋气流场分布情况（王昌陵等，2016）。利用流体力学仿真和实际实验相结合的方式，可研究无人直升机喷雾参数和施药方式对作物病虫害防治效果的影响（薛新宇等，2013）。在无人机喷药控制方面，通过脉宽调制（pulse-width modulation，PWM）变量喷雾实验平台，采用自动控制高速电磁阀开度实现流量控制，利用雾滴覆盖密度的变异系数可实现对不同 PWM 控制信号频率、占空比，以及不同喷雾压力下单个喷嘴动态雾滴分布均匀度的准确评估（蒋焕煜等，2015）。利用多传感器融合技术动态监测风速风向等环境信息是研究的一大热点。通过该技术将其数据传输给喷药控制系统用以调控喷药流量，可实现施药流量与飞行速度的精确匹配，保证飞行速度变化的情况下喷药量的稳定性（王大帅等，2017）。

通过建立氮磷钾肥料质量流量与电容输出的关系模型，能够准确地对肥料质量进行在线检测，最大测量误差为 3.75%（周利明等，2017）。

2.1.4.4　收获机械作业参数感知技术

收获机械的作业参数有谷物含水率、含杂率、损失率及谷物产量等。收获机械作业参数的准确感知可以减少收获过程中谷物的损失和破损，有利于谷物产量的提高。

双板冲量式谷物流量传感器及其差分消振电路，可以消除车身振动对测产精度的影响。振动试验表明，在没有谷物输入时，联合收获机车身振动导致前后 2 个检测板产生的 2 个振动信号是一对共模信号，可通过电路差分方法消除（胡均万等，2009）。以数字型冲量式谷物质量流量传感器为核心部件，应用 CAN 总线架构设计的联合收割机测产系统，采用最小二乘法求取自适应对消因子，利用第二根平行梁输出作为参考信号进行自适应干扰对消，可有效地消除第一根测量平行梁中各种干扰引起的输出（刘成良等，2010）。基于计算机视觉的谷物测产系统主要由工业相机、线结构光发生器、电感式接近开关和工控机等组成。基于线结构光的谷堆厚度测量方法，根据所建立的谷物几何模型可计算出谷堆的体积，并采用电感式接近开关克服了传统光电式谷物测产系统存在的误触发问题（杨刚等，2019）。针对精准农业田间信息获取技术的研究，基于称重法的联合收获机收获粮食产量分布信息测量，采用螺旋推进称质量式技术实现了联合收获机产量流量测量，解决了计量装置、动力直接传输和有效信号提取等问题（张小超等，2010）。采用多光谱视觉传感器并结合遗传算法可对谷物流中的谷壳、稻草等杂质进行检测，通过数据处理和分析得到谷物清洁度数据（Wallays et al.，2009）。此外，基于称重传感器的谷物产量检测，通过将该传感器与 GPS 定位系统结合可生成谷物产量预测图（Singh et al.，2012）。

2.1.5　我国智慧农机装备传感器产业

作为提升农业生产效率、实现农业机械化的必备工具，农机装备对实现我国农业现代化发展、加快农业转型升级、促进农业增产增效有着十分重要的作用。近年来，随着数字化、智能化逐渐成为新的风潮，我国农机装备及其相关产业发展也取得了长足进步，正朝着智能化的方向发展。我国农机装备保有量持续上升，农机装备市场仍处在快速增长期，农业机械化水平得到全面提高。据相关数据统计，我国拖拉机、联合收割机、植保机械、农用水泵等产品产量位居世界第一，实现了农机大国的目标。但是由“大”转“强”，我国农机产业仍急需加快转型升级。目前，我国农机装备还存在着核心技术亟待突破、产品有待提升、中高端产品供给不足、关键零部件如土壤、作物信息及农机作业参数感知传感器国产率较低、品牌建设较为滞后等诸多问题，与国际先进水平相比差距仍然颇为明显，无法完全满足我国目前急剧增长的农业现代化发展需求。我国正面临从农机大国向农机强国转变的重大战略机遇期，不断推进关键零部件及农业机器人、植保无人机等智能化、高端化农机装备的产品创新，将成为关键所在。

2.2 农用无人机遥感传感器

遥感（remote sensing，RS）技术是精准农业的三大支撑技术（全球定位系统、地理信息系统和遥感技术）之一。它具有大面积同步监测的优势，可实现对作物长势空间分布信息的精准获取（陈鹏飞，2018）。目前，基于无人机和卫星的遥感技术已被应用于农作物分类、作物监测、灌溉控制、产量评估、牲畜管理、农林火情监控和测绘制图等方面，可帮助用户完成费时费力的任务，提供正确的决策管理，有效提高作物产量。农业遥感传感器产业的发展是我国智慧农业建设的重要组成部分。

无人机遥感技术主要利用无人机搭载三原色（red green blue，RGB）相机、热红外相机、多光谱相机和高光谱成像仪等智能传感器，结合先进的无人驾驶飞控技术、GPS差分定位技术、遥感传感器技术、无线通信遥控技术和无线图像回传技术等，实现自动化、智能化快速获取空间遥感信息，且完成遥感数据处理、建模和应用分析。无人机遥感因具有机动灵活、快速响应、实时精确和自主性强等特征，逐渐成为世界各国争相研究的热点，尤其是农情遥感监测应用方面。我国农用无人机遥感起步较晚，现仍处于研究开发的初级阶段，实际应用案例相对较少。鉴于我国幅员辽阔，耕地面积广大，是一个名副其实的农业大国，加之地形地势复杂多样，粮食作物和经济作物种类繁多，无人机遥感监测农情未来有着广阔的发展前景。

农用无人机按飞行平台分类，可分为固定翼无人机、单旋翼无人直升机和多旋翼无人机。固定翼无人机具有飞行速度快、续航时间长、滑翔性能好等优点，但也存在需要滑行跑道、不能悬停拍摄、载荷较小等缺点（何勇和张艳超，2014；杨贵军等，2015；陈鹏飞，2018）。在农业遥感中，固定翼无人机主要应用于农田营养信息获取、成熟度估测、粮食估产（Kyratzis et al.，2017）、作物种类识别（Senthilnath et al.，2017）、地籍测量（张久龙等，2017）等领域。无人直升机的旋翼更大，抗风性好，可垂直起降、自由悬停。飞行时可形成单一风场，且有强劲的向下气流，利于打透茂密的枝叶，施药效果较好，但操作复杂，价格较高（杨贵军等，2015；陈鹏飞，2018）。多旋翼无人机可垂直起降、空中稳定悬停，具有场地限制小、操作简单、飞行平稳、价格低廉等优点，目前在农业中应用更为广泛，但它也存在可载质量低、续航时间短（15～20 min）等缺陷（何勇和张艳超，2014）。多旋翼无人机在农业中的应用已涉及作物长势监测（陆国政等，2016；田明璐等，2016）、作物种类识别（王利民等，2013；López-Granados et al.，2016）、粮食估产（Zhou et al.，2017）、农药喷施等领域。

无人机搭载的农情遥感监测传感器主要包括高清数码相机、热红外相机、多光谱相机、高光谱成像仪及激光雷达等。各传感器工作的性能指标不同，用途不同。数码相机成本低、像素高，是无人机遥感中应用最为广泛的一类传感器，可快速获取可见光波段（400～760 nm）彩色图像（孙刚等，2018），主要用于作物分类、作物出苗率与长势监测、种植面积及倒伏面积估算等。热红外相机利用对热红外波段（大多数遥感应用 8～13 μm 的范围）敏感的探测器感应目标，能精确获取作物冠层温度。由于气孔导度、叶片水势、蒸腾速率和渗透调节与植被冠层温度密切相关（Berni et al.，2009），故高分辨率的热成像仪可以用来监测高盐和水分胁迫等条件下由气孔关闭引起的植物冠层温度升高（Berni et al.，2009），以明确作物在非生物胁迫条件下的响应。多光谱相机可获取作物绿色、红色、红色边缘及近红外波段反射率，是分析植物营养健康、诊断病虫害、评估作物产量和土壤肥力的有效工具。通过构建特定植被指数包括归一化植被指数（normalized differential vegetation index，NDVI）、比值植被指数（ratio vegetation index，RVI）、土壤调节植被指数（soil-adjusted vegetation index，SAVI）、氮素反射指数（nitrogen reflectance index，NRI）、增强植被指数（enhanced vegetation index，EVI）和光化学反射指数（photochemical reflectance index，PRI）等，用于作物长势、产量及病虫害等信息解析（孙刚等，2018）。另外，利用无人机多光谱影像数据还可以生成数字表面模型（digital surface model，DSM）信息。高光谱成像仪可获取大量窄带且连续的光谱数据，包含的波段信息更加丰富、分辨率更高，可更加精确地反演作物含水量、叶面积指数、氮素营养、叶绿素含量、病虫害、产量等农学信息，但其价格较高、数据处理尤为复杂（刘建刚等，2016）。激光雷达是以激光器为发射光源，利用光电探测手段的遥感设备（Kipp et al.，2014），它能获取丰富的点云信息和高精度的水平和垂直植被冠层结构参数，具有分辨率高、隐蔽性好、抗干扰能力强、低空探测性能好等优点，主要用于树木的株高和生物量的反演，但其成本较高，数据处理量大（刘建刚等，2016）。

无人机遥感在我国农业中的应用潜力巨大，可应用于如下场景。

2.2.1　作物长势监测

作物长势，即作物的生长状况与趋势，常用株高、叶面积指数、生物量、倒伏面积等指标来衡量（陈鹏飞，2018）。利用无人机搭载高清数码相机捕获作物育种基地的高清影像，可反演植株的株高、叶色差异和病虫害程度等育种关键表型参量，此举可有效地辅助作物育种（陆国政等，2016）。利用无人机搭载成像光谱仪可获取作物冠层高光谱影像数据，通过以冠层光谱反射率、固定波段植被指数和极值植被指数为自变量，使用定性或定量算法可构建植株叶面积指数的遥感估算模型（田明璐等，2016；Yue et al.，2017），这可为作物叶面积指数遥感监测提供科学依据。杨贵军等（2015）研发的农业多载荷无人机遥感辅助作物育种信息获取系统，基于六旋翼无人机平台，集成高清数码相机、多光谱相机及热像仪等多载荷传感器，可以实现叶面积指数、作物倒伏面积、产量及冠层温度等育种关键表型参数的高通量获取，为研究作物育种基因型与表型关联规律提供辅助支持，为育种专家提供高效决策信息。同样，利用无人机搭载数码相机，通过研究灌浆期植株倒伏的图像特征和面积提取方法，可为应用无人机彩色遥感图像准确提取倒伏植株面积提供依据和方法（李宗南等，2014；Yang et al.，2017；Han et al.，2018）。此外，利用无人机也可对植株长势状况（叶面积指数、叶片氮积累量和叶片干物质量）进行监测（江杰等，2019）。例如，采用无人机搭载数码相机可获取玉米苗期影像，基于数学形态学的原理，通过色彩空间变换，从无人机影像中识别提取玉米苗的形态信息，读取玉米株数（刘帅兵等，2018），该方法为快速大面积测定田间出苗率及最终估产提供了依据。

2.2.2 作物营养与冠层温度诊断

利用无人机搭载成像光谱仪可获取作物冠层高光谱影像，通过构建新的比值光谱指数的线性模型可评估植株叶片全氮含量。研究表明，无人机高光谱影像反演的植株叶片全氮含量分布范围与地面实际情况较相符（秦占飞等，2016），这可为区域尺度作物氮素含量的空间反演提供技术依据。Liu 等（2017）基于无人机遥感平台获取小麦冠层高光谱影像，分别利用 BP 神经网络和多因素统计回归方法建立了小麦拔节期、挑旗期（孕穗期）、开花期和灌浆期 4 个阶段的叶片氮浓度诊断高光谱定量模型，并验证了基于无人机的定量高光谱模型的有效性和实用性。此外，以无人机搭载非制冷热像仪和高清数码相机构成低空遥感系统，采集试验区拔节期作物影像，利用几何校正后的数码影像对作物进行分类和二值化处理，进而提取热红外影像中的植株冠层像元，可快速获取作物冠层温度（杨文攀等，2018）。

2.2.3 作物面积与产量估计

王利民等（2013）采用无人机搭载数码相机测试了定位定向系统数据辅助下光束法区域网平差方法平面定位精度，以及作物分类、作物面积识别精度。利用无人机搭载多波段多光谱传感器和数码相机可获取植株多时相影像数据，并可导出作物多时相植被指数用于预测作物产量。研究表明，通过无人机获得的多光谱和数字图像对水稻生长及粮食产量估计都是可靠的（Zhou et al.，2017）。例如，利用固定翼无人机与多光谱相机组成的遥感平台对冬小麦进行多期遥感观测以评估其产量，研究显示优化后的基于植被指数的估产模型，可以快速有效地诊断作物长势和评估产量，为规模化种植经营提供一种高效快捷的低空管理工具（朱婉雪等，2018）。

2.3 农业物联网传感器

我国正在探索将现代信息技术与农业深度融合，从而实现农业生产全过程的信息感知、精准管理和智能控制的农业生产方式。农业物联网技术是实现精准农业的必要技术支撑，通过物联网技术强化农业基础设施和物质装备条件建设，对进一步夯实中国农业发展的产业基础，巩固和提高农业综合生产能力，实现生产的规模化、专业化、区域化，推进农业可持续发展具有重要意义。农业和互联网融合，不是简单做加法，而是通过产业的融合和创新，运用互联网优势，促进现代农业转型升级。农业物联网产业是指将物联网技术应用到农业生产中，集感知设备研发制造、网络系统构建、精准农业生产、农业信息服务、农业农村信息化解决方案咨询设计等一、二、三产业融合的战略性新兴产业，具有“专、精、特、新”的创新型产业特征。农业物联网产业包括农业传感器产业、农业自动识别技术与设备产业、农业精准作业机具产业、农产品物流产业、农业信息服务业等，涉及直接进行农业物联网关键技术及产品研发、设备制造与应用服务，一般包括动植物感知及核心器件研发与制造、农业专用仪器仪表生产、网络通信服务、农业行业应用软件开发与集成、人工智能决策、现代农业信息化解决方案服务，以及其他与农业物联网有关的科研、教育、咨询、服务等活动。农业物联网产业需求主体包括政府部门、新型农业经营主体、农业示范园区等。农业物联网产业供给主体包括设备制造商、软件产品开发商、系统集成商、网络及运营服务商四类。

农业物联网的应用发展对促进农业信息化和农业现代化的融合发展具有重大意义。近年来，国家和地方高度重视农业物联网工作，国家发展和改革委员会、农业农村部分别在黑龙江、北京、天津、安徽、上海、江苏、新疆及内蒙古等地开展了一系列物联网应用示范工程，各级地方政府在党中央的指导下也做了大量农业物联网推进工作，应用领域主要包括设施种植、设施养殖、大田作物、农产品物流追溯、农机监控和生态环境监控，初步形成了一批农业物联网技术软硬件产品、应用模式和应用典型，农业物联网产业化也在如火如荼地进行着，显现出我国农业物联网应用发展的强劲势头，对发展现代农业起到了积极的促进作用。

农业物联网正在悄然改变着农业生产方式和现代农业产业结构，并在养殖、生产、种植等作业中发挥着重要作用。养殖业作为农业产业的重要组成部分，已经成为人工智能投资者的“宠儿”。不少大型互联网公司已经开启互联网农业养殖新时代，如腾讯的“AI 生态鹅场”，阿里、京东、网易的“AI 养猪”等。此外，在作物种植作业中，可以通过农业物联网中的各种传感器去监测作物的养分状态、病虫害信息等，以及土壤的温湿度水分情况，甚至可以根据历史数据及当前空气中的温湿度水分去预测天气状况，帮助农民搜集有用的数据，并进行整合分析，为农民提供土壤灌溉、作物施肥、喷药等的精准服务。农业物联网不仅能够帮助农民提高效率，也能实现绿色农业，有助于农业生产精细化，从而促进农业提质增效。

然而，我国农业物联网产业总体上还处于发展的初级阶段，从全国总体情况看，无论是农业物联网应用发展的理论体系、技术体系还是模式机理，仍有许多问题值得进一步深入思考和探索。在农业物联网的技术支撑中，感知技术是基础和关键，也是我国发展农业物联网的技术瓶颈。随着我国农业现代化的快速发展，对农业先进信息感知产品与传感器设备的需求日益增大，信息感知层是农业物联网技术创新研究的优先领域和研究重点。感知层的核心技术在于针对农业产业和农作物本体研发和制备先进传感设备，其关键在于高精准度、高稳定性、微型化和低成本。农业物联网中使用的传感器主要包括农业环境信息传感器和农业动植物生命生理信息传感器。农业环境信息传感器主要是通过对动植物生长过程中的空气、光照、温度、湿度、水分、土壤等信息进行检测，及时了解外部环境的变化，并对环境因素进行综合监测和评估，以便为动植物的健康生长创造更好的条件，促进动植物管理质量的提升。目前，农业物联网上常用的环境传感器主要包括光照、温度、湿度、水分、气体浓度、雨量、pH、土壤等传感器，这些已经从实验室走向实际应用。目前我国已有较多的科研机构、物联网企业开展此类传感器的研发，制备了一批低成本、小型化、较实用的农业环境信息传感器，在我国传统农业改造升级中发挥了重要作用。而农业动植物生命生理信息传感器主要是通过对植物叶片温湿度、病虫害、养分、茎秆径流、果实尺寸、糖分、光合、呼吸、蒸腾，以及动物行为、叫声、体温、体重、食欲等信息进行采集，分析动植物的生长信息和生理信息，判断动植物的生长状态。然而，目前这类动植物生命本体信息传感器的研发多处于实验室研究阶段，在国内生产的较少，其核心感知部件严重依赖国外进口，应用成本较为昂贵，离大规模应用与农业生产实践还有一定的距离。

2.4 农业测控终端

测控终端的产业布局大多集中于节水灌溉及温室环境测控等领域。一般来说，测控终端系统包括四个方面：感知控制层、网络传输层、云端管理层、终端决策层。感知控制层为测控终端的核心部分，具体包括传感器信号采集与控制器，直接管理地上信息采集、地下信息采集、主要传感器与主要控制器。网络传输层完成接入与传输功能，是进行信息交换与传递的数据通路，包括接入网与传输网。云端管理层通过云端综合数据处理平台，可将感知层的数据与决策层的控制命令进行实时地整合和转发，最终实现决策层到感知层的实时交互。终端决策层主要解决信息处理与人机界面的问题，为用户提供分析和决策依据。

现有的农业测控终端主要集中在远程供水、农业灌溉、农业物联网、温室大棚管理、植物生长调控、农机作业参数等领域，不同领域的发展现状不均衡。

2.4.1 通用技术基础方面

由于大田农业的特殊性，网络技术更多地用于传感器与控制终端中。有线网络技术部分应用于设施农业，而其他大多数农业生产需要应用无线网络技术，形成无线传感网络或基于无线网络的控制终端。在大田中使用传统的测控设施，往往会有建设成本过高、维护难度过大、安装过程烦琐、对环境有影响等诸多问题，而无线网络技术的引入能大大提升设施农业控制和管理的自动化水平（纪建伟和鲁飞飞，2011）。主流技术有基于IEEE 802.15.4协议标准的ZigBee技术、蓝牙技术等无线网络技术，而位于大田无线传感器网络（wireless sensor network，WSN）的基站往往无法铺设线路，中国移动和中国联通推行的通用分组无线业务（general packet radio service，GPRS）网络传输带宽可达40 kbps，且已覆盖我国大部分城乡地区，是目前农业领域的主要互联网接入方式。

2.4.2 设施农业方面

控制终端在分析采集信息的基础上，进行信息的交换和融合，使信息更加全面，以此来获得最优的准确数据。通过数据分析对设施农业的施肥、灌溉、播种、收获等环节进行精准控量的指导（李道亮，2012）。同时，信息处理平台能实时收到监测数据，并通过这些数据实时显示出各个温室内的环境状况，控制通风、加热、降温等设备。一旦某一数据不满足预设的阈值范围，对应设备将进行自动调节，使温室环境始终保持在一个相对稳定的状态。

占地面积较大的温室种植基地一般会有远程控制功能来实现电动卷帘和排风机等的自动控制。例如，温室设备会自动监测室外温度，当温度低于阈值将自动控制卷帘放下（何勇等，2016）。在温室的设备上设置摄像头，摄像头可以帮助农民与专家进行诊断对接，这样既可以方便农户咨询问题，也可以让专家为更多的农户服务。另外，也可实现对风机、室内喷灌系统的远程控制。总的来说，在控制技术上比较简单，但相应的控制装置要能在大温差且高湿环境下长时间正常工作。

目前，设施农业相关的栽培技术由基质培、营养液水培逐渐向雾培前沿技术转变，由平面多层立体栽培向圆柱体、多面体立体栽培转变，由化学液肥向矿物质肥和光碳核肥转变，由温室控制向远程控制转变，由单向的技术和装备引进向双向转变，由试验示范阶段向商业化产业化阶段转变（余锡寿和刘跃萍，2014）。

2.4.3 大田农业方面

2.4.3.1 耕整地作业

耕地机械主要包括铧式犁、圆盘犁、旋耕机、深松机等；整地机械主要包括钉齿耙、圆盘耙、起垄机、联合整地机等（平英华等，2018）。各种机械可单独完成特定的作业项目，也可联合其他作业机械一次性完成多项作业，提高农业生产效率。

在耕地作业中，深度和平整度是耕整地的基本要求。目前的耕地控制终端主要完成了深度的测量、记录及传输，对深松的深度控制通常取决于作业人员。但已有一些专利技术可以实现耕深的自动调节，或当耕作地面起伏不平时，自动调节深松机的工作头高度，达到定深松土的目的等。而平整地作业中，激光控制器是一种典型的控制器，主要应用于农业激光土地平整系统。该系统主要由激光发射器、激光接收器、控制器和液压工作站组成（单涧爽，2019）。激光发射器用于发射激光，形成一定直径的激光平面（提供一个基准平面或者基准坡度）。激光接收器一般装在刮土铲支撑杆上，用于接收发射的激光信号，将信号传给控制器进行处理。控制器将处理好的信号用于控制液压执行机构，液压机构按要求控制刮土铲作业，完成土地平整作业（隋军，2002）。目前也逐步出现了水田激光平地系统。

2.4.3.2 种植作业

种植机械可分为播种机械和栽植机械两大类（桑文欣，2014）。水稻插秧机是应用最为广泛的大田栽植机械。20 世纪 80 年代起，我国开始引进日本插秧机及其工厂化育秧技术，并在此基础上进行了新一轮的水稻机械化插秧技术探索，取得了一定的应用成果（唐志强，2017）。目前的研究主要集中于育秧栽培技术、高性能机械插秧技术和智能自适应控制技术等。

水稻直播是一种省力、省工、节能、节水、节本、高效的水稻种植方式，近年来在我国和越南、印度尼西亚、菲律宾、印度等亚洲国家发展迅速。播种机械按播种方法可分为撒播机、条播机、穴播机等（孙齐磊等，2002）。播种机按排种器的排种原理可分为气吸式播种机和机械式播种机等。气吸式播种机具有对种子的几何形状要求较宽松、易实现精量播种等优点，广泛应用于国内外高速、精密播种作业中。气吸式播种机的优点有充种性能好、通用性好、工作效率高等。机械式播种机普遍存在着对种子尺寸形状要求高、对种子损伤大、无法适应高速作业等缺陷。因此，在播种机自动化和电气化发展的过程中机械式播种机逐渐被淘汰。但在我国农业机械化水平低、农民收入不高的国情下，仍有大量机械式播种机应用于农业生产中。近几年，我国开始推广精量穴直播机、“针吸式”播种机、水稻钵苗移栽成套设备技术等。

2.4.3.3 植保作业

基于实时传感器的变量施肥技术是在施肥机械作业的过程中通过传感器实现对农田基本数据信息的实时监测，控制系统分析所监测到的信息并控制执行器工作，进而实现变量实时作业（孙成，2008）。基于实时传感器的方法可反映农田实时状况，无需地理信息、数据管理等计算机技术的介入，但对在线自动检测设备要求较高。目前尚处于研究阶段，距离实际应用仍需较长的发展过程。

目前，变量的控制技术较多的是将 PWM 技术用于植保作业。采用 PWM 技术对每一路电磁阀进行独立控制，实现多路电磁阀高压喷药，这样就能灵活调整喷药幅宽。在恒定的压力条件下，喷头喷量与频率和占空比均存在正相关性，而流量与占空比之间的线性关系良好（邹伟等，2016）。在无人机植保作业中需要更精准的速度控制、流量控制，如采用 PID 控制算法控制无人机飞行速度，利用 PWM 技术控制液泵作业时间，实现了喷雾流量的实时控制（唐婧，2018）。

2.4.3.4 收获作业

收获机械的种类很多，根据所收获的作物对象，可分为谷物收获机械、玉米收获机械、棉麻作物收获机械、果实收获机械、蔬菜收获机械、花卉（茶叶）收获机械、籽粒作物收获机械、饲料作物收获机械、茎秆收集处理机械等（杨戈，2013）。谷物联合收割机是我国应用最多的收获机械。据相关部门统计，截至 2015 年，我国小麦机械化收获水平已超过 87%，水稻机械化收获水平超过 73%。谷物联合收割机按配置结构可分为牵引式、背负式和自走式，其中自走式谷物联合收割机具有机动性好、生产效率高、作业质量好等优点，已取代背负式和牵引式，成为谷物联合收割机的主导机型。

目前国内的谷物联合收割机以中小型为主。这种收割机结构紧凑、小巧灵活、操作简便，与我国广大农村的经济条件、生产力水平和土地经营方式相匹配。随着农村土地的集约化发展，欧美国家常用的大功率、高可靠性的大中型谷物联合收割机在国内市场的需求不断增加。近年来，国内大中型农场、建设兵团进口了大量约翰迪尔、纽荷兰等国外著名企业的先进大型联合收割机。

收获产量的高低很大程度上取决于收割机割台的工作高度。传统方法是利用机械仿形机构或人工来调整工作高度，这种方法不能实时获取和分析割台高度数据，实时性和准确性比较差（李新成等，2019）。一种基于超声波传感器的联合收割机割台高度检测系统，即在割台底部安装超声波发射和接收探头，由单片机控制发射电路，发射的超声波经地面反射后被接收探头接收，再反馈给单片机，以此实现高度检测。最后采用 PID 算法产生相应的输出信号，控制割台实现地面仿形（杨术明等，2008）。也有学者采用基于单侧红外反射的方式检测作物高度，通过位移传感器测量举升液压缸伸缩量来检测割台高度，通过改变电磁阀的闭合时间及方向实现割台升降（李新成等，2019）。

2.4.4 养殖方面

2.4.4.1 畜禽养殖

通过智能算法及专家系统实现了对畜禽养殖环境的智能调控。控制设备主要采用并联的方式接入主控制器，主控制器可以实现对控制设备的自动控制（何勇等，2016）。根据畜舍内传感器检测到的空气温度、湿度、二氧化碳、硫化氢和氨气等参数，对畜舍内的设备进行控制，实现畜舍环境参量获取、自动控制等功能（郭理等，2014）。计算机根据采集到的数据进行分析与处理，根据不同的养殖品种和控制模型计算设备的控制量，设定相关阈值，进而驱动养殖舍内的相应阀门实现智能控制。例如，畜禽圈内二氧化碳浓度过高，系统会自动开启圈内风机，降低二氧化碳浓度，当达到安全指标时，智能控制平台会自动关闭风机，以保证动物的生长环境安全适宜。

2.4.4.2 水产养殖

水产养殖逐渐信息化，主要体现在水温、水位、溶解氧、酸碱度等水质环境因素的检测方面。通过检测水质环境参数对水位、增氧、投饵等养殖系统进行自动控制（徐皓，2003）。为实现按需投喂，尽可能降低饵料损耗，节约成本，可分析光照度、水温、溶氧量、浊度、氨氮、养殖密度等因素与鱼饵料营养成分的吸收能力、饵料摄取量之间的关系，建立养殖品种的生长阶段与投喂率、投喂量间定量关系模型，进而精准确定所需投喂量（周洵和杨丽丽，2015）。基于无线传感器网络的水产养殖多环境因素监测系统、基于物联网的水产养殖智能化控制系统（陈明等，2018）和智慧生态水产养殖系统等，有助于实现水产养殖水质的实时监测和数据分析等功能。

2.5　空天地一体化传感技术

农田信息的快速全方位获取是实现水肥药高效管理、精准施药的前提和基础，因此实现作物不同生长阶段信息的快速高效获取非常重要。常用的信息获取方式主要有三种：地面检测方式灵活、精度高，但存在点测量、效率低、成本高的缺陷；应用无人机可以在作物生长的关键时刻进行信息获取，满足作物全周期信息获取的需要，但无人机载荷量小，作业面积容易受限；遥感卫星的特点是效率高、覆盖广，特别是高分六号卫星的诞生为农业大面积信息的获取创造了条件，但也受卫星周期性限制，特别是受云雾的影响，可能会造成作物生长关键时期的信息缺失，此外分辨率也会受到限制。

由于“空天地”的分辨率不一样，其成本也不一样，“空天地”融合后，就能实现低成本、高效率、较高精度的信息获取，满足作物全生长周期、全天候的信息获取需要。从卫星遥感到航空遥感再到地面遥感，不同的分辨率，其尺度不一样。空间尺度越高，覆盖面越广、效率越好、速度越快，但是分辨率和精度相对会下降。因此，急需研发“空天地”三位一体多源信息获取与融合技术，满足作物全周期、全天候、大面积、低成本信息获取与精准管理要求。

2.5.1 作物生命信息多尺度获取

对植物来说，信息获取就是获取植物的养分信息、生理生态信息、虫害信息和病害信息。生命信息获取需要不同的尺度，可以从作物组织、器官、个体、种群四个尺度开展生命信息快速获取方法研究和传感仪器研制，并从微观到宏观尺度，围绕作物养分生理、三维形态和病虫害信息的快速检测研发作物信息感知技术和传感设备。病害控制关键在于早期诊断，如果早期能够发现植物病害，早期控制，所用的农药少而且防治效果好。

2.5.2 作物胁迫信息快速检测技术与仪器

作物的病害感染和人类一样，分为病毒的入侵期、潜伏期、发病期和广泛传播期，在不同的阶段，需要用不同的尺度来获取信息。植物病害入侵早期，植物细胞壁多糖会发生变化（陈瑞等，2009）。此时，可以用共聚焦显微拉曼光谱检测方法探索植物叶片细胞壁多糖变化，了解炭疽病侵染过程中细胞壁多糖成分组成及空间变化的动态分析；由于在染病初期，植物外表无法观察出明显变化，而基于抗氧化酶活性信息的无损检测方法能实现病害早期无损诊断；在病斑隐现与病斑显现期，利用基于光谱与成像技术的作物病害快速检测方法，可有效消除土壤、环境等田间相关因素干扰，揭示作物内外部特征与侵染病菌的互作机理，实现作物侵染病菌症状显露前的早期诊断。

2.5.3 作物表型信息的快速获取技术

植物的生长除了基因，还受环境的影响。针对表型方面的信息获取，国外的高校研制了一些大型的室外作物采集设备、车载式采集系统，以及室内玉米全生长周期的信息采集设备，检测从玉米籽粒到株高 4 m 时的全过程信息。还有基于核磁共振成像技术的作物根系检测技术。核磁共振与氢元素有关，通俗地说就是和含水量有关，含水量不同其根系的参数和形态呈现的也不同，所以通过核磁共振成像可以用于研究根系参数、根构型，以及对水分和养分的吸收、运输、根际区微域环境等。针对根系与矿物质水分的相互作用机理，通过研究根系对顺磁性物质钾、钠及镉等物质的吸收，实现其吸收过程的可视化。研究表明，核磁共振成像技术的误差只有 3%，精确度是非常高的，目前的缺点是成本比较高。作物三维重建方面，利用可见/近红外光谱的三维彩色形态信息获取技术，实现了植物三维形态与养分生理空间分布的同步测量。

2.5.4 作物环境信息的快速获取技术

土壤中氮和有机质等信息有望通过光谱技术来获取，但存在模型的普适性、迁移性比较差等问题。但该问题可通过扩大数据量改善，目前全国已经建立了 15 个省 6500 多种典型土壤样本的光谱库，通过研究光谱与不同类型土壤之间的反射特性与作用机理，可提高模型的预测精度和普适性。

2.5.5 微小型无人机遥感技术与平台

无人机信息获取将是一个非常重要的手段。无人机信息获取可以分为两大类，一大类是宏观指数，如叶面积指数 NDVI 等，可以用简单的多光谱相机来实现。例如，法国 Parrot 公司 Sequoia 农业专用多光谱相机有 4 个波段，分别为波长为 550 nm 的绿色光、波长为 790 nm 的近红外光、波长为 735 nm 的远红光、波长为 600 nm 的红光（王曦，2020），一般大面积区域内的叶面积指数都可以检测到。另一大类是氮磷钾等养分信息，此类信息需要高光谱相机来精细化获取。无人机的信息获取有严格的要求，信息采集的无人机与喷洒农药的无人机是不同的概念。信息采集时，无人机飞行有严格的高度要求，相机必须严格地垂直于地面，并需要开发农用信息获取专用云台，目前采用的影视航拍云台较难适应精细农业信息采集的要求。只有采用专业的自适应高速云台才能获取高质量的信息。浙江大学数字农业与农业物联网创新团队研制了 25 个波段信息、仅重 525 g 的微型机载作物信息快速获取仪和配套自适应云台，实现了典型作物全生长周期的长势、养分、病虫害的光谱快速检测。

2.5.6 卫星遥感技术与平台

卫星遥感技术与平台发挥了“空天地”不同平台优势，实现了点面结合、时空互补，满足了农作物生长环境及不同生长阶段水分、养分和病虫害等关键信息适时、全域、准确获取的需求。比如土壤多源信息融合，首次将遥感卫星温度植被干旱指数法与 XA-River 三水源产流模型结合，提出了星地数据时空融合与插值算法，建立了土壤缺水量时空分布新模型，攻克了多时相多尺度融合难题，实现了浙江省大尺度土壤缺水量与墒情信息的高分辨率时空预测，时间分辨率由 16 天提高到 1 天、空间分辨率由 32 个地面点提高到全省 1 km 网格全覆盖。

2.6 农业传感器技术发展趋势

在迈向数字农业和智慧农业的进程中，立足中国农业的基本国情，借鉴国际成熟经验，需从以下几个方面考虑我国农业传感器技术的发展。

2.6.1 低成本化

现阶段各类型传感器的价格，对经济欠发达地区、种植规模较小的农户而言较为昂贵，无法享受到农业传感器技术给农业生产带来的红利，科技创新转化为生产力的过程受到阻碍。未来技术向低成本化的方向发展，可以对成果普及和推广起到推动作用，同时促进新产品的研发和升级。

2.6.2 高稳定性

现有的农业传感器已实现在温室和实验室条件下对多种指标进行稳定精确的测量，但还无法满足在复杂多变的自然环境下长时间的工作需求，检测精度和使用寿命是传感器稳定性的重要指标。为确保传感器持续高效高精度运行，未来需要开发更加稳健和容错率更高的硬件及与之配套的软件。一方面能够提高传感器在自然环境中的鲁棒性和检测精度，另一方面也能降低其维护频率及更换频率，降低维护成本，提高经济效益。

2.6.3 高智能化

目前农业传感器已经在环境温湿度、光照强度、气体含量、作物营养元素和病虫害检测等方面得到了长足发展，但是现有传感器多是对以上指标进行单点和静态测定。未来的高智能化系统能赋予传感器智能制定节能策略的能力和针对外部环境变化的智能决策能力，在实现提高能源效率的同时，做到对目标的全面动态检测。

2.6.4 可移植性

外部环境变化多端，作物本身各异性强，对每种环境下每种作物都设计一套专用的系统是不现实的。因此，为了便于应用，系统的可移植性同样是至关重要的因素之一。同时，人工智能技术的不断迭代更新，需要传感器系统主动学习环境和作物的互作规律，提高系统的普适性。

2.6.5 好操作性

好操作性主要体现在两个方面，一方面是易操作性，通常情况下，农业传感器相关应用程序的终端用户都是非技术人员。因此，其操作系统应简单、直接、友好、易于上手。另一方面是互操作性：①人与系统之间的互动，系统反馈的信息要直观直接，便于使用者制定相应规划；②不同组件和不同通信技术之间的互操作性，便于适应未来传感器组件和通信技术的不断升级，增强系统的整体性能。

参 考 文 献

安晓飞, 李民赞, 郑立华, 等. 2012. 便携式土壤全氮测定仪性能研究. 农业机械学报, 43(S1): 283-288.

蔡道清, 李彦明, 覃程锦, 等. 2019. 水田田埂边界支持向量机检测方法. 农业机械学报, 50(6): 22-27, 109.

陈建国, 李彦明, 覃程锦, 等. 2018. 小麦播种量电容法检测系统设计与试验. 农业工程学报, 34(18): 51-58.

陈明, 潘赟, 王文娟. 2018. 基于 Activiti 和 Drools 的水产养殖自动决策流程管理系统. 农业工程学报, 34(24): 192-200.

陈鹏飞. 2018. 无人机在农业中的应用现状与展望. 浙江大学学报(农业与生命科学版), 44(4): 399-406.

陈瑞, 林喜荣, 丁天怀. 2009. 基于 WBCT 的虹膜图像质量评价方法. 自动化学报, 35(5): 618-621.

冯雷, 陈双双, 冯斌, 等. 2012. 基于光谱技术的大豆豆荚炭疽病早期鉴别方法. 农业工程学报, 28(1): 139-144.
郭理, 秦怀斌, 邵明文. 2014. 基于物联网的农业生产过程智能控制架构研究. 农机化研究, 36(8): 193-195, 201.
何勇, 聂鹏程, 刘飞. 2016. 农业物联网技术及其应用. 北京: 科学出版社.
何勇, 张艳超. 2014. 农用无人机现状与发展趋势. 现代农机, (1): 1-5.
和贤桃, 郝永亮, 赵东岳, 等. 2016. 玉米精量排种器排种质量自动检测仪设计与试验. 农业机械学报, 47(10): 19-27.
胡均万, 罗锡文, 阮欢, 等. 2009. 双板差分冲量式谷物流量传感器设计. 农业机械学报, 40(4): 69-72.
胡炼, 罗锡文, 曾山, 等. 2013. 基于机器视觉的株间机械除草装置的作物识别与定位方法. 农业工程学报, 29(10): 12-18.
纪建伟, 鲁飞飞. 2011. ZigBee 技术在农业环境监测系统中的应用与研究. 农业网络信息, (1): 24-27.
江杰, 张泽宇, 曹强, 等. 2019. 基于消费级无人机搭载数码相机监测小麦长势状况研究. 南京农业大学学报, 42(4): 622-631.
蒋焕煜, 周鸣川, 李华融, 等. 2015. PWM 变量喷雾系统动态雾滴分布均匀性实验. 农业机械学报, 46(3): 73-77.
黎永键, 赵祚喜, 黄培奎, 等. 2016. 基于 CAN 总线的拖拉机导航控制系统设计与试验. 农业机械学报, 47(S1): 35-42.
李道亮. 2012. 农业物联网导论. 北京: 科学出版社.
李民赞, 潘娈, 郑立华, 等. 2010. 基于近红外漫反射测量的便携式土壤有机质测定仪的开发. 光谱学与光谱分析, 30(4): 1146-1150.
李庆波, 徐玉坡, 张超航, 等. 2009. 基于光谱技术的植物叶绿素浓度无损检测仪器的研制. 光谱学与光谱分析, 29(10): 2875-2878.
李新成, 王家胜, 邓玉栋. 2019. 收获机割台高度测控系统研究现状. 农业开发与装备, (1): 77-78.
李宗南, 陈仲新, 王利民, 等. 2014. 基于小型无人机遥感的玉米倒伏面积提取. 农业工程学报, 30(19): 207-213.
刘成良, 周俊, 苑进, 等. 2010. 新型冲量式谷物联合收割机智能测产系统. 中国科学: 信息科学, (S1): 226-231.
刘建刚, 赵春江, 杨贵军, 等. 2016. 无人机遥感解析田间作物表型信息研究进展. 农业工程学报, 32(24): 98-106.
刘美辰. 2018. 农机作业障碍物检测与避障方法研究. 杨凌: 西北农林科技大学硕士学位论文.
刘帅兵, 杨贵军, 周成全, 等. 2018. 基于无人机遥感影像的玉米苗期株数信息提取. 农业工程学报, 34(22): 69-77.
刘阳春, 苑严伟, 张俊宁, 等. 2016. 深松作业远程管理系统设计与试验. 农业机械学报, 47(S1): 43-48.
陆国政, 李长春, 杨贵军, 等. 2016. 基于无人机搭载数码相机的小麦育种表型信息解析. 中国种业, (8): 60-63.
罗锡文, 张智刚, 赵祚喜, 等. 2009. 东方红 X-804 拖拉机的 DGPS 自动导航控制系统. 农业工程学报, 25(11): 139-145.
平英华, 刘先才, 王振伟. 2018. 基于农艺农机融合的华北棉区棉花生产全程机械化技术规范研究. 安徽农学通报, 24(16): 83-86, 130.
秦占飞, 常庆瑞, 谢宝妮, 等. 2016. 基于无人机高光谱影像的引黄灌区水稻叶片全氮含量估测. 农业工程学报, 32(23): 77-85.
桑文欣. 2014. 浅议农业机械化生产工艺及装备. 农技服务, 31(10): 117, 123.
单涧爽. 2019. 水稻旱直播机械化技术及机具. 农业科技与装备, (6): 63-65.

申艳, 张晓平, 梁爱珍, 等. 2010. 近红外光谱分析法测定东北黑土有机碳和全氮含量. 应用生态学报, 21(1): 109-114.

隋军. 2002. 激光土地平整系统简介. 山东农机化, (4): 25.

孙成. 2008. 变量施肥机控制系统的研究. 长春: 吉林农业大学硕士学位论文.

孙刚, 黄文江, 陈鹏飞, 等. 2018. 轻小型无人机多光谱遥感技术应用进展. 农业机械学报, 49(3): 1-17.

孙红, 邢子正, 张智勇, 等. 2019. 基于 RED-NIR 的主动光源叶绿素含量检测装置设计与试验. 农业机械学报, 50(S1): 175-181, 296.

孙齐磊, 赵洪林, 张晓辉. 2002. 排种器的现状与发展. 山东农机, (2): 8-9.

唐婧. 2018. 植保无人机变量喷雾系统设计与试验研究. 大庆: 黑龙江八一农垦大学硕士学位论文.

唐志强. 2017. 不同类型土壤与氮磷钾养分配比对水稻机插秧苗素质的影响. 沈阳: 沈阳农业大学硕士学位论文.

田明璐, 班松涛, 常庆瑞, 等. 2016. 基于低空无人机成像光谱仪影像估算棉花叶面积指数. 农业工程学报, 32(21): 102-108.

王昌陵, 何雄奎, 王潇楠, 等. 2016. 无人植保机施药雾滴空间质量平衡测试方法. 农业工程学报, 32(11): 54-61.

王大帅, 张俊雄, 李伟, 等. 2017. 植保无人机动态变量施药系统设计与试验. 农业机械学报, (5): 91-98.

王葵, 翟荣刚, 王道斌, 等. 2013. 基于激光测距雷达和车载 GPS 的动态障碍物检测. 工业仪表与自动化装置, (2): 10-13, 18.

王利民, 刘佳, 杨玲波, 等. 2013. 基于无人机影像的农情遥感监测应用. 农业工程学报, 29(18): 136-145.

王曦. 2020. 基于无人机多光谱的盐渍化土壤有机质遥感反演. 泰安: 山东农业大学硕士学位论文.

谢斌, 李皓, 朱忠祥, 等. 2013. 基于倾角传感器的拖拉机悬挂机组耕深自动测量方法. 农业工程学报, 29(4): 15-21.

徐皓. 2003. 渔业装备研究的发展与展望(续)——写在中国水产科学研究院渔业机械仪器研究所成立40周年之际. 渔业现代化, (4): 3-6.

薛新宇, 秦维彩, 孙竹, 等. 2013. N-3 型无人直升机施药方式对稻飞虱和稻纵卷叶螟防治效果的影响. 植物保护学报, 40(3): 273-278.

杨刚, 雷军波, 刘成良, 等. 2019. 基于线结构光源和机器视觉的高精度谷物测产系统研制. 农业工程学报, 35(8): 29-36.

杨戈. 2013. 农业机械的分类及发展趋势. 农业科技与装备, (6): 101-102.

杨贵军, 李长春, 于海洋, 等. 2015. 农用无人机多传感器遥感辅助小麦育种信息获取. 农业工程学报, 31(21): 184-190.

杨术明, 杨青, 杨银辉, 等. 2008. 基于超声波传感器的割台高度控制系统设计. 农机化研究, (3): 134-136, 156.

杨文攀, 李长春, 杨浩, 等. 2018. 基于无人机热红外与数码影像的玉米冠层温度监测. 农业工程学报, 34(17): 68-75, 301.

尹彦鑫, 王成, 孟志军, 等. 2018. 悬挂式深松机耕整地耕深检测方法研究. 农业机械学报, 49(4): 68-74.

余锡寿, 刘跃萍. 2014. 中国植物工厂产业发展现状及展望. 农业展望, 10(12): 50-55.

张谷丰, 刘向东, 朱叶芹, 等. 2009. 基于开源 WebGIS 的病虫害监测系统. 南京农业大学学报, 32(2): 165-169.

张久龙, 李淑梅, 张利群, 等. 2017. 无人机航测系统在农村 1∶500 地籍测图中的应用探讨. 测绘地理信息, 42(1): 69-72.

张小超, 胡小安, 张爱国, 等. 2010. 基于称重法的联合收获机测产方法. 农业工程学报, 26(3): 125-129.

章海亮. 2015. 基于光谱和高光谱成像技术的土壤养分及类型检测与仪器开发. 杭州: 浙江大学博士学位论文.

周利明, 马明, 苑严伟, 等. 2017. 基于电容法的施肥量检测系统设计与试验. 农业工程学报, 33(24): 44-51.

周洵, 杨丽丽. 2015. 物联网与中国渔业. 中国水产, (2): 37-39.

朱婉雪, 李仕冀, 张旭博, 等. 2018. 基于无人机遥感植被指数优选的田块尺度冬小麦估产. 农业工程学报, 34(11): 78-86.

邹伟, 王秀, 宋健, 等. 2016. 喷头流量控制试验台的设计与试验. 中国农机化学报, 37(10): 61-65.

Baresel J P, Rischbeck P, Hu Y, et al. 2017. Use of a digital camera as alternative method for non-destructive detection of the leaf chlorophyll content and the nitrogen nutrition status in wheat. Computers and Electronics in Agriculture, 140: 25-33.

Berni J A J, Zarco-Tejada P J, Suarez L, et al. 2009. Thermal and narrowband multispectral remote sensing for vegetation monitoring from an unmanned aerial vehicle. IEEE Transactions on Geoscience and Remote Sensing, 47(3): 722-738.

Brand C, Schuster M J, Hirschmüller H, et al. 2014. Stereo-vision based obstacle mapping for indoor/outdoor SLAM. Chicago: 2014 IEEE/RSJ International Conference on Intelligent Robots and Systems: 1846-1853.

Christy C D. 2008. Real-time measurement of soil attributes using on-the-go near infrared reflectance spectroscopy. Computers and Electronics in Agriculture, 61(1): 10-19.

Dayoub F, Duckett T. 2008. An adaptive appearance-based map for long-term topological localization of mobile robots. Nice: IEEE/RSJ International Conference on Intelligent Robots and Systems.

Diego C, Hernández A, Jiménez A, et al. 2011. Ultrasonic array for obstacle detection based on CDMA with Kasami codes. Sensors, 11(12): 11464-11475.

Dvorak J S, Stone M L, Self K P. 2016. Object detection for agricultural and construction environments using an ultrasonic sensor. Journal of Agricultural Safety and Health, 22(2): 107-119.

Han L, Yang G J, Feng H K, et al. 2018. Quantitative identification of maize lodging-causing feature factors using unmanned aerial vehicle images and a nomogram computation. Remote Sensing, 10(10): 1528.

Jones C L, Maness N O, Stone M L, et al. 2007. Chlorophyll estimation using multispectral reflectance and height sensing. Transactions of the ASABE, 50(5): 1867-1872.

Kaizu Y, Choi J. 2012. Development of a tractor navigation system using augmented reality. Engineering in Agriculture, Environment and Food, 5(3): 96-101.

Kipp S, Mistele B, Schmidhalter U. 2014. The performance of active spectral reflectance sensors as influenced by measuring distance, device temperature and light intensity. Computers and Electronics in Agriculture, 100(2014): 24-33.

Kyratzis A C, Skarlatos D P, Menexes G C, et al. 2017. Assessment of vegetation indices derived by UAV imagery for durum wheat phenotyping under a water limited and heat stressed Mediterranean environment. Frontiers in Plant Science, 8: 1114.

Liu H Y, Zhu H C, Wang P. 2017. Quantitative modelling for leaf nitrogen content of winter wheat using UAV-based hyper-spectral data. International Journal of Remote Sensing, 38(8/9/10): 2117-2134.

López-Granados F, Torres-Sánchez J, Serrano-Pérez A, et al. 2016. Early season weed mapping in sunflower using UAV technology: variability of herbicide treatment maps against weed thresholds. Precision Agriculture, 17(2): 183-199.

Maier D, Stachniss C, Bennewitz M. 2013. Vision-based humanoid navigation using self-supervised obstacle detection. International Journal of Humanoid Robotics, 10(2): 1350016.1-1350016.28.

Nabulsi S, Armada M, Montes H. 2006. Multiple terrain adaptation approach using ultrasonic sensors for legged robots//Tokhi M O, Virk G S, Hossain M A. Climbing and Walking Robots. Berlin: Springer.

Narváez F Y, Gregorio E, Escolà A, et al. 2018. Terrain classification using ToF sensors for the enhancement of agricultural machinery traversability. Journal of Terramechanics, 76: 1-13.

Ojeda L, Borenstein J, Witus G, et al. 2006. Terrain characterization and classification with a mobile robot. Journal of Field Robotics, 23(2): 103-122.

Senthilnath J, Kandukuri M, Dokania A, et al. 2017. Application of UAV imaging platform for vegetation analysis based on spectral-spatial methods. Computers and Electronics in Agriculture, 140: 8-24.

Singh M, Sharma A, Singh B, et al. 2012. Investigations into yield monitoring sensor installed on indigenous grain combine harvester. Kolkata: 2012 Sixth International Conference on Sensing Technology (ICST): 46-51.

Sudduth K A, Hummel J W. 1993. Near-infrared spectrophotometry for soil property sensing. Boston, MA, USA: Proc. SPIE 1836, Optics in Agriculture and Forestry: 14-25.

Vandapel N, Huber D F, Kapuria A, et al. 2004. Natural terrain classification using 3-d ladar data. New Orleans: IEEE International Conference on Robotics and Automation: 5117-5122.

Wallays C, Missotten B, Baerdemaeker J D, et al. 2009. Hyperspectral waveband selection for on-line measurement of grain cleanness. Biosystems Engineering, 104(1): 1-7.

Wu G, Li M Z, An X F, et al. 2011. Development of an impact-based yield monitor with CAN-Bus. Sensor Letters, 9(3): 974-980.

Yang M D, Huang K S, Kuo Y H, et al. 2017. Spatial and spectral hybrid image classification for rice lodging assessment through UAV imagery. Remote Sensing, 9(6): 583.

Yue J B, Yang G J, Li C C, et al. 2017. Estimation of winter wheat above-ground biomass using unmanned aerial vehicle-based snapshot hyperspectral sensor and crop height improved models. Remote Sensing, 9(7): 708.

Zhou X, Zheng H B, Xu X Q, et al. 2017. Predicting grain yield in rice using multi-temporal vegetation indices from UAV-based multispectral and digital imagery. ISPRS Journal of Photogrammetry and Remote Sensing, 130: 246-255.

第3章　智能农业装备技术

3.1　农机定位与导航技术

农机的定位和导航是精细农业的基础，是实现农业机械智能化控制的前提，贯穿着智慧农业的始终。播种机、插秧机、灌溉机、收割机等农机的智能化使用及控制，都离不开农机的定位与导航技术。自动导航的农机能够将农机操作者从长时间枯燥的驾驶任务中解放，可以有效地降低农民的劳动强度，在降低投入成本的同时提高生产作业过程中的精度和效率。农机的自动导航主要由四个具体任务组成：第一，获取农机位置姿态，包括农机当前的位置、航向角、速度等信息，使用的方法有机器视觉、全球导航卫星系统（GNSS）和惯性导航等；第二，根据预定义路径完成农机的路径跟踪，使农机与规划好的路径间的横向误差与航向偏角趋向于零，并沿期望路径从起点至终点持续运动，常用的路径跟踪策略有PID控制、纯追踪模型、模糊控制等；第三，根据路径跟踪算法得到的期望前轮转角，以及根据角度传感器得到的当前前轮转角来控制方向盘转动一定的角度，完成农机的自动转向；第四，在行进的过程中利用传感器检测路径上是否存在障碍物，若存在则立即将障碍物信息发送到上位机，并及时做出转向或停止的指令，常用的传感器包括机器视觉、超声波、激光雷达。

3.1.1　农机定位信息获取

在农业中，主要是采用卫星导航系统来获取位置信息进行定位，再通过机器视觉和惯性导航对农机定位进行辅助，在信号丢失或出错的情况下保证农机能够按照预定路线继续行驶，同时也帮助提高定位精度减少误差。

3.1.1.1　卫星导航定位系统

卫星导航定位是应用最为广泛的定位技术。20世纪60年代初期，美国政府机构对发展用于三维定位的卫星系统产生了兴趣，用以给军事和民用部门提供精确、连续的三维位置和速度信息。目前全世界所有的用户均可使用标准定位服务，其提供的预测精度较高，在水平平面内优于13 m，在垂直平面内优于22 m（He and Zhao，2009）。1999年，为更快地获得高精度的用户数据（毫米量级），美国政府对GPS进行了优化，是在原有的两个频率L1和L2上增加了两个民用信号L2C和L5，并用载波相位差分处理技术对三个信号（L1C/A、L2C、L5）进行处理。随着系统的不断改进完善，现代的GPS已经具有全能性、全球性、全天候、连续性和实时性的导航定位功能（李建平和林妙玲，2006）。中国自主研制的北斗卫星导航系统发展迅速，随着系统中卫星数量的增加，北斗卫星系统导航的定位精度更高、覆盖范围更广、信号稳定性更好，在各个领域中都有着更加广泛的应用，越来越多的导航模块可以支持北斗和 GPS 两条定位信号系统同时运行并能把两者的卫星定位信号融合使用。

3.1.1.2 差分定位技术

全球定位系统自从建立以来已得到了非常广泛的应用，但目前单 GPS 系统提供的定位精度不能满足某些实际应用的需求（谢成玉，2012）。影响 GPS 定位精度的因素较多，其中主要的因素可分为三类：第一类是接收机共同的误差，如卫星星历误差、卫星钟差；第二类是 GPS 信号的延迟误差，如电离层和对流层误差；第三类是接收机自身误差，如本身噪声、多路径误差等。这些误差源在空间上是高度相关的。为得到更高的定位精度，通常采用差分定位技术，其基本原理为用两台或多台卫星信号接收机同时接收定位信号，其中一台放置在位置已精确测定的点上作为基准站并与用户移动的流动站接收机同时进行观测，将单点定位结果与基准坐标比较求得该点在系统中的伪距测量误差，并以广播的形式发送给流动站，流动站利用该值对自身的观测值进行修正，以消除第一类和第二类的误差。

差分 GPS（differential GPS，DGPS）技术按时效性可分为实时差分和事后差分（徐红岩，2015），需要立即获得定位结果的用户需采用实时差分模式，此时用户和系统之间需要建立起数据通信链，不必立即获得定位结果的用户可采用事后差分模式，结构较为简单。根据工作原理和数学模型可分为单基准站差分、局域差分和广域差分，单基准站差分仅有一个基准站提供差分改正信息，局域差分由多个基准站构成，广域差分系统是由基准站、数据处理中心、数据通信链、监测站及用户等部分构成，基准站的数量视覆盖面积及用途而定。根据定位方式的不同分为绝对差分和相对差分，绝对差分是相对于地心地固坐标系下确定用户位置，相对差分则是通过坐标系中相对于基准站的位置确定用户位置。根据发送信息方式不同分为位置差分、伪距差分和载波相位差分，其中位置差分和伪距差分精度较差，可获得米级的定位精度，但数据处理方便，载波相位差分精度较高，理论上能满足厘米县至毫米级的定位精度，但数据处理比较复杂，目前主要应用在精度要求很高的领域中。

实时动态载波相位差分技术又称 RTK（real time kinematic）技术，是一种利用 GPS 载波相位观测值进行实时动态相对定位的技术。与其他差分不同的是，在进行 RTK 测量时，基准站通过数据通信链实时地把载波相位观测值和已知坐标等信息发送给附近工作的流动用户，流动站接收到数据后利用静态相对测量的处理方法对基线进行求解，然后计算待测点的位置坐标。RTK 根据基准站发出的信号可分为两种，一种是发送校正值，流动站接收基准站的校正值和卫星信号进行定位处理；另一种是基准站直接发送 GPS 完整载波信号，用户接收机同时接收来自基准站和卫星的载波信号，在内部进行实时差分消除部分误差来提高定位精度，这是真正的 RTK 技术，定位精度最高。

3.1.1.3 RTK 技术在农业的实际应用

RTK 技术在国内外农业领域的应用中有很大的差别，国外的应用已相对成熟。Cariou 等（2003）利用 RTK-GPS 作为车辆导航唯一的传感器，并设计了基于卡尔曼滤波重构和非线性速度控制的控制算法进行农机的自动导航，田间实验证明可行；Lenain 等（2006）于 2003 年通过实验证明 RTK-GPS 是实现农机高精度自动导航的很合适的传感器，并指出了农机在颠簸路面行驶时出现侧倾情况对导航精度的影响，之后于 2006 年进一步研究，通过比较农机实际运动状态与理想运动状态得到侧倾情况下的相关参数，建立了扩展的运动学模型，并将模型预测控制方法用于自动导航中，设计了一套基于链式系统理论的农机非线性导航系统，该系统对于侧倾参数变化缓慢的情况具有误差约为 15 cm 的导航精度，但在侧倾参数变化快的情况下效果较差。随着 RTK 技术的发展，学者开始将其用于农作物田间精细化管理中，Ehsani 等（2004）将 RTK-GPS 安装在播种机上，在播种过程中绘制种子的分布图（高精度的种子分布图可以用于杂草控制和作物管理，从而提高收获量），第二年的田间结果显示，实际作物生长的位置与种子图上的位置偏差范围为 30～38 mm。

国外学者对于 RTK 技术在农业上的应用研究主要集中在如何保证误差最小化的情况下降低系统的成本，较为有效的做法就是将 RTK-GPS 与其他模块相结合进行组合导航。Ball 等（2016）选用价格较低但精度也相对较低的 RTK-GPS，结合机器视觉（田间定位）和立体视觉系统（障碍检测和规避）设计了能自动导航和避障的农用机器人。

相比于国外，国内 RTK 技术在农业领域的应用尚处于探索阶段。罗锡文等（2009）将基于 RTK-GPS 的自动导航控制系统应用在东方红 X-804 拖拉机上，将行驶过程中的横向跟踪误差作为模型的输入，期望的拖拉机转向轮偏角作为输出，PID 作为模型的控制器，在拖拉机行进速度为 0.8 m/s 时，平均跟踪误差小于 0.03 m。周建军等（2009）在改装的四轮电瓶车上采用 Trimble RTK-GPS 4700 作为位置传感器，结合电子罗盘和角度传感器，利用模糊控制方法实现了农机的直线和曲线路径追踪，当速度为 1 m/s 时，直线路径跟踪最大偏差为 0.19 m；当速度为 0.8 m/s，曲线路径跟踪最大偏差为 0.26 m。为了实现农业车辆的精确导航，张美娜等（2015）提出了一种 RTK-DGPS 融合惯性传感器的导航参数计算方法，该方法利用惯性传感器平均补偿了系统存在俯仰和侧倾时出现的 0.08 m 横向误差。

3.1.1.4 定位系统精度分析

定位系统的定位精度是指通过其测得的点的位置信息与该点真实坐标之间的差距。对于低精度的卫星定位系统来说，测量其定位精度一般有两种方法：一种是使用更高精度的定位系统，但对于精度已经达到厘米级别的 GPS/北斗-RTK 系统来说，这种方法显然行不通；另一种是通过测量标志性建筑物，与该建筑物网上查到的精确定位坐标比较得到，这种方法虽然可行但比较麻烦。因此，需要寻找另外的方法来验证定位模块的定位精度。根据实际操作可以发现，RTK 卫星定位系统的定位精度由两部分组成，其一是基站的绝对定位精度，其二则是移动站相对于基站的定位精度。

1. 静态定位精度分析方法

在进行静态定位精度分析时，使用的方法是将基站和移动站搭建好后，移动站静止放置一个小时收集数据，并按照式（3-1）分别计算标准差（σ）、圆概率误差（CEP）、距离均方根误差（RMS）和两倍距离均方根误差（2DRMS）。

$$
\begin{cases}
\sigma_x = \sqrt{\dfrac{1}{n}\sum_{i=1}^{n}\left(X^{\text{ned}} - X_0\right)^2} \\
\sigma_y = \sqrt{\dfrac{1}{n}\sum_{i=1}^{n}\left(Y^{\text{ned}} - Y_0\right)^2} \\
\text{CEP} = 0.56\sigma_x + 0.62\sigma_y \\
\text{RMS} = \sqrt{{\sigma_x}^2 + {\sigma_y}^2} \\
\text{2DRMS} = 2\sqrt{{\sigma_x}^2 + {\sigma_y}^2}
\end{cases}
\tag{3-1}
$$

式中，σ_x、σ_y 是 x 轴和 y 轴的标准差，X^{ned}、Y^{ned} 是某一个点的 x 坐标和 y 坐标，X_0、Y_0 是 n 个点的 x 坐标和 y 坐标的平均值。

由于 GPS 的位置误差符合正态分布，如图 3-1 所示，以天线的实际位置为圆心，CEP、RMS、2DRMS 值为半径做圆，如果有 95%的测量点落在该圆内，则可认为该值即为系统的静态定位精度。

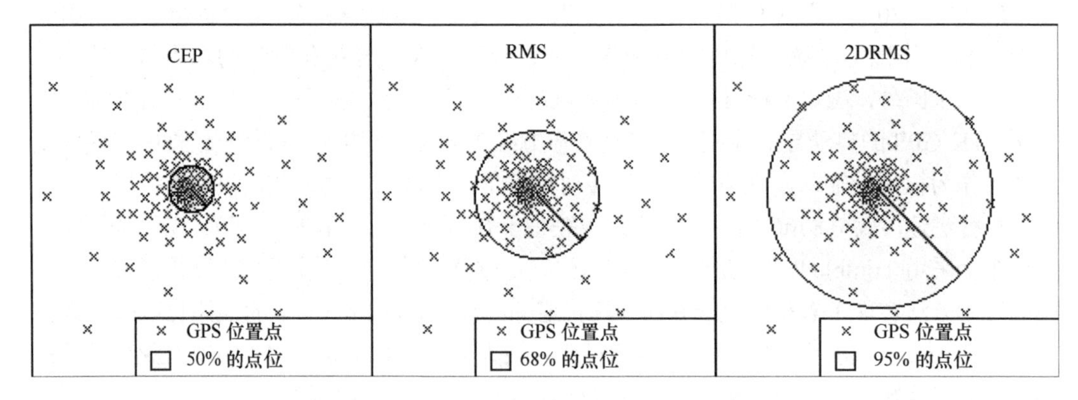

图 3-1 精度评价指标

图中红实线为圆形半径

2. 动态定位精度分析方法

（1）直线运动

插秧机在水田里两作物行之间工作时，直线运动是最主要的运动形式，因此，在验证了静态定位精度后，还需要对直线运动的状态进行模拟以反映该系统在实际运用时的情况。由于手持移动站无法保证其完全直线运动，使用直线导轨和滑块进行直线模拟实验。设置好基站后，将移动站的天线固定在滑块上并移动至直线导轨的一端，控制滑块按照不同平均速度在导轨上进行直线运动，记录移动站得到的数据后进行直线拟合。通过比对直线拟合结果的相关系数可以确定系统动态定位精度。

（2）圆周运动

农机在地头转向时也需要对曲线路径进行路径跟踪，所以需要通过模拟圆周运动的方法，对定位模块曲线运动的动态定位误差进行分析。为模拟圆周运动，使用的是旋转支架，该支架可实现 360°旋转且有不同的旋转半径。将旋转支架的中间轴固定在空旷的位置，流动站和基站模块分别与计算机连接后用三脚架固定，将流动站的天线固定在旋转支架的平台上。

利用最小二乘法对圆周运动进行圆周拟合的计算过程如下。

已知圆的方程可以写成：

$$(x-x_c)^2+(y-y_c)^2=R^2 \tag{3-2}$$

式中，圆心为(x_c, y_c)，c 指的是圆心，半径为 R。最小二乘拟合要求距离的平方和最小，即

$$f=\sqrt{(x_i-x_c)^2+(y_i-y_c)^2}-R \tag{3-3}$$

的值最小，但由于计算麻烦且得不到解析解，故退而求其次，求

$$f=\sum\left((x_i-x_c)^2+(y_i-y_c)^2-R^2\right)^2 \tag{3-4}$$

的最小值，经过一系列解算后，得到相应的参数解为，令

$$\begin{cases} A=n\sum x_i^2-\sum x_i\sum x_i \\ B=n\sum x_iy_i-\sum x_i\sum y_i \\ C=n\sum x_i^3+n\sum x_iy_i^2-\sum\left(x_i^2+y_i^2\right)\sum x_i \\ D=n\sum y_i^2-\sum y_i\sum y_i \\ E=n\sum y_i^3+n\sum y_ix_i^2-\sum\left(x_i^2+y_i^2\right)\sum y_i \end{cases} \tag{3-5}$$

则

$$\begin{cases} x_c=\dfrac{CD-BE}{2\left(AD-B^2\right)} \\ y_c=\dfrac{BC-AE}{2\left(B^2-AD\right)} \\ R=\sqrt{x_c^2-y_c^2-\dfrac{2x_c\sum x_i+2y_c\sum y_i-\sum\left(x_i^2+y_i^2\right)}{n}} \end{cases} \tag{3-6}$$

经过式（3-2）～式（3-6）的计算，可以由转换后的坐标计算得到拟合圆的圆心坐标与半径。由此可以确定圆周运动的定位偏差。

3.1.1.5 机器视觉定位

现实世界坐标系下的物体是三维的，视觉传感器则将三维物体通过成像投影到二维平面的图像中，定位需要从二维图像中得到世界坐标系下的物体坐标，从而确定目标物体与相机在世界坐标系下的相对位置关系，为此，需要知道图像像素点与其对应现实坐标的相互转换。

视觉定位流程图如图 3-2 所示。首先在已知场景即以相机位置和标志物位置已知的场景中建立标志物的图像像素点坐标 Image Coordinate (u, v)及其现实坐标系 World Coordinate (X_W, Y_W, Z_W)的对应关系 H；接着利用这种对应关系 H 在未知场景中，对所得图像进行矩阵变换得到像素点与现实坐标的对应关系，通过图像处理方法得到其像素点

坐标，也就获得了其现实坐标，从而得到其与相机的相对定位。

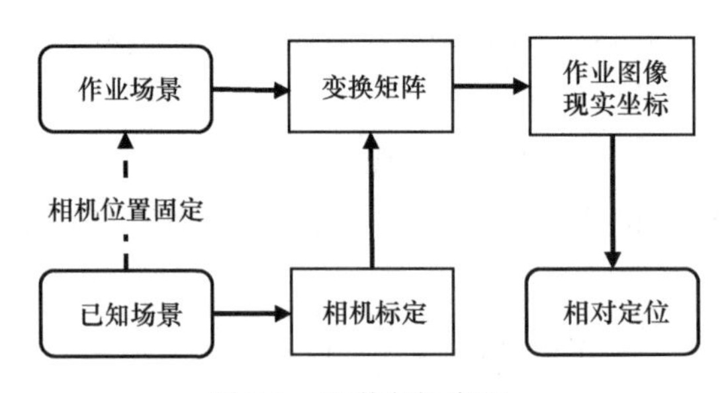

图 3-2　视觉定位流程

从图像中物体像素坐标得到其相对相机的实际坐标需要对图像进行逆投影变换，以相机投影到地面处为原点，相机的前视方向投影在地面的直线为 Y 轴，垂直向上为 Z 轴，建立现实坐标系 World Coordinate (X_W, Y_W, Z_W)，图像像素点坐标为 Image Coordinate (u, v)，根据相机的成像模型，空间三维点投影到图像二维像素点的转换关系可以用一个矩阵来表示：

$$Z_C\begin{bmatrix}u\\v\\1\end{bmatrix}=\begin{bmatrix}m_{11}&m_{12}&m_{13}&m_{14}\\m_{21}&m_{22}&m_{23}&m_{24}\\m_{31}&m_{32}&m_{33}&m_{34}\end{bmatrix}\begin{bmatrix}X_W\\Y_W\\Z_W\\1\end{bmatrix}=M\begin{bmatrix}X_W\\Y_W\\Z_W\\1\end{bmatrix}\tag{3-7}$$

式中，Z_C 为物体景深，Z_W 为物体在现实坐标系中的 Z 轴坐标，当 Z_W 固定时，不失一般性，假设 Z_W=0，对每个像素点，有唯一现实坐标与之对应。

$$Z_C\begin{bmatrix}u\\v\\1\end{bmatrix}=\begin{bmatrix}m_{11}&m_{12}&m_{14}\\m_{21}&m_{22}&m_{24}\\m_{31}&m_{32}&m_{34}\end{bmatrix}\begin{bmatrix}X_W\\Y_W\\1\end{bmatrix}\tag{3-8}$$

因此：

$$\begin{bmatrix}X_W\\Y_W\\1\end{bmatrix}=\frac{1}{\beta}\begin{bmatrix}m_{11}&m_{12}&m_{14}\\m_{21}&m_{22}&m_{24}\\m_{31}&m_{32}&m_{34}\end{bmatrix}^{-1}\begin{bmatrix}u\\v\\1\end{bmatrix}=\begin{bmatrix}h_{11}&h_{12}&h_{13}\\h_{21}&h_{22}&h_{23}\\h_{31}&h_{32}&h_{33}\end{bmatrix}\begin{bmatrix}u\\v\\1\end{bmatrix}=H\begin{bmatrix}u\\v\\1\end{bmatrix}\tag{3-9}$$

H 为逆透视变换矩阵，通过多组已知现实坐标点和像素点对应点，可以求出 H，从而将像素点转换到现实坐标系。求解得到逆投影变换矩阵 H 后，因为相机在现实坐标中位置固定，在导航场景中可以根据图像中的像素坐标用 H 计算出其现实坐标，进而得到图像中目标点与相机的相对位置。

国外从 20 世纪末开始就有了有关视觉导航的研究，总体实现了低速条件下（1 m/s 左右）在一定路程内导航横向偏差达到厘米级（小于 10 cm）。西班牙的 Bengochea-Guevara 等（2016）设计了视觉与 GNSS 融合导航系统，设计并开发了两个模糊控制器，实现了视觉导航。速度在 0.3 m/s 左右位置偏差小于 2 cm，角度偏差小于 2°。近年来，国内的中国农业大学、华南农业大学、华南理工大学、江苏大学等高校也都对视觉导航及 GNSS 与视觉导航融合相关技术进行了研究，结果表明目前的视觉导航图像处理速度能满足作业要求，对复杂情况下作物行线提取都有了较为成熟的方法，可去除杂草、阴影、光照等影响，在模拟实验下误差能够达到厘米级（10 cm 内），与 GNSS 的融合研究也表明视觉导航能对 GNSS 导航起到辅助作用。

目前的视觉定位导航参数获取方法主要分为两类，一类是基于单帧图像的，另一类是基于多帧图像的。基于单帧图像的视觉导航参数其结果仅来自每帧独立图像，一般需要作物的分割、定位点选取、直线拟合等步骤，如图 3-3 所示。视觉导航中对原始图像预处理后，通常利用灰度变换增强作物行与背景的差异，进行图像分割后得到作物的二值图像，再对分割后的对象进行中心点的提取，对提取到的中心点进行拟合得到作物行线，通过逆投影变换后得到实际导航参数。

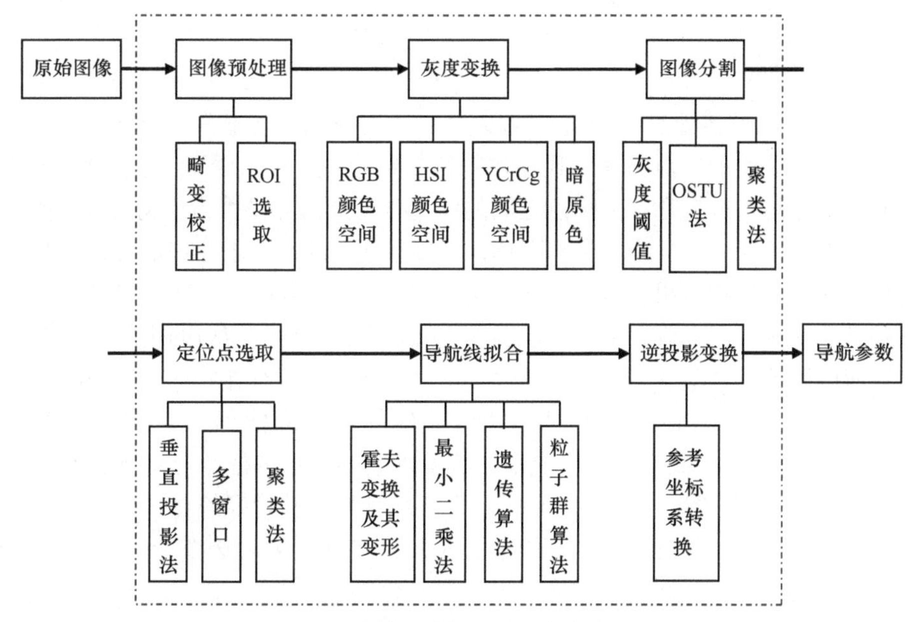

图 3-3　基于单帧图像的视觉导航参数获取步骤

YCrCg 是 YCrCb（也称 YUV 模型）颜色空间的改进，Y 表示明亮度，Cr、Cb 分别表示 RGB 输入信号的红色和蓝色部分，由于农田中绿色占比很大，所以引入 Cg 分量来描述绿色作物特征；OSTU 法即大津法或最大类间方差法

1. 灰度变换

将相机获取的彩色图像转化为灰度图像，在农机导航中，灰度变换的主要目的是增加作物行与背景的差异，便于后续将作物行与背景分割的过程，同时减小光照因素对识别作物的影响。其中三原色（red green blue，RGB）法是最常用的方法，对于各种绿色植物都有较好的提取效果，但存在无法识别杂草和对不同作物需要微调系数的缺点，在实际导航中应根据实际情况选取合适的颜色空间。

灰度变换后，就较容易用图像分割方法将作物行从背景中分离。图像分割的结果直接影响到后续处理方法和效果，图像分割方法有基于阈值的分割方法、基于轮廓的分割方法、基于聚类的分割方法、基于超像素的分割方法等，由于农机视觉导航对实时性要求较高，应用在农机视觉导航中的方法多为基于阈值的分割方法和少数聚类方法。

阈值法用平均灰度值对灰度图像进行分割，平均灰度值的优点在于速度较快，缺点在于稳健性不够（于国英和张小丽，2012）。大津（OTSU）法是基于分割出的目标与背景之间的方差最大的思想来确定阈值，对于物体与背景不存在明显灰度差异或者各物体灰度范围具有较大重叠的图像分割效果不佳（韩永华等，2016）。聚类法的优点在于可分割多种对象，且稳健性较高，缺点在于计算相对复杂（孟庆宽等，2014）。

2. 图像分割

图像分割是一个将图像切割成多个区域并从这些区域中获取感兴趣区域的一种技术，其是由图像处理到图像分析的关键步骤。准确地把秧苗图像从水田背景中提取出来，是识别秧苗行的前提条件，这需要通过图像分割完成。

3. 定位点选取

对分割后的图像需要进行定位点的选取，并用来拟合导航线，具体方法有多种。①中点法是选取线段的中点并作为代表作物行的定位点（司永胜等，2010）。②垂直投影法根据图像分割条后上升点下降点之间的距离判断此两点是否为作物边界，从而求取作物行中心点，优点在于只涉及求和运算，速度较快，缺点在于存在漏行、杂草或作物行倾斜角度较大时检测效果较差（袁佐云等，2005）。③多窗口、移动窗口法本质上是对垂直投影法的变形，移动的窗口类似于分割的水平条，移动窗口的优势在于根据作物的生长时期可以调节移动窗口的步长，效率更高，适用于多行作物的作物行线提取（王晓杰，2016）。④聚类法根据聚类的思想将上述特征点分成不同作物行线所属类（张红霞等，2008）。⑤基于直线交点（消失点）检测的直线筛选方法，可用于边缘检测（姜国权等，2017）。垂直投影法及其变形是最为常用且稳健性较好的算法，该算法较为简单且速度较快，对于存在漏行和直线角度过大的问题，可用选取合适的感兴趣区域（region of interest，ROI）和旋转图像的方式进行弥补。

4. 导航线的拟合

导航线拟合的方法有霍夫（Hough）变换及其变形（陈来荣和冀荣华，2010）、最小二乘法（毛可骏，2009）、粒子群算法（孟庆宽等，2016）等。霍夫变换及其变形精度较高且稳定性较好，异常点不会对其结果产生较大影响，处理速度相对较慢；最小二乘法速度较快但受噪声影响较大。霍夫算法具有较高的鲁棒性，可一定程度上减小杂草和断行的影响，其改进方法改善了计算过大的缺点，是较为常用的直线拟合方法。

在图像上得到导航线坐标后，一般需要将之转化到实际坐标系，得到实际导航参数，机器视觉导航过程中，可以离线标定相机模型参数矩阵，用于自主导航时的矩阵变换，此种矩阵变换分为以下两种情况。

1）在图像处理得到参数前进行逆透视变换（梁栋等，2014），再进行后续处理得到导航参数（图 3-4）。

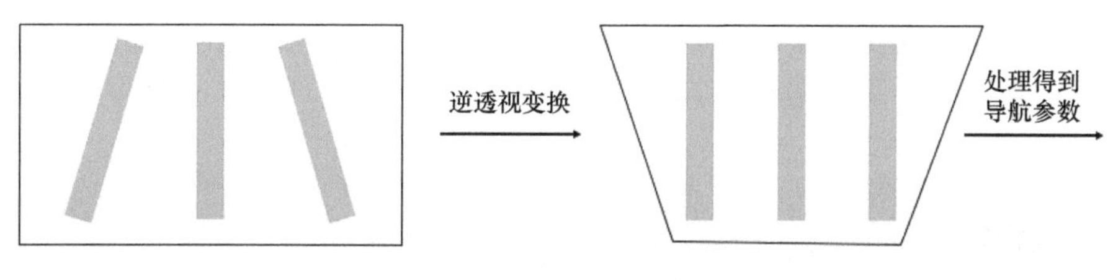

图 3-4　逆透视变换在导航线提取之前

2）处理得到图像上的导航参数后，再通过标定矩阵参数得到现实参数（图 3-5）。

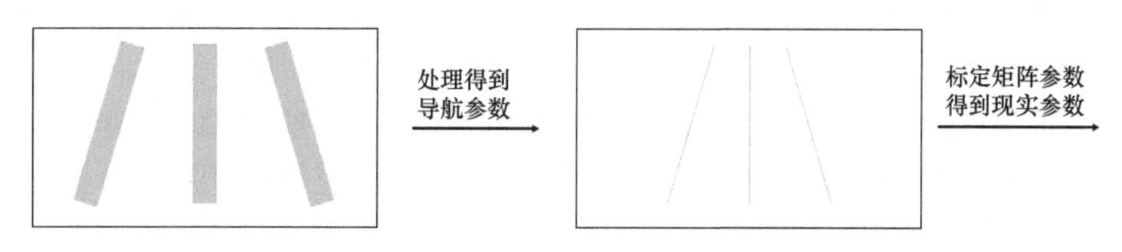

图 3-5　逆透视变换在导航线提取之后

不同于基于单帧图像的视觉导航参数获取方法（需要提取作物行等作为导航线），基于多帧图像的视觉导航参数获取方法一般无须提取导航线，大多利用图像间的匹配直接获取导航参数。这种方法利用图像整体信息、忽略底层细节、缩减处理步骤，是将来视觉导航参数获取的发展方向。

旋转投影将图像进行旋转并计算突变位置，从而得到航向偏差 θ 和横向偏差 d，经过世界坐标转换后可得到导航参数。该方法具有不受路径两侧其他颜色干扰、对天气依赖较小、无须图像分割边缘检测及形态学分析、鲁棒性较好，以及可检测不同颜色作物、耕地、垄沟路径等优点；该方法存在的缺陷为从图像偏差转化到实际坐标参数时还存在误差。English 等（2014）提出模板匹配方法先将图像变换为俯视图，再进行图像处理可直接得到实际导航参数；此方法也具有不用关注低层的特征，因此不受杂草、光照等影响的优点，但此方法在求取图像模板横向偏差时仍需改进。Auat 等（2011）在果园中用双目视觉和雷达对树干检测进行 SLAM 导航定位；Harik 和 Korsaeth（2018）研究了没有 GNSS 信号的温室中视觉雷达 SLAM 方法的自动导航。

3.1.1.6　惯性导航系统

惯性导航系统（inertial navigation system，INS）是利用惯性测量单元（inertial measurement unit，IMU）测量物体三轴姿态角变化率（角速率）及加速度的装置，在给定初始状态后，惯性导航系统对角速率积分得到角度变化从而确定当前角度，对加速度进行积分和二次积分可以得到物体的速度和位置信息。在短时间内惯性导航系统可以有较高的精度，但其误差会随时间累积，一般与其他传感器融合进行组合导航。

3.1.1.7　激光雷达导航

激光雷达（light detection and ranging，LiDAR）利用一组或多组已知角度的激光线束的发射器与接收器，通过计算激光发射接收的时间差计算障碍物的距离，从而得到障碍物某点的位置信息（距离和角度），通过多束激光得到周围环境的点云数据。激光雷达导航多用于无人驾驶实验，目前价格仍然高昂，且空气中的粉尘等物质会影响其精度。

3.1.2 农机导航控制

导航系统除了需要使用感知模块获取定位信息，还需要控制模块对输入信号进行处理并输出控制参数，包括对机器视觉图像、惯性测量单元等信息的处理并将这些信号与卫星定位信息融合，得到融合后的导航参数，计算期望前轮转角，输出电机转动指令，控制执行机构转动方向盘。为使导航更加准确，需要使农机按照预定义的路径行驶，即通过一定的策略使得农机与规划好的期望路径间的横向误差、航向偏角趋向于零，并沿期望路径从起点至终点持续运动。目前比较常用的路径跟踪算法有 PID 控制、纯追踪模型及模糊控制等智能控制方法。

3.1.2.1 导航控制器

嵌入式导航控制器是整个导航系统的控制中枢，能够实时接收导航传感器（RTK 卫星定位系统、惯性导航传感器）的位置和姿态信息并进行信息融合，与预定作业路线信息对比后，确定合适的转向轮偏角、前进速度等决策信息，以指令的形式通过 CAN 总线分别发送给控制单元，实现农机的自动驾驶；当卫星信号缺失时，能够接收视觉传感器根据作物行计算的导航偏差信息，进行作物行的自动跟踪。

3.1.2.2 导航执行机构

农机的控制有赖于导航系统的执行机构，农机自动导航常采用电动方向盘作为系统的执行机构，一般由电机直接驱动或通过传动机构间接驱动方向盘，通过控制电机的转向、转速和转动角度实现插秧机的自动转向控制。

3.1.2.3 PID 控制

PID 控制是路径跟踪控制和转向自动控制中十分常用的控制策略，相比于其他控制策略，它有建立模型难度低、控制精度高等优点，其控制原理如图 3-6 所示。

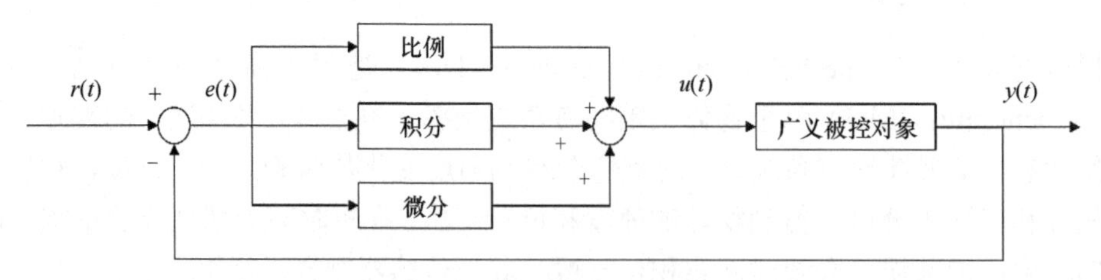

图 3-6 PID 控制原理图

其中控制器的输入为控制偏差，输出为比例（P）部分、微分（D）部分和积分（I）部分的线性组合，如式（3-10）所示。

$$u(t)=K_P\left(e(t)\right)+\frac{1}{T_I}\int_0^t e(t)dt+T_D\frac{de(t)}{dt} \tag{3-10}$$

式中，K_P为比例系数，T_I为积分时间常数，T_D为微分时间常数，$e(t)$为系统的输入，$u(t)$为系统的输出，t是指系统时间。

将式（3-10）写成传递函数形式可得到：

$$G(s)=\frac{U(s)}{E(s)}=K_P\left(1+\frac{1}{T_I s}+T_D s\right)=K_P+K_I\frac{1}{s}+K_D s \tag{3-11}$$

式中，K_P为比例系数，T_I为积分时间常数，T_D为微分时间常数，K_I为积分系数，K_D为微分系数，$G(s)$为传递函数，$U(s)$为输出量的拉普拉斯变换，$E(s)$为输入量的拉普拉斯变换，s为输入量对时间的微分；这 3 个参数都对 PID 控制效果有一定的影响，如果参数选择不当将会引起很多的控制问题（Cominos and Munro，2002）。PID 控制器中调节三个参数的作用如下所述。

1）比例参数是输出和输入误差信号的比例关系，即影响误差的调节幅度；当比例系数较小时，系统对于误差输入调节力度不够，使得系统输出量变化较慢，调节时间过长；当比例系数较大时，系统反应灵敏，调节的速度增快，并且可以减小稳态误差；但是当系数过大时，会造成调节过头，破坏闭环系统的稳定性。

2）仅用比例控制的话，会产生稳态误差，即经过一段时间后误差稳定在一定值无法消除，此时就需要通过引入积分参数进行调节；系统的输出变化的速度会根据积分时间常数T_I的大小改变，只要系统未达到稳定状态，控制器的输出就会不断产生变化；T_I越小说明积分效果越强，能更快速地消除稳态误差，但是积分调节的存在会使系统的反应滞后，所以T_I不能过小。

3）误差的微分就是误差的变化速率，误差变化越快，其微分绝对值越大，因此，微分参数调节能够预见偏差变化的趋势，抵消系统滞后因素的影响，使系统超调量减小、稳定性增加；微分调节的强度与微分时间常数T_D成正比，但T_D过大会导致系统的噪声放大并影响系统的稳定性。

一般来说，当 PID 控制算法用于自动转向控制时，输入为前轮需要转动的角度，输出则为方向盘的实际转角或者电机的频率，不同之处在于控制参数的确定方法及传递函数选择的不同；当其用于路径跟踪时，由于 PID 控制器的输入量只有一个而横向偏差和航向偏差都对路径跟踪效果有着显著的影响（李逃昌等，2013），因此需要对控制器的输入进行一定的改进。考虑将横向偏差 d 与航向偏角 θ 转换为合成误差 ERROR［式(3-12)］，并将 ERROR 作为 PID 控制器的输入，决策输出期望前轮转向角 δ_1。

$$\text{ERROR}=\alpha d+\beta \tag{3-12}$$

式中，α 和 β 分别是横向偏差与航向偏差相对于 ERROR 的折算因子，按照经验与实际模拟效果进行确定。

3.1.2.4　模糊控制

模糊集合的概念最早是由美国加利福尼亚大学的扎得教授提出，此后众多学者展开了模糊数学的研究并不断取得重大突破，模糊算法有着不需建立被控对象的精准数学模型的优点，使用起来更加快捷便利，因此在各种领域中都有着广泛的应用。其缺点在于控制的精度不高。模糊控制器的基本结构如图 3-7 所示。

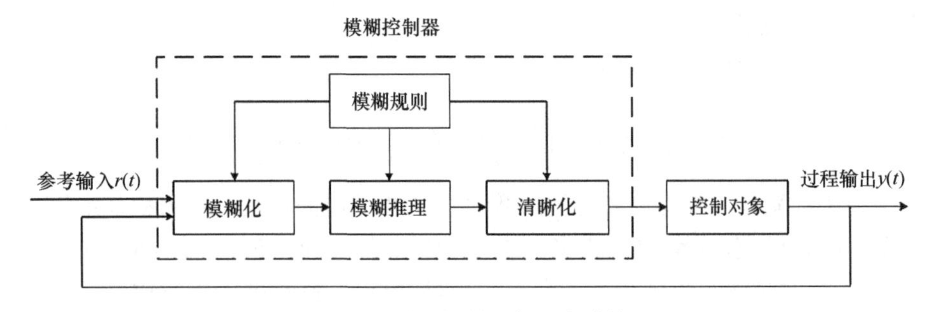

图 3-7　模糊控制器的基本结构

模糊控制器的控制规则一般由三部分内容组成。首先是模糊化处理，主要目的是求出输入输出变量的模糊集合，以及在各自取值范围内每个等级的隶属度，具体步骤如下。

1）模糊集合的确定，其实质上是用一定数量的模糊语言来描述输入输出变量；按照常识，人们对变量进行描述时一般会使用三个词汇：大、中、小，而对变量的状态描述也会用三个词汇：正、负、零，如此组合后形成了本章模糊控制器中使用的七个模糊语言：负大、负中、负小、零、正小、正中、正大，用英语简写成集合{NB, NM, NS, ZO, PS, PM, PB}。

2）由于输入量和输出量之间的单位、量级不统一，而如果先对它们的基本论域进行等级划分，则可以更方便地与模糊集合进行匹配。

3）隶属函数的作用就是将步骤 1）中所得的模糊语言集合与步骤 2）中所得的变量等级集合进行匹配，隶属函数的选择决定了匹配结果的优劣；对于简单的线性控制，能选用的隶属函数有很多种，如三角形函数、梯形函数等，而对于本研究中的非线性控制，高斯曲线隶属函数的效果更好。

1. 模糊规则的制定

模糊规则的制定，是从实际控制经验过渡到模糊控制器的核心环节，最终结果是将一系列规则组合在一起形成一张模糊控制表。单条的控制律通常由 if-then 结构的模糊条件语句构成，如 if $d_{\Delta}=PB$ and $\theta_{\Delta}=PB$ then $\delta_{\Delta}=PB$，用语言描述即为当输入的横向偏差和航向偏差均为正大时，输出的期望前轮转角也为正大。

2. 模糊推理

模糊推理实际上是一个求蕴涵模糊集合的过程。首先需要根据论域内输入变量的模糊值在规则表中进行匹配，满足输入条件的规则被激活；然后需要进行推理，即根据激活的规则，求出模糊集合。

3. 结果反模糊化

结果反模糊化就是把输出结果从模糊值转换为实际值的过程，需要通过模糊推理得出的蕴涵模糊集合计算（周建军等，2009）。目前较为常用的去模糊方法为重心法，即通过计算蕴涵模糊集合与横坐标围成面积的重心，作为模糊推理的最终输出值，该方法具有更平滑的输出推理控制，即使输入信号只有微弱的变化，输出也会产生一定的变化，其具体计算公式见式（3-13）。

$$u=\frac{\int x\mu_N(x)dx}{\int \mu_N(x)dx} \tag{3-13}$$

式中，u 为输出值，$\mu_N(x)$为隶属度函数。在实际应用时为方便计算，可用一定小的采样间隔来提供所需的精度，对于有 m 个输出量的系统，计算公式可简化为

$$u=\frac{\sum_{i=1}^{m}x_i\mu_N(x)}{\sum_{i=1}^{m}\mu_N(x)} \tag{3-14}$$

3.1.2.5 纯追踪算法

纯追踪算法是一种基于几何追踪的车辆轨迹跟踪算法，该算法是基于二轮车模型的车辆几何角度推算模拟人的驾驶行为，具有预见性。

1. 二轮车模型

导航参数的确定，有赖于农机数学模型的建立。根据简化二轮车模型，建立以插秧机后轴中心为控制点的运动学模型。以预定义路径为横坐标轴，前进方向为横坐标正方向，并假定地面平坦、前进速度恒定且不考虑车辆的侧滑和离心力，则得到如图 3-8 所示的插秧机二轮车模型。

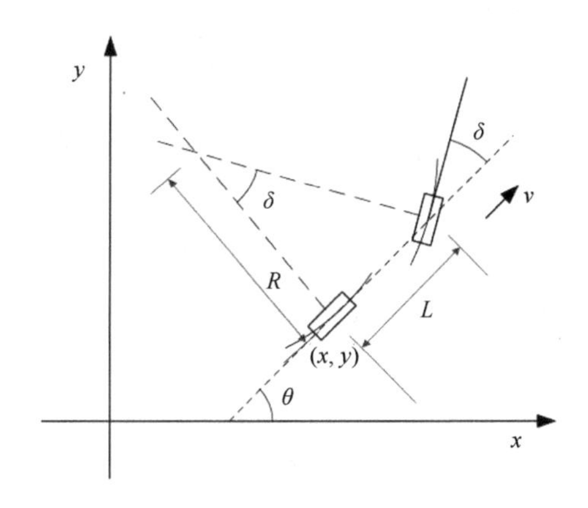

图 3-8 二轮车模型

式（3-15）为简化的插秧机运动学模型，表示其当前的后轴中心点坐标(x, y)和航向角 θ 与前轮转角 δ、车速 v（m/s）之间的数学关系：

$$\begin{cases} \dot{x}(t) = v\cos\theta(t) \\ \dot{y}(t) = v\sin\theta(t) \\ \dot{\theta}(t) = \alpha v\tan\delta \\ \quad \alpha = \dfrac{1}{L} \end{cases} \tag{3-15}$$

式中，(x, y)为插秧机后轴中心点的坐标，单位为 m；L 为插秧机两轴之间的距离，单位为 m；t 指时间。

同时，根据几何关系，可以得到前轮转角与农机轴距及转弯半径之间的关系：

$$\delta = \tan^{-1}\left(\frac{L}{R}\right) \tag{3-16}$$

式中，δ 为前轮转角，L 为农机前后轮轴距，R 为转弯半径。

2. 纯追踪算法

在自行车模型中，可以得到前轮转角与转弯半径之间的关系，在纯追踪算法中，通过横向偏差和航向偏差可以计算转弯半径，从而得到前轮转角（李逃昌等，2013）。

如图 3-9 所示，以农机前进方向为 y 轴，垂直方向为 x 轴建立农机为原点的相对坐标系，d 为农机与目标路径的横向偏差，为有符号数，当农机在目标路径右侧时 $d>0$，农机在目标路径左侧时 $d<0$；ψ 为农机前进方向与目标路径的航向偏差，l_d 为“前视距离”，R 为转弯半径，$\gamma=1/R$ 为转弯曲率。

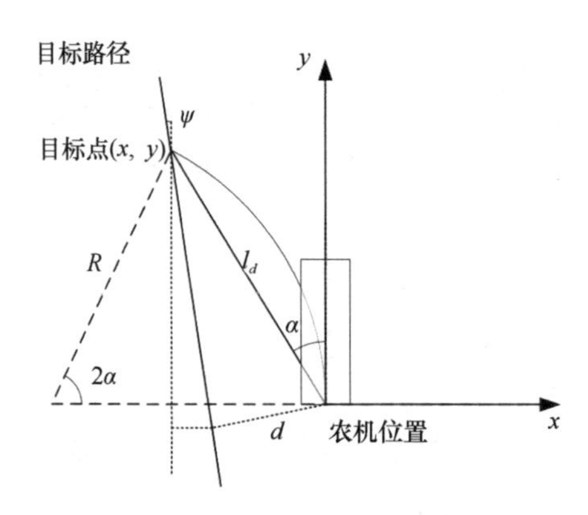

图 3-9 纯追踪算法模型

α 指的是农机的方向角，既农机至目标点方向与当前航向的夹角

根据目标点坐标有

$$R \times \sin\alpha = \frac{1}{2} l_d \tag{3-17}$$

以目标点横坐标建立等式：

$$l_d \sin\alpha = -d \times \cos\psi + \sqrt{{l_d}^2 - d^2}\sin\psi \tag{3-18}$$

结合式（3-17）和式（3-18），消去 sinα 得到：

$$\frac{1}{R}=\frac{-2d\times\cos\psi+2\sqrt{{l_d}^2-d^2}\sin\psi}{{l_d}^2} \tag{3-19}$$

结合二轮车模型式（3-16），得到：

$$\delta=\tan^{-1}\frac{L\left(-2d\times\cos\psi+2\sqrt{{l_d}^2-d^2}\sin\psi\right)}{{l_d}^2} \tag{3-20}$$

至此，可以得到前轮转角 δ 与航向偏差 ψ 和横向偏差 d 之间的关系，式（3-20）中前视距离 l_d 是与车速有关的变量，L 代表农机前后轮轴距，为常量。

3.1.2.6　农机转弯策略

农机在实际工作中需要进行转弯，所使用的转弯算法（以插秧机右转掉头为例，行间距为 1.2 m）具体分为四步（图 3-10）：第一步是车辆行驶到直线段末端，此时航向为 β_1，车辆停止；第二步是车辆左转，方向盘左转转到最大，车辆继续行驶；第三步是车辆左转到航向改变约 α 角度，车辆停止，方向盘右转到最大；第四步是车辆行驶，直到航向为 β_2，车辆停止，方向盘回正，追踪直线。

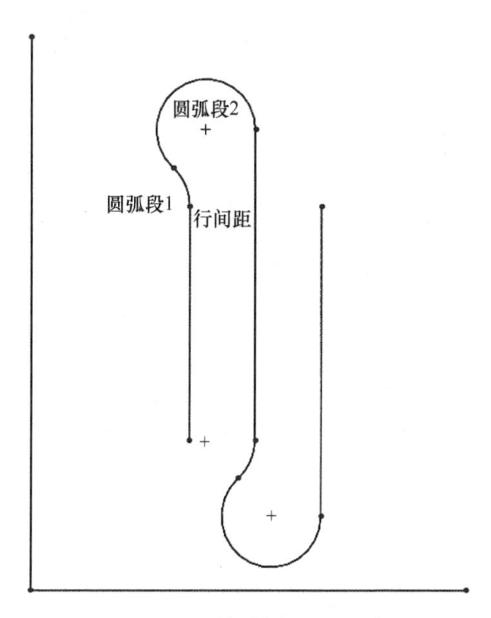

图 3-10　插秧机转弯策略示意图

其中参数 β_1、β_2、α 根据实际情况确定。转弯算法的步骤如下。

1）规定参数 current_vehicle_heading 为当前车辆的航向，path_length 为路径长度，*xy*_vehicle[0]为当前车辆 x 坐标，*xy*_vehicle[1]为当前车辆 y 坐标。

2）判断当前追踪的直线航向，分两种情况（路径的航向为 0°和 180°），假如当前路径航向为 0°，那么车辆当前的航向应在 0°左右各浮动 45°范围，即 current_vehicle_heading∈(45, 315)，如图 3-11（a）所示。

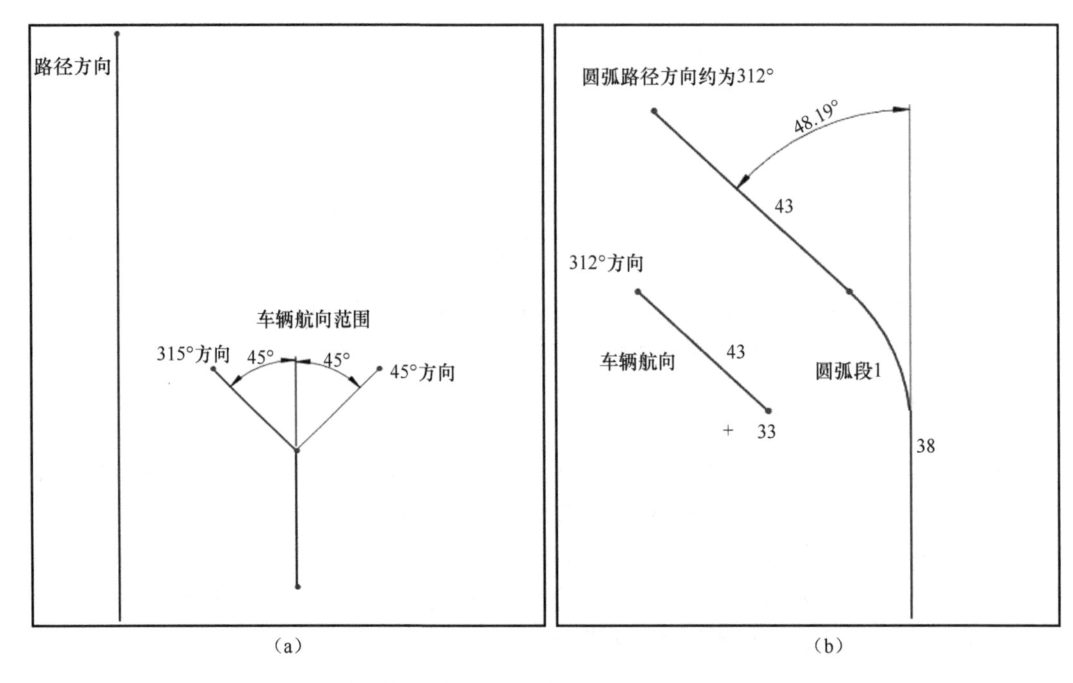

图 3-11 插秧机航向范围示意图（行驶方向从 0°变化到 180°）

（a）为直线行驶时航向范围；（b）为向左转弯时航向范围

3）由于车辆从接收到停止指令到完全停止，需要时间约 1 s，在此段时间内车辆仍然在行驶，因此，当车辆行驶到工作路径结束前应提前发送停止指令，提前距离约 400 mm，即当满足 *xy*_vehicle[1]-path_length≥–400 判断条件时车辆停止前进。

4）由于转弯最小直径大于行间距，想要完成车辆右转（改变航向为 180°）需采用分段式转弯，即先左转约 48°，这个角度是根据车辆最小转弯半径计算所得，如图 3-11（b）所示。

5）判断左转完成的条件是 current_vehicle_heading∈(312–42, 312+10)，即理论上应当是转到 312°即停止，但是车辆行驶存在惯性作用，存在一定的偏差；本研究中根据实际调节确定右偏差约 10°、左偏差约 42°。

6）左转完成后即开始右转，如图 3-12 所示，判断右转完成的条件是 current_vehicle_heading∈(180–20, 180+45)。

7）转弯完成后，车辆停止，方向盘回正，开始追踪直线。

8）假如当前路径航向为 180°，current_vehicle_heading∈(180–45, 180+45)，当车辆行驶到路径末端时停止，即满足 *xy*_vehicle[1]≤400 车辆停止；转弯过程分段进行，首先需右转约 48°，判断右转完成的条件是 current_vehicle_heading∈(228–10, 228+42)，随即开始左转使车辆的航向调整为 0°（理论值），那么判断的条件应为 current_vehicle_heading∈(0–45, 0+20)；转弯完成后，车辆停止，方向盘回正，开始追踪直线；此过程与步骤 2）到步骤 7）类似，此处不再附图。

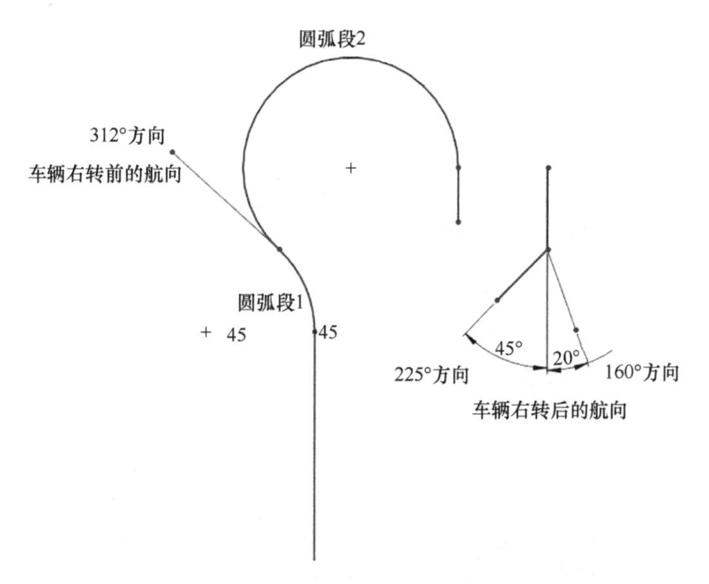

图 3-12　插秧机完整转弯过程示意图（0°～180°）

3.1.3　障碍物检测技术

真实的农田环境是复杂的非结构化环境，在智能农业车辆或机器人行进路线上不可避免地存在大量障碍物，包括高土堆或坑、树桩或较大的树杈、灌木丛、电线杆、人工放置的农具，以及人、家畜和其他行驶的农机等，对于静态的物品可以通过遥感获取地理信息数据进行路径规划，对于动态的人和其他器具如果不通过传感器实时感知并及时避开，就会造成严重的安全问题。

3.1.3.1　静态农田障碍物位置信息获取

地理信息数据获取方式日趋多样，其中遥感是目前最为常用的方法，从航空航天遥感传感器到地面的各种测量设备，均可以用来获取不同尺度或者不同时效的数据（张爱娟，2015）。

1. 基于卫星航天遥感技术的农田导航信息获取

卫星遥感是一种常见的航天遥感技术，即以地球人造卫星为主体对地面信息进行采集，其优点是感测范围大、具有综合宏观的特点，获得信息快、更新周期短，获得的信息量大等。但是，卫星遥感获取数据也有缺点，如购买高精度卫星数据所需的价格昂贵；对于地面较小物体的分辨精度相对较低；因为卫星数据受天气和时间的影响，会存在部分的盲区。

2. 基于无人机航空遥感技术的农田导航信息获取

随着无人机技术的成熟，以无人机为平台的低空遥感技术也逐渐发展起来。该技术是将遥感传感器技术、遥测遥控技术、通信技术和定位技术相结合，以无人机作为平台，依据电磁波理论非接触地获取目标的电磁波信息，并进行分析处理和可视化输出；一般将高度在 1000 m 以下的航空遥感称为低空遥感，无人机遥感属于该范畴。无人机低空遥感技术具有操作灵活、成本低、时空分辨率高、环境适应性强的特点，虽然不适合更大尺度数据的采集，但最大 1∶2000 比例尺的数据获取完全可以满足区域农田的信息采集。

3. 卫星遥感与无人机遥感测试结果对比

图 3-13 为 2 种分辨率的卫星遥感数据与无人机遥感数据的整体图像与局部放大图像的对比。从图中可以明显看到，无人机遥感图像（1 cm 分辨率）放大后可以清晰地分辨障碍物的边界，卫星遥感高分辨率的图像（31 cm 分辨率）放大后障碍物边界只能大致地辨认，而卫星遥感低分辨率的图像（1.24 m 分辨率）放大后障碍物已经无法分辨。

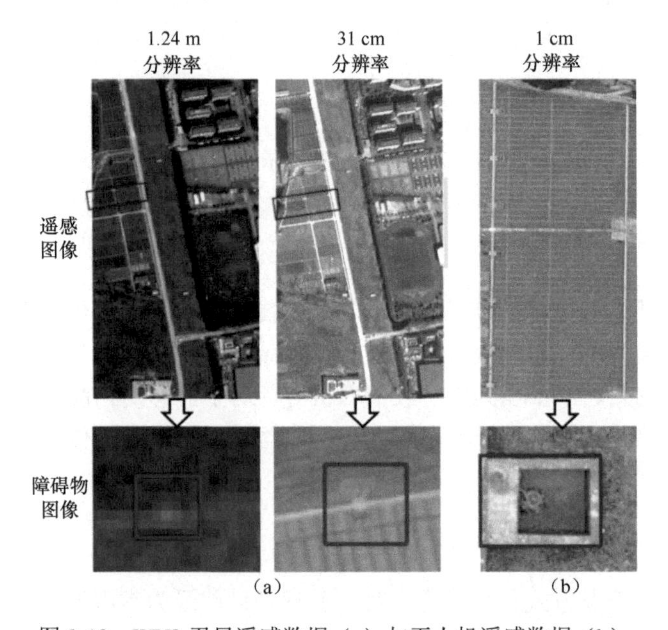

图 3-13　WV3 卫星遥感数据（a）与无人机遥感数据（b）

分别从 31 cm 分辨率卫星遥感图中直接提取、无人机遥感边界提取后的角点坐标计算和用毫米精度卷尺实际测量得到 7 个障碍物的某边的长度，比较结果的偏差并取绝对值，如表 3-1 所示，边长单位为 m，数据保留小数点后三位。

表 3-1　卫星遥感与无人机遥感图像中障碍物边界长度对比

障碍物序号	边长（m）						
	1	2	3	4	5	6	7
卫星遥感	1.482	1.425	1.570	1.347	1.497	1.467	1.566
无人机遥感	1.334	1.304	1.355	1.393	1.408	1.322	1.337
实际测量	1.309	1.304	1.309	1.311	1.312	1.298	1.302
偏差/卫星	0.173	0.121	0.261	0.036	0.185	0.169	0.264
偏差/无人机	0.025	0	0.046	0.082	0.096	0.024	0.035

分析表 3-1，无人机遥感图像中获得的障碍物边长与实际测量障碍物边长的最大偏差为 9.6 cm，最小为 0 cm，平均偏差为 4.4 cm；卫星遥感图像中获得的障碍物边长与实际测量障碍物边长的最大偏差为 26.4 cm，最小为 3.6 cm，平均偏差为 17.3 cm；可以得出结论，利用卫星遥感图像提取农田中占地面积较小的物体信息的精度相对较低。

考虑到卫星遥感获得的数据范围广且包含信息多的优点，可以在农机自动导航中利用其进行工作区域规划、农田面积计算、农田外路径提取等精度要求相对较低的导航步骤；但是由于购买卫星数据的价格较高且对于占地面积较小的农田物体信息提取精度较低，将其用于农田边界、障碍物边界等信息的提取不是最好的选择。

3.1.3.2　传感器动态检测技术

1. 超声波传感器

超声波传感器通过发送和接收超声波来确定物体的距离及方向。超声波的方向性好、穿透能力强、易于获得集中的声能，在农业、化工、医学、军事等领域得到了广泛的应用，其优点是无须接触、操作简单、探测速度快（一个测量周期仅需几十毫秒），并且在一定条件下可以检测到处于黑暗、灰尘、烟雾、电磁干扰、有毒等恶劣环境中的被测障碍物，但缺点在于空间检测的准确性较低、受噪声的影响大，以及检测效果受物体表面类型影响大。

2. 激光雷达

激光雷达，是激光与现代光电探测技术结合的探测方式，集激光、全球定位系统和惯性导航系统三种技术于一体，通过发射器向目标发射激光束，将接收到的反射信号与发射信号比较，处理后得到目标的相关信息，如目标距离、方向、速度、形状参数等，激光雷达具有分辨率高、抗有源干扰能力强、光束窄的优点，已经被广泛应用于军事、大气监测、无人机遥感、道路检测、自动避障等方面，但其缺点是成本太高且无法检测低于地表的障碍物（如土坑）。

3. 机器视觉

机器视觉就是指用视觉传感器代替人眼来做测量和判断，目前常用的视觉传感器主要有单目相机、双目相机和多目相机，因为其操作简单、价格便宜且获得的信息丰富而广泛应用于障碍物检测领域。但其缺点在于受环境因素影响严重，且在数据处理上相对复杂，若要提高处理的速度需在检测范围或精度标准上相应降低。

4. 多传感器融合

多传感器融合技术是指将两种或多种单传感器检测技术结合运用到系统中，可以互相弥补单一传感器检测存在的缺点：如将视觉技术与激光雷达技术相结合，一方面能通过激光雷达弥补视觉相机检测距离短的问题，另一方面能通过相机弥补二维激光雷达检测视角小的缺点，能有效地提高系统的鲁棒性和准确性，同时避免了使用三维激光雷达成本高的问题。虽然近几年来多传感器融合技术在智能化农业车辆（包括农业机器人）

上的研究逐渐开始有了进展，但目前这些研究大多仍处于起步阶段或室内模拟实验阶段，距离实际田间使用还有大量问题有待解决，如产品的成本、环境变化时系统的稳定性等。目前，机器视觉仍是障碍物检测的主要传感器，对其的研究重点是如何利用图像处理技术识别复杂背景中的多种典型障碍物。

3.1.3.3 基于深度学习的农田障碍物自动检测

传统的图像处理技术用于障碍物检测仍存在以下问题：①受环境光的影响较大，在没有良好光照的条件下障碍物不易被检测；②与环境类似的障碍物仍不能进行快速准确地检测；③检测的准确性随着检测距离增加而降低，部分系统无法满足实际的农田作业要求。深度学习的出现为这些问题的解决提供了一种新思路。相比于传统的机器学习，深度学习构建了具有更多隐层的模型（通常有 5 层、6 层，甚至 10 多层的隐层节点），并且通过逐层特征变换，使得分类或预测更加准确。通过深度学习得到的深度网络即深度神经网络（deep neural network，DNN）。DNN 按照网络中信息的流动方向可以分为深度前馈网络、深度反馈网络和深度双向网络，其中卷积神经网络（convolutional neural network，CNN）就是一种典型的深度前馈网络。

1. CNN 概念

卷积神经网络（CNN）最早是由 Fukushima（1980）提出的，后来 Lecun 等（2015）在该思想的基础上设计并训练了第一个卷积神经网络（称为 LeNet）。卷积神经网络中有四个重要概念。

（1）局部感受野

局部感受野的概念受启发于人类的视觉系统对图像的感知，在获取一幅完整图像时，视觉细胞中的每个神经元一个时刻只接收图像的局部信息，并最终汇总成总体信息。同理，在卷积神经网络中，每个神经元只与上一层的一个小区域部分连接而非与上一层所有区域全部连接，这样能够使相邻层之间的参数大量减少，如图 3-14 所示。一般来说，第一层卷积层的输出特征图像的感受野大小等于卷积滤波器（卷积核）的大小，深层卷积层的局部感受野大小与之前所有层的滤波器大小和步长相关。

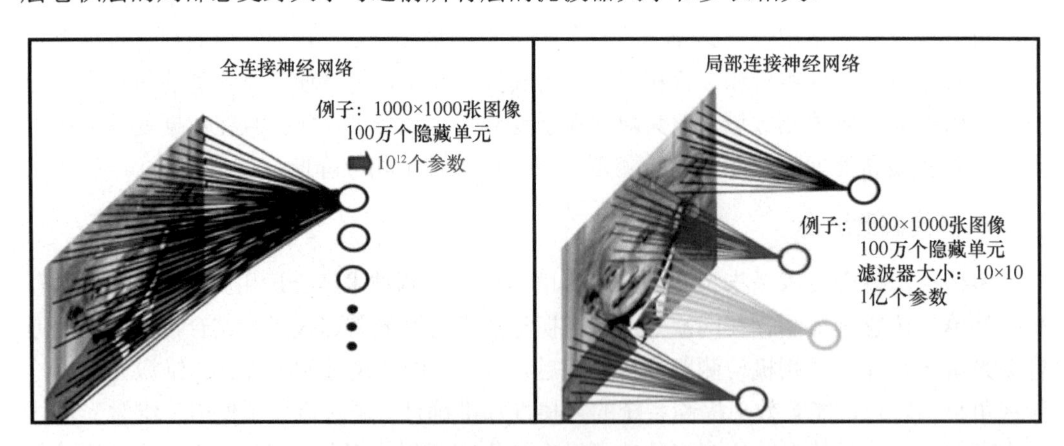

图 3-14 卷积神经网络的局部感受野（LeCun et al.，2015）

（2）权值共享

经过卷积核过滤后的特征图仍然有大量连接参数，权值共享就是为了进一步减少参数个数。由于一副图像中某一部分统计特性与其他部分基本类似，因此可以用同样的分类器来对图像上不同的区域进行分类，即所有感受野使用同样的卷积核，使计算量大幅减少，如图 3-15 所示。

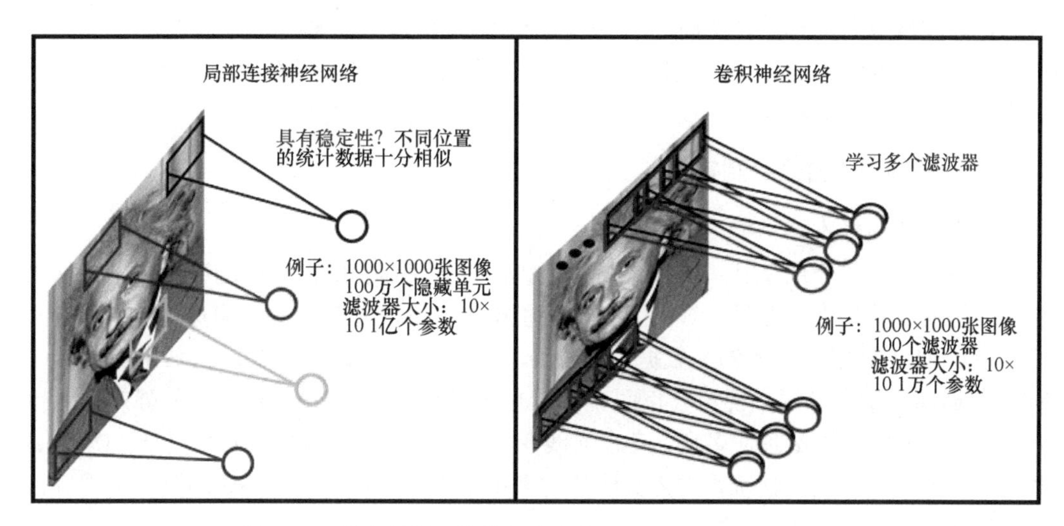

图 3-15　卷积神经网络的权值共享（LeCun et al.，2015）

（3）卷积

对图像进行卷积操作的过程就是将整体图像分解为各个独立的小区域，然后过滤器（卷积核）得到这些区域的特征值。卷积核的值是在学习过程中学到的，在具体应用中，因为一幅图像往往有多个特征，所以需要使用多个卷积核；假设一幅图像使用了 6 个卷积核进行卷积，那么可以认为该幅图像用 6 种基础特征就能描绘。卷积核大小定义了卷积操作的感受野，在二维卷积中，通常设置为 3，即卷积核大小为 3×3；步幅定义了卷积核遍历图像时的步幅大小，其默认值通常设置为 1；卷积核的大小、步幅长短是可以在实际训练过程中进行调整的。

（4）池化

对于较大像素的原始图像，利用卷积核进行步幅为 1 的卷积后，仍会得到高维的特征图，利用其进行分类器训练容易产生过拟合且不利于储存，因此需要对得到的特征图中一定大小的区域进行聚合统计，并将它们的统计特性作为整个区域的特性，即池化过程；常用的方法有最大值池化（max-pooling）和平均值池化（mean-pooling）。

2. 卷积神经网络的目标检测模型

卷积神经网络结构的优势在于其对高维数据处理无压力且无须手动选取特征，这使得利用卷积神经网络进行目标检测时更加准确，但是其缺点在于需要大量样本训练网络且物理含义不太明确（Golovko et al.，2016）。

基于卷积神经网络的目标检测模型完成对农田环境中人的检测最终是要在农机上

（插秧机、拖拉机等）实现的，模型的计算方式主要有以下两种：一是通过安装在农机上的移动平台，完成图片的读取与检测识别过程，不用考虑数据的上传与下载对结果的影响，但是缺点在于受限于平台的功耗与计算能力，不适合较为复杂的模型，从而导致检测精度相对较低；二是通过云计算，即先利用无线网络将图片上传至云平台，在云平台上完成模型计算后将识别检测结果下载至农机，该方法的优势在于云平台强大的计算能力可以实现复杂的模型，从而使结果的检测精度相对较高，但缺点是上传与下载的过程导致整个检测过程速度相对较慢，而且在网络连接不好甚至没有网络连接的情况下，结果将会受到很大的影响。

3. 农田障碍物自动检测实例

（1）训练集样本

训练集样本的作用是利用其对深度学习模型进行训练，使得模型能够获得人的基本特征，从而成功将人与背景区分开，完成识别检测。目前，在行人检测实验中，常用的样本取自 MIT 数据库、INRIA 数据库和 Daimler 数据库（Sermanet et al.，2013），其中 MIT 数据库样本含有两个视角（正面和背面）；INRIA 数据库是使用最多的静态行人检测数据库，其图片拍摄条件多样，存在光线变化、人体遮挡等情形且背景复杂；Daimler 数据库样本更符合实际情况，因为其图片均采用车载相机获取，公共库的负样本均取自该数据库。

考虑到样本的多样性（不同光照、不同背景），为了使训练的 CNN 网络具有更强的适应性，从上述的三个公共数据库中随机选择图片组成训练集；同时因为“距离梯度样本”实验对人的检测均在农田环境中进行，而公共数据库中的图片是在道路环境下拍摄的，需要对训练集进行扩充，扩充的图片来自网络下载或实地拍摄（背景作物包括玉米、大豆苗、小麦、水稻等）；训练集中的样本图片包括正样本和负样本两部分，正样本图片中有人，负样本则完全是背景图片，两者的比例约为 1∶1（芮挺等，2016）。

（2）测试集样本

小麦是一种在中国广泛种植的植物，成熟待收割的小麦株高度为 60～100 cm，与成年男子弯腰的高度或幼龄孩童直立高度相似；大豆是中国重要的粮食作物之一，其茎粗壮、直立，高度为 30～50 cm；玉米是全世界总产量最高的农作物，其植株高大，有些甚至可以达到 2 m 以上。20 世纪 90 年代，上述 3 种作物的收割主要以人力为主，随着农业机械化水平的提高，越来越多的联合收割机投入使用，大大提高了收割效率的同时也带来了安全隐患，其中最为重要的问题是人和农机协同作业时农机撞人事故，因此，利用深度学习完成对农田环境中的人的检测很有必要。本研究的测试集样本主要是在玉米地、大豆地、小麦地中采集。

（3）距离梯度样本

考虑到对于设置距离梯度的背景要求是，距离拍摄设备一定距离（10 m 以内）的人（成人与小孩）模拟各种姿势时都能被拍摄到躯干的一部分，背景作物的高度不能太高（距离稍远就会将人完全遮挡，如玉米），也不能太矮（无法对人的躯干进行有效遮挡，如大豆苗），比较后决定以小麦为背景拍摄不同距离的实验样本图片，如图 3-16 所示。

图 3-16 不同作物背景下的拍摄图片

当农机检测到障碍物存在时，需要一定的时间做出决策，该时间即农机能检测到障碍物的距离与农机行驶速度的比值，当速度恒定时，如果能检测到障碍物的距离越远，留给系统决策的时间就越长。本研究设置距离梯度的目的在于分析不同 CNN 模型在不同距离下对于测试集样本图片中障碍物(人)的检测识别精度；以久保田 4LZ-5（PRO100）小麦联合收割机为例，其作业时前进的速度一般为 1.5 m/s（农民经验），故设置 6 个距离梯度，分别约为 1.5 m、3 m、4.5 m、6 m、7.5 m、9 m（留给农机的理论反应时间为 1 s、2 s、3 s、4 s、5 s、6 s）。本研究中通过步长法大致确定与拍摄设备的距离，实验者身高为 1.8 m，步长约为 75 cm；为了模拟收割小麦时农民的不同姿态和不同着装，在每个距离下都有两个身穿不同颜色衣服的人分别以不同的姿态完成拍摄，包括正面直立、半蹲、全蹲，侧面直立、半蹲、全蹲，背面直立、半蹲、全蹲（每人每种姿势拍摄 2 张，共计 36 张照片，36 个检测目标），同时每个距离下两个人以 3 种不同姿势完成拍摄（每种姿势 2 张，共计 6 张照片，12 个检测目标），即每个距离下有 42 张照片、48 个检测目标，共计 252 张照片、288 个检测目标，如图 3-17 所示。

图 3-17 不同姿势的示意图

（4）样本预处理

训练集与测试集（包括距离梯度样本集）中的样本都需要进行预处理，具体步骤如下。

第一步：调整图像大小，利用 Matlab 编写程序将所有样本图像都调整为 1000×800 像素，调整后单个人在正样本图像中所占的比例范围为 1%～20%。

第二步：对于训练集样本，利用 LabelImg 图片处理工具完成对正样本中的人的标定，具体做法是在软件内用矩形框框出人所在的区域，如图 3-18 所示。在训练阶段，对每一幅图像都进行了随机旋转和镜像翻转，以增加训练样本数。

图 3-18　LabelImg 区域框定示意图

图中绿色方框为图像标记

第三步：对于测试集样本，同样需要先利用 LabelImg 图片处理工具对图片中的人进行标定，其目的是与测试时模型预测得到的矩形框进行比较，当交并比（intersection-over-union，IoU）达到 0.5 及以上时，即认定为一次正确识别。IoU 是目标检测中的一个概念，是指模型预测产生的候选框（candidate bound，记为 C）与原标记框（ground truth bound，记为 G）的交叠率，即它们的交集与并集的比值，当两者完全重合时，IoU 为 1。其计算公式如下：

$$\mathrm{IoU}=\frac{\mathrm{area}(C)\cap\mathrm{area}(G)}{\mathrm{area}(C)\cup\mathrm{area}(G)} \tag{3-21}$$

（5）实验结果处理与分析

首先对模型在测试集样本上的总体检测精度与检测时间进行分析，结果如表 3-2 所示。其中，总体检测精度是指通过模型识别成功的目标数占所有目标数的比例；检测时间则包括平均检测时间和最大检测时间，其中平均检测时间的计算是用某个模型完成所有样本图片的检测所用的时间除以样本图片数量得到，最大检测时间则是指该模型检测样本集中单张样本图片所要的最长时间。

表 3-2　不同模型的检测时间和总体检测准确率

指标	移动平台			云端平台		
	YOLOv2	Mobilenet-SSD	Mobilenet-PPN	Faster R-CNN+ResNet50	Faster R-CNN+Inception	Mask R-CNN+Inception
总体检测精度	0.721	0.870	0.865	0.943	0.901	0.950
平均检测时间（ms）	383	175	120	589	552	572
最大检测时间（ms）	401	194	151	1020	1100	980

从表 3-2 中可以得出如下结论：为移动平台选用的模型里，YOLOv2、Mobilenet-SSD、Mobilenet-PPN 的总体检测精度分别为 0.721、0.870、0.865，平均检测时间分别为 383 ms、175 ms、120 ms，最大检测时间分别为 401 ms、194 ms、151 ms；为云端平台选用的模型里，Faster R-CNN+ResNet50、Faster R-CNN+Inception、Mask R-CNN+Inception 的总体检测精度分别为 0.943、0.901、0.950，平均检测时间分别为 589 ms、552 ms、572 ms，最大检测时间分别为 1020 ms、1100 ms、980 ms。总体比较，移动平台模型总体检测精度较低（3 种模型的平均总体检测精度为 0.819），但检测时间较短，而云端平台模型总体检测精度更高（3 种模型的平均总体检测精度为 0.931），但检测所需时间更长；这是因为云端平台的模型更为复杂，且其检测时间还包括图片上传和结果下载的时间，受网络传输速度的影响很大，这也是云平台 3 种模型最大检测时间较高的主要原因。

单独分析，评价模型的优劣需要综合考虑检测精度与平均检测时间，检测精度越高且检测时间越少则说明模型越好，对表 3-2 中移动平台选用的 3 种模型和云端平台选用的 3 种模型分别计分，具体规则如下。

1）对总体检测精度和平均检测时间进行归一化处理，消除了量纲的影响，使其处于同一数量级进行综合对比评价，见式（3-22）。

$$x_i' = \left(x_i - x_{\min}\right)/\left(x_{\max} - x_{\min}\right) \tag{3-22}$$

式中，x_i 指某个指标的具体值，$x_{\max}$ 指该指标所有值中的最大值，$x_{\min}$ 指该指标所有值中的最小值，x_i' 指某个指标的相对值。

2）总体检测精度和平均检测时间与检测效果的优劣有如下关系：总体检测精度越高，平均检测时间越短，检测效果越好；反之，总体检测精度越低，平均检测时间越长，检测效果越差。定义最终得分 y 来体现检测结果，y 越大表明模型检测效果越好。计算见式（3-23）。

$$y = \partial_1 \times x_1' - \partial_2 \times x_2' \tag{3-23}$$

式中，x_1' 指单个模型总体检测精度的归一化值，x_2' 指平均检测时间的归一化值，∂_1 与 ∂_2 分别是精度系数和时间系数，两者的和为 1。

3）对于移动平台选用的模型，速度都相对较快，精度对于结果更为重要，因此 ∂_1 取 0.6，∂_2 取 0.4；对于云端平台选用的模型，精度都相对较高，速度对于结果更为重要，因此 ∂_1 取 0.4，∂_2 取 0.6。模型检测结果得分情况见表 3-3。

表 3-3 不同模型的检测结果得分表

指标	移动平台			云端平台		
	YOLOv2	Mobilenet-SSD	Mobilenet-PPN	Faster R-CNN+ResNet50	Faster R-CNN+Inception	Mask R-CNN+Inception
检测精度归一值	0	1	0.93	0.80	0	1
检测时间归一值	1	0.21	0	1	0	0.46
最后得分	–0.40	0.52	0.38	–0.28	0	0.12

从表 3-3 中可知，对于移动平台，YOLOv2 的检测精度低于 Mobilenet-SSD、Mobilenet-PPN，而检测时间长于后两个模型，故最后得分明显低于其他两个模型；而 Mobilenet-SSD 的检测精度相对较高但检测时间更长、Mobilenet-PPN 的检测精度相对较低但耗费时间短，两者的得分相近，需要进一步分析不同距离下的检测效果才能进一步筛选。对于云端平台，3 种模型的最后得分接近，结合表 3-2，Mask R-CNN+Inception 需要的最大检测时间仅为 980 ms，略低于 Faster R-CNN+ResNet50 的 1020 ms 和 Faster R-CNN+Inception 的 1100 ms，且其得分也是最高的，故选择 Mask R-CNN+Inception 作为最适合云端平台的模型，同时也进一步分析其在不同距离梯度检测精度的变化。经过上述比较，选择 Mobilenet-SSD、Mobilenet-PPN 移动端和 Mask R-CNN+Inception 云端平台模型继续进行实验。

对于农田障碍物检测，模型的检测距离也是评价结果的一个重要标准，其原因是：农机在农田作业时，从遇到障碍物到检测识别障碍物到制定避障策略到最后完成避障需要一段时间，模型能检测识别的障碍物距离越远，则留给系统决策的时间就越长，那么这个模型的检测效果就越佳。因此，接下来要对不同检测距离下筛选完的 3 个模型的检测结果进行分析，检测对象为距离梯度样本，结果如表 3-4 所示。

表 3-4 不同距离下模型的总体检测精度

距离梯度（m）	移动平台		云端平台
	Mobilenet-SSD	Mobilenet-PPN	Mask R-CNN+Inception
1.5	0.927	0.922	0.971
3.0	0.917	0.915	0.967
4.5	0.890	0.873	0.961
6.0	0.850	0.842	0.953
7.5	0.841	0.816	0.947
9.0	0.822	0.792	0.931

从表 3-4 中可知，对于应用于移动平台的模型 Mobilenet-SSD 与模型 Mobilenet-PPN，随着离拍摄设备的距离增加，总体检测精度均下降，其中模型 Mobilenet-SSD 的精度下降得较慢（从 1.5 m 到 9.0 m，检测精度下降了 10.5%，且在 9.0 m 的检测距离上仍保持了 80%以上的检测精度），而模型 Mobilenet-PPN 的精度下降得较快（从 1.5 m 到 9.0 m，检测精度下降了 13.0%，且在 9.0 m 的检测距离上检测精度已经低于 80%），因此综合比较后，决定选择模型 Mobilenet-SSD 作为移动平台最适合的 CNN 模型；而对于云端平

台选择的模型 Mask R-CNN+Inception，其检测精度随距离的增大，虽有下降的趋势但并不明显，一直到 9.0 m 的距离梯度时仍保持在 93.1%，这说明使用此模型进行障碍物检测在 9.0 m 的检测距离上仍能达到较好的效果，此时留给农机进行反应的理论时间在 6 s 以上（农机速度在 1.5 m/s 左右），结合表 3-2 分析可知，Mask R-CNN+Inception 的最大检测时间为 980 ms，因此农机在接收到网络上下载的障碍物数据后，理论上约有 5 s 制定避让策略并做出转弯避障，这个时间相对充裕，可以得出结论：把模型 Mask R-CNN+Inception 作为云端平台最终使用的障碍物检测模型是可行的。

3.2 变量技术

3.2.1 变量技术的概述

3.2.1.1 背景

变量技术（variable rate technology，VRT）源自精准农业（precision agriculture）的思想（胡志超等，2009）。精准农业也称为精确农业，在 20 世纪 90 年代，由美国明尼苏达大学的土壤学者提出，初衷是为了倡导环境保全型的农业。精准农业通过现代化的投入、生产和管理技术，以最经济和科学合理的投入获得经济、环境方面的最高的产出回报，从而实现农业生产的精准化管理和各方面资源的可持续利用（Daberkow and Mcbride，2003；Basso et al.，2001；姜靖和刘永功，2018）。

精准农业的核心技术主要是利用 3S 空间信息技术（遥感技术 RS、地理信息技术 GIS、全球定位系统 GPS）和作物生产管理支持技术（DSS）改造传统农业，以此来获得作物产量信息和影响作物生产的环境因素（如地形地貌、土壤结构和肥力、植物营养和病虫草害、含水量等）。通过分析影响区域作物产量差异的原因，并采取技术上可行、经济上有效的调控措施，按区域对待，按需实施定位调控的“处方农业”，这样不仅能提高生产效率，还能保证环境的可持续发展（汪懋华，1999）。

考虑到我国农村的农户主要以分散经营的模式开展农业生产活动，单个自然田、地块面积较小。不同农户田、地块之间，由于护理和管理水平的差异，其土壤肥力、杂草长势、病虫害情况都存在差异。在农村，农户一般仅仅关注整体目标产量，从而进行均匀施肥、喷药、灌溉、播种，而不关注田、地块内部的精细化的作业管理，导致化肥、农药的有效利用率低下，以及水资源、种子的浪费。为了实现各种资源的最大化利用，推动农业生产的持续稳定发展和改善农业环境，从“精确农业”的概念中衍生出了一种新的技术手段，即变量技术。

3.2.1.2 变量技术的定义

变量技术，是“精准农业”实施中最为重要的部分（刘爱民等，2000），也是其中的一门至关重要的特定技术，其根据个体或者群体的生长环境，对“差异”的数据采集和比较处理，并对其产生差异的原因进行分析。然后，根据这种“差异”去确定最合理、最优化的投入的量、质和时机，以求少投入多产出，最终达到按需投入的目的（Colaço and Molin，2017)。变量技术主要用于农业生产中的喷施作业（施肥、喷药等)、灌溉作业及播种作业等环节，当前已经成为农业生产中一种节本增效的技术手段。

3.2.1.3 变量技术在国内外农业机械上的应用现状

1. 变量技术在国外农业设备的运用

1955 年，美国在联合收割机上装备 GPS 系统，标志着精确农业技术的诞生。20 世纪 90 年代以来，精确农业在欧美国家发展非常迅速，已初具规模（段洁利等，2011)。在美国，尤其在土地平坦、生产规模大，以及农业生产高度机械化的中西部大平原地区，精准农业发展得最快。

美国 CASE 公司生产的 ST820 型空气输送式变量施肥播种机可利用 CASE IHAF S 软件制作处方图，生成处方文件，存入 PCMCIA 卡中，作业时再将该数据卡插入变量控制器中，实现施肥机的自动变量施肥（赵军，2004)。德国 AMAZONE 公司设计了基于处方图的变量施肥机具，该机具以液压马达作为控制器，在麦类作物春季追肥中投入使用，显著提高了施肥效果（陈金等，2017)。美国 Morgan-Owen 和 Johnston（1995）利用 GPS 对作业中的施肥机械实现精准定位，并且根据 GIS 绘制的电子地图，对各个作业区域的土壤信息进行标注。通过向正在作业中的施肥执行机构传达关于不同区域肥料配比和施撒量的指令，施肥机构会做出相应调整。Gerhards 等（2002）采用 GPS 技术研制了针对田间杂草的精准施药系统，其预先将杂草在农田内的分布情况绘制成图并导入计算机内，然后结合 GPS 对喷嘴位置的实时监测来控制喷雾机进行变量施药，实践证明此技术能够有效减少农药的用量。美国 CASE 公司研制的空气输送式免耕播种机，可按照相应的需求更改播种类型，以及实时调整施肥量，最大可适应 3 种不同类型的种子播种或肥料的配比。

2. 变量技术在国内农业设备的运用

国内变量技术在农业设备的运用起步较晚，直到 20 世纪 90 年代后期我国从事农业方向的科研人员才开始关注变量施肥技术，并适当引进国外相关技术成果和产品（胡成红等，2021)。农业农村部南京农业机械化研究所金梅等（2015）研发了一款多功能施肥播种机，一次作业能完成旋耕、开沟、施肥、播种、镇压等工作，同时能够满足多种作物的播种要求，并可完成作业过程中的漏播、堵塞等故障监测报警监测，能有效减少种子和化肥的浪费。南京农业大学余洪锋等（2018）对现有机械式播种施肥机进行了改造，并构建了一套基于电子处方图的变量施肥系统，以此建立了一种简单实用的变量施肥方案。此外，通过对普通精度 GPS 模块的数据进行了差分和卡尔曼滤波处理，重新对外槽轮施肥播种器结构进行了优化设计，实现了多种肥料按需配比，以及对不同田块完成变量施肥的功能。江苏大学的邱白晶等（2007，2010）利用 GPS 定位和雷达测速技术，设计和研制了一套变量喷雾装置，并开发了连续可变量喷雾系统。在其试验过程中，通过实时监测喷雾参数来描述喷雾过程的动态特性，还得出了系统的阶跃响应特性，由此来判断该变量喷雾控制系统的响应能力，并为喷雾处方图与变量喷雾装置的精度匹配提供可靠依据。2014 年中国水利水电科学研究院建成了国内第一套具有自主知识产权的圆形喷灌机变量灌溉控制系统，该系统通过调节每个喷头上方安装的电磁阀占空比，实现了沿喷灌机桁架方向的精准灌溉，通过无线射频识别技术研发的地缘识别器，能实现沿喷灌机行走方向的低成本管理分区控制，还可实现互联网智能远程管控，赵伟霞等（2016）对搭载了该变量灌溉控制系统的圆形喷灌机的灌水深度和水量分布均匀性进行了定量评估。吉林大学贾洪雷等（2018）研制了一款大豆仿生智能耕播机，该机搭载了具有镇压力实时监控功能的镇压力自动调节系统，能一次完成浅松、碎土、播种、扶垄和镇压等作业，提升了镇压作业的稳定性，具有更好的蓄水保墒效果。

3. 变量技术的发展趋势和未来

变量作业机械是为适应集约化和规模化程度高的作物生产系统而发展起来的，其效应与经营规模成正相关。变量技术由欧美国家率先提出，相对于欧美国家，我国农业有如下两个特点：①生产经营规模小；②农业机械化水平低，因此我国不能简单地照搬照抄欧美国家的发展模式。我国必须根据自己的国情，研究适合我国条件的变量技术体系与发展模式，可以先从中小型的智能定位变量作业机械入手，逐步探索出一条适合我国发展农业变量技术的道路。

3.2.2　变量作业系统的核心技术

变量作业涉及了复杂的学科领域，包含了农业生物工程学、农业工程机械学、信息学及管理学等技术学科。其中，作为基础的是农业生物工程学，其提供了施肥决策的理论依据；作为支撑的是农业工程机械学，其保证了施肥作业的顺利实施；作为关键的是信息学，其将精准农业与传统农业区别开来；为了能够发挥出更好的使用效果，这三种学科技术被管理学有效地整合在一起。

变量系统包括智能定位系统、变量控制器、实时传感器、地理信息系统和变量作业执行机构。智能变量控制器作为变量系统的核心，获取地理位置信息并将其传输至计算机，系统中心对接收的地理、物料信息进行计算和校正，以此确定实际物料投放速率来控制连续变量作业。变量系统广泛应用于耕作、播种、除草、施肥、病虫害控制、栽培及灌溉等农业生产中，其精度需求越高，系统越复杂，成本越高。

3.2.2.1　3S 技术

1. 遥感技术

遥感（remote sensing，RS）技术是运用现代化的运载工具和传感器，通过摄影、扫描、信息感应等手段，在远离目标和非接触目标物体条件下探测目标地物的电磁波特性，获取其反射、辐射或散射的电磁波信息，并对获取的信息进行提取、判定、加工处理、分析与应用的一门先进实用的综合探测技术（卞金鸽，2017）。遥感技术具有信息量大、多分辨率（时间和空间）、高精度、快速无损获取地物信息的特点，可以实时地掌握作物长势、有效预测农业灾害、为农业精准管理提供有效信息（赵春江，2014）。

农业遥感监测中，农作物、土壤常作为遥感技术要探测的信息源，通过遥感技术中的遥感平台和传感器获得农作物长势、病虫害，以及土壤养分、水分的相关信息，然后利用光学仪器和计算机相关设备对所获得的信息进行处理分析，同时与各种农业专业模型进行耦合或同化，提取有效信息。农田管理者可以依据这些有效信息，了解不同生长阶段中作物的长势，及时发现作物生长中出现的问题，采取针对性措施及时解决（刘雪丽等，2018）。

2. 地理信息系统（GIS）

地理信息系统（geographic information system，GIS）是一种对整个或部分地球表层（包括大气层）空间中的有关地理分布数据进行采集、储存、管理、运算、分析、显示和描述的技术系统。GIS 为一门综合性学科，结合地理学与地图学及遥感和计算机科学，已经广泛地应用在不同的领域上，适用于输入、存储、查询、分析和显示地理数据的计算机系统中。在精准农业上，通过应用 GIS 技术能够更好地管理空间信息数据及处理空间地理信息，提供更加直观的图形转换与表达等，提供的更加完善的处方信息使作业差异性的分析及变量作业的控制决策工作有了理论依据。

3. 全球定位系统（GPS）/北斗卫星导航系统（BDS）

美国研制的全球定位系统（global positioning system，GPS）是新一代卫星定位系统，以全球 24 颗定位人造卫星为基础，向全球各地全天候地提供三维位置、三维速度等信息的一种无线电导航定位系统；北斗卫星导航系统（BeiDou navigation satellite system，BDS）是中国自行研制的全球卫星导航系统，可在全球范围内全天候、全天时地为各类用户提供高精度、高可靠定位、导航、授时服务，并且具备短报文通信能力，已经初步具备区域导航、定位和授时能力，定位精度为分米、厘米级别，测速精度 0.2 m/s，授时精度 10 ns。目前，北斗系统已在多个基础行业展开了运用，包括：交通运输、农林渔业、水文监测、气象测报等行业。

在变量作业的农田信息采集和实施作业中，GPS/北斗定位技术具有重要的作用。在农田信息的采集中，既要获取农田的土壤、作物信息，又需要把农田土壤信息和位置信息对应起来，从而需要确定采集点的位置，并以此为依据决策变量作业。在变量作业实施的过程中，通过 GPS/北斗首先对作业机械进行定位以此来确定作业位置的经纬度等信息，再由车载计算机调用并解析此区块对应的作业数据信息，通过控制变量作业的执行装置，从而实现变量作业。

相较于北斗导航系统来说，GPS 已在各行各业得到运用，并且较为成熟。目前有许多品牌的 GPS 应用在了农业及相关方面，如由美国 Trimble 公司生产的 Ag132GPS 接收机，可接收信号台发布的地区性差分校正信号免费服务或接收由近地卫星转发的广域差分收费校正信号服务，具有分米级别的精度。此外还有 Motorola 公司的 Motorola VP-Core、Garmin 公司的 GPS25XL 等品牌产品。

3.2.2.2 多传感器信息融合技术

多传感器信息融合技术，可对农作物生长环境的温度、湿度和光照等参数进行实时监测和远程控制，是农业生产现代化的重要手段。基于多传感器信息融合的农作物监测系统还可将物联网云平台与大数据分析技术相结合，实现了对农作物的实时监测功能，并且能够结合系统数据实现自动化控制，完成自动灌溉、变量喷施、精量播种等作业要求，达到提高农业生产效率的目的。

基于多传感器信息融合的农作物监测系统与一般智慧农业不同，不仅能实现农作物温湿度等生长环境的检测与调节，还加入了农作物生长状态实时检测与防虫害预警系统。整个系统分为大数据采集模块、大数据分析模块、显示模块、农作物状况检测模块、设备控制模块和视频监控模块。农作物监测系统基于物联网系统的基本架构进行设计，包括感知层、传输层和应用层。整个系统拥有数据采集、数据传输、数据存储、数据可视化、获取地区天气及农情信息分析功能。

3.2.2.3　农情处方图生成技术

作为变量技术存在和发展的重要基础，处方图生成技术已成为制约变量技术发展的重要瓶颈。目前，国内外处方图生成方法的研究主要有以下两种：一种是利用光谱遥感技术获得同一空间位置作物长期光谱数据的基于冠层光谱指数的变量施肥方法，从而获得关于作物生长发育的相关信息，此种方法借助于遥感仪器，投入资金比较多；另一种是叶绿素计，利用叶绿素对红光和近红外光有着不同吸收特性的特点，通过仪器测定作物叶片的相对叶绿素含量，通过分析叶绿素含量与叶片全氮的关系来判断作物是否缺氮，对其他元素的测定报道不多。

目前应用较广的是基于土壤肥力与目标产量的变量施肥研究，它将收集的相关土壤信息（土壤类型、土壤养分含量及历年施肥状况等）和种植作物产量信息输入至计算机，由此制成基于 GIS 土壤养分或肥料施用量图层，此后逐步形成了精准农业变量施肥技术，在田间任何位置（或任何一个操作单元上）均能实现各种营养元素的精确配比和按需供应，使得肥料投入更为合理、科学，肥料利用率和施肥增产效益也达到了理想的水平。

3.2.2.4　变量投入技术

变量技术的重要组成部分是变量投入技术（张小超等，2011）。其实现方式一般有两种：一种是将相关的地图信息提前存储到车载计算机上，通过 GPS 系统对施肥作业位置进行定位后，调用解析该区块位置的地图信息从而实现变量实施作业，即基于地图的变量投入技术；另一种是农田的基本数据信息能够通过传感器进行实时地检测，检测到的数据信息传送至控制系统进行解释分析，该区域的实施作业量能够被很快地计算出来，即基于传感器的变量投入技术。但是因为用于检测农田数据信息的传感器性价比不高，所以基于地图而实现的变量投入技术被广泛应用在变量作业上。

喷杆静电喷雾技术是现代农业先进的植保技术，融合了变量投入技术。

静电喷雾是将高压静电电极装置在喷头上，在作物和喷头间建立高压静电场，药液经喷头进行雾化形成雾滴，通过不同充电方法带上电荷进入静电场后形成电雾滴群，然后在各种外力和静电场共同作用下定向运动到作物表面，在冠层吸引力的作用下雾滴还可被吸附到作物背面，大大增加了药液在标靶正面和背面的沉积率，减少了农药雾滴飘移的流失，提高了喷药效果及降低了用药量（刘兴华等，2019）。常见的使雾滴带电的方式有接触式充电、电晕式充电及感应式充电。静电喷雾技术相对于传统喷药技术，在雾滴沉积率、药液有效利用率等方面均具有较好的喷施效果，并且能够在现代农业生产中实现节本增效的作用（曾杨等，2020）

3.2.2.5　无人机低空变量技术实例

基于无人机的低空变量作业在近几年的植保作业中体现了越来越重要的作用。下面以浙江大学数字农业农村研究中心的无人机变量作业系统及实验为例介绍无人机的低空变量技术。

1. 变量作业飞行控制系统（飞控系统）设计

飞行器是无人机自动变量追肥控制系统的主要任务执行机构。飞行器的系统组成如图 3-19 所示。系统采用浙江大学数字农业农村研究中心自主研发的八旋翼无人机。八旋翼架构具有动力系统故障冗余充足、飞行稳定安全的优点。机架采用碳纤维复合材料，支撑用零部件采用铝合金材料，8 个动力电机围绕飞行器中心板均匀对称地分布在 8 个方向上，相邻电机转向相反，用以平衡各个电机旋转时产生的力矩。电机上方安装有可快速拆卸碳纤维桨叶，在农田作业环境中能实现桨叶的快速拆卸及检修更换。

图 3-19　飞行器系统总体框架

飞控计算机主要由 STM32F427 芯片构成。飞控系统中的传感器元件包括全球卫星定位模块、惯性导航单元、电子罗盘和气压高度传感器，可完成一键起降，并在定位导航系统的支持下实现农用无人机的全程自主飞行。

飞控的高度集成，可将整个系统板进行替换，利于田间维修。用电器、配电系统和电源组成了电气系统。本飞行系统选用 Arduino UNO R3 开发板作为自动变量控制器。Arduino 是一款新兴的嵌入式开发平台，由欧洲团队于 2005 年开发，灵活方便、容易上手且扩展性强，具有丰富的接口，有数字 I/O 口、模拟 I/O 口，同时支持 SPI、IIC、UART

串口通信。

变量控制喷洒系统采用 Arduino UNO R3 单片机控制无刷水泵的方式，应用脉宽调制 PWM 技术控制液泵的输入功率从而控制输液管道内液体的压力，改变系统喷洒的流量。系统选用微型压力回流型隔膜无刷电泵，尺寸 75 mm×70 mm×46 mm，质量 248 g，额定电压 12 V，最大功率 48 W，最大压力 0.48 MPa，最大流量 3.5 L/min。该隔膜泵体积小、耐腐蚀、可长时间连续干吸和空转，满足植保机机载农药化肥喷洒工作的要求。

2. 变量作业控制传感器集成

传感器选型方面，选择流量计、压力计作为关键传感器。

（1）电动流量控制阀门

本变量作业系统电动流量控制阀门选用涡轮流量传感器，如图 3-20 所示，阀门主要由仪表壳的内壁和流量计转动部件（简称转子）组成，液体由进口通过传感器时带动转子旋转，传感器测得转子转动次数并输出，图 3-21 为流量计在 1 s 内脉冲 F_{sig}（个/s）与流量 F（L/min）之间的关系。

图 3-20　流量计外观图

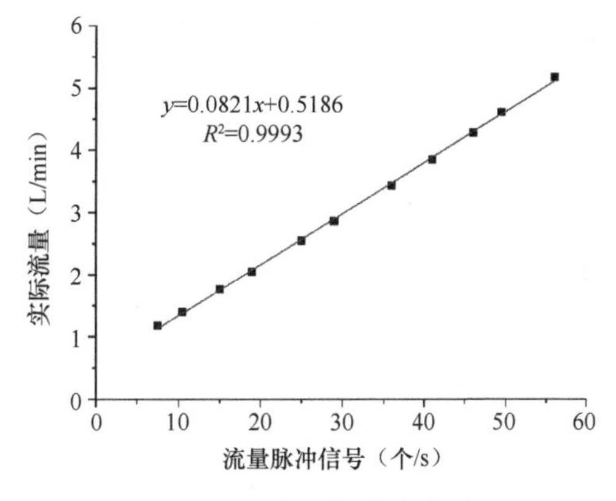

图 3-21　流量与脉冲关系

（2）机载压力反馈装置

机载压力计采用 HK2013P08 压力传感器，工作电压为（5±0.1）V，输出电压为 0.5～

4.5 V，工作压力范围为 0～1.0 MPa，测量误差为±3.0%，是典型的应用于液体压力测量的传感器。为校准 HK2013P08 传感器的输出曲线，选用量程为 1 MPa 的 YN60 耐震压力表作为实际压力读取表。压力计实物外观如图 3-22 所示。测定传感器模拟量电压值输出曲线与实际压力之间的关系，将压力传感器进行标定后可得 HK2013P08 压力传感器标定曲线，模拟量电压输出值与实际压力关系如图 3-23 所示。

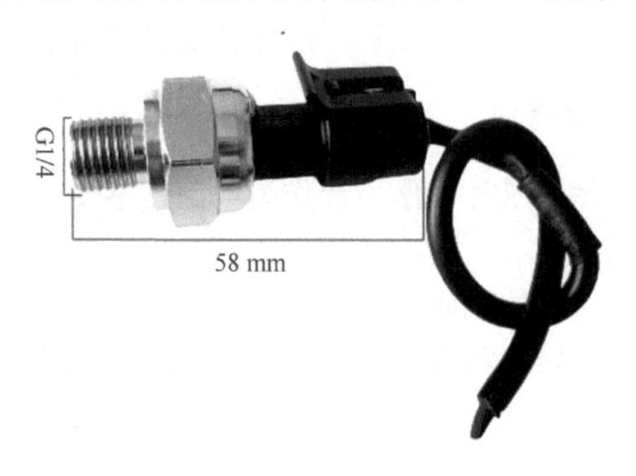

图 3-22　压力计实物外观图

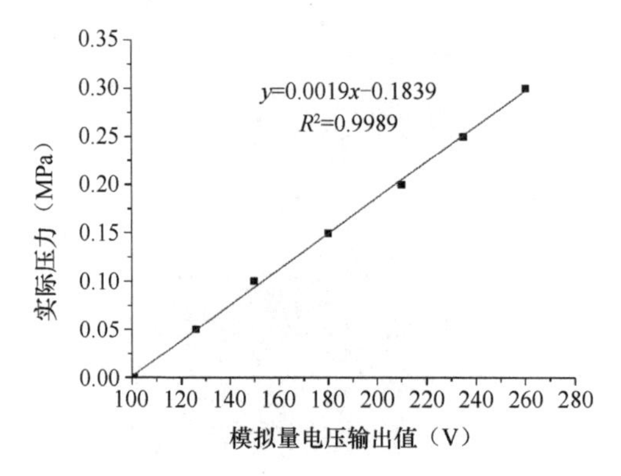

图 3-23　压力传感器标定曲线

应根据靶标作物、实际喷施需求（喷嘴喷雾角、喷施压力和流量等）和喷施环境等方面综合选用喷嘴，也可以采用激光粒度分析仪对各种喷嘴进行测试，如图 3-24 的所示。

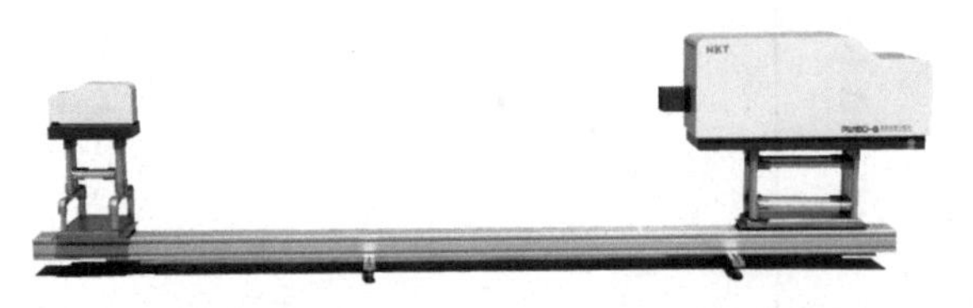

图 3-24　喷雾全自动激光粒度分析仪

上述几种喷嘴适用于杀虫剂及病害防治农药喷雾等多种喷雾场景，在实际选用时，应根据靶标作物、实际喷施需求（喷嘴喷雾角、喷施压力和流量等）和喷施环境等方面综合考虑决定。

结合激光粒度仪，对不同喷嘴的扇面对称面、不同高度、不同喷施液体种类的雾滴粒径分布差异进行研究。采用体积中值直径（volume median diameter，VMD）表示，VMD 是指取样雾滴的体积按雾滴大小顺序进行累积，其累积体积中值直径为取样雾滴体积总和的 50%所对应的雾滴直径。

对空心锥形、普通扇形、气吸形、广角形等不同型号的 11 种喷嘴进行测试后绘制雾滴粒径分布图，测量位置距离喷嘴 50 cm，测试时保持液体压力恒定在标准作业压力。图 3-25 为喷雾扇面纵向对称面雾滴粒径体积累积曲线，曲线与累积率 50%的交点即为雾滴体积中值直径，图 3-26 为喷雾扇面纵向对称面雾滴粒径体积占比曲线，曲线表示有着同一雾滴直径的所有雾滴体积和占总统计量的比例，曲线越高越陡说明雾滴直径分布越集中，曲线越矮越缓说明雾滴直径分布越分散。

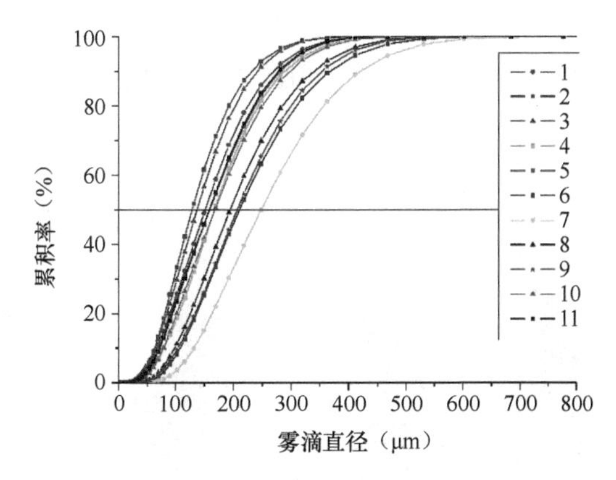

图 3-25　喷雾扇面纵向对称面雾滴粒径体积累积曲线

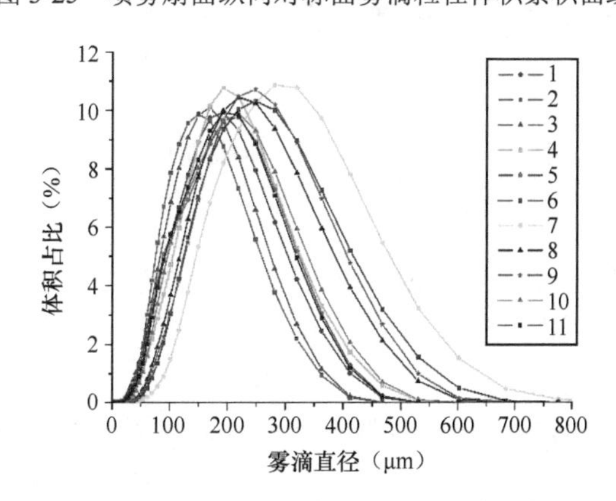

图 3-26　喷雾扇面纵向对称面雾滴粒径体积占比曲线

图 3-27 是喷雾扇面横向对称面雾滴体积中值直径分布，距离喷嘴范围在±0.4 m 时，喷嘴雾滴大小较稳定，之后随着远离喷嘴中心，雾滴粒径增大，这是越靠近边缘，雾滴速度越快，吸收小粒径雾滴凝结所致。

（3）变量喷施适宜高度研究

选用适合扇形喷嘴的喷杆安装方式，配备 1 个液泵及 4 个喷头。为了在冲击区域上形成连续、均匀的水量分布，IDK12002 喷嘴的喷幅 B 在彼此重叠的同时，为避免相邻喷射的干涉，喷嘴喷口必须相对偏转 5°～15°，如图 3-28 所示。

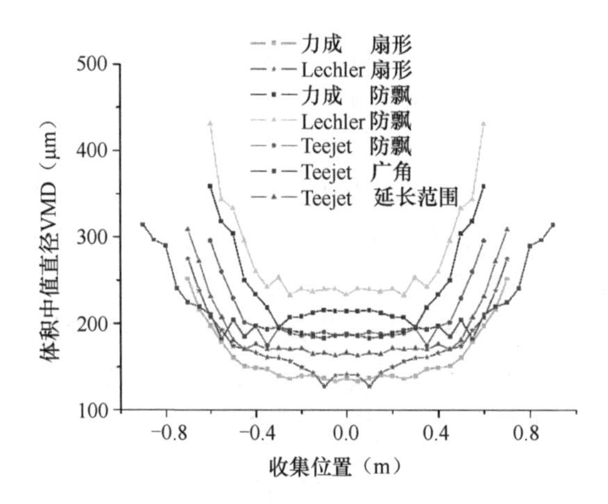

图 3-27 喷雾扇面横向对称面雾滴体积中值直径分布图

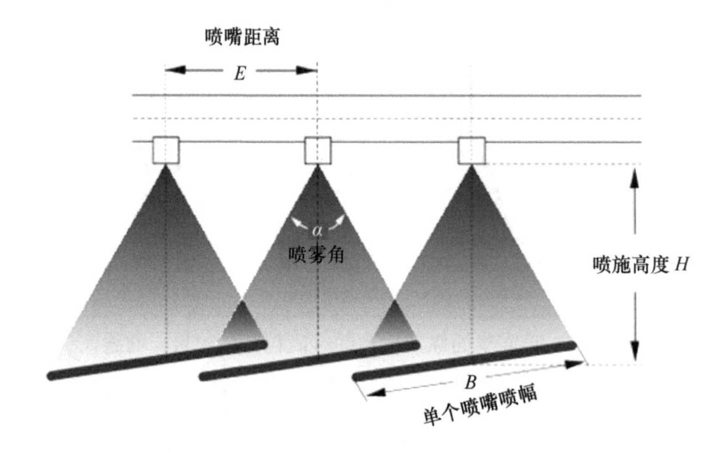

图 3-28 喷嘴喷射重叠和偏转角度示意图

（4）变量喷施控制系统研究

基于 PWM 技术结合遥感地理信息生成作业处方图后，本系统实现了对喷杆式安装方案的喷嘴变量控制，如图 3-29 所示。

i. 作业处方图生成

在变量作业处方图的实施方面，存在控制的延时现象，产生的原因一方面是水液在管道内的流通所发生的滞后，另一方面是控制器在接收和处理数据的过程中所占用的时间。因此，在控制器编码作业处方图算法中，处理数据的程序越简单越好。本系统提出一种基于变换坐标系以简化控制器数据处理环节的作业处方图生成算法，提高运算效率，减少运算时间，具体算法流程如下。

1）提取 GPS 信息中经纬度信息和速度信息，并将 GPS 字符串信息转换成 double 数据类型以便运算处理。

2）当地平面直角坐标系是将空间坐标（空间直角坐标或空间大地坐标）通过某种数学变换映射到平面上，这种变换又称为投影变换。而导航系统参照的是局部相切平面

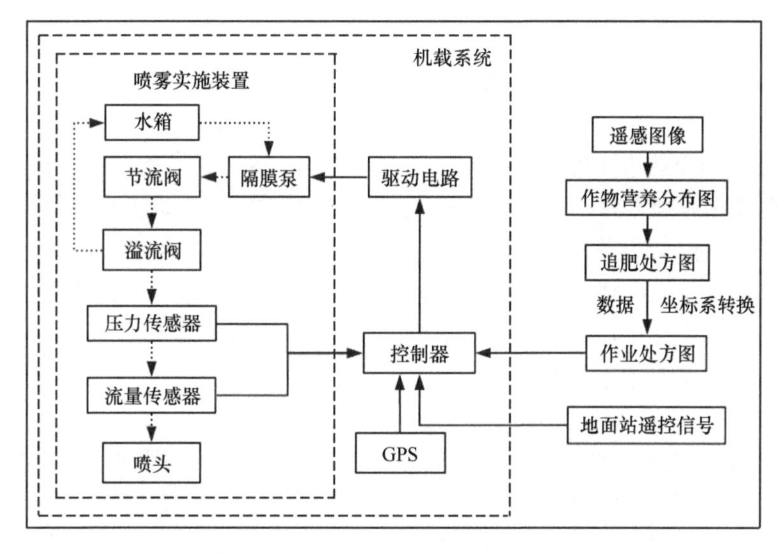

图 3-29　变量喷施控制系统工作流程

坐标系，它的三个直角坐标轴分别为：东（E）、北（N）和高度（D）。此坐标系通常用于显示在球面地图上的数据信息。因此需要将 GPS 接收器获得的无人机在大地坐标系上的位置信息转换成便于对无人机轨迹作评估分析的导航系统参照的局部相切平面坐标数据。此处选用 World Geodetic System 1984（WGS84）球体模型。

3）测定作业区域中四个顶点经纬度信息，对作业区域进行位置标定，选取一点作为作业区域的原点，选用作业区域的西南角点作为原点，从原点出发，正东和正北方向分别为大地坐标系的+X 方向和+Y 方向，记为原坐标系(X, Y)；从原点出发，作业区域长宽方向（若为不规则作业区域可以设定一个尽可能拟合作业区域的长宽方向）为新坐标系的+x 方向和+y 方向，记为新坐标系(x, y)。原坐标系(X, Y)的数值为目标位置的实际导航系统参照的局部相切平面坐标数据减去原点位置的实际导航系统参照的局部相切平面坐标数据。

4）进行原坐标系(X, Y)向新坐标系(x, y)转换。利用 WGS84 模型不难获得原坐标系与新坐标系之间的夹角α，如图 3-30 所示。

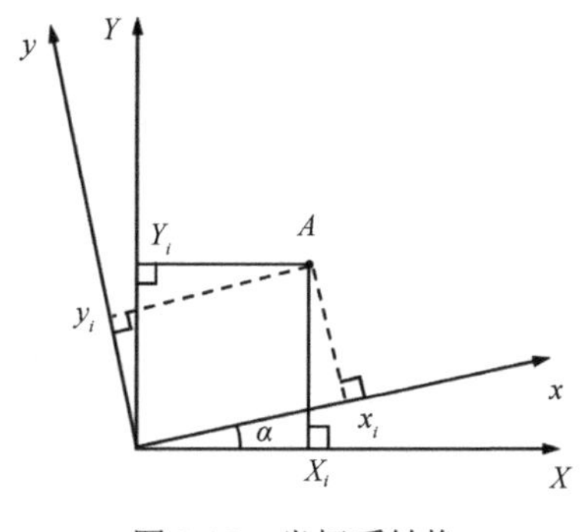

图 3-30　坐标系转换

5）将病害程度与施药方案中每个小区按照距离原点的远近编码为二维数组 $a[i, j]$，自动变量控制器可实现多级变量控制，在本试验中，小区有 3 个病害程度梯度，故将 3 种喷施变量代码编入处方数组 $a[i,j]$。

ii. 变量作业控制技术

依据处方图的作业小区确定，采用自动判断作业小区和远端数传电台控制两种方式，采用 SD 卡存储作业处方图，以 30m×30m 见方为一个小区，SD 卡上存储每个作业小区四个角点的 GPS 信息，以及作业小区的喷药量，依据当前 GPS 接收机采集到的 GPS 经纬度信息，采用最小差值法选择，选取出作业小区；捷联解算无人机飞行速度和飞行姿态。无人机姿态处于动态变化中，喷药量需要依据速度与姿态的变化实时调节。

（5）无人机变量喷药作业与评价

i. 变量施药作业的评价方法

国标方法是先使用激光粒度仪对雾滴粒径进行检测，然后使用体积中值直径对雾滴粒径进行评价，但是此方法无法在田间施用。水敏纸作为一种雾化效果可视化手段，是一种在国内外植保行业广泛应用的黄色试纸。水敏纸遇雾滴前后颜色变化如图 3-31 和图 3-32 所示。植保无人机作业高浓度低量喷洒作业时，雾滴在靶标的大小和沉积分布情况被作为一个检测植保机作业效果的重要指标。因此，水敏纸凭借其可快速便捷地反映雾滴分布情况的优势，被作为检测植保无人机作业效果的主要手段之一。

图 3-31　水敏纸使用前

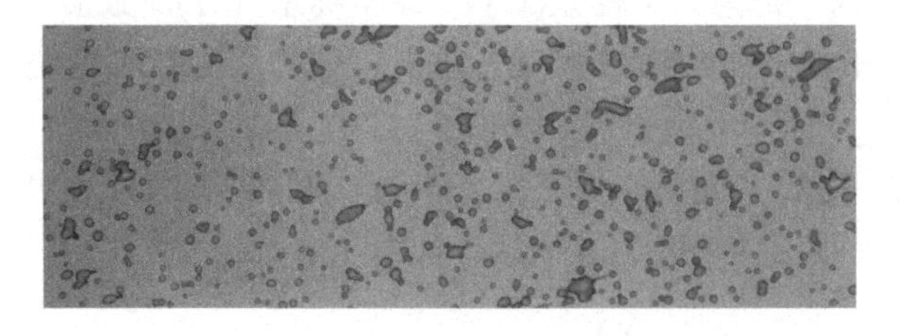

图 3-32　水敏纸使用后

从田间收集带有雾滴痕迹的水敏纸后，需要对其进行后期的处理和分析，从而对喷雾效果进行直观、定量的分析评价。

ii. 变量喷施质量评价

使用黑白激光多功能一体机对收集的水敏纸进行扫描，扫描件条件为 600×600 分辨率，灰度扫描。生成 PNG 格式扫描件。

使用框选工具，选取统计区域。在这一步，选择复合滤波器，使用 sobel 算子对图像提取边缘特征，然后使用上下阈值作为标记，最后在梯度特征图上进行分水岭处理，结果如图 3-33 所示。

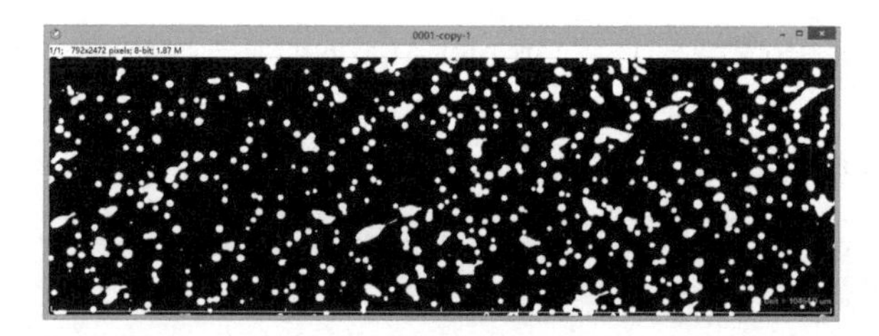

图 3-33　掩模并填充后图像

iii. 油菜变量喷施作业评价

以油菜植保为例说明喷施作业评价过程。本例涉及的作业时间在下午 16:00 后，温度 8℃，相对湿度 62%，风速 2.6 m/s。喷施作业前，选取位于 12 个小区各中部位置的油菜植株作为采样植株，每个采样植株选取位于上部冠层位置和从根部往上第 3 个叶位处的叶片作为样品，用双面胶将水敏纸固定于叶片的正反两面，如图 3-34 所示。整个区域共有 12×4=48 个采样点。

图 3-34　水敏纸布置示意图

无人机喷施作业完成后，约需等 5 min，水敏纸上的水迹已干，此时水敏纸上已带有蓝色斑点，如图 3-35 所示，将各采样点收集到的水敏纸参数进行扫描，得到数字图像。

图 3-35　无人机喷雾后的水敏纸

水敏纸扫描后的图像经软件“Droplet Analysis”进行处理，不同沉积层下雾滴粒径分布规律如图 3-36 所示。相对来说，正面粒径>反面粒径；底部正面粒径>冠层正面粒径；底部反面粒径＜冠层反面粒径；因各 NY2 区域底部反面无雾滴附着，故没有统计结果。其中 NY0 区域的冠层正面粒径小于反面粒径，这是 NY0 区域的喷施量较大，受多旋翼无人机风场影响也较大，冠层叶片翻动较为剧烈所致。由于雾滴在下沉过程中会出现聚集效应，到底部的粒径较大，且不同喷施量的区域在同一高度的正面或反面粒径大小基本相同；而叶片反面的雾滴大多是由于飘移附着而成，而小雾滴更易在空中悬浮飘移，故反面粒径相对较小。此外，各小区的冠层正面和底部正面的粒径差距并不大，这说明变量喷洒并没有对实际雾滴粒径分布造成太大差异。

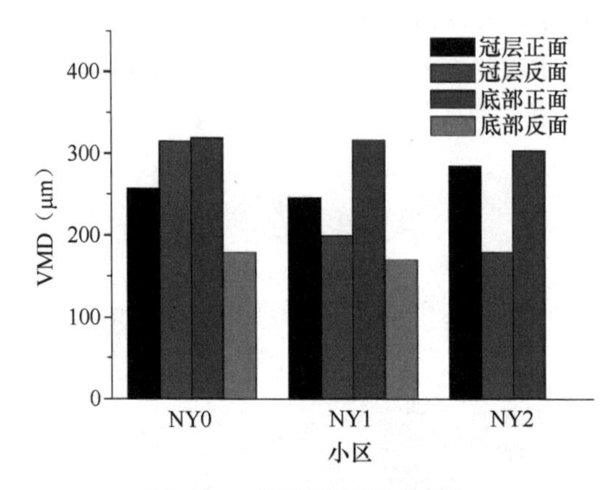

图 3-36　雾滴粒径分布规律

不同沉积层下雾滴密度分布规律如图 3-37 所示，总体趋势是叶片正面>叶片反面，冠层>底部，喷施量多的区域>喷施量少的区域。

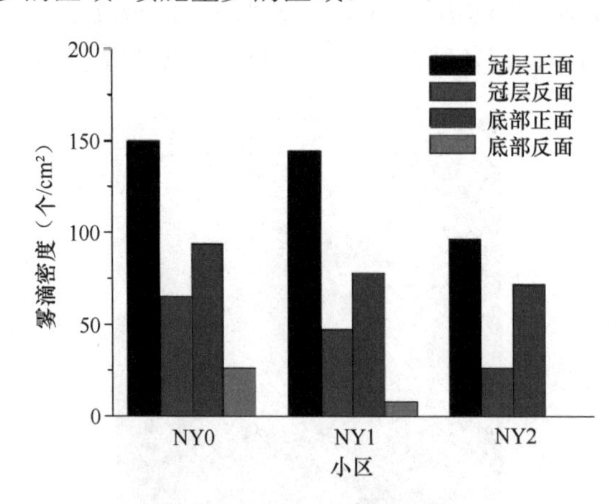

图 3-37　雾滴密度分布规律

iv. 水稻变量喷施作业评价

针对水稻作业，用与油菜相似的评价方式。如图 3-38、图 3-39 所示，将检测到的沉积量情况与设定的变量进行对比。实际亩[①]用量非常接近设置亩用量，最大误差为1.75%，这样的变量作业效果基本达到了精准农业的需求。

图 3-38　无人机水稻病害变量作业

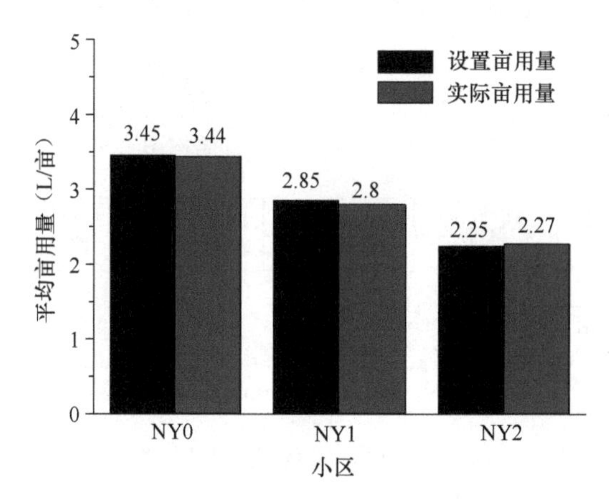

图 3-39　设置亩用量与实际亩用量对比图

3.2.3　常见的变量农业机械

3.2.3.1　变量喷药机

根据农情处方图和 DGPS 定位，变量喷药机可实时调节药量和雾滴的大小。当农机手驾驶拖拉机在田间进行喷施农药作业时，农机手可从驾驶舱监视器上观察到喷药处方图和当前作业位置。农机手监视作业行走轨迹的同时，智能变量控制器根据农情处方图上的喷药量，自动控制变量喷药执行机构进行变量喷洒。

一种多回流式变量喷药的喷杆式喷药机的控制系统硬件组成如图 3-40 所示。该变量控制系统工作原理为：喷药前将喷药机隔膜泵与农机输出轴连接，并通过触摸显示屏手动输入相应的作业喷头数量、喷药量等参数。开始喷药作业时，启动喷药控制系统，以及保持拖拉机后输出轴转动。系统通过结合检测到的拖拉机的实时行驶速度，设定喷头数量及每公顷喷药量，得出实时的理论流量。通过与实际系统检测到的流量进行比较，采用 PID 闭环控制算法对比例调节阀的开度进行调节，通过控制回路流量来改变主路的流量，以此来实时控制喷药量。其中，闭环控制系统结

① 1 亩≈666.7m^2

构如图 3-41 所示，采用该方法对流量进行调控，具有快速、稳定及准确的优点（王相友等，2019）。

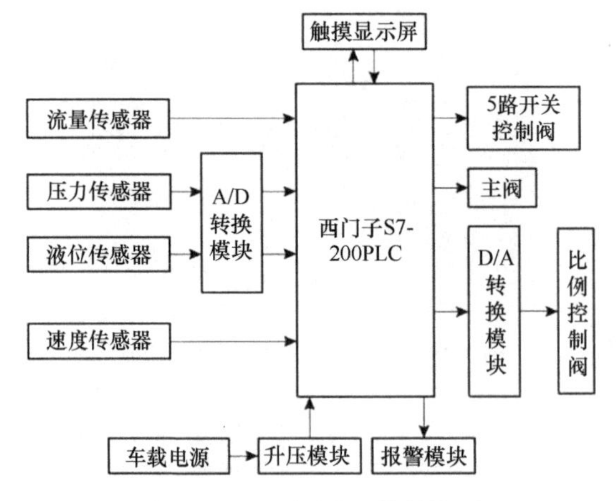

图 3-40　控制系统硬件结构图

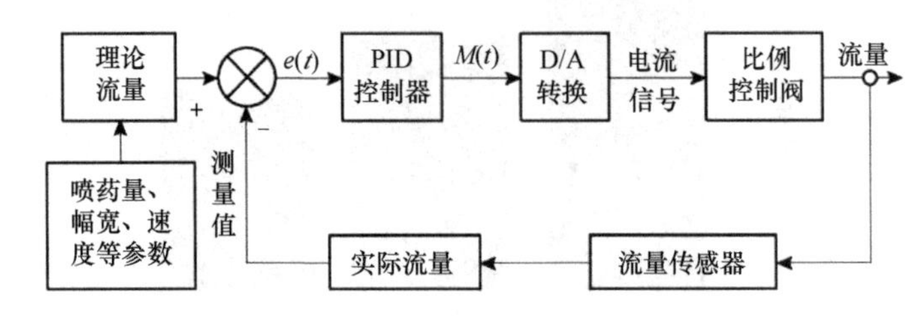

图 3-41　闭环控制系统结构简图

3.2.3.2　变量施肥机

目前，国外用于变量施肥的控制方式主要有两种：实时控制施肥和处方信息控制施肥。实时控制施肥是利用相关传感器实时监测土壤肥力信息，根据不同地段土壤肥力不同，按需精准投放肥料，或通过分析实时监测的作物光谱信息进行施肥量的控制调节。处方信息控制施肥是根据决策分析后的电子处方图提供的施肥方案策略，对施肥作业执行机构进行实时调控，以控制施肥量。根据田块的不同需求，有针对性地、有目的性地撒施不同配方及不同量的混合肥。预期的肥料用量会根据土壤分析测试结果、田块位置和作物品种等信息来确定。当变量施肥机在田间作业时，变量作业控制系统将接收 DGPS 接收器获取的地理位置信息，并自动将作物品种与其所需的施肥量相匹配，从而控制施肥机进行变量作业。

基于近地光谱的冬小麦变量施肥机的系统结构简图如图 3-42 所示，其在传感、机电一体化、自动控制等技术支持下实现在线变量施肥作业，首先通过光谱传感器确定小麦冠层的归一化指标指数，再利用各类传感器确定机具实时工作状态，实时的信息被输入到智能变量施肥决策系统，决策系统分析得到的信息，输出控制指令控制施肥执行结构，由施肥执行机调整排肥器的工作状态，实现在线变量施肥（汪小昆等，2015）。

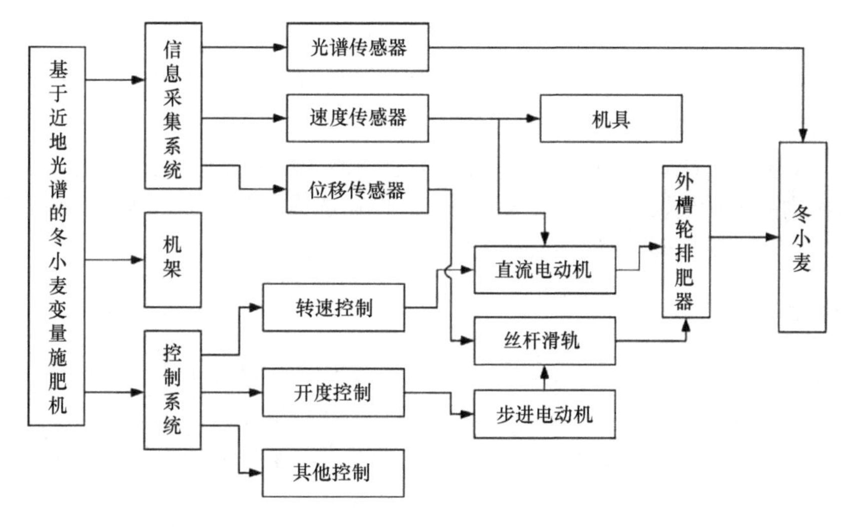

图 3-42　变量施肥机系统结构简图

液态变量施肥机的控制系统结构原理如图 3-43 所示。液态变量施肥机工作时，液泵由动力输出轴经带传动驱动工作，将液态肥从液肥箱中抽取，并将液态肥增压输送至两端的分配器，在此过程中变量控制系统控制电磁比例调节阀来实时调节管路中的液肥压力。在施肥机正常作业时，根据 GIS 处方图，由液态变量施肥控制系统控制实现实时变量施肥（王金武等，2015）。

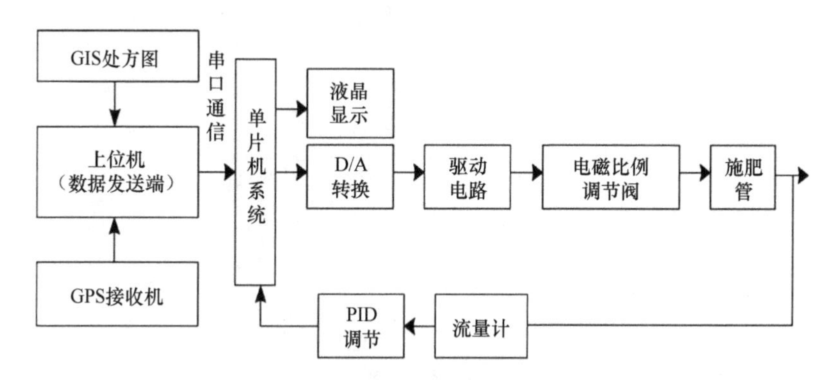

图 3-43　液态变量施肥机的控制系统结构原理图

3.2.3.3　变量灌溉机

变量灌溉机能够在自动监控条件下实现精准灌溉，并且运用于多个灌溉场景（如滴灌、喷灌、微灌和渗灌等）。此外，它还能根据不同作物、不同生长周期下的土壤墒情和作物需水量，按需自动灌溉，可大大减少水资源的浪费，提高水资源的有效利用率。大型喷灌机变量灌溉系统构建方法的研究相对比较成熟，变量灌溉系统通常包含以下 3 个部分：变量供水装置、定位系统（GPS/北斗）和变量灌水控制系统，当前电磁阀脉冲控制技术已经较为成熟了，成为变量灌溉的标准方法（赵伟霞等，2016）。当前大型喷灌机一般实现变量灌溉常利用以下 3 个方法：①采用可变喷头来实现变量喷洒，在喷头孔口内插入或移走一个同轴针，并利用专门的控制器来控制改变喷头孔口直径，从而实现变量喷水；②搭配多种流量喷头组合，以获得沿桁架方向阶跃状变化的灌水强度，实现变量喷洒强度的精准控制；③脉冲宽度调制法，利用电磁阀调节喷头在一个周期内的开合时间比来调节流量，从而实现变量喷洒。

最优的变量灌溉决策支持系统不仅应该考虑到作物的生长情况、气候条件，还应考虑到影响作物的潜在经济性因素（预估产量、作物价格和其他经济因素），以及环境影响因素等，以同步实现经济效益和环境效益的最大化。

3.2.3.4 变量播种机

变量播种机可按小区（肥力、墒情和土质差异）的不同实际需求，在播种作业中随时对播量和播种深度进行调整，最终实现整块农田出苗整齐茁壮。变量播种机一般要求能够实现精量播种，并且还要保证在播种作业过程中，保持播种均匀和播深一致，从而减少种子浪费，保证种子的出芽率，提高作物产量。

一种具备变量播种机构的油菜精量联合直播机，通过切换齿轮啮合关系来改变排种器输入轴转速，以此满足在不同种植条件、播期下所对应的直播油菜播种密度要求。如图 3-44 所示，仿形地轮作为变量播种系统的动力源输入，动力输入后通过链传动分别依次传递给中介轴和变量播种机构，再经链传给过渡轴，最后经链传给排种器。变量播种机构是系统的核心部件，通过操控轴向调节组件，实现变量播种调节功能。

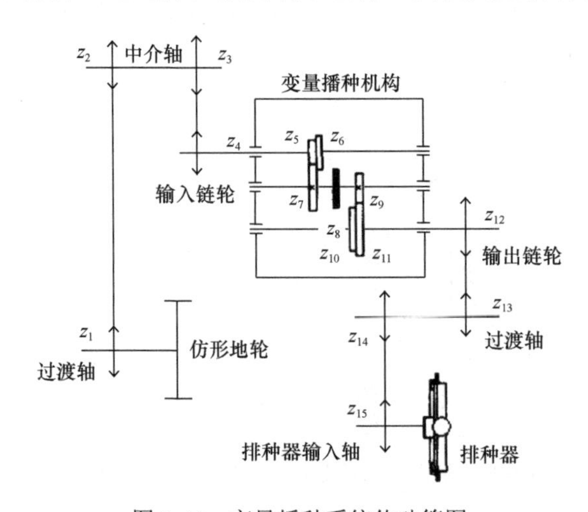

图 3-44 变量播种系统传动简图

3.2.3.5 配备多传感器的联合收割机

变量技术在联合收割机系统中的应用主要表现在装有智能化损失监测设备和数据反馈系统，此种收割机安装配备多个基于 GPS 的智能化传感器，且该传感器拥有的丰富接口及充足的数据存储空间，能实现以下多种功能：精确导航、监测土质和水分、控制损失率。

其中，配备智能微处理器的联合收割机能对多传感器采集的整个系统的信号数据进行处理和存储，包括：喂入量、割台螺旋输送器转速、输送槽转速、切流滚筒转速、纵流滚筒转速、输粮螺旋输送器转速、损失量，以及前进速度的信号采集、数据处理及实时显示，同时对监测点进行故障报警，并能自动调节前进速度，进行故障分类处理，对监测点信息进行存储与打印。系统硬件如图 3-45 所示。

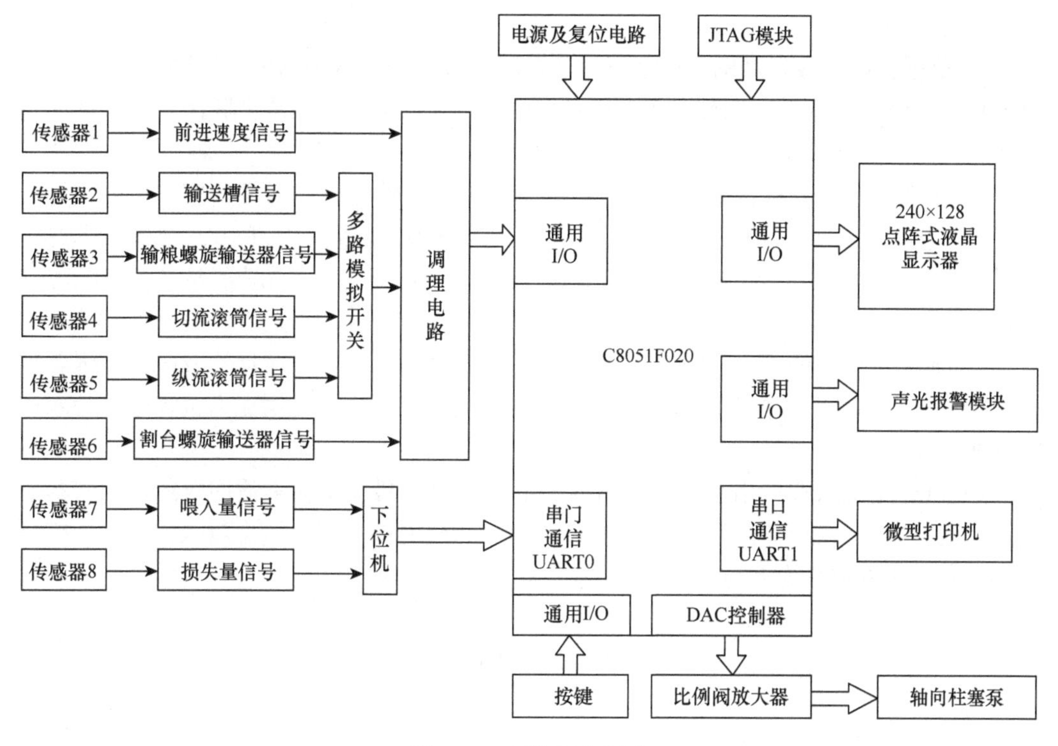

图 3-45　系统硬件框图

3.2.4　变量作业当前存在的问题与展望

3.2.4.1　存在的问题

当前，我国农业生产环境有许多制约精准农业发展的方面，同时也阻碍了变量技术发展的步伐。当前存在的问题包括以下几个方面。

1）农业生产环境和生产方式制约我国精准农业发展，我国主要以家庭生产经营为主，地块狭小、多样而分散，农业机械化水平不高，农业经济基础薄弱，实现现代化精准农业较为困难。

2）国外农业技术封锁，国内研究基础薄弱，对高端农业技术的研发力度和推广力度均不足，此外国产化智能控制系统操作不便，成本较高。

3）农情信息获取、分享较为闭塞，设备兼容性差，人工维护成本高。

4）智能变量控制系统研发不足，传感器的研发与电子信息技术的应用不足，专家决策系统不完善且更新慢，容易滞后，导致决策不准确、误差较大。

5）现有机具效果欠佳，大多变量作业机具是在已有的机具上进行机械化和智能化改造而来，整体上缺乏稳定性，导致实际变量作业效果欠佳。

3.2.4.2 展望

我国应根据当前变量作业的发展现状和遇到的一些问题，制定一系列有利于变量技术发展的策略。

1）根据我国农业发展的实际情况，开发能适合不同地区需求的通用变量作业机具。由于我国农业高度分散、人员密集、作业强度大，因此需要开展适合我国农业发展的变量作业机械和变量技术的研究和实践。

2）加强变量作业机构的研究。针对故障率高的部件进行针对性研究，促进变量技术和现有机具的结合。改变原有机具功能单一的特点，做到一机多用。例如，变量撒肥播种机，最终要实现旋耕、播种、施肥、镇压等复合作业，同时还要多变量配比施肥作业。

3）加快新技术的应用。例如，在实时检测土壤养分、肥力信息等方面，加强新型传感器的研发；在无人机撒肥施药方面，加强应用推广；推广应用无人机遥感进行农田信息采集等。

4）培养精准农业应用型人才。培养一批具有较高科技文化素质的农业从业、科研人员，进行精准农业的研究、应用及推广。国家和政府部门增加资金投入，加大力度培养基层高素质的精准农业应用型人才。

3.3 农业机器人

3.3.1 农业机器人的概况

3.3.1.1 概述

1. 农业机器人的定义

美国机器人协会（RIA）对机器人的定义是："机器人是一种用于移动各种材料、零件、工具或专用装置，通过可编程动作来执行各种任务，并具有编程能力的多功能操作机。"而农业机器人最直观的定义就是在农业生产中运用的机器人。

农业机器人以农业产品为目标对象，拥有具体的感知和活动功能，能够重复编程和应用，实现自动化或半自动化，集合了先进传感技术、柔性执行机构技术等多种机器人领域的前沿技术和关键理论，已成为机器人技术发展的一大重要分支。

农业机器人需要具备程序性、适应性和通用性。程序性是指农业机器人能够根据不同的程序指令按照顺序执行对应的动作或者根据程序进行对应的判别；适应性是要求机器人根据作业环境，以及其本身的情况，自动调整作业的质和量；通用性是指机器人可以通过自身软硬件的变更改变自身功能。

2. 农业机器人的出现背景

1）改革开放以来，大量的农村劳动力流失，并且随着我国工业化、城市化进程的不断推进，大量农业生产必需的劳动力流入非农业产业，这导致农业劳动力短缺的问题日益凸显，劳动力成本逐年上升。与此同时，农业从业人员老龄化也是一个严峻的现实问题，其导致了从事农业生产的劳动力质量逐渐下降。而具有一定学习功能并且能够重复作业的农业机器人能够自主完成各种农业任务，极大地缓解了劳动力短缺的问题。

2）传统的作业方式往往有浪费人力、效率低下的缺点，且大多数农业劳动单调枯燥、强度大，对劳动者的身心健康有一定的损害，这也是年轻劳动力流失的一大原因，因此需要用农业机器人代替人工进行大量的重复性劳动。

3）随着人民生活水平的日益提高，市场对农产品的品质和安全要求也越来越高，传统作业方式难以为之提供保障。例如，传统的喷药方式会带来农药残留、环境污染等问题。而拥有机器视觉与多种传感器的农业机器人能够自主感知周围环境，精准定位作物、杂草或其他目标物的位置，仅使用微量的农药、除草剂等即可达到目的，这种精细化作业方式能够节约成本，提高农业可持续发展水平，提升农产品的安全品质。

4）农业劳动普遍具有季节性强的特点，需要在较短的时间窗内完成作业，否则会造成农产品产量或质量的损失，因此高效的作业十分重要。农业机器人具有作业效率高、可昼夜不间断工作的优势，能够弥补季节性农业作业中的劳动力缺口。

近年来，随着计算机技术、人工智能技术等的快速发展，农业机械化向智能化推进的重要时期已经到来。自 20 世纪 90 年代以来，全球各个国家对精准农业有了更进一步的关注，精准农业还被评为是 21 世纪实现农业可持续发展的先导性技术之一。而农业机器人作为精确农业中相当重要的一部分，也受到了广泛的关注。21 世纪农业机械朝着结合自动控制、图像处理等多项技术结合的趋势发展，让农业机器人拥有了更加高级的智能水平。

3.3.1.2　农业机器人特点及分类

1. 农业机器人作业特点

1）作业对象娇嫩且复杂：与工业机器人的操作对象不同，农作物普遍具有娇嫩、脆弱、易受损的特性，因此在操作过程中应尽量地将对农作物的伤害降到最低。同时农作物形状复杂，形态差异大，并在生长发育过程中呈动态变化，对不同生长发育状态做出判断和调整非常重要，这对传感器、末端执行器等的适应性提出了很高的要求。

2）作业环境的非结构性：农业机器人的作业环境一般是开放的自然环境，土壤、光照、降水的动态变化难以准确预知，复杂的地形和不平整的路面也会对机器人的行进造成影响。即使部分农业机器人在室内工作，农作物的大小与形态随时间变化，也会导致时间维度上机器人作业环境的改变。这就要求农业机器人能够顺应多变复杂的环境，能够通过视觉仪器对各种物体进行推理和判断。

3）作业动作的复杂性：农业机器人一般在移动的同时进行作业，且移动路径复杂，往往不是两点一线的直线距离，需要适应田间的复杂地形与环境。

4）操作简便、价格友好性：农业机器人的操作者一般是农民，受教育水平普遍较低，因此要求农业机器人具有操作简单、人机交互友好的特点。此外，农业机器人的定价不宜过高，若价格超出个体经营者的经济承受范围，将不利于农业机器人的商业化推广。

2. 农业机器人的分类

农业机器人根据不同的分类依据可以分为不同的类别。根据应用环境的不同可以分成三大类：第一类为设施农业机器人，适用于大棚温室等设施农业内的生产活动，如采摘机器人、移植机器人等；第二类为大田生产机器人，适用于室外大田环境，进行大范围作业，如大田收获机器人、灌溉机器人、除草机器人、施肥机器人等；第三类为农产品检测加工机器人，主要用于农产品检测分级，以及畜牧类产品加工，如水果分拣机器人、挤奶机器人、肉类加工机器人等。

依据对解决农业生产问题方式的不同，可将农业机器人分为行走系列机器人和机械手系列机器人。行走系列机器人的主要目标是完成在田间的自主行走，确保行走方向和路径的正确性，在此基础上搭载不同的末端执行器完成多种作业任务，此类机器人的研究重点在于自主导航技术。行走系列机器人的代表有自行走耕作机器人、喷雾机器人、除草机器人等。而机械手系列机器人主要用于设施农业，通过传感器对目标进行识别并控制机械手进行作业，需要有较高的灵敏度与精确性，此类机器人的研究更侧重于机械手的动作规划控制，如采摘机器人、育种机器人、育苗机器人等。

下面简单介绍一下几种常见的农业机器人。

（1）采摘机器人

采摘机器人是用于采摘水果、蔬菜和食用菌等的智能化装备，可以大大提高工作效率，解决人工采摘效率低下、成本较高的问题。采摘机器人的设计需要考虑采摘对象的具体特征。蔬菜、水果等的表皮大多较为脆弱，容易受到损伤，因此设计柔性装置或其他保护措施，以减少损伤率、提高采摘品质。采摘机器人工作的一般流程是用多种传感器获取采摘对象的位置、姿态和成熟度信息，主控单元处理这些信息后，控制行走装置、机械臂与末端执行器完成相应的动作，将果实采摘至收集装置中。但不同农作物的形态、颜色、硬度等特性有较大的差异，因此不同采摘机器人的工作方式也有区别。比如，苹果采摘机器人的末端执行器可以对夹持的关节进行自动调节，用以适应大小、形状略有差异的果实，并可通过传感器对苹果的大小、成熟情况等进行检测，在采摘的同时完成分拣。而白芦笋采摘机器人用于采摘生长于地下的笋体，需要完成位置判断、茎芽切割、土壤分离等过程，其末端执行器的主要功能是完成加持与切割，且传感器需要在土壤中判断茎芽的位置与大小。

（2）嫁接机器人

嫁接是将一株植物的枝或芽与另一株植物的茎或根相连，并使其正常生长为一株完整植物的育种技术。嫁接机器人能快速地把接穗苗和砧木苗的切口精准地接合在一起，极大地提高了嫁接效率。同时，较快的嫁接速度可以有效减少由于切口长时间暴露而出现的植物液体流失和切口氧化等问题。在完成嫁接后，机器人还可以进行拣选操作，有效识别缺陷幼苗，确保嫁接植株的存活率。日本最早开始研发蔬菜嫁接机器人，这种机器人由七个模块组成：幼苗供给模块、幼苗切削模块、幼苗移开模块、固定与输送模块、接合模块、驱动装置和控制装置，可以自动地完成取苗、嫁接、移苗等一系列过程。我国也已自主研发出智能嫁接机器人。利用传感器和计算机技术相融合，能够对嫁接苗的子叶方向实现自动识别、判断，提高了嫁接的速度与准确率。

（3）除草机器人

传统的除草方式容易产生滥用除草剂的问题，不仅污染土壤环境，还会使杂草产生抗性，药物残留也会影响农产品的安全与品质。而智能化的除草机器人，能够减少除草剂的使用，在降低成本的同时提高除草效率。一般除草机器人的工作方式为：使用自主导航技术对机器人进行定位与路径规划，使其能够在田间自主行走，与此同时，视觉传感器获取作物与杂草的图像信息，依托图像处理系统，采用深度学习等技术对杂草进行分辨与定位，然后引导机械臂与末端执行器运动到杂草的位置，并喷洒微量除草剂，这样就能精准有效地达到除草的目的，同时大大减少除草剂的用量，保证了生态环境的安全性。

（4）施肥机器人

施肥是田间管理的一个重要环节，合理科学的施肥能以较少的肥料投入获取最大的经济效益，有助于保持生态平衡，保护土壤、水源等资源免受污染，传统的施肥方式无法精准把控施肥量，容易影响作物的生长发育或导致水体富营养化等环境问题。施肥机器人可以根据不同的土壤类型与作物类型制定不同的施肥方案，并使用多传感器融合技术检测土壤中各营养元素的含量，科学配比出最适宜的施肥量，大大减少了肥料的浪费，大幅降低了施肥成本，并提高了施肥效率，为作物的生长发育提供必要的营养，对提高农产品的产量与质量也有积极的作用。

3.3.1.3　发展进程与现状

20 世纪 70 年代后期，日本开始了最为早期的农业机器人的研制，并且始终走在世界前列，长期引领农业机器人的发展方向。日本的近藤（N. Kondo）等研制了番茄收获机器人，其主要由移动机构、控制单元、视觉传感器、机械手和末端执行器组成，可以在田间自主行走，从识别到采摘完成仅需 15 s，成功率可达 70%左右。日本京都大学研制了液压驱动机器人，机器人的机械臂由 5 个旋转关节组成，以保证其工作空间包括西瓜生长的地面能方便快速地收获地面上的西瓜。

20 世纪 90 年代以来，随着精准农业技术的发展，各个发达国家也越来越重视农业机器人技术的发展与研究，除日本外，美国、荷兰、韩国等国家也开始寻求相关技术的突破，纷纷根据本国的需求研制了多种农业机器人。美国的农业机器人技术也在世界前列，同日本相比，美国地广人稀，农业生产模式以大田农业为主，因此主要研制行走式农业机器人，并开发了一系列联合收割机器人、苗圃机器人、智能分拣机器人等。例如，斯坦福工程师豪尔赫·赫劳德（Jorge Heraud）和李·雷登（Lee Redden）研发的智能生菜生产机器人，可以实现生菜的施肥除草、精耕细作等。除了日本、美国，其他国家在农业机器人的研究上也有许多成果。英国 Silsoe 研究所研制了一种蘑菇采摘机器人，采用传感器来确定蘑菇是否可以采摘并对其进行分级；法国发明的葡萄园机器人几乎能完成葡萄种植园的所有人力劳动，比如修剪枝芽藤蔓、分析土壤肥力水平和检查藤蔓健康程度等；在澳大利亚有一种牧羊犬机器人，它能实现对羊群的智能化管理，减少放牧所需的劳动力；德国的科学家将计算机技术、全球定位技术和多用途拖拉机技术结合，研制了一种能够精准投放适量除草剂的机器人；西班牙的研究者研制了能够采摘成熟橘子的机器人，采用机器视觉技术通过橘子的大小、颜色判断其成熟程度并控制机械手进行采摘。

21世纪以来，众多发达国家投入了更多力量用于研制农业机器人，应用于不同场景的机器人都发展迅速，如嫁接机器人、挤奶机器人等多款产品已投入商品化应用。日本洋马公司开发的蔬菜嫁接机器人AG1000嫁接速度可达到1000株/h，已实现商品化应用；荷兰Lely公司研制的挤奶机器人Astronaut，能够实现挤奶操作的无人化，并实时检测牛奶品质与奶牛健康状况，已实现产品化并进入实际应用。美国Harvest CROO公司开发的草莓采摘机器人针对美国草莓的种植模式，创新性地设计了四行同时收获的机械结构，在实际应用中取得了很好的效果。新西兰的Robotics Plus公司研制了猕猴桃收获机器人，可在果园中自动识别猕猴桃的成熟程度并进行采摘，将立体视觉信息与深度神经网络相结合，实现猕猴桃的可靠检测和定位，收获成功率可达到86.0%。

近几年来，各国纷纷在国家战略层面制定了包括农业机器人在内的机器人技术发展计划，并进行重点规划和部署。美国于2011年宣布启动先进制造伙伴计划、于2012年宣布启动制造业创新国家网络计划、于2013年颁布机器人发展路线图。继美国之后，欧盟也于2014年颁布了机器人发展路线图，并启动了民用机器人研发计划“地平线2020”计划。同样在2014年，日本发布了《机器人白皮书》，韩国也制定了《智能机器人基本计划（2014—2018）》。2017年，日本又发布了《人工智能产业化路线图》，并且预计在2020年前后，实现机器人和无人农场的应用。在各国政府的支持下，研究人员聚焦于复杂的作业理论和技术难点，持续攻关果蔬采摘、施药施肥及其他复杂生产作业中的农业机器人技术，重点研究机器视觉对作业对象的快速精准识别、多自由度机械臂及末端执行器的动作规划、作业点的高精度导航与路径规划等。在“地平线2020”计划的支持下，2015年德国研制了能完成喷药、除草等多项任务的机器人，2018年以色列发布了甜椒采摘机器人，能够精准定位并无损采摘甜椒；2016年在汉诺威工业博览会上展出了移动农业机器人集群计划，通过使用大量简单小型的机器人，避免大型机器人在田间产生土壤压实等问题，通过让小型机器人轮流充电维护来保障集群的连续工作，为农业生产提供更高效、更安全的解决方案。

相较于发达国家，我国的相关研究起步较晚，于20世纪90年代中期才开始研发，但是在政府支持与市场需求的推动下，我国的农业机器人技术发展迅速，也逐步取得了一些成果。目前，我国已开发出除草机器人、耕地机器人、喷药机器人、施肥机器人、嫁接机器人、采摘机器人、收割机器人等多种农业机器人。比如，中国农业大学研发的嫁接机器人实现了黄瓜、西瓜、甜瓜等菜苗的全自动化嫁接，可自主完成砧木和穗木的供苗、切苗、嫁接和排苗等多个任务；中国农业大学还研制了一种摘黄瓜机器人，该机器人采用多传感器融合技术，能判断黄瓜的成熟情况，并准确定位收获目标，引导机械手抓取黄瓜，使用末端执行器的刀片切割瓜藤；胡友呈（2018）开发了一款柑橘采摘机器人，该机器人使用双目相机获取果树图像信息，利用改进的深度神经网络模型实现果实识别定位与障碍物分类，并引导机械臂的运动，使用咬合型末端执行器切断柑橘果梗，完成柑橘的采摘。北京市农林科学院研制的草莓采摘机器人可以实现自动搜索、识别和采摘，能够无损地收获成熟的草莓果实，为降低草莓采摘的人工成本奠定了基础；尹吉才（2019）研发了一种苹果采摘机器人，该机器人基于分割算法对识别到的果实进行分割，采用双目视觉系统定位果实，并采用一种两指夹取采摘器来夹取果实，其室内试验成功率达到 91%，但在实际应用中仍需面对枝条避障的困难。上海绿立方农业发展有限公司开发了一款智能移栽机器人，使用两个机械臂将模块化的种苗托盘转移到设定的位置，实现了蔬菜的智能化工厂化生产。苏州博田自动化技术有限公司研发了一款果蔬采摘机器人，该机器人搭载履带式底盘移动平台，可实现巡线移动，利用基于深度学习的视觉识别算法与气动切割方式，完成水果的选择性采摘，采摘成功率可达 90%以上，果实损伤率约为 5%，每个果实的采摘耗时约 10 s，极大地提高了温室果蔬的采摘效率。

虽然我国研制农业机器人的时间相对较晚，但是随着 5G、大数据、人工智能、云计算等现代化信息技术与农业技术的融合，农业机器人的技术瓶颈被不断突破，逐渐进入快速发展的阶段。国家也出台了相关政策，2016 年，工业和信息化部、发展改革委、财政部联合发布《机器人产业发展规划（2016—2020 年）》，为农业机器人的发展提供了指导和机遇。目前我国正在研究制定面向未来 15 年的机器人产业发展规划，将对推进我国农业机器人产业的发展起到关键作用。《全国农业现代化规划（2016—2020 年）》的部署也对农业的现代化与智能化发展提出了要求，而农业机器人正是其中非常重要的一部分。近几年来我国农业机器人的成果正不断增加，自 2014 年起，我国在农业机器人领域的 SCI 论文年度发表数已超过美国，跃居世界第一，主要的研究内容包括田间信息采集机器人、收获机器人、喷药机器人等类型的农业机器人，研究领域遍及定位导航、路径规划算法、作业目标识别与定位算法等。在技术层面，我国虽然总体上仍然落后于发达国家，但是在某些方面正在赶超世界一流水平，如机器人在农业环境中的控制等技术已到达领先位置。

3.3.2 农业机器人的组成

一台完整的农业机器人从结构角度出发，可以分为机械装置、行走机构、复合传感组件和控制组件。从系统角度出发，可以分为电气控制系统、传感器系统、智能控制系统、传动机构、执行机构和驱动系统，各部分的关系如图 3-46 所示。

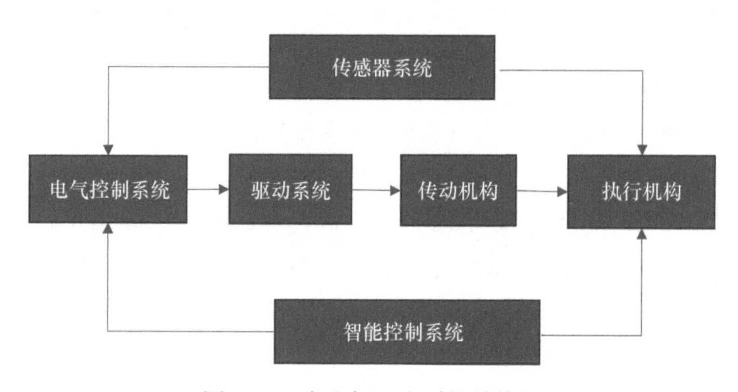

图 3-46 农业机器人系统结构图

3.3.2.1 电气控制系统与驱动系统

在农业机器人的应用中，常见的电气控制系统有可编程逻辑控制系统和运动控制系统。

可编程逻辑控制系统的核心是可编程逻辑控制器，简称 PLC，由 CPU、指令及数据内存、输入/输出接口、通信接口、电源、数字模拟转换等功能单元组成，如图 3-47 所示，PLC 通过 IO 模块和通信接口实现逻辑控制。

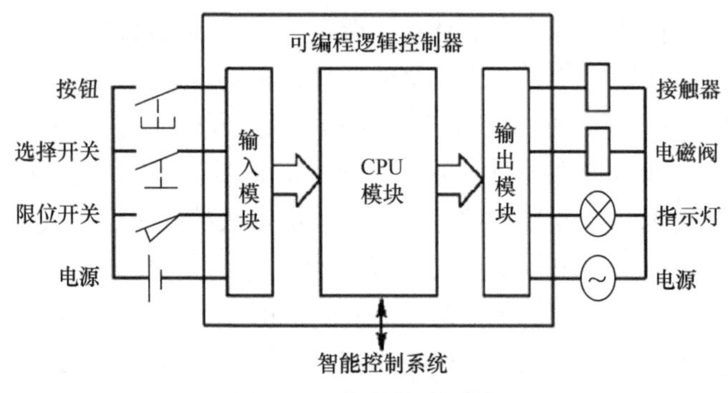

图 3-47 智能控制系统

运动控制（MC）系统由运动控制板卡、驱动器、输入/输出接口、通信接口等功能单元组成，对机械运动部件的位置、速度等进行实时控制，使其按照预期的运动轨迹和速度进行动作。

3.3.2.2 智能控制系统

控制系统就像是机器人的大脑，它负责接收信息，并进行处理与分析，最后做出决策，决定机器人其他部分的行动。农业机器人实际上就是由机载计算机进行控制。计算机中最核心的部分是中央处理器，其他元件如外部集成电路、存储器、输入/输出端口等，都是通过三种总线（控制总线、地址总线和数据总线）与中央处理器相连，由此可实现数据的发送和接收。

3.3.2.3 传动机构

农业机器人传动机构中较为有特点的是行走装置。因在温室或大田等较大的空间中工作，所以需要行走装置来扩大它的活动范围。最常见的行走装置有以下几种：履带式、轮式和轨道式移动装置。履带式移动装置可以有效减小对地面的压强，因此大量应用在体积质量较大的大型农业机器人上，以减少对土壤的压实作用，并且它在崎岖不平的复杂路面上也表现良好。轮式移动装置与普通车辆的结构相近，构造比较简单，主要应用于在温室等设施中工作的小型农业机器人。轨道式移动装置主要用于路径固定的情况。除此之外，还有龙门式移动装置和腿式移动装置等。为了实现自主行走，农业机器人的行走装置一般还配备自主导航系统，农机主要采用机器视觉、全球导航卫星系统和惯性导航系统等系统的组合进行导航。

机械臂也是农业机器人中的重要组件，机械臂模仿的是人体上肢的部分功能，它可以分为四种形式：直角坐标式、圆柱坐标式、极坐标式和多关节式，不同的形式适用于不同的农业生产场景。1984 年，川村（Kawamura）首次将机械臂应用于农业机器人，之后，机械臂在农业机器人上的应用越来越普遍。一般在设计机械臂时需要注意两个关键参数：关节和自由度，它们决定了机械臂的操作空间与灵活度。机械臂的设计需要考虑特定的作业对象和作业任务，比如西瓜采摘机器人的机械臂有 5 个旋转关节，保证了机器人的工作空间能将西瓜所在的地面包含在内。

3.3.2.4　执行系统

执行系统是与作业对象直接进行接触的部分，是任务能否完成的重要因素之一，执行系统的工作情况很可能会影响农产品的质量与价值。末端执行器根据设计的形状不同可以分为手指型、剪切型、针式型、吸盘型等类型。设计农业机器人的末端执行器时，需要分析作业对象的结构与物理特性，比如体积、质量、形状、硬度等，针对各具特性的作业对象需要使用合适的末端执行器。例如，草莓、番茄、苹果等果蔬类一般具有质地脆弱的特点，易受到机械损伤，因此末端执行器宜使用食品级的柔性材料。

3.3.2.5　传感系统

在农业机器人中，传感器就好比人的感觉器官。传感器可以分为内部传感器和外部传感器。其中，内部传感器用于检测机器人各个部分的运动状况，如各关节的位置、速度、加速度等，反馈给控制系统以形成闭环控制。而外部传感器用于检测机器人所处的外界环境，由于农业机器人需要面对复杂多变、具有未知性的自然环境。外部传感器中最重要的是视觉传感器，它好比人的眼睛，能搜集农机周围 90%以上的信息。视觉传感器的主要目标是作业对象的识别与定位。通过单色或彩色摄像机获取的图像，根据作业对象的形状信息与光学特性，使用图像分割算法将目标对象与背景分离，并获取目标对象的特性，如果实的大小、成熟度，幼苗的生长方向，果实表面的缺陷与损伤等。同时，双目立体视觉被广泛应用在作业对象的定位中，获取的位置信息能够引导机械臂和末端执行器的运动路径，提高定位精确度是提高作业效率的关键。此外，视觉传感器也在自主导航中起到辅助作用，一般用于检测障碍物信息，以及对卫星定位产生的误差进行修正。

除了视觉传感器，其他传感器的作用也不可忽视，比如距离传感器和触觉传感器。其中，触觉传感器主要用于采集末端执行器与作用对象接触时的受力信息。由于农作物大多脆弱易损，因此需要用十分敏感的传感器，以及精确的机械设计来提高末端执行器的工作效率，并减少对目标对象的损伤。

3.3.3　农业机器人的关键核心技术

3.3.3.1　自主导航与路径规划

机器人行走装置的自主导航与控制技术一直是国内外的研究热点，尤其是非结构环境下的导航问题，是目前的难点所在。而农业生产环境是典型的非结构环境，复杂的地形和不平整的路面、动态变化的天气条件，以及形态差异大的作业对象等因素都大大增加了自主导航的难度（陈威和郭书普，2013）。对于具有开放式结构的农业机器人来说，自主导航是其必须具备的重要认知特性。在农业机器人应用的过程中，导航系统需保障机器人运行路线的准确性，同时对障碍物进行有效规避，以达到预定的目标。

农业机器人的自主导航技术涉及多个领域，包括计算机、电子电气、现代控制、液压电机等，主要执行四个具体任务：首先是对机器人位姿进行测量，包括机器人当前的位置、航向角、速度等信息，使用的方法有机器视觉、GNSS 和惯性导航，其中 GNSS 为最主要的方法，其余两种方法一般在 GNSS 信号丢失的情况下起到辅助的作用；其次是根据预定义路径完成机器人的路径跟踪，使机器人与规划好的路径的横向误差与航向偏差趋向于零，并沿期望路径从起点至终点持续运动，常用的路径跟踪策略有 PID 控制、纯追踪模型、模糊控制和人工神经网络；再次是根据路径跟踪算法得到的期望前轮转角和角度传感器得到的当前前轮转角控制方向盘转动一定的角度，完成机器人的自动转向；最后在行进的过程中利用传感器检测路径上是否存在障碍物，若存在则及时将障碍物信息发送到上位机，并及时做出转向或停止的指令，常用的传感器包括机器视觉、超声波、激光雷达等。

3.3.3.2 机器视觉

机器视觉是涉及图像处理、光学成像、传感器、计算机软硬件技术等领域的综合性技术，已在工业、农业、军事、医疗、公共安全等领域得到了广泛应用。相比于工业生产的结构化环境，农业生产的环境往往复杂多变且具有未知性，这给机器视觉技术的应用带来了很大的挑战（于珊珊等，2020）。

目标识别与定位是机器视觉在农业机器人中最主要的应用之一。机器视觉系统的工作方式与人的视觉系统相似，大致可以分为信息获取、特征提取、信息处理与分析、判断分类等部分。图像信息的获取一般采用彩色相机、深度相机等不同的相机，用以感知周围的环境及物体。在目标识别定位的早期研究中，通常以彩色图像、近红外光谱图像或 3D 点云等作为数据源，分析并提取形态、大小、颜色、纹理、反射光谱等可视化特征或方向梯度直方图（histogram of oriented gradient，HOG）、尺度不变特征变换（scale-invariant feature transform，SIFT）、加速稳健特征（speeded up robust feature，SURF）、可变形的组件模型（deformable part model，DPM）等底层特征，选择单一特征或将多个特征融合，采用机器学习理论，如支持向量机、决策树、集成学习等算法，进行数据预处理、特征提取、语义分割与分类识别等操作。但是这些传统机器学习方法具有泛化不足、鲁棒性差、识别效率低且精度不高的缺点，对光照变化比较敏感，在果实部分或完全被遮挡的情况下容易误判。

近几年来深度学习在农业机器人上的应用取得了很多进展，许多研究使用卷积神经网络堆叠多个隐藏层来进行特征学习，取代了人工获取特征的传统方式，可从大量图像中学习到更有效的特征，因此能大大提高模型的正确率。早期的两阶段目标检测算法（如 RCNN、Faster R-CNN、Mask RCNN 等），近期的一阶段目标检测算法（如 SSD、YOLO 系列算法），被逐渐应用在农业机器人的视觉识别上，较好地解决了机器视觉在复杂的农业生产环境中泛化能力较弱、鲁棒性较差的问题，提高了机器视觉识别的效率与准确性。

3.3.3.3　作业机构的动作规划

机械臂的控制技术在工业领域中已经发展得十分成熟了，采用示教方式训练的机械臂，能同时满足高速与高精度的要求。但在农业生产环境下，示教方式很难应用。因为示教方式训练要求作业环境简单且保持稳定，而农业作业环境复杂多变，需要考虑众多未知因素，在这种环境中示教类型的开环控制并不适用。因此，目前的农业机器人作业机构规划技术，都需要结合主动探测传感器的信息，对规划方案进行实时修正，实现闭环控制，从而逐步完成目标动作（陈威和郭书普，2013）。

最典型的果实采摘作业机构一般为多自由度机械臂，其能在多维空间中自由运动，需要根据采摘对象计算出一条最优的采摘轨迹并避开障碍物。传统的轨迹规划算法有：A*算法、蚁群算法、栅格法、人工势场法等。这些算法一般需要进行实时建模，而且采摘环境的不确定性与动态变化，使得环境模型的建立有一定难度，并且随着机械臂自由度的增加路径规划的难度会以指数增长。而近年来随着深度学习热度的增加，强化学习开始被应用在机械臂的运动轨迹规划上。强化学习是指机器人在环境中进行各种交互性活动时产生的推理和学习，通过最大化奖惩函数来获得最佳行动方案的一种方法。由于强化学习不需要进行环境建模，因此在复杂的农业应用场景中具有更加良好的鲁棒性。

3.3.4　农业机器人的应用实例

3.3.4.1　除草机器人

瑞士的 EcoRobotix 公司研制了一款智能除草机器人，机器人通过相机、GPS RTK 和传感器进行定位与自主导航。在行进过程中，它的视觉系统能够实时检测作物行，并精准定位行内和行间的杂草，其检测准确率可大于 85%。检测到杂草后，带有喷药装置的两个机械臂会喷洒出微剂量的除草剂，可精准高效地去除杂草。与传统的除草方式相比，使用该机器人可节约 90%的除草剂，大大降低了农民的作业成本，还减少了农作物上的除草剂残留，提高了农作物的品质，同时也减少了对土壤和周围环境的污染。这款智能除草机器人会根据杂草的分布密度来调整行进速度，因此在杂草密度不同的田块中都可以正常工作。此外，该除草机器人采用太阳能光伏板进行供电，一天最多可工作 12 h，同时兼顾环保与高性能。

3.3.4.2　草莓采摘机器人

比利时的 Octinion 公司研制了一款全自动草莓采摘机器人。这款草莓采摘机器人采用基于本地信标的自主导航技术，具有厘米级的导航精度，且能适应不同的温室结构。它采用 3D 视觉识别草莓的成熟情况与位置，能够精准定位已成熟的草莓，并使用柔性材料设计抓取装置，最大程度地模仿人手的摘取模式，尽可能减少对草莓的损伤，摘取速度最快可达到 3 s/个，与人工采摘的速度相当，且拥有昼夜连续工作的优势。除了采摘草莓，该机器人还能根据草莓的大小和质量对其进行分类，实现实时分拣。据官方数据，它可以无损采摘成熟草莓的 70%，拣选质量和拣选速度也可以与理想的人工拣选相媲美。

美国初创公司 Harvest CROO 针对地面高垄栽培草莓设计了一种 4 行同时作业的选择性采摘机器人。考虑到大田高垄栽培模式中容易出现的遮挡问题，设计了一种特殊的开卷式茎叶围拢装置，将草莓果实从茎叶中暂时分开，然后使用围绕植株旋转的相机传感器识别并定位草莓果实。每行配置 6 个食品级鸭嘴式硅爪组成的采收轮，避免了移动和拾取以减少采收时间，采摘的草莓依次转运到顶部的输送带上完成包装和集箱作业。

3.3.4.3 甜椒采摘机器人

在欧盟的“地平线 2020”计划中，阿拉德（Arad）等开发了一款用于甜椒选择性收获的机器人 SWEEPER。该机器人使用六自由度的工业手臂，并设计了专用于采摘甜椒的末端执行器，可实现甜椒的无损收获。使用 RGB-D 摄像头、带有图形处理单元的计算机完成视觉识别部分的任务，采用深度学习检测甜椒和果柄，通过 ROS 系统对收获的过程进行控制。该机器人收获甜椒的平均时间为 24 s，其中运送甜椒花费了大约 50% 的时间（卸下甜椒花费 7.8 s，平台移动花费 4.7 s）。在适宜的条件下，甜椒采摘机器人的收获成功率可达到 61%。

3.3.4.4 挤奶机器人

Lely 公司推出的 Lely Astronaut 系列挤奶机器人，是市场化较为成熟的农业机器人之一。这款挤奶机器人无须任何人工操作，奶牛可排队等待挤奶，同时机器人会自动对奶牛进行识别和清洗消毒，并将吸奶嘴固定完成挤奶工作，每个挤奶机器人每天可生产牛奶超过 5000 磅[①]。同时，它能够监测奶牛的健康状况，测量牛奶中脂肪、蛋白质等营养物质的含量，以保证牛奶的品质并预防奶牛出现健康问题。

3.3.4.5 全自动移苗流水线

台州绿沃川自动化设备制造有限公司研发的全自动移苗流水线（图 3-48）可实现将小穴盘的幼苗移栽到大穴盘，实现幼苗的自动移栽，整个设备包括自动放盘机、基质填充机、打孔机、旋转机、移栽机及传送系统，可实现穴盘及育苗杯自动下放、基质自动填充、打孔冲穴、移栽等步骤，移栽效率最高可达每小时 10 000 株幼苗。

图 3-48 全自动移苗流水线

① 1 磅=453.59 g

3.3.4.6　全自动槟榔容积测量仪

杭州光漪科技有限公司研发的全自动槟榔容积测量仪（图 3-49），系统配置两台 DLP 三维扫描仪，结合获取的视觉点云信息，实现槟榔容积的自动结合，可一次性进行 800 mm×450 mm 的扫描测量。

图 3-49　全自动槟榔容积测量仪

3.3.4.7　烟叶智能分选设备

征图新视（江苏）科技股份有限公司联合苏州英派克自动化设备有限公司与云南省烟草专卖局研制的 FS-Tobacco-Sorting 烟叶智能化分选定级设备（图 3-50）由机械传输

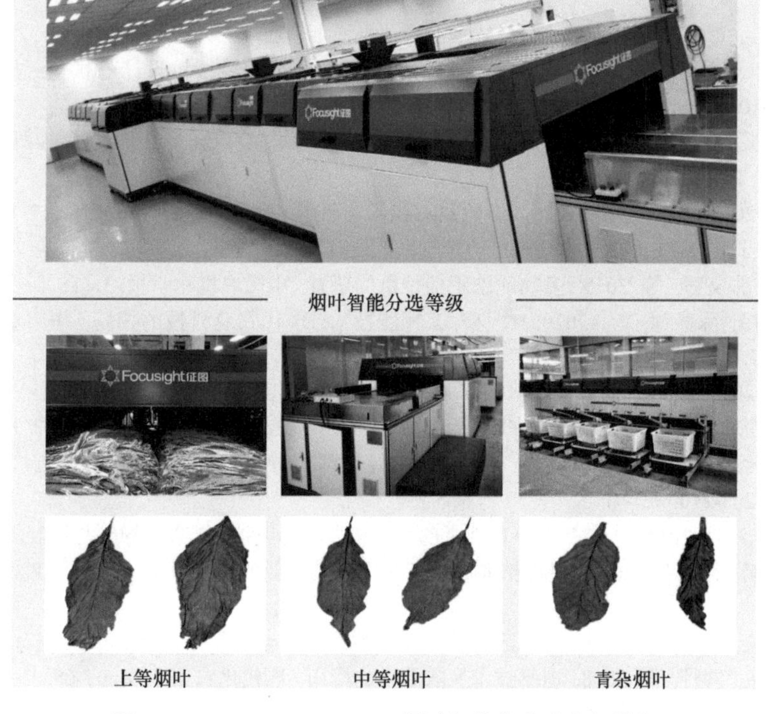

图 3-50　FS-Tobacco-Sorting 烟叶智能化分选定级设备

平台、光学成像系统与智能软件分析系统三大子系统构成，是一个集光、机、电、软于一体的复杂大系统。设备以烟叶分级国家 42 级标准为基础，采用多光谱成像装置获取烟叶的颜色、尺寸、纹理、伤残、身份、代表油分和成熟度的光谱等特征信息，结合最新的深度学习等人工智能技术，首先对采集到的各级别烟叶样本进行训练建模，然后系统利用已经完成训练的模型对不同品质烟叶进行自动分级，机器根据分级结果自动将不同级别烟叶分流至不同的仓位。

参 考 文 献

卞金鸽. 2017. 浅谈遥感技术在农业方面的应用. 南方农机, 48(3): 37-50.

陈金, 赵斌, 衣淑娟, 等. 2017. 我国变量施肥技术研究现状与发展对策. 农机化研究, 39(10): 1-6.

陈来荣, 冀荣华. 2010. 基于梯度的 RHT 作物行中心线检测方法研究. 湖北农业科学, 49(9): 2234-2236.

陈威, 郭书普. 2013. 中国农业信息化技术发展现状及存在的问题. 农业工程学报, 29(22): 196-205.

陈艳, 张漫, 马文强, 等. 2011. 基于 GNSS 和机器视觉的组合导航定位方法. 农业工程学报, (3): 126-130.

段洁利, 李君, 卢玉华. 2011. 变量施肥机械研究现状与发展对策. 农机化研究, 33(5): 245-248.

郭彤颖, 安东. 2016. 机器人系统设计及应用. 北京: 化学工业出版社.

韩永华, 汪亚明, 孙麒, 等. 2016. 基于小波变换及 Otsu 分割的农田作物行提取. 电子与信息学报, 38(1): 63-70.

侯方安, 祁亚卓, 崔敏. 2021. 农业机器人在我国的发展与趋势. 农机科技推广, (2): 25-27, 33.

胡成红, 徐金, 奚小波, 等. 2021. 变量施肥技术研究现状及发展对策. 农业装备技术, 47(1): 4-8.

胡友呈. 2018. 自然环境下柑橘采摘机器人的目标识别与定位方法研究. 重庆: 重庆理工大学硕士学位论文.

胡志超, 田立佳, 彭宝良, 等. 2009. 变量技术在农业机械上的应用. 农机化研究, 31(4): 226-229.

贾洪雷, 郑健, 赵佳乐, 等. 2018. 2BDB-6(110)型大豆仿生智能耕播机设计与试验. 农业机械学报, 49(5): 93-107.

姜国权, 杨小亚, 王志衡, 等. 2017. 基于图像特征点粒子群聚类算法的麦田作物行检测. 农业工程学报, 33(11): 165-170.

姜靖, 刘永功. 2018. 美国精准农业发展经验及对我国的启示. 科学管理研究, 36(5): 117-120.

蒋浩. 2019. 基于 RTK 技术的农业机械自动导航系统研究. 杭州: 浙江大学硕士学位论文.

金梅, 梁苏宁, 张文毅, 等. 2015. 多功能施肥播种机的研发. 中国农机化学报, 36(1): 4-6.

兰玉彬, 王天伟, 陈盛德, 等. 2020. 农业人工智能技术: 现代农业科技的翅膀. 华南农业大学学报, 41(6): 1-13.

李会宾, 史云. 2019. 果园采摘机器人研究综述. 中国农业信息, 31(6): 1-9.

李建平, 林妙玲. 2006. 自动导航技术在农业工程中的应用研究进展. 农业工程学报, 22(9): 232-236.

李逃昌, 胡静涛, 高雷, 等. 2013. 基于模糊自适应纯追踪模型的农业机械路径跟踪方法. 农业机械学报, 44(1): 205-210.

梁栋, 倪娜, 李洪伟. 2014. 一种基于单目视觉的自主机器人导航控制方法. 导航与控制, 13(3): 14-18.

刘爱民, 封志明, 徐丽明. 2000. 现代精准农业及我国精准农业的发展方向. 中国农业大学学报, 5(2): 20-25.

刘兴华, 刘雪美, 苑进, 等. 2019. 植保静电喷雾技术发展现状与前景. 农机化研究, 41(2): 8-14.

刘雪丽, 付友生, 刘丹, 等. 2018. 遥感技术在农业中的应用. 现代化农业, (10): 67-68.

罗锡文, 张智刚, 赵祚喜, 等. 2009. 东方红 X-804 拖拉机的 DGPS 自动导航控制系统. 农业工程学报, 25(11): 139-145.

毛可骏. 2009. 基于单目视觉的自主插秧机导航信息识别技术研究. 杭州: 浙江理工大学硕士学位论文.
孟庆宽, 何洁, 仇瑞承, 等. 2014. 基于机器视觉的自然环境下作物行识别与导航线提取. 光学学报, 34(7): 172-178.
孟庆宽, 张漫, 杨耿煌, 等. 2016. 自然光照下基于粒子群算法的农业机械导航路径识别. 农业机械学报, 47(6): 11-20.
邱白晶, 李坤, 沈成杰, 等. 2010. 连续可变量喷雾系统响应特性试验. 农业机械学报, 41(9): 32-35, 79.
邱白晶, 李佐鹏, 吴昊, 等. 2007. 变量喷雾装置响应性能的试验研究. 农业工程学报, 23(11): 148-152.
任烨. 2007. 基于机器视觉设施农业内移栽机器人的研究. 杭州: 浙江大学硕士学位论文.
芮挺, 费建超, 周遊, 等. 2016. 基于深度卷积神经网络的行人检测. 计算机工程与应用, 52(13): 162-166.
司永胜, 姜国权, 刘刚, 等. 2010. 基于最小二乘法的早期作物行中心线检测方法. 农业机械学报, 41(7): 163-167, 185.
汪懋华. 1999. "精细农业"发展与工程技术创新. 农业工程学报, 15(1): 1-8.
汪小旵, 陈满, 孙国祥, 等. 2015. 冬小麦变量施肥机控制系统的设计与试验. 农业工程学报, (S2): 88-92.
王金武, 潘振伟, 周文琪, 等. 2015. SYJ-2 型液肥变量施肥机设计与试验. 农业机械学报, 46(7): 53-58.
王儒敬, 孙丙宇. 2015. 农业机器人的发展现状及展望. 中国科学院院刊, 30(6): 803-809.
王相友, 胡周勋, 李学强, 等. 2019. 多回流式变量喷药控制系统设计与试验. 农业机械学报, 50(2): 123-131.
王晓杰. 2016. 基于机器视觉的农田作物行检测方法研究. 焦作: 河南理工大学硕士学位论文.
谢成玉. 2012. 卫星接收机的导航定位技术研究. 北京: 北京邮电大学硕士学位论文.
徐红岩. 2015. 基于 DGPS 技术的低空摄影测量应用研究. 赣州: 江西理工大学硕士学位论文.
尹吉才. 2019. 新型苹果采摘机器人的研究. 兰州: 兰州理工大学硕士学位论文.
于国英, 张小丽. 2012. 行播作物农田图像边界提取研究. 安徽农业科学, 40(4): 2517-2519.
于珊珊, 张建军, 李为民, 等. 2020. 农业机器人并联视觉云台研究. 农业机械学报, 51(8): 406-413.
余洪锋, 丁永前, 刘海涛, 等. 2018. 小田块变量施肥系统优化设计与应用. 农业工程学报, 34(3): 35-41.
袁佐云, 毛志怀, 魏青. 2005. 基于计算机视觉的作物行定位技术. 中国农业大学学报, 3: 69-72.
苑进. 2020. 选择性收获机器人技术研究进展与分析. 农业机械学报, 51(9): 1-17.
曾杨, 伍志军, 李艺凡, 等. 2020. 植保静电喷雾技术研究进展. 中国农业科技导报, 22(1): 52-58.
张爱娟. 2015. 无人机地理信息数据获取技术探讨. 资源导刊·地球科技版, 3: 55-56.
张红霞, 张铁中, 陈兵旗. 2008. 基于模式识别的农田目标定位线检测. 农业机械学报, 39(2): 107-111.
张美娜, 尹文庆, 林相泽, 等. 2015. RTK-DGPS 融合惯性传感器的车辆导航参数计算方法. 农业机械学报, 40(5): 7-12.
张小超, 胡小安, 苑严伟, 等. 2011. 精准农业智能变量作业装备研究开发. 农业工程, 1(3): 26-32.
赵春江. 2014. 农业遥感研究与应用进展. 农业机械学报, 45(12): 277-293.
赵静娟, 郑怀国, 董瑜, 等. 2021. 全球农业机器人研发趋势预测及对我国的启示. 中国农机化学报, 42(4): 157-162.
赵军. 2004. 变量技术及其在农业机械中的应用. 现代化农业, (12): 25.
赵伟霞, 李久生, 栗岩峰. 2016. 大型喷灌机变量灌溉技术研究进展. 农业工程学报, 32(13): 1-7.
赵颖, 孙群, 王书茂. 2008. 单目视觉导航智能车辆的自定位方法. 计算机工程与设计, 29(9): 2372-2374.
赵匀, 武传宇, 胡旭东, 等. 2003. 农业机器人的研究进展及存在的问题. 农业工程学报, 2003(1): 20-24.
郑嫦娥, 高坡, Gan H, 等. 2020. 基于分步迁移策略的苹果采摘机械臂轨迹规划方法. 农业机械学报, 51(12): 15-23.
周建军, 张漫, 汪懋华, 等. 2009. 基于模糊控制的农用车辆路线跟踪. 农业机械学报, 40(4): 151-156.

周莉莉, 姜枫. 2017. 图像分割方法综述研究. 计算机应用研究, (7): 1921-1928.
Arad B, Balendonck J, Barth R, et al. 2020. Development of a sweet pepper harvesting robot. Journal of Field Robotics, 37(6): 1027-1039.
Auat C F, Steiner G, Perez P G, et al. 2011. Optimized EIF-SLAM algorithm for precision agriculture mapping based on stems detection. Computers and Electronics in Agriculture, 78(2): 195-207.
Ball D, Upcroft B, Wyeth G, et al. 2016. Vision-based obstacle detection and navigation for an agricultural robot. Journal of Field Robotics, 33(8): 1107-1130.
Basso B, Ritchie J T, Pierce F J. 2001. Spatial validation of crop models for precision agriculture. Agricultural Systems, 68(2): 97-112.
Bengochea-Guevara J M, Conesa-Muñoz J, Andújar D, et al. 2016. Merge fuzzy visual servoing and GPS based planning to obtain a proper navigation behavior for a small crop-inspection robot. Sensors (Basel, Switzerland), 16(3): 276.
Cariou C, Berducat M, Lenain R, et al. 2003. Automatic guidance of farm vehicles. Springer Netherlands, 8: 239-240.
Colaço A F, Molin J P. 2017. Variable rate fertilization in citrus: a long term study. Precision Agriculture, 18(2): 169-191.
Cominos P, Munro N. 2002. PID controllers: recent tuning methods and design to specification. IEE Proceedings-Control Theory and Applications, 149(1): 46-53.
Daberkow S G, Mcbride W D. 2003. Farm and operator characteristics affecting the awareness and adoption of precision agriculture technologies in the US. Precision Agriculture, 4(2): 163-177.
Ehsani M R, Upadhyaya S K, Mattson M L. 2004. Seed location mapping using RTK GPS. Transactions of the ASAE, 47(3): 909-914.
English A, Ross P, Ball D, et al. 2014. Vision based guidance for robot navigation in agriculture. Hong Kong: 2014 IEEE International Conference on Robotics & Automation: 1693-1698.
Fukushima K. 1980. Neocognitron: a self-organizing neural network model for a mechanism of pattern recognition unaffected by shift in position. Biological Cybernetics, 36(4): 193-202.
Gerhards R, Sökefeld M, Timmermann C, et al. 2002. Site-specific weed control in maize, sugar beet, winter wheat, and winter barley. Precision Agriculture, 3(1): 25-35.
Golovko V, Kroshchanka A, Treadwell D. 2016. The nature of unsupervised learning in deep neural networks: a new understanding and novel approach. Optical Memory and Neural Networks, 25(3): 127-141.
Harik E C, Korsaeth A. 2018. Combining hector SLAM and artificial potential field for autonomous navigation inside a greenhouse. Robotics, 7(2): 22.
He W T, Zhao Q. 2009. Research and implementation of the modernized GPS signal L2C and L5. Dubai: International Conference on Computer and Electrical Engineering, 1: 412-415.
Iida M, Furube K, Namikawa K, et al. 1996. Development of watermelon harvesting gripper. J Japan Soc Agric Mach, 58(3): 19-26.
Kondo N, Monta M. 1997. Basic study on chrysanthemum cutting sticking robot. In Proceedings of the International Symposium on Agricultural Mechanization and Automation, 1: 93-98.
Lecun Y, Bengio Y, Hinton G. 2015. Deep learning. Nature, 521(7553): 436-444.
Lenain R, Thuilot B, Cariou C, et al. 2006. High accuracy path tracking for vehicles in presence of sliding: application to farm vehicle automatic guidance for agricultural tasks. Autonomous Robots, 21(1): 79-97.
Morgan-Owen G J, Johnston G T. 1995. Differential GPS positioning. Electronics & Communication Engineering Journal, 7(1): 11-21.
O'Connor M L. 1997. Carrier-phase differential GPS for automatic control of land vehicles. San Francisco, CA: Stanford University, Ph.D. Thesis.
Sermanet P, Kavukcuoglu K, Chintala S, et al. 2013. Pedestrian detection with unsupervised multi-stage feature learning. Portland: 2013 IEEE Conference on Computer Vision and Pattern Recognition: 3626-3633.
Shen M Q, Wang Y Y, Jiang Y D, et al. 2019. A new positioning method based on multiple ultrasonic sensors for autonomous mobile robot. Sensors (Basel, Switzerland), 20(1): 17.

第 4 章　农用航空技术及应用

4.1　农用航空发展现状

4.1.1　国外农用航空发展的历史与现状

农用飞机是指为了农业目的而制造或改造的固定翼飞机，配驾驶员 1 位，部分可搭载乘员。通常执行空中喷洒农药、施肥、播种、森林灭火等任务，在一些发达国家农用航空已经发展成一门产业。全世界拥有农林飞机 3 万余架，每年作业面积 1 亿 hm^2 以上，飞机作业面积占总耕地面积的 17%，其中美国、俄罗斯等国家的飞机作业面积高达 50%以上。最常用的农用飞机为 Air Tractor、Cessna Ag-wagon、Gippsland GA-200、Grumman Ag-Cat、PZL-106 KRUK、M-18 Dromader、PAC Fletcher、Piper PA-36 Pawnee Brave、Embraer EMB 202 Ipanema 和 Rockwell Thrush Commander，少部分使用直升机。

4.1.1.1　美国

美国大约有 1350 家空中应用企业和 1430 个非运营商飞行员。在这 1350 家企业中，94%的拥有者也是飞行员。全美农业航空协会（National Agriculture Aviation Association，NAAA）代表超过 1800 名会员。根据 NAAA 记录，空中应用作业覆盖 46 个州——除了阿拉斯加州、新罕布什尔州、罗得岛州和佛蒙特州的其他所有州。

航空喷洒仅占商业农场中所有植保作业的 20%以下，但覆盖了几乎 100%的森林保护应用。除了农业航空，通航服务范围还包括提供消防和用于消灭蚊子的公共卫生应用。根据美国农业部经济研究服务报告，美国 1.65 亿 hm^2 农田中，约 70%（2.86 亿英亩①）采用作物保护产品进行商业处理。其中，农业航空行业每年处理 7100 万英亩的农田。基于 2012 年 NAAA 调查，航空机械操作员最常见的 5 种作物是玉米、小麦/大麦、大豆和苜蓿，但是空中服务几乎应用于所有作物。平均来说，每个通用航空公司有 2.1 架飞机，价格从 10 万美元到 140 万美元不等，87%的飞机是固定翼飞机，其余 13%是旋翼飞机或直升机；从飞机发动机类型划分，67%采用涡轮动力，33%采用活塞发动机。农业飞行器制造得非常坚固，每天可以在粗糙飞机跑道上进行 30～100 次起飞和着陆，并为飞行员提供保护和良好的视野（图 4-1）。

4.1.1.2　俄罗斯

俄罗斯地广人稀，农民户均耕地面积较大，拥有数量高达 1.1 万多架农用飞机，作业机型以有人驾驶固定翼飞机为主，年处理耕地面积占总耕地面积的 35%以上（刘开新，

---

① 1 英亩=4046.856 m^2

2015）。

图 4-1　北美地区最常用的农用飞机“Air Tractor”

4.1.1.3　澳大利亚、加拿大、巴西等国

澳大利亚、加拿大、巴西农业航空的发展模式与美国类似，目前主要机型为有人驾驶的固定翼飞机和旋翼直升机。加拿大农业航空协会（Canada Agricultural Aviation Association，CAAA）共有会员 169 个。巴西作为发展中国家，在国家政策的扶持下，包括农业航空在内的通用航空发展迅速，农业航空协会共有单位会员 143 个，巴西注册农用飞机约 1050 架。根据农田飞行作业环境，澳大利亚、加拿大、巴西等国家户均耕地面积较大，普遍采用有人驾驶固定翼飞机作业。由此可见，农业航空技术是这些国家农业生产机械化、自动化、智能化的重要组成部分，在农业生产中的应用比重不断加大。

4.1.1.4　日本

日本农民户均耕地面积较小，地形多山，不适合有人驾驶固定翼飞机作业，因此日本农业航空以直升机为主。日本是最早将微小型农用无人机用于农业生产的国家。世界上第一台农用无人机出现在 1987 年，日本 YAMAHA 公司受日本农林水产省委托，生产出了 20 kg 级喷药无人机“R-50”。经过 20 多年的发展，目前，日本拥有 2346 架已注册农用无人直升机，操作人员 14 163 人，防治面积 96.3 万 hm^2，占航空作业的 38%，成为世界上农用无人机喷药第一大国。小型农用无人直升机的用量已超过有人驾驶直升机。日本用于农林业方面的无人直升机以 YAMAHA RMAX 系列为主，该机被誉为“空中机器人”，植保作业效率为 7～10 hm^2/h，主要用于播种、耕作、施肥、喷洒农药、病虫害防治等作业。

4.1.1.5　韩国

韩国于 2003 年首次引进直升机用于农业航空作业，约 80%的飞机归地方农业协会所有，农业航空作业面积逐年增加。截至 2010 年的数据，韩国共有农用无人直升机 121 架，年植保作业面积 43 460 hm^2；有人驾驶直升机 20 架，年植保作业面积 55 200 hm^2。韩国农林水产食品部和农协中央会发布的数据显示，2013 年飞机数量增至 500 架。而像韩国户均耕地面积较小的国家，微小型无人机用于航空植保作业的形式正逐渐被广

大农户采纳。

4.1.2 中国农用航空发展的历史与现状

1951 年 5 月，应广州市政府的要求，中国民航广州管理处派出一架 C-46 型飞机，连续两天在广州市上空执行了 41 架次的灭蚊蝇飞行任务，揭开了中国农业航空发展的序幕。

经过几十年的发展，中国农业航空作业量逐年增加，至 2012 年，中国农林业航空年作业量约为 31 900 hm^2。目前，中国农林业航空作业，以有人驾驶固定翼飞机和直升机为主，作业面积约为 200 多万公顷，无人直升机用于航空植保作业正处于起步阶段。

1973～2012 年中国通用航空及农业航空作业量情况如下：自 1973 年以来，中国农业航空年作业量基本上在 20 000～30 000 h 波动，增幅不明显。中国通用航空起源于农业航空，1979 年以前，农业航空在通用航空中占有很大比例，农业航空飞行作业时间几乎等同于通用航空。然而，随着中国改革开放的进一步深入，通用航空得到了长足发展，但农业航空在通用航空中所占比例却越来越小，到 2012 年农业航空所占比例已降至 6.2%左右。

我国农业航空应用已有 50 多年的历史，20 世纪五六十年代，一些大型国有农场开始推广使用农用飞机。现全国拥有农用飞机约 300 架，主要机型有：Y-5B 型飞机，发动机功率 735 kW，载药量 1000 kg，作业高度（距作物顶端）5～7 m，作业效率 80 hm^2/h；Y-11 型飞机，功率 210 kW（单台发动机），载药量 800 kg，作业高度 3～6 m，作业效率 70 hm^2/h；M-18A 型飞机，功率 735 kW，载药量 1350～1500 kg，作业高度 3～15 m，作业效率 140 hm^2/h；GA-200 型飞机，功率 184 kW，载药量 500 kg，作业高度 3～5 m，作业效率 60 hm^2/h；N-SA 型飞机和 PL-12 型飞机，功率 294 kW，载药量 700 kg，作业高度 3～5 m，作业效率 74 hm^2/h。黑龙江是全国农用飞机拥有量最多、作业面积最大的省份。1985 年 5 月，黑龙江垦区组建了我国最大的农林专业航空企业——黑龙江龙垦通用航空公司。2009 年 4 月 18 日，龙垦通用航空公司又从波兰引进 15 架 M-18B 型农用飞机，此时龙垦通用航空公司的农用飞机数量达到 8 种机型，共 52 架。主要经营农林超低空喷洒农药、播种、勘探测量、人工增雨、森林灭火作业，以及抢险救灾、公务飞行、飞行员培训等业务，为我国粮食安全，以及大、小兴安岭森林资源的有效保护发挥了重要的作用。

运-5 是我国原南昌飞机制造公司（现为洪都航空工业集团有限责任公司）在安-2 的基础上仿制和发展的小型多用途飞机，1957 年 12 月首飞成功，随后定型投产，并命名为“丰收二号”，更名为“运输五”型，即运-5，成为新中国自行生产的第一种运输机。运-5 在南昌生产了 728 架，1970 年 5 月转到石家庄市红星机械厂（现为石家庄飞机工业有限责任公司）生产，1985 年起基本型停产，着手研制改进型，新的运-5B 于 1987 年末首飞成功。在保持运-5 总体气动布局基本特点的基础上，一是换装了由波兰进口的 ASz-621R16 型发动机和 AW-2 螺旋桨；二是改善了飞机使用维护性和驾驶员的工作环境；三是改进了机载设备，换装了部分符合 TSO 技术标准要求的电子设备；四是新设计了农业喷洒系统。上述改进措施提高了运-5B 的可靠性，减轻了质量，提高了经济效益，商载由 1200 kg 提高到 1500 kg。

我国地域辽阔，地理及气象条件多样，农业人口众多。据农业部门统计数据显示：我国手动植保机具约 35 个品种、社会保有量约 5807.99 万架，担负着全国农作物病虫草害防治面积的 70%以上；机动植保机械有背负式机动喷雾机及背负式机动喷雾喷粉机约 8 个品种，社会保有量约 261.73 万台；担架式机动喷雾机社会保有量约 16.82 万台；小型机动及电动喷雾机社会保有量 2535 万台；拖拉机悬挂式或牵引的喷杆式喷雾机及风送式喷雾机的社会保有量 4.16 万台，航空植保作业装备保有量仅 400 架。地面植保机具防治效率低，对于迁飞性害虫暴发和大区域流行性病害发生，不能实现大面积的统防统治。根据新疆地区的使用记录显示，飞机的作业效率是目前地面植保机具防治效率最高的高架喷雾器作业效率的 8.38 倍。飞机作业不仅作业效率高、能节省大量人力和农药，且完成同样作业面积的耗油量也比拖拉机等农业机械少。目前，我国城市化进程快速发展，越来越多的劳动力走向城市，大量农业劳动力向第二、三产业转移。集约化农业将是我国农业发展的必由之路，航空技术的优势在农业中的作用将会得到更加广泛的发展，故发展前景广阔，市场潜力巨大。其中以农用无人机的发展尤为突出。

无人机有高效安全、不受地理因素的制约等突出优点，作为农机越来越受到关注。《中华人民共和国国民经济和社会发展第十二个五年规划纲要》提出了加强高效栽培、疫病防控、农业节水等领域的科技集成创新和推广应用，实施水稻、小麦、玉米等主要农作物病虫害专业化统防统治。发展农业信息技术，提高农业生产经营信息化水平，特别是将无人直升机产业化平台定为国家战略性新兴产业创新发展工程。2014 年中央一号文件将加强农用航空建设列入了推进农业科技创新一栏，表现出中央对农用航空的重视。农用无人机可以有效地降低农民与有毒物质的接触，提升作业效率，改善植保喷药效果，对农田病虫害能够迅速反应，统防统治，农田信息遥感可以快速地获得农田植物生长状况以为合理耕种提供信息支持。无人机是解决我国多山地形经济作物植保作业难题的有效手段，可有效降低劳动强度，减少农药残留。

我国国土面积大，但耕地面积少，平原面积只占国土面积的12%左右，而耕地面积仅为10%，在南方丘陵居多，大量存在小地块、梯田等不适合大型航空机械作业的耕地地形，无人机无疑将成为一个很好的解决方向。截至2015年12月，中国无人机研发生产企业已超过400家，其中，生产植保无人机的企业超过100家。植保无人机保有量已达2324架，总作业面积达1152.8万亩次。无人机按动力类型可以分为油动无人机和电动无人机。油动无人机机构占比约3%，主要是由于操作难度大、价格昂贵、研发难度大。

无论大型的还是小型的农场都有望受益于无人机。在无人机的帮助下，小型农场能够提高农业精度，节省资金和资源。大型农场能够轻松绘制和确定大面积作物的健康状况与收成。此前，这类的土地监测完全依靠人力，农民需要亲自查看哪块田地需要更多的水和肥料。伴随着精确农业的出现，遥感对很多大型农场的运作来说变得必不可少。卫星和飞机能够拍摄红外照片以确定水资源的分布运动，以及杂草的覆盖情况。热红外传感器可以测量热量，从远处确定作物健康状况。

自 2014 年中央一号文件首次提出要“加强农用航空建设”以来，2015 年中央一号文件也强调：要强化农业科技创新驱动作用，在智能农业等领域取得突破。各级政府均积极响应中央的号召：生产端出台标准、销售端提供补贴、使用端建立规范。随着 2016 年中央一号文件的发布，文件指出，要强化现代农业科技创新推广体系建设。其中包括：加快研发高端农机装备及关键核心零部件，提升主要农作物生产全程机械化水平，推进林业装备现代化。大力推进“互联网+”现代农业，应用物联网、云计算、大数据、移动互联等现代信息技术，推动农业全产业链改造升级。大力发展智慧气象和农业遥感技术应用。以农用无人机为代表的农用航空技术将持续蓬勃发展。

4.1.3　农用航空相关学术会议与学术组织

国际农业与生物系统工程学会（CIGR）精准农业航空工作委员会（CIGR Precision Aerial Application Working Group）属于国际农业工程师学会下属分会，致力于推动农业工程中新型航空应用技术与装备的应用，以实现安全高效可持续的粮食生产。该会议的总体目标是为精准航空应用提供最前沿应用解决方案。第一个 VRT 变量航空作业系统是美国开发的，世界上许多地区依靠农用飞机或直升机进行病虫害管理，VRT 变量航空作业系统提供了一种有效和精确应用农药的方法。VRT 变量航空作业方式由全球定位系统确定喷施区域，按需喷施。使用 3S（遥感、全球定位系统、地理信息管理系统）技术开发用于精确空中应用的处方图，能够指导地面 VRT 变量作业系统准确的工作。精确的空中应用技术有可能节省农场主和农民的时间和金钱来提升利润。

国际精准农业航空会议（International Conference of Precision Agricultural Aviation）自 2008 年起每两年召开一届，有 3 届在美国农业部农业航空技术研究中心举办。2014 年 11 月，“第四届国际精准农业航空会议”在广州华南农业大学举行，会议期间成立了“国际精细农业航空应用技术中心”，为以后的农业航空国际交流和合作提供了一个平台。

国际精细农业学会（ISPA）系列会议，包括不同洲际国际学术会议 ICPA、ECPA、ACPA。2013 年，ISPA 正式授权湖北省农业信息化工程技术研究中心组建国际精细农业协会华中分会，此分会在中国精细农业领域尚属首家。国际精细农业协会于 1993 年在美国注册成立，是世界范围内精细农业领域的权威组织。

为推动我国农业航空产业的发展，2011 年，华南农业大学作为理事长单位，联合农业部南京农业机械化研究所、北大荒通用航空有限公司等国内致力于农业航空应用技术的 27 家单位，联合组建了国内首个“农业航空产业技术创新战略联盟”。各联盟成员单位以企业为主体、市场为导向，根据联盟协议的约定，采用产学研结合的机制，积极开展交流与合作，联合申报成功一批旨在解决我国农业航空应用中共性问题的国家级科研课题，为加大农业航空在我国现代农业生产中的应用比重，推动我国现代化农业的发展起到了积极的作用。

全美农业航空协会（National Agriculture Aviation Association，NAAA）成立于 1966 年，有超过 1800 名会员，分布在 46 个州，这些会员主要是航化作业业主、飞行员和设备供应商。和我国不一样的是，其会员公司大多是家族企业，飞行员本身可能就是公司老板，统计数据显示每家公司平均拥有飞机不到 2 架，很多会员单位是与航空作业行业利益相关的单位。该协会的宗旨是为航化产业发声。全美农业航空协会主要起到行业枢纽的作用，包括业者的日常联系，政府和公众关系，细到招聘及业务信息的发布等，同时还和美国的国家农业航空科教基金（NAAREF）合作，开展针对提高作业效率、作业安全的研究或教育项目。非常重要的是，NAAA 和美国多个政府部门如环保署 EPA、国土安全部 DHS、联邦航空局 FAA 等直接沟通，保护业者利益。例如，敦促 FAA 加强对杆塔安全标识的管理规章，设置 700 多万美元的政府科教基金，游说政府延续对联邦税费的减免政策等。

中国国际农业航空技术装备展览会（China International Agricultural Aviation Technology and Equipment Expo，CIAAE）由中国农业国际合作促进会、中国农业工程学会、国家航空植保科技创新联盟、中国农业工程学会农业航空分会、国际农业与生物系统工程学会（CIGR）精准农业航空分会联合主办。CIAAE 作为国内最具影响力的农业航空盛会，是农业航空新产品、新技术推广的理想渠道，同时也是企业与用户交流合作的优质平台。CIAAE 已成功举办十一届，是国内规模最大、最专业的农业航空展，同时也是整机参展数量最多的农业航空展，被誉为“亚洲农业航空风向标”。

4.2 农用无人机及飞控

4.2.1 农用无人机飞行器平台

4.2.1.1 固定翼飞行器

固定翼飞机（fixed-wing aero plane）平台即日常生活中提到的“飞机”，是指由动力装置产生前进的推力或拉力，由机体上固定的机翼产生升力，在大气层内飞行的重于空气的航空器（图 4-2）。

图 4-2 固定翼飞行器

4.2.1.2 固定翼飞行器基本结构及设计原理

尽管可以基于不同目的去设计固定翼航空器平台，但其主要结构还是相似的。固定翼航空器平台的总体特性由最初的设计目标确定，大部分包含机身、机翼、尾翼、起落架和发动机等结构。机身的主要功用是装载设备、燃料和武器等，同时它是其他结构部件的安装基础，用以将尾翼、机翼、起落架等连接成一个整体。机翼是固定翼飞行器产生升力的部件，机翼后缘有可操纵的活动面，一般靠外侧的称为副翼，用于控制飞机的滚转运动，靠内侧的称为襟翼，用于增加起飞着陆阶段的升力。大型飞机机翼内部通常安装有油箱，军机机翼下面则可供挂载副油箱和武器等附加设备。有些飞机的发动机和起落架也被安装在机翼下方。

翼是用来配平、稳定和操纵固定翼飞行器飞行的部件，通常包括垂直尾翼（垂尾）和水平尾翼（平尾）两部分。垂直尾翼由固定的垂直安定面和安装在其后部的方向舵组成；水平尾翼由固定的水平安定面和安装在其后部的升降舵组成，一些型号的飞机升降舵由全动式水平尾翼代替。方向舵用于控制飞机的横向运动，升降舵用于控制飞机的纵向运动。

起落架是用来支撑飞行器停放、滑行、起飞和着陆滑跑的部件，一般由支柱、缓冲器、刹车装置、机轮和收放机构组成。陆上飞机的起落装置一般由减震支柱和机轮组成，此外还有专供水上飞机起降的带有浮筒装置的起落架和雪地起降用的滑橇式起落架。

4.2.1.3　*单旋翼带尾桨无人直升机*

直升机作为 20 世纪航空技术极具特色的创造之一，极大地拓展了飞行器的应用范围。直升机是典型的军民两用产品，广泛地应用在运输、巡逻、旅游、救护等多个领域。

直升机的最大时速可达 300 km/h 以上，俯冲极限速度近 400 km/h，实用升限可达 6000 m（世界纪录为 12 450 m），一般航程可达 600～800 km。携带机内、外副油箱转场航程可达 2000 km 以上。根据不同的需要，直升机有不同的起飞质量。当前世界上投入使用的重型直升机最大的是俄罗斯的米-26（最大起飞质量达 56 t，有效载荷 20 t）。当前实际应用的是机械驱动式的单旋翼直升机及双旋翼直升机，其中又以单旋翼直升机数量最多。

在直升机发展初期，没有哪一种布局的直升机占有主导地位，不同的设计者根据自己的理解和喜好，设计出各式各样的垂直飞行器。但是经过多年的实践，其他布局的直升机大多失去了热衷者，唯有单旋翼带尾桨的直升机势头未减，占据主导地位，成为目前应用最为广泛的一种直升机。多数起飞质量较大的无人直升机也都采用此种布局。单旋翼带尾桨直升机构造简单，操纵灵便，确有其显著的优点。

1. 旋翼的布局和工作参数选择

（1）旋翼旋转方向

一般来说，美国的一些直升机喜欢采用俯视逆时针旋翼，法国、俄罗斯等多数国家喜欢采用俯视顺时针旋翼，我国直升机中的“黑鹰”和直-8 是俯视逆时针旋翼，其他机型都是俯视顺时针旋翼。从气动特性来说，两者并没有明显的差别。但是，对有人驾驶的直升机来讲，如果采用并列式双驾驶员座舱，并指定左座为机长位置，那么还是采用俯视顺时针旋翼好一些。这主要是在悬停和起降中，飞行员的视线方向与飞行员小臂的移动方向一致，操纵动作比较自然的缘故。在无人驾驶的直升机中也并未规定必须采用什么旋转方向，但是目前在使用中出现较多的还是俯视顺时针旋转。

（2）旋翼轴前倾角

为了降低燃料消耗率，设计师通常把直升机巡航速度飞行时的姿态，选为接近水平态，使阻力最小。这样，飞行中旋翼桨盘就必须前倾，以便形成足够的水平拉力与阻力相平衡。比较简单的做法是将旋翼轴设计成向前倾斜，前倾角通常为5°左右，但前倾角过大也不好，会造成消速及悬停时直升机的姿态变化很大。严格地说，前倾旋翼轴对悬停操纵与空气动力设计都不算有利，希望今后会有更好的解决方案。

（3）旋翼直径

大的旋翼直径可以有效地提高旋翼拉力，因为旋翼拉力同旋翼半径的四次方成正比。旋翼直径大，则旋翼的桨盘载荷小，悬停诱导速度就小，这样可以有效地降低旋翼诱阻功率。但旋翼直径过大也有不利的方面，主要有：直升机质量增加、造价提高、所需的存放场地大、在丛林等复杂地貌条件下机动能力差。为此，设计师在设计过程中，最终目标是确定最小的旋翼直径或者确定最大的桨盘载荷，它必须既能满足性能要求，又能满足直升机的使用要求。

（4）旋翼桨叶的平面形状

早期直升机的旋翼多采用尖削桨叶，即桨叶尖部的弦长比根部更短一些，这可使桨盘诱导速度更为均匀，从而改善悬停性能。采用金属桨叶后，为了制作方便，一般旋翼都采用矩形桨叶。近些年，复合材料受到青睐，由于这种桨叶按变弦长的要求制作没有困难，尖削方案可能重新被采用。为了解决高速度下空气压缩性的影响和噪声问题，把桨叶尖部做成后掠形是可取的方案。

采用扭转桨叶可以改善旋翼桨叶拉力分布。大的扭转虽然对悬停有利，但在高速度飞行时会产生振动载荷，且不利于自转。因此，目前桨叶的扭转角多在–5°～6°。

（5）桨叶翼型和桨叶片数

一般来说，理想的翼型应该既有较好的低速性能，又有较好的高速性能，同时俯仰力矩也要符合要求，还要考虑防颤振等特殊要求。这些条件往往相互矛盾。目前来看，相对厚度比较薄的接近对称型方案占上风。至于旋翼的桨叶片数，目前多数单旋翼带尾桨无人直升机使用2片桨叶。

2. 尾桨形式与布局

（1）尾桨的安装位置与旋转方向

尾桨的作用是平衡旋翼产生的反扭矩，单旋翼直升机的尾桨都是安装在尾梁后部或尾斜梁或垂尾上，其垂直位置有的比较低，有的则比较高。尾桨的安装位置低，可以减小传动系统的复杂性，有助于减轻结构质量，但是，尾桨可能处在旋翼尾流之中，容易发生不利的气动干扰。反过来，尾桨的安装位置高，则可以避免或减少气动干扰，提高尾桨效率，对提高前飞的稳定性也是有利的，而且悬停时直升机坡度较小，但结构较低置尾桨复杂。现在看来，多数直升机都采用高置尾桨。

尾桨旋转方向的选择，主要考虑的是减弱旋翼与尾桨之间的气动干扰。一般认为，尾桨采用底部向前的旋转方向较为有利，尾桨效率也比较高。

（2）推式尾桨和拉式尾桨

在尾桨拉力方向不变的情况下，可以把尾桨安装在垂尾左侧，也可以安装在垂尾右侧。如果尾桨拉力方向指向直升机对称面，则为推式尾桨；如果尾桨拉力是从对称面向外指的，则为拉式尾桨。采用推式尾桨还是拉式尾桨，主要是从尾桨与垂尾的气动干扰方面考虑的。采用拉式尾桨，垂尾处于尾桨的诱导速度范围内，在垂尾上必然要产生一个与尾桨拉力方向相反的侧力，这样会降低尾桨效率，而且，还容易发生方向摆动等现象。虽然推式尾桨与垂尾之间也会发生气动干扰，但总的来看，采用推式尾桨较为有利。

（3）尾桨桨叶的扭转

尾桨桨叶的扭转可以在一定程度上提高尾桨的工作效率，但有可能导致尾桨涡环的产生并带来相应的副作用，一般不提倡。

4.2.1.4　共轴无人直升机

1. 基本结构及设计原理

共轴双旋翼直升机具有绕同一理论轴线一正一反旋转的上下两副旋翼，由于转向相反，两副旋翼产生的扭矩在航向不变的飞行状态下相互平衡，通过所谓的上下旋翼总距的差动产生不平衡扭矩可实现航向操纵。因此，共轴双旋翼在直升机的飞行中，既是升力面，又是纵横向和航向的操纵面。

共轴双旋翼直升机的上述特征决定了它与传统的单旋翼带尾桨直升机相比有着自身的特点。20 世纪 40 年代初，这种构形引起了航空爱好者极大的兴趣，并试图将其变成可实用的飞行器。然而，由于当时人们缺乏对共轴双旋翼气动特性的认识，在结构设计方面也有困难，最终许多设计者放弃了努力，在很长一段时间内对共轴式直升机的探讨只停留在实验上。1932 年，西科斯基飞行器公司研制成功了单旋翼带尾桨直升机，成为世界上第一架可实用的直升机。从此，单旋翼带尾桨直升机以其简单、实用的操纵系统和相对成熟的单旋翼空气动力学理论成为半个多世纪来世界直升机发展的主流。然而，人们对共轴双旋翼直升机的研究和研制一直没有停止。

苏联从 1945 年研制成功卡-8 共轴式直升机到 20 世纪 90 年代研制成功了被西方誉为现代世界最先进的武装攻击直升机 Ka-50，发展出了一系列共轴双旋翼直升机，在型号研制、理论实验研究方面均走在了世界前列。美国也于 20 世纪 50 年代研制了 QH-50 共轴式遥控直升机作为军用反潜的飞行平台，并先后交付美国海军 700 多架。美国西科斯基飞行器公司在 20 世纪 70 年代发展了一种前行桨叶方案（ABC）直升机，该机采用共轴式旋翼，刚性桨毂，上下旋翼的间距较小。它利用上下两旋翼的前行桨叶边左右对称来克服单旋翼在前飞时由于后行桨叶失速带来的升力不平衡力矩，从而提高旋翼的升力和前进比，其验证机 XH-59A 于 1973 年进行了试飞。

从 20 世纪 50 年代起，美国、日本、苏联等相继对共轴双旋翼的气动特性、旋翼间的气动干扰进行了大量风洞实验研究。20 世纪 60 年代，由于军事上的需要，一些国家着手研制无人直升机。近年来无人直升机已成为国内外航空领域内的研究热点，其中比较成熟的有加拿大的 CL-227、德国的 Seamos、美国的 QH-50。这些无人直升机的共同特点是采用了共轴双旋翼形式。北京航空航天大学于 20 世纪 80 年代开始研制共轴式直升机，先后研制了“海鸥”共轴式无人直升机，M16 单座共轴式直升机，M22、FH-1 小型共轴式无人直升机。其中，FH-1 小型共轴式无人直升机已在电力部门、科研院所等单位应用（图 4-3）。该机目前已实现了从起飞到降落的无人驾驶的自主飞行，可载 20 kg 任务载荷，飞行 1.5 h。

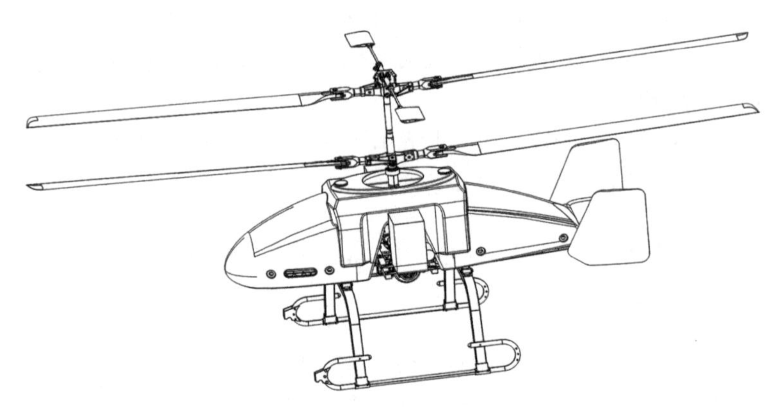

图 4-3 FH-1 无人直升机

共轴式直升机与单旋翼带尾桨直升机的主要区别是采用上下共轴反转的两组旋翼用来平衡旋翼扭矩，因而不需要尾桨。在结构上，由于采用两副旋翼，与相同质量的单旋翼直升机相比，若采用相同的桨盘载荷，通过简单的几何计算，其旋翼半径仅为单旋翼直升机的 0.7 倍。如前所述，单旋翼直升机的尾桨部分必须超出旋翼旋转面，尾桨直径为主旋翼的 0.16～0.22 倍。假设尾桨紧邻旋翼桨盘，则单旋翼直升机旋翼桨盘的最前端到尾桨桨盘的最后端是旋翼直径的 1.16～1.22 倍。由于没有尾桨，共轴式直升机的机身部分一般情况下均在桨盘面积之内，其机体总的纵向尺寸就是桨盘直径。在相同的桨盘载荷、发动机和相同的总重下，共轴双旋翼直升机的总体纵向尺寸仅为单旋翼直升机的 0.6 倍左右。

共轴式直升机的机身较短，同时其结构质量和载重均集中在直升机的重心处，因而减少了直升机的俯仰和偏航的转动惯量。在 10 t 级直升机上，共轴式直升机的俯仰转动惯量大约是单旋翼直升机的一半。因此，共轴式直升机可提供更大的俯仰和横滚操纵力矩，并使直升机具有较高的加速特性。

由于没有尾桨，共轴式直升机消除了单旋翼直升机存在的尾桨故障隐患与在飞行中因尾梁的振动和变形引起的尾桨传动机构的故障隐患，从而提高了直升机的生存率。由于采用上下两副旋翼，增加了直升机的垂向尺寸，两副旋翼的桨载和操纵机构均暴露在机身外。两副旋翼的间距与旋翼直径成一定的比例，以保证飞行中上下旋翼由于操纵和阵风引起的极限挥舞不会相碰。两旋翼间的非流线不规则的桨毂和操纵系统部分增加了直升机的废阻面积，因而，共轴式直升机的废阻功率一般来说大于单旋翼带尾桨直升机的废阻功率。

共轴式直升机一般采用双垂尾以增加直升机的航向操纵性和稳定性。一般来说，共轴式直升机绕旋翼轴的转动惯量大大小于单旋翼带尾桨直升机，因而，航向的操纵性好于单旋翼带尾桨直升机，而稳定性相对较差。由于共轴式直升机的机身较短，增加平尾面积和采用双垂尾来提高直升机的纵向和航向稳定性。共轴式直升机垂尾的航向操纵效率只在飞行速度较大时方起作用。

2. 共轴双旋翼直升机的主要气动特性

共轴式直升机具有合理的功率消耗、优良的操纵性、较小的总体尺寸等特点。与单旋翼带尾桨直升机相比，共轴式直升机的主要气动特点有如下几点。

1）共轴式直升机具有较高的悬停效率。

2）没有用于平衡反扭矩的尾桨功率损耗。

3）空气动力对称。

4）具有较大的俯仰、横滚控制力矩。

在相同的起飞质量、发动机功率和旋翼直径下，共轴式直升机有着更高的悬停升限和爬升率。共轴式直升机随着升限增高，其航向转弯速度保持不变甚至有所增加。这是由于共轴式直升机不需要额外的功率用于航向操纵，因而改善了航向的操纵效率。

共轴双旋翼的平飞气动特性与单旋翼也有所不同，资料表明，在相同拉力和旋翼直径下，刚性共轴双旋翼的诱导阻力比单旋翼低 20%～30%。由于操纵系统部分和上下旋翼桨毂这些非流线型部件的数量和体积大于单旋翼直升机并暴露在气流中，因而共轴式直升机的废阻面积大于单旋翼直升机。共轴式直升机在悬停中低速飞行时的需用功率小于单旋翼直升机，随着速度增加，需用功率逐渐增大至大于单旋翼直升机，这一特性决定了共轴式直升机有较大的实用升限、较大的爬升速度、更长的续航时间。而单旋翼直升机则有较大的平飞速度、较大的巡航速度和飞行范围。由于共轴式直升机具有特殊的操纵系统构件，两旋翼必须保持一定的间距，因此，要将废阻面积降低到单旋翼直升机的水平是非常困难的。

4.2.1.5　*多旋翼无人飞行器*

多旋翼无人飞行器又称多轴飞行器。以其中最常见的四旋翼为例（图 4-4），由四个旋翼来举升和推进飞行。和固定翼飞机不同，它通过旋翼的旋转使飞行器升空。它的四个旋翼大小相同，分布位置对称。通过调整不同旋翼之间的相对转速来调节拉力和扭矩，控制飞行器悬停、旋转或航线飞行。这一点和直升机不同，常见的单旋翼尾桨式直升机有两个旋翼，尾旋翼只起到抵消主旋翼产生的扭矩、控制飞机机头指向的功能。

在早期的飞行器设计中，四轴飞行器被用来解决旋翼机的扭矩问题。主副旋翼的设计也可以解决扭矩问题，但副旋翼不能提供升力，效率低。因此，四轴飞行器是最早的一批比空气重的垂直起降飞行器。但是早期的型号性能很差，难于操控和大型化。

近年来多轴飞行器在无人机领域获得了新生。由于使用现代的电动动力装置和智能控制系统，多轴飞行器飞行稳定，操控灵活，可以在户内和户外使用。与传统直升机相比，它有许多优点：旋翼总距固定，结构简单；每个旋翼的叶片比较短，叶片末端的线速度慢，发生碰撞时冲击力小，不容易损坏，对人也更安全。有些小型四轴飞行器的旋翼还有外框，可有效避免磕碰和损坏。

图 4-4　多旋翼无人机

4.2.2　植保无人机

4.2.2.1　植保无人机的发展方向

1. 提高自动化水平

采用多传感器（气压传感器、光流传感器、声呐传感器等）的数据融合，进行高度智能判断，获得近地高度的准确值，进行定高定速飞行控制。研发全自动飞行技术，拓展夜间作业范围，提高农药作用效果，降低操作难度，减少人为操作，提高喷药过程流畅程度，实现傻瓜式操作，降低培训难度，使得无人机能够推广到更多的农田作业中。

2. 推动专业服务团队的建设

植保喷药飞行服务团队的建设能够有效地降低农民承受的风险，扩大植保无人机的使用范围，使得农技成为像收割机等大型农机具的管理一样，在植物生长的特定阶段，快速有效的工作。将无人机推广与农药喷洒相结合，作为农机服务进行推广。拓展无人机推广切实可行的路子，向合作社、农机服务站等农技服务单位进行推广。

3. 提高田间导航精度

为适应不同地形，采用无线电测距方式在作业小区内实现精准导航，在精细农业变量处方图的指导下进行变量作业。采用机器视觉技术，实现针对复杂农田情况做出自动避障、绕行等动作。采用差分 GPS，避免漏喷和重复喷药的情况。

4. 开发工业级解决方案

纵观现在无人机市场，多数无人机机型仍然处于由航模或航拍系统改制的无人机进行喷洒实验，仍然处于能飞能喷就算植保无人机的程度，与像 YAMAHA 公司 Rmax 这样的工业级解决方案相比，在设计、用料、结构强度和安全性稳定性上仍然有相当大的差距。应当推广高稳定性、高可靠性，经过严格飞行静载荷与动载荷试验检验，在满足经济型前提下的大荷载比、高容重的机型。研发植保专用机型，推广一体机，实现无人机与植保喷药的深度整合。合理设计药箱，减少药箱中药液水平降低和晃动惯性造成的飞行姿态不稳。优化控制算法，提高飞行平稳度，对风力、地面反作用力等影响进行系统深入研究。

5. 设计完备的喷药流程

优化喷药动力设备和药液配比，使得单位时间内喷出的有效药液能够均匀地覆盖飞行范围，并满足所需剂量。喷嘴是实现药液均匀散布的关键器件，要实现关键部件系列全，适合不同作业条件，作业规范完备，作业严格按农药使用标签施药，保证作业效果，减少液滴受气流影响飘散。设计喷嘴朝向，借助螺旋桨产生的风压将药液压向植物。降低药液雾滴的弥散，增加雾滴从喷嘴中喷出的初速，增加喷洒均匀性。

6. 拓展现有机型

无人机的机型仍然在增长，多种气动力模型在航空领域中得到应用，如共轴双桨飞行器、地效应飞行器、涵道飞行器等（图 4-5），新的机型相比于现有机型，存在一些明显的优点，如共轴双桨飞行器可以缩小无人机尺寸；涵道飞行器可以改变气流通过方式，提高升力并降低能耗；地效应飞行器可以有效使用飞行器产生的向下的气团，能够高速稳定地向前走。发展新的无人机机型能够一定程度地解决现有机型的一些问题。

图 4-5　农用无人直升机

4.2.2.2　农田信息采集无人机

无人机能延伸人的视野，可有效地降低遥感图像获取的费用，其范围大、时效高、分辨率高，成为星地遥感和航空遥感的有效替代，可为精细农业提供前端数据，为农田作业提供指导依据。2013 年中央一号文件中指出，始终把解决好农业农村农民问题作为全党工作重中之重，把城乡发展一体化作为解决“三农”问题的根本途径；必须统筹协调，促进工业化、信息化、城镇化、农业现代化同步发展，着力强化现代农业基础支撑，深入推进社会主义新农村建设。无人机技术在农情监测、喷药施肥、森林防火、电力巡线、石油管线巡视、草原监控等方面得以广泛应用。农田信息采集向着多源数据融合匹配、大范围遥感影像制图、光谱数据获得与分析、实时数字图像传输与分析方向发展。

关于多源数据采集融合匹配，概述如下。将图像数据与地表 GPS 数据进行匹配，可实现对地面数据的管理。多源数据多尺度融合，可实现全彩色图、多光谱图像、高光谱图像、热红外图像、激光测距仪所产生的地面高程图等图像间的融合，图像与机载GPS、定位测姿系统（position and orientation system，POS）等飞行数据的融合。通过遥感图像与近地面数据的匹配分析，可进行作物估产、病害虫害危害情况、水分营养农药胁迫分布情况等研究。目前很多传感器仍然需要连接电脑才可以使用，如何实现便携式开发，使得无人机能够携带这些传感器，在空中自动采集存储并回传数据，是目前亟待研究的问题。

关于大范围遥感影像制图，目前有公布的研究结果多是基于单幅图像或者小区域内的遥感影像采集，覆盖大面积土地的报告仍然较少。如何制作大范围遥感影像，是当前需要研究的问题，这涉及无人机动力与续航和远程控制，地面图像拼接与正射图制作。

关于光谱数据的获取与分析，一般采用多光谱相机和高光谱相机。

4.2.2.3 开发无人机的其他应用

1）应用无人机来进行播种授粉。草原牧草草种等质轻、易飘散的种子，可以通过无人机携带，播撒在指定的土地上。在水稻育种中，需要雄株的花粉飘散到雌株的柱头上才能授粉，使用无人机进行授粉的原理是：①无人机飞过时产生紊流，将花粉吹散落在雌株上。这种方法方便快捷高效，相比于传统“赶穗”，劳动强度降低。②还可以让无人机携带花粉，飞到雌株上空，通过风机播撒出去，有效提高授粉率。

2）作为物联网中继。物联网作为互联网技术的第三次革命，已经掀起了巨大的波澜，智能家居、智慧城市正在如火如荼地发展。农业物联网技术也在农业上初步取得应用，采用农田无线传感网进行田间信息采集，并汇总到中心节点上。然而有时候田地离中心节点很远或者处于山地中，需要进行很多跳才能到达中心节点，这时候使用无人机，搭载中继路由，飞行到田地上空，采集无线传感网传输的信息，增强信号然后发送到中心节点。这样可以有效增加物联网覆盖范围。

3）搭载作业机具，进行远程空中作业。搭载机械手等动作机构，远程操纵无人机进行作业，如采摘果实、驱赶牲畜、除草等工作。

4.2.3 农用无人机飞控

4.2.3.1 闭源飞控系统

1. 闭源飞控系统背景

21世纪前后，国内民用无人机开始逐步发展，但作为核心设备的自动驾驶仪的采购途径却非常缺乏。一方面，国内军用无人机研发单位有保密限制；另一方面，民用无人机研发单位技术积累有限，自行开发困难。在这种背景下，来自美国和加拿大的两款自动驾驶仪进入我国，并在相当长的时间里占据了当时的市场。时至今日，来自加拿大的MP（micropilot）自动驾驶仪的后续产品还在应用中。

2. 国产自动驾驶仪迅速发展

随着民用市场的不断扩大及技术的学习与积累，国产自动驾驶仪在随后的五六年间相继达到实用阶段。北京航空航天大学、清华大学等数家具有技术背景的研制单位相继推出了各具特色的无人机自驾系统，沈阳无距科技有限公司、北京翔仪恒昌科技有限公司等研制的自动驾驶仪，特别是在专用领域，国产自动驾驶仪大有取代进口自动驾驶仪之势。

近几年信息化技术的不断发展促使自动驾驶仪的研发也在不断进步。由于民用大、小型无人机系统庞大，“单片机”大小的一般自动驾驶仪已不能满足功能和可靠性需求，同时国外系统也难以获得，中国航空工业集团公司、中国电子科技集团公司相关研究院所为此种需求专门开发了相应的军用版“降阶”系统以满足市场需求，得到了应用单位的认可。

相对于固定翼自动驾驶仪，直升机自动驾驶仪的研发更加困难，早期的无人直升机自动驾驶系统还只能选择欧洲、加拿大及俄罗斯的相关产品。近年来由于深圳市大疆创新科技有限公司、中国航空工业自动化所等一些公司和单位的努力，民用无人直升机自动驾驶仪已逐步成形并达到实用状态。

3. 浙江大学自行研制的无人机飞控系统

在农业中应用的无人机，其作业环境与其他民用领域的无人机有较大的区别。比如在喷药作业中，为了实现药剂的精准变量喷洒，农用植保无人机通常需要以较慢的巡航速度在较低的飞行高度下进行喷洒作业。农业专用飞控系统就需要针对低空风切变等作业干扰因素进行及时的处理与修正。而在无人机低空遥感作业中，由于需要对遥感图像进行几何校正等处理，因此就需要飞控系统提供精度更高的飞机位置与姿态数据来对遥感数据进行修正。总体而言，农用无人机飞控系统与通用飞控系统的最大区别在于针对农业特殊的作业环境对飞控系统的可靠性、安全性提出了更高的要求。

以浙江大学自行研发的农业专用无人机飞控系统为例（图 4-6），其采用了数字信号处理器（digital signal processor，DSP）与异步响应方式（asynchronous response mode，ARM）的双多点控制器（multipoint control unit，MCU）结构，通过中央 MCU 的 PID 闭环控制实现前进、后退、升降等动作。首先，这种设计保证了飞控系统运算的精确性和实时性，能够控制飞机对于飞机姿态与外界飞行环境的变化做出及时和有效的响应，从而维持飞机在低空复杂环境中飞行的稳定，提高了安全性。其次，在飞控系统中安装了高可靠性的 MEMS（microelectro mechanical system）三轴陀螺仪、加速度计、三轴磁感应器及气压传感器等装置。结合外部高精度 GPS 模块，其可以为无人机农业作业提供准确的经纬度、飞行高度、速度等导航姿态数据。此外，由于农用无人机经常在作业情况较为恶劣的地区进行飞行，故飞控系统的电路接插件设计摒弃了常用飞控中的杜邦线与排针的组合方式而采用了对于防水与防尘性能更高的航空插头。另外，由于与通用无人机相比，农用无人机需要频率更高的维护和保养。因此，在农业专用飞控系统中设计有可靠的数据存储装置，用以在每次飞行中对飞机各种姿态信息、传感器信息、电气系统参数、位置信息、任务载荷信息进行实时记录，方便对无人机飞行参数与状态进行实时记录与监控，为农用无人机的维护保养提供可靠的信息与依据。

图 4-6　浙江大学自行研制的无人机飞控系统

综上所述，只有针对农田的实际作业环境与干扰因素进行设计的农业专用飞控系统，才能够满足农用无人机的实际作业需要，提升农用无人机作业的效率和安全性。

4.2.3.2　开源飞控系统

随着集成电路的高速发展，传感器的成本在不断降低，为了得到更好的飞行控制源代码，Arduino 公司决定开放其飞控系统的源代码。他们建立了便捷灵活、方便上手的开源电子原型平台，包含各种型号的 Arduino 板的硬件和软件 Arduino IDE。可以说是他们开启了开源飞控系统的发展道路。

开源（open source）的概念最早被应用于开源软件，开放源代码促进会（Open Source Initiative）用其描述那些源码可以被公众使用的软件，并且此软件的使用、修改和发行也不受许可证的限制。每一个开源项目均拥有自己的论坛，由团队或个人进行管理，论坛定期发布开源代码，而对此感兴趣的程序员都可以下载这些代码，并对其进行修改，然后上传自己的成果，管理者从众多的修改中选择合适的代码改进程序并再次发布新版本，从而形成了“共同开发、共同分享”的良性循环。开源软件的发展逐渐与硬件相结合，产生了开源硬件。开源硬件的原则声明和定义是开源硬件协会（Open Source Hardware Association，OSHWA）的委员会及其工作组及其他更多的人员共同完成的。

硬件与软件不同之处是实物资源应该始终致力于创造实物商品。因此，生产在开源硬件许可下的品目（产品）的人和公司有义务明确该产品没有在原设计者核准前被生产、销售和授权，并且没有使用任何原设计者拥有的商标。

第一代开源飞控系统以 Arduino 或其他类似的开源电子平台为基础，扩展连接各种 MEMS 传感器，能够让多旋翼等无人机平稳地飞起来，其主要特点是模块化和可扩展能力。

第二代开源飞控系统大多拥有自己的开源硬件、开发环境和社区，采用全集成的硬件架构，将全部 lode 传感器、主控单片机，甚至 GPS 等设备全部集成在一块电路板上，以提高可靠性。它使用全数字三轴 MEMS 传感器组成飞行器姿态系统，能够控制飞行器完成自主航线飞行，同时可加装电台与地面站进行通信，初步具备完整自动驾驶仪的功能。此类飞控系统还能够支持多种无人设备，包含固定翼飞行器、多旋翼飞行器、直升机和车辆等，并具备多种飞行模式，包含手动飞行、半自主飞行和全自主飞行。第二代飞控系统的主要特点是高集成性、高可靠性，其功能已经接近商业自动驾驶仪标准。定格式可以被其他人获取，以方便对其进行修改。在实现技术自由的同时，开源硬件提供知识共享并鼓励硬件设计开放交流贸易。开源硬件定义是在软件开源定义基础上定义的。该定义是由 Bruce Preens 和 Delian 的开发者作为 Debian 自由软件方针而创建的。了解了开源硬件的概念，开源飞控的概念也就比较容易理解了。所谓开源飞控就是建立在开源思想基础上的自动飞行控制器项目（open source autopilot），同时包含开源软件和开源硬件，而软件则包含飞控硬件中的固件（机载软件）和地面站软件两部分。爱好者不但可以参与软件的研发，也可以参与硬件的研发，不但可以购买硬件来开发软件，也可以自制硬件，这样便可让更多人自由享受该项目的开发成果。开源项目的使用具有商业性，所以每个开源飞控项目都会给出官方的法律条款以界定开发者和使用者的权利，不同的开源飞控对其法律界定都有所不同。

第三代开源飞控系统在软件和人工智能方面进行了革新。它加入了集群飞行、图像识别、自主避障、自动跟踪飞行等高级飞行功能，向机器视觉、集群化、开发过程平台化的方向发展。首先它们都能自主从一个地方 A 运动到另一个地方 B，换句话说它们能自己驾驶自己从 A 到 B，这就是自驾，也就是飞控。它们拥有和人一样的自主运动能力，这也是我们把它们称为机器人的原因之一。当然，当代的机器人已经能运动了，但普遍脑子还很笨，还不如您家的宠物狗，但是随着人工智能技术的不断进步，它们不仅能从 A 走到 B，还能从 A 联想到 B。

要谈开源飞控的发展就必须从著名的开源硬件项目 Arduino 谈起。Arduino 是最早的开源飞控，由 Massimo Banzi、David Cuartielles、Tom Igoe、Gianluca Martino、David Mellis 和 Nicholas Zambetti 于 2005 年在意大利交互设计学院合作开发而成。Arduino 公司首先为电子开发爱好者搭建了一个灵活的开源硬件平台和开发环境，用户可以从 Arduino 官方网站取得硬件的设计文档，调整电路板及元件，以符合自己实际设计的需要。

Arduino 可以通过与其配套的 Arduino IDE 软件查看源代码并上传自己编写的代码，Arduino IDE 使用的是基于 C 语言和 C++的 Arduino 语言，十分容易掌握，并且 Arduino

IDE 可以在 Windows、Macintosh OSX 和 Linux 三大主流操作系统上运行。

随着该平台逐渐被爱好者所接受，各种功能的电子扩展模块层出不穷，其中最为复杂的便是集成了 MEMS 传感器的飞行控制器。为了得到更好的飞控设计源代码，Arduino 公司决定开放其飞控源代码，他们开启了开源飞控的发展道路。著名的开源飞控 WMC 和 APM 都是 Arduino 飞控的直接衍生产品，至今仍然使用 Arduino 开发环境进行开发。

APM（ArduPilot Mega）是在 2007 年由 DIY 无人机社区（DIY Drone）推出的飞控产品，是当今最为成熟的开源硬件项目。APM 基于 Arduino 的开源平台，对多处硬件做出了改进，包括加速度计、陀螺仪和磁力计组合惯性测量单元（IMU）。由于 APM 良好的可定制性，APM 在全球航模爱好者范围内迅速传播开来。通过开源软件 Mission Planner，开发者可以配置 APM 的设置，接受并显示传感器的数据，使用 google map 完成自动驾驶等功能，但是地面站软件 Mission Planner 仅支持 windows 操作系统。

目前，APM 飞控已经成为开源飞控成熟的标杆，可支持多旋翼、固定翼、直升机和无人驾驶车等无人设备。针对多旋翼，APM 飞控支持各种四、六、八轴产品，并且连接外置 GPS 传感器以后能够增稳，并完成自主起降、自主航线飞行、回家、定高、定点等丰富的飞行模式。APM 能够连接外置的超声波传感器和光流传感器，在室内实现定高和定点飞行。

PX4 是一个软硬件开源项目（遵守 BSD 协议），目的在于为学术、爱好和工业团体提供一款低成本、高性能的高端自驾仪。这个项目源于苏黎世联邦理工大学的计算机视觉与几何实验室、自主系统实验室和自动控制实验室的 PIXHawk 项目。PX4FMU 自驾仪模块运行高效的实时操作系统 CRTOS，Nuttx 提供可移植操作系统接口 CPOSIX 类型的环境，例如，printf C、pthreads、/dev/ttySl、open()、write C、poll C、ioctl C 等。PX4 通过 MAVLink 同地面站通信，兼容的地面站有 QGroundControl 和 Mission Planner。由 3DR 联合 APM 小组与 PX4 小组于 2014 年推出的 PIXHawk 飞控是 PX4 飞控的升级版本，拥有 PX4 和 APM 两套固件和相应的地面站软件。该飞控是目前全世界飞控产品中硬件规格最高的产品，也是当前爱好者手中最炙手可热的产品。PIXHawk 拥有 168 MHz 的运算频率，并突破性地采用了整合硬件浮点运算核心的 Cortex-M4 的单片机作为主控芯片，内置两套陀螺和加速度计，甚至包括三旋翼和 H4 这样结构不规则的产品。它使飞行器拥有多种飞行模式，支持全自主航线、关键点围绕、鼠标引导、“Follow Me”、对尾飞行等高级的飞行模式，并能够完成自主调节参数。PIXHawk 飞控的开放性非常好，几百项参数全部开放给玩家调整，靠基础模式简单调试后即可飞行。

MEMS 传感器，互为补充矫正，内置三轴磁场传感器并可以外接一个三轴磁场传感器，同时可外接一主一备两个 GPS 传感器，在故障时自动切换。

Open Pilot 是由 Open Pilot 社区于 2009 年推出的自动驾驶仪项目，旨在为社会提供低成本但功能强大的稳定型自动驾驶仪。这个项目由两部分组成，包括 Open Pilot 自动驾驶仪及与其相配套的软件。其中，自动驾驶仪的固件部分由 C 语言编写，而地面站则用 C++编写，并可在 Windows、Macintosh OSX 和 Linux 三大主流操作系统上运行。Open Pilot 的最大特点是硬件架构非常简单，从它目前拥有的众多硬件设计就可以看出其与众不同之处。官方发布的飞控硬件包括 CC、CC3D、ATOM、Revolution、Revolution Nano

等，衍生硬件包括 Sparky、Quant ton、REVOMINI 等，甚至包含直接使用 STM32 开发板扩展而成的 FlyingF3、FlyingF4、DiscoveryF4 等，其中 CC3D 已经是 300 mm 以下轴距穿越机和超小室内航模的首选飞控硬件，而 DiscoveryF4 是爱好者研究的首选飞控硬件，Quant ton 更是成为 Tellabs 的首选飞控硬件。

Open Pilot 旗下最流行的硬件为 CC3D。此飞控板只采用一颗 72 MHz 的 32 b（8 b=1 B）STM32 单片机和一颗 MPU6000 就能够完成多旋翼、固定翼、直升机的姿态控制飞行。

4.2.3.3　导航控制

多旋翼飞行器实现各种功能（轨迹跟踪、多机编队等）的核心是快速、稳定的姿态控制和精确的位置控制。常用的多旋翼飞控系统主要包含两个控制回路：一个是飞行器姿态控制回路，另一个是飞行器位置控制回路。由于姿态运动模态的频带宽，运动速率快，因此姿态控制回路作为内回路进行设计；而位置运动模态的频带窄，运动速度慢，因此位置控制回路作为外回路进行设计。位置控制回路可以使飞行器能够悬停在指定位置或者按照设定好的轨迹飞行。姿态控制回路的作用是使多轴飞行器保持稳定的飞行姿态。若两个控制回路同时产生控制信号，则各个旋翼的转速分别作相应的调整，使得多轴飞行器能够按照指令稳定飞行。

1. 内回路控制

由于内回路姿态与外回路位置具有直接关系（滚转/俯仰姿态运动引起水平方向的左右/前后运动），因此所有控制的核心便集中在内回路。考虑到内回路姿态控制算法的可实现性，合理的方法和控制策略是决定控制性能的重点。内回路姿态控制的策略一般有两种，第一种是直接对姿态角进行控制，另外一种是将姿态角误差转化为期望的修正角速度，对实际角速度进行控制以达到跟踪期望角速度、消除姿态角误差的目的。由于角速度可构成更快回路，因此第二种策略具有更快的响应速度。

以四轴的姿态控制系统为例，在实际系统中，目前使用的是 PID 控制技术。内回路根据期望的姿态指令与传感器测量解算得到的估计姿态进行比较，所得误差乘以一个系数作为期望的角速率。该角速率的目的是希望四轴以该角速度来修正当前的角度误差。期望的姿态指令是位置控制输出与遥控器姿态指令信号的线性融合。显然，当角度误差越大时，期望的角速度会相应增大，该值与传感器测量得到的角速度误差通过 PID 控制器来消除。比如，当四旋翼滚转通道出现+20°的角度误差时，给该误差乘以系数 4，意味着我们希望四旋翼以 80 s 的角速度来修正该误差，那么应在 0.25 s 内基本消除该角度误差。若当前滚转通道的角速率为 10 s，则 PIO 控制器输出一个正的控制增量，使滚转通道的角速度增大，以达到消除角度误差的目的。

内回路姿态控制部分的算法如下所示：

If（2.5 ms 时间到）

读取测量的姿态角；

期望角速度＝（姿态角指令，测量姿态角）*P_Angle；

控制输出=（期望角速度副测量角速度）*PID；

限幅；

2. 外回路控制

如前文所述，多旋翼飞行器的外回路（位置稳定控制）与内回路（姿态稳定控制）直接相关，因此，外回路的控制原理和内回路基本一致，以某四轴飞行器定点悬停的实现为例对外回路进行说明。

将定点悬停分为两个阶段：高度保持和水平位置保持。

高度保持的控制思路与姿态角保持类似，即将期望高度与实际高度的误差乘以系数转化为期望的爬升率，该期望速度与使用气压计两次测量数据计算得到的实际爬升率相比较，使用 PI 控制策略，消除速度误差，进而消除期望高度与实际高度之间的误差，达到高度保持的控制目的。在有 GPS 支持的情况下，爬升率与 GPS 所测高度得到的爬升率进行融合，尤其在空旷地带，会得到更为准确的爬升率数据。

水平位置目前采用 GPS 测量数据，精度可达到 5 m 以内。期望的悬停位置与四旋翼当前位置的差值转化为期望的水平飞行速度，而该速度通过一定的策略转化为期望的俯仰/滚转角，实现按照期望的修正方向运动，减小定位误差，与此同时，四旋翼航向一般保持不变。但是在实际中，由于任务的需求，可能需要在定点悬停时改变航向，因此确认悬停点时会同时确认悬停的航向信息，之后当航向发生改变时，控制器能够根据当前航向与初始航向的偏差解算合适的俯仰/滚转角，从而得到准确的位置误差修正方向。

定点悬停控制流程如下所示：

If（250 ms 时间到）

读取当前 GPS 位置；

计算位置差；

结合航向变化计算 xy 方向期望加速度；

xy 方向加速度转换为俯仰/滚转角；

限幅；

外回路计算得到期望角度与指令输入融合；

转入内回路；

姿态控制；

3. 飞控功能的应用

（1）作业路径规划与精确导航技术

导航信息采用 DGPS（差分全球定位系统）和北斗并结合惯性导航系统作捷联解算，提高在动态环境下的高精度位置信息获得。设定作业田块的边界、喷洒速度和喷幅，即可自动规划航线，作业时按照已规划的航线实行全自主飞行作业以减少重复喷洒带来的药害和浪费，对飞行速度的管控可以保证喷施的均匀。该技术能根据不同的地形、地貌制定最佳的作业路径规划，实现自主飞行，最大限度地减少目前目视操作带来的重复作业和遗漏作业。

（2）障碍物自动感知与避障技术

在飞行器上研制感知与避让装置，实现自适应巡航速度控制，在应对突然出现在飞行路径上的物体时立即阻断飞行或做出合理规避，保障飞机和障碍物的安全。

（3）一键起飞与自主降落技术

通过分析农用小型无人机对地面控制站的需求，一键起飞和自主降落技术在地面控制站的结构和功能实现方法，分析开发地面控制站涉及的关键技术和解决方案，地面控制站采用基于 VC++开发环境和嵌入式 Matlab 混合编程技术，具有实时性强、稳定性好、人机界面友好、可扩展能力强等优点。

（4）仿地形飞行技术

为了适应山地、丘陵等不同地貌，以及不同高度作物作业需求，达到最佳的作业效果，农业无人机需要仿地形飞行。在飞行过程中实时感知对地绝对高度，使用外部多种高度传感器融合技术结合内部惯性导航传感器，分析出地面与飞机的实际高度，减少植物冠层对高度的影响，实现全自动仿地形飞行。

4.2.3.4　农用无人机数据链路

控制站与无人机之间进行的实时信息交换需要通过通信链路系统来实现。

地面控制站需要将指挥、控制及任务指令及时地传输到无人机上。同样，无人机也需要将自身状态（速度、高度、位置、设备状态等）及相关任务数据发回地面控制站。无人机系统中的通信链路也常被称为数据链。

无人机数据链是一个多模式的智能通信系统，能够感知其工作区域的电磁环境特征，并根据环境特征和通信要求，实时动态地调整通信系统工作参数（包括通信协议、工作频率、调制特性和网络结构等）达到可靠通信或节省通信资源的目的。

无人机数据链按照传输方向可以分为上行链路和下行链路。上行链路主要完成地面站到无人机遥控指令的发送和接收，下行链路主要完成无人机到地面站的遥测数据，以及红外或电视图像的发送和接收，并可根据定位信息的传输利用上下行链路进行测距，数据链性能直接影响到无人机性能的优劣。

衡量无人机数据链是否优秀的几个特征如下。

1）跳频扩频功能：跳频组合越高，抗干扰能力越强，一般的设备能做到几十到几百个跳频组合，性能优异的设备能做到 6 万个跳频组合。

2）存储转发功能：具有数据加密功能使数据传输的可靠性提高，防止数据泄密。常见的加密方式有：数据加密标准（DES）、高级加密标准（AES）等。

3）高速率：无人机数据链属于窄带远距离传输的范畴，115 200 bps 的数据速率即属于高速率，具有低功耗、低误码率和高接收灵敏度。由于无人机采用电池供电，而且传输距离又远，因此要求设备的功耗低（即低发射功率），接收灵敏度高（灵敏度越高传输距离越远）。一般是以多少误码率下的接收灵敏度衡量设备的接收性能。

军用无人机的通信链路系统可以很复杂，包括很多条链。有指挥部到地面站的、地面站到无人机的、无人机到卫星的、卫星到地面站的、卫星到指挥部的、机群中无人机之间的等。民用无人机的通信链路系统一般很简单，就 2～3 条链。第 1 条就是由我们手里的遥控器和无人机上的遥控接收机构成的，上传的单向链路，操作者发指令，飞机收指令，用于视距内控制飞机。第 2 条就是我们常说的数传，由笔记本连接的一个模块和飞机上的一个模块构成双向链路，操作者发修改航点等指令，飞机接收指令后发射位置、电压等信息，人工接收后于视距外控制飞机。

4.2.3.5 RC 遥控

时代在不断进步，未来军用领域讲的是打网络化战争，民用领域讲的是过“互联网+”的生活。所以将来的无人机链路一定会摆脱这一条条链、一根根线，将是一个信息的网，再不受今天这种距离与频率的诸多限制。如今在很多消费类无人机上我们已经看到了这种发展的曙光。

RC 遥控主要用于视距范围内地面人员对飞行器的手控操纵。也是目前大多数消费级多旋翼飞行器必备的一条数据链系统。RC 是“radio control”的缩写，意思是“无线电控制”。发展了数十年的遥控航空模型的技术基础靠的就是这条上行链路。人通过眼睛观察飞机姿态，通过 RC 遥控器发舵面指令，这就是飞机航模的过程。

用无线电技术对飞行器进行飞行控制的历史，可以追溯到第二次世界大战以前。不过，由于当时民间用无线电控制航模面临十分复杂的法律手续，而且当时的遥控设备既笨重又极不可靠，因此，遥控航模未能推广开来。到了 20 世纪 60 年代初期，随着电子技术发展，各种应用于航模控制的无线电设备也开始普及，时至今日，无线遥控设备已广泛地应用于各种类型的民用无人飞行器。民用无人飞行器的起飞和降落过程主要通过 RC 遥控器手动控制来完成，并且在视距范围内自动驾驶时，如飞机出现异常状况，也需要迅速切换到手控状态。RC 遥控设备分为手里的遥控发射机和天上的接收机两部分，配对后使用。

1. 遥控发射机

遥控发射机就是我们所说的遥控器，也称“控”。它外部一般会长有一根天线，遥控指令都是通过机壳表面的杆、开关和按钮，经过内部电路的调制、编码，再通过高频信号放大电路由天线将电磁波发射出去的（图 4-7）。

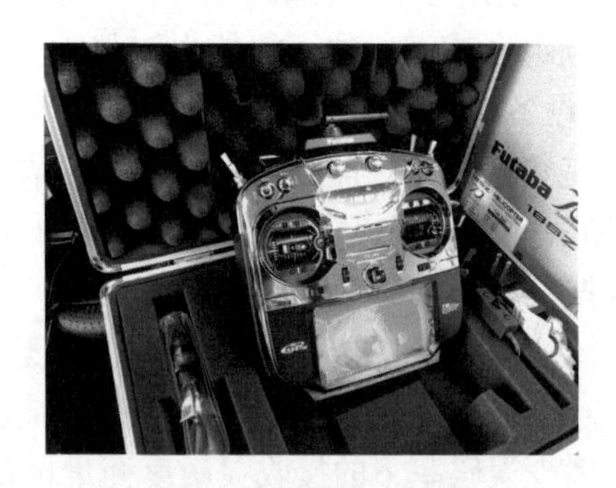

图 4-7 RC 遥控发射机

遥控发射机有两种类型，玩具用的开关型和航模用的比例型。比例型还分为手持盒式比例遥控发射机与手持枪式比例遥控发射机（遥控车）两种。所谓比例控制其实就是能够模拟量控制而不是开关量控制，即当我们把发射机上的操纵杆由中立位置向某一方向偏移一个角度时，与该动作相对应的舵机也同时偏移相应的量，舵机偏移量与发射机操纵杆偏移角度成比例，简单说不仅能控制拐弯，还能控制拐多大弯。遥控发射机除了基本的动作操纵，还有其他许多功能。例如，储存多种飞行器模式的配置和数据，一机多用；有计时、计数功能，方便练习和操作；有液晶显示屏幕，可显示工作状态和各种功能等。

遥控器有几个通道，表示遥控器可以控制飞行器几个动作或行动。这个动作可以是模拟量也就是连续动作，比如右手杆左右动控制横滚；也可以是开关量，比如定高、一键返航等。我们知道，多旋翼飞行器的基本动作有升降运动、俯仰/前后运动、横滚/侧向运动、偏航运动，所以遥控器最少要有四个比例通道。实际上还需要预留一些额外通道来控制其他部件或状态。

2. 遥控接收机

遥控接收机是安装在飞行器上用来接收无线电信号的。它会处理来自遥控发射机的无线电信号，将所接收的信号进行放大、整形、解码，并把接收来的信号转换成舵机与电子调速器可以识别的数字脉冲信号（当然，多旋翼的飞控也能识别这个信号），传输给舵机与电调，这样一来飞行器就会通过这些执行机构来完成我们所发出的动作指令。由于多旋翼飞行器对质量的要求很苛刻，一般都会选择很轻巧的接收机。多数只有火柴盒大小，质量仅为几十克，甚至几克（图 4-8），但大多都具有较高的灵敏度。

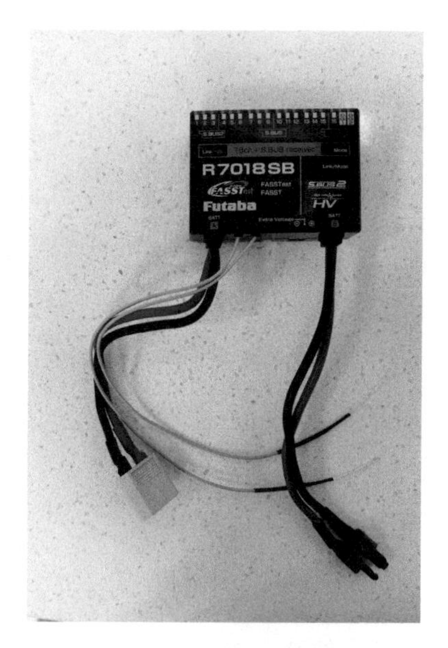

图 4-8　RC 遥控接收机

接收机一般是和发射机成套购买的。实际作业中，每架机都有一个接收机，发射机可能只需要一个，所以我们也许会多买几台接收机，并且接收机的成本也远低于发射机。

同品牌同规格的发射机与接收机配对后都可以使用。

早期的遥控设备通过模拟信号实现遥控，采用的调幅频率有 35 M（兆）、40 M、72 M 几种，每种下设几个频点，如 72.250 M、72.850 M、72.100 M 等。同场飞行，频点一样，必然互相干扰。所以外出飞行作业需要准备各种不同频率的石英晶体，而且发射机有发射机晶体，接收机有接收机晶体。

模拟类遥控设备的作用距离能到接近 1 km，尽管它容易互相干扰，但也有两点优势。第一是具有绕射能力，由于频率低，因此波长长，一些小尺寸的障碍阻挡不了控制。比如，飞机飞到了水塔后方，2.4 G 的设备可能会马上遥控失控，72 M 的设备只要能估计出飞机姿态，基本还能遥控飞出来。第二是可增加遥控距离，由于频率低，因此不用增加太多功率，就能将遥控距离翻数倍以上。很多固定翼第一人称视图（first person view，FPV）就是用这种方法实现远距离遥控的。请注意，国家对民用无线电频率与功率有严格规定，私自采购、改装此类设备都会被追究法律责任。

4.2.3.6 无线数传电台

随着技术的不断进步，遥控设备逐渐开始应用数字技术。目前广泛使用的 2.4 G 系列 FUTABA（日本双叶）遥控器，以及大疆、零度等产品配套生产的 2.4 G 遥控器都是这一类产品。发射功率 0.5 W 以下，遥控距离 1 km 左右（图 4-9）。这类遥控器使用跳频技术，不用再受同频干扰的制约。就像蓝牙设备一样，只要在飞行前配好对就行。所谓配好对，就好比发射机和接收机商量好一个暗号，飞行时接收机接到的信号中，有这个暗号的就是自家的指令。

图 4-9 无线数传电台

无线数传电台是采用数字信号处理、数字调制解调等技术，具有前向纠错、均衡软判决等功能的无线数据传输电台。其传输速率一般为 300～19 200 bps，发射功率最高可达数瓦甚至数十瓦，传输覆盖距离可达数十公里。数传电台主要是利用超短波无线信号实现远程数据传输。多旋翼使用的数传电台以 900 M 频率居多。

无线数传电台是用于地面站计算机连接的一个模块和飞机上的另一个模块构成的双向链路。操作者发修改航点等指令，飞机收；飞机发位置、电压等信息，操作者收。用于在视距外（当然也可以视距内）完成地面控制站与无人机之间的数据收发。

无线数传电台大致分为两种：一种是传统的模拟电台；另一种为采用 DSP 技术的数字电台。传统的模拟电台一般是射频部分后面加调制解调器转换为数字信号方式来传输数据，全部调制、解调、滤波和纠错由模拟量处理完成。随着近二十多来年集成电路的复杂性和集成度的飞速增加，开发出专用处理芯片，它能实时或“在线”进行数字信号处理（DSP 技术），无线数传电台部分甚至全部采用数字处理技术，这些电台通常被称为数字电台。美国 MDS 数传电台、芬兰 SATEL 数传电台为目前国际上比较知名的数据传输电台。

用于航拍或遥感类的无人机还要安装图像传输链路，它是由飞机上的图传发射模块和地面上的图传接收模块构成的下传单向链路。人工接收飞机发射的图像，用于监控摄像头方向和效果。正是有了图传后，我们才在操纵无人机时获得了身临其境的感觉。现有的图传主要有模拟和数字两种。小尺度多旋翼的机载图像实时传输系统，其图像质量指标、信道编码效率等均不高，且抗干扰差；同时，由于多旋翼载重及能量供给非常有限，不便安装大型图传设备。因此，我们今天地面监视器收到图传视频多数只是用来监视的，真正高质量的视频与相片还是要靠机载存储，降落后下载使用的。接收端的频率和发射端一致，就可以接收到视频信号，方便多人观看；产品品牌选择较多、搭配不同的天线可实现不同的接收效果；工作距离较远，常用模拟图传设备一般都能达到在开阔地工作距离在 2 km 以上的指标；配合无信号时显示雪花的显示屏与定向天线，也能勉强判断飞机的位置；一体化的视频接收及 DVR（录像）和 FPV 专用视频眼镜技术成熟，产品选择多视频信号基本没有延迟。

无线数传电台的缺点主要是发射、接收和天线的产品质量良莠不齐；易受到同频干扰，两个发射端的频率若接近时，很有可能导致本机的视频信号被别人的图传信号插入，导致飞机丢失；接线、安装、调试需要一定经验，否则会增加操作成本；飞行时安装连接天线、接收端电池、显示器支架等过程烦琐；没有 DVR 视频录制功能的接收端无法回看视频，而有 DVR 功能的接收端回看视频也较为不便；模拟图传发射端通常安装在机身外，破坏无人机空气动力学性能，影响美观；图传天线如果安装不当，可能会在有的飞行姿态下被机身遮挡，导致此时接收信号欠佳，影响飞行安全；视频带宽小，画质较差，通常分辨率在 640×480，影响拍摄时的感观。

1. 数字图传

现在厂商所开发的无人机通常都搭载了专用的数字图传（图 4-10），它的视频传输方式是通过 2.4 G 或 5.8 G 的数字信号进行的。

数字图传的优点是使用方便，通常只需在遥控器上安装手机/平板电脑作为显示器即可。中高端产品的图像传输质量较高，传输距离亦可达 2 km，而且回看拍摄的照片和视频方便。数字图传的集成一般在机身内，可靠性较高，一体化设计较为美观。

图 4-10　数字图传

数字图传的缺点是中高端产品的价格昂贵；低端产品的有效距离短和图像延迟问题非常严重，影响飞行体验和远距离飞行安全，要实现航拍功能时需外接显示器或使用于手机/平板电脑作为显示器；普通手机和平板电脑在没有配备遮光罩的情况下，在室外环境下飞行时，较低的屏幕亮度使得驾驶员难以看清画面；限于厂商实力和研发成本，不同的数字图传对于手机/平板电脑作为显示器的兼容性没有充分验证，某些型号的适配性可能较差。

2. 数图一体的局域网链路

无线局域网（wireless lain，WLAN）是使用无线电波作为数据传送媒介的局域网，用户可以通过一个或多个无线接取器（wireless access point，WAP）接入无线局域网。无线局域网具有可移动性和灵活性、安装便捷、易于扩展等优点，因此非常适合在多旋翼系统中使用，是民用多旋翼链路系统未来的发展方向。它能做到将传统的三条多旋翼链路，三链合一（图 4-11）。现有的不少消费类多旋翼已在逐步实现这个功能。

图 4-11　数图一体网络终端

然而现阶段无线局域网仍存在着一些缺陷，其不足之处主要体现在性能、速率和传输距离上。目前专业 WLAN 芯片厂商已经在着手计划推出专用芯片。相信很快我们就能看到同时进行数据与视频传输的双模芯片的诞生。

4.3　农用无人机低空遥感技术与装备

4.3.1　农用无人机低空遥感概述

近年来，以无人机为平台的低空遥感技术迅速发展起来。无人机遥感主要以无人驾驶飞行器作为平台，结合传感器技术、定位技术、通信技术、遥测控制技术等，依据电磁波理论，在一定距离、非接触式地获取目标物体所反射、辐射或散射的电磁波信息，并进行处理分析，从而实现对目标物体的信息获取。我们把高度在 1000 m 以下的航空遥感称为低空遥感，而无人机遥感属于低空遥感的范畴（白由路等，2010）。无人机低空遥感相比于传统的卫星和航空遥感，在时效性、准确度、可操作性、成本，以及对复杂农田环境的适应性等方面有显著的优势，已成为现代农业信息技术的研究热点和未来的主要航空遥感技术之一。农用无人机低空遥感技术完善了遥感技术的时空分辨率，为多维度信息的准确获取、实现农业的精准化管理和决策提供了技术支持。

4.3.2　农用无人机低空遥感技术特点

1917 年无人机出现，主要服务于军事。20 世纪以来，随着计算机技术、导航技术、控制技术和通信技术的发展，以及各种体积小、质量轻、检测精度高的便携式传感器的出现，无人机低空遥感技术逐渐向民用、实用化阶段发展（范承啸等，2009）。21 世纪以来，无人机技术门槛进一步降低，无人机在农业中的应用逐年增多。相比传统的有人飞机，以无人机作为低空遥感平台，其机动灵活、作业选择性强、环境适应性好，对获取数据时的地理环境、空域限制，以及气象条件要求相对较低。同时，随着通信、控制技术的发展，无人机操作的智能化和人性化，也将进一步推进农用无人机的应用。

4.3.2.1　传统遥感技术特点

相比于无人机低空遥感，发展更早的有卫星遥感、航空遥感、近地遥感等传统的遥感方式（图 4-12）。卫星、航空等传统的遥感方式一般以轨道卫星和大型飞机作为遥感平台，进行大范围的遥测，它提供不同的空间、光谱特性和分辨率的动态变化卫星影像，监测作物长势，并对作物产量进行预测。但是通常不能准确地确定光谱波段、飞行位置及高度和采集时间，存在信息获取周期性长、时空分辨率较低，且易受空间辐射和云层等因素干扰的缺点。

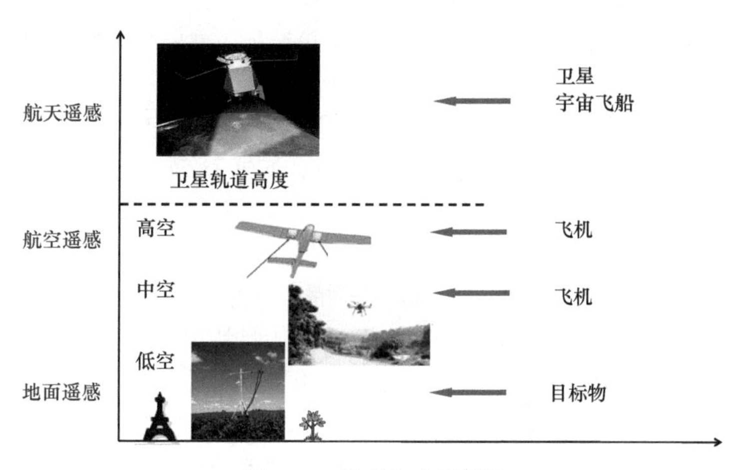

图 4-12　遥感方式示意图

把传感器安置在地面、低塔、高塔和吊车上对地面进行探测，这种方式称“地面遥感”或“近地遥感”。或者说近地遥感就是传感器设置在地面平台上，如车载、船载、手提、固定或活动的高架平台等的遥感。在现代遥感技术中，近地遥感主要是在距地面不同高度平台上使用野外光谱仪进行各种不同地物的光谱测定，为航空航天遥感图像资料的解译、识别和分类提供基础依据。近地遥感的优点有：需要的仪器设备比较单一，测定方法比较灵活，可以不改变自然环境的条件，真实地反映自然界各种农作物和土壤的光谱反射特性。但近地遥感也有缺点，如获取的光谱数据易受外部环境及仪器本身设置等多种因素的影响。

4.3.2.2 无人机低空遥感优缺点

21 世纪以来，随着轻小型无人机及其相关传感器的不断发展，无人机低空遥感作为一种新型的遥感平台，弥补了传统遥感技术的缺陷，在农业中的应用越来越广泛。无人机低空遥感系统主要包括飞行平台、传感器、数据传输与处理系统三大部分。飞行平台系统是指搭载传感器的平台及其控制系统，包括固定翼、直升机和多旋翼无人机。传感器系统用来获取地面信息，由于轻小型无人机的载荷有限，无人机低空遥感中所用的传感器的质量很受限制。数据传输与处理系统可以实现实时快速地无线传输高分辨率遥感数据，并进行后续的图像匹配、拼接、校正与信息提取等过程。

相比于卫星遥感和航空遥感，无人机低空遥感主要应用在田间尺度的农田信息获取上，具有如下几种优势。

1）高时空分辨率。卫星航空遥感存在一些很严重的问题，如同物异谱、混合像元、异物同谱等会导致其在农作物面积估测方面的分类精度较低（秦博和王蕾，2002）。无人机低空遥感可以获取非常高的地面分辨率的图像，以及可以根据作业需求实现较多次数的重复信息获取，不仅可以获得小区域农田的大比例尺度影像，还可以获得农作物不同生长时期的遥感影像，大大提高了时间和空间分辨率，对于遥感作业精度的改善具有深远的意义（唐晏，2014）。

2）成本低。卫星航空遥感的高精度影像价格非常昂贵，而随着无人机技术的不断发展，无人机的价格越来越便宜，而无人机的维护运行成本较卫星航空等又少很多，极其适用于农业信息的获取。

3）受天气、云层覆盖限制较小。卫星航空遥感受云层覆盖的影响非常大，当云量大于 10%时，其无法获取清晰的数据（张廷斌等，2006）。而由于无人机飞行高度相对较低，可以忽略云层覆盖的影响，但遇到雷暴、积冰、积水、起雾、降雨等恶劣天气时无人机低空遥感也会受到限制。

4）实时性好、飞行操作灵活。通常农作物的生长发育较快，在不同的生长时期需要获得相应的遥感影像，且实时性要高，这样才能满足特定时间段农作物的生长需求。卫星及高空航空遥感的数据获取时间长、时效性相当差，无法满足在短时间内获得农田指定范围的数据。而无人机可以根据作物的生长需求，在特定的时间快速开展任务，飞行时间非常灵活，可以连续采集作物不同生长时期内的数据。

5）相对于近地遥感，无人机低空遥感可以减去大量的人力物力及干扰因素。现今，近地遥感研究较多的是实时在线获得农作物的生理生长信息。随着图像处理技术和算法的不断完善，图像处理在农作物近地遥感中的应用也越来越广泛。利用图像处理技术对获得的田间农作物图像进行特征提取和分析处理，通过建模实现图像分类，也可以获得作物的不同生长状态，进而实现对农作物的生长监测（田秀东，2015）。与无人机相比，使用图像处理等技术的近地遥感的成本相对高（Burgos-Artizzu et al.，2011），且大面积信息获取时效率太低。此外，近地遥感所用的车载平台当行驶在裸土等比较光滑的地面上时容易出现转向不稳的情况，导致行驶轨迹偏差较多，需要人力参与进行调试和干预（刘仁杰，2015）。

然而，无人机的续航、载重及安全性是有待解决的三大难题，其限制了无人机低空遥感的快速发展。由于低空遥感平台所使用的轻小型无人机体积小、质量轻，在飞行过程中易受到风速和恶劣天气干扰，因此安全性不高和获取的影像质量较差，需要后续大量烦琐的预处理过程。

4.3.3　无人机低空遥感研究进展

随着无人机技术的不断进步与发展，无人机低空遥感作为一项空间信息获取的重要手段，得到了越来越多的关注，在农业中也得到了越来越广泛的应用。本节具体描述组成无人机低空遥感系统的两部分，主要为飞行平台和传感器的研究进展，以及其在我们农业工程中的应用。

4.3.3.1　飞行平台发展

飞行平台主要有固定翼、直升机和多旋翼飞机 3 种（图 4-13）。固定翼无人机具有飞行速度快、运载能力大、效率高、经济性好、安全性好、操作简单、抗风能力较强等优点，但易受起飞条件、飞行速度等诸多因素的限制。多旋翼无人机具有体积小、质量轻、噪声小、隐蔽性好、适合多平台多空间使用等特点。直升机具有灵活性强的特点，可以实现垂直起降、定点悬停等功能。无人直升机和多旋翼无人机均较适合于获取定点、多重复、多尺度、高分辨率的农田作物生长生理信息。

图 4-13　固定翼（左）、直升机（中）和多旋翼飞行（右）

国外，如日本、美国、德国、英国等国家的无人机起步较早、发展较快、技术较成熟。1991 年，日本雅马哈（YAMAHA）公司打开了将无人机应用于农业的大门，到现在为止，其在市场上的地位还无人撼动。有些国家如美国对商业级无人机的飞行管制较严，导致国外农业领域多采用有人驾驶飞机进行相关农田作业。

近年来，国内从事农业航空技术的企业也开始迅速发展壮大起来，北方天途航空技术发展（北京）有限公司、深圳市大疆创新科技有限公司、深圳高科新农技术有限公司等都已研制出了应用于农业的无人机机型，并在续航时间、载荷量和飞控系统上都做了相应的创新与突破。浙江大学、华南农业大学、国家农业信息化工程技术研究中心等在多种无人机平台上搭载不同的遥感设备，将其应用于田间农作物低空遥感信息的获取，进行农作物养分信息的采集、病虫害信息的诊断，以及农田土壤、环境信息的监测。

4.3.3.2 传感器发展

传感器是无人机低空遥感技术的核心。一方面，保证遥感任务顺利完成的通用传感器有气压计、激光雷达、超声波测距仪、微波遥感器等。从 20 世纪 80 年代无人机应用于农业开始，无人机上的通用传感器系统就较为成型，加速度计、气压计等传感器实现了无人机的飞行控制，电流传感器用于监测和优化电能消耗，确保无人机内部电池充电和电机故障检测系统的安全。近些年来，随着无人机在遥感作业时对避障的要求，超声波测距仪的应用越来越广泛。

另一方面，随着信息技术和传感器技术的发展，各种数字化、质量轻、体积小的新型遥感传感器不断面世，如 RGB 数码相机、多光谱和高光谱相机、激光雷达等（图 4-14）。由于农用无人机的载荷有限，目前农用无人机低空遥感平台上所搭载的遥感传感器主要以一些轻型的数码相机、多光谱相机和热红外相机为主（白由路等，2010）。Suzuki 等（2009）基于直升机和可见近红外相机研制了一种微小型无人机遥感系统，由 GPS 接收机、两个照度计和可见近红外光谱传感器组成，在芬兰维赫蒂进行了地面植被的分类遥感监测试验，结果表明，微小型无人机搭载带有 GPS 接收机和照度计的可见近红外光谱成像遥感系统能够较好地应用在地面植被的监测研究中且精度较高。中国科学院上海技术物理研究所葛明锋等（2015）基于轻小型无人直升机开发了一种与无人机精密结合的高光谱遥感成像系统，该系统包括高光谱成像采集存储、姿态和位置测量及地面监视控制等部分，获得的高光谱图像精度较高。

图 4-14 多种新型机载设备

（a）数码相机；（b）多光谱相机；（c）高光谱相机；（d）激光雷达

4.3.4 数据传输与处理技术的发展

4.3.4.1 数据传输技术

数据传输包含两部分：一是无人机本身和遥感传感器的状态参数的传输，包括飞行姿态、高度、速度、航向、方位、距离及无人机上电源电压的实时显示，并反向传输地面操纵人员的指令，实现对无人机的控制。二是遥感传感器获取的图像等信息的传输，主要是为了供地面操纵人员实时观察与应用。

数据传输技术的发展尤其重要，目前数据传输的距离与延时是数据传输技术亟待解决的关键技术。无人机和传感器的状态参数的实时传输可通过无线电遥测系统或特高频卫星链路数据传输系统实现，并在地面辅助设备中以数据和图形的形式显示。无人机遥感信息的传输比无人机和传感器状态参数的传输要复杂得多。Grasmeyer 和 Keennon（2001）研究了一套基于 Black Widow 无人机的图像传输系统，该图传采用的是调频体制，发射频率为 2.4 GHz，有效传输距离为 1.5 km，视频发射器质量为 1.4 g，可以获得清晰可辨的黑白图像。以色列的 AMIMON CONNEX 高清图传传输数字信号，空中端质量仅 130 g，发射频率 5.8 GHz，有效传输距离 1 km，可以实现图像传输的零延时。

4.3.4.2 数据处理技术

数据处理包括遥感图像的校正、匹配与拼接等过程（图 4-15）。

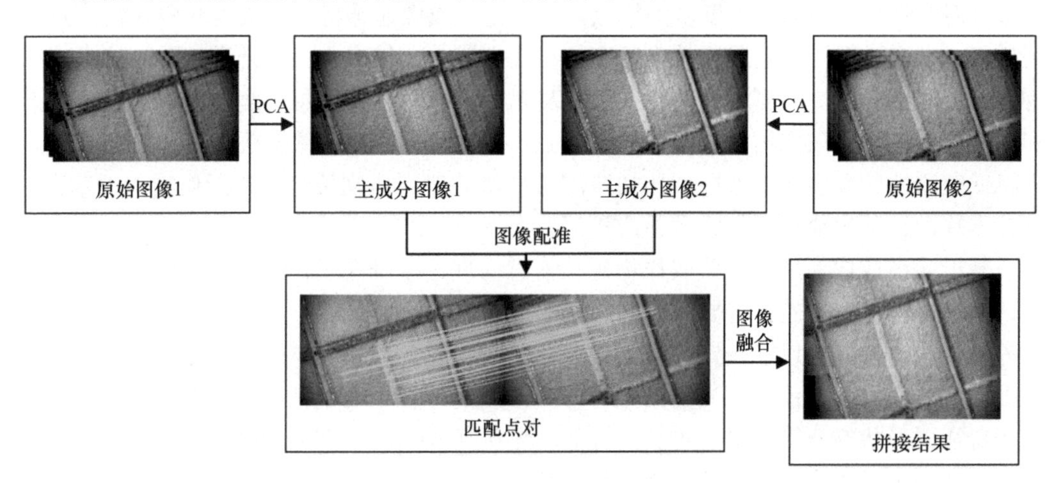

图 4-15　图像拼接流程示意图

低空遥感图像的校正，包括辐射定标和几何校正。同一地物的遥感影像受传感器标定、太阳方位角、大气条件等因素影响，在不同成像时间、成像高度地物的反射光谱存在差异，反映为图像亮度值误差，辐射校正则用来消除和减轻这种辐射失真。而遥感定量化的基础是遥感数据的辐射定标。辐射定标是建立空间相机入瞳处辐射量与探测器输出量的数值相联系的过程。目前研究最多的是采用场地替代定标方式，也称为伪标准地物辐射纠正法，进行辐射定标。无人机在飞行过程中不可避免地出现倾斜、抖动，造成拍摄的图像发生几何畸变，包括平移、旋转、缩放、非线性等基本形态；另外搭载相机性能、大气折射都会使图像发生不同程度的畸变。几何校正可以尽可能地消除畸变对图像的影响，使校正后的图像符合地面实际图像。几何畸变校正方法有基于地面控制点（ground control point，GCP）校正和无地面控制点校正。杨贵军等（2015）在利用伪标准地物辐射纠正法进行辐射定标的基础上，利用尺度不变特征变换（scale-invariant feature transform，SIFT）算法匹配同名点建立校正模型，实现了整幅无人机影像的辐射一致性校正。徐秋辉（2013）在无人机遥感平台上集成了定位测姿系统（position and orientation system，POS）记录仪，提出了一种无地面控制点的无人机遥感影像几何校正方法，在无地面控制点的情况下，通过基于 POS 参数（飞机的姿态参数、速度、加速度、角加速度信息）与遥感影像的结合实现了遥感图像的几何校正。

低空遥感图像的匹配与拼接：目前遥感图像的匹配方法有基于灰度信息的匹配方法和基于特征的匹配方法，最常用的是基于 SIFT 特征点的匹配方法。徐秋辉（2013）基于几何坐标实现了遥感图像的无缝拼接，在用 SIFT 特征点方法进行匹配后进行遥感图像的几何坐标调整，按坐标进行遥感图像的无缝拼接。目前，市场上也出现了越来越多比较成熟的遥感图像拼接软件，如 Photoscan、Pix4D 等，大大提高了遥感图像处理的效率。

4.3.4.3 在农业中的应用

无人机搭载传感器进行低空遥感，可获得高分辨率、高时效性的光谱图像数据，能有效应对农情信息复杂、维度多的特点，低空光谱成像遥感将成为快速获取农情信息的突破口。光谱成像遥感是遥感技术研究的重要内容，近年来，随着光谱和图像技术在植物养分、病虫害监测方面研究的深入，以及现代农业对农情信息监测的需求，基于光谱和图像分析技术获取农情信息成为研究热点，搭载光谱成像传感器获取农情信息将是无人机低空遥感的重要应用方向，比如监测植被覆盖度、作物长势，诊断作物病虫草害、养分丰缺，评估生物量、作物预估产量等。

基于光谱成像遥感技术获取作物生长信息的理论基础在于：作物结构受生理特性影响，作物生理特性的差异将导致作物对光的反射、吸收、透射产生差异，研究作物的图像差异和光谱差异可以在一定程度上反映作物长势差异、养分丰缺、病虫害程度等某些方面的生长信息。目前，多光谱图像解译时常用的特征主要包括颜色特征、光谱指数、纹理特征、形状特征等。常用的颜色特征一般包括 RGB、色调饱和度值（hue saturation value，HSV）颜色空间各颜色通道的统计量，如灰度均值、标准差等，常用的光谱指数包括归一化植被指数、比值植被指数等。纹理特征提取方法较多，可根据应用需求选择基于统计法、基于频谱法、基于模型或基于结构的方法提取图像纹理特征，基于统计法的纹理特征提取方法又包括灰度直方图、灰度共生矩阵法等。图像形状特征主要包括轮廓特征和区域特征，轮廓特征包括如周长、面积、偏心率、矩形度等，区域特征包括区域内颜色、纹理特征等。

国外光谱成像遥感研究主要基于光谱图像的光谱指数特征。Berni 等（2009b）利用无人机搭载 MCA6 多光谱相机获取橄榄树的多光谱图像，建立基于土壤调整植被指数（soil-adjusted vegetation index，SAVI）的叶绿素预测模型，模型拟合回归参数 R^2 为 0.89；

建立基于归一化植被指数（normalized difference vegetation index，NDVI）的叶面积预测模型，R^2 为 0.88。Turner 等（2014）利用多旋翼机搭载 mini-MCA 多光谱相机获取南极苔藓图像，建立基于多时相植被指数（multi-temporal vegetation index，MTVI）的苔藓健康状况模型，R^2 为 0.636。Guillen 等（2014）基于无人机搭载 MCA6 多光谱相机获取柑橘和桃树林的光谱图像，基于马氏距离监督分类将地物分为植被、光照土壤、阴影土壤。Zarco 等（2013）基于光学植被指数（photochemical reflectance index，PRI）研究植株冠层色素含量。Torres-Sánchez 等（2013）利用无人机遥感平台在不同航拍高度下获取 RGB 彩色图像、多光谱图像，并利用 NDVI、归一化绿红差异指数（normalized green-red difference index，NGRDI）、过绿指数（excess green index，ExG）等植被指数对地物中裸地、作物、杂草进行区分，发现 NDVI 优于 NGRDVI，ExG 可以稳健地区分植被和裸土，而对杂草和作物间进行区分时，NGRDVI、ExG 的效果优于 NDVI。Matese 等（2013）基于无人机搭载 ADC 相机获取葡萄园多光谱图像，发现 NDVI 和葡萄冠层花青素含量相关，R^2 为 0.51。Andrea 和 Albert（2009）利用无人机低空航拍获取地物高空间分辨图像，基于图像的纹理特征进行决策树分类，对地物中裸地、草地、灌木的识别精度在 95%以上。Hernández-Clemente 等（2012）利用无人机搭载多光谱相机获取针叶林空间分辨率较高的多光谱图像，发现针叶林冠层胡萝卜素含量与比值植被指数 R_{515}/R_{570} 显著相关，R^2 大于 0.71，研究展现出利用无人机低空多光谱遥感可获取差异性植被冠层生化组分信息。Haboudane 等（2004）利用无人机机载高光谱相机探究 NDVI、重新归一化植被指数（renormalized difference vegetation index，RDVI）、改进红边比值植被指数（modified red edge simple ratio index，mSR）、SAVI、土壤和大气阻抗植被指数（soil and atmospherically resistant vegetation index，SARVI）、三角植被指数（triangular vegetation index，TVI）、修饰叶绿素吸收指数（modified chlorophyll absorption ratio index，MCARI）等植被指数和叶面积指数的相关性时，发现随着叶面积指数的变大，部分植被指数趋于饱和。Dabrowski 和 Orych（2014）探究利用 MCA6 进行无人机低空机载遥感时研究了如何确定合适的曝光时间。Dandois 和 Ellis（2013）使用运动恢复重建三维结构，获得树高，重建结果和实测结果相关性达 0.84，重建结果和激光雷达图的结果相关性达 0.87。

国内光谱成像遥感研究主要包括基于光谱指数特征和基于纹理、形状等图像特征两方面。汪小钦等（2015）基于可见光波段无人机遥感提取植被信息时，利用 RGB 图像构建可见光波段差异植被指数（visible-band difference vegetation index，VDVI），对健康绿色植被的提取精度达到 90%。田振坤等（2013）基于无人机低空多光谱遥感对农田小麦、光照土壤、阴影土壤进行快速分类，使用绿光、近红外的反射率值，以及 NDVI 指数值进行决策树分类，精度达 90%以上。李冰等（2012）基于无人机低空多光谱遥感，利用土壤调整植被指数 SAVI 区分冬小麦和裸土，监测冬小麦覆盖度的变化。李宗南等（2014）通过无人机搭载数码相机获取农田玉米地的 RGB 图像，通过提取的颜色特征和纹理特征来区分正常与倒伏玉米，并测算倒伏面积，发现基于纹理特征提取倒伏面积的误差更小，达到 6.9%。王利民等（2013）利用无人机航拍获取的 RGB 图像，基于图像颜色、纹理、形状特征，采用面向对象分类的方法对苜蓿、春玉米、夏玉米和裸土进行分类，精度达 92%以上。赵川源等（2013）基于多光谱图像的形状、纹理和分形维数等特征进行杂草识别，识别率高达96.3%。李晓丽和何勇（2009）基于多光谱图像的形状特征、纹理特征和组合特征对不同等级茶叶进行区分，发现基于组合特征的区分模型效果最好，正确率为85%。孙光明等（2009）基于多光谱图像的RGB、HSI（hue-saturation-intensity，色调-饱和度-亮度）颜色空间各通道图像的平均灰度值、方差等12个颜色特征建立偏最小二乘支持向量机（least squares support vector machine，LS-SVM）模型，对大麦赤霉病进行识别，识别率达93.9%。张晓东等（2011）基于多光谱图像的颜色特征和比值特征对油菜含水率进行研究，平均相对误差小于8%。

4.3.5 稳定平台

既然要把相机、摄像机带到空中，无人机机身的晃动、震动自然会影响到拍摄，这时就需要自稳平台了。这里说的云台与常见的摄影云台不同，自稳平台通过惯性测量单元（inertial measurement unit，IMU）等传感器感知无人机机身的动作，由云台控制系统控制电机让相机保持原始平衡的位置，抵消无人机姿态变化及机身晃动等对平台的影像。现时的自稳平台主要也是由无刷电机驱动，在水平、横滚、俯仰三个轴向对相机进行增稳，可搭载的摄影器材从小摄像头到GoPro，再到微单/无反相机，甚至全画幅单反，以及专业级电影机都可以。摄影器材越大，云台就越大，相应的机架也就越大。

无人机机载稳定平台是无人机遥感平台的一项重要组成部分。无人机在飞行过程中，由于主动姿态偏移、气流扰动、电磁干扰、传感器误差等因素，无人机的姿态会产生偏移。机载云台是安装、固定成像仪器的支撑设备，属于稳定平台的一种，能够有效地将载体的角运动隔离，在载体姿态变化时保持相机视轴的稳定性，这对于获取高分辨率的遥感图像具有重大的作用。同时，云台还应有根据指令使相机视轴在相应的旋转轴转动，调整到期望姿态。所以，机载稳定平台，本质上就是实现视轴稳定与目标跟踪功能的系统。

4.3.5.1 固定式自稳平台

在一般的军事用固定翼无人飞机，所采用的拍摄云台，大多数是固定式自稳平台，垂直面向地面拍摄，没有运动补偿等稳定画面的装置，而先进的军事侦察用的无人机中，加入了球形监视器摄像头，能够360°地调整角度，优点是能够保持机身气流的流畅性全方位拍摄影像，缺点是画面清晰度较差及调整角度并不太灵活。在2012年前后，娱乐无人机刚面世时，所采用的自稳平台都是固定式云台，就如大疆的Phantom一代等产品，所采用的自稳平台都是固定式的设计，将相机与飞行器固定在一起，运用调整飞机的角度，调整航拍时的视角。固定式的云台优点是能够降低成本、减轻质量、省电，从而提高飞行时间，但缺点也非常明显，就是航拍画质较差，无法改变视角。

4.3.5.2 稳定平台机械结构

以应用得最多的三轴稳定平台为例，主要包括一个基座和3个框体（图4-16中的外框、中框、内框），由3个旋转关节连接。每个旋转关节由一个直流电机驱动。相机挂载在内框上，控制板安装在基座上的盒子内。基座通过一个橡胶减震器与飞行器平台连接来减少飞行器机身产生的干扰，如风和电机的震动干扰。

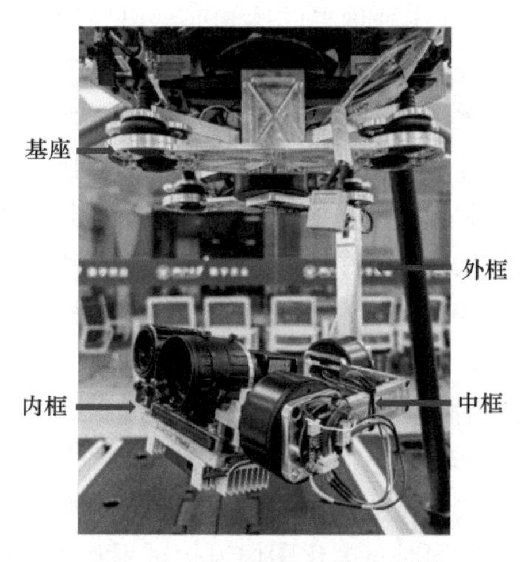

图 4-16　三轴稳定平台结构图

4.3.6　遥感图像处理

无人机的农田低空遥感研究与应用集中在天气晴朗、能见度高、天顶角小的情况下进行，但实际农田环境多样，理想天气出现次数很少，主要形成的原因有以下几方面。

1）污染加剧。近些年，工业区与农业区并没有明显分割，工业废气自然扩散到农田上空，空气污染严重，农田上空经常伴有轻度或者重度的雾霾，影响遥感影像获取。此外，伴随经济的高速发展和城市规模的迅速扩张，大气气溶胶污染加剧所导致的雾霾天气出现频率加剧，这种气候现象在华北平原地区、江汉平原地区、江淮地区、东北地区经常发生。据中国气象局统计，我国在 2014 年全国平均雾霾天气天数达到 30 天，达到 50 年来雾霾天数最大值，辽宁雾霾天数更是高达 115 天。

2）自然雾对遥感影像制作的影响。雾的主要成分是悬浮于近地空气中的大量微小水滴或冰晶，依照雾所导致的水平能见度，通常将其划分为雾、大雾、浓雾和强浓雾，对应的能见范围分别为 1000 m、500 m、200 m 和 50 m 以内。在湿气较重的江淮、江浙、华南、四川盆地等地，由于湿度较高，水分散失慢，容易形成自然雾，而这些地区又是我国粮食主产区。一些经济作物，如茶叶、杨梅等多种植在丘陵地区，也是自然雾多发的地方，而经济作物在较短时间内会在产出品质、产出产量等上有较大变化，对此进行大范围快速信息获取有着很重要的意义。

3）农民活动产生的烟雾。主要集中在：①秸秆焚烧，在作物收获之后，很多地方出现秸秆焚烧的现象，直接降低能见度，而此时是对土地耕种情况、土壤有机质等进行遥感的最佳时机；②霜降前后点燃生烟物来保护果园果树等一些农民活动造成农田上空能见度降低。将无人机应用于突击监测山林大火蔓延情况有着很重要的意义，然而烟雾会直接影响遥感影像的质量。

能见度直接影响遥感图像的质量和影像分析结果。大气介质（粒子）会对地面反射光线产生散射和吸收，令地面能见度降低。尤其在雾天天气中，遥感图像的质量严重受损，不仅清晰度严重降低，还会出现颜色的偏移和失真，直接影响图像信息的真实性（如色度）。在这种情况下，对植被生理现象的感知亦会出现偏差。研究农田低空遥感图像除雾技术，对雾天降质图像进行复原处理，提升遥感图像质量，是无人机低空遥感的必要程序，这将为增加无人机适用情况、提升遥感所得数据精确度、促进无人机遥感应用的推广、促进农业信息化进程有着重要的意义。目前，我国对农田低空遥感图像除雾技术的研究还存在空白，农田雾霾成因不同于城市的雾霾成因，农田上空飘浮的颗粒物浓度相对较低，从而使得农田低空雾霾的大气气溶胶光学特性相较于城市有较大不同。

鉴于雾天天气对于遥感等领域的严重影响，计算机视觉和图形学领域在近年来将图像去雾技术列为其前沿课题，吸引了大批国内外研究者参与其中。对于精准农业，去雾的目的不仅是要提高图像的清晰度，更为重要的是能够还原植被的真实色彩，避免信息偏差。以此为出发点，近年来较为流行的图像去雾技术多从雾化图像形成的本质原因进行研究，借助大气与光线（成像物体）相互作用的数学物理模型，实现对雾化图像的复原。其中，基于大气散射理论同时对雾化图像退化过程和大气成像模型进行分析，提出的一系列去雾算法令遥感图像在相当大程度上克服了恶劣天气等条件的影响，极大地推进了遥感图像分析领域的发展。

目前，去雾效果较理想的算法往往存在着算法计算量大、运算速度偏慢的缺点，较差的实时性是阻碍去雾算法广泛应用的绊脚石。提高图像去雾速度，可以从算法优化和硬件优化两个方面进行。其中算法优化在近年来已取得一定成果，能在一定程度上提升运算速度，并且有较好的去雾效果，但与实时处理去雾视频尚存在一定距离。近年来嵌入式技术获得快速发展，已成为信息实时处理技术的主要手段。因此，研究和开发适用于嵌入式系统的图像实时并行处理技术也将成为今后的研究重点。

4.4 农用航空植保作业

4.4.1 植保机械发展的历史和趋势

4.4.1.1 植保机械的发展历史

农业发展是国家进步的基础，也是人民富足的前提。王昌陵等（2016）总结道：中国农作物品种繁多，相应的病虫害种类也多，程度重、频次高、区域广、危害大等特征，对农作物尤其是粮食作物安全生长造成较大威胁，是影响粮食生产安全、制约农业产品质量提高和农业增产的重要因素。因此，农业发展的过程中离不开植物保护这一重要环节。为了更加高效地开展植物保护作业，我们需要综合采用各种手段，以预防灾害发生为主要目标，将各种对作物生长不利的生物因素控制在成灾之前。其次是在其暴发后，及时发现，尽早治理。植物保护的动力来源从人力、畜力发展至现代化机械，如小动力喷雾机和拖拉机等，发展到如今的航空植保机械。虽然我国农业植保机械发展时间较短，从解放时期开始生产力得以解放，植保机械才开始了真正的发展。随着经济的发展，科技的进步，植保机械的发展从量变开始转变成质的飞跃。工业化和城镇化趋势明显，农村劳动力减少，农村出现日趋严重的动力不足、劳动力昂贵等问题，这时候高效植保机械的出现为我们节省了大量的农村劳动力，有力推动了农村的综合体系建设和全面发展。

植物保护是目前农业生产中的一个重要环节。植物保护的方法有很多，主要通过化学手段、物理手段、生物手段等方式进行。具体包括以下几种保护途径：①农技防治，主要运用抗病虫害作物选育、化肥合理施用、合理轮作、栽培方法改进等手段消灭土壤中的病虫害；②生物防治，主要通过引入天敌的做法来实现病虫害防治；③物理防治，是利用射线、热、温度等物理手段对植物生长环境中的病虫害进行灭杀的一种手段；④化学防治，主要是通过各种喷施机械，对农田进行大面积化学药剂喷洒，以达到及时扑灭植物病虫草害的结果。由于化学防治效率高、时效性好，运用这种方法在面对大规模植物病虫灾害能够及时应对与扑灭，因此它仍然是对作物进行病虫草害防治的主要方法。在化学防治中就包括了喷洒药剂配制、作业机具研发、施药技术改进这三个方面。作业机具研发是实现植物保护化学防治的重要一环。郑文钟和应霞芳（2008）指出，我国植保机械和施药技术的开发可追溯到 20 世纪 30 年代。从传统的手动喷药机械，到电动、风送、地面车辆喷施装备，再到目前正在国内兴起的农用航空施药。植保作业发展史中的机械类型有：传统的手动式喷雾器、背负式电动（或机动）喷雾器、担架式或手推车式动力喷雾机、风送式喷雾机、烟雾喷药机、喷杆式喷雾机及植保机械飞行器。目前，植保机械及装备仍处于快速发展的状态中。

1. 传统的手动式喷雾器

我国目前仍然在大量使用手动式喷雾器。其技术原理如陈轶等（2005）所述，通过摇杆部件的摇动，将外部气体压入气室内，使气室内压力逐渐升高，药液箱底部的药液经过出水管再经喷杆，最后在气压的作用下经由喷头雾化释放到农田中。由于手动式喷雾器结构简单、技术含量低的特点，目前仍然大量运用于农田植保作业当中。其安全性与可靠性在农田的使用环境下均凸显了一定的问题。例如，药液跑、冒、滴、漏特别严重，喷射部件单一，防渗性能差，如传统的工农-16 型喷雾器、踏板式喷雾器等。这些缺点使得该种手动传感器容易对使用者造成危害，严重恶化了农业生产工作环境。

2. 背负式电动（或机动）喷雾器

将手动式喷雾器的手动加压模式换成了采用电力驱动或者小型内燃机驱动，将外部气体压入气室。在这样的工作模式下，喷雾器作业效率有所提高，但是农户缺乏电器部件的养护常识，经常出现人为故障。此外，背负式机器笨重、噪声大，不利于留守农村的妇女和老人使用。

3. 担架式、手推车式动力喷雾机

担架式与手推车式动力喷雾机相比于背负式机动喷雾器，其药箱容量、动力装置的大小有了进一步的提升。但由于射程有限、在田间转移不方便等特点，其在田间运作时仍有诸多限制。

4. 风送式喷雾机

风送式喷雾机是一种适用于较大面积果园施药的大型机具。它不是靠液泵的压力使药液雾化，而是依靠风机产生强大的气流将雾滴吹送至作物的各个部位。风机的高速气流不仅扩大了药液的覆盖面积，而且有助于叶片翻动，提高了药液附着率。然而由于其专用田间作业道路设计尚不完善，不利于大面积推广。

5. 烟雾喷药机

烟雾喷药机主要是通过烟雾剂作为载体来播撒药物。其特点在于雾化颗粒小，有较好的穿透性和弥漫性，附着性好等。缺点是在雾化时通常需要高温环境，这对药剂在高温情况下的稳定性要求较高。

6. 喷杆式喷雾机

喷杆式喷雾机是一种将喷头装在喷杆上的机动喷雾机。该种喷雾设备一般由农田拖拉机带入田中进行大范围喷洒作业，具有喷洒质量好、作业效率高、喷洒均匀的特点。其适合大面积喷洒各种农药、肥料、植物激素等的液态药剂，适用于旱地农作物初期病虫害防治，不适宜进入水稻田进行病虫害防治。另外，喷杆式喷雾机对农田规划要求较高，且对土质有一定损伤。

7. 植保机械飞行器

植保机械飞行器是指将药箱与喷雾装置装载于飞行器上，在空中高效安全地施药喷洒，真正实现了人药分离。根据飞行器种类的不同分为有人航空植保机和无人航空植保机。前者能够搭载大容量药箱进行大面积作业，而后者则有着灵活性强、飞行成本较低的优点。然而目前我国农用航空植保作业处于发展的初期阶段，价格还不宜被大多数农民接受。

综上所述，将目前我国常用的几种主流的植保机械装备技术做一个特性小结与性能对比，如表 4-1 所示。

表 4-1 常用植保作业方式性能特点对比表

喷洒方式与平台	无人机喷洒（农用航空喷洒）	有人飞机喷洒（农用航空喷洒）	田间车辆喷洒（喷杆式喷雾机）	背负式喷雾器喷洒（人工喷洒）
地形适应度	受地形影响极小	受地形影响很大	需要平坦的地面，对土质有要求	不受地形影响
人工投入与需求	人力投入少 培训成本高 培训速度快	人力投入少 培训成本极高 培训速度慢	人力投入少 培训成本低 培训速度快	人力投入多 无须培训 对体质有要求
喷洒成本	成本低	成本极高	成本较低	成本一般
喷洒速度	快	快	较快	慢
对人危害性	小	小	小	大
对农田环境	影响小	影响小 需要专门的机场	影响大 轮胎压实土壤	影响小

4.4.1.2　国内外农用航空植保的发展与案例分析

1918 年，美国人在防治牧草害虫时，使用飞机对其喷洒砷素剂并取得了成功，就此掀开了农业航空的历史。随后，苏联、日本、加拿大、新西兰、韩国和德国等国也开始了农业航空领域的探索研究及示范应用。第二次世界大战以后，农药也迎来了新一轮革命，化学除草剂、杀虫剂等农药相继出现，此时的农业发展迫切需要一种喷洒效率较高的喷洒机具。与此同时，战后大量军用小型飞机过剩，于是，美国和俄罗斯等发达国家纷纷将其转用到农业植保上来，使农用航空得到了快速发展（李庆中，1992）。

日本 YAMAHA 公司产品是世界上出货量最大、市场份额最高的植保无人机。早在 1987 年，YAMAHA 公司就接受日本农林水产省委托对农用喷药无人机进行开发生产，最早的植保无人机也就由此诞生。现在看来，日本无人机普及率很广、民用化水平较高，并且已经拥有了成熟的植保无人机机型、健全的市场及完善的服务体系。其代表机型 RMAX 无人直升机在喷洒作业中，能够实现傻瓜式操作、定高飞行、定速飞行，不仅降低了操作难度，而且质量安全可靠。

截至目前，日本农林上航空作业面积高达 25 300 km^2，占全国总耕地面积的 40%以上，历年农用轻型直升机保有量都已登记在册，其数量从 1997 年的 892 架已经增加到了 2346 架。其中，施药无人直升机为其主要产品类型，它们的生产厂家有：富士重工、洋马公司及 YAMAHA 公司。无人直升机产品有：YAMAHA 的 R-50、RMAX，洋马的 YH300、AYH-3，富士重工的 RPH2 等。以 RMAX 为例，其最大商用载荷为 28 kg，发动机类型为水平对置双缸水冷发动机，发动机排量 246 cc，最大功率输出 15.4 kW。喷洒用喷嘴采用扇形喷头。喷洒能力达到了 3.5～4 hm^2/天，滞空时间可达 5 h。飞机寿命有 1000 h，使用年限为 6～9 年，其售价大约在 100 万美元。YAMAHA 在日本建立了完善的培训体系和售后服务体系，在全国各地也都有厂家认可的修理工厂。一旦飞机发生故障，可以随时联系售后负责拉去修理工厂修理。如果飞机出现重大故障且不能采取就近维修，YAMAHA 公司会提供另一架飞机为客户继续作业，故障飞机可以送到总部进行维修处理。正是由于这些完善的服务与售后保障体系，日本植保无人机使用的普及率高达 50%。

着眼于农业航空装备技术的发展状况，目前美国是最先进且技术应用最广泛的国家，与日本农业航空体系类似，美国也具备完善的农业航空服务组织体系及航空施药作业规范。另外，美国的施药部件系列齐全，掌握多种精准农业技术手段，如施药自动控制系统、GPS 自动导航，以及各种作业模型都已经进入实用阶段，农业航空高度自动化实现了精准、高效且更加环保的喷洒作业。

随着农业精准化要求的提高，美国开始将空间统计学、变量施药控制、航空遥感技术等逐渐应用到农田产量、植物水分、病虫害、植物营养状况等方面的监测中去。航空技术在美国农业领域中发挥着越来越重要的作用。美国农业航空的主要作业项目包括：除草、灭虫、播种、施肥等。农用植保无人机空中作业效率高，成本较低；不受地形、地势限制，突击能力强，在消灭暴发性病虫害时优势明显；作业不受作物长势的限制，利于高大植株或者作物生长后期作业。与地面机械田间作业相比，不会压实土壤且不会损坏农作物的优势。所以，农用植保无人机很受美国农场主的欢迎（薛新宇和兰玉彬，2013）。

美国的植保无人机中，主要采用有人驾驶固定翼飞机进行植保作业。美国每年采取有人驾驶固定翼飞机来进行航空作业的耕地面积达 320 000 km^2，达到美国总耕地面积的一半，而且全美 65%的化学农药都是采用飞机来完成喷洒的。美国的农业航空协会 NAAA 也是给予了很大的支持，自 2002 年以来，已有大约 700 万美元投入到农业航空的技术研发中去。在机型方面，美国常用的农用作业机型为 Air Tractor、Piper Brave 等有人驾驶飞机。而在无人机方面，美国在原型机日本 YAMAHA 公司的 RMAX 的基础上另配备陀螺仪模块，DGPS 等传感器，从而使其能够对周边的障碍物做出快速反应，并在机载摄像头的支持下选择飞行路线（刘剑君等，2014）。在农业航空政策及体系建设方面，美国强大的农业航空组织体系是农业航空服务的一大重要特点。体系包括了国家农业航空协会及近 40 个州级的农业航空协会。国家农业航空协会是由来自 46 个州的超过 1800 个会员组成，会员主要包括飞行员和企业业主。协会提供品牌保护、继续教育、安全计划，并提供农业、林业与公共服务业方面的联系与信息服务，并开展提高航空应用效率与安全性方面的研究与教育计划。此外，民用无人机市场在美国与欧盟等地仍处于管制阶段，需要经过许可才可以飞行，高等院校的科研活动及非营利性的遥感探测可采用无人机飞行。然而，美国与欧盟拥有的飞行器设计技术、无人机飞行控制技术与导航技术为世界领先，有很多在商业利益的驱动下可以较快转化的技术。在 2015 年，美国联邦航空管理局（Federal Aviation Administration，FAA）批准了多个植保无人机的豁免项目，植保无人机在政策许可层面逐步放缓。相信未来植保无人机在美国的应用会产生更大范围的发展。

除美国与日本之外，还有很多国家也开始重视起航空技术在无人机植保作业中的研究应用。在俄罗斯，国家航空安全技术中心作为俄罗斯联邦航空局中的一个独立机构，于 1996 年 8 月得以组建。该中心成立后，在俄罗斯科学技术部的任命下，成了国家航空标准的中心试验室，作为航空器技术维护及修理的审定中心，专门负责组织航空安全方面的科学研究，开发并组织实施了具体的安全管理程序及措施。俄罗斯常用航空机型有安-2 和安-24 等。而澳大利亚从 1948 年便开始发展农业航空，20 世纪 70 年代引进美国的 Air Tractor 和 Ayres Thrush 机型，其发展模式与美国类似。目前，飞机施肥已占澳大利亚施肥面积的一半以上。在加拿大，全国有 900 多架农业飞机，作业面积达 88 000 km^2，其发展模式与美国类似，主要机型为美国的 Air Tractor 和 Ayres Thrush。加拿大农业航空协会目前共有会员 169 个，其经典机型包括 CL-35 等。发展中国家中，巴西在国家政策的扶持下，包括农业航空在内的通用航空得以迅速发展，目前巴西农业航空协会（Brazilian National Agricultural Aviation Association）共有 143 个单位会员。伊帕内玛飞机是一款由巴西航空工业公司生产的在巴西最为畅销的农用飞机，已经持续生产了 40 余年。2012 年，在巴西有 66 架该款飞机得以售出。该款机型可实现的功能较多，主要包括：喷洒农药和化肥、农作物的播种、撒播鱼苗及灭火等。使用该款飞机进行作业的主要农作物包括柑橘类水果、桉树、棉花、甘蔗、玉米、大豆和咖啡。在韩国，农业航空应用起步较晚，在 2003 年首次引进了直升机用于农业航空作业，应用效果较好，农业航空作业面积因此逐年增加；截至 2010 年，全国共有 121 架农用直升机。其中，植保无人机 101 架，其年作业面积可达到 43 460 hm^2；有人驾驶直升机有 20 架，其年作业面积为 55 200 hm^2。

总体上来说，无人机市场处于刚刚兴起的阶段，正在逐步取代传统地面作业，如遥感与航空摄影、植保喷药、农田信息采集等，由于无人机存在各种样式，其安全性和可靠性仍需验证，各国政策都对其进行了不同程度的限制，同时各国在积极地加强对无人机的引导和支持，将无人机纳入国家空中管理系统，使之成为各国飞行器的一部分。

然而，对于我国而言，农业航空施药才是实现国家生态安全与粮食安全的有效保障。目前，我国受农药污染的耕地面积高达 130 000～160 000 km^2（李丽等，2012）。2014 年统计结果显示：我国农药喷洒量为 400 000 t，传统的喷洒手段下农药的有效利用率却小于 30%；但是植保无人机在空中喷药过后，农药利用率可达 81.3%。植保无人机的精准施药技术已经成为降低农药残留的有效手段。

我国的植保无人机飞行始于 1951 年，随着农业科技的进步，如今植保无人机也迎来了高科技的智能转型阶段，该阶段的转型特点为：①智能控制起点低，植保无人机主要由飞行平台、飞控系统和喷洒系统组成。②植保无人机机型五花八门，有固定翼、直升机、单旋翼、多旋翼等类型。③动力系统分为电动和油动两种类型。中国土地单户种植面积较少，土地分散且地形大多不平整，油动系统的动力足、续航时间久、载荷量大等优点难以充分发挥，且因为研发难度和操作难度较大，油动无人机机构占比仅为 3% 左右。因此，目前市场中推广较多的还是凭借灵活、成本低、操作简单、易维护等优势胜出的电动多旋翼植保无人机。④行业规范相对匮乏，植保无人机的喷药质量标准和作业评价指标尚不明确。⑤专业生产企业数量虽不少，但产品技术保障有待提高。目前市场上植保无人机种类繁多，有中国航空工业集团自动控制研究所的 AF811/AR-100 型，中国人民解放军总参谋部第六十研究所的 Z-5 型和 Z-3 型，中国科学院沈阳自动化研究所的 Servoheli-120 型，潍坊天翔航空工业有限公司的 V-750 型，无锡汉和航空技术有限公司的 CD-10 型，北方天途航空技术发展有限公司的 RH-2 型和 EH-3 型，博联航空技术有限公司的 BH330-200 型，珠海羽人农业航空有限公司的 YR-H-15 型，珠海银通无人机科技有限公司的 YT-A5 型（张东彦等，2014），以及无人机领域的领军人物——大疆创新科技有限公司在 2016 年 11 月推出的 MG-1S 农用植保无人机。

由表 4-2 可知，中国无论是在固定翼飞机、旋翼无人机的数量、作业面积等方面都和国外主要国家有较大差距。同时，也说明农用施药飞机、无人机在中国有巨大的发展和应用前景。

表 4-2　国内外航空施药飞机的应用

国家	数量	类型	作业面积比例（%）	备注
美国	4 000	AT-402、510G	40	农用飞机、无人机
俄罗斯	11 000	M-18	35	农用飞机
巴西	1 050	AT-402、510G	20	农用飞机
中国	2 324	Y-5、Y-12、M-18、510G RH-2、RH-3、YR-H-15	1.8	农用飞机 无人机
日本	2 346	YAMAHA RMAX	30	无人机
韩国	500	Roll-balanced helicopter	20	无人机

植保无人机发展的未来几年中，我国首先应立足于国内农业实际生产需求，然后向应用较为成熟的国家，如美国、日本、俄罗斯及澳大利亚等国学习，借鉴其在农用施药机型上丰富的配置经验，大型农用飞机的生产服务体系建设可参考欧盟标准，植保无人机的作业规范可参考日韩标准，在国家农业农村部各项政策扶持下，在国家专项科研资金的大力支持下，引进并消化国外先进成熟的农用航空喷洒技术，同时开发设计具有自主知识产权的农用植保无人机，建立健全我国农用航空施药飞机作业的行业标准及作业规范。

4.4.2 航空植保的优点

航空植保在我国具有无限发展潜力。随着我国精准农业发展要求的提高，在国家的大力扶持下，农业航空得到飞速发展。科学技术部、农业农村部及相关部委在近几年的科研规划中都将农业航空应用作为重要支持方向。“十二五”规划中，将“微小型无人机遥感信息获取与作物养分管理技术”等农用航空计划进行了立项研究。“基于低空遥感的作物追肥变量管理技术与装备”和“无人机变量喷药控制分析平台的研发”均被列入“十三五”课题。在我国各级政府部门、农业机械企业和各大农业院校及科研院所的广泛关注下，植保无人机在我国取得了快速发展，并以较高的工作效率投入到真正的农用植保无人机工作中去。高浓度、低容量的低空植保无人机施药技术，已成为我国农业植保无人机领域有力的新生力量，植保无人机的优势包括：超强适应能力、高效作业能力、节省劳动力、节约资源、保护人身安全和环境。

4.4.2.1 超强适应能力

航空施药不仅对突发性、爆发性显著的病虫害具有实时、快速处理的优势，也对药剂类型有超强的适应性，无论是选用水剂、油剂还是乳剂，还是固体颗粒的粉剂。与地面机械田间作业相比，无人机的空中飞行对地面土壤和农作物破坏小。在复杂多变的农林地形，如崎岖山林、遍布高大植株或灌木排布紧密的农林环境中，植保无人机更是凭借其体积小、可悬停、调控灵活等优势，在各个领域中展现出超强的作业环境适应能力和高效作业能力。例如，植保无人机通过搭载全球定位系统（GPS），借助 GPS 导航系统，可根据不同作业地形、作业时期环境来规划无人机的作业路线，减少漏喷和重喷现象的发生，实现药物喷施的高覆盖率和最大程度的喷施自动化。植保无人机或采用雷达或超声波等先进技术，可使无人机进行避障作业和仿地形飞行，为山地、林区和高原等特殊地段带来了福音。

4.4.2.2 高效作业能力

1. 作业成本低

美国 Sky Tractor 农业航空服务公司的研究数据显示：对于每英亩的作业面积，航空作业相较于地面机械作业，可减少作物损伤及其他支出，如用水、用工、油料、维修、折旧等共计约 40 元。

2. 作业收益高

在《无人机系统新兴应用市场分析报告》中，罗锡文根据生产实践的数据推算，按照微小型无人飞机使用寿命为 5 年来计算，机动喷雾机与手动喷雾器的使用寿命都按照 3 年来计算，在进行航空喷施作业中，以年度收益为主要评价指标时，有效载荷为 25 kg 的单旋翼油动力无人机和有效载荷为 15 kg 的单旋翼电动无人机分别是机动喷雾机的 33 倍和 25 倍；未将人工成本计算在内时，也是人工手动喷雾的 133 倍和 93 倍。

3. 作业效率高

植保无人机喷药采用航空专用药剂，药剂主要特点就是低容量、高浓度。刘婞韬（2014）等在为北京市植保无人机推广发展提出意见时，提到植保无人机的喷洒效率是人工喷洒的 100 倍，可达到 4.00～6.67 hm^2/h。

4. 作业质量好

飞机飞行产生的下洗气流使雾滴在冠层内有更大的渗透性，增加了雾滴在植物叶片上的沉积压力，有助于叶片对雾滴的吸收，无人机旋翼产生的涡流会吹动叶片，使叶片的正、反面均能接触到药液，大大增加了作物各部位对药剂的接触概率，相比机械与人工喷洒系统，旋翼无人机将作物病虫害防治效果提高了 15%～35%。

5. 节省劳动力

科技进步提高了农用航空自动化程度，植保无人机的快速发展和广泛应用为我国农村的农业生产节省了大批的劳动人员，有效解决了农村劳动力向城市大范围迁移，以及劳动力供给增速放缓造成的农村劳动力数量不足的问题。

6. 节约资源

植保无人机喷药采用航空专用药剂，药剂主要特点就是低容量、高浓度。无人机施液量为 1～2 L/hm^2，是传统喷洒机械喷洒量的 2%～4%（Xue et al.，2016）。低量喷雾，提高了农药利用率，相比于田间喷药机械能源耗损低。例如，无人机喷洒系统安装变量喷洒装置，脉宽调制（pulse-width modulation，PWM）是将模拟信号电平进行数字编码的一种方法。PWM 变量喷洒技术是在一个控制周期内，通过调节电磁阀开闭的时间对流量进行调节。PWM 变量喷洒是一种降低农药使用量，从而实现变量喷洒的常用技术手段（蒋焕煜等，2015）。利用 PWM 变量喷洒技术，可以设置不同作业参数，如作业高度、飞行速度等，针对农田作物不同养分分布情况及作物分布疏密等情况，通过改变脉冲的宽度或占空比来调压，只要控制方法得当，就可以使频率与电压协调变化，达到减少喷洒量、精准喷洒的效果，使植保无人机具备极好的实时调整喷洒作业参数，并对其喷洒系统各功能进行全方位优化的能力。

7. 人身和环境保护

航空施药操作员无须与农药产生直接接触，降低了农药对农民的伤害。目前，我国受农药污染的耕地面积高达 1300 万～1600 万 hm^2（李丽等，2012），采用低容量喷洒为我国农药资源的高效利用提供了科学支撑和技术保障。农业航空的精准施药标准保证药液在目标物上的精准喷洒，减少了雾滴在目标区以外地方的飘移，为我国农田环境、周边水域环境，以及附近百姓的身体健康进行了有效的保护。

4.4.3 航空植保发展的研究重点与关键技术

4.4.3.1 航空植保发展的研究重点

科技改变世界，科技发展带动产业进步，机械化的时代已悄然来临。陈娇龙等（2013）总结道：植保无人机的概念可以追溯到德国人于 1911 年提出用飞机喷洒农药来预防森林虫害，而美国在 1949 年研制出了世界上第一台专门用于航空喷雾的农用飞机。经过 30 多年的发展，日本于 1987 年研制出了第一台农用无人机，此后，日本农用无人机喷药取得迅猛发展，成为世界上农用无人机第一生产及运用大国。

我国植保飞机开始于 1951 年，我国农业虽比其他产业发展滞缓些，短时间内还跟不上其他许多机械领域的步伐，但也慢慢从半自动化一点点转化起来。如今植保机械也迎来了高科技的智能转型阶段，该阶段的转型特点为：智能控制起点低，植保机型五花八门，行业规范相对匮乏，却也处处充满生机，多种机型齐头并进，多家企业取长补短，研发高效、优质植保飞机的劲头十足，一番番优胜劣汰过后，目前市场中出现较多的还是凭借多种优势胜出的多旋翼植保无人机。总而言之，植保机械正在向自动化、轻巧化、智能化等方向转型。

目前，我国农用植保无人机已进入小批量生产阶段，但依然处于半自驾阶段，以现在市场中使用较广泛的多旋翼无人机为例，其虽然具有灵活、可悬停、起降方便和价格低等优点，但也存在以下问题：动力系统作为机械的心脏部分，动力技术相对国外较为落后，心脏动力不足；飞机续航时间短，无人机以电动力飞行时，1 块电池可以续航 8～10 min，续航时间较短，不适合大范围、长时间的植保作业。农田大面积作业过程中需要多次更换电池，使用电池具有以下缺点：成本较高且充电时间长、耗损期短等。而油动力无人机的续航时间为 10～30 min，油动系统动力足，将油动和电动两种动力结合使用的油电混合动力无人机，续航时间可以达到 60 min 以上。另外，我国的施药技术和施药器械还比较落后，喷洒系统和飞控系统自动化程度不高。农药的有效利用率仅为 20%～40%，大部分农药都流失到土壤和环境中，不仅造成巨大的资源浪费，而且严重污染生态环境；由此可见，应为农田植保作业研制续航能力更强、稳定耐用的动力系统，并且进一步改善无人机的飞控系统，降低因飞机起降造成的能源浪费；无人机飞行高度、飞行速度及航线规划等方面也都很容易受到操作员的操作影响，目测判断的差异很容易使植保作业发生漏喷或重喷的现象，对施药效果造成不良的影响。

总而言之，与发达国家成熟的农业航空应用体系相比，我国在很多方面还存在很大的不足，如航空施药基础理论研究、航空静电喷雾技术、航空变量施药技术及低空喷洒沉降规律等。所以，借鉴国外无人机植保经验，采用大量先进技术，提高设备的可靠性、安全性及方便性，提高我国植保机械技术水平，同时满足越来越高的环保要求，进行高效、低量、低污染、有良好防治效果的航空施药技术研究，以及植保无人机喷洒部件结构的优化设计及相应机载设备的开发是一项迫切的工作。

航空植保专用药剂的高浓度特性要求我们一定要注意用药安全，如何克服消极影响，充分发挥农药的积极作用，以取得最佳社会效益和经济效益，已然成为农药、药械、植保及环境科学等领域的重要课题。近几年来在有关农药、植保、药械的国际学术研讨会上，很多专家学者指出：当前施药技术正处于一个技术革新的新时期，这场技术革新的关键是科学、均匀、经济而又安全有效地将农药施洒到靶标作物关键位置上，提高农药的有效利用率，减少飘移流失，降低环境污染，期待用最少量的农药达到最佳的防治效果，其中，安全施药成为核心问题。

针对目前我国农业航空发展过程中出现的种种问题，应当对植保机械关键技术提出更高要求：①应满足农业、林业、园艺等不同自然条件下，以及不同生态、不同种类植物病、草、虫、菌害的防治要求；②可以将液体、粉剂、油剂或颗粒等各种剂型的农药均匀散布在靶标作物所要求的部位上；③所施用的农药要在植株各部位上有较高的附着率、植株冠层的较高渗透率，以及较少的雾滴飘移损失；④喷洒机具应具备基本的安全性、稳定性、较好的使用经济性及较高的生产效率。

随着精准农业发展要求的提高，一些不同类型的精准农业技术包括全球定位系统（GPS）、遥感系统（RS）、地理信息系统（GIS）、作物生产专家管理系统与新类型喷洒设备及部件，也逐步与农业航空进行结合运用。这些精准航空技术在农业方面的应用，进一步提升了美国农业航空技术水平。美国、日本等发达国家在农业航空先进技术方面的研究热点，主要包括以下 3 个方面：图像实时处理系统、多传感器数据融合技术和变量喷洒系统。

1. 图像实时处理系统

图像的实时处理可以弥合航空变量喷洒和遥感的差距。数据的采集与处理是农业航空精细喷洒的重要部分之一。无论是人们的观察、实验室样品的检测、空中的图像采集还是地面传感器及仪器的监测，都需要做好准确的数据分析，这样对数据进行处理后才可以得到更加真实可靠的试验结果和喷洒效果。为了绘制出准确的航空变量喷洒地图，需要挑战对多光谱图像的实时收集。该项研究的终极目标是建立一个拥有友好界面的图像处理软件，旨在快速分析处理空中图像中的数据，以便在数据采集后可以立即进行变量喷洒作业。

2. 多传感器数据融合技术

多传感器数据融合技术可以把不同检测位置的多光谱数据、环境数据、多分辨率数据及生物数据进行整合，并能够消除传感器之间可能存在的冗余及矛盾数据，降低数据的不确定性，形成一套相对完整、一致的感知描述，进而使遥感系统决策、规划、反映的正确性和快速性得以提高。

3. 变量喷洒系统

目前，市场中的商业变量喷洒控制设备操作困难，且成本居高不下。因此变量喷洒系统在应用推广的时候受到限制。所以应该着力开发一种经济有效的拥有友好软件界面的整合系统，方便实时处理空间分布信息并对有效面积上的喷洒作业进行科学指导。此外，喷洒部件中的关键——喷嘴，应设计达到释放最佳雾滴分布均匀性的目的，并提供最大的覆盖面积及沉积密度，尤其是喷嘴孔径大小应根据可以提供的药液压力界限来设计，此时也可以对喷嘴的最佳压力范围进行调节。适用于农业航空精准喷洒作业的变量喷洒系统会大大提高农药的有效利用率，节省农药的同时使药效达到农民的要求，还可以达到节能环保的目的。

由于 PWM 变量喷雾系统在作业过程中喷头是不连续作业的，因此，雾滴的沉积分布均匀性，尤其是喷雾机运动方向上的分布均匀性难以把控，为此浙江大学蒋焕煜等（2015）通过高速电磁阀、不锈钢压力罐、压力传感器、气泵、调速输送带等器件构建了一套动态 PWM 变量喷雾实验平台，并对该平台动态喷雾雾滴分布特性进行了实验研究。经实验表明，衡量雾滴分布均匀性的指标——变异系数（CV）随控制信号占空比的增大而减小，控制信号频率很大程度上影响着动态喷雾雾滴的分布均匀性，变异系数同样会随着控制信号频率增大而减小，虽然喷雾压力对变异系数的影响较小，但喷雾压力增大的情况下，变异系数还是会小幅度增加。

4.4.3.2 航空植保关键技术

当前我国农作物的生产过程中，仍然以人工喷洒、半机械化小型机（电）动喷雾机喷洒农药作为防治虫害的主要方式。相关资料显示，目前我国使用的手动施药药械和背负式机动药械在我国植保机械保有量中的占比分别为 93.07%和 5.53%，另外，拖拉机悬挂式植保机械占比为 0.57%。然而，农作物的病虫害呈现出的特点为：爆发性、迁飞性和流行性等，目前的植保方式明显与其病害症状不相匹配；从农业生产方式来看，我国目前已进入规模化生产模式，传统的小型半机械化防治病虫害的措施与其模式也不相匹配。此外，传统的植保作业方式需要大批量农村劳动力提供支持，且劳动强度很大，而我国已步入工业化进程，大批农村青壮年投入到高收入的第二、第三产业寻求发展，与农村植保劳动力所需不相匹配。

病虫害对粮食安全的危害不容小觑，粮食生产过程中的重要环节就是要做好病虫害的防治工作。我国农作物的种植地形多种多样，既有大面积的平原种植区，也有水田、丘陵等复杂地形，特殊地形给大型机械的田间运作造成了严重的不便，且大型机械对土壤的压实作用不利于农田作物的生长，从而给病虫害防治带来了难题。植保机械发展现状将会导致实时监测预警和统防统治脱节，一旦发生病虫灾害，就会使大面积农作物受害，经济损失惨重。我国农田不仅地势多样、田块也较为分散，学习国外大型有人植保机的使用方法只会增加能耗负担。因此，国内和航空植保机械呈现出向轻便灵活、价格低廉、高端智能机型发展的趋势。航空植保关键技术体现在以下方面：低量喷雾技术、机电一体化技术、药液雾滴飘移控制技术、自动对靶施药技术、农药注入和自清洗技术、生物防治方法，以及生物农药的喷洒装置更加先进、高效的设计方法。

1. 低量喷雾技术

农业航空的低量喷雾技术不仅要求航空药剂具有高浓度特性，而且要求从无人机装备自身结构进行修改和完善，达到以最少的农药起到最佳的防治效果。林明远和赵刚（1996）将低量喷雾划分为以下三个级别：低量喷洒、微量喷洒和精量喷洒。

（1）低量喷洒

常规喷雾所需水量较大，每公顷土地需 200～500 L。为了减少植保机载重、降低为其添加药液的次数、节省资源和能源、提高喷洒效率，应当以低量喷雾代替传统的大容量喷雾方式。将喷洒量减少后，如果雾滴的直径还是与常规喷雾的一样，那么较大的雾滴在作物上分布均匀性差。因此，低量喷雾的雾滴要小一些。为了达到少喷量、小雾滴的雾滴效果，要将喷嘴结构进行改善，减小喷嘴孔径。随之而来的小孔径堵塞问题需要得到解决。一种空气辅助喷洒的作业方式可以用来满足这种要求，它是通过为喷雾提供气流帮助药液雾化，来获得小雾滴。另一种解决方法是在喷洒系统多处设置目数级别不同的过滤网，将药液中的颗粒物进行隔离，使药液更加流畅地进行雾化，工作可靠。

（2）微量喷洒

近几年来，微量喷洒技术已广泛应用于农业、园艺等领域，它比低量喷洒的用药量更少。例如，用于塑料大棚或玻璃温室的常温烟雾机，其喷洒量为 2～4 L/hm^2，雾滴直径仅为 20～30 μm，甚至更小。微量喷洒的显著优点如下：更小的雾滴对植株冠层有较好的穿透性，叶子表面得到良好的药液覆盖；对飞行类害虫起到良好的防治效果；还可以节省大量劳力和机耗能量。总体来说，微量施药方法提高了农药的有效利用率，对病虫害防治有更好的效果；减少了农药残留，有效地消除了高量喷洒药液损失对周围水域或土壤造成的环境污染。

微量喷洒对雾滴大小与雾化质量都提出了更高的要求。一种用在微量喷洒作业中的控滴喷头由此产生。控滴喷头是一种机械式雾化装置，它的工作原理是：导入的药液在内锥面的旋转运动中被甩到锥面的边缘，边缘上分布的小齿或沟槽会将液体分离成一条条细线，雾线与空气撞击的过程中产生细小雾滴。这种细小雾滴分布集中且均匀。由于不同喷雾对象有其相适合的农药雾滴直径要求，如对飞翔昆虫具有杀伤力的雾滴直径为 10～50 μm，茎叶上昆虫为 30～50 μm，喷洒茎叶时雾滴粒径要求为 40～100 μm，喷洒除草剂时雾滴粒径要求为 250～500 μm，控滴喷头可以通过改变其转盘（转杯）的旋转速度，进而产生不同粒径范围的雾滴。为了提高雾滴在靶标对象表面的附着能力，有效防止细小雾滴的飘移，涡轮控滴喷头由此产生，它是在控滴喷头上联动一个叶轮，叶轮倾角可调。叶轮旋转产生的气流会传送给雾滴，帮助雾滴更好地定向到达靶标。另外，气力喷头也可应用于微量喷洒，不易损坏、可靠性强。由于药液中的一些化学混合物容易产生泡沫或受到气流的影响，喷量不易精准调定。德国 Fontan 常温烟雾机就是一种气力喷头的应用实例，它是借助于联动的风机将雾滴吹送到温室 60 m 远的地方。

（3）精量喷洒

精量喷洒与低量喷洒和微量喷洒有一个相似之处就是施液量少；区别在于对靶喷洒。对靶喷洒可以确保在喷量较少的情况下，药液还能拥有较高的附着率，从而达到较好的病虫害防治效果。美国 FMC 公司将计算机控制系统应用于果园风送喷雾机。该系统首先通过超声波传感器来确定果树形状，机载计算机调控农药喷雾特性来与果树形状保持高度一致。计算机可以调节总的喷洒量，使其与喷雾机的作业速度精准配合。无论喷洒系统的流量如何变化，控制系统始终保持管道内液压不变。对喷雾特性所需流量变化进行实时、精准的补偿，从而保证了精良喷洒过程中农药分布的准确对靶性。

2. 药液雾滴飘移控制技术

目前农业航空领域遇到的关键问题是雾滴飘移和蒸发。控制雾滴的飘移损失、提高药液的附着率成为一种减少农药流失和对土壤及环境污染的重要措施。农田作业环境复杂多变，且飞机在飞行过程中会受到自然风等因素影响，造成药液的飘移损失，使药液不能准确地落到靶标作物的关键位置，从而造成药液的浪费，以及农田周边环境的污染破坏，导致对作物病虫害的防治效果较差。因此，从喷洒作业参数方面来讲，针对不同机型的植保无人机进行进一步试验研究，得出最优作业高度、作业幅宽、雾滴直径和喷雾速度等参数，从结构上来讲，可以优化喷头、喷嘴等雾化结构，使其在喷洒过程中，减少雾滴的飘移损失，增加农药利用率；同时要加强规范化喷洒作业，将药液损失和环境损害都控制在最小。

另外，国外在控制雾滴飘移方面开发了多项技术，如防飘移喷头、静电喷雾技术、风幕技术及雾滴回收技术等。其中，使用静电喷雾技术可将药液损失减少 65%以上，但由于该项技术成本过高，应用到产品上尚未完全成熟，因此目前只有少量植保机械采用静电喷雾技术施行喷洒作业；在 20 世纪末期，风幕技术在欧洲兴起，即将风筒和风机增加到喷杆喷雾机的喷杆上，喷雾机喷雾时，喷头上方强制沿喷雾方向送风，进而形成风幕，不仅增大了雾滴在作物冠层间的穿透力，而且可以在有风（小于 4 级风）的环境下进行工作，不会发生雾滴飘移现象，从而节省 20%～60%的施药量。但风幕技术机具的增加导致成本升高，而且喷杆的折叠和悬挂机构复杂且庞大，所以植保机械厂家又开发出新型防飘移喷头。该喷头的工作压力范围为 300～800 kPa，气流从喷头的两侧小孔进入，在喷头内部形成气液混合体，由于颗粒较粗，喷出后不易飘移并且穿透性好，气液颗粒在击中靶标后发生爆炸，形成更小、更多的液体颗粒在靶标表面，达到更好的覆盖率。使用这种喷头的喷雾机同样可以在雾滴防飘移和提高附着率方面达到风幕式喷杆喷雾机的良好效果。

3. 自动对靶施药技术

在目前的实际生产应用中，可以实现对靶精准喷药的主要有以下两种方式。一是利用图像识别技术对农田的图像进行实时采集，利用机器视觉与深度学习的方法，结合样本特征库的数据进行比对，判别识别区域中的对象为作物、杂草还是空地等。然后根据不同的判别结果控制系统是否开始进行喷洒。二是基于叶绿素光学传感系统和超声波测距系统对作物进行特征识别。装置在田间随作业机械按照特定线路进行运动的过程中，如果识别到了作物的存在，可以通过控制平台将喷头的位置调整到作物上方进行喷洒。

在同等喷施效果下，使用该种技术可以减少 60%～80%的用药量，然而这种技术目前只能在裸地上使用。并且由于成本和技术方面的原因，以上两种方法还处于试验改进和应用推广阶段。傅泽田等（2007）在精准施药研究中提出以下两种主要自动对靶喷雾技术。

（1）基于实时传感器的自动对靶喷雾技术

人工神经网络（artificial neural network，ANN）广泛运用于基于可见光图像对特征物体进行分类识别中。在农业机器视觉中也有极广泛的应用。Chieh 等于 2003 年利用 ANN 技术与模糊控制（fuzzy control）技术对除草剂施药作业进行了进一步的仿真与模拟。利用图像采集系统获取农田中的图像数据，利用机器深度学习进行杂草和作物的识别与分类，确定农田整体的杂草和作物的分布情况。根据分布情况，基于模糊控制的基本原理，确定除草剂在不同区域的喷药量。结果表明喷洒系统的对靶覆盖率为 80%～90%。

Tian（2002）等研制的喷雾机是一种基于机器视觉技术的对靶喷雾机。整套系统由计算控制单元、雷达测速传感器、机器视觉装置、末端执行器等设备组成。在系统工作时，机器视觉装置采集农田图像数据，初步处理后传输给计算机控制单元进行分析。计算机主要采用杂草覆盖率算法与离散小波变换算法来判定与识别作物与杂草在图像中的分布。雷达测速传感器用于测量拖拉机行驶速度。在综合了上述所有数据之后，末端执行器中的喷头控制器调整喷药喷头的喷洒角度和速度，从而实现精准变量喷洒。

史岩等（2004）在现有的自动对靶喷雾的基础上，开发了一套基于流量传感器的无级变量喷药系统。该系统主要在机器视觉识别农田中作物与杂草的基础上，根据图像内作物与杂草的分布与覆盖率情况，根据安装在管路中的流量传感器反馈的管道内液体流速数据来设定与调节喷药速度和喷药量。在实际工作状态中，系统中的 CCD 摄像机采集农田图像信息，输入主控计算机进行图像处理，计算得到在该区域的计划喷药量。控制单元根据计划喷药量与压力传感器，以及流量传感器提供的管道内实时液体流量数据，控制实际喷药量达到预先设定的计划喷药量的值。喷雾系统末端执行器主要由多个喷洒单元组成，每个单元均由电磁阀、喷杆、比例减压阀、压力传感器和流量传感器组成。

计算机当中的主控单元通过 GPIO 管脚，将高低电平信号发送到变量喷洒装置的各个电磁阀，电磁阀动作实现各个喷洒单元的喷雾和停喷。此外，主控单元还可以将控制信号发送给各个喷雾单元的比例减压阀，调整喷洒的工作压力，实现无级变量喷雾。随着喷雾压力的变化压力式变量喷雾装置可以线性地调节喷量，不仅可以较大地变化幅度，而且能维持稳定的雾化状态。这两种特点可以较好地满足自动对靶压力式变量施药系统的作业要求。

（2）基于地理信息技术的自动对靶喷雾技术

3S 技术的主要内容包括了地理信息系统（GIS）、全球定位系统（GPS）、遥感（RS）技术。它是精细农业技术的重要组成部分。在自动变量对靶施药系统中应用 3S 技术能够极大地提高施药装置的作业效率与效果。利用 GIS 技术、RS 技术和决策支持系统对农田的作物情况进行分析处理，生成基于经纬度坐标的作业处方图。根据设定的作业处方图自动对靶喷施机械，在全球卫星定位系统的支持下，判别此时对靶喷雾装置的经纬度数据，对照作业处方图实时调节喷药量，进行喷雾作业。邱白晶等（2004）开发了一种运用 3S 技术的自动对靶变量喷雾控制装置。GPS 装置用于规划作业处方图并对喷雾控制装置进行位置定位。对于病虫害而言，主要是获得与位置信息相关的病虫害空间分布信息。GIS 技术主要用于记录分析实时采集的遥感数据，建立植物生长环境、作物生长状况、作物病虫害发展等信息的农情数据库，为分析农情和实施调控提供参考依据，为实施变量植保作业提供准确的作业处方图。在实施喷雾作业时，计算机控制台根据 GPS 装置对系统的定位、雷达传感器传输的系统运行速度信息、输液管路压力及作业处方图，形成植保作业指令控制信号。系统主控单元通过伺服阀控制流向喷杆的总流量，管路中安装有可以实时向主控单元反馈药液管路中的液体流速信息的流量传感器，从而实现闭环控制，提高作业效率和效果。

4. 农药注入和自清洗技术

在实际的植保喷药作业过程中，对人体造成危害的主要因素是在人工加药及药箱清洗当中人体与残留药液的接触。如今市面上的大型与中型喷杆喷雾系统都装有农药注入装置。这种装置的原理是农药不直接混入待喷施的药箱中，而是把药加入专用的加药箱内，利用计量泵将一定剂量的药液加入水箱中进行混合。此外，还可以在加药箱中标有精确的计量刻度，按照刻度加入药剂以后用非计量泵将加药箱内所有药剂泵入待喷施的药箱中。另外，也可以利用混药器按照一定的水和药剂的比例将药剂吸入水中进行混合，然后再用专门的搅拌系统进行搅匀。一般在喷杆喷雾系统中备有两个清水箱分别用于人员洗消及机具洗消，避免了在作业过程中，人体与药液的直接接触。此外，在植保无人机地面配药的过程中，也可在雾化前利用液体的抽吸作用进行药剂混合与配制，完全避免了农药与植保作业人员的接触。

4.4.4 植保专用作业飞行控制与管理系统

4.4.4.1 系统概述

植保专用作业飞行管理系统是植保无人机的重要组成部分。此系统在对于植保无人机的田间作业管理、无人机实时信息获取方面起到了重要作用。该系统能基于不同的植保作业需求，对植保无人机作业任务实施自主规划与控制。为了实现上述目标，简易典型的植保专用作业飞行管理系统需要有以下功能：①植保无人机的实时信息获取与监控；②植保无人机作业路径规划与作业任务发布；③植保无人机异常状态下的处置等功能。基于此，本节以典型的植保专用作业飞行管理系统为例，分析植保专用作业飞行管理系统的功能，阐述地面站系统在植保作业飞行管理中的应用。

4.4.4.2 无人机位置信息实时获取与标注

植保无人机一般在其无人机飞行平台上安装有 GPS、北斗等全球卫星定位装置。这些卫星定位装置通过接收卫星定位信号，从而提供飞机准确的经纬度数据。如果在地面基准站的帮助下进行信号修正，其定位精度可以满足植保无人机作业需要。通过无人机上自带的无线数据传输链路与植保专用作业飞行管理系统相连，并发送坐标位置信息，即可将无人机的位置实时标注在地图上，供使用者对无人机实时位置进行监控（图 4-17）。

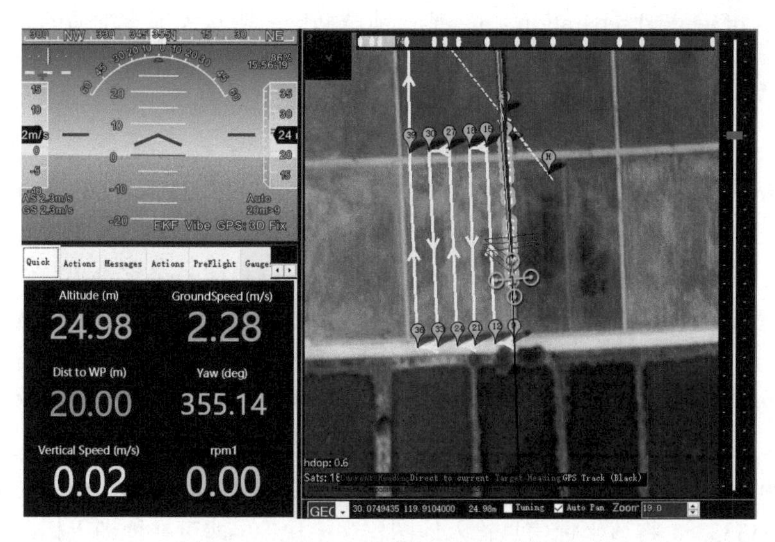

图 4-17　无人机位置信息实时获取与显示

目前常用的低成本 GPS 模块均采用串口或者 I2C 等信号总线与主控元件实现坐标数据传输与通信。当接收到小于 4 颗 GPS 卫星信号时，GPS 模块输出不包含 GPS 坐标信息的空白语句。而当其接收到 4 颗卫星及以上的 GPS 信号时，数据接收模块会输出相关坐标信息。对于 GPS 的信息获取与解读，主要是基于 NMEA-0183 的通信协议格式进行的。其中，包含了 GPS 坐标信息的典型语句为 GPGGA 语句。其基本格式如下所示：

GGA　Global Positioning System Fix Data. Time, Position and fix related data for a GPS receiver

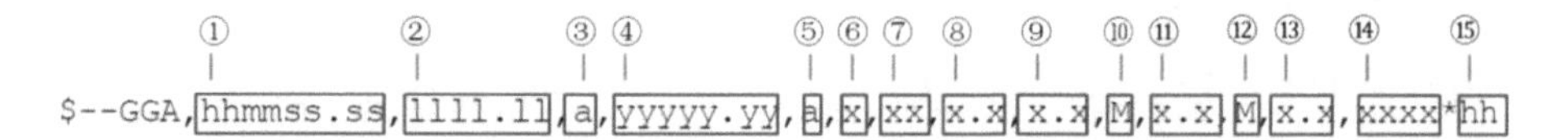

① Time（UTC）：UTC 时间，时分秒格式（hh-小时，mm-分钟，ss-秒）

② Latitude：纬度，度分格式（dd-度，mm.mmmm-分）

③ N or S（North or South）：纬度半球（N-北半球，S-南半球）

④ Longitude：经度，度分格式（dd-度，mm.mmmm-分）

⑤ E or W（East or West）：经度半球（E-东经，W-西经）

⑥ GPS Quality Indicator：GPS 状态，0=未定位，1=非差分定位，2=差分定位

⑦ Number of satellites in view，00-12：参与定位的卫星数量（00-12）

⑧ Horizontal Dilution of precision：水平精度因子

⑨ Antenna Altitude above/below mean-sea-level（geoid）：海拔

⑩ Units of antenna altitude，meters：海拔单位，单位：m

⑪ Geoidal separation，the difference between the WGS-84 earth ellipsoid and mean-sea-level（geoid），"-" means mean-sea-level below ellipsoid：地球椭球面相对大地水准面的高度

⑫ Units of geoidal separation，meters：地球椭球面相对大地水准面的高度单位，单位：m

⑬ Age of differential GPS data，time in seconds since last SC104 type 1 or 9 update，null field when DGPS is not used：差分时间

⑭ Differential reference station ID，0000-1023：差分站 ID 号（0000-1023）

⑮ Checksum：校验位

基于上述的通信协议，我们以逗号作为分隔符，分隔成一个字符串数组。直接读取该数组中特定位置的数据即为我们所要得到的定位坐标。以语句“$GPGGA, 072121.00, 3018.60770, N, 12004.59050, E, 1, 04, 6.39, 54.1, M, 7.1, M, *57”为例，在数据接收程序识别到“GPGGA”字符时，自动将语句以逗号为分隔符进行分隔。读取字符串数组中第 2、3、4、5 个数据即可得到我们所要的坐标为：“3018.60770，N，12004.59050，E”，经过单位和坐标转换，即可得到该坐标信息为东经 120.076508333333°，北纬 30.3101283333333°。将该坐标信息输入地图程序模块中，即可在地图上标示出无人机的位置，并与作业处方图进行对照，计算出当前的所需喷药量。

4.4.5 植保机配套设施与检测手段

航空施药设备性能直接关系到农业航空作业的效率和服务于农业生产的可靠性。农用植保机的发展得到了中国政府支持、老百姓的广泛认可，打开了农业市场的同时，除了需要具备普通无人机必备的硬件系统和控制系统，还要拥有一套完整、可靠的喷洒系统；与之配套的航空植保专用药剂也要紧随其后，与传统农药不同，航空植保专用药剂在农药成分、选用助剂、配比浓度等方面都有着独特的要求和标准。

4.4.5.1 喷洒系统

农用植保无人机与其他领域无人机很大的区别在于它拥有着一套要适合农田喷洒作业的喷洒系统，主要部件包括：水泵、药箱、喷嘴和管路。

其中，水泵作为动力系统，成为农用植保无人机喷洒系统的“心脏”部件。水泵是用来使液体增压并输送液体的机械。水泵输送的液体主要包括：水、油、普通液体、乳化液、酸碱液、液态金属和悬乳液等，也可以用来输送气体混合物及含悬浮固体物的液体。水泵工作实现过程：将原动机的机械能或其他外部能量传送给水泵内容物，使其能量增加。衡量水泵性能的技术参数包括：流量、扬程、轴功率、水功率、吸程和效率等。根据工作原理的不同，可将水泵分为：容积泵和叶片泵等类型。容积泵是利用工作室内液体容积的变化来输送液体，具体包括隔膜泵、齿轮泵、活塞泵、柱塞泵、螺杆泵等。叶片泵是通过泵中叶轮的高速旋转，将其机械能转化为泵内液体的动能和压能。叶轮中有弯曲、扭曲的叶片，因此称为叶片泵。叶轮结构的不同导致对液体作用力的不同，由

此叶片泵又可分为不同类型。①离心泵：依靠叶轮旋转形成的惯性离心力来将液体抽送的泵。②轴流泵：依靠叶轮旋转产生的轴向推力而将液体抽送的泵，这属于大流量、低扬程的泵型，一般技术参数的性能范围为：扬程 1～12 m，比转数 500～1600，流量 0.3～65 m^3/s。③混流泵：依靠叶轮旋转既产生了惯性离心力也产生了轴向推力，共同将液体抽送的泵。其他类型的泵还有隔膜泵、水锤泵、电磁泵、射流泵等。

农用植保无人机喷洒配备的药箱首先要在飞机承重之内，还要结构对称来保持飞机的基本平衡；一个合格的植保无人机药箱一定要具备轻质、防腐蚀、不漏水、与其他部件紧密结合的多种特性。喷洒用药箱内还需根据喷洒雾滴粒径的不同要求，选择不同尺寸的过滤网，用来过滤药液中的杂质或者大分子固体物质，防止堵塞管路和喷嘴；药液在飞行过程中会出现动荡现象。因此，药箱内还需配备防动荡装置。

农用植保无人机喷洒配备的管路需要具备防腐蚀的特性，配备的喷头、喷嘴或者泄压阀选用的制作材料同样要具备防腐蚀的特性。喷嘴作为喷射药液的关键部件，在控制雾滴特性上起着举足轻重的作用。精准农业作业要求的是精准和稳定，目标田区的目标作物上的目标组织的精准喷洒要求植保无人机喷洒出的液滴具备高浓度、低容量的特性。因此，喷嘴的材料和结构设计一定要符合航空植保作业的精细雾滴的要求。

4.4.5.2　航空植保专用药剂

航空植保专用药剂应当满足航空植保高浓度、细喷雾、低容量的低空、低量喷雾技术要求，对药液的持效期和残留也有一定要求，并且还要达到对作物无害的效果。按照作业方式来分，农药大致可分为触杀型和内吸型，触杀型药剂能经皮进入人、虫、畜体内，引起中毒。石油乳化剂可在害虫体表形成薄膜，封闭气门使害虫窒息致死，也属一种触杀剂。这类药剂必须直接接触昆虫体后进入体内，使昆虫中毒死亡。大部分杀虫剂以触杀作用为主，兼具胃毒作用。但是对于蚧壳虫一类，因其表面有很多蜡质，触杀型杀虫剂不易渗透进体内，可在触杀剂中加入增加渗透力的展着剂，如有机硅，可以提高防治效果，或者使用内吸型杀虫剂。常见的触杀剂有辛硫磷、马拉硫磷、毒死蜱、抗蚜威、溴氰菊酯、氰戊菊酯等。内吸型药剂能通过植物叶、茎、根部吸收进入植物体，在植物体内输导至作用部位的药剂。内吸型药剂按药剂的运行方向又可分为向顶性内吸输导作用和向基性内吸输导作用。此类杀菌剂的本身或其代谢物可以将已侵染的病原菌生长发育过程进行抑制，从而保护植物免受病原菌的二次侵染，该类杀菌剂适合在植物发病后进行施药治疗。可直接喷施、拌种或土壤处理（灌浇、沟施等）。在实际使用中，因其作用点单一，病原菌易产生抗药性，而往往与其他多作用点的非内吸性杀菌剂混用，以延缓抗药性的产生。有些药剂能被植物吸入体内，但不能在体内输导，则称为渗透作用或内渗作用，以有别于内吸作用。

传统农药制剂主要有乳油剂型和粉剂型。乳油剂型就是将不溶于水的原药溶于甲苯、二甲苯等有机溶剂中，与乳化剂一起配合而制作出的农药制剂；粉剂型主要是可湿性粉剂，可以水中分散后，形成稳定悬浮液的粉状制剂。在航空植保领域，应当选用活性高、有内吸传导性、亩用量少、对作物无害的活性成分，以水基化的水剂、悬浮剂、水乳剂作为主要剂型的新型药剂来配制航空植保专用药剂。飞防药剂中经常会添加飞防专用助剂，来增加雾滴的沉降率；增加细小雾滴的比率，减少飘移，或是添加表面活性剂，通过药液在植物叶片表面附着，增强叶片表面张力，使药液以更小的接触角附着在叶片上，并高效地渗透进叶片内部，从而使作物更好地吸收药液；同时减少药液在喷洒过程中、在复杂多变的农林环境中，受高温或风场等影响而加速蒸发或者挥发。

4.5 农用航空其他技术

4.5.1 授粉作业

4.5.1.1 概述

“春种一粒粟，秋收万颗子”，一粒小小的种子与农民的收入息息相关。多年前，我国的水稻机械化水平较低，特别是杂交水稻制种环节。20 世纪 60 年代，我国成功培育出水稻不育系、保持系和恢复系的“三系”配套，率先在世界上育成杂交水稻。在杂交水稻生产过程中，授粉是制种尤为关键的一个环节，直接关系到杂交水稻的产量与质量。杂交制种由不育系（母本）与恢复系（父本）杂交而成（王帅等，2013）。杂交制种属于异花授粉，父本所提供的高密度花粉充分、均匀地落在母本柱头上，才能获得满意的种子结实率，所以说辅助授粉是保证制种成功的关键因素之一。水稻授粉是一项技术要求强、精度要求高、时间要求紧的作业，受气候环境影响明显。目前传统的人工授粉方法包括：双短竿推粉法、绳索拉粉法、喷粉授粉法、碰撞式授粉等（图 4-18）。水稻的花期很短，开花时间为早上的 10～12 时，花粉的寿命也短，这些生理原因都导致了水稻授粉率的低下。为了提高花粉的利用率和母本的结实率，在整个人工授粉时期，需要保持每天授粉 3～4 次，且必须在 30 min 内完成，“赶粉”时动作要快，才能保证花粉弹得高、散得宽。但是这些传统的人工授粉都需要消耗大量的人力和物力，也不能满足规模化授粉作业的要求。

（a）双短竿推粉法授粉

（b）绳索拉粉法

图 4-18 传统的杂交水稻授粉方法

微小型农用无人直升机具有精准作业、高效环保、智能化、操作简单、环境适应性强、无须专用起降机场等突出优点，在农业生产中越来越受到青睐，目前已研制出多种机型的无人直升机以进行田间植保作业。为适应社会和现代农业发展的需求，如何利用无人机的优势，实现杂交水稻制种全程机械化已成为近期水稻产业中的研究重点。

直升机授粉的工作原理为：利用螺旋桨产生基本与植株平行的搅动气流，该气流有垂直向下和水平作用 2 个分量，水平分量将花粉从父本柱头上吹散，随风力散落到母本柱头上，往复 2～3 次完成授粉作业（王帅等，2013）。无人驾驶直升机具有作业高度低、无须专用起降机场、操作灵活轻便、环境适应性强等突出优点，授粉作业效率可达 80～100 hm^2/天，是人力的 20 倍，且成本较低，适用于大面积水稻制种辅助授粉作业（汪沛等，2014）。在水稻机械化制种过程中，辅助以机械授粉和喷施农药激素技术相结合，改进田间父本和母本的种植群体结构，研究父本和母本机械化种植、收割、种子田间化学干燥和机械烘干技术，从而实现制种从田地耕整、播种移栽、施肥喷药、授粉、收割和种子干燥的全机械化作业的技术路线。杂交水稻制种全机械化技术能节省大量劳力、大幅减轻劳动强度、降低劳力成本，可促进我国从传统种业向现代种业的发展，促进规模化、机械化、标准化、集约化种子生产基地建设，全面提升我国杂交水稻供种保障能力，继续保持我国杂交水稻技术的世界领先地位。

4.5.1.2　美国杂交水稻全程机械化制种的授粉方法

美国是世界农业大国，种植业与畜牧业并重，但是美国的农业人口只占全国总人口的 2.6%。其农产品不仅自给自足，还是世界上最大的农产品出口国。其主要原因是农业生产区域专门化、机械化和商品化程度都相当高，玉米、小麦、大豆、棉花、肉类产量居世界前列。在作物生产和加工的各个环节都利用包括农业航空在内的现代科技成果，从而大幅度提高了生产效率，降低了生产成本，使农产品有较强的市场竞争力。美国约有 1350 家公司从事农业航空作业飞行，平均每家拥有飞机 2.2 架，雇用飞行员 2.7 人。在杂交水稻种子生产中，美国用直升机旋翼产生的风力帮助授粉［图 4-19（b）］。飞机在作业过程中还应用卫星定位技术，避免重复操作或遗漏，使成千上万亩庄稼均匀一致，取得最大的整体效果，达到大面积均衡高产。飞机的农田作业由专门的公司运作，稻农只需支付服务费用。但是飞机授粉的重点和难点是保持飞机低空飞行的高度，为此，飞行员需要进行专业的授粉培训（王帅等，2013）。

（a）美国农用直升机

（b）直升机田间授粉

图 4-19　美国小型农用飞机授粉

美国西方石油公司下属的圆环公司与中国种子公司草签了“杂交水稻综合技术转让合同”，在 20 世纪 80 年代从中国引进杂交水稻技术后，开始研究探索杂交水稻机械化制种技术，历经 15 年的试验研究，通过采用小型有人驾驶直升机进行辅助授粉，配套制种父母本按（8～10）：（30～40）的行比相间种植，以 37 km/h 左右的速度飞行，利用旋翼高速转动产生的风力将父本花粉传播到母本完成授粉作业（汤楚宙等，2012）。小型直升机在杂交水稻制种辅助授粉作业中，利用螺旋机翼所产生的风力提高杂交水稻制种时父本花粉的传播距离。利用小型农用无人直升机辅助授粉作业，可以实现杂交水稻全程机械化，提高生产效率，解决劳动力日益紧张的难题。当然不同农用植保机旋翼所产生的气流到达水稻冠层后形成的风场也有较大差异，水稻杂交授粉的效果会受到对应风场宽度、风速及风向等参数的影响。

我国幅员辽阔，农田土地环境呈现多样性。我国北方，特别是新疆等地具有大面积的平原，地块单元大块连片，单位面积上农田生态系统相对单一，地势平坦开阔，耕地面积广阔，有利于大型机械化；但是南方的丘陵地区地块破碎，地形起伏较大，单位面积上的农田生态系统较为复杂。因此美国的杂交水稻全程机械化制种技术未必能够在我国，特别是农田环境较为复杂的丘陵地区得到广泛的应用。借鉴美国的直升机辅助授粉方法，利用目前中国所研发的农用航空无人直升机用于杂交水稻制种辅助授粉，实行父本和母本大间隔栽插，这一改进不仅可以保证母本水稻的优良基因，也可以达到父母本都能机械化插秧与收割。

无人机在杂交水稻授粉上的应用是一项了不起的创新，是实现杂交水稻制种全程机械化的突破口，将对杂交水稻制种技术带来革命性的改变。同时无人机授粉也在其他作物、林木中开始得到应用。

据了解，山核桃雄花花期短，而且核桃雌雄花的花期不一致，称为“雌雄异熟”性。一般山核桃雌花花期有 10 天，并有等待授粉的习性，雌花授粉后第 3 天柱头就变黑枯萎。山核桃花期为 4 月下旬到 5 月上旬，而散粉期如遇低温、阴雨、大风等，将对授粉受精不利。雄花过多，消耗养分和水分过多，也会影响树体生长和结果。为了提高产量，需要充分利用不同海拔散粉期的差异，采集储藏花粉进行人工授粉，但是传统人工授粉存在授粉效果差、工作效率低、影响人身安全等弊端。浙江省淳安县林业局和中国林业科学研究院亚热带林业研究所合作，利用无人机对山核桃进行人工授粉实验。采用无人机授粉技术后，山核桃的总产量和果实质量均有显著提高。尤其是喷粉作业效率为人工授粉的 30～50 倍，大大提高了山地作业效率，将山核桃等风媒花树种主产区实施大面积人工授粉变为可能，为其长期高产稳产与质量提升打下了技术基础。

从总体来看，无人驾驶直升机是实现杂交水稻制种全程机械化的关键及必然选择。微型农业无人直飞作业相对来说比较安全，具有以下优势。

1）适应于相对比较复杂的农田环境，特别是宽广的东北地区和新疆地区。但是鉴于我国南方丘陵山区，地势复杂，基地田块小，具有树冠茂密的高大乔木，所以在农用无人机研制方面需要考虑到防撞系统。

2）水稻的授粉效果也受到不同农用植保机旋翼所产生的风场的差异影响。不同类型农用无人机在辅助授粉时，需要配比相应的飞行参数（高度、速度、飞机与负载重），父本和母本厢宽比，以及授粉的效率和成本。

无人机旋翼风力下进行辅助授粉的分布效果需要考虑花粉的分布情况与旋翼风场在水稻冠层平面的分布规律。因此在评价效果时，需要装置风场无线传感器网络（wireless wind speed sensor network，WWSSN）测量系统进行风场数据采集，风场无线传感器网络测量系统由飞行航线测量系统（flight global position system，FGPS）、若干风速传感器无线测量节点（WWSS）及智能总控汇聚节点（ICFN）组成（李继宇等，2015），如图 4-20 所示为 WWSSN 在田间检测风场的模式图（李继宇等，2015）。具体为采样节点两两间隔 1 m 沿垂直水稻父本种植行排列为一行，放置 20 个采样节点用于同步测量对应方向的自然风风速。每个节点上布置 3 个风速传感器，风速传感器轴心的安装方向分别为平行于飞机飞行方向 *X*，即平行于水稻种植行方向；垂直于飞机飞行方向 *Y*，即垂直于水稻种植行方向；垂直于水稻冠层方向 *Z*。*X*、*Y* 向形成的平面与水稻冠层面平行，花粉的悬浮输送主要来自这 2 个方向的风力，越大越好；*Z* 向主要考察飞机所形成风场对水稻植株的损伤情况（比如大旋翼飞机悬停时风速可达 15 m/s 以上，易造成水稻倒伏），该向风速越小越好。微处理器负责采集这 3 个方向的风速传感器信号并转化成风速存放于存储器中或通过无线收发模块发出去。农用旋翼无人机按照指定飞行参数沿田间父本种植行飞行，在接近传感器阵列行时开始采集数据，单次数据采集完毕后飞行器在父本种植行前端或尾端悬停待命，待数据传输过程结束，开始下一次飞行作业。

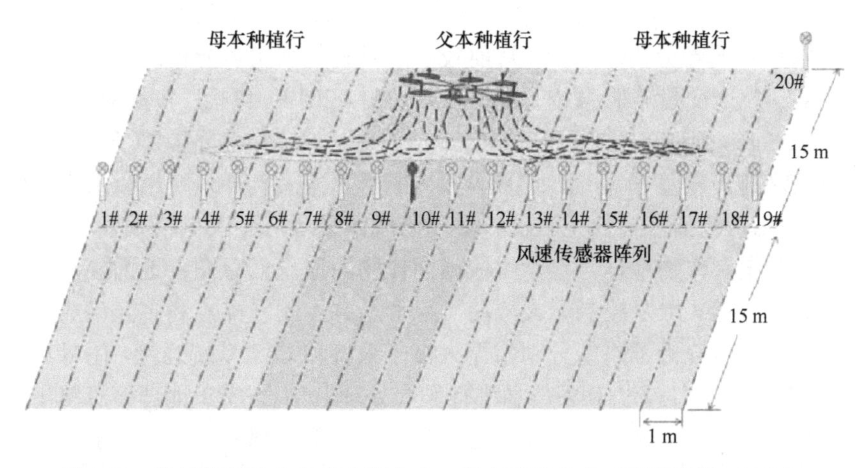

图 4-20　机械化授粉中杂交水稻父本、母本种植方式（李继宇等，2015）

国产农用无人机型 HY-B-15L 航空有效作业时间为 25～40 min，有效载荷 15 kg，抗风 5 级，机身质量 9.5 kg，双药箱，无副翼，操控性能好，植保飞行时机翼能产生 5～6 级的风场，有效范围达到 7～8 m，一天可以授粉 40 hm^2（600 亩）。华南农业大学从 2012 年起开始探索利用多种无人驾驶直升机进行杂交水稻辅助授粉作业，而不同类型的农用无人直升机结构不同，旋翼所产生气流到达作物冠层后形成的风场也有较大差异，对应的风速、风向和风场宽度等参数对花粉的运送效果直接影响到授粉的效果（母本结实率）、作业效率及经济效益（李继宇等，2015）。比如，无人驾驶油动单旋翼直升机 Z3 机型在水稻制种授粉作业时，较佳飞行作业高度 7 m，直升机顺风方向飞行时的风场宽度和风速较大，应避免逆自然风方向飞行作业。单旋翼电动无人直升机 SCAU-2 型最佳的作业参数为飞行速度 1.56 m/s、飞机与负载重 14.05 kg 和飞行高度 1.93 m。有别于单旋翼无人直升机，圆形多轴多旋翼无人直升机平行飞行方向风场只有 1 个峰值风速中心，垂直飞行方向风场存在 2 个峰值风速中心，水稻制种辅助授粉的田间作业参数依次为飞行速度 1.30 m/s、飞机与负载重 18.85 kg 和飞行高度 2.40 m。

4.5.2 施肥作业

4.5.2.1 概述

由于季节性的要求及防止土壤板结，地面施肥机械已经不能满足农业作业的需求。目前，多旋翼无人机在施肥上的应用已有多处报道。无人机施肥不仅能够降低人工施肥的成本，而且更加安全、精准、高效，用高效省力的无人机来喷洒农药，将成为以后的趋势。随着数字农业的发展，变量施肥的需求越来越大。无人机施肥分施固态肥和施液态肥，施液态肥与无人机喷药一样，这里不再赘述。

4.5.2.2 关键技术与系统装备

实现无人机变量施肥的关键是要实时获取作物的养分需求，以及施固体肥料的末端装置。

在获取农作物的养分需求方面，目前较多的研究是利用多光谱或高光谱的遥感方式获取养分信息。整个变量施肥系统（刘超和方宗明，2013）包括：多旋翼无人机子系统、地理信息系统（geographic information system，GIS）部分、地面控制子系统、数据处理与分析子系统和施肥模型子系统，如图 4-21 所示。无人机子系统用以采集农作物图像信息及 GPS 信息，包括多旋翼无人机和多光谱成像平台，无人机搭载多光谱成像平台；GIS 系统用以采集农作物地理数据，生成地面作物的地理信息图；地面控制子系统与无人机子系统通信连接，用以控制无人机的飞行形态并控制采样点和多光谱成像平台的采样时间；数据处理与分析子系统分别与无人机子系统和 GIS 系统连接，用以对采集到的农作物多光谱图像和对应的 GPS 信息进行融合处理，结合 GIS 地理信息图生成作物的长势图，并根据作物的长势图，分别计算出氮、磷、钾肥料水平，生成氮、磷、钾含量分布图；施肥模型子系统与数据处理与分析子系统连接，用以根据氮、磷、钾含量分布图结合具体的地理坐标信息，给出详细的氮、磷、钾的施肥方案。

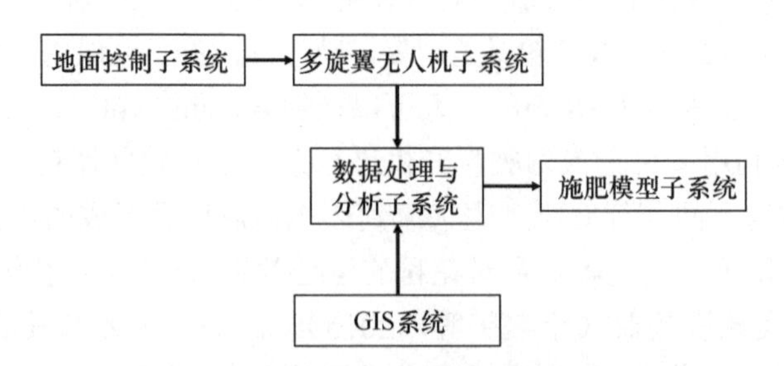

图 4-21 基于无人机低空遥感的变量施肥系统组成

获取作物的养分需求是变量施肥的前提，而末端装置才是最终保证变量施肥成功的关键。辽宁猎鹰航空科技有限公司（2016）发明了一种施固体肥料的末端装置，如图 4-22 所示。该装置包括无人机的药箱和横杆式起落架，药箱设有开口向下的圆柱形出料口，出料口的下方设有播撒部；播撒部包括连接在出料口下方的接料漏斗，接料漏斗下方固定连接具有凹陷部的旋转托盘，接料漏斗内部设有若干层带有漏料孔的隔板，接料漏斗的内部空腔与旋转托盘的底部连通；播撒部连接带动其转动的电机。它能够将固体肥料放置在药箱内，通过旋转托盘的转动将肥料抛撒出去，作业效率高，解决了现有的无人机只能够喷洒液体的缺陷，使得无人机械多用性提高；环境适应能力强，脱离了地形的束缚，适合各种环境作业；结构简单，易于维护，能够方便地进行功能转换，降低成本。

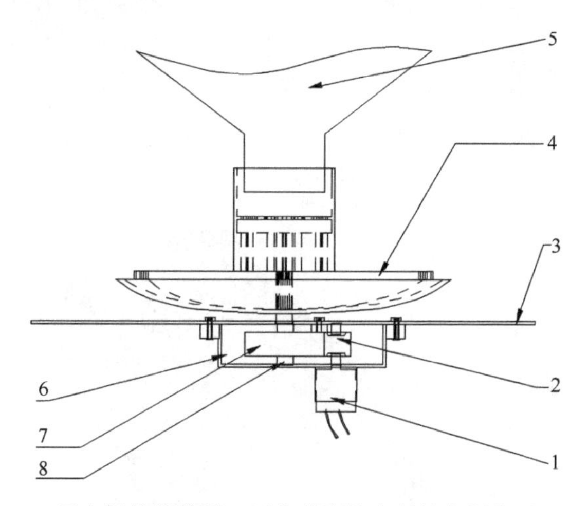

图 4-22　无人机施肥装置（辽宁猎鹰航空科技有限公司，2016）

1. 电机；2. 小齿轮；3. 固定板；4. 旋转托盘；5. 药箱；6. 保护罩；7. 大齿轮；8. 转轴

4.5.2.3　无人机变量施肥实例

芬兰农业食品研究院的 Kaivosoja 等（2013）研究了利用高光谱数据的分类图实现精确施肥的任务。他们在 2012 年的暑假以芬兰的一处小麦测试田为对象，利用分类图估算了生物量和氮含量，结合分类地图和农场之前的产量图等历史数据，最后转换成了一个适合农业作业的矢量分区作业图。

首先根据该农场历年来产量的数据预测之后的小麦田地施肥任务图（图 4-23）。产量分类图的黑色部分表示历年来产量都比较低的区域，该田地的氮含量与生物量的空间分布较为一致。

之后又获取了该田地的高光谱遥感图像，通过高光谱图像的光谱信息对小麦地的氮含量和生物量进行分类，得到小麦地的氮含量需求图，将氮含量需求图减去产量潜力图，以及春季的施肥图，就得到了我们需要的施氮处方图（图 4-24）。

后续，只需要根据处方图规划好航线和施肥量即可实现变量施肥，从而大大减少了施肥量。

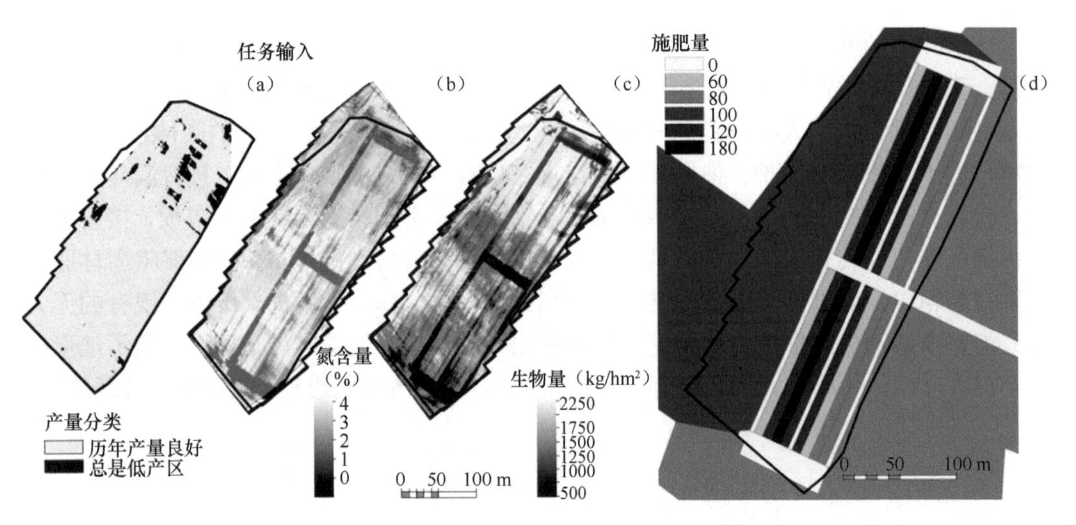

图 4-23　基于前 n 年历史数据所获的产量分类图（a）、氮含量（b）、生物量地图（c）及氮的施肥任务图（d）（Kaivosoja et al.，2013）

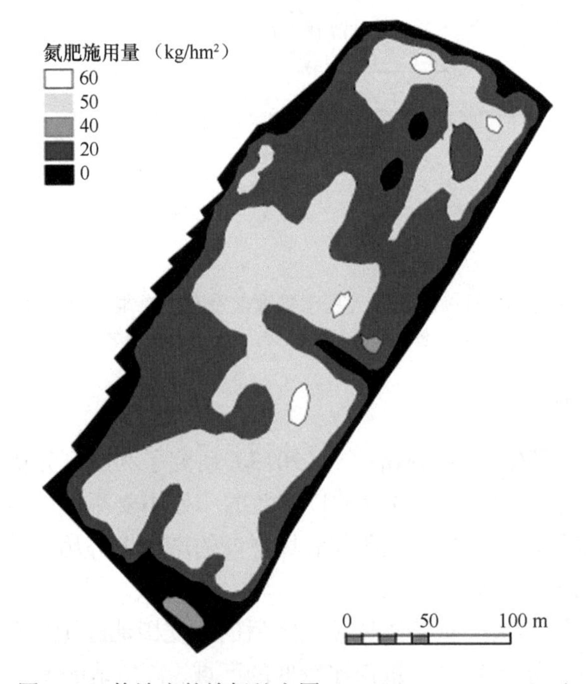

图 4-24　构造出的施氮处方图（Kaivosoja et al.，2013）

4.5.3　采棉机收割前脱叶作业

4.5.3.1　概述

棉花是我国重要的经济作物，与我国人民的衣和住显著相关，而作为国际上非常重要的大宗商品，棉花产量对于棉花相关的整个行业具有非常重要的影响。棉花在我国广泛种植，形成了多个棉花主产区，棉花生产为我国农业经济的发展起到了重要的作用。

当前，随着社会、经济和技术的发展，棉花生产过程的机械化得到了巨大的飞跃，棉花收割也基本实现了机械化，从而大大减少了采摘成本。棉花脱叶是棉花机械化采摘必不可少的前提措施，可以促使棉铃相对提前和集中吐絮，有效地减少了棉花籽含杂率及对棉纤的污染，推动了棉花采摘全机械化生产。

化学脱叶是棉花脱叶的主要方式之一，化学药剂的有效喷施是棉花脱叶的关键。传统的由人工喷施的方法，耗时费力，人工成本高，且基于人的主观和经验，喷施准确度和喷施量受到影响，且人工在大田喷施，也容易造成大田产量损失。

无人机植保是当前植保的新方向，具有许多传统植保方式不具备的优点，如高效、高机动性和高安全性等。无人机植保通过无人机喷施相应的药物达到植保的目的，且无人机植保的理念和方法可以用于棉花脱叶药物的喷洒和控制。

4.5.3.2　无人机在棉花脱叶收割中的应用

当前，我国棉花脱叶收割主要采用人工及地面机械进行，随着无人机行业的发展，无人机用于遥感、施肥和喷药中的研究逐步进行。近年来，我国对将无人机用于棉花脱叶进行了研究和尝试。

李海波等（2005）对采用飞机喷施棉花脱叶剂进行了研究，结合实际对机场条件、人员配置、作业准备及作业进行了分析，指出了采用飞机进行脱叶剂喷洒具有较好的可推广性。袁秋梅等（2007）研究了采用飞机喷施哈威达棉花专用催熟脱叶剂的应用效果，取得了较好的结果。

采用有人驾驶飞机进行棉花脱叶剂的喷施，需要有性能良好的飞机和熟练的飞行员，这个条件往往很难满足。而无人飞机则没有这样的问题，有人驾驶飞机为无人机喷药的应用提供了经验和基础。

在国内，2014 年华南农业大学、羽人无人机（珠海）有限公司、新疆天山羽人农业航空科技有限公司共同联手，首次在新疆玛纳斯县北五岔镇党家庄村中棉集团机采棉生产基地，开展了农用无人机喷施棉花脱叶剂实验，通过无人机喷洒药物的方式分别研究了在不同的脱叶剂、气温、飞行高度、速度、配药量和浓度的条件下，对雾滴沉降率、穿透性、叶片着药量、棉花脱叶吐絮效果等进行实验，并在实验结束后对实验结果进行了研究。

2015 年，华南农业大学与多家无人机植保公司在新疆石河子进行棉花脱叶剂无人机喷施综合实验，研究在不同的棉花种植密度田块中、相同脱叶剂亩用量的条件下，地面机械与无人机喷施效果的对比，以及无人机喷施作业的优化条件。

在这之后，国内的高校和无人机公司，包括国家航空植保科技创新联盟、北方天途航空技术发展（北京）有限公司、深圳高科新农技术有限公司、安阳全丰航空植保科技股份有限公司、羽人无人机（珠海）有限公司等科研单位和公司进行了大量的实验和应用研究，积累了大量的经验，使目前我国无人机用于棉花脱叶逐渐由实验研究转向实际应用中，为我国棉花种植过程中的喷施脱叶剂的智能化、自动化提供了有力的支持。

4.5.4 农林火情监控

4.5.4.1 概述

现阶段，我国借助无人机来进行监测和预警农林的火情工作还不够完善，正处于发展的初级阶段。运用无人机体系能够准确地监测到农林中发生的火灾情况，利用无人机自动化的功能，可以将现场的情况通过图像显示在计算机上，通过计算机来分辨是否出现了火灾，然后再找到精确的火灾地点。

4.5.4.2 关键技术与方法

农林火情监控的前提是火情的快速监测。在火情监测方法研究上，张增等（2015）将无人机低空遥感获取的高清数字图像用于森林火灾的监测。首先，选择红绿蓝（red green blue，RGB）颜色空间进行森林火灾的检测，在大幅减少单张图像计算量的同时，也排除了大部分无火图像。其次，选择色调饱和度值（hue saturation value，HSV）颜色空间完成图像分割，得到完整性较好的火灾区域。最后，基于灰度共生矩阵和火灾区域边缘图像提取了火灾区域的多维特征，并用支持向量机完成了火灾识别过程（图 4-25）。

图 4-25 可见光森林火灾影像及检测结果（张增等，2015）

4.5.4.3 具体应用

无人机在农林火情监控上的应用可以分为三个部分：火灾发生前农林中火源的探测、火灾发生时火情的实时监控、火灾发生后灾情的调查和评估（王振师等，2016）。

利用无人机进行农林火情的监控既提高了监测的效率，可以让防火部门快速做出反应，又节省了实地考察的人力，保证了人身安全。在农林中火源的探测上，无人机可搭载如热红外成像仪等设备对局部温度异常的地方进行重点详查。在火情的实时监控上，由于火灾发生后会产生非常多的浓烟，能见度极低，环境变化多样，这就需要无人机搭载高清透雾摄像仪、红外热成像仪及高清数字图像传输系统实现对火情的实时连续监控，对已消灭明火的区域，可以利用无人机搭载红外热成像仪等设备及时发现存在的暗火，从而有效地发出警报，防止火灾复燃（周宇飞等，2012；李兴伟等，2015）。在灾情的调查和评估上，利用无人机搭载高清数码相机拍摄照片可以确定火灾发生地的地形、位置、大小及火灾发生损坏的边界，再结合 GPS 信息及 POS 信息就可以准确计算出农林的受灾面积及损坏程度等，为农林火灾的灾后评估提供了技术支持。

2011 年 3 月 31 日，在仁化县红山镇长珠坑，利用固定翼无人机监测炼山林火，监测火灾面积约 113 hm^2，在监测过程中，无人机所拍摄的实时影像数据能直观反映林火发生、发展过程中的火强度、蔓延方向和过火面积，结合对山地环境、地表可燃物和气象因子的调查数据，能为扑火方案提供辅助决策，为灾后评估提供有力技术支撑。图 4-26 所示为进行农林火情监测前固定翼无人机的起飞准备。

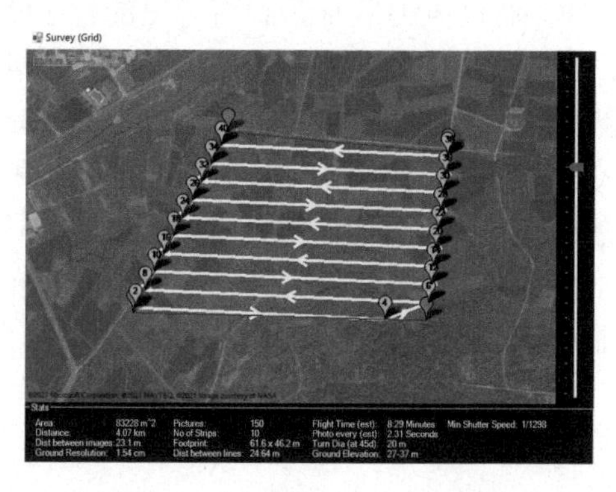

图 4-26　固定翼无人机起飞准备

4.5.5　播种

4.5.5.1　概述

目前，我国农业发展迅速，农业现代化迫切需要农业机械化及作业高效精量化。而现有农田的播种则是一项高技术、高精度的作业，且播种效果明显受各种因素的影响，对于播种方式更是提出了很高的要求。目前的人工播种包括人力式和机械式，人力式播种不但劳动强度大、效率低，且播种不均现象较明显，降低了播种质量，同时花费了大量时间；机械式播种取代人力式播种，能够有效提高工作效率，但现有机械式播种还局限于手持式机械播种和行走式机械播种两种形式。手持式机械播种对于提高机械效率的水平非常有限；行走式机械播种又存在下田困难、行进速度低下的缺点，且上述两种机械式播种都损失了农田的播种面积，而且需要面对农田的平整度等许多难以应付的复杂田间环境问题。因此人们开始利用能够低空稳定飞行的无人飞行器实现辅助播种，这种播种方式解决了上述人力式和机械式播种的诸多问题，如降低了劳动强度和地形带来的影响，也避免了农田平整度带来的田间环境问题。

4.5.5.2　关键问题

现有播种所用无人机多采用中小型无人机或者多旋翼飞行器，此种类型的飞行器具备垂直起降、低空飞行的基本功能，其旋翼产生的风力垂直向下为飞行器提供向上的升力。同时，这些无人机通过飞行器产生的垂直风场实现辅助播种。但是，播种作业中种子从种子箱内按自由落体方式撒到农田中，种子间距太小；农田播种需要定量撒播，种子过密影响种子质量，过疏浪费农田资源；播种受农田大小影响，播种箱必须有开关控制。故播种作业中仍存在种子均匀度、农田种子密度，以及种子箱开关控制等诸多问题，使得无人机播种的作业效率降低，播种效果不佳。

4.5.5.3 实现装置

湖南农业大学的李明等（2015）提出了一种基于无人机平台的精量播种系统。它通过定量播种滚轮、滚轮叶片与固定座的共同配合实现定量排种；采用受伺服电机控制的定量播种滚轮实现精量播种，通过风力散种装置将排出的种子吹散实现风力散种，从而有利于播种均匀。它的工作原理是定量播种滚轮不旋转时，定量播种滚轮和滚轮叶片共同封住固定座顶部开口和底部开口之间的通道，防止种子从固定座底部开口坠落，此时播种装置处于暂停播种状态；定量播种滚轮旋转时，种子先从种子箱的出口漏到相邻的滚轮叶片与定量播种滚轮之间共同形成的储种空腔中，随着滚轮叶片的旋转，该储种空腔运行至固定座的下方时，储种空腔中存储的种子被释放，并在风力散种装置的风力作用下分散并坠落，此时播种装置处于播种作业状态。

4.5.6 农村规划

4.5.6.1 概述

新农村建设，是我国农村建设的方向。在全面推进新农村建设的过程中，农村土地信息调查及土地的规划设计是重要的内容，为新农村建设打下了基础。当前，我国农村建设面临的主要问题是：农村村庄缺乏合理的规划，布局杂乱无章，基础设施落后。而土地信息调查和土地规划，需要对农村土地进行测量，然后基于实际情况进行规划。在实际情况中，由于农村的布局，所处的地形等因素，土地信息测量和调查较为困难（刘向铜等，2014）。

通过遥感手段进行土地信息测量，可以有效地克服地形、建筑和建筑分布的影响，通过遥感测量获取的数字正射影像、数字线划图等作为基础的数据，可以有效地实现土地信息调查和规划设计。

传统基于人工测量的方法，需要大量的人力物力，且测量存在较大的误差。因此，基于高空遥感实现空对地检测，逐渐作为主要的土地信息调查和规划设计的方法。在传统的基于遥感的土地信息调查和规划设计中，主要基于高空飞行的有人驾驶飞机搭载遥感设备或者遥感卫星进行测量，这些方法可以实现大面积的快速测量，但是成本高、分辨率低等缺点也十分突出。

随着无人机技术的发展，无人机低空遥感也开始应用于土地信息调查和规划设计中。以无人机为平台，通过云台搭载遥感测绘设备，获取需要的土地和地理信息，然后通过存储方式或实时传输方式进行信息传输，在地面接收站利用数据分析软件进行处理，以获取实际地理和土地信息（高文义和孙宗祥，1997）。无人机的机动、快速、经济等优点，可以实现大面积区域的快速测量，并且测量结果保持在较高的精度（廖永生和陈文森，2011；吴正鹏等，2013）。

无人机低空遥感用于土地信息调查和规划设计中具有独特的优势。与基于人工地面车辆或高空遥感测量相比，无人机低空遥感的成本更低、工作方式更为灵活、受气候影响较小、数据信息处理快速（吴正鹏等，2013）。无人机低空遥感为大面积高精度的土地信息调查和规划设计提供了技术支撑。

4.5.6.2　无人机农村规划应用实例

洪亮等（2013）于 2011 年 8 月使用无人机对土地信息进行了获取。通过采用 0.1 m 分辨率的数码相机，对湖北省云梦县与孝感市连接线的 316 国道公路及两侧的规划区附近约 60 km^2 进行了探测，为该区域的规划开发提供了直观可靠的地理和土地信息。之后于 2011 年 11 月，采用 0.06 m 分辨率的数码相机，对湖北省来凤县 172 km^2 土地进行了测绘，获取了地理和土地信息。获取的信息为来凤新农村建设等提供了直观准确的测绘保障服务。

刘文根等（2012）以河南省郑州市龙湖镇小乔沟寨村为例，通过无人机进行遥感航拍，结合当地及周边的地形图，对小乔沟寨村用地现状进行了测绘提取（图 4-27）。结合实地调查研究，为规划人员进行新农村的规划提供了准确可靠的土地信息。

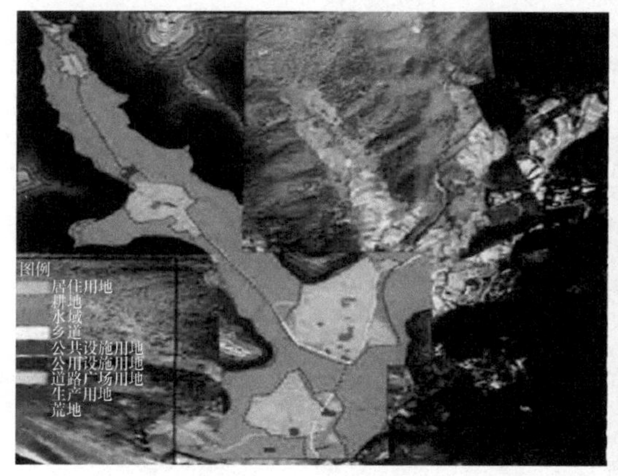

图 4-27　小乔沟寨村用地现状图（左）及规划图（右）（刘文根等，2012）

马子路等（2013）采用自组装的无人机（图 4-28），获取了都江堰市天马镇金陵村第 10 组居民点的航拍图像（图 4-29 中黑色虚线方框范围）。通过对比校正后的图像（图 4-30），已知的 1∶500 地形图（图 4-29）和 Google Earth 卫星图（图 4-31），发现无人机航拍图像可以准确清晰地获取居民点的实际信息，相比于 Google Earth 卫星图具有更好的实时性。

图 4-28　自组装的无人机（马子路等，2013）

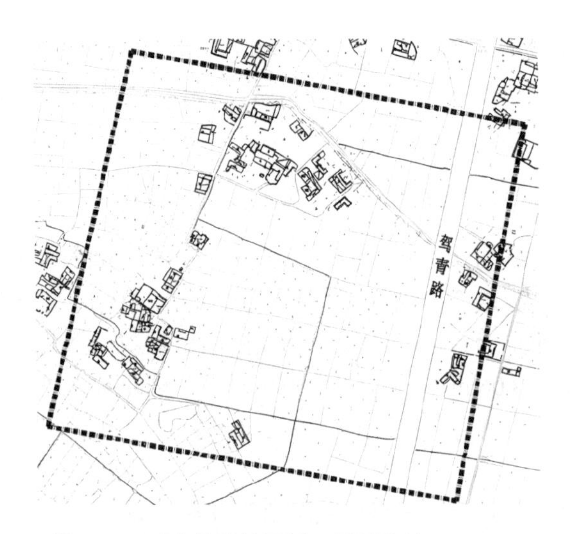

图 4-29　无人机航拍区域（马子路等，2013）

图 4-30　校正后的航拍图像（马子路等，2013）

图 4-31　都江堰市天马镇金陵村 Google Earth 卫星图（马子路等，2013）

无人机低空遥感，能提高新农村建设和规划设计质量，帮助规划人员节约时间，同时减轻规划人员的工作负担，为国家和地方的土地信息获取和规划设计提供了重要的支撑（徐丽华等，2010；金伟等，2009）。

杨五一（2014）采用无人机低空航测系统，对厦门市海沧区东孚街道（寨后社区、过坂社区、洪塘村、山边社区）进行了测绘，获取 1∶2000 测绘图（图 4-32），其中测绘地区为平原地居民生活点。

图 4-32　低空摄影测量数据采集获取影像（杨五一，2014）

对区域网周边进行布设相控点，对相控点进行测量，基于所获取的无人机遥感影像（图 4-33）和相控点测量成果进行数据处理后，得到相应的数字正射影像、数字线划图。数字线划图的相控点平面位置误差为 0.2925 m，且正射影像可以清晰地显示出拍摄目标及其层次。

图 4-33　无人机低空摄影测绘成果（杨五一，2014）

基于无人机的低空遥感测绘，飞行测绘和相控点的布设时间只耗费了 1 个工作日，数据处理和成图总共只耗费了 4 个工作日，同时需要的测绘人员少，相较于传统方法，在保证成图准确率的情况下，成图效率大大提高。

李秀全等（2016）采用无人机低空遥感测绘，对一村庄进行了测绘研究，获取了村庄图像（图 4-34），然后在图像采集结束后，采用图像拼接软件，实现了对无人机获取的图像的拼接(图 4-35)。在获取图像的同时，采用 GPS 设置地面控制点(分布见图 4-36)，以其中 17 个点作为配准点用于图像拼接校准，剩余的 16 个点作为检测点与拼接图像中对应点进行对比，误差基本在 5 cm 之内（图 4-37）。研究结果表明无人机低空遥感测绘，可以准确有效地实现对农村土地信息的获取，从而满足新农村建设规划设计的需要。

图 4-34　无人机航测图像（李秀全等，2016）

图 4-35　拼接后的村庄图像（李秀全等，2016）

图 4-36　控制点分布图（李秀全等，2016）

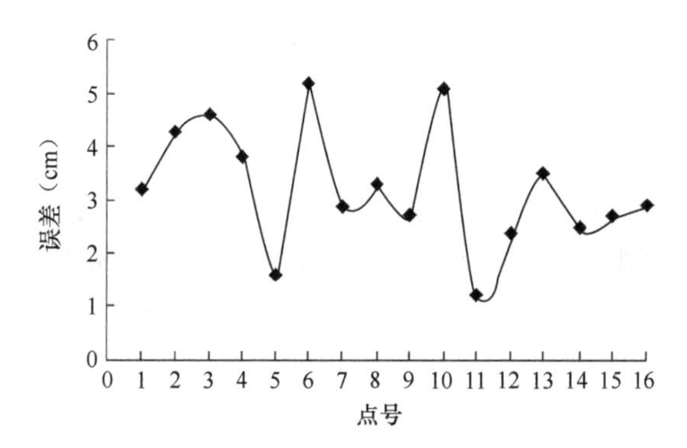

图 4-37　检测点误差的分布图（李秀全等，2016）

4.5.7　农田水利

水利是农业的命脉，而我国地域广阔，领土跨度大，存在着非常明显的水资源短缺、时空分布不均的现象。当前，我国面临着严峻的人增地减水缺的问题，大规模干旱时有发生，必须大力发展农田水利建设，实现农田旱涝保收，高产稳定，并保证水资源的合理利用，提高水资源的利用效率。

现代农业要求使用较少的资源实现最大的产出，对农业水资源的利用走向精准化和可控化，农业节水技术和农田水利技术得到了显著的发展。水资源利用效率低，浪费严重，是我国农业水资源利用中面临的最主要问题。我国水资源分布不均，农业水资源供需不平衡，而一般的农田灌溉则是基于粗放式灌溉，无法准确根据土壤作物状态，进行精准灌溉。

农田水利建设，就是通过科学技术，根据田间地物的生长状况，实现精细灌溉，达到农业生产科学管理的目的，从而最终实现农田生产效率的提高，具有重要的经济社会价值（刘扬，2007）。通过获取灌溉渠系的空间分布及水量信息，借助农田水利知识，实现水资源的精细计算和高效管理，有助于精细控制水资源的调配，监测水资源动态变化，从而提高水资源利用效率，为农田灌溉水量精准化控制、灌溉运行智能化控制、灌溉管理智慧化奠定基础。农田水利建设的精准化、智能化是我国农田水利的目标，然而我国农田水利建设与欧美发达国家相比，存在一定的差距，特别是在农田灌溉信息数据的动态精确获取、信息数据处理分析和决策的生成、决策实施等方面都存在差距（杨邦杰等，2002；陈水森，2005）。

传统的农田水利信息获取，基于人工现场获取，需要大量的人力、物力、财力的支撑，且受限于农田水利设施的分布和地形，获取全面的信息存在较大的困难。遥感技术从空中获取地面信息，可以实现大面积的获取，不受地形限制，同时节省了大量人力、物力、财力。另外，遥感获取的数据，具有客观、准确的特点，能够直接获取地面农田水利信息。预计与人工的农田水利信息获取相比，遥感是一种更为经济、可靠的信息获取手段（杨邦杰等，2002；白由路等，2004）。

无人机轻便、灵巧、操作简单的特性，使其在高空有人飞机遥感和卫星遥感的基础上，为低空遥感提供了可靠的支撑（楼良盛，2007；尹晓红，2009；汪沛等，2014）。

无人机近地遥感传感器分辨率更高，且无人机飞行对场地的要求较低，无人机遥感已经在获取地面信息中进行了大量的研究和应用。

低空无人机获取地面信息，可以细致地表达地物形状、纹理、上下文信息、拓扑关系等方面的特性，从而增强对地物（包括农田水利设施）的识别能力，从复杂的地面信息中提取出农田水利设施信息，如渠系等的分布和水量的分布等（田新光等，2007；何少林等，2013）。而实现农田水利信息的提取，结合专家决策系统，有助于为农田水利设施进行水资源调配和科学管理，从而实现田间精量灌溉、降低灌水成本、提高单位水的生产效率、切实提升节水灌溉的高科技含量。基于无人机低空遥感系统有助于农田水利部门和农田管理者更加准确地实现水资源调配，从而进一步实现精量灌溉，节约生产成本，达到精准作业的目的。

国内外基于遥感技术对农田水利设施进行了信息获取的研究。Huang 等（2010）在有人机上装载信息采集仪器设备，获取得克萨斯州 11 个灌区 24 段渠系的信息，通过对信息进行提取分析，对渠系泄漏点进行判断，并与实地勘察结果进行对比，基于遥感获取信息的检测精度为 93%。

国内张海鑫（2016）采用无人机搭载可见光相机和多光谱相机对内蒙古河套灌区巴彦淖尔市磴口县补隆淖尔镇坝楞村的灌溉渠系进行了研究。基于获取的地面遥感图像，采用数字形态学方法和面向对象法对灌溉渠系进行了提取，并将提取的渠系与实地测量的渠系进行匹配，并对不同相机的提取结果进行了比较。结果发现基于多光谱获取的地面遥感图像中提取的灌溉渠系的完整度达到了 0.75，优于基于可见光相机获取的图片的提取结果。此外，基于面向对象方法对灌溉渠系的提取结果优于基于数学形态学方法的提取结果。

参 考 文 献

白由路, 金继运, 杨俐苹, 等. 2004. 低空遥感技术及其在精准农业中的应用. 土壤肥料, (1): 3-6.
白由路, 杨俐苹, 王磊, 等. 2010. 农业低空遥感技术及其应用前景. 农业网络信息, (1): 5-7.
毕凯. 2009. 无人机数码遥感测绘系统集成及影像处理研究. 北京: 中国测绘科学研究院硕士学位论文.
毕永利, 王连明, 葛文奇. 2005. 光电稳定平台控制系统中数字滤波技术研究. 仪表技术与传感器, (4): 4.
邴媛媛. 2008. 无人机遥感在某铁矿矿区资源监测中的应用. 阜新: 辽宁工程技术大学硕士学位论文.
曹蔚然, 朱琳琳, 韩建达. 2014. 面向旋翼无人机的高压输电线在线检测方法. 计算机应用研究, 31(10): 3196-3200.
陈超, 彭鑫珏, 马利庄. 2016. 视频实时自适应去雾算法. 计算机工程与应用, 52(6): 150-155.
陈娇龙, 朱俊平, 杨福增. 2013. 基于 Virtools 的山地遥控拖拉机虚拟装配技术研究. 农机化研究, 35(6): 214-217.
陈猛. 2010. 基于 DSP 和模糊 PID 的稳定平台的设计. 哈尔滨: 哈尔滨工程大学硕士学位论文.
陈铭. 2009. 共轴双旋翼直升机的技术特点及发展. 航空制造技术, (17): 26-31.
陈水森. 2005. 基于波谱库的作物纯像元识别与种植面积遥感估算. 北京: 中国科学院研究生院(遥感应用研究所)博士学位论文.
陈轶, 施德, 叶素丹. 2005. 新型手动喷雾器田间应用研究及推广前景. 中国农机化, (2): 66-68.
程春泉, 黄国满, 杨杰. 2015. POS 与 DEM 辅助机载 SAR 多普勒参数估计. 测绘学报, 44(5): 510-517.

崔红霞, 林宗坚, 孙杰. 2005. 无人机遥感监测系统研究. 测绘通报, (5): 11-14.
范承啸, 韩俊, 熊志军, 等. 2009. 无人机遥感技术现状与应用. 测绘科学, 34(5): 214-215.
范庆妮. 2011. 小型无人直升机农药雾化系统的研究. 南京: 南京林业大学硕士学位论文.
房建成, 戚自辉, 钟麦英. 2010. 航空遥感用三轴惯性稳定平台不平衡力矩前馈补偿方法. 中国惯性技术学报, 18(1): 38-43.
费景荣. 2011. 共轴式直升机的气动特性、操稳特性与机动性分析. 航空科学技术, (3): 22-24.
傅泽田, 祁力钧. 1998. 国内外农药使用状况及解决农药超量使用问题的途径. 农业工程学报, 14(2): 8-9.
傅泽田, 祁力钧, 王俊红. 2007. 精准施药技术研究进展与对策. 农业机械学报, 38(1): 189-192.
高嵩, 朱峰, 肖秦琨, 等. 2007. 机载光电跟踪系统的模糊自整定 PID 控制. 西安工业大学学报, 27(4): 312-316.
高巍. 2014. 栽培及灌溉措施对黑钙土性状及生产力的影响. 哈尔滨: 东北农业大学硕士学位论文.
高文义, 孙宗祥. 1997. 世界无人驾驶飞机的发展现状与关键技术. 气动参考, 74(10): 10-15.
葛明锋, 亓洪兴, 王义坤, 等. 2015. 基于轻小型无人直升机平台的高光谱遥感成像系统. 红外与激光工程, 44(11): 3402-3407.
郭复胜, 高伟, 胡占义. 2013a. 无人机图像全自动生成大比例尺真正射影像方法. 中国科学: 信息科学, 43(11): 1383-1397.
郭复胜, 许华荣, 高伟, 等. 2013b. 利用相机辅助信息的分组三维场景重建. 计算机科学与探索, 7(9): 783-799.
郭力, 昂海松, 郑祥明. 2012. 基于单目视觉的微型飞行器移动目标定位方法. 系统工程与电子技术, 34(5): 996-1000.
郭文强. 2007. 稳定分布噪声下的盲信号处理方法及应用研究. 大连: 大连理工大学博士学位论文.
韩杰, 王争. 2008. 无人机遥感国土资源快速监察系统关键技术研究. 测绘通报, (2): 4-6.
韩文军, 阳锋, 彭检贵. 2012. 激光点云中电力线的提取和建模方法研究. 人民长江, 43(8): 18-21, 37.
韩曾晋. 1995. 自适应控制. 北京: 清华大学出版社.
何少林, 徐京华, 张帅毅. 2013. 面向对象的多尺度无人机影像土地利用信息提取. 国土资源遥感, 25(2): 107-112.
洪亮, 周志城, 方敏, 等. 2013. 低空无人机航摄平台的探索与实践. 测绘地理信息, 38(3): 77-79.
洪添胜. 2001. 基于 DGPS 的农药喷施分布质量的研究. 农业机械学报, 32(4): 42-44.
胡龙华, 王向忠, 崔贵彦. 2016. 北斗高精度无人机航测技术在农村土地承包经营权确权项目中的应用. 测绘通报, (4): 85-87, 137.
胡宁科, 李新. 2013. 居延绿洲古遗址的遥感识别与分析. 遥感技术与应用, 28(5): 890-897.
胡晓利, 卢玲, 马明国, 等. 2008. 黑河中游张掖绿洲灌溉渠系的数字化制图与结构分析. 遥感技术与应用, 23(2): 208-213.
黄成功, 邵琼玲, 王盛军, 等. 2009. 基于 MPX4115 的小型无人机气压高度测量系统设计. 宇航计测技术, 29(4): 30-35.
黄金. 2014. 基于差分 GPS 的滑坡监测技术研究. 南京: 南京理工大学硕士学位论文.
黄亮, 刘忠, 李剑辉, 等. 2009. 空中机动平台光电载荷无源定位算法及坐标变换分析. 海军工程大学学报, 21(6): 37-38.
黄炜铖, 许铁光, 方鑫, 等. 2009. 基于无人机航拍技术的新农村规划研究. 中国科技博览, (33): 309-310.
蒋才明, 唐洪良, 陈贵, 等. 2012. 基于 Google Earth 的输电线路巡视无人机地面站监控系统. 浙江电力, 31(2): 5-8.
蒋焕煜, 周鸣川, 李华融, 等. 2015. PWM 变量喷雾系统动态雾滴分布均匀性实验. 农业机械学报,

46(3): 73-77.
蒋新松. 1994. 机器人学导论. 沈阳: 辽宁科学技术出版社.
金伟, 葛宏立, 杜华强, 等. 2009. 无人机遥感发展与应用概况. 遥感信息, (1): 88-92.
李冰, 刘镕源, 刘素红, 等. 2012. 基于低空无人机遥感的冬小麦覆盖度变化监测. 农业工程学报, 28(13): 160-165.
李朝阳, 阎广建, 肖志强, 等. 2007. 高分辨率航空影像中高压电力线的自动提取. 中国图象图形学报, 12(6): 1041-1047.
李翠艳, 张东纯, 庄显义. 2005. 重复控制综述. 电机与控制学报, 9(1): 37-44.
李德仁, 龚健雅, 邵振峰. 2010. 从数字地球到智慧地球. 武汉大学学报(信息科学版), 35(2): 127-132.
李德仁, 王艳军, 邵振峰. 2012. 新地理信息时代的信息化测绘. 武汉大学学报(信息科学版), 37(1): 1-6.
李海波, 杨德录, 缪军, 等. 2005. 飞机喷施棉花脱叶剂技术. 新疆农垦科技, (4): 35-36.
李继宇, 张铁民, 彭孝东, 等. 2013. 四旋翼飞行器农田位置信息采集平台设计与实验. 农业机械学报, 44(5): 202-206.
李继宇, 周志艳, 胡炼, 等. 2014. 圆形多轴多旋翼电动无人机辅助授粉作业参数优选. 农业工程学报, 30(11): 1-9.
李继宇, 周志艳, 兰玉彬, 等. 2015. 旋翼式无人机授粉作业冠层风场分布规律. 农业工程学报, 31(3): 77-86.
李丽, 李恒, 何雄奎. 2012. 红外靶标自动探测器的研制及试验. 农业工程学报, 28(12): 159-163.
李梦洁. 2014. 陕南旬阳坝地区不同地类土壤养分空间变异特征研究. 西安: 陕西师范大学硕士学位论文.
李明, 吴雄奎, 艾亮东, 等. 2015. 一种基于无人机平台的精量播种作业系统及方法: 中国, CN104255137A.
李庆中. 1992. 飞机在农业中的应用. 农业现代化研究, 13(3): 190-191.
李文英, 杨岳恒, 杨晓霞. 2016. 低空无人机航测在土地确权中的应用. 军民两用技术与产品, 6: 234-237.
李贤涛, 张葆, 沈宏海. 2014. 基于自抗扰控制技术提高航空光电稳定平台的扰动隔离度. 光学精密工程, 22(8): 2223-2231.
李晓丽, 何勇. 2009. 基于多光谱图像及组合特征分析的茶叶等级区分. 农业机械学报, 40(S1): 113-118.
李兴伟, 周宇飞, 李小川, 等. 2015. 基于物联网的智能林火监测技术研究. 广东林业科技, (2): 73-77.
李秀全, 陈竹安, 张立亭. 2016. 基于 Agisoft PhotoScan 的无人机影像快速拼接在新农村规划中的应用. 湖北农业科学, (3): 743-745.
李勋, 张欣, 黄荣辉, 等. 2015. 无人机在电力行业的应用及需求分析. 电气应用, (S2): 773-775.
李玉梅. 2015. 无人机航空摄影在农村土地承包确权工作中的应用. 价值工程, (6): 233-234.
李宗南, 陈仲新, 王利民, 等. 2014. 基于小型无人机遥感的玉米倒伏面积提取. 农业工程学报, 30(19): 207-213.
厉秉强, 王骞, 王滨海, 等. 2010. 利用无人直升机巡检输电线路. 山东电力技术, (1): 1-4.
辽宁猎鹰航空科技有限公司. 2016. 无人机播种施肥装置: 中国, CN205249773U.
廖永生, 陈文森. 2011. 无人机低空数字摄影测量参数计算和路线设计系统. 测绘通报, (9): 38-41.
林明远, 赵刚. 1996. 国外植保机械安全施药技术. 农业机械学报, 27: 149-154.
刘博, 常信. 2010. 用于小型无人机的超声波低空测高系统实验研究. 宇航计测技术, 30(3): 74-78.
刘超, 方宗明. 2013. 基于低空遥感、多光谱精准识别的智能施肥系统: 中国, CN103425102A.
刘国嵩, 贾继强. 2012. 无人机在电力系统中的应用及发展方向. 东北电力大学学报, 32(1): 53-56.
刘佳, 王利民, 滕飞, 等. 2015. Google Earth 影像辅助的农作物面积地面样方调查. 农业工程学报, 31(24): 149-154.

刘剑君, 贾世通, 杜新武, 等. 2014. 无人机低空施药技术发展现状与趋势. 农业工程, 4(5): 10-14.
刘锦. 2013. 双自由度稳定平台跟踪算法的研究及应用. 绵阳: 西南科技大学硕士学位论文.
刘峻明, 王鹏新, 颜凯, 等. 2006. 机载多角度电力巡线系统中预警模型的设计与实现. 电力系统自动化, 30(16): 81-85.
刘开新. 2015. 俄日韩等国家农业航空产业发展现状. 时代农机, 42(7): 169.
刘仁杰. 2015. 大田作物冠层无损检测设备应用及车载平台开发. 哈尔滨: 东北农业大学硕士学位论文.
刘文根, 熊锦平, 李兆青, 等. 2012. 基于 FPV 无人机航拍在新农村规划的研究. 科技信息, (2): 143-144.
刘向铜, 曹秋香, 熊助国. 2014. 新农村建设规划测量的相关问题探讨. 测绘通报, (10): 95-97.
刘小龙. 2013. 基于无人机遥感平台图像采集处理系统的研究. 杭州: 浙江大学硕士学位论文.
刘婞韬. 2014. 北京市植保无人机推广前景与发展建议. 农业工程, 4(4): 17-19.
刘扬. 2007. 遗传算法和 GIS 技术在精细灌溉决策支持系统中的应用研究. 保定: 河北农业大学硕士学位论文.
刘玥. 2013. 支持在航载波相位差分定位方法研究. 哈尔滨: 哈尔滨工程大学硕士学位论文.
楼良盛. 2007. 基于卫星编队 InSAR 数据处理技术. 郑州: 中国人民解放军信息工程大学博士学位论文.
吕强, 倪佩佩, 王国胜, 等. 2014. 基于光流传感器的四旋翼飞行器悬停校正. 装甲兵工程学院学报, 28(3): 68-72.
吕书强. 2007. 无人机遥感系统的集成与飞行试验研究. 测绘科学, 32(1): 84-86.
马佳光. 1988. 复合控制及等效复合控制原理及应用. 光电工程, (5): 3-18.
马子路, 李敏林, 江恺强. 2013. 无人机低空遥感在都江堰市乡村规划中的应用探索. 南方农业, 7(5): 1-3, 8.
牛姣蕾, 林世忠, 陈国强. 2014. 图像融合与拼接算法在无人机电力巡检系统中的应用. 电光与控制, 21(3): 88-91.
彭军. 2006. 风送式超低量喷雾装置内流场数值模拟研究. 武汉: 武汉理工大学硕士学位论文.
钱志坚, 汪骏发. 2006. 电力巡线机载多角度成像多源数据的采集和记录. 电力系统自动化, 30(16): 86-89.
秦博, 王蕾. 2002. 无人机发展综述. 飞航导弹, (8): 4-10.
秦维彩, 薛新宇, 周立新, 等. 2014. 无人直升机喷雾参数对玉米冠层雾滴沉积分布的影响. 农业工程学报, 30(5): 50-56.
邱白晶, 李会芳, 吴春笃, 等. 2004. 变量喷雾装置及关键技术的探讨. 江苏大学学报(自然科学版), 25(2): 97-100.
邱国新. 2005. 在直升飞机上应用红外热像技术巡视检测高压输电线路设备的回顾. 广东电力, 18(3): 71-73.
申海建, 郭荣中, 黄小波, 等. 2007. 微型无人机(MUAV)航空摄影测量技术在土地整理项目规划设计中的应用. 长沙: 2007 年中国土地学会学术年会: 581-584.
沈晓洋, 陈洪亮, 刘昇. 2011. 机载陀螺稳定平台控制算法. 电光与控制, 18(4): 46-50.
史岩, 祁力钧, 傅泽田, 等. 2004. 压力式变量喷雾系统建模与仿真. 农业工程学报, 20(5): 118-121.
宋宇, 翁新武, 郭昕刚. 2015. 基于光流和惯性导航的小型无人机定位方法. 传感器与微系统, 34(1): 13-16.
孙灿飞, 何泳, 莫固良. 2012. 共轴式双旋翼直升机锥体测量技术研究. 直升机技术, (3): 59-61, 72.
孙高. 2013. 半捷联光电稳定平台控制系统研究. 北京: 中国科学院大学博士学位论文.
孙光明, 杨凯盛, 张传清, 等. 2009. 基于多光谱成像技术的大麦赤霉病识别. 农业工程学报, 25(13): 204-207.
孙杰, 林宗坚, 崔红霞. 2003. 无人机低空遥感监测系统. 遥感信息, (1): 49-50.

谭炳香, 李增元, 李秉柏, 等. 2006. 单时相双极化 ENVISAT ASAR 数据水稻识别. 农业工程学报, 22(12): 121-127.
谭衢霖, 邵芸. 2000. 遥感技术在环境污染监测中的应用. 遥感技术与应用, 15(4): 246-251.
汤楚宙, 王慧敏, 李明, 等. 2012. 杂交水稻制种机械授粉研究现状及发展对策. 农业工程学报, 28(4): 1-7.
汤明文, 戴礼豪, 林朝辉, 等. 2013. 无人机在电力线路巡视中的应用. 中国电力, 46(3): 35-38.
唐青, 陈立平, 张瑞瑞, 等. 2016. IEA-I 型航空植保高速风洞的设计与校测. 农业工程学报, 32(6): 73-81.
唐晏. 2014. 基于无人机采集图像的植被识别方法研究. 成都: 成都理工大学博士学位论文.
田新光, 张继贤, 张永红. 2007. 基于 IKONOS 影像的海岸带土地覆盖分类. 遥感信息, (5): 44-47.
田秀东. 2015. 浅析数字图像处理与遥感影像处理的区别与联系. 黑龙江科技信息, (15): 116.
田振坤, 傅莺莺, 刘素红, 等. 2013. 基于无人机低空遥感的农作物快速分类方法. 农业工程学报, 29(7): 109-116.
童庆禧, 张兵, 郑兰芬. 2006. 高光谱遥感——原理、技术与应用. 北京: 高等教育出版社.
汪沛, 罗锡文, 周志艳, 等. 2014. 基于微小型无人机的遥感信息获取关键技术综述. 农业工程学报, 30(18): 1-12.
汪小钦, 王苗苗, 王绍强, 等. 2015. 基于可见光波段无人机遥感的植被信息提取. 农业工程学报, 31(5): 152-159.
汪亚峰, 傅伯杰, 侯繁荣, 等. 2009. 基于差分 GPS 技术的淤地坝泥沙淤积量估算. 农业工程学报, 25(9): 79-83.
王昌陵, 何雄奎, 王潇楠, 等. 2016. 无人植保机施药雾滴空间质量平衡测试方法. 农业工程学报, 32(11): 54-61.
王利民, 刘佳, 杨玲波, 等. 2013. 基于无人机影像的农情遥感监测应用. 农业工程学报, 29(18): 136-145.
王帅, 王福义, 王丽. 2013. 杂交水稻制种人工授粉方法研究. 农业科技与装备, (10): 3-4, 7.
王伟, 张晶涛, 柴天佑. 2000. PID 参数先进整定方法综述. 自动化学报, 26(3): 347-355.
王振师, 周宇飞, 李小川, 等. 2016. 无人机在森林防火中的应用分析. 广东林业科技, 32(1): 31-35.
韦春桃, 张祖勋, 张剑清, 等. 2010. 基于相位一致性的遥感影像电力线特征检测方法. 测绘通报, (3): 13-16.
文恬, 高嵩, 邹海春. 2015. 基于激光测距的无人机地形匹配飞行方法研究. 计算机测量与控制, 23(9): 3209-3212.
吴云东, 张强. 2009. 立体测绘型双翼民用无人机航空摄影系统的实现与应用. 测绘科学技术学报, 26(3): 161-164.
吴正鹏. 2011. 无人机载双相机低空遥感系统应用初探. 城市勘测, (1): 76-80.
吴正鹏, 王琳, 奚歌. 2013. 无人机低空遥感系统在土地复垦中的应用. 城市勘测, (6): 82-84, 88.
肖英方, 毛润乾, 万方浩. 2013. 害虫生物防治新概念——生物防治植物及创新研究. 中国生物防治学报, 29(1): 1-10.
肖政浩, 汪大明, 温静, 等. 2015. 国内外星-空-地遥感数据地面应用系统综述. 地质力学学报, 21(2): 117-128.
徐博, 陈立平, 谭彧, 等. 2015. 基于无人机航向的不规则区域作业航线规划算法与验证. 农业工程学报, 31(23): 173-178.
徐光彩. 2013. 小光斑波形激光雷达森林 LAI 和单木生物量估测研究. 北京: 中国林业科学研究院博士学位论文.
徐丽华, 黄炜铖, 许铁光, 等. 2010. 基于无人机航拍遥感影像的新农村规划研究. 上海农业学报, 26(3): 101-105.

徐秋辉. 2013. 无控制点的无人机遥感影像几何校正与拼接方法研究. 南京: 南京大学硕士学位论文.
徐晓霞. 2012. 机载光电跟踪系统的模糊 PID 控制. 电子设计工程, 20(2): 108-111.
薛新宇, 兰玉彬. 2013. 美国农业航空技术现状和发展趋势分析. 农业机械学报, 44(5): 194-201.
闫锦龙. 2014. 带自动避障系统的智能四轴飞行器的设计. 合肥: 安徽大学硕士学位论文.
杨邦杰, 裴志远, 周清波, 等. 2002. 我国农情遥感监测关键技术研究进展. 农业工程学报, 18(3): 191-194.
杨贵军, 李长春, 于海洋, 等. 2015. 农用无人机多传感器遥感辅助小麦育种信息获取. 农业工程学报, 31(21): 184-190.
杨景阳, 李荣冰, 杭义军, 等. 2013. 超声波阵列的飞行高度与姿态测量方法. 航空计算技术, 43(5): 128-131.
杨蒲, 李奇. 2007. 三轴陀螺稳定平台控制系统设计与实现. 中国惯性技术学报, 15(2): 171-176.
杨胜科, 汪骏发, 王建宇. 2008. 航空遥感中 POS 与稳定平台控制组合技术. 电光与控制, 15(2): 62-65.
杨树文, 辛德琪, 高桂娟. 2006. 现代汽车发动机起动系统简论. 内燃机与动力装置, (6): 46-50.
杨天雨, 贾文峰, 赖际舟, 等. 2016. 惯性/光流/磁组合导航技术在四旋翼飞行器中的应用. 传感器与微系统, 35(1): 156-160.
杨五一. 2014. 无人机低空摄影测量技术在美丽乡村建设中的应用. 江西测绘, (4): 25-27.
杨学军, 严荷荣, 徐赛章, 等. 2002. 植保机械的研究现状及发展趋势. 农业机械学报, 33(6): 129-131, 137.
杨勇. 2014. 无人机对移动目标实时动态定位研究与实现. 四川兵工学报, 35(3): 137-140.
杨勇. 2016. 无人机自主电力巡线在农村应用策略. 装备制造技术, (6): 196-197.
叶岚, 刘倩, 胡庆武. 2010. 基于 LIDAR 点云数据的电力线提取和拟合方法研究. 测绘与空间地理信息, 33(5): 30-34.
尹辉增, 孙轩, 聂振钢. 2012. 基于机载激光点云数据的电力线自动提取算法. 地理与地理信息科学, 28(2): 31-34.
尹晓红. 2009. 区域循环经济发展评价与运行体系研究. 天津: 天津大学博士学位论文.
尹泽勇, 李上福, 李概奇. 2007. 无人机动力装置的现状与发展. 航空发动机, 33(1): 10-15.
于合龙, 刘浩洋, 苏恒强. 2014. 基于光流追踪技术的变形位移测量方法. 吉林大学学报(理学版), 52(2): 331-335.
余洁, 穆超, 冯延明, 等. 2011. 机载 LiDAR 点云数据中电力线的提取方法研究. 武汉大学学报(信息科学版), 36(11): 1275-1279.
袁秋梅, 何永香, 张为民. 2007. 飞机喷施哈威达棉花专用催熟脱叶剂的应用效果. 农村科技, (6): 27-28.
袁雪, 祁力钧, 冀荣华, 等. 2012. 温室风送式弥雾机气流速度场与雾滴沉积特性分析. 农业机械学报, 43(8): 71-77.
曾爱军. 2005. 减少农药雾滴飘移的技术研究. 北京: 中国农业大学博士学位论文.
张东彦, 兰玉彬, 陈立平, 等. 2014. 中国农业航空施药技术研究进展与展望. 农业机械学报, 45(10): 53-59.
张海鑫. 2016. 基于无人机遥感的渠系分布信息提取方法研究. 杨凌: 西北农林科技大学硕士学位论文.
张洪亮, 王志胜. 2011. 基于 PID 神经元网络的稳定平台伺服控制系统设计. 电工电气, (1): 17-19.
张洪涛, 张广玉, 李隆球, 等. 2014. 微型二维光流传感器设计. 哈尔滨工程大学学报, 35(5): 619-623.
张慧春, Dorr G, 郑加强, 等. 2012. 扇形喷头雾滴直径分布风洞实验. 农业机械学报, 43(6): 53-57.
张慧春, 郑加强, 周宏平. 2011. 精确林业 GPS 信标差分定位精度分析. 农业工程学报, 27(7): 210-214.
张柯, 周朝阳, 李海峰, 等. 2006. 直升机作业在我国特高压电网中的应用前景分析. 河南电力, 34(1): 16-17.
张瑞瑞, 陈立平, 兰玉彬, 等. 2014. 航空施药中雾滴沉积传感器系统设计与实验. 农业机械学报, 45(8):

123-127.
张宋超, 薛新宇, 秦维彩, 等. 2015. N-3 型农用无人直升机航空施药飘移模拟与试验. 农业工程学报, 31(3): 87-93.
张涛. 2014. 无人机航摄在城市规划建设中的应用. 城市勘测, (5): 99-101.
张铁, 杨学军, 董祥, 等. 2012. 超高地隙风幕式喷杆喷雾机施药性能试验. 农业机械学报, 43(10): 66-71.
张廷斌, 唐菊兴, 刘登忠. 2006. 卫星遥感图像空间分辨率适用性分析. 地球科学与环境学报, 28(1): 79-82.
张文峰, 彭向阳, 豆朋, 等. 2014. 广东雷电活动规律及输电线路雷击跳闸分析. 广东电力, 27(3): 101-107.
张祥伟. 2009. 基于太赫兹波的高精度雷达设计与应用理论分析. 长春: 吉林大学硕士学位论文.
张晓东, 毛罕平, 左志宇, 等. 2011. 基于多光谱视觉技术的油菜水分胁迫诊断. 农业工程学报, 27(3): 152-157.
张亚红, 夏仁波. 2015. 基于直线段上下文的红外与可见光图像匹配. 科学技术与工程, 15(12): 210-214.
张增, 王兵, 伍小洁, 等. 2015. 无人机森林火灾监测中火情检测方法研究. 遥感信息, 30(1): 107-110.
赵川源, 何东健, 乔永亮. 2013. 基于多光谱图像和数据挖掘的多特征杂草识别方法. 农业工程学报, 29(2): 192-198.
赵英时. 2013. 遥感应用分析原理与方法. 北京: 科学出版社.
郑文钟, 应霞芳. 2008. 我国植保机械和施药技术的现状, 问题及对策. 农机化研究, (5): 219-221.
郑小兵, 郑彦春, 张红军, 等. 2009. 无人机摄影测量技术用于电力勘测工程的探索和设想. 电力勘测设计, (6): 22-24.
周宇飞, 王振师, 李小川, 等. 2012. 多平台林火现场实时监测技术研究. 广东林业科技, 28(5): 51-56.
朱宝流, 高国钧, 施定邦. 1980. 模型飞机飞行原理. 上海: 上海教育出版社.
朱倚娴, 陆源, 许江宁, 等. 2014. 一种陀螺稳定平台自适应模糊 PID 复合控制方法. 中国惯性技术学报, 27(3): 317-321.
Alonzo M, Bookhagen B, McFadden J P, et al. 2015. Mapping urban forest leaf area index with airborne lidar using penetration metrics and allometry. Remote Sensing of Environment, 162: 141-153.
Andrea S L, Albert R. 2009. Texture and scale in object-based analysis of subdecimeter resolution unmanned aerial vehicle (UAV) imagery. IEEE Transactions on Geoscience and Remote Sensing, 47(3): 761-770.
Baluja J, Diago M P, Balda P, et al. 2012. Assessment of vineyard water status variability by thermal and multispectral imagery using an unmanned aerial vehicle (UAV). Irrigation Science, 30(6): 511-522.
Berni J A J, Zarco-Tejada P J, Sepulcre-Canto G, et al. 2009a. Mapping canopy conductance and CWSI in olive orchards using high resolution thermal remote sensing imagery. Remote Sensing of Environment, 113(11): 2380-2388.
Berni J A J, Zarco-Tejada P J, Suárez L, et al. 2009b. Thermal and narrowband multispectral remote sensing for vegetation monitoring from an unmanned aerial vehicle. IEEE Transactions on Geoscience and Remote Sensing, 47(3): 722-738.
Binaghi E, Gallo I, Pepe M, et al. 2002. Neural classification of high resolution remote sensing imagery for power transmission lines surveillance. Toronto: IEEE International Geoscience and Remote Sensing Symposium, 1: 500-502.
Blazquez C H. 1994. Detection of problems in high-power voltage transmission and distribution lines with an infrared scanner/video system. Proceedings of SPIE—The International Society for Optical Engineering, 2245: 27-32.
Burgos-Artizzu X P, Ribeiro A, Guijarro M, et al. 2011. Real-time image processing for crop/weed discrimination in maize fields. Computers and Electronics in Agriculture, 75(2): 337-346.
Calderón R, Navas-Cortés J A, Lucena C, et al. 2013. High-resolution airborne hyperspectral and thermal imagery for early detection of *Verticillium* wilt of olive using fluorescence, temperature and

narrow-band spectral indices. Remote Sensing of Environment, 139: 231-245.

Chee K Y, Zhong Z W. 2013. Control, navigation and collision avoidance for an unmanned aerial vehicle. Sensors and Actuators A: Physical, 190(1): 66-76.

Cornelis N, van Gool L. 2008. Fast scale invariant feature detection and matching on programmable graphics hardware. Anchorage, AK: IEEE International Conference on Technologies for Practical Robot Applications: 1-8.

Dabrowski R, Orych A. 2014. Chosen problems with acquiring multispectral imagery data using the MiniMCA camera. Vilnius, Lithuania: The 9th International Conference "ENVIRONMENTAL ENGINEERING", 9: 1-6.

Dandois J P, Ellis E C. 2013. High spatial resolution three-dimensional mapping of vegetation spectral dynamics using computer vision. Remote Sensing of Environment, 136: 259-276.

Federica D O, Aurora T, Vincenzo G, et al. 2015. Evaluation of a topical anti-inflammatory/antifungal combination cream in mild-to-moderate facial seborrheic dermatitis: an intra-subject controlled trial examining treated vs. untreated skin utilizing clinical features and erythema-directed digital photography. The Journal of Clinical and Aesthetic Dermatology, 8(9): 33-38.

Feliu-Batlle V, Sanchez R L, Rivas P R, et al. 2007. Fractional PI control of an irrigation main canal. 8th IFAC Proceedings Volumes, 40(1): 280-285.

Fischler M A, Bolles R C. 1981. Random sample consensus: a paradigm for model fitting with applications to image analysis and automated cartography. Communications of the ACM, 24(6): 381-395.

Gadalla M, Zafar S. 2016. Analysis of a hydrogen fuel Cell-PV power system for small UAV. International Journal of Hydrogen Energy, 41(15): 6422-6432.

Gonç alves J A, Henriques R. 2015. UAV photogrammetry for topographic monitoring of coastal areas. ISPRS Journal of Photogrammetry and Remote Sensing, 104: 101-111.

Grasmeyer J M, Keennon M T. 2001. Development of the black widow micro air vehicle. Reno, NV, USA: 39th Aerospace Sciences Meeting and Exhibit, 127: 1-9.

Green W E, Oh P Y, Sevcik K, et al. 2003. Autonomous landing for indoor flying robots using optic flow. Washington, USA: ASME 2003 International Mechanical Engineering Congress and Exposition, 1: 1347-1352.

Guillen C M L, Zarco T P J, Villalobos F J. 2014. Estimating radiation interception in heterogeneous orchards using high spatial resolution airborne imagery. IEEE Geoscience and Remote Sensing Letters, 11(2): 579-583.

Gupta R, Mittal A. 2008. SMD: a locally stable monotonic change invariant feature descriptor. Marseille, France: Proceedings of 10th European Conference on Computer Vision, 5303: 265-277.

Gupta R, Patil H, Mittal A. 2010. Robust order-based methods for feature description. San Francisco: International Conference on Computer Vision and Pattern Recognition (CVPR): 334-341.

Haboudane D, Miller J R, Pattey E, et al. 2004. Hyperspectral vegetation indices and novel algorithms for predicting green LAI of crop canopies: modeling and validation in the context of precision agriculture. Remote Sensing of Environment, 90(3): 337-352.

He K, Sun J, Tang X. 2010. Single image haze removal using dark channel prior. IEEE Transactions on Pattern Analysis & Machine Intelligence, 33(12): 2341-2353.

Heikkila M, Pietikainen M, Schmid C. 2009. Description of interest regions with local binary patterns. Pattern Recognition, 42(3): 425-436.

Herlik E. 2010. Unmanned aerial vehicles (UAVs) for commercial applications global market & technologies outlook 2011-2016. Technical report, Market Intel Group LLC.

Hernández-Clemente R, Navarro-Cerrillo R M, Zarco-Tejada P J. 2012. Carotenoid content estimation in a heterogeneous conifer forest using narrow-band indices and prospect dart simulations. Remote Sensing of Environment, 127: 298-315.

Hewitt A J, Maber J, Praat J P. 2002. Drift management using modeling and GIS systems. Iguacu Falls, Brazil: Proceedings of the World Congress of Computers in Agriculture and Natural Resources:

290-296.
Huang Y, Fipps G, Maas S J, et al. 2010. Airborne remote sensing for detection of irrigation canal leakage. Irrigation and Drainage, 59(5): 524-534.
Iparraguirre J, Balmaceda L, Mariani C. 2014. Speeded-up robust features (SURF) as a benchmark for heterogeneous computers. Bariloche: IEEE Biennial Congress of Argentina: 519-524.
Ituen I, Sohn G, Jenkins A. 2008. A case study: workflow analysis of powerline systems for risk management. International Archives of Photogrammetry and Remote Sensing, 37(3): 331-336.
Jones D I. 2000. Aerial inspection of overhead power lines using video: estimation of image blurring due to vehicle and camera motion. IEE Proceedings-Vision, Image and Signal Processing, 147(2): 157-166.
Jones D I. 2007. An experimental power pick-up mechanism for an electrically driven UAV. Vigo: IEEE International Symposium on Industrial Electronics: 2033-2038.
Jones D I, Earp G K. 2001. Camera sightline pointing requirements for aerial inspection of overhead power lines. Electric Power Systems Research, 57(2): 73-82.
Kaivosoja J, Pesonen L, Kleemola J, et al. 2013. A case study of a precision fertilizer application task generation for wheat based on classified hyperspectral data from UAV combined with farm history data. Dresden: Proceedings of SPIE: 88870H.1-88870H.10.
Katrasnik J, Pernus F, Likar B. 2010. A survey of mobile robots for distribution power line inspection. IEEE Transactions on Power Delivery, 25(1): 485-493.
Koenderink J J. 1986. Optic flow. Vision Research, 26(1): 161-179.
Kristy S, Hartley R. 2006. Recovering camera motion using 10 minimizations. New York: International Conference on Computer Vision and Pattern Recognition (CVPR): 1230-1237.
Li X Q, Sun X X, Peng J L, et al. 2011. Motion compensation based gimbal controller design for small UAV. Systems Engineering and Electronics, 33(2): 376-379.
Li Z Y, Dobrokhodov V, Xargay E, et al. 2009. Development and implementation of L1 gimbal tracking loop onboard of small UAV. Chicago, USA: AIAA Guidance, Navigation, and Control Conference: 1-18.
Lin C E, Yang S K. 2014. Camera gimbal tracking from UAV flight control. Kaohsiung, Taiwan: Proceeding of CACS International Automatic Control Conference: 319-322.
Lowe D G. 2004. Distinctive image features from scale-invariant keypoints. International Journal of Computer Vision, 60(2): 91-110.
Marko H, Matti P, Cordelia S. 2009. Description of interest regions with local binary patterns. Journal of Pattern Recognition, 42(3): 425-436.
Matese A, Capraro F, Primicerio J, et al. 2013. Mapping of vine vigor by UAV and anthocyanin content by a non-destructive fluorescence technique. Precision Agriculture, 13: 201-208.
McLaughlin R A. 2006. Extracting transmission lines from airborne LIDAR data. IEEE Geoscience and Remote Sensing Letters, 3(2): 222-226.
McNairn H, Kross A, Lapen D, et al. 2014. Early season monitoring of corn and soybeans with TerraSAR-X and RADARSAT-2. International Journal of Applied Earth Observation and Geoinformation, 28: 252-259.
McNairn H, van der Sanden J J, Brown R J, et al. 2000. The potential of RADARSAT-2 for crop mapping and assessing crop condition. Japanese Journal of Radiological Technology, 49(2): 69-72.
Mejias L, Correa J F, Mondragón I, et al. 2007. COLIBRI: a vision-guided UAV for surveillance and visual inspection. Rome: IEEE International Conference on Robotics and Automation: 2760-2761.
Montambault S, Beaudry J, Toussaint K, et al. 2010. On the application of VTOL UAVs to the inspection of power utility assets. Montreal: International Conference on Applied Robotics for the Power Industry: 1-7.
Nuyttens D, Sonck B, Schampheleire M D, et al. 2005. A pdpa laser-based measuring set-up for the characterisation of spray nozzles. Communications in Agricultural and Applied Biological Sciences, 70(4): 1023-1035.
Oliver W R, Leone L. 2012. Digital UV/IR photography for tattoo evaluation in mummified remains. Journal

of Forensic Sciences, 57(4): 1134-1136.

Owens J D, Luebke D, Govindaraju N, et al. 2007. A survey of general-purpose computation on graphics hardware. Computer Graphics Forum, 26(1): 80-113.

Pohl C, van Genderen J L. 1998. Review article multisensor image fusion in remote sensing: concepts, methods and applications. International Journal of Remote Sensing, 19: 823-854.

Qadir A, Semke W, Neubert J. 2013. Vision based neuro-fuzzy controller for a two axes gimbal system with small UAV. Journal of Intelligent and Robotic Systems, 74(3-4): 1029-1047.

Rajesh R J, Ananda C M. 2015. PSO tuned PID controller for controlling camera position in UAV using 2-axis gimbal. Bengaluru: International Conference on Power and Advanced Control Engineering: 128-133.

RemuB V. 2006. MARVIN-An autonomously operating flying robot. TU Berlin department of computer science. http://pdv.cs.tu-berlin.de/MARVIN/fubr0693. html[2017-12-6].

Riccardo G, Michela F, Andrea F. 2010. Improving the efficiency of hierarchical structure-and-motion. San Francisco: International Conference on Computer Vision and Pattern Recognition (CVPR): 1594-1600.

Salyani M, Serdynski J. 1990. Development of a sensor for spray deposition assessment. Transactions of the ASAE, 33(5): 1464.

Sameer A, Yasutaka F, Noah S, et al. 2010. Reconstructing Rome. Journal of Computer, 43(6): 40-47.

Sarabandi K, Pierce L, Oh Y, et al. 1994. Power lines: radar measurements and detection algorithm for polarimetric SAR Images. IEEE Transactions on Aerospace and Electronic Systems, 30(2): 632-643.

Schubert G, Ahlers A L. 2011. 'Constructing a new socialist countryside' and beyond: an analytical framework for studying policy implementation and political stability in contemporary China. Journal of Chinese Political Science, 16(1): 19-46.

Sifiso A N, James M D, Etienne V D W, et al. 2015. Validation of the AGDISP model for predicting airborne atrazine spray drift: a South African ground application case study. Chemosphere, (138): 454-461.

Sugiura R, Noguchi N, Ishii K. 2005. Remote-sensing technology for vegetation monitoring using an unmanned helicopter. Biosystems Engineering, 90(4): 369-379.

Sun M R, Zhu R M, Yang X G. 2008. UAV path generation, path following and gimbal control. Sanya: 2008 IEEE International Conference on Networking, Sensing and Control: 870-873.

Suzuki T, Amano Y, Takiguchi J, et al. 2009. Development of low-cost and flexible vegetation monitoring system using small unmanned aerial vehicle. Fukuoka, Japan: Proceedings of ICROS-SICE International Joint Conference: 4808-4812.

Tarazona R D F, Lopera F R, Góez-Sánchez G D. 2015. Anti-collision system for navigation inside an UAV using fuzzy controllers and range sensors. 2014 XIX Symposium on Image, Signal Processing and Artificial Vision (STSIVA), 29(3): 325-327.

Tate R W. 1982. Some problems associated with the accurate representation of drop-size distribution. Madison, USA: Proceedings of the 2nd International Conference on Liquid Atomization and Sprays: 341-351.

Teske M E, Thistle H W. 2004. Aerial application model extension into the far field. Biosystems Engineering, 89(1): 29-36.

Tian L. 2002. Development of a sensor-based precision herbicide application system. Computers and Electronics in Agriculture, 36(2): 133-149.

Toan T L, Ribbes F, Wang L F, et al. 1997. Rice crop mapping and monitoring using ERS-1 data based on experiment and modeling results. IEEE Transactions on Geoscience and Remote Sensing, 35(1): 41-56.

Torres-Sánchez J, Peña-Barragán J M, Gómez-Candón D, et al. 2013. Imagery from unmanned aerial vehicles for early site specific weed management//Stafford J V. Precision Agriculture'13. Wageningen: Wageningen Academic Publishers: 193-199.

Tuo H Y, Liu Y C. 2005. A new coarse-to-fine rectification algorithm for airborne push-broom hyperspectral images. Pattern Recognition Letters, 26(11): 1782-1791.

Turner D, Lucieer A, Malenovský Z, et al. 2014. Spatial co-registration of ultra-high resolution visible, multispectral and thermal images acquired with a micro-UAV over Antarctic Moss Beds. Remote Sensing, 6(5): 4003-4024.

Xiang H T, Tian L. 2011. Method for automatic georeferencing aerial remote sensing (RS) images from an unmanned aerial vehicle (UAV) platform. Biosystems Engineering, 108(2): 104-113.

Xue X Y, Kang T, Qin W C, et al. 2014. Drift and deposition of ultra-low altitude and low volume application in paddy field. International Journal of Agricultural and Biological Engineering, 7(4): 23.

Xue X Y, Lan Y B, Sun Z, et al. 2016. Develop an unmanned aerial vehicle based automatic aerial spraying system. Computers and Electronics in Agriculture, 128: 58-66.

Yamamoto K, Yamada K. 2002. Analysis of the infrared images to detect power lines. Brisbane: TENCON'97. IEEE Region 10 Annual Conference. Speech and Image Technologies for Computing and Telecommunications, 1: 343-346.

Yan G J, Li C Y, Zhou G Q, et al. 2007. Automatic extraction of power lines from aerial images. IEEE Geoscience and Remote Sensing Letters, 4(3): 387-391.

Yang C C, Prasher S O, Landry J A, et al. 2003. Development of a herbicide application map using artificial neural networks and fuzzy logic. Agricultural Systems, 76(2): 561-574.

Yasutaka F, Jean P. 2010. Accurate, dense, and robust multi view stereopsis. IEEE Transactions on Pattern Analysis and Machine Intelligence (PAMI), 32(8): 1362-1376.

Zarco T P J, González D V, Williams L E, et al. 2013. A PRI-based water stress index combining structural and chlorophyll effects: assessment using diurnal narrow-band airborne imagery and the CWSI thermal index. Remote Sensing of Environment, 138: 38-50.

Zhang H, Lan Y, Lacey R, et al. 2010. Ground-based spectral reflectance measurements for evaluating the efficacy of aerially-applied glyphosate treatments. Biosystems Engineering, 107(1): 10-15.

Zhang J, Sang H S. 2014. Parallel architecture for DoG scale-space construction. Microelectronics and Computer, 31: 6-9.

Zhang Y J, Shen X. 2013. Direct georeferencing of airborne LiDAR data in national coordinates. ISPRS Journal of Photogrammetry and Remote Sensing, 84(10): 43-51.

Zhao L, Qiu H, Feng Y. 2016. Analysis of a robust kalman filter in loosely coupled GPS/INS navigation system. Measurement, 80: 138-147.

Zhu H, Salyani M, Fox R D. 2011. A portable scanning system for evaluation of spray deposit distribution. Computers and Electronics in Agriculture, 76(1): 38-43.

Zingg S, Scaramuzza D, Weiss S, et al. 2010. MAV navigation through indoor corridors using optical flow. Anchorage, USA: IEEE International Conference on Robotics and Automation, 58(1): 3361-3368.

第 5 章　智慧农业生产系统

5.1　智 慧 种 植

5.1.1　引言

大田和果园是智慧农业种植应用的两种主要场景。这两种场景的共同挑战之一是开放环境中的大耕地面积，基于物联网的田间和果园作物生产管理是应对这一挑战的有效方法。本节概述了田间和果园作物物联网管理系统，介绍了该系统的基本结构，以及其执行环境监测、土壤水分监测、水肥一体化施用和病虫害监测的方式。物联网在大田作物和果园的应用，可以有效降低环境、病虫害等因素对作物和果树生长的影响，最大限度地减少化肥和水的使用，保证作物和水果的产量和质量。采用物联网系统对开阔地作物生长进行精准管理所面临的挑战主要是复杂环境对物联网系统稳定性、准确性和使用寿命的影响。

大田作物和果园物联网系统用于农田资源管理、农业形势监测、农业精准运营和农业机械指挥调度。大田作物和果园物联网系统通过收集实时信息，及时控制生产过程，确保产品的产量和质量。在大田和果园情景中广泛采用现代传感技术、信息智能传输技术、计算机技术和智能控制技术。可通过传感器实时获取大田与果园土壤、环境、生长、气象等信息，信息处理后给出作物生长调控和果园生产管理指导。物联网技术在果园信息化管理中的引入和应用，可以使果园更加信息化、智能化，从而有利于构建优质、高产、高效的果园生产管理模式。

为让读者全面了解物联网系统在大田种植与果园生产中的应用，本节重点介绍土壤水分气象监测系统、农田环境监测系统、测土配方施肥管理系统、作物预警系统和病虫害诊断系统。

5.1.2　智慧种植系统架构

智慧种植系统架构用于实现农田环境、作物生长生态、土壤等动态信息的获取和存档、分析。其基本功能包括信息感知、采样和数据处理、数据存储等，如图 5-1 所示。部署在农田生产现场的每个传感器节点均负责采集自身周围的农业气象环境信息、土壤水分含量、土壤温度信息和作物养分、生理生态信息，节点与节点之间通过主动诱导式组网方式进行自组织组网。获取的数据信息通过网络传输到计算机后端，进行数据存储与数据处理，并在网络上和专家共享数据。专家通过在线或离线的方式对数据进行挖掘分析。

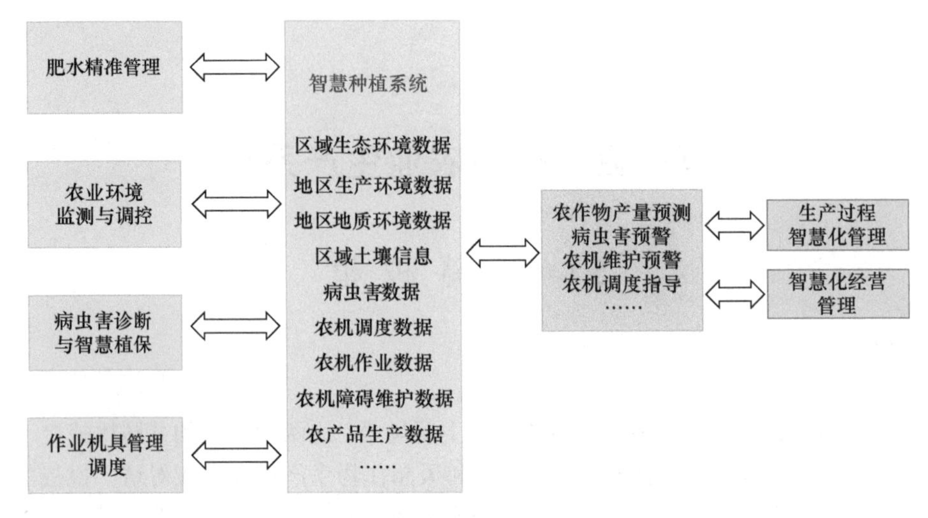

图 5-1　智慧种植系统架构

大田作物和果园物联网系统由感知层、传输层、基础层、应用平台、应用系统五层组成。

大田作物和果园物联网系统的感知层主要包括土壤、作物或果树的生长环境和气候信息的传感器。这些传感器能够以科学的方式感知种植区的土壤状况、生长状况和气候信息。感知层负责收集信息，当物联网系统开始对补水补肥等因素进行精准管理时，即可提供相应信息的反馈。

传输层的主要组成部分包括传感器节点、无线传感器网络节点和控制终端之间的信息传输。对于大面积农田的信息采集，无线传输方便有效。无线传输主要有两种：GPRS和CDMA（也包括3G、4G、5G等无线网络）。这些传输依赖于网络供应商，具有无线连接、安装简单和移动性强的特点。这就是为什么它们可以应用于布线和网络分布不方便的场景中。WLAN无线网络，相当于一个区域内的无线网络，在带宽方面具有优势，可以与通信网络相结合。传输层需要保证传输的稳定性，即传输的信息和命令应该完整准确。

基础层是应用层的基础，主要包括物理网络、资源服务平台和虚拟化平台。该层用于提供应用层所需的基本资源和信息。

应用层主要位于控制端。基于获取的信息，对感知层获取的土壤、农作物和果树的生长情况、环境和气象因素等信息进行存储和分析。该层通过专家系统，结合大数据处理技术，实现传感信息的处理和反馈，通过智能管理系统对作物和果树的生长进行调控。更具体地说，应用层包括应用平台和应用系统。

应用平台基于已有的知识和模型，结合感知层获得的信息，负责数据处理、支持决策的生长状况评估、大田农业的管理和功能应用，如精准水肥灌溉、农作物病虫害治理等。

应用系统的主要作用是构建应用于不同方面的物联网系统，包括大田作物和果园运营管理系统、精准施肥服务系统和作物生长检测系统。基于这些系统，大田作物和果园物联网系统能够提供广泛的功能。

5.1.3　环境监测系统

环境监测系统用于检测大田与果园环境中的土壤、温度、气象和水质等相关数据信息并进行数据通信。监测站利用太阳能供电，采用低功耗、一体化设计，适应能力强。种植业农业物联网遵循物联网服务标准，利用专业田间生态环境监测应用软件，适用于管理人员、农机服务人员、灌溉调度人员和政府领导等不同用户，并且提供天气预报式的果园环境信息预报服务和环境在线监管与评价服务。

该系统可快速、实时、准确和定位化地获取环境信息，可进行无线传输、智能化动态监测，并可以网络远程监测。土壤与环境信息主要涉及作物和果树生长环境相关的数据，比较显著的有气象因子、周边非生物环境（塑料大棚、地膜覆盖、裸露地、一般农田、水库、丘陵山地面积）；土壤条件（土壤温度、湿度、盐分、pH、水位、水矿化度等）等。系统主要利用气象站、土壤等各类传感器、物联网等硬件和网络，收集作物生产环境中的各种信息，通过视频监控、工业相机等设备获取生产基地的图像信息，如图 5-2 所示。

图 5-2　环境数据采集

利用传感器，对农田整体环境进行多点实时动态采集，显示装置实时显示农田的温湿度、光照度等数值，能够展示整个农田的数据全貌。传感器是系统整个检测环节的重要组成部分，用于将农田环境因子等非电学物理量转变为控制系统可识别的电信号，为系统管理控制提供判断和处理的依据。传感器的主要技术指标有：线性度、灵度、迟滞、重复性、分辨率、漂移、精度等。常用农业传感器主要有温度传感器、湿度传感器、光照传感器、CO_2（二氧化碳）浓度传感器、土壤水分传感器、土壤温度传感器，以及营养液的盐分浓度传感器等。

5.1.3.1　土壤墒情监测

土壤墒情自动监测主要是针对土壤水分含量进行监测，通过墒情传感器测量土壤的单位体积含水量。同时，可以根据用户的需求，该系统可以扩展配置土壤温度传感器、土壤电导率仪、土壤紧实度仪、土壤原位分析仪、土壤（肥料）养分速测仪等监测所有土壤参数的设备。检测土壤温度、水分、水位是为了实现合理灌溉，杜绝水源浪费和大量灌溉导致的土壤养分流失。检测氮磷钾、溶氧、pH 信息（图 5-3，图 5-4），全面检测土壤养分含量，准确指导水田合理施肥，提高产量，防止由于过量施肥出现的环境问题。

图 5-3 土壤与气象监测设备

图 5-4 气象监测设备

5.1.3.2　田间植物信息传感技术

目前，国内外植物营养诊断的手段有外观诊断、化学诊断、叶绿素计氮营养诊断和光谱诊断等。氮素是影响作物生长与产量的主要因素之一。由于叶片含氮量和叶绿素含量之间的变化趋势相似，因此可以通过测定叶绿素含量来监测植株氮素营养。Liu 等（2011）利用光谱技术检测油菜叶片养分含量获得了较好的效果。方慧等（2007）采用可见/近红外光谱技术实现了油菜、黄瓜等叶片 SPAD 值的无损检测。对于作物氮素含量的无损检测研究，主要采用机器视觉技术、光谱分析技术及多光谱与高光谱成像技术。

植物生理生态信息动态获取多应用光谱技术、多光谱成像技术、高光谱成像技术等。在植物生理信息中氨基酸类物质的检测研究方面，刘飞等（2011）应用近红外光谱技术结合连续投影算法（SPA）实现了油菜在正常生长和除草剂胁迫下叶片氨基酸总量（TAA）、脯氨酸的快速无损检测；同时，应用可见/近红外光谱技术实现了油菜叶片中乙酰乳酸合成酶（ALS）、可溶性蛋白、非可溶性蛋白、总蛋白的快速无损检测。孙光明等（2010）应用近红外光谱技术实现除草剂胁迫下油菜叶片中脯氨酸含量的快速检测。Bao 等（2012）应用可见/近红外光谱实现了除草剂胁迫下大麦叶片总氨基酸含量的快速检测。

5.1.4　智能水肥系统

智能水肥监测控制技术的特点是按作物需求定量灌水、施肥（液态肥），以省工、节水、节肥、增产增效和保护农业生态环境为目标。通过便携式植物土壤养分、水分测试仪等进行养分、水分检测，并采取相应的精准化管理措施，达到节本增产增效的目的。

灌溉是农业生产中的关键环节，以往的农业灌溉往往是由人力加大量的物力完成的，非常耗时，传统的农业灌溉多依赖人工经验管理，数据衡量缺乏统一标准，极易造成灌溉用水浪费，还不利于作物健康生长。这种情况下应用智能水肥一体化系统是非常好的选择，水肥一体化技术是将浇水和施肥融为一体的农业新技术，具有节肥节水、省工省力、增产增效的优点。

农田自动灌溉能有效地利用农业水资源，减少水资源浪费，满足作物生长对水的正常需求，对作物品质和产量都有一定的提高。实现自动控制喷灌首先要实时动态获取田间土壤的含水量信息，在获得含水量信息后可根据各种自动控制模式实施自动灌溉。

5.1.4.1　系统介绍

智能水肥系统是将灌溉与施肥融为一体的现代农业实用技术，具有节水、节肥、省工、高产、高效、环保等特点。它利用微灌系统根据作物的需水、需肥规律和土壤水分养分状况，将肥料和灌溉水一起适时、适量、准确地输送到作物根部土壤，供给作物吸收，相当于给植物打点滴。这样可使灌水量、灌水时间、施肥量、施肥时间都达到很高的精度，具有水肥同步、集中供给、一次投资、多年受益的特点，从而达到提高水肥利用率的目的。

精准施肥有助于减少化肥的浪费，对保护土壤和生态环境有积极的效果，同时也避免了肥料滥用对水体和农田的污染和破坏，从而减少对作物生长的危害。自动施肥的物联网系统通过对信息采集获取的作物的生长营养状况的分析和判断，实现了整个园区自动肥料精准管理。

利用微灌系统实现水肥一体化定量施肥，可提高化肥利用率，减少施肥成本，明显节肥。同时，由于传统灌溉一次灌水量大，土表长时间保持湿润，湿度相对较高，易导致病虫害发生，而精准微灌属于局部微灌，大部分土壤表面保持干燥，对于保持低温、降低环境湿度有较好的效果，从而可减少病虫害的发生与农药的用量。在智能化温室中，不但实现精准微灌，而且可以自动调控温室内温度、湿度、光照等环境要素，以达到设定要求，节肥节药效果更加明显，节肥节药率可在10%以上。

按农作物所缺的水分、养分，定量定点精确灌溉和水肥同灌，形成适宜的土壤水、肥、热环境，从而减少作物病虫害的发生，并使得化肥用量减少，农作物用水协调，在温室中更是按作物要求自动调控温室内温度、湿度和光照等环境要素，从而提高了农作物的产量和内在品质。

5.1.4.2 系统特点

自动灌溉控制分 3 种控制模式：定时灌溉、自动控制、手动控制。定时灌溉实际应用非常广泛，特别是对无土栽培意义更大。用户需要手动操作时使用手动控制模式，自动控制使用前必须预设各阀门的工作限制时间。例如，如果将电磁阀 1 限时设置为 60 min，则用户手动开启该阀门后无须在计算机或触摸屏前等待，电磁阀工作到 60 min 后自动断开，工作时限可以根据实际需要设置。农田自动灌溉是一个复杂系统，它涉及的参数较多。自动灌溉设计架构中预留了两种模式，一种为智能决策控制，另一种为专家系统控制。智能决策算法很多，用在自动灌溉方面的研究也比较多。专家系统是根据农艺专家提供的作物生长对环境、养分的需求数据表格，通过编程方式编制成的系统，用来调控作物具体生长周期内的作物最佳生长条件下的环境及土壤水分含量信息。

在该系统下，种植户可以通过手机等智能设备随时监控，根据作物生长特性和需肥规律，提供最佳的灌溉施肥方案，并通过系列变送器传感设备自动检测和计算作物需水、需肥量，用户可设置水肥过程参数，实现定时定量灌水施肥。

智能水肥系统具有以下功能。

1）自动灌溉：可以设定灌溉的起始时间、结束时间，可自动进行灌溉。可关联土壤温度或土壤湿度传感器，设定相应阈值自动灌溉。

2）自动施肥：可以设定施肥的起始时间和施肥时长。

3）自动调节：可根据预先设定农田环境信息对自动系统提供工作指导。

4）报警信息：当检测到农田环境信息超标时，及时告知用户。

5）远程控制：用户通过有线或无线设备与个人数码设备相连，随时随地实现实时远程控制。

6）模式设定：根据用户需要提供不同的水肥供给模式，能够使供水供肥的操作灵活可控。

7）报表查询：用户可查询水肥一体化系统近期的操作日志，以及传感器数据。

5.1.5　病虫害预警系统

病虫害作为大田作物和果树生长的共同威胁，对农作物和果树的产量影响很大。如果不加以控制，病虫害就会发生并大规模传播。严重的病虫害将导致产量大幅下降。因此，科学监测、预测和预防病虫害对农作物与果树的正常生长至关重要。

5.1.5.1　病害预警系统

植物病害等非生物胁迫信息检测具有重要意义，早期发现并确定作物病害的发生，可以提高施药决策防治的针对性和准确性，从而做到对症下药，按需施药，并有效降低均匀施药带来的环境污染和药品浪费。传统的作物病害信息获取存在主观性强、工作量大、覆盖范围窄、效率低、成本高等缺点，不适用于精准农业对作物病害信息快速获取的需要。

当作物受到病害侵染后，外观形态和生理效应均会发生一定的变化，与健康作物相比，某些光谱特征波段值会发生不同程度的变异，使得采用图像处理技术、光谱分析技术，以及多光谱和高光谱成像技术等进行作物病害快速检测成为可能。

智能传感器检测系统集数据采集、图像采集和信息处理功能于一体，并串联多个疾病检测和报告传感器，可实时监测环境和疾病状态。此外，当物联网系统开始进行精准管理或其他操作时，可以通过感知层提供相应的反馈信息，辅助用户采取正确的方法来防控疾病。一般来说，疾病检测和预测仪器主要是指用于田间作物信息感知的传感器，包括 RGB 成像、光谱仪、红外热成像、高光谱成像、叶绿素荧光成像。这些仪器可实现对农作物、果树不同器官的高通量、全自动、数字化检测。根据疾病的相应测量标准，通过一系列数据或图像处理对获取的异常物联网监测信号进行分析。疾病的类型和严重程度等相关信息通过传输层和基础层传回，使物联网系统可以启动疾病的响应机制。以完善病害响应机制为目标，在应用平台和应用系统中采取防控措施，实现农作物、果树病害物联网诊断预警。同时，专家系统具有在线远程视频咨询和问答功能，可为生产单位提供全程技术指导和服务。专家系统连接智慧农业客户，通过智能手机或智能终端为客户提供疾病管理知识。此外，病害诊断预警系统还可用于农作物、果树常见病虫害的远程诊断和会诊，并提供相应的管理措施。

在植物病害信息快速检测技术研究方面，Adams 等（2016）利用大豆黄萎病光谱二阶导数设计的发黄指数对病情评价进行了研究。刘飞等（2010）研究了水稻冠层光谱的叶瘟诊断研究。冯雷等（2009）利用多光谱成像技术对水稻叶瘟进行了早期的分级检测。孙光明等（2009）采用多光谱成像技术进行了大麦赤霉病的无损检测。

5.1.5.2　虫害预警系统

害虫是导致作物减产的主要原因之一，科学监测和预测病虫害，对于减少病虫害对农作物和水果产量和质量的影响至关重要。人工监测和施用化学农药虽然是防治病虫害最重要的方法，但也带来了病虫害认识不足、农药残留、环境污染等问题。借助物联网技术，可以将现场监控替换为对物联网设备的实时监控，从而确保有效实时监控，降低劳动强度。虫情监测设备如图 5-5 所示。

图 5-5　虫情监测设备

害虫是作物生长过程中不可避免的危害。病虫害实时监测可分为监测感知层、传输网络层、应用管理层三个部分。系统最底层的监测感知层，主要负责监测虫害状态，实时采集相关信息。传输网络层通过特定的协议将获取的信息传输到应用管理层，然后进行处理、存储并做出最终决策。

对于大田作物，可采用远程照相式病虫害监测灯、无线远程自动气象监测站和远程视频监控系统作为监测传感层的采集终端，实时获取病虫害信息、田间疫情和环境数据。机器视觉技术是一种用于获取害虫信息的技术，基于机器视觉技术的物联网害虫监测系统也是相关研究的热点。害虫图像的采集状态是后续监测分析的关键。因此，图像采集系统和图像采集的设计至关重要。工业相机一般采用 CCD 或 CMOS 图像传感器（视实际需要而定）。基于摄像头采集害虫图像，应用有效的图像分割算法对害虫目标和背景进行分割。根据目标区的特点，建立害虫识别模型，进行农田环境监测和害虫种类识别。依靠图像分割和特征提取来理解与分析获取的目标图像，以便更好地应用。常用的分割算法包括边缘检测图像分割算法和基于区域的分割算法，而特征提取包括颜色、纹理、几何等。当识别出的物种和害虫数量较多时，会出现种间相似性、种内多样性或害虫种群之间的态度变化，这将使数据进一步复杂化。在机器学习中，一种处理大量数据的有效方法，即卷积神经网络可以直接访问数据，从而构建“图像像素-底层特征-高级抽象-最终类别”之间的逐层表达关系，准确检测与感知相关的信息，并提高视觉模式的分类能力。基于物联网的病虫害监测系统可以提高田间病虫害的实时监测和识别能力，为病虫害防治提供准确的信息。

果树病虫害诊断预警物联网与大田作物物联网相似。果园物联网病虫害监测系统借助图像和多路视频监测果树的生长与病虫害情况。一旦发现问题，将立即采取措施。昆虫采集节点的布局对系统的高效运行起着重要作用。这需要预先评估虫害的特征，然后相应地分配节点。例如，信息采集节点可以有远景节点和近景节点。前者采用可旋转变焦的摄像装置大范围观察果树生长情况，后者采用高微距摄像装置观察果树病虫害的具体情况。这在一定程度上解决了人工监控精度低、时效性差、劳动强度高等问题。基于对获取的昆虫信息的分析，可以预测果园昆虫的趋势，并可以根据需要定期掌握果园昆虫状况变化的信息，将害虫信息无线传输至系统模型，再结合云计算分析，确定害虫管理决策和行为。

物联网系统的应用使田间和果园的病虫害监测成为可能。实践证明，它省力、实时、高效、准确，解决了以往人工监控精度低、时效性差、利用率低、集体劳动强度大、性能不直观等问题。物联网系统为田间、果园的生产和发展提供了重要的技术保障。

5.1.6 应用举例

本章节以宁波大桥生态农庄农业物联网系统为例介绍智慧种植的相关应用。

宁波大桥生态农庄总面积达 2000 亩，其中陆地面积 1500 亩，水域面积 500 亩。大桥生态农庄在发展有机生态农业的基础上，合作建设数字化农场等一系列高新农业项目，以观赏农业园作物种植为主。公司在其植物大观园内安装了一套物联网信息采集与智能控制的展示系统，如图 5-6 所示。该系统可监控展示大棚内环境与土壤情况，并可根据实时数据对展示区内植物进行自动喷灌等作业。该系统界面直观、美观、展示性强，可与游客进行互动，游客可以通过拔插传感器等行为改变环境情况从而看到自动喷水灌溉的过程，提高了园区的科技含量与景观丰富程度。其中，园区花卉展览馆内设有物联网技术旅游体验区，设施蔬菜安全生产、水产养殖、葡萄种植等都应用了物联网信息采集与自动控制技术，全园区覆盖智能可视化监控系统管理园区生产与经营。

图 5-6　环境信息采集

农庄在发展有机生态农业的基础上，通过数字化农场建设等一系列高新农业项目的实施，建立合理的生态产业链，把农业可持续发展和休闲旅游有机结合，延伸了农业产业，活跃了当地农村经济的快速发展。

可视化监控系统：由球型摄像机和枪型摄像机组成，通过铺设光纤与分纤接入的方式将网络连接到每台摄像机，并由此实现图像传输。通过可视化监控系统可直观地观测温室和水产养殖区设备的运行状况与作物生长情况，用户配合物联网采集系统上传的数据对设备进行及时准确的操作管理。园区管理者可以实时看到园区测试点的实时图像信息，通过信息采集与智能化管理系统的配合进行远程科学化管理。

5.2 植 物 工 厂

5.2.1 引言

植物工厂以人工控制操作为特点，是国际公认的保护性农业发展的最先进阶段。由于其涵盖生物系统管理、工程管理、物联网管理，植物工厂可以全年生产计划作物产品，生长周期短，污染小。植物工厂人工采光栽培技术的突破，使摩天大楼、沙漠、岛屿、船舶、极地等非耕地的农作物生产成为可能。因此，植物工厂被认为是解决 21 世纪人口膨胀、资源短缺、粮食安全和环境污染等问题的重大对策。此外，它还被视为未来空间工程和空间探索中实现食物自给自足的一种方式。通过物联网，可以实现彻底的感知识别、全面互联、更深层次的集成和分析，从而实现植物工厂的智能控制和决策。

到 2050 年，全球人口预计将达到 97 亿，68%的世界人口预计将居住在城市，农村农业劳动力不足问题日益突出。传统农作物种植受自然条件（气候、土地和水资源）的限制，劳动强度大，产量低。持续的城市化进程将为城市粮食供应的可持续性带来新的挑战。随着生活水平的提高，人们对新鲜、清洁、安全的农产品的需求增加。都市农业可以确保当地新鲜食物的供应。人们对都市农业、垂直农业和植物工厂的研究试图为城市的粮食生产系统提供新的视角。

植物工厂作为高产、高效、优质的技术密集型农业，是环境可控农业发展的高级阶段。植物工厂以人为控制的环境和工厂运营为特征，通过垂直堆叠培养架，土地利用效率和单位面积作物产量可以成倍增加。物联网技术的广泛应用，标志着植物工厂新一轮的发展机遇，是 21 世纪智慧农业的标志。

本节阐述了植物工厂的主要组成和类型，概述了物联网系统在植物工厂中的应用，涉及环境控制系统、CO_2 和营养液供应系统、视频监控和图像传输系统、自动化物流苗床、智能机器人，以及计算机远程自动控制系统，让读者对植物工厂物联网有一个全面的了解。

5.2.2 植物工厂概述

5.2.2.1 “植物工厂”的概念

“植物工厂”的概念最早由日本学者提出。植物工厂是一种受保护的农业系统，它依靠计算机自动准确地控制生长条件，如光照、温度、湿度、CO_2浓度和营养液，从而实现全年作物生产。其主要生产蔬菜水果、花卉、药材、食用菌等。植物工厂是一种技术密集型的生产方式，涉及园艺科学、生物技术、建筑工程、材料科学、信息技术和计算机科学。它代表了农业发展的新方向，是全球农业高科技研究的焦点。与传统农业生产方式相比，植物工厂具有以下优势。

1）具有更详细的生产计划，可实现年均平衡生产。

2）采用垂直堆叠栽培技术，可显著提高土地和水资源的利用效率。

3）显著提高单位面积作物产量。

4）更高的机械化和自动化水平，更低的劳动强度和更舒适的工作环境。

5）更安全无污染的产品。

6）降低受到地理和气候等自然条件的影响。

7）降低运输成本。

8）在生产稀有、高价位、营养丰富的植物产品方面具有优势。

植物工厂可以提高土地利用效率，同时使作物远离恶劣气候，因此，它们在日本、荷兰、丹麦、瑞典、挪威、奥地利、美国和加拿大得到了迅速发展。

5.2.2.2　植物工厂的主要组成部分

植物工厂在空间上主要由以下几部分组成：种子实验室、播种室、育苗室、营养液控制室、栽培室、空调室、中控室、冷库、产房。更具体地说，控制系统主要包括：密闭系统、人工照明系统、智能环境控制系统、CO_2供应系统、营养液供应循环和杀菌系统、垂直栽培系统、视频监控和图像传输系统、计算机控制和远程控制系统和智能交通平台。植物工厂示意图见图 5-7。

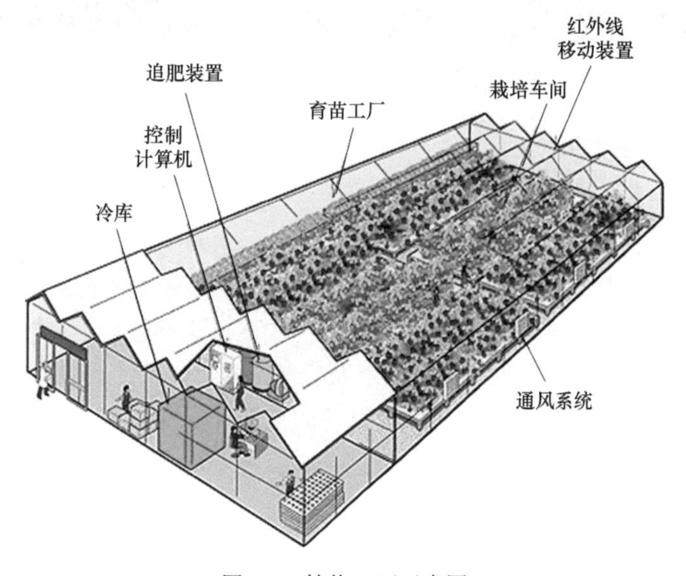

图 5-7　植物工厂示意图

5.2.2.3 植物工厂的类型

1. 人工照明和太阳光型植物工厂

人工照明和太阳光型植物工厂是一种植物工厂模式，白天使用自然光，夜间或阴天时使用人工照明，如图 5-8 所示。该模式具有能耗低、气候影响小、作物产量稳定等特点，适合栽培多种开花结果植物，但是在阳光充足、温度高的夏季，人工照明和太阳光型植物工厂需要大量的电力来降温，温度的稳定性不如全封闭人工照明的植物工厂。

图 5-8 人工照明和太阳光型植物工厂

2. 人工照明的植物工厂

人工照明的植物工厂是指在完全密闭、环境精确可控的条件下，采用人工光源与营养液立体多层栽培，在几乎不受地理位置和外界气候影响的条件下，进行植物周年计划性生产的一种高效农作方式。在这样的环境下，植物可以稳定生长，并且可以实现每年连续生产。与结合人工照明和太阳光型植物工厂相比，这种植物工厂展示了许多优势，包括更高的种植密度、更高的能源效率，以及更高的水、二氧化碳和土地利用率。然而，它也存在某些缺点，如对设施建设和技术设备的早期投资较高，以及较高的电力消耗和运营成本。

3. 移动式植物工厂

移动式植物工厂采用绝热板建造，与外部环境完全隔离，如图 5-9 所示。气候条件的变化对移动式植物工厂栽培空间的气候影响不大，集装箱植物工厂配备自动环境控制系统、照明控制系统和水循环系统，对集装箱内外的温度、湿度、CO_2浓度等环境参数进行监测。此外，它允许对环境参数、光参数和水泵进行自动闭环控制。工厂可进行全天候人工模拟，全封闭无菌操作，适合栽培研究。移动式植物工厂作为一种高强度集装箱，采用模块化设计，便于吊装和运输。它能够在任何地方生产食物，尤其是在远洋货轮、海军舰艇、岛屿、边境哨所和极地地区。目前，美国亚利桑那大学已经在南极建立了这种植物工厂，为在那里工作的员工供应新鲜蔬菜。此外，移动式植物工厂还可以作为展示和推广植物工厂技术的基地。

图 5-9　移动式植物工厂

4. 微舱植物工厂

作为一种利用生命维持技术在外太空生产植物的栽培模式，微舱植物工厂是研究使植物在失重环境中正常生长的一种尝试。微舱植物工厂，旨在探索植物栽培在其他星球上的实用性，目前仍处于探索阶段，具有广阔的发展前景，为人类下一个星球计划奠定基础。目前，美国已经在空间站上进行了种植实验，解决了宇航员新鲜蔬菜的供应问题。图 5-10 为航天生态生保植物工厂。

图 5-10　航天生态生保植物工厂

5.2.3 植物工厂总体架构

植物工厂物联网系统依托的是智能传感、数据传输、自动化控制、科学分析决策。它由三层组成，包括感知层、传输层和应用层。感知层主要利用智能传感器、生化传感器和摄像头来感知作物生长的环境（如温度、湿度、营养液、CO_2浓度和光）信息和生理信息，以及作物的生态信息（如生长特性、昆虫和疾病）。传输层需要通过无线传感器网络、移动通信网络、有线通信网络构建本地控制、工厂监控和智能农业物联网平台的三级信息传输网络，实现生产的远程管理和控制。应用层主要依靠环境模拟、智能控制、智能决策、专家诊断、云计算、深度学习、大数据等方法对感知层获取的信息进行共享、交换和融合，从而实现对植物工厂各个生产过程的预警诊断、科学决策和智能管理。图 5-11 为植物工厂控制体系。

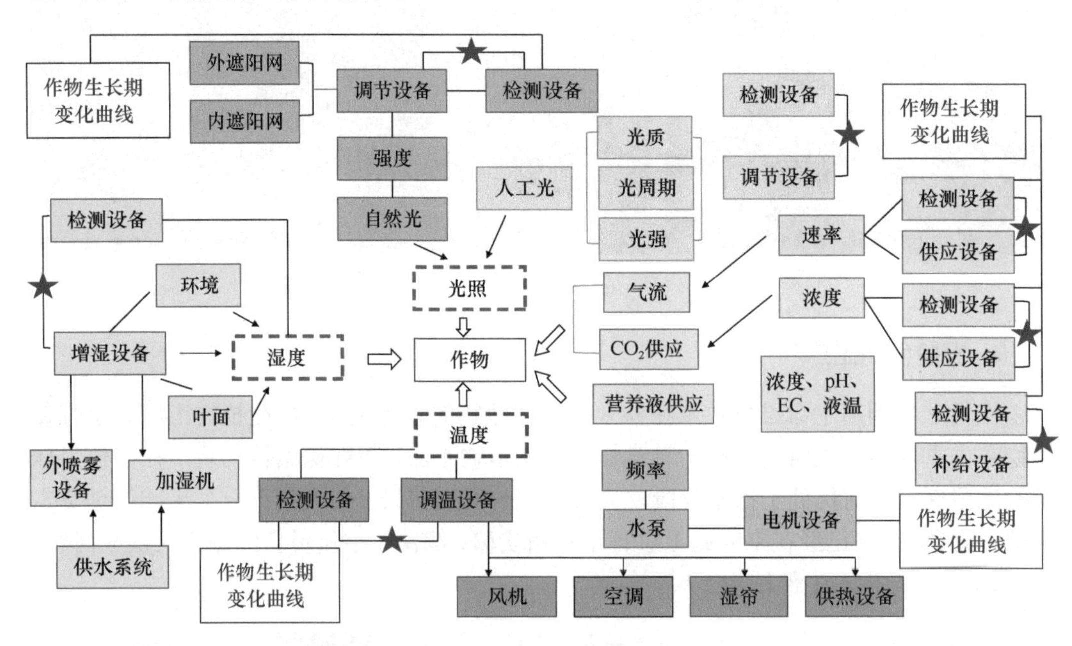

图 5-11 植物工厂控制体系

五角星表示系统控制要点；EC 表示电导率

物联网系统应用的目的是提供对植物生长和环境信息的综合感知，然后通过数据处理、分析、决策和智能控制，获得作物的最佳生长条件。物联网系统可以提高作物产量和质量，并降低能源、水、肥料和劳动力等成本，从而实现植物工厂的高产、高效、优质、低耗、安全、生态的生产。

5.2.4 植物工厂关键技术

5.2.4.1 植物栽培和照明技术

20 世纪 40 年代以来，以“矿质营养学说”为理论基础的营养液栽培技术在现代农业中得到快速发展和推广应用。70 年代以来，营养液栽培技术得到不断创新和突破。1973

年英国温室作物研究所库珀（Cooper）教授提出营养膜技术（nutrient film technique，NFT）水耕栽培模式，显著减少了营养液用量，简化了栽培结构，降低了生产成本。同时，日本研制出了深液流技术（deep flow technique，DFT），并形成了 M 式、神园式、协和式、新和等量交换式等营养液栽培模式。随后，气雾栽培方法的提出使植物根际环境得到进一步改善。营养膜技术的不断进步为植物工厂安全清洁生产提供了可能，为植物工厂发展提供了重要的技术支撑。

LED 节能灯发明于 1961 年，是继白炽灯、荧光灯、高气压放电灯之后的第四代光源。作为新一代半导体固态光源，与传统光源相比，LED 具有结构简单、体积小、质量轻、安全性高、寿命长等特点，而且还具有能耗低、发光效率高、发热低、波长专一、光色纯正等光电优势。LED 的出现使植物光环境（光质、光强、光周期）精准调控成为可能，管理人员可以根据植物生长和营养品质需求进行调控。同时由于 LED 属于冷光源，发热量少，使多层立体栽培、近距离照射成为可能，大大降低了人工光植物工厂的制冷负荷，降低了运行成本。随着 LED 技术的不断进步、制造成本的逐年下降，节能型植物专用 LED 光源日益普及，LED 技术为植物工厂发展提供了重要支撑。

5.2.4.2　智能控制技术

植物工厂环境智能调控的实现是在物联网和传感器（环境因子传感器和植物信息传感器）技术的基础上发展起来的。植物工厂作为环境高度可控的生产系统，利用物联网技术将传感器的各种感知信号通过无线或有线的长距离或短距离通信网络与物联网域名连接起来实现互联互通，以实现实时对植物工厂温度、湿度、CO_2浓度、光照、气流，以及营养液 EC、pH、溶解氧和液温等环境因子进行在线监测、远程控制和智能化管理等。智能控制技术的快速发展为植物工厂实现机械化与自动化管控提供了可能。由计算机模拟，通过数学建模和计算机模拟来实现对生长过程和温室环境变化的预测和分析。

此外，计算机智能管理采用的方法包括深度学习、智能决策、云计算和大数据。通过采用这种方式，计算机智能管理实现了对植物、环境、栽培管理、生产、销售等数据观测信息的分析、诊断和合并，旨在为植物工厂的各个生产环节提供合理的决策和智能管理。

5.2.4.3　信息传输技术

信息传输技术包括无线传感器网络、移动通信网络和有线通信网络，旨在实现对植物工厂作物生产的远程监控，确保实时稳定的信息传输。此外，还需要建立一个三级（本地控制、工厂监控和智能农业物联网平台）的信息传输网络系统。

5.2.5　植物工厂智能系统

5.2.5.1　辅助照明系统

作为植物生命活动所需的能源，光也是某些植物生命周期赖以完成的重要信息媒介。这使得辅助照明系统成为植物工厂中最重要的环境控制系统之一。光强、光质（光谱分布或组成)、光周期和光照模式等因素显著影响光合速率和植物生长，因此根据不同植物和各个生长阶段的光需求，植物工厂利用物联网技术控制光环境至关重要。物联网技术的应用可以在降低能耗的同时最大限度地提高光合效率。荧光灯由于其紧凑的尺寸而在早期被人工照明的植物工厂广泛采用。一些植物工厂也使用高压钠灯和高压卤素灯作为光源。

目前新建的植物工厂大多采用 LED 作为辅助光源。LED 是冷光源，可以设置在靠近叶子表面补充光线，从而获得更高的光合效率，特别适合多层垂直栽培系统，如图 5-12 所示。研究表明，植物在白天只吸收特定波长的光，如红光和蓝光，进行光合作用，而不是全波段的阳光，而生长主要发生在夜间。与宽带太阳光相比，单波长的 LED 可以增强光合作用。早期的人工照明包含红色和蓝色以外的大波长光，导致了高功耗。使用特定波长的 LED 进行照明，可以调节植物的开花结果，也可以控制植物的高度和营养。随着芯片技术的进一步成熟，经济实用的 LED 光源及其配套控制器件的生产必将对植物工厂的推广应用起到重要作用。

图 5-12 LED 辅助照明系统

5.2.5.2 智能气候控制系统

植物只有在合适的温度下才能进行正常的生理活动和生化反应。植物工厂环境和营养液的温度对光合作用、呼吸作用、光合产物的运输、根系的生长，以及水分和养分的吸收有显著影响。因此，温度控制对于植物工厂内的生产至关重要。在植物工厂中，温度调节是通过温度传感器和自动控制系统进行的。加热系统一般由热源、加热介质管和散热器组成，可以向上调节温度。热源主要包括化石燃料（煤、石油和天然气)、电力、余热和地热资源，加热介质包括热水、热空气和蒸汽。热泵制冷系统和冷水蓄热系统广泛用于植物工厂的冷却。温度控制是目前植物工厂伴随着高额运营成本的任务之一。为降低成本，可因地制宜地采用风力发电、太阳能发电和太阳能空调供暖和制冷。此外，地热资源和发电厂的废热可用于供暖，使系统更加经济。

相对空气湿度是植物工厂的另一个关键环境控制参数。湿度决定了叶片表面与周围空气之间的水蒸气压差，因此湿度影响叶片表面蒸发。低湿度导致叶片表面蒸发量大，内部水分和细胞体积减小，孔隙率低，光合作用产物减少。另外，高湿度使叶面蒸发小，体内水分过多，茎叶增多，从而影响产量。同时，湿度也会影响植物的病虫害。在极高的湿度（>90%）下，植物容易受到微生物的侵袭，而在极低的湿度下，植物会感染白粉病和害虫。不同的植物对空气的相对湿度有不同的要求。因此，有必要根据植物的种类和生长阶段来调节空气湿度。在环境自动控制系统中，除湿通常采用通风和加热，而加湿则采用喷淋和风扇垫冷却系统。

5.2.5.3　空气循环系统

当植物在中等风力（3～4 m/min）下生长时，气孔吸收的 CO_2 量显著增加。通风装置智能控制，可有效调节培养室内温度、湿度和 CO_2 浓度，同时可以控制室内气体的均匀度。特别是由于 CO_2 具有下沉性，对流通风可以实现植物叶片表面的均匀送风。空气循环系统可以显著提高苗木密度，提高空间利用率。此外，还可以结合物理杀菌，对培养空间中的空气进行杀菌。

5.2.5.4　营养液循环和自动控制系统

植物工厂的栽培技术已经从固体基质栽培发展到水培（NFT、DFT）和气培栽培。固体基质栽培是利用保水保肥的固体基质（砾石、岩棉、珍珠岩、椰糠、陶粒等）支撑作物根系，为作物生长提供一定水分和养分的栽培方式。营养液的主要供给方式是滴灌。营养液供应系统可分为闭环循环系统和开放系统，前者将被基质吸收后多余的营养液通过回水管回收到收集槽，而后者通过排水管将多余的营养液排出系统外，不进行回收。营养液储液桶、供液系统、种植系统和回水系统依次连通，并由回水系统再连通至营养液储存桶，形成可闭合循环的营养液循环系统，如图 5-13 所示。

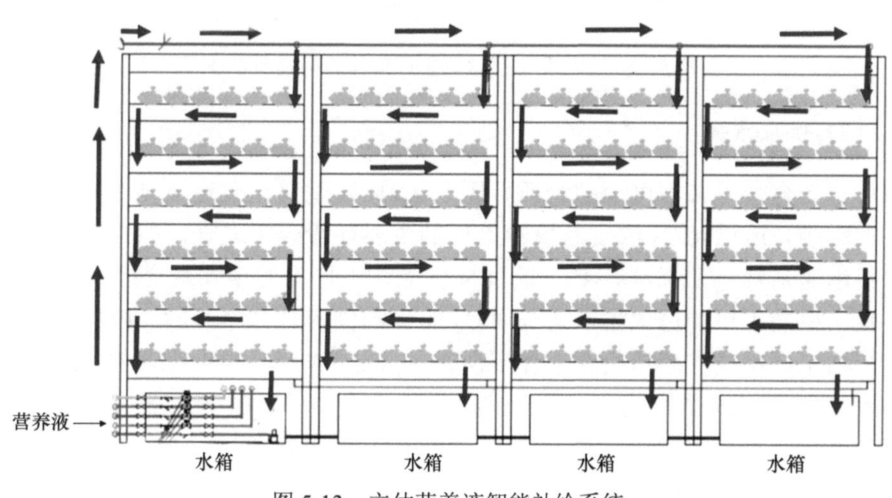

图 5-13　立体营养液智能补给系统

水培是将植物的根部浸入营养液中以获得生长所需的水肥的栽培方式。目前，广泛使用的主要栽培技术有 3 种，即深液流技术（DFT）、营养膜技术（NFT）和浮动毛细管水培技术（FCH）。DFT 的营养液层比较深，植物由种植托盘固定，悬在溶液表面，根系垂入流动的营养液中。NFT 让植物根系平铺在液槽底部，营养液从液槽上端向下端呈浅层流动。气培栽培是利用喷雾装置将营养液雾化成微米级雾滴，以间歇方式直接喷洒到根系，从而提供植物生长所需的水分和养分的栽培技术。该技术解决了水培中根系供水和供气的矛盾。

营养液供应系统负责将适当配方和浓度的营养液输送到每株植物，由输送系统和调节控制系统组成，如图 5-14 所示。前者由相连的管道组成，后者由营养液罐、母液储罐、各种检测探头和计算机控制系统组成。此外，营养液供应系统还负责 EC 值、pH、溶解氧、营养液温度的调节和控制，故为栽培植物提供了充足的溶解氧、全面的营养元素、适宜的 pH 和温度的溶液，可促进植物的高速生长。

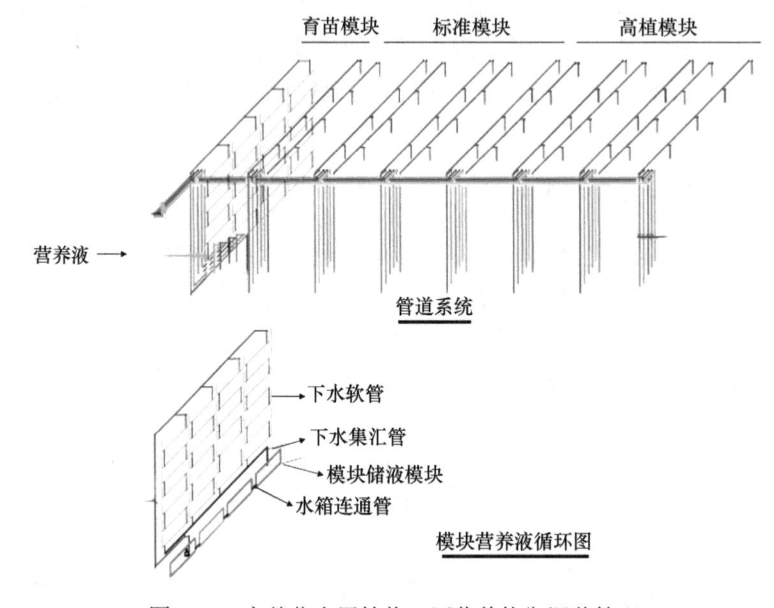

图 5-14　立体化多层植物工厂营养均衡调节管理

5.2.5.5　CO_2 供应系统

CO_2 是光合作用必不可少的物质，因此 CO_2 浓度变化会对植物的光合作用速率产生重大影响，所以 CO_2 浓度是植物工厂的主要环境因素之一。CO_2 在有限的栽培空间内被迅速消耗。如果没有 CO_2 的外部供应，工厂里的植物就会因为缺少 CO_2 而生长不良。植物工厂的巨大生产力与 CO_2 的强制供应是分不开的。CO_2 供应系统可以维持植物工厂中高密度植物光合作用所需的 CO_2 浓度，提供巨大的生物质产出。目前温室使用的 CO_2 供给装置主要有依赖碳氢化合物的 CO_2 发生器（燃烧天然气或煤油等碳氢化合物产生 CO_2）、依赖碳酸盐的 CO_2 发生器（利用碳酸盐与强酸的化学反应产生 CO_2）、CO_2 钢瓶等。

5.2.5.6　视频监控图像传输系统

视频监控图像传输系统主要由摄像机、数字硬盘、计算机和控制软件组成，可以进行实时在线监控和视频传输。为了实现远程监控和诊断，一般在植物工厂的不同区域安装摄像头。这些相机能够 360°旋转，并且具有可变焦距，因此可以依靠它们从不同角度观察植物的生长情况。安装此系统可让专家轻松进行远程诊断。专家可以通过镜头可调的相机对叶片表面的气孔和元素缺乏病害进行清晰的观察。该系统可为生产者或研究人员提供大量的生长数据，供生产决策参考。

5.2.5.7　自动苗床

自动（可移动）苗床是智能植物工厂的一大特色，也是植物工厂物联网系统的重要组成部分。它们的出现使植物工厂从播种到收获实现了全自动生产，从而大大节省了人力投入。自动苗床系统主要由自动移动平台、单台苗床、横向导轨和纵向导轨组成。苗床在种植区沿纵向导轨移动，由自动移动平台驱动。当新的苗床被推到轨道上时，先前放置的苗床将被推入。每组横向导轨配有两根气动升降轨，导轨升起后，苗床可沿升降导轨从横向导轨移动到种植区导轨。通过气缸和机械结构提升或下降苗床，使苗床在横向导轨和纵向导轨之间切换移动方向。

5.2.5.8　智能机器人

随着智能机器人技术的成熟，在未来的植物工厂中，大部分工人将被机器人取代，嫁接、移栽、作物管理和收获等大量生产过程将由机器人完成。目前已经开发出相对成熟的农业机器人，包括移栽机器人、嫁接机器人、切割机器人、物流机器人、巡检机器人和采摘机器人，用于温室和植物工厂。

日本和荷兰拥有最典型的园艺机器人技术。20 世纪末，日本在技术密集型园艺领域开发了多种生产机器人，从嫁接机器人到切割机器人和收割机器人。荷兰作为温室园艺的全球领先者，基于对温室精准管理和精准控制的需求，迅速发展了机器人技术。例如，荷兰农业与环境工程研究所开发的黄瓜采摘机器人可以在短时间内到达初始操作位置，通过视觉系统检测黄瓜的准确位置和成熟度，并控制末端执行器进行操作——固定黄瓜，然后将其与茎分离。

1. 嫁接机器人

嫁接技术作为一种人工营养繁殖方式，被认为是增强果蔬抗逆性和抗病性、实现作物稳产高产的最有效技术之一。但人工嫁接存在劳动强度大、效率低、成本高、水平参差不齐、成活率低等问题，不能满足植物工厂规模化、标准化生产的需要。在此背景下，高效的嫁接机器人应运而生。

嫁接机器人由砧木供给平台、接穗供给平台、砧木夹持输送机械手、接穗夹持输送机械手、旋切装置、自动夹持送料机构、苗木输送带、机器控制系统等组成。嫁接机器人的工作过程如下。

1）操作人员从左右两侧的托盘中取出砧木苗和接穗苗，放在相应的供应台上。然后两个供应架旋转，将砧木和接穗送到相应的输送机械手。

2）砧木和接穗输送机械手同时伸出，从供应架上夹住砧木和接穗。缩回后，它们旋转将砧木和接穗送到切割位置。

3）旋切装置带动刀片旋转，将接穗的茎秆、砧木的子叶连同生长点一起切断，形成斜切。

4）砧木机械手和接穗机械手相向延伸，将两株幼苗的扦插面捆绑在一起。然后自动夹具送料机构输送嫁接夹具完成固定。

5）砧木和接穗机械手的夹爪张开，嫁接的苗木沿溜槽落到输送带上，被输送出机外。

嫁接机器人的出现，取代了传统的依靠竹签或叶片的人工嫁接方式，将人们从烦琐的育苗作业中解放出来。嫁接机器人快速、高效、节省人工成本。它不仅是一种优质高效的现代农业生产技术，也是栽培瓜类植物工厂的组成部分。

2. 移栽机器人

穴盘苗移栽是指将苗木从高密度穴盘移植到低密度穴盘或栽培盆的过程。这是一个简单、耗时、劳动密集和重复的操作，手工移植又慢又低效。而使用自动移植机器人，不仅移植速度可以提高 4～5 倍，而且提高了稳定性。待移栽的苗盘位于输送机构上，由机器视觉系统确定适合移栽的苗木，获得苗穴中心位置信息。计算机通过串口通信控制器与 PLC 进行通信，将视觉系统获取的位置信息传送给 PLC。育苗盘继续移动到抓取区，位置传感器信号被 PLC 检测到。PLC 控制步进电机带动机械臂在育苗盘上方移动，同时还控制电磁阀推动气缸。幼苗最终被末端执行器抓取，PLC 控制机械臂移动到低密度穴盘，放苗，最后完成移栽动作。图 5-15 与图 5-16 分别展示了托盘移栽机整体和托盘移栽机。

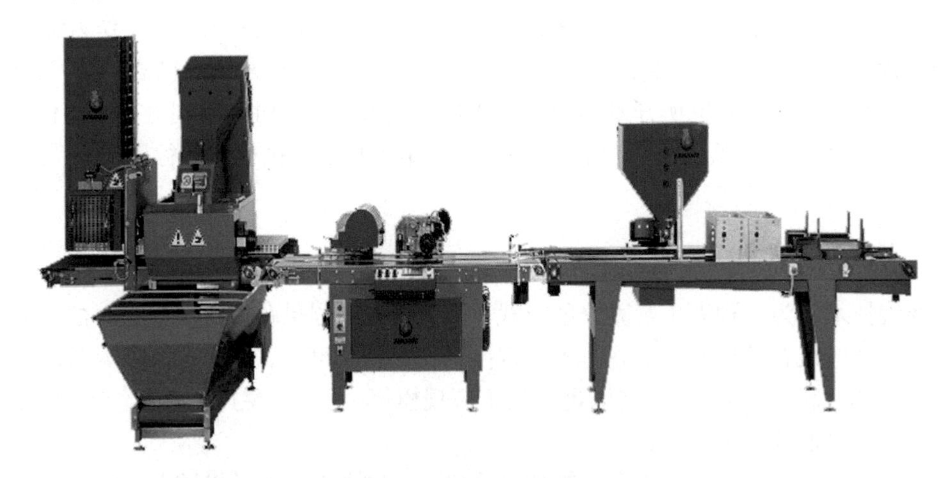

图 5-15　托盘移栽机整体

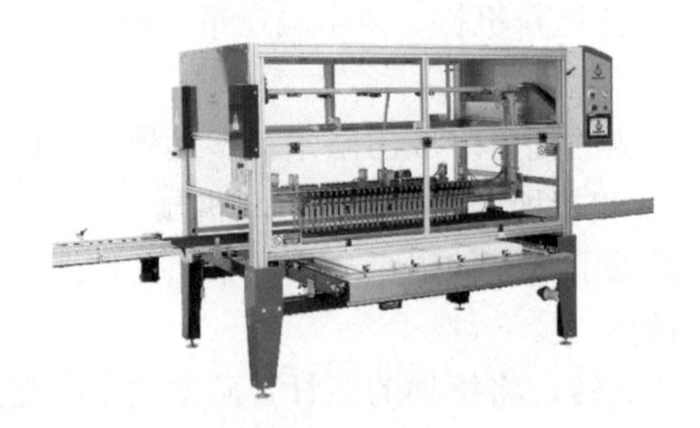

图 5-16　托盘移栽机

3. 智能运输平台

自动种床运输平台是在垂直栽培模式的植物工厂中，依靠自动种床运输平台将种下的种床从育苗工作场所运送到指定的栽培架，然后根据计算机指令将其推入特定层。在收获阶段，车辆可以将苗床从栽培车间移动到收获车间。采用智能运输平台（图 5-17），可以显著降低人工成本，提高床位运输效率。

图 5-17　植物工厂智能运输平台

智能运输车的主要组成部分包括轮式底盘、分层装载架、视觉导航系统和嵌入式控制系统。四轮独立驱动能力赋予车辆良好的爬坡和越障能力，以及灵活的转向性能。此外，视觉摄像头和超声波传感器的多传感器融合使车辆能够实现自主导航和避障。智能运输车一般具有多种操作模式，包括手动软件操作、远程控制操作和自主视觉导航操作。

4. 智能巡检机器人

植物工厂作物生长过程中，需要定期巡检，监测作物生长状态和病虫害情况，收集生长信息，及时清除弱苗，开展病虫害防治，调节生长环境。管理人员的巨大工作量，使得植物工厂运营的人工成本难以降低。应用智能巡检机器人，通过机器视觉技术实时监测作物生长状态，采集生长环境信息。然后将这些数据传输到物联网云平台，物联网云平台根据这些信息对植物病虫害进行环境调控。智能巡检机器人的研发将有助于打造植物工厂的智能控制和大数据管理，减少劳动力投入。此外，智能巡检机器人对于促进植物工厂的商业化至关重要。

智能巡检机器人主要由计算机控制系统、移动平台、导航定位系统、高清摄像组、环境监测传感器、图像数据传输系统等组成。在温室或植物工厂工作时，巡检机器人沿着农作物种植线自主移动，采集温度、湿度、CO_2浓度、光合辐射、风速等环境参数，并采集 3D 定点图像。图像通过分析软件进行分析，从而智能识别株高、果实成熟度及病虫害状况。此外，还可以根据结果预测产量，从而辅助生产管理。

5. 果蔬采摘机器人

采摘是果蔬生产过程中最耗时耗力的环节之一。采摘所需的人工成本占整个栽培过程所需人工成本的 40%～50%。由于种植规模大、结构化、标准化，植物工厂特别适合采摘机器人采摘，可大大降低劳动力和生产成本。得益于视觉传感器技术、多传感器融合技术和人工智能技术的发展，目前西红柿、黄瓜、青椒、草莓等水果和蔬菜的采摘机器人已经应运而生。

果蔬采摘机器人（图 5-18）的主要组成部分包括计算机控制系统、摄像头、图像处理器、机械手、机械臂、末端执行器和行走机构。在植物工厂工作时，机器人可以通过摄像头获取有关水果大小、颜色和形状的准确信息。此外，它还可以确定水果的成熟度，并创建待收获对象的三维空间信息。更具体地说，将相关信号传送给机械手，引导机械臂和末端执行器完成抓取、切割、回收等任务。智能拣选机器人可实现自主导航、自动识别、无人值守拣选作业。它的采摘成功率可以达到 90%以上，这意味着其可以解决果蔬采摘的复杂问题。目前，采摘机器人还处于试验阶段，尚未大规模投入实际应用。作为智慧农业的标志性产品，有望实现商业化并广泛应用于植物工厂。

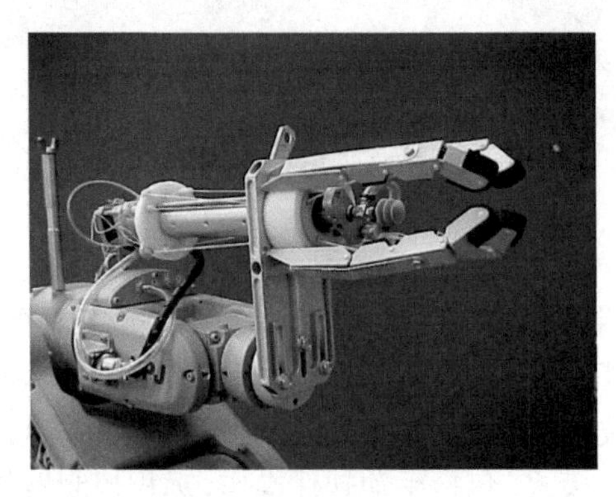

图 5-18　果蔬采摘机器人

5.2.5.9　计算机远程自动控制系统

计算机远程自动控制系统俗称植物工厂的大脑，上述各个系统都为这个系统服务。依托该系统，可以对植物工厂的所有环境因素和栽培因素进行监测和控制。例如，当温度传感器检测到超过最大限制值时，计算机会发出命令打开冷却系统以降低温度，当温度低于最小限制值时，计算机会发出指令打开加热系统以提高温度。这同样适用于其他环境/栽培因素的控制，如湿度、光照和营养液。这些因素的相对稳定性是通过系统的闭环反馈控制来实现的。自动控制系统安装后，还可连接计算机，通过软件实现远程控制。技术人员可在办公室完成所有操作参数设置、专家模式切换和图像处理。

5.2.6　植物工厂近期进展

近年来，物联网技术在温室和植物工厂中广泛应用于环境调控、植物生理生态监测、云平台智能管理、理性决策等方面。研究人员对温室物联网系统在生长环境相关信息的获取与传输、生长过程模拟、环境控制等方面进行了大量应用研究。此外，机器视觉、人工智能、云计算、大数据等信息技术也被引入温室和植物工厂的物联网系统中。

在温室环境信息的传感和传输方面，带有无线传感器网络的环境控制系统已成为温室物联网系统的首选。目前有一种使用物联网技术作为远程监控系统来控制室内环境条件的新方法，可以实时采集植物实验数据，监测环境参数，同时开发了智能嵌入式系统，实现了对光质、光强、光周期等 LED 参数的自动控制。为了稳定植物工厂的生产环境，利用系统动力学和实验数据开发了一个高度有效的动力学模型，并根据栽培植物的储能函数梯度确定了温度、曝气率和光照强度的最佳闭环控制模式工厂［源自哈密顿-雅可比-埃萨克斯（Hamilton-Jacobi-Isaacs）方程］。数字和实时仿真结果表明，闭环控制系统可以克服内部变化和外部干扰，使植物工厂稳定在工作点，并保持良好的作物产量。

为了有效地监测作物的生长情况，植物工厂和温室采用了基于图像和视频捕捉和处理的机器视觉技术。植物工厂的水培植物目前有一种自动称重系统，包括质量测量装置和成像系统。该系统在整个生长期持续测量植物质量，而不会影响生长。Moriyuki 和 Fukuda（2016）为商业植物工厂开发了一种基于叶绿素荧光测量的高通量诊断系统。诊断系统依靠高灵敏度 CCD 相机和自动转印机来捕捉幼苗的叶绿素荧光图像。然后利用机器学习根据叶片大小、含碳量和昼夜节律准确预测植物生长。该系统可以作为先进的苗木诊断技术，在早期识别和剔除低等级植物。Franchetti 等（2019）基于机器视觉提出了一种新方法，结合 3D 重建、叶片分割、几何表面建模和深度网络估计，用于准确预测植物的表型特征，包括高度、质量和叶片大小。用于叶菜病害识别的温室监测系统可以使用传感器观察到环境信息和摄像机监控的视频信息。

云服务技术对于环境和作物的实时、远程监控尤为重要。现场传感器获取各类信息，传输至进行数据管理的云平台，利用人工智能、数据挖掘、仿真模型、专家知识等技术进行决策服务，实现温室的智能化管控。崔文顺等（2015）搭建云计算温室物联网服务平台，提供环境智能监测、海量数据云存储与分析、云实时预警、个性化云服务。Çayli 等（2017）通过开源硬件开发了一个基于云的、低成本的温室环境监测系统，以监测小企业和农村地区农业实践的气候数据。

目前，植物工厂已被全世界公认为保护性农业发展的最先进阶段。植物工厂人工照明栽培技术和物联网技术的突破，使摩天大楼、沙漠、戈壁、船舶、极地等非耕地的农作物生产成为现实。因此，植物工厂被认为是解决 21 世纪从人口膨胀和资源短缺到粮食安全和环境污染等问题的关键途径。它也被视为未来太空中实现粮食自给自足的重要手段。

尽管如此，植物工厂仍面临设备初期投资高、运营成本高、市场竞争力弱、利润不足等问题，因此植物工厂的产业化进展缓慢。近年来，有兴趣的机构和企业通过建设智能环境控制系统和物联网系统，着眼于提高植物工厂的自动化和智能化运行，降低运行成本，特别重视 LED 光源的研究、高效营养液和智能机器人的开发、清洁能源（太阳能、地热能、余热等）的利用，以及大数据分析的应用和科学决策。随着智能环境控制系统的完善，能源和劳动力成本的降低，以及产品的市场定位变得更加清晰，植物工厂的商业前景将越来越明朗。

5.2.7 应用举例

本节以宁波枫康铁皮石斛智能种植系统为例，介绍植物工厂的应用。

宁波枫康铁皮石斛种植园实现了 100%的智能化覆盖率。园区内建有规模型玻璃温室大棚和标准化无菌组培中心，共种植两万余株精品苗木。采用常绿阔叶林等生态环境和全套生态预警系统探索仿野生栽培 150 余亩，形成了种苗培育-种植栽培-加工的循环农业生产模式。

由于铁皮石斛是名贵中草药，生长条件极为苛刻，但也可以通过人工培育的方式让它更好地成长。该基地采用的种植方案具体如下。

1）为了便于人工控制温室内的生长环境，故在苗床上进行种植。种植的温室大小要科学合理，长、宽、高分别设计为 68 m、30 m、4 m。苗床之间预留足够的宽度，选择耐用的钢构骨架来构建。但由于钢构骨架成本较高，初期投入也可用水泥柱来代替。

2）在温室的棚顶需要先覆盖一层塑料无滴薄膜，然后再加盖遮荫度为 70%的遮荫网。温室的入口处和栅栏周围要装防虫网，防止虫害对铁皮石斛的生长产生不利影响。构建温室内的供水供电系统、喷雾系统，以便于灌溉、施药、施肥。图 5-19 展示了培育的幼苗。

图 5-19 刚出培育组的幼苗

3）在温室棚内搭建高架种植苗床，便于控制水分，并保障具有良好的透气效果。采用角钢或木条作为搭建苗床的材料（图 5-20），苗床长度和温室长度相同，苗床宽度为 1.2 m 左右，架空高度为 40～50 cm。

图 5-20 高架种植苗床

4）温室的安装主要用到 5 个控制柜、4 个红外线智能网络摄像机、4 个摄像头、20 个土壤紧实度传感器、20 个土壤水分传感器、5 个二氧化碳传感器、4 个空气湿度传感器、8 个信息采集器和 2 个叶绿素测量仪等设备。

5.3　智慧畜禽养殖

5.3.1　引言

20 世纪 90 年代以来，随着农业产业结构的调整，我国畜牧业迅猛发展，生猪养殖发展尤为迅速，表现为养殖规模扩大和数量的迅速增长，为优化农村经济结构、提高农业效益和增加农民收入做出了重要贡献。然而，随着养殖业的规模化发展和养殖密度的不断加大，畜禽各类流行性病疫也不断爆发，在给养殖业带来巨大灾难的同时，也威胁到了人类的生命健康。智能养殖技术越来越受到重视，因为智能养殖不仅影响畜禽产品的品质，也影响到畜禽类产品的出口。

现代畜禽养殖是一种“高投入、高产出、高效益”的集约化产业，资本密集型和劳动集约化是其基本特征。与发达国家相比，我国畜禽养殖的集约化主要表现为劳动集约化。目前随着经济的发展，劳动集约化已开始向资本集约化方向过渡。但是，这种集约化的产业也耗费了大量的人力和自然资源，并在某种程度上对环境造成了负面影响。通过使用物联网可以有效降低资源消耗，减少对环境的影响，使畜禽养殖成为管理科学、资源节约、环境友好、效益显著的产业。

智慧畜禽养殖是一种基于物联网技术的规模化畜禽养殖环境监控系统。系统采用物联网技术及簇型网络结构设计，有效地保证了通信稳定性；采用先进的传感技术对养殖环境信息、动物生理及行为的反馈信息进行实时监测；采用多途径的信息传输技术组成远程监控网络，采用智能化的信息处理技术实现生产过程的自主管理。用户可以在线监测畜禽产品的生长环境信息，调控各养殖舍的生长小环境条件，真正意义上实现科学决策和智能控制。

5.3.2　智慧畜禽养殖系统架构

智慧畜禽养殖系统全面应用物联网技术，包括集成微型化、低成本、低功耗和高可靠性的各种传感器技术，以及 RFID 无线电子标签标识技术、WSN 无线通信技术、3G 无线远程通信技术、智能云计算技术、繁育及营养模型动态预测技术、发情自动监测和设备的自动控制技术等，集成开发对畜禽个体识别、环境和个体信息与环境信息智能感知、数据采集与转换、数据有线或无线传输、数据的智能分析与处理，以及对生产行为的智能干预和精细饲养于一体的集约化畜禽健康养殖智能系统。所有物联网技术的应用，构成了现代化畜禽养殖中各个主要应用系统，从而组成了畜禽养殖物联网系统，如图 5-21 所示。

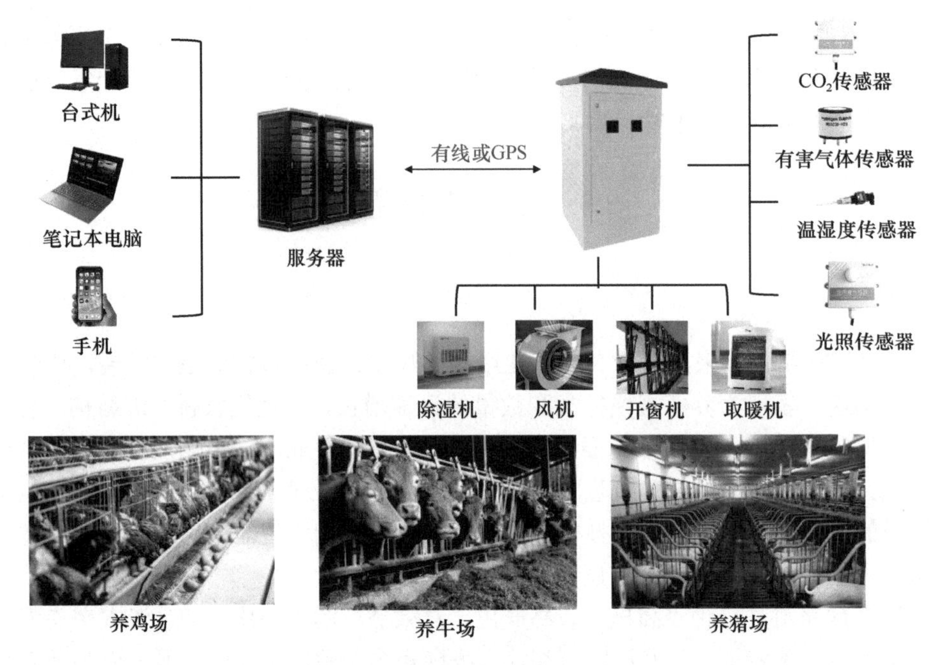

图 5-21　智慧畜禽养殖系统架构

智慧畜禽养殖系统主要由采集数据层、传输层、控制层、应用层组成，包括以下系统。

1）信息采集系统：实时采集养殖舍内的环境值。

2）无线或有线传输系统：无线传输终端或有线链路，将采集层的数据传输到上位机平台，即可远程无线传输采集数据。

3）自动控制系统：主要包括温度控制、湿度控制、通风控制、光照控制、喷淋控制，以及定时或远程手动喂食、喂水、掏粪等。

4）视频监控系统：可远程监控各舍内的视频图像及环境变化情况，及时查看畜禽的成长生活状况。

5）软件平台：可通过计算机或手机等信息终端，远程实时查看养殖舍内的环境参数，通过应用平台实现自动控制功能及各类报警功能。

5.3.3　信息监测系统

5.3.3.1　环境信息监测

畜禽在生长过程中，以各种方式与环境之间发生联系并相互影响。在现代畜禽养殖中，环境对畜禽的影响逐渐被人们所认识并受到重视。品种、饲料、防疫和环境是影响畜禽生产的四个主要因素。优良品种生产潜力的充分发挥需要优质饲料、健康体况，同时还必须要有舒适的生长环境。如果环境不适宜，则优良品种的遗传潜力不能充分发挥，饲料转化率低，畜禽的免疫力和抵抗力下降，发病和死亡率提高，造成巨大经济损失。在现代畜禽养殖中，随着养殖规模的增大、集约化程度的提高，以及最新育种技术的采用，畜禽的抗逆性变得较差，对环境条件的要求也越来越高，因此为畜禽创造适宜的环境条件显得尤为重要。

现代化畜禽养殖生产中主要监测与控制的养殖舍环境参数有：畜禽的热环境，包括空气温度、空气湿度、气流和太阳辐射等，这几种因素对畜禽的体热调节可以单独地产生影响，也可以共同作用产生综合影响；空气中的有害气体，通常包括 NH_3、H_2S、CH_4、CO_2 等，主要是由猪的呼吸、粪尿、饲料、垫草腐败分解而产生，有害气体对猪的生长、工人的健康和工作效率均能产生不良影响。

环境监控系统包括以下 3 个主要模块。

1）信息采集模块：完成对畜（禽）舍环境中 CO_2、氨氮、H_2S、温度和湿度等信号的自动检测、传输和接收。

2）智能调控模块：完成对畜（禽）舍环境的远程自动控制。

3）管理平台模块：完成对信号数据的存储、分析和管理，设置环境阈值，并做出智能分析与预警。

5.3.3.2　畜禽生长信息监测

基于物联网技术建立个体体征智能监测系统，通过针对个体的远程传感、图像和视频监测系统，实时监测个体的生长状况。其中，多目标定位跟踪系统为识别分析畜禽空间行为及交互提供技术支持。在任何空间背景下，该系统都可以对多个目标实现全方位定位与追踪工作。它使用超宽频追踪数据作为输入，分析结果可以实时或离线处理。另外，该系统所收集的资料以直观可视化的形式呈现在员工面前，使员工可以利用系统所生成的数据创建交互系统。

系统采用的超宽频技术可以保障在任何位置追踪数据的可靠性与精确性。传感器向接收器组发送持续及短时间的超宽频脉冲波，系统通过独特的到达时间差及到达角度技术，计算跟踪目标的位置，保障了在极端富有挑战环境中追踪效果的高精确性及运行的可靠性。接收器按单元区分组，特殊几何形状的单元区需要添加额外的接收器以便信号覆盖到所有区域。每个单元区中的主接收器协调其他接收器的活动，并与它所在区域内的所有传感器进行通信来确定目标的位置。

5.3.3.3　畜禽疾病监测

利用人工智能技术可以建立畜禽疾病诊断系统。通过对畜禽叫声、行为等情况的监控建立疾病监测系统，通过传感器将个体信息传送到计算机或手机终端，以便管理人员根据系统来分析畜禽个体的健康情况，为疾病的控制提供解决方案。

疾病诊断系统包括三个主要模块：①疾病诊断知识库模块，通过知识推理结合数据库，可完成对畜禽疫病的智能诊断；②远程诊断模块，采用 3G 等现代信息技术，实现网上诊断决策系统和远程会诊；③疫情预警模块，通过疫情预警知识库，根据当前本地疫情和气候等因素，对动物疫情做出辅助性预警。该系统将数据及时反馈给相关的监管部门，并且实现了权限分配功能，使得不同用户能对数据拥有不同访问权限，还实现了对畜产品进出城市的运输进行追踪监控，以确保运输环节中对畜产品做出记录和质量监控。

5.3.4 智能培育与控制系统

5.3.4.1 繁殖育种系统

繁殖育种系统，即根据基因优化原理，主要运用传感器技术、预测优化模型技术、射频识别技术，在畜禽繁育中，进行科学选配、优化育种，科学监测母畜发情周期，从而提高种畜和母畜繁殖效率，缩短出栏周期，减少繁殖家畜饲养量，进而降低生产成本和饲料占用量。

5.3.4.2 全生命周期质量追溯系统

针对畜禽健康养殖和肉品质量安全监管要求，构建畜禽健康养殖全生命周期质量追溯系统，实现畜禽个体信息的全程可追溯。每个畜禽耳朵上都会被打上一个电子耳标，耳标里有一个电子芯片，这个芯片内加载了其父辈、祖父辈的相关信息，还有其在今后各个生长阶段的相关信息，包括一生中的饮食、疾病、疫苗、配种、怀孕、产子等信息，以及出栏后的屠宰、储藏、物流、销售等环节信息。该系统实现了从畜禽养殖到肉品零售终端全生命周期信息的正向跟踪，同时也实现了肉品零售终端到养殖相关信息的逆向溯源。

5.3.4.3 精细饲喂系统

数字化畜禽精细饲喂系统根据养殖场的生产状况建立以品种、杂交类型、生产特点、生理阶段、口粮结构、气候、环境温湿度等因素为变量的营养需要量自动匹配，以不同环境因素为变量，模拟畜禽的生产性能和生理指标的变化，从而达到数字化精细喂养。系统的主要组成如下。

1）系统控制柜。实现饲喂站与计算机系统的通信；实现畜禽的 RFID 识别号、体重、料重、环境温度，以及体温传感器信号的采集、处理和存储；实现料槽的自动定量补料控制；实现信息显示、报警和紧急状态的手动操作；实现质量计量检测的校准、清零功能。

2）室内信息感知系统。通过特制的温湿度感应器对当前养殖舍环境进行检测。在饲喂站中安装特制的体温检测仪对吃料的畜禽进行适时检测。另外，还采集畜禽生产方面的数据，包括开始采食时间、结束采食时间、进饲喂站体重、出饲喂站体重及每次采食数量等。通过 RFID 耳标，能够将这些数据与畜禽一一对应。

3）基于畜禽生理特点的自动投料系统。该系统由感应器、投料器、料秤、控制器几部分组成。畜禽进入饲喂站后用嘴触动感应器，系统根据畜禽的体重及过去的采食情况给料，料秤随时记录剩余料的数量，如果低于设定值，再继续给料，直到畜禽离开。感应器、投料器、料秤都由控制器控制，控制器又由远程计算机控制，每次给料量、最大剩余量都可进行设定。如果某一畜禽的采食情况异常，系统就会自动报警。

5.3.5 应用案例

本节以阜宁县生猪养殖场物联网系统应用为例介绍智慧畜禽养殖的具体应用。

5.3.5.1　园区介绍

阜宁县生猪养殖场已连续十几年卫冕江苏省“生猪第一县”的称号，为确保生猪产业健康、可持续的发展，阜宁县创新机制，全力推进生猪生态养殖。采用农业物联网在畜禽养殖方面的现代发展技术，提高生态养猪的信息化管理水平，实现精细化养殖，推行畜禽业养殖的规模化、良种化、标准化、产业化和组织化的“五化”战略，在规模与效益、质量与品牌、内联与外销上抓突破。此现代化养殖基地，共计 4 个养殖大棚，1 个生态会所，占地面积约为 3 亩。每个养殖大棚都是根据现代化养殖业的需求而建立，每个大棚内都装有环境信息采集器、实时视频监控系统与物联网温室智能控制系统。

5.3.5.2　系统概况

该系统由杭州邦农电子有限公司研发，其功能完善、运行稳定、成本低、可靠性高，可作为大面积推广的养殖业物联网的解决方案。系统积极探索了设施农业物联网应用平台与服务模式、产业商业化运营机制，集成了现有农业信息服务系统，对农业传感器技术、宽带移动互联、无线传感网络、无线射频、自动控制、智能信息处理等物联网技术进行总结，形成了可持续、可推广的设施农业与养殖业物联网应用服务模式，并在这些领域进行了大规模产业化应用示范。

系统核心内容在浙江大学农业科技园完成农业物联网温室环境、温室可视化监控等设施的实施建设。根据系统建设要求，系统建设以养猪场猪舍大棚为建设示范点，利用光纤传输农业物联网专用视频图像，构建温室环境信息采集与自动化控制专属网络，其通信方式扩展了前端农业物联网系统建设范围和功能，为现代农业发展带来了新机遇，推进了现代化智能农业物联网发展，并形成了一套符合展示与应用需求标准的农业物联网应用系统。

5.3.5.3　系统应用介绍

系统建设主要是以生态养猪场的 4 个养殖大棚为建设示范点项目，在每个养殖大棚内架设 1 套智能控制柜，用于采集环境因素，主要采集器件为传感器，此项目主要针对环境二氧化碳、氨气、硫化氢、空气温湿度、光照强度、气压、噪声、粉尘等与生猪生长相关的环境因子，通过光纤传输到农业物联网生产管控平台，对数据进行存储分析，比对系统设定的数据阈值，将反馈控制命令传输反馈到每个连栋大棚农业物联网温室智能控制柜，自动控制喷灌、风机设备，保持适宜生猪生长的环境。利用大棚内安装的高清数字摄像机构成视频系统，采用光纤网络传输方式对连栋大棚内生猪生长状况、设备运行状态、园区生产管理工作场景进行全方位视频采集和监控。园区管理者可以根据系统显示的大棚内环境信息及生猪生长情况、应用农业物联网生产管控平台远程对养猪场大棚设施及饲料喂养，实现自动化控制，同时可对农场生产进行远程管理，如图 5-22 所示。

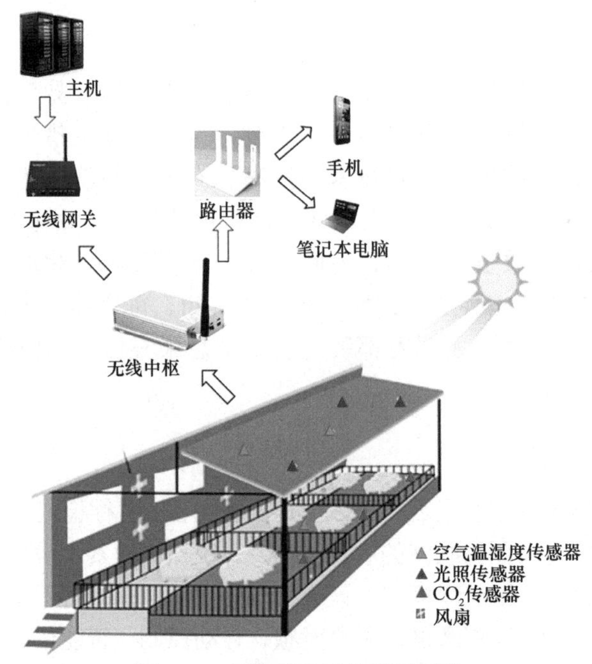

图 5-22　生猪养殖场物联网系统

1. 环境信息采集系统

养殖大棚环境影像信息的采集和基础设施的智能化，是现代信息化畜禽业有别于传统畜禽业的核心技术之一。根据本项目农业物联网实际建设需求，每个生猪养殖大棚都架设一套农业物联网智能控制器，农业物联网智能控制器放置在温室中，根据养殖户实际应用需求，利用温室信息采集器采集 5 种环境参数：空气温湿度、二氧化碳浓度、气压、有害气体、光照强度。其中，空气温湿度、光照强度、气压会影响猪的生长质量；空气温湿度、有害气体则影响猪生长繁殖的速度。二氧化碳、氨气、硫化氢、粉尘等气体的增加，会导致猪发生疫情。当此类环境因素不适宜生猪的生长条件时，自动报警系统会启动并短信通知用户，用户可及时采取应对措施，能有效避免损失。环境信息采集系统如图 5-23 所示。

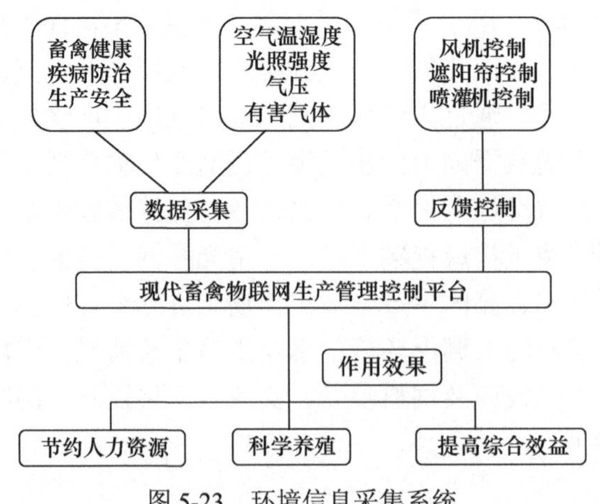

图 5-23　环境信息采集系统

农业物联网智能控制器通过光纤通信方式传输环境信息，传输后环境采集器信息最终汇聚到位于园区管理办公室的农业物联网服务平台中，并通过农业物联网生产管控平台实时显示环境信息。该系统能实现对采集的猪舍信息的存储、分析与管理，具有阈值设置、权限管理、智能分析、检索、报警等功能，并能驱动养殖舍控制系统，如图 5-24 所示。当用户在养殖过程中遇到难以解决的问题，可以将遇到的问题信息或者图片上传至农业智能专家系统，会有生猪养殖领域的专家为用户解答疑难，使用户足不出户就能掌握先进饲养信息。用户还可手动添加饲养知识到数据库，当再次遇到同类问题时，便能及时在本地查看解决方法，有效节约时间成本、提高管理效率。

图 5-24　农业物联网服务平台界面

2. 实时视频监控系统

养殖场的视频采集系统由 5 台高清数字球型摄像机和 10 台枪型摄像机组成。与传统模拟摄像机相比，该系统所采用的网络数字摄像机清晰度更高，兼容 Internet 传输协议，可由网络传输图像信息，同时可以与中央服务器主机组成局域网，显示在农业物联网生产管控中。

通过铺设光纤的方式实现视频系统的图像传输，沿养殖场道路沿线铺设 12 芯单模光纤，在每个温室或者温室附近架设光纤柜，采用分纤方式在每个温室内留有 1 芯的光纤，剩余 1 芯光纤预留备用，同时配套光纤收发器、交换机、最终通过网线方式连接到摄像头。养殖场光纤架设到位后，可为后期养殖场覆盖 WiFi 无线网络提供网络基础。

通过可视化监控系统可直观地观测温室监测点畜禽的健康现状，结合物联网信息采集系统上传的数据对畜禽进行及时准确的操作管理。只要养殖场畜禽养殖管理办公室接入互联网，在任何能连接网络的地方都可以通过网页访问的方式实时查看连栋温室测试点的图像信息，配合信息采集与智能化管理系统可实现对试验点设施进行远程科学化管理。系统监控展示画面如图 5-25 所示。

图 5-25　监控场景

3. 物联网温室自动控制系统

本系统采用分布式布点统一控制模式实现对养殖场温室的自动化控制，在每个连栋温室内架设一台农业物联网控制柜，控制柜拥有 12 路控制点，1～4 号温室根据养殖场温室控制需求控制温室淋浴、风机、遮阳帘。生态会所设施较为齐全，可同时控制温室内风机、遮阳帘、淋浴等设备。

智能控制设备通信接入光纤局域网络，信息由物联网信息采集系统采集，并由物联网生产管控平台处理决策后，通过光纤网络方式将控制信号传输至温室内智能控制柜，从而达到实时监测与自动控制的目的。

5.3.5.4　*总结*

现代养殖业是现代农业的重要组成部分，讲究科技与环保，其内涵不再单纯意味着养殖过程的现代化，已经拓展为基础设施现代化、资源环境现代化、科学技术现代化、经营管理现代化、生活消费现代化、绿色养殖与生态养殖等多个方面。无论从哪个方面来实现现代化都离不开现代的科学技术，尤其是现代信息技术。

畜禽农业物联网系统是利用传感器技术、无线传感网络技术、自动控制技术、机器视觉、射频识别等现代信息技术，对畜禽养殖环境参数进行实时的监测，并根据畜禽生长需要，对畜禽养殖环境进行科学合理的优化控制，实现畜禽环境的自动监控、精细调节、育种繁育和数字化销售管理。

本系统主要针对安全饲养方面，能够帮助畜禽养殖建立完善的生产档案，管理畜禽产品安全溯源的基础数据，监控安全生产投入品，建立疾病防疫记录档案；同时帮助政府监管部门实现可监督、可控制、实时统一管理畜禽生产过程，包括监控畜禽存栏数、饲料投喂、用药情况、疾病治疗等情况，从而提高畜禽生产质量安全，进而保障消费者的基本权益与生命安全。

5.4　智慧水产养殖

5.4.1　引言

我国水产养殖规模大、范围广，但高密度养殖易导致水体循环低效、富营养化、农药残留和尾水污染等问题。同时水产养殖业也存在基础设施落后、技术和设备差距大、缺乏有效服务支撑体系等问题。近年来，我国政府大力提倡节能减排，发展低碳经济。据统计，内塘淡水养殖的水体总量已经占 5%，如何避免大规模的面源性污染，成为淡水渔业发展面临的重要问题。现代渔业已成为我国战略性新兴产业，而生态高效养殖是现代渔业的主体内容之一。

数字渔业是将物联网应用到水产养殖中，将计算机、互联网、现代通信技术、物联网技术、智能控制和现代机械等技术获取的多尺度、多维度信息进行智能化处理，最终实现农业产业化生产过程中的最优控制、智能化管理和农产品流通环节的系统化物流、电子化交易、质量安全追溯等目标。本节基于物联网技术，采用跨行业、跨学科联合攻关，形成生态化、高效化、养殖智能化精准生产体系，以满足我国淡水养殖产业技术创新和水产养殖产业发展的战略需求。

5.4.2　智慧水产总体架构

在物联网参考架构的基础上，根据水产养殖数字渔业中的养殖户、水产上下游企业、消费者等用户实际需求，水产养殖设备、水体、鱼类、饲料和药剂等物体对象属性和问题，水产养殖物联网监测和控制设备及本地化系统，数据加工和服务要求，系统运维和监管要求，信息及市场资源共享需求六大方面，制定系统总体架构。该架构具有高扩展性、高兼容性，可满足水产养殖数字渔业多应用场景中的实时、可靠性要求。实现水产养殖信息化、智能化，首先需要各种传感器采集水质参数，保证水产品的优质水质。其次，采集到的信息要可靠、实时地传输，这需要稳定的通信条件。最后，应使用计算机处理系统对传输的数据进行分析和决策。此外，为了实现精准饲养和疾病预警，需要将物联网技术与图像处理方法相结合，通过图像处理和决策实现精确的饲养控制和疾病的智能预警。

5.4.3　智慧水质管控

水体环境实时监测系统是在养殖现场布设水质在线检测、气象在线检测和视频监控传感器设施，实时监测养殖现场环境情况，对氨氮、亚硝酸盐等参数指标辅以移动监测手段作为补充。水体环境实时监测系统主要包括水质在线监测子系统、气象监测子系统、水质移动巡检子系统和养殖视频统一监控系统子系统。

5.4.3.1 环境传感器

鱼、虾等水产品对环境温度非常敏感，水温不合适会影响水生动物的正常生长和代谢。因此，水温对水生动物的正常生长起着重要作用。对温度变化敏感的温度传感器可以将温度信息转化为电信号。这些传感器分为四种主要类型：热敏电阻、热电偶、电阻温度检测器（RTD）和 IC 温度传感器。其中，热电偶结构简单，应用广泛，但装置检测精度低。另外，热敏电阻具有检测精度高和温度响应快的特点，但它可能会因电流过大而导致自热。水产养殖中需要关注的包括进水口温度、池内温度、养殖场空气温度等。

pH 是水产养殖中的重要指标。目前，电极电位法是水产养殖中常用的 pH 检测方法，而银-氧化银电极是最常见的参比电极。pH 传感器的基本原理是将化学能转化为电能，并根据电压确定 pH。总的来说，该方法是可靠的，但在长期使用中确实会出现信号漂移的现象。除了电极电位法，还可以通过光化学传感器、pH 试纸检测方法等来确定 pH。

5.4.3.2 智能监控与管理

水质智能监控与生产管理分析平台利用大数据技术，对水质监测数据进行分析，与前端的养殖现场实时监测系统对接，实现水质监测数据采集、分析和告警，并可联动现场增氧机进行自动增氧控制，同时，平台还能够控制现场投料机、循环水装置和物理消毒灭菌装置等，实现水产养殖设施的闭环反馈控制。水产养殖监控中心还能够对养殖生产现场各类水质感知数据、设备运行状态信息、现场视频进行集中监控，及时发现生产环节、设备运行的异常情况，及时进行调度处理。

通过养殖移动管理终端对养殖工作、管理工作进行指导与监督，可以实现水体监测指标监控、养殖现场设施监控、养殖基础数据录入、养殖资讯接收、工单接收与处理、养殖设施配置与控制和养殖基础数据采集等功能。

5.4.4 水生疾病预警

水产类病害监测预警与诊断平台主要包括病害大数据分析与诊断子平台，以及预警和应急处置子平台。在监测地域，分多次、多地点采集信息，结合软件功能和云服务器的大数据，通过平台聚集的大量养殖能手和农业技术专家，为相关的养殖户提供智能诊断、农业技术专业远程问诊，以及养殖病害预测预警。对出现病害区域的养殖户进行信息的传输、融合和创新利用，将病害大数据与互联网技术结合，通过手机终端等设备进行快速传递，从而降低养殖户损失。

5.4.4.1 基于机器视觉技术的疾病预警系统

该系统基于图像处理技术和物联网技术，基本工作原理是由电机通过绳索提升水下观测平台。摄像头被拉到一定高度后工作，获取其正下方的平台图像信息，并通过以太网将图像传输到应用层。病害识别模型确定病死的水产品数量，并向警示灯发出信号，促使养殖者及时处理养殖池。

水产病害预警系统的工作过程如下。首先，电机的定时由主控板内部时钟开关控制（定时也可以通过显示控制屏实现）。电机以一定的间隔正转，匀速将观景台从池底拉出。由于大多数水产品，包括南美白对虾和鱼类，离开水面后会迅速死亡，高度不宜设置得离水面太远。因此，根据拉伸高度和电机转速选择合适的观察平台高度。到达一定位置后，电机停止转动，工业相机获取平台图像，并将采集到的图像信息通过以太网传输到应用端。根据建立的模型，可以确定是否有病虾或死虾。这些信息作为育种的预警信号，可供育种者通过个人计算机（personal computer，PC）或移动终端获取。

机器视觉系统的功能主要包括图像背景分割、图像特征提取与优化、分类器应用、上位机与下位机数据通信等。主要是通过相机自带的触发属性来工作。相机的触发是通过电机的开关与 SDK 软件开发包中的代码相结合来触发的。每个集合只能获得一张图像。该系统通过图像形态学和分类算法，实现虾饵提取、死虾识别、饵料识别。在分类算法的应用和选择上，考虑了传统机器学习算法和卷积神经网络（CNN）对南美白对虾死虾分类的影响。最终实现对死虾的识别，并触发报警信号，提醒工作人员介入。

5.4.4.2　基于图像处理的病虾和死虾分类

由于健康虾与病死虾在颜色上存在差异，且虾体颜色与背景也具有明显的差异，因此本节依据颜色特征将目标从背景分割，使用的方法主要是图像灰度值差异法。首先选取三种具有代表性的对虾分析其颜色特征，其他的样本也具有相似的颜色特征。如图 5-26 所示为三种目标的灰度直方图，其横坐标代表灰度级，纵坐标代表了该灰度值所对应的像素点出现频率。该图简单直观地反映出了图像灰度值的分布，三幅灰度直方图的第一个峰都比较高，这代表了背景像素的灰度值出现频率；同时存在第二个比较弱的峰，其代表了目标像素出现的频率。在 100 左右处，两峰之间存在一个低谷，这意味着当选取的分割阈值为 100 时，可以较好地将目标和背景分割，对小于该灰度值的区域置 0，大于该灰度值的区域置 1，虾分割结果如图 5-27 所示。

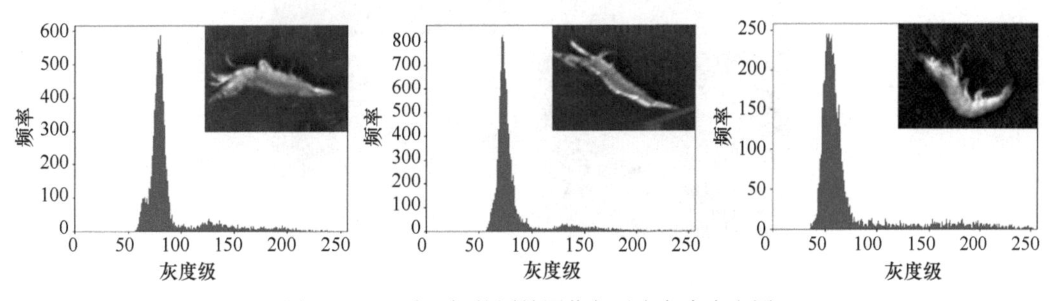

图 5-26　三种目标的原始图像与对应灰度直方图

通过 Canny 边缘检测算法提取虾边缘轮廓，如图 5-28（c）所示。该算法的处理流程主要包括以下 5 步：①使用高斯滤波器平滑图像并滤除噪声；②计算图像中每个像素点的梯度强度和方向；③应用非极大值抑制（non-maximum suppression），非极值点置 0，以消除边缘检测带来的杂散响应，使得图像边缘变细；④应用双阈值（double- threshold）检测来确定真实的和潜在的边缘；⑤通过抑制孤立的弱边缘最终完成边缘检测，最后实现目标定位，如图 5-28（d）所示。

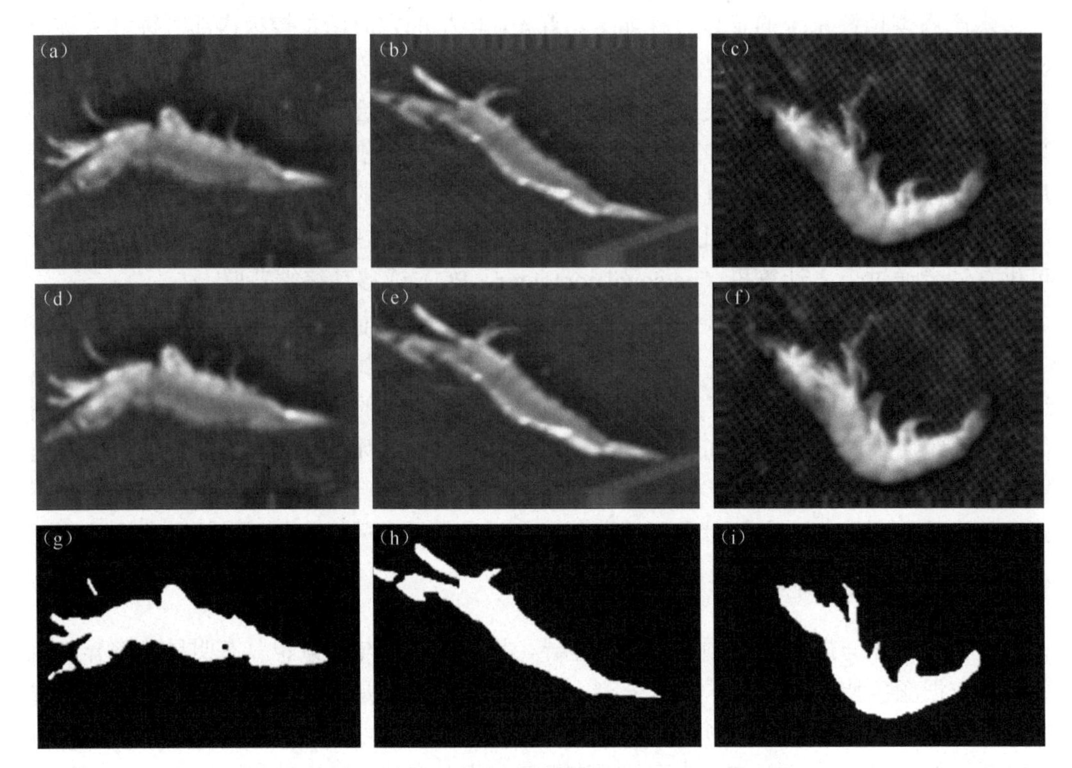

图 5-27　虾分割结果

（a）～（c）原图；（d）～（f）灰度图；（g）～（i）二值化处理结果

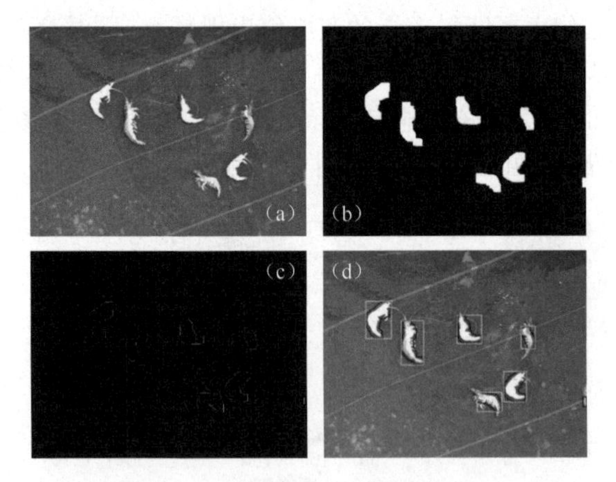

图 5-28　南美白对虾形态学处理

（a）原图；（b）二值化图；（c）目标轮廓；（d）原图目标选取

通过以上步骤就能得到养殖池内病虾死虾的分类图，从而能够及时提醒工作人员关注到养殖区域内的病害发生情况，从而及时做出预防措施。

5.4.4.3　远程诊断系统

远程诊断主要依赖水产领域的知识库和专家经验，用户可将症状描述和图片数据上传到系统。图 5-29 展示了远程诊断系统。

图 5-29　远程诊断系统

知识库是水产知识的存储机构，主要用于存储水产病情诊断防治的基础领域知识和专家经验等。知识库中的知识来源于知识获取机构，同时又为推理机提供求解问题所需的知识。知识库管理系统负责对知识库中的知识进行组织、管理、维护等。智能系统中其他任何部分如果要与知识库发生联系，都必须通过该管理系统来完成，这样就可以实现对知识库的统一管理和使用。通过知识库，可以实现常见疾病、自助诊断、历史病历、病情分析的学习和检索功能。

在线会诊是针对特定的病情或者紧急情况，将病情描述填写完整后，全国著名水产专家会及时给出权威的诊断结果和处理意见，甚至可预约专家进行在线诊断。

5.4.5　养殖生产智能管控系统

在现有标准鱼塘或渔光互补鱼塘中部署养殖生产智能管控系统等，以相邻两个鱼塘为一组，进行循环水生态养殖数字化鱼塘改造。通过充分应用自动饲料精准投喂控制、循环水自动装置控制、自动增氧控制、物理消毒灭菌装置控制、网箱升降控制及其他养殖辅助手段等，可较为简便地改造现有传统露天鱼塘，从而构建多种类、多功能和多层次的高产优质数字化循环养殖系统。

5.4.5.1　系统介绍

投喂方式对水产养殖至关重要——投喂方式不当会造成资源浪费；过量的饲料可能会导致富营养化，从而对养殖水域造成污染，并带来不必要的经济损失。

为实现精准投喂，应根据水产品体长与质量的关系，建立生长阶段、投喂量和投喂量之间的定量关系模型。此外，需要分析每个品种的长度和质量之间的关系。同样，应分析光照强度、水温、溶解氧含量、浊度、氨氮和养殖密度等外界因素与鱼饵的吸收能力和营养摄入量之间的关系。如此操作，不仅实现了特定需求的投喂，而且减少了诱饵和成本的损失。

本节应用了一种基于图像处理技术的精密送料系统。图像采集方式与水生疾病预警系统相同，是通过启动电机拉起观察平台并触发摄像头工作来实现的。获取的图像通过以太网传输到应用程序。剩余饵料通过建立的模型进行判别和计数，作为确定水产品（南美白对虾、鱼类等）饥饿程度的依据。根据剩余量，调整饵料用量，实现精准投喂。利用自动控制系统定时升降料台，对摄像头数据进行采集，利用机器视觉和人工智能算法模型分析饲料的残留情况，并决定是否进行投递饲料及投喂的量，如图 5-30、图 5-31 所示。

图 5-30 饵料检测系统（前端展示）

图 5-31 饲料检测（绿框为检测到饵料区域）

同时使用水下摄像头对水产的生长情况进行视频数据采集，利用机器视觉技术监测水产的生长情况、养殖密度和养殖周期，结合养殖经验进行建模并迭代优化模型，精确估计饵料的需求量和投喂量，如图 5-32 所示。

图 5-32　水下摄像头监控视频

5.4.5.2　基于图像处理的饵料识别和计数方法

在自然光下，图像获取存在光照不均匀的问题，并且背景中存在一些难以滤除的噪声。在分割中发现，如直接根据灰度值分割的方法存在较大误差，基于全局阈值的分割效果难以满足要求，因此选择自适应阈值法分割前景与背景。自适应阈值法针对图中不同的区域自适应得到不同的阈值，应用不同的阈值避免了由区域间差异而引起的分割误差，如图 5-33 所示。

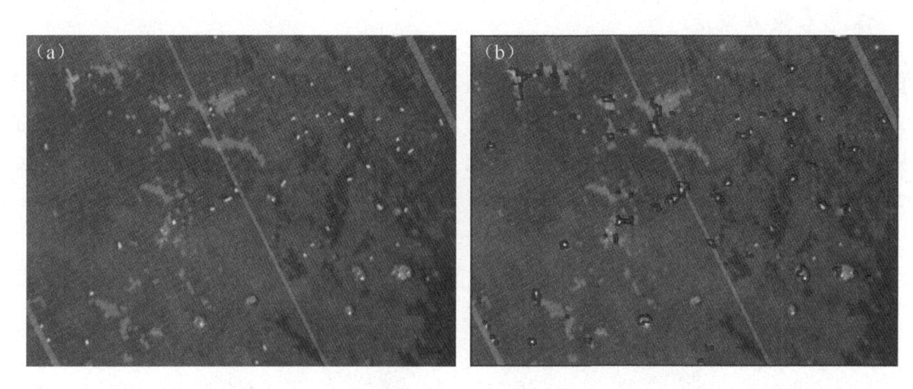

图 5-33　处理结果

（a）原图；（b）目标轮廓

5.4.6　应用案例

本节以杭州市明朗农业开发有限公司渔业工厂化养殖系统为例，来介绍智慧水产在当前生产的实际应用。本系统研发了水质在线监测系统与自动化调控装备，实现了鱼塘水质在线监测与调控，并在杭州进行应用示范。

5.4.6.1　鱼塘水质信息与环境监测设备

共挑选比较具有代表性的 12 个鱼塘作为示范区，每 3 个鱼塘安装一个信息采集设备，每个采集设备上安装有溶解氧传感器、pH 传感器、氨氮传感器、水温传感器及光照、空气温度、空气湿度传感器。每个采集设备均由太阳能供电，且每个设备均使用无线传输。无线将信息传输到管理中心。管理中心再根据接收到的信号发布反馈控制信号，执行自动增氧、智能报警等操作，如图 5-34 所示。

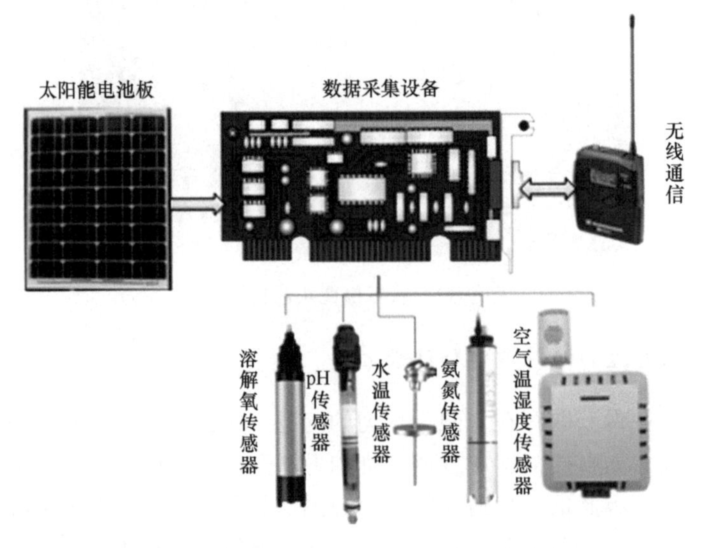

图 5-34　鱼塘水质与环境信息采集设备的构成

5.4.6.2　信息采集方案

每 3 个鱼塘安装一个水质信息与环境监测设备。每个设备均通过无线通信方式与监控中心通信，且每个设备不仅具备信息采集和无线发送功能，且具有无线自组网功能。采集设备在安装好后可以自行进行智能组网，以最低功耗和最高效率将信息传输到监控中心。组网通信方式如图 5-35 所示。

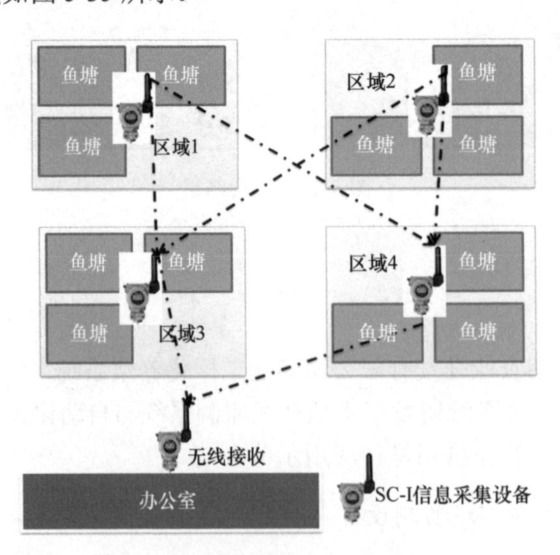

图 5-35　水产信息物联网信息采集

5.4.6.3　鱼塘自动增氧与换水的智能控制方案

南美白对虾养殖过程中，养殖户所承担的最大风险是鱼塘溶氧问题。成年或快成年的南美白对虾耗氧量大，如不及时增氧则可能造成短时间内整个鱼塘的虾全部因缺氧而死亡，对养殖户经济损失巨大。监控中心控制指令主要以实时接收到的鱼塘物联网信息作为控制依据，以养殖经验数据作为控制参数，控制指令通过无线通信发送给控制器。控制器根据控制指令执行自动增氧与自动排水、给水操作，实现自动增氧与自动换水功能，其原理如图 5-36 所示。

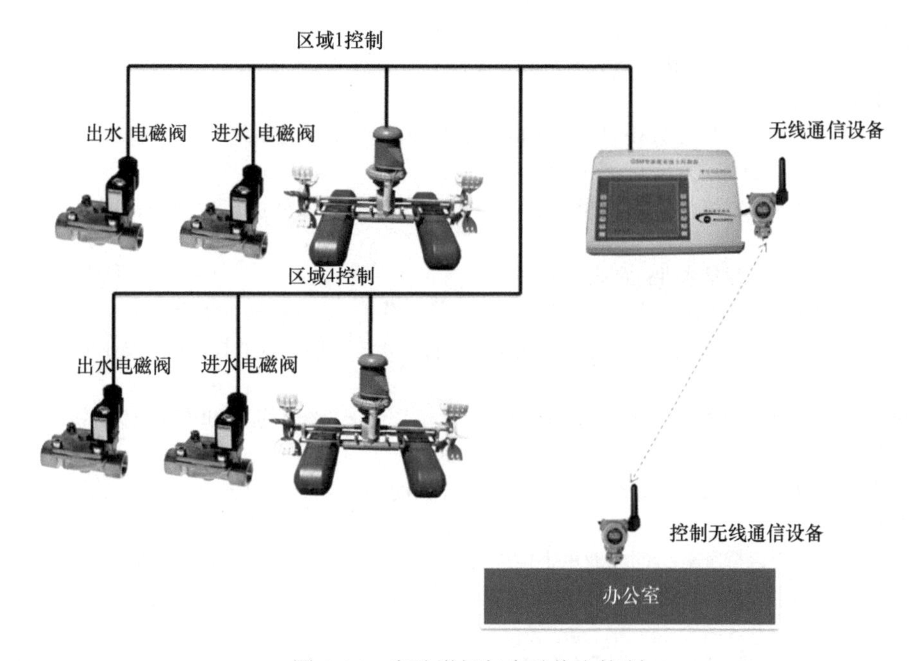

图 5-36　自动增氧与自动换水控制

5.4.6.4　养殖园区数据可视化系统

水产养殖园区的可视化对园区管理提供了非常便利的管理模式。本项目可视化设计方案为：利用 3 个枪型摄像机监测园区特定视角位置，利用一个球型摄像机（360°旋转、27 倍变焦）作为园区全景监控设备。球型摄像机可以手动控制旋转和放大变焦，也可以自动运行，自动全景 360°扫描。

以 GIS 和业务数据库为基础，将渔业全息数据分业务模块上图，实现一张图并大屏展示。对现有数据进行收集和数字化处理，将基础数据、测量数据、航拍数据、多媒体数据等进行有效融合，构建系统数据库，为水产养殖形成决策支持。三维可视化系统是将三维虚拟现实系统和三维地图系统相结合，通过三维渲染的表现方式将目标区域的具体数据以可视化的方式呈现出来。系统可以接入实时数据信息，并能够通过各种图表进行可视化表现。可接入摄像头数据信息，农业生产数据信息，各种实时状态数据等可通过设备 POI 点展示。

参 考 文 献

陈培常, 赵玉娥. 2021. 基于物联网技术的智慧大棚西瓜栽培模式研究. 现代农机, (4): 110-112.
陈威, 郭书普. 2013. 中国农业信息化技术发展现状及存在的问题. 农业工程学报, 29(22): 196-205.
崔文顺, 张芷怡, 袁力哲, 等. 2015. 基于云计算的日光温室群物联网服务平台. 计算机工程, 41(6): 294-299, 305.
杜朋朋. 2014. 小麦叶片光学特性的获取与建模分析. 杭州: 浙江大学硕士学位论文.
方慧, 宋海燕, 曹芳, 等. 2007. 油菜叶片的光谱特征与叶绿素含量之间的关系研究. 光谱学与光谱分析, (9): 1731-1734.
冯雷, 柴荣耀, 孙光明, 等. 2009. 基于多光谱成像技术的水稻叶瘟检测分级方法研究. 光谱学与光谱分析, 29(10): 2730-2733.
何灿隆, 沈明霞, 刘龙申, 等. 2018. 基于 NB-IoT 的温室温度智能调控系统设计与实现. 华南农业大学学报, 39(2): 117-124.
蒋冬雁, 李伟雄, 杨丽丽, 等. 2019. 雨量仪器使用中常出现的问题及解决方法. 气象研究与应用, 40(3): 117-118, 133.
李道亮. 2012. 物联网与智慧农业. 农业工程, 2(1): 1-7.
李道亮, 杨昊. 2018. 农业物联网技术研究进展与发展趋势分析. 农业机械学报, 49(1): 1-20.
李慧, 刘星桥, 李景, 等. 2013. 基于物联网 Android 平台的水产养殖远程监控系统. 农业工程学报, (13): 175-181.
刘飞. 2011. 基于光谱和多光谱成像技术的油菜生命信息快速无损检测机理和方法研究. 杭州: 浙江大学博士学位论文.
刘飞, 冯雷, 柴荣耀, 等. 2010. 基于直接正交信号校正的水稻冠层叶瘟光谱诊断. 光学学报, 30(2): 585-589.
刘子毅. 2017. 基于图谱特征分析的农业虫害检测方法研究. 杭州: 浙江大学博士学位论文.
孟祥宝, 谢秋波, 刘海峰, 等. 2014. 农业大数据应用体系架构和平台建设. 广东农业科学, 41(14): 173-178.
师志刚, 刘群昌, 白美健, 等. 2017. 基于物联网的水肥一体化智能灌溉系统设计及效益分析. 水资源与水工程学报, 28(3): 221-227.
孙光明, 刘飞, 张帆, 等. 2010. 基于近红外光谱技术检测除草剂胁迫下油菜叶片中脯氨酸含量的方法. 光学学报, 30(4): 1192-1196.
孙光明, 杨凯盛, 张传清, 等. 2009. 基于多光谱成像技术的大麦赤霉病识别. 农业工程学报, 25(S2): 204-207.
孙忠富, 杜克明, 尹首一. 2010. 物联网发展趋势与农业应用展望. 农业网络信息, (5): 5-8, 21.
孙忠富, 杜克明, 郑飞翔, 等. 2013. 大数据在智慧农业中研究与应用展望. 中国农业科技导报, (6): 63-71.
夏于, 孙忠富, 杜克明, 等. 2013. 基于物联网的小麦苗情诊断管理系统设计与实现. 农业工程学报, (5): 117-124.
徐刚, 陈立平, 张瑞瑞, 等. 2010. 基于精准灌溉的农业物联网应用研究. 计算机研究与发展, 47(S2): 333-337.
杨甘露. 2021. 基于 IOT 和 GA-Elman 的农田智慧灌溉控制系统研究. 水利规划与设计, (8): 83-95.
余国雄, 王卫星, 谢家兴, 等. 2016. 基于物联网的荔枝园信息获取与智能灌溉专家决策系统. 农业工程学报, 32(20): 144-152.
郑纪业, 阮怀军, 封文杰, 等. 2017. 农业物联网体系结构与应用领域研究进展. 中国农业科学, 50(4): 657-668.

朱会霞, 王福林, 索瑞霞. 2011. 物联网在中国现代农业中的应用. 中国农学通报, (2): 310-314.

Adams A, Gore J, Catchot A, et al. 2016. Irby, Residual and systemic efficacy of chlorantraniliprole and flubendiamide against corn earworm (Lepidoptera: Noctuidae) in soybean. Journal of Economic Entomology, 109(6): 2411-2417.

Bao Y D, Kong W W, He Y, et al. 2012. Quantitative analysis of total amino acid in barley leaves under herbicide stress using spectroscopic technology and chemometrics. Sensors, 12(10): 13393-13401.

Çayli A, Akyüz A, Baytorun A N, et al. 2017. Control of greenhouse environmental conditions with IOT based monitoring and analysis system. Turkish Journal of Agriculture-Food Science and Technology, 5(11): 1279-1289.

Franchetti B, Valsamis N, Pierluigi G, et al. 2019. Vision based modeling of plants phenotyping in vertical farming under artificial lighting. Sensors, 19(20): 4378.

Han D, Byung S K, Abhijit C. 2010. DSP-Driven self-tuning of RF Circuits for process-induced performance variability. IEEE Transactions on Very Large Scale Integration (VLSI) Systems, 18(2): 305-314.

Hou X L, Yao X F. 2020. Research on application of photoelectric sensors in internet of things system. Science and Technology Innovation Herald, 5: 125-126.

Jin X, Zhao K X, Ji J T, et al. 2018. Design and implementation of intelligent transplanting system based on photoelectric sensor and PLC. Future Gener Comp Sy, 88: 127-139.

Leckie D G, Ed C, Steve P J. 2005. Automated detection and mapping of crown discolouration caused by jack pine budworm with 2.5m resolution multispectral imagery. International Journal of Applied Earth Observation and Geoinformation, 7(1): 61-77.

Li D L. 2012. Introduction to Agricultural Internet of Things. Beijing: Science Press.

Liu D H, Zhou J W, Mo L F. 2012. Applications of internet of things in food and agri-food areas. Transactions of the CSAM, 43(1): 146-152.

Liu F, Nie P, Huang M, et al. 2011. Nondestructive determination of nutritional information in oilseed rape leaves using visible/near infrared spectroscopy and multivariate calibrations. Science China Information Sciences, 54: 598-608.

Moriyuki S, Fukuda H. 2016. High-throughput growth prediction for *Lactuca sativa* L. seedlings using chlorophyll fluorescence in a plant factory with artificial lighting. Frontiers in Plant Science, 7: 394.

Potamitis I, Eliopoulos P, Rigakis I. 2017. Automated remote insect surveillance at a global scale and the IoT. Robotics, 6(3): 19-32.

Ren G Q, Lin T, Ying Y B, et al. 2020. Agricultural robotics research applicable to poultry production: a review. Comput Electron Agric, 169: 105216.

Seokwon Y, Bahram J, Edward W. 2005. Photon counting passive 3D image sensing for automatic target recognition. Opt Express, 13: 9310-9330.

Tai H J, Liu S Y, Li D L, et al. 2012. A multi-environmental factor monitoring system for aquiculture based on wireless sensor networks. Sens Lett, 10(1-2): 265-270.

Wang C, Li Z, Pan Z L, et al. 2018. Development and characterization of a highly sensitive fluorometric transducer for ultra low aqueous ammonia nitrogen measurements in aquaculture. Comput Electron Agric, 150: 364-373.

Wang R J, Sun B Y. 2015. Research status of intelligent equipment for agricultural robots. Bulletin of Chinese Academy of Sciences, 30(6): 803-809.

Weng H Y, Lv J W, Cen H Y, et al. 2018. Hyperspectral reflectance imaging combined with carbohydrate metabolism analysis for diagnosis of citrus Huanglongbing in different seasons and cultivars. Sens Actuators, B, 275: 50-60.

Wijewardana C, Reddy K R, Shankle M W, et al. 2018. Low and high-temperature effects on sweetpotato storage root initiation and early transplant establishment. Scientia Horticulturae, 240: 38-48.

Yeturu S, Jentzsch P V, Ciobotă V, et al. 2016. Handheld Raman spectroscopy for the early detection of plant diseases: abutilon mosaic virus infecting *Abutilon* sp. Anal Methods-UK, 8(17): 3450-3457.

Zhang C. 2015. Acquisition and modeling analysis for the optical properties of maize (*Zea mays*) leaves. Hangzhou: Master Dissertation, Zhejiang University.

Zhang G, Shen S Q, Takagaki M, et al. 2015. Supplemental upward lighting from underneath to obtain higher marketable lettuce (*Lactuca sativa*) leaf fresh weight by retarding senescence of outer leaves. Front Plant Sci, 6: 1110.

Zhang P, Zhang L N, Liu D, et al. 2019. Research status of agricultural robot technology. Agric Eng, 10: 1-12.

Zhao X H, Ning Z P, He Y P, et al. 2011. Differential resistance and cross-resistance to three phenylpyrazole insecticides in the planthopper *Nilaparvata lugens* (Hemiptera: Delphacidae). Journal of Economic Entomology, 104(4): 1364-1368.

第 6 章 农业病虫害防治系统

6.1 概 述

在农业生产中，农作物病虫害会严重影响作物的生命活动，破坏其生理结构，如果没有得到及时管控，会导致作物产品质量下降甚至造成减产。据联合国粮食及农业组织（FAO）调查，全世界每年因病虫害引起的粮食减产占粮食总产量的 20%～40%，经济损失达 1200 亿美元。而在中国，每年因农作物病虫害导致的粮食损失约占总产量的 30%，造成的经济损失高达数十亿元（何勇等，2018）。在导致农产品产量和质量下降的同时，农作物病害还会引起农药的大量投入和防治费用的上升，从而增加了农业生产成本并造成严重的环境污染。因此，开展农作物病虫害专业化防治，加强病虫害监测预警能力对中国粮食安全和经济发展稳定具有重要的战略意义（黄文江等，2019）。

目前，作物病害监测方法主要是实验室技术与生化方法，包括光学显微镜、透射电子显微镜、生物测定、血清学、聚合酶链反应（PCR）、核酸序列分析、指纹图谱分析、分子标记及生物电子技术等（张德荣等，2019），通过对 DNA 和 RNA 等微观物质的检测来判断作物染病的致病物，而不是仅仅通过染病后的表现来确定作物病害种类。以上方法的优点是能非常准确地识别病害，缺点是投入成本高、需要专业的技术培训、样本准备较为复杂，且以上技术对作物具有破坏性，同时检测过程工作量大、耗时长、时效性差，并不适用于普通农户在田间现场进行的快速检测。另外，人工经验判断只能用于产生明显病斑后的病害诊断，具有滞后性，不利于作物早期病害诊断与防治。除此之外，农户对于不同的病害特征往往缺乏专业知识，无法准确判断病害类型，难以对症下药。

在传统农业迈向现代化的进程中，智慧农业起着至关重要的作用。数字化农业技术作为当今世界农业发展中不可或缺的技术，是现代信息技术和人工智能技术与农业的融合。在作物病情虫情分析方面，智慧农业要求实时、准确地获取植物受病虫害侵染的信息，以实现快速、无损、准确的农作物病虫害诊断与防治，从而指导植物生长过程中的精细化管理。智慧农业病虫害精细化管理要求实现智能化精准靶向变量喷药，而通过智能化的植物病虫害实时监测方法明确定位植物健康部位和受害部位以及受害程度，是实现精准变量喷药的前提，也是智慧农业精细化管理实施的关键。浙江大学何勇教授团队将光谱分析技术、机器视觉技术、遥感技术、人工智能、大数据分析，以及物联网等现代化信息感知与数据分析技术应用于农作物病虫害监测，并且在该领域进行了大量的基础研究与应用研究，构建起了一系列快速、无损、准确的农作物病虫害智能检测方法及远程诊断监测系统。

6.2 作物病害信息检测和监测技术

6.2.1 基于光谱反射信息的作物病害检测技术

6.2.1.1 光谱检测技术理论基础

1. 光谱性质

自然界的大部分物质在外界电磁波的作用下，由于自身原子振动、电子跃迁等因素的作用，在某些特定的波长位置处会发生光谱辐射，包括反射、吸收等。将这些光波按照波长从小到大排列即形成了光谱。因为对于每种元素的原子，它在受到电磁波的辐射作用时只能发出一种特定波长的光谱线，所以，该光谱中包含了物质的定性和定量信息，可以利用原子的特征谱线来鉴别物质的性质和确定物质的组成，这就是光谱分析和检测技术的理论基础。根据光谱波长进行光谱区域分类，如表 6-1 所示。

表 6-1 光谱区域分类

名称	英文及缩写	波长范围（nm）
紫外	ultraviolet，UV	10～400
可见光	visible，VIS	400～700
近红外	near infrared，NIR	700～2 500
热红外	thermal infrared，TIR	2 500～20 000

2. 光谱检测与分析的特点

1）对所分析检测的物体没有损伤和污染。光谱检测是一种无损、无污染的检测方式，只需要将被测物质用光谱信号采集仪检测一下，光谱分析系统就可以通过光谱信号计算出该物质定性或定量的指标。

2）光谱分析和检测的速度比较快。对于物质的成分，如果采用化学的方法测定，往往需要数个小时。而利用光谱检测手段，只需要通过短短几分钟便可计算出检测结果。

3）光谱检测费用比较低廉，是一种节能环保的检测方式。

4）采集一次光谱信号，可以同时检测物质多个成分的含量或性质。由于光谱数据包含多个波段的数值，这些波段的数值往往蕴含了不同物质成分或性质的信息，因此，可以通过一个光谱信号来建立多个物质检测模型，从而检测物质多个组分的信息。

光谱检测是一种分子水平微观物理量和化学量的传感技术，属于快速、无损检测技术，由于其分析过程中无须使用化学试剂，因而大大降低了分析成本。目前它已经广泛应用于化工、制药、轻工和半导体等工业部门的过程监测、化学分析，以及生物和医学研究、农业和林业、海洋和矿业、防伪和安全保证系统及军事等领域中。

太阳光是地物接收最为普遍的电磁辐射。利用地物接收太阳辐射产生的独特光谱特征，检测植物长势、诊断水肥状况、判别逆境灾害和估算产量，对提高作物管理水平与水肥农药利用效率、减少环境污染具有重要意义。随着光谱技术的不断发展，光谱分辨率和仪器信噪比越来越高，光谱仪器从滤光片、光栅色散发展到傅里叶变换高光谱遥感器，其光谱分辨率达数纳米，之后微波遥感开始起步，光谱获取的数据质量越来越高，成为精细农业监测环节的主要信息来源，在现代农业中起着十分重要的作用（鲍一丹，2013）。

6.2.1.2　作物病害光谱特征分析与检测原理

1. 农作物病害类型

作物病害是指作物受到其他生物的侵染或由不适宜的环境条件而引起的正常生理机能的破坏。作物病害有侵染性病害和非侵染性病害两类。侵染性病害按病原物类型分为真菌性病害（约占病害的 80%）、细菌性病害、病毒性病害和线虫病害等；按症状可分为叶斑病、腐烂病、萎蔫病等；按发病部位可分为根病、茎病、叶病、果病等。非侵染性病害是由不适宜的环境条件（水分的不足或过量，肥料、农药使用不合理，环境的突然变化和遗传性因素等）引起的植物病害。例如，由营养物质缺乏而引起的缺素症、由环境中的有害气体而引起的污染性病害和由杂草疯长而引起的杂草病害等（张德荣等，2019）。

病害对植物生长造成的影响主要有两种表现形式：植物外部形态的变化和植物内部的生理变化。外部形态变化特征有落叶、卷叶、叶片幼芽被吞噬、枝条枯萎导致冠层形状起变化等。生理变化表现为叶绿素组织遭受破坏，光合作用和养分水分吸收、运输、转化等机能衰退等。无论是形态的还是生理的变化，都必然导致植物光谱反射与辐射特性的变化，患病的植物组织与健康的植物组织相比，光谱值会产生变化。除此之外，作物在染病后，其内部生理结构、营养元素含量等先于外部形态特征产生明显变化，因而植物患病部分内部组织的光谱特性也先于植株外部特征发生变化，这就为植物病害的早期诊断提供了条件。

2. 农作物不同组织的光谱特性

由于各种物体的组成成分、内部结构和外部状态不同，它们对电磁辐射的响应有很大差别。因此，各种物体都有自己独特的电磁辐射特性，而地物光谱反射曲线是对电磁反射或发射差异的集中体现。

大多数植物叶片结构是由表皮细胞、栅栏组织细胞、海绵叶肉组织细胞、叶脉细胞和表层细胞上的角质层组成，部分植物叶片的表面还长有绒毛。在表层细胞上面的角质层中，入射光产生漫射，直接反射的光很少；栅栏细胞中储藏了很多能够吸收叶绿素的可见光；在海绵叶肉组织细胞中，近红外光产生散射；表皮细胞对可见光和近红外光都能产生部分散射，但它起的作用较小；植物叶片中的水对波长较长的红外光影响最大。在 0.50～2.50 μm 波段中，0.50～0.75 μm 的可见光区通过肉眼可识别出植物色素变化；0.75～1.35 μm 的近红外区，受植物叶片内部结构和细胞间隙大小的影响，植物叶片对该部分光具有低吸收和高反射作用；1.36～2.50 μm 的红外谱段区，除受叶子结构的影响外，主要是受组织内水浓度的影响。

任何植物发生病害时，都会对内部的细胞结构、色素含量、水分含量和酶活性等产生影响。病害胁迫后期还会发生叶片发黄、枯萎、凋零等外部形态和生理的变化，这些可见光上的变化比较容易识别，同时受害植物和健康植物的光谱特征曲线在红光和近红外区域会有更显著的区别，这也是光谱能够用于植物病害检测的理论基础。例如，感染早疫病的番茄叶片表面颜色会发生明显的变化，发病初期呈暗绿色，病斑边缘为浅绿色或黄色，这直接导致其光谱反射率与健康样本的反射率不同，也是反射率信息可用于病害样本分类的依据之一。再如，在电磁波谱中，红边是植被的反射率在近红外线波段接近于红光交界处快速变化的区域，红边与植被的各种理化参数是紧密相关的，是描述植物色素状态和健康状况的重要的指示波段，可以反映出植物的生理状态，当叶绿素含量减少时，红边位置发生“蓝移”；当叶片含水量减少时，它发生“红移”（鲍一丹，2013）。

6.2.1.3 光谱数据处理方法论

1. 光谱预处理

高光谱成像仪在图像获取的过程中，会因为环境中光照、背景及实验仪器等诸多问题而导致光谱信号中含有较多不确定的因素（基线漂移、信号噪声、光散射等）。为了有效挖掘光谱信息提高模型预测精度，使得其能反映样本真实和根本的信号特征，提高模型的准确率和精度，需要对原始光谱数据进行预处理。常用的预处理方法包括移动平均法（moving average smoothing，MAS）、多项式卷积平滑法（Savitzky-Golay smoothing，SG）、标准正态变量变换（standard normal variate，SNV）、多元散射校正（multiplicative scatter correction，MSC）、去趋势（de-trending）算法。

（1）光谱平滑

常见的信号干扰是噪声干扰，会引起光谱曲线上的高频波动信号，造成光谱曲线高低起伏，杂乱无章；这类干扰对光谱数据的分析影响不大，但是可能会影响特征波长提取的准确度及后期模型分析的效果，所以为了后续的建模分析，有必要对光谱曲线进行平滑以消除其中的噪声信息。目前常见的平滑算法主要有移动平均法（MAS）和多项式卷积平滑法（SG）。

MAS 算法是消除噪声最常用的一种方法。该方法将光谱波长分成若干个区间，然后将分割后的区间重叠起来。通过设置平滑窗口来调整波长区间，其中窗口宽度大小的调节要适当。若调节过大，会过滤掉特征值等有用信息，对后期的模型分析造成影响；若调节不足，则无法达到平滑效果。所以平滑处理时，只有选择合适的范围，才能有效去除噪声。

$$x_{k,\text{smooth}}=\overline{x_k}=\frac{1}{2w+1}\sum_{i=-w}^{+w}x_k \tag{6-1}$$

式中，k 为选择的波长，w 为所选择的范围，x_k 为 k 波长处的光谱数据，$x_{k,\text{smooth}}$ 为滑动平均之后计算的新光谱数据。

SG 算法是消除叠加的随机噪声和误差的常用预处理方法。该算法是通过设定一定波长区间，然后对移动窗口内的数据进行多项式最小二乘拟合，相对而言不容易导致原有特征信号的消失，目前较为常用。

$$x_{p,\mathrm{smooth}}=\overline{x_p}=\frac{1}{W_i}\sum_{i=-w}^{+w}x_{p+i}w_i \tag{6-2}$$

式中，W_i 为归一化因子，w_i 为平滑系数，p 为波长，x_p 为波长为 p 时对应的光谱数值，$x_{p,\mathrm{smooth}}$ 为经过 SG 算法平滑后获取的波长 p 处的光谱数值。

Savitzky-Golay 平滑滤波器具有以下优点。

1）利用最小二乘多项式拟合来实现，简便易懂，操作性强。

2）滤波系数是从对应的卷积系数表中查找的，比较容易获得。

3）对采样频率较低的生物学数据比较适用。

（2）多元散射矫正

多元散射校正（MSC）主要是为消除由样品表面的不均匀性（粒度分布）而引起的光散射，其主要的表现形式为基线的平移、旋转等，影响光谱数据的分析和建模效果，所以消除这种光散射对光谱数据的分析很有帮助。该算法的计算方法如下所示。

平均光谱：

$$\overline{H_i}=\sum_{i=1}^{n}H_i/n \tag{6-3}$$

线性回归：

$$H_i=h_i\overline{H}_i+b_i \tag{6-4}$$

MSC 校正：

$$H_{i(\mathrm{MSC})}=[H_i-\beta_i]/h_i \tag{6-5}$$

式中，H 是校正集的光谱矩阵，H_i 为第 i 个样品的光谱，h_i 和 b_i 是第 i 个光谱 H_i 与平均光谱 H 的线性回归的斜率和截距，都是列向。

（3）变量标准化

与多元散射校正类似，标准正态变量变换（SNV）的主要目的也是用来校正样品间由散射所引起的光谱误差。其基本思想：首先利用原始光谱减光谱平均值 μ，然后将得到的结果与标准偏差 σ 相除，使原光谱数据标准正态化分布。

按照如下计算公式计算得到 SNV 预处理的光谱：

$$x_{\mathrm{SNV}}=\frac{x_i-\mu}{\sigma} \tag{6-6}$$

式中，x_i 为 i 条原始光谱，x_{SNV} 为通过 SNV 预处理之后得到的新的光谱。

（4）去趋势算法

去趋势算法是消除光谱曲线中基线漂移的方法。其基本思想为：利用最小二乘法（least square method，LSM）将原始光谱拟合成一条趋势线，然后将原始光谱与趋势线相减，以实现基线漂移的消除。该算法的优势在于可以用于 SNV 预处理之后，二者结合使用，可以达到更好的效果。

2. 光谱数据降维方法

现有的光谱数据降维方法按提取目标的不同可以分为两大类：一类是提取特征向量，主要有主成分分析法、独立组分分析法、小波系数法等；另一类是提取特征波长，主要有方差分析法、逐步回归法、连续投影算法（successive projections algorithm，SPA）、无信息变量消除法等。

（1）特征向量提取方法

主成分分析（principal component analysis，PCA）是对多个变量进行线性变换，选出数量较少且较重要的变量的一种多元统计分析方法。主成分分析法通过考察多个变量间的相关性，剔除原变量中各向量间的相关性，试图通过少数几个相互独立的主成分来表达多个变量的内部结构，这几个主成分应该尽可能多地保留原始变量的信息且相互独立。具体的数学计算方法为：对原始变量的若干个指标作线性组合，得到新的线性组合，即主成分。在所有的主成分中，第一个主成分包含的信息量最多，第二个主成分次之，依次类推。由于各个主成分相互独立，因此第一个主成分包含的信息将不再出现在第二个主成分中，其数学表达式为：Cov(PC1, PC2)=0，其中 PC1 表示第一个主成分，PC2 表示第二个主成分。在纯数据的处理中，通常根据精度要求选取前几个主成分来进行下一步的数据建模等操作，选取主成分数量越多，得到的模型预测精度越高，但是在图像数据的处理中，若第一主成分包含的信息量不够时，可以选取前三个主成分组成 RGB 图或将该 RGB 图进行灰度化处理得到一张灰度图后再进一步做数字图像处理。主成分分析法对符合高斯分布的样本比较有效。

对于非高斯分布的样本，可以采取独立组分分析法（independent component analysis，ICA）。独立组分分析法是基于信号的高阶统计特性的数据分析方法，该方法可以将原始信号分解为相互独立的信号分量。独立组分分析法假设各个成分是统计独立的，且独立成分是非高斯分布的。下面给 ICA 一个定义，假设一个隐藏的统计变量模型为 $X=AS$，X 为 n 维观测信号矢量，S 为独立的 m（$m\leqslant n$）维未知源信号矢量，矩阵 A 被称为混合矩阵，ICA 的目的就是寻找解混合矩阵 W，W 即为 A 的逆矩阵，然后对 X 进行线性变换，得到输出向量 U，$U=WX=WAS$。计算过程主要分为 3 步：①对输入数据进行中心化和白化预处理；②通过优化目标函数的方法得到 W；③得到独立的基向量 U。

小波系数法是对一个给定的信号进行小波变换，将信号按某小波函数簇展开，用一系列不同尺度、不同时移的小波函数的线性组合来表示原始信号，线性组合中每一项的系数称为小波系数，在某一特定尺度下，所有小波函数的线性组合称为信号在该尺度下的小波分量。

（2）特征波长提取方法

方差分析法，也称“离差分析法”，其基本思想是按来源的不同将原始测试数据的总变异分成两部分：一部分是由误差引起的误差平方和，另一部分是由各变量的交互效应引起的因素平方和。将因素平方和与误差平方和做比较，从而判断各变量的贡献大小。若某个变量的因素平方远大于误差平方和，则认为该变量将对后续的处理结果做出贡献；反之，该变量的误差大于贡献，它的存在会影响后续的数据分析，可以将其剔除。方差分析法的具体实施步骤为：①将变量的总方差分解；②计算两个方差的比值；③查看 F 分布表，依概率判断各组之间的差异程度。方差分析法还可分为单因素方差分析和多因素方差分析。

逐步回归法是在多元线性回归理论的基础上发展起来的，其基本思想是：计算全部原始变量的偏回归平方，即变量对输出值的影响程度，按影响程度的大小逐个引入回归方程，每引入一个新的变量，便对当前回归方程包含的全部变量进行检验，根据其对输出值影响的显著程度判断变量的优劣，将劣质变量剔除，直到回归方程包含的所有变量都是优质变量，再对回归方程加入一个新的变量。对剩余未被选中的变量，考察其对输出值的作用大小，将最大者引入方程。剩余的变量便是被剔除的。

连续投影算法用于消除原始数据变量间的共线性，降低模型复杂度。连续投影算法是一种前向循环选择算法，针对某一个变量，计算它在其他变量上的投影向量，将向量最大的变量选入优选变量组合，被选入的变量与前一个变量的线性关系一定是最小的。再对第二个变量重复同样的操作，直到将所有变量都循环一次。该算法具体步骤如下：①初始化，任选一列变量；②计算该列变量对未被选中的变量的投影向量；③保存最大投影序号，并将该投影作为下一轮的投影向量；④若对所有变量的循环没有结束，则回到第②步继续循环，否则结束运算。对选中的变量组合建立模型，根据预测模型的均方根误差可以判断变量组合的优劣。

无信息变量消除法基于最小二乘回归系数的计算，可消除不包含有用信息的变量。无信息变量消除法将噪声矩阵加入变量矩阵，使用交叉验证的逐一剔除法建立最小二乘回归模型，得到回归系数矩阵，选取矩阵中的一个回归系数向量，计算向量的均值和标准偏差的商的稳定性，根据该稳定性的大小决定是否将该回归系数对应的变量认定为优选变量。

3. 数学建模方法

通常的数学建模方法按因变量类型的不同可分为回归与分类两种：回归分析允许连续变化的因变量值；分类分析要求因变量属于有限个类别。常用的最小二乘法、支持向量机（support vector machine，SVM）和神经网络等建模方法均能实现对数据的回归和分类分析。

最小二乘法（least square method，LSM）是一种数学上的近似和优化，利用已知的数据得出一条直线或者曲线，使之在坐标系上与已知数据之间的距离的平方和最小，还可用于曲线拟合。它通过最小化误差的平方和寻找数据的最佳函数匹配，可以简便地求出未知数据，并使这些数据与实际数据间的误差的平方和达到最小。最小二乘法主要研究多因变量在多自变量情况下的建模，较适合各变量内部高度线性相关的情况。当变量个数大于样本个数时，采用最小二乘法能够有效避免数据量不足引起的误差。一些不同领域的优化问题都可以通过最小化能量或最大化熵，最终用最小二乘法来表达。

支持向量机（SVM）在解决小样本、非线性及高维模式识别中表现出许多特有的优势，并能够推广应用到函数拟合等其他机器学习问题中。支持向量机的运算过程是将原始向量映射到一个比原始向量空间维度更高的空间，在该高维空间里构建能够将数据分隔开的最大间隔超平面，在该超平面两侧再建立两个互为平行的超平面。两侧的平行超平面间距达到最大值的最大间隔超平面是最优的，即平行超平面间距越大，模型总误差越小。算法中的支持向量指的是在两个平行超平面之间的区域边缘的训练样本点数据向量。支持向量机可分别应用于回归和分类分析。

4. 神经网络

学习和泛化机制是人工神经网络（neural network，NN）的核心，这一点与支持向量机类似。神经元是神经网络的基础单元，网络将训练过程中学习到的知识以神经元权值的形式储存在网络中，网络的拓扑结构、神经元权值阈值，以及传递函数是网络的关键成分。神经网络的分类方法非常复杂，按照训练类型或输入类型等指标的不同，有多种不同的分类方式。例如，按照学习方式分类，则可以分为无监督学习类和监督学习类，图 6-1 描述了对神经网络按学习方式的分类。

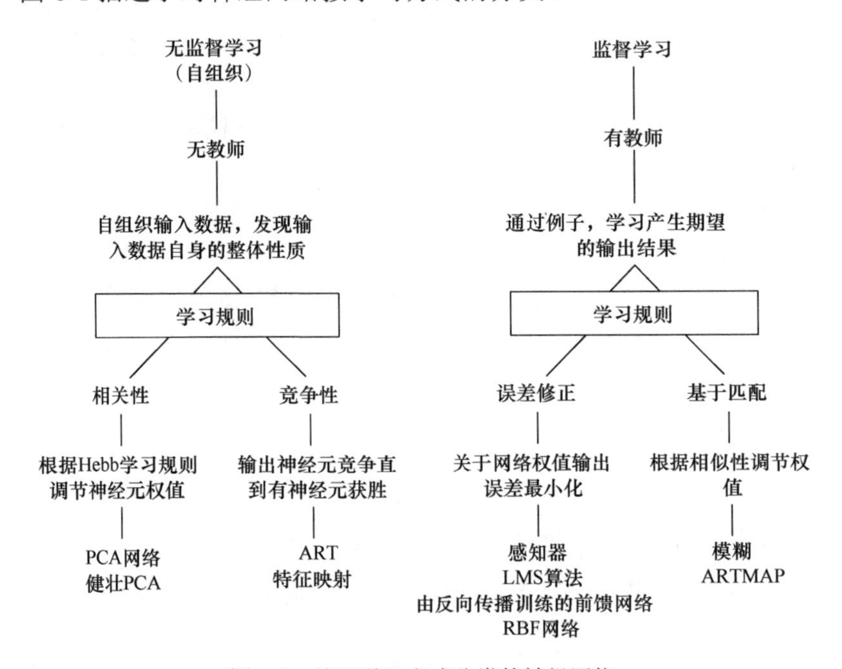

图 6-1　按照学习方式分类的神经网络

有很多研究将神经网络与计算智能结合以得到更好的模型。计算智能方法包括遗传算法和群体智能算法。它们在神经网络运算中起到的作用是随机搜索最优的网络拓扑结构和网络参数（包括权值和阈值），通过这些方法建立的神经网络通常比单纯的神经网络训练构建的网络性能更佳。

遗传算法（genetic algorithm）由美国 Michigan 大学 Holland 教授于 1962 年首先提出，通过模拟自然界的遗传和进化机制实现并行的最优化随机搜索。群体中的每一个个体用网络参数的编码来表示，对个体执行选择、交叉、变异操作从而产生新的群体，根据给定的适应度函数计算适应度值，因为适应度值反映了个体的优劣程度，故可以依据适应度值来筛选个体，适应度值优的个体被保留，差的个体被淘汰，这样，新的群体继承了前代的特征，又优于前代，从而得到了进化，符合自然界的优胜劣汰原则。遗传算法优化神经网络的算法流程如图 6-2 所示。其中交叉操作是对群体中的两个个体之间的操作，随机选择一点或多点编码进行位置对调，如图 6-3 所示；变异操作是从群体中任选一个个体，对染色体中的一点做变异，产生新一代个体，如图 6-4 所示。

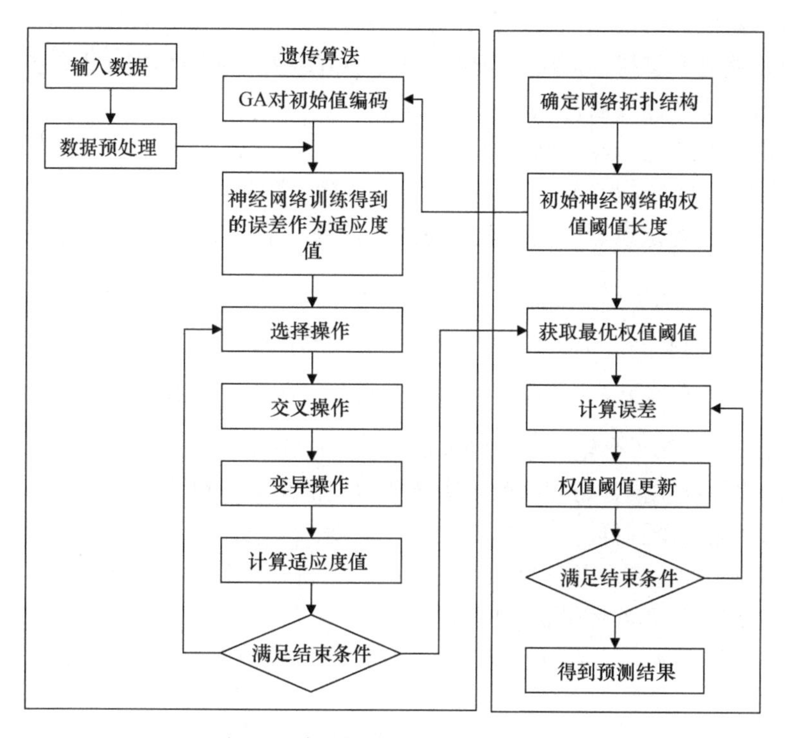

图 6-2　遗传算法优化神经网络流程

A:1100 0101 1111　—交叉→　A:1111 0101 0000

B:1111 0101 0000　　　　　B:1100 0101 1111

图 6-3　交叉操作

A:1100 0101 1111　—变异→　A:1100 0101 1101

图 6-4　变异操作

粒子群优化算法（particle swarm optimization，PSO）是群体智能领域一种新兴的进化算法，最早由 Kennedy 和 Eberhart 提出。粒子群优化算法通过模拟鸟类的群体觅食行为寻找最优解，在解空间中，每只鸟都在离食物最近的鸟的周围寻找食物。算法收敛速度快、全局搜索能力强。

算法首先在解空间中初始化一群粒子，每个粒子即问题的一个潜在最优解。每个粒子由位置、速度和适应度值三组数据来描述，每个粒子相当于一只鸟，位置即鸟在解空间中的坐标位置，速度即鸟飞行的速度，适应度值表示这只鸟给出的解的优劣程度，由适应度函数计算得到。在运算过程中所有个体会按照算法规则朝最优解靠拢。个体极值和群体极值是两个重要的跟踪指标，个体极值是单个粒子所经历的若干位置中适应度值最优的位置，群体极值是所有粒子经历的最优位置。粒子每更新一次位置就更新一次适应度值、个体极值和群体极值。

将粒子群算法与神经网络相结合，与蚁群算法类似，用粒子群算法优化神经网络的权值和阈值。将网络的一组权值和阈值作为解空间中的一个粒子，初始化一个粒子群，将每一个粒子对应的网络进行训练并计算网络的均方根误差，将该均方根误差作为粒子的适应度值，适应度值越小，粒子越优，适应度值越大，粒子越劣。再根据适应度值调整粒子，经过若干次循环后得到最优的粒子。

用粒子群算法优化神经网络的具体步骤如下。

1）假设神经网络有 l 个输入层神经元、m 个隐含层神经元和 n 个输出层神经元，根据神经网络的结构确定粒子的位置参数的维度，每一个粒子可用下式表述：

$$L=\left[w_{ij},\theta_j,w_{jk},\theta_k\right] \qquad i=1,2,\cdots,l;\ \ j=1,2,\cdots,m;\ \ k=1,2,\cdots,n \tag{6-7}$$

式中，L 表示一个粒子，它的每一个维度与神经网络的一个权值或阈值相对应，w_{ij} 是第 i 个输入层神经元到第 j 个隐含层神经元的权值，θ_j 是隐含层神经元的阈值，w_{jk} 是第 j 个隐含层神经元到第 k 个输出层神经元的权值，θ_k 是输出层神经元的阈值。

2）初始化种群规模、迭代次数、个体和速度的最大、最小值。

3）随机产生一个种群，初始化其粒子和速度。

4）根据粒子的位置参数计算神经网络的均方根误差，即为粒子的适应度值，并寻找个体最优适应度值和群体最优适应度值。

5）粒子根据个体最优适应度值和群体最优适应度值更新自身的速度和位置，公式如下：

$$\begin{aligned}&V_{id}^{k+1}=\omega V_{id}^{k}+c_1r_1\left(P_{id}^{k}-X_{id}^{k}\right)+c_2r_2\left(P_{gd}^{k}-X_{id}^{k}\right)\\&X_{id}^{k+1}=X_{id}^{k}+V_{id}^{k+1}\\&d=1,2,\cdots,l+m+n;i=1,2,\cdots,s\end{aligned} \tag{6-8}$$

式中，ω 为惯性权重，s 为种群规模，k 为当前迭代次数，V_{id}^{k} 为第 k 次迭代时第 i 个粒子在 d 方向上的速度，c_1 和 c_2 是非负的加速因子，r_1 和 r_2 为分布于[0, 1]之间的随机数，P_{id}^{k} 为第 k 次迭代之后局部最优位置，对应的第二个括号的 P_{id}^{k} 为第 k 次迭代之后全局最优位置，X_{id}^{k} 为第 k 次迭代后当前位置。

6）计算当前粒子的适应度值和个体最优适应度值以及群体最优适应度值。

7）判断最优适应度值是否达到预期要求或是否超过最大迭代次数，若不满足要求，则返回步骤 5)，若满足要求，则结束循环。

算法流程如图 6-5 所示。

蚁群算法（ant colony algorithm，ACA）是用来在图中寻找优化路径的算法，是一种模拟进化算法。该算法由 Marco Dorigo 于 1992 年首次提出，是基于蚂蚁在寻找食物时寻找到达食物源的最优路径的方法设计的。蚂蚁找到食物后，会向环境释放一种信息素，其他的蚂蚁会向信息素浓度高的地方靠近，这样越来越多的蚂蚁会找到食物；同时，一些具有创新性的蚂蚁不像其他蚂蚁一样重复同样的路线，而是另找新的途径，如果新

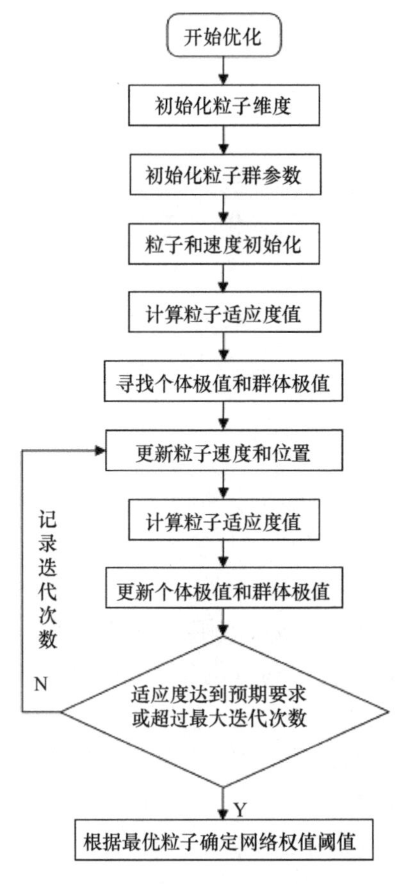

图 6-5　粒子群算法优化神经网络流程

的道路比原来道路更短，那么更多的蚂蚁会被吸引到这条较短的路上来，这样经过一段时间就会出现一条最短路径被大多数蚂蚁重复。研究表明，将蚁群算法和神经网络结合，通过蚁群算法来优化神经网络参数，能够达到较好的模型计算结果。蚁群神经网络是用蚁群算法优化神经网络的权值和阈值，优化过程中，用一系列权值和阈值的备选集合铺设从蚁巢至食物源的路径，启动 h 只蚂蚁寻找从蚁巢到食物源的最佳路径。假设根据网络拓扑结构，分别确定网络的权值数量为 n，阈值数量为 m，对每一个参数，随机给出一个大小为 N 的备选数据集合，每个集合是蚁群从蚁巢到食物源必经的一层，则从蚁巢至食物源的路径分为 $n+m$ 层，每一层有若干个备选参数，每只蚂蚁可以在这一层上依概率选择其中一个数值经过。所有蚂蚁到达食物源后，根据每只蚂蚁选择的路径构建神经网络，并根据预测结果的精度调整每个备选参数的选中概率。经过若干次循环后，蚁群会向预测精度较高的那条路径聚拢。最终蚁群聚集的路径就是最好的网络参数组合。

图 6-6 所示是用蚁群算法优化一个 n 权值 m 阈值的神经网络示意图，其中左右两端分别是蚁巢和食物源，中间的每一列方格是一个权值或阈值的备选集合，蚁群需逐次经过这些层才能够到达食物源。根据蚁群所选的权值和阈值构建的网络的预测精度决定了这些备选权值和阈值的信息素，信息素又决定了备选权值和阈值的选中概率。经多次循环后，大多数蚂蚁会向较优的那条路径集中。图中折线表示蚁群选择的最优路径。

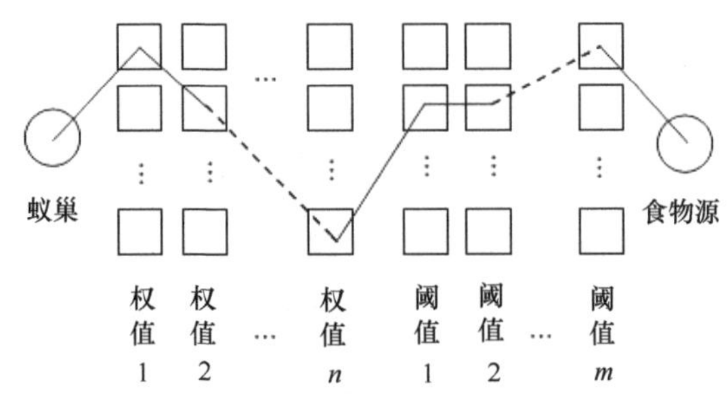

图 6-6 蚁群算法示意图

6.2.1.4 可见/近红外光谱检测技术

1. 技术原理

可见/近红外光谱技术作为一种绿色分析技术，因具有快速、准确、无损、无污染等特点已被广泛应用于农业、食品、化工、医药等行业（刘飞等，2010a）。可见/近红外光谱是波长范围在 380～2500 nm 的光谱，结合了可见光部分和近红外部分光谱。其中，可见光部分（380～780 nm）主要与物体颜色变化等相关，即与人眼可见部分相关。近红外光谱部分（780～2500 nm）主要与有机分子中的含氢基团（如 C—H、O—H、N—H、S—H 等化学基团）的倍频和合频有关。物质在近红外光谱范围的光谱吸收，可以通过探究近红外光谱范围内物质的化学基团得到解释。作物在感染病害后，外部形态（颜色）和内部生理指标（色素、酶活及相应的物质）发生变化，从而反映在感染病害作物的可见/近红外光谱上，从而实现利用可见/近红外光谱检测作物病害。

2. 作物病害检测应用

谢传奇和何勇（2017）利用可见/近红外光谱仪，以番茄为研究对象，对番茄早疫病样本进行光谱反射率信息采集。利用特征排序（feature ranking，FR）提取反射率特征波段，用以识别轻度和严重染病的番茄早疫病样本，并建立了基于光谱反射率的健康、轻度染病和严重染病的番茄叶片朴素贝叶斯（naive Bayes，NB）分类模型，并利用 FR（*t*-test、Entropy、Chernoff bound 和 Wilcoxon test）提取对番茄叶片早疫病敏感的特征波段，得到 4 个特征波长（658.73 nm、654.19 nm、642.33 nm 和 689.46 nm）。在波段分类模型中，训练集和验证集的总体正确识别率分别为 87.84%和 91.67%。结果表明，基于光谱反射率特性可识别番茄叶片早疫病害，此研究为病害检测多光谱传感器的开发提供了依据。

谢传奇（2015）还对可见/近红外范围内的健康和染病茄子叶片的光谱反射率曲线进行了分析。试验用杭茄 1 号品种的茄子，待染病样本出现微小病斑后，剔除部分枯萎和污染叶片，最终选取其中 105 个染病叶片和 130 个健康叶片进行研究。采集茄子叶片样本在 380～1023 nm 的光谱信息，去除原始光谱中含有较多噪声的首位波段范围，只研究 400～1000 nm 波段范围内的光谱信息，如图 6-7 所示。可以看出健康和染病样本的光谱曲线轮廓相似，在 555 nm 有一个峰值，这是叶绿素的吸收峰；670 nm 是水的吸收波长，在这个位置有一个反射率波谷，健康样本的波谷相对明显，同时健康样本的反射率在此波长处的值较低，这是因为叶片染病后，病斑区域的水分含量降低，导致 670 nm 处的反射率高于健康样本，同时此位置的波谷不明显；700 nm 是红边位置；700 nm 之后反射率突然间升高，700～1000 nm 较高的反射率是由叶片细胞内部的光散射造成的。通过以上分析，健康与染病茄子叶片内部成分变化可以通过光谱信息的差异进行反映。

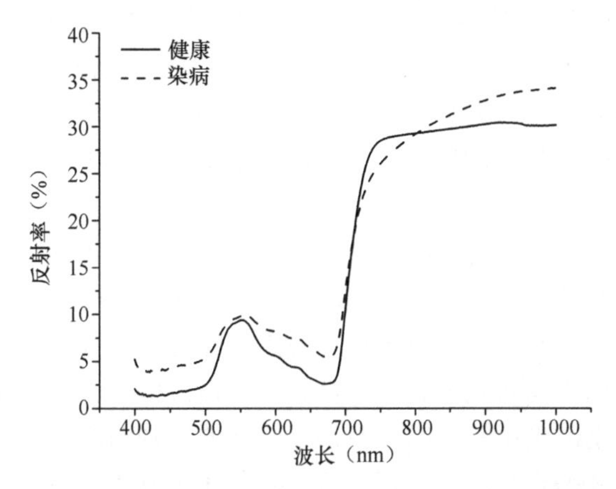

图 6-7　样本在可见/近红外范围内的平均光谱反射率图

将全波段光谱反射率值进行 PCA 处理后，得到样本在前 3 个主成分 PC1、PC2 和 PC3 的空间分布，如图 6-8 所示。前 3 个主成分的贡献率分别是 91.12%、6.60%和 1.95%，累计贡献率是 99.67%。因此，前 3 个主成分可以解释全部光谱信息中绝大多数的有效信息。通过图 6-8 可以看出，染病样本和健康样本的分界线很明显，这是因为茄子叶片受到早疫病感染后，病斑位置的光谱反射率值发生变化。图 6-8 表明基于光谱反射率值的 PCA 推荐的前 3 个 PC 能够对染病和健康茄子叶片进行直观而清楚的识别，这从定性的角度证明了光谱特征值可以用于茄子叶片早疫病的识别研究。

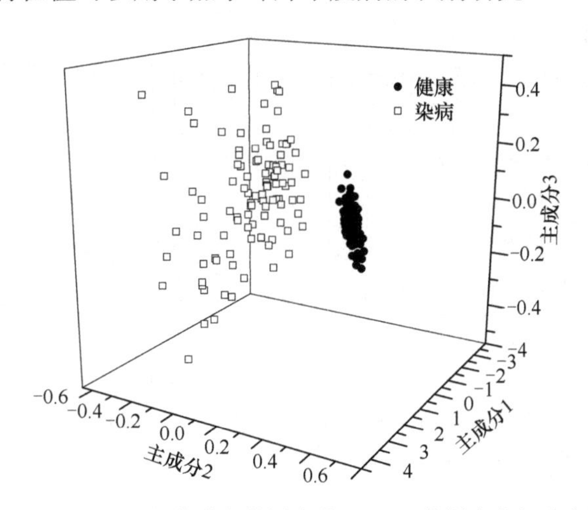

图 6-8　可见/近红外波段范围内基于 PCA 的样本空间分布图

刘飞等（2010b）通过采集可见/近红外光谱反射光谱数据，以及应用组合模拟波段建立的线性和非线性判别模型，实现了对油菜菌核病的早期诊断。试验过程中，分别采集油菜健康叶片和菌核病染病叶片 80 个和 100 个，将预处理算法与连续投影算法（SPA）相结合提取组合模拟波段，分别建立偏最小二乘法（PLS）、多元线性回归（MLR）和最小二乘支持向量机（LS-SVM）模型。通过比较，最优 PLS 判别的预处理分别为直接正交信号校正（DOSC）、去趋势和原始反射光谱，准确率分别为 100%、95.7%和 95.7%。应用组合模拟波段的最优线性模型为 SPA-MLR（DOSC）和 SPA-PLS（DOSC）模型，准确率均为 100%，基于 DOSC、去趋势和原始反射光谱组合模拟波段的 SPA-LS-SVM 模型的判别准确率为 100%。结果表明，基于组合模拟波段进行油菜菌核病早期诊断是可行的，为油菜菌核病的早期诊断及病害监测仪器的开发提供了方法和依据。

刘飞等（2010a）还利用可见/近红外光谱技术对水稻冠层叶瘟病实现快速准确诊断。采用直接正交信号校正-连续投影算法（DOSC-SPA）联用的组合处理方法对水稻冠层光谱数据进行直接正交化处理，然后通过连续投影算法提取特征波长（EW），建立了特征波长（775 nm）与叶瘟诊断判别的直接线性方程：$Y=5.283X$。应用该方程对预测集样本进行诊断判别，其判别准确率为 95%，获得了较高的判别精度，为后续水稻大田叶瘟病情监测、喷药处理及相应病情监测仪器的开发提供了方法和依据。

柑橘黄龙病（*Citrus* Huanglongbing）对柑橘具有较大的危害性，传染性极强，严重影响了柑橘产业的健康发展。对潜伏期未显症的感染黄龙病的柑橘树实现早期诊断并移除，能够有效地阻碍黄龙病的传播，避免损失扩大。因此，孟幼青等（2019）研究了潜伏期内柑橘染病叶片的糖代谢，以及叶片组织近红外光谱反射特性的变化规律。结果发现淀粉、蔗糖、葡萄糖和果糖在染病初期已经出现了异常累积，它们分别是健康叶片的 3.58 倍、2.16 倍、3.41 倍、1.70 倍，近红外光谱的反射率还出现了升高的趋势。采用随机跳蛙（random frog）算法筛选了前 6 个特征波段（1015 nm、1331 nm、1065 nm、1334 nm、1022 nm、951 nm），并利用朴素贝叶斯（naive Bayes，NB）模型对潜伏期内柑橘黄龙病叶片进行判别，分类正确率达到了 97.5%，对阳性样本的漏检率为 0，说明采用近红外高光谱技术能够实现对柑橘黄龙病的早期诊断，为柑橘黄龙病的快速检测提供了新的思路。

程术希等（2011）基于可见/近红外光谱技术，采用偏最小二乘算法对不同水稻稻叶瘟染病程度的叶片进行化学计量学分析，分别建立了基于全波段、特征波段和特征波长的稻叶瘟染病程度定量检测模型。结果表明，全波段建模的叶瘟病染病程度检测正确率达到 96.7%；通过偏最小二乘算法的回归系数选择 5 个特征波段，分别为 552～558 nm、672～682 nm、719～726 nm、756～768 nm 和 990～998 nm，基于特征波段的模型正确率也达到了 90%，说明了这 5 个特征波段与叶瘟病染病程度有很好的相关性；基于特征波段，选择 5 个特征波长（556 nm、680 nm、722 nm、766 nm 和 991 nm），对叶瘟病染病程度的检测正确率为 80%，说明基于可见/近红外光谱技术方法具有较好的预测能力，为稻叶瘟染病程度的快速鉴别提供了一种新方法。

大豆豆荚炭疽病是鲜食大豆的主要病害之一，严重影响了豆荚的商品性及其经济价值。为更好地指导农户进行植物病害防治，提高大豆豆荚的商品性，减少损失，需要运用快速有效的方法来进行大豆豆荚炭疽病的早期检测。冯雷等（2012a）应用可见/近红外光谱技术结合连续投影算法（SPA）和最小二乘支持向量机（LS-SVM），实现了大豆豆荚炭疽病的早期快速无损检测。对 194 个大豆豆荚样本进行光谱扫描，通过不同预处理方法比较，建立了大豆豆荚炭疽病早期无损鉴别的最优偏最小二乘法（PLS）模型。同时应用主成分分析（PCA）和连续投影算法（SPA）分别提取了最佳主成分和特征波长，并将其作为 LS-SVM 的输入变量，建立了 PCA-LS-SVM 和 SPA-LS-SVM 模型，以样本鉴别的准确率作为模型评价指标。试验结果如表 6-2 所示，PCA-LS-SVM 和 SPA-LS-SVM 模型都获得了比较满意的准确率，且 SPA-LS-SVM 模型的准确率最高，为 95.45%。

表 6-2　三种不同的校准方法比较

模型	阈值		
	±0.5	±0.2	±0.1
PLS	100%	86.36%	61.36%
PCA-LS-SVM	93.18%	93.18%	93.18%
SPA-LS-SVM	95.45%	95.45%	95.45%

研究表明，SPA 能够有效地进行波长选择，进而使 LS-SVM 模型获得较高的鉴别率，说明应用可见/近红外光谱技术鉴别大豆豆荚炭疽病是可行的。这为进一步应用光谱技术进行大豆生长对逆境胁迫的反应提供了新的方法，为实现大豆病害的田间实时在线检测提供了参考。

稻瘟病是水稻生产上最主要的病害之一，其中以穗颈瘟对产量的影响最大。目前穗颈瘟常用的染病程度鉴定方法主要是培养稻穗离体接种，然后通过植保专家进行目测调查，参照国家稻瘟病穗瘟发病率分级标准，对病情进行记载分级。这种方法耗时长，由于专业背景要求较高，不适用于普通农户。

为了探索快速、无损、低成本、无污染的新型分析技术，吴迪等（2009）采用可见近红外（Vis-NIR）技术对水稻穗颈瘟染病程度分级方法进行了研究。其分别基于原始光谱、变量标准化（SNV）预处理后和多元散射校正（MSC）预处理后的光谱，应用无信息变量消除法（UVE）结合连续投影算法（SPA）对 Vis-NIR 光谱区进行特征波长的选择。选择后的波长作为输入变量建立最小二乘支持向量机（LS-SVM）模型。结果表明，SNV-UVE-SPA 建立的 LS-SVM 模型预测效果最好。通过 SNV-UVE-SPA 从全波段 600 个波长中选择了 6 个最能够反映光谱信息的波长（459 nm、546 nm、569 nm、590 nm、775 nm 和 981 nm）。SNV-UVE-SPA-LS-SVM 组合模型对预测集样本预测得到的确定系数（R_p^2）、预测集的预测标准差（RMSEP）和剩余预测偏差（RPD）分别达到了 0.979、0.507 和 6.580。结果表明，采用 Vis-NIR 光谱技术对水稻穗颈瘟染病程度进行分级是可行的。

过氧化物酶（peroxidase，POD）广泛存在于植物的各个组织和器官中，是清除 H_2O_2 的重要保护酶，是植物在逆境条件下酶促防御系统的关键酶之一。植物中 POD 活性的测定方法较多，如荧光法、化学发光法、金属沉淀法等，然而这些方法步骤烦琐，耗时久，并且会对样本造成破坏。故需要开发一种快速、无损的 POD 活性检测方法用于作物病害的早期诊断。

程帆等（2017）应用可见/近红外高光谱对细菌性角斑病早期胁迫下的黄瓜叶片中所含过氧化物酶（POD）活性进行了检测。在 380～1030 nm 光谱范围获取 120 个样本（健康、感染轻微病害 1 级和 2 级）的光谱曲线，并使用分光光度计法测量感染病害样本中的过氧化物酶活性值，RGB 图像及光谱曲线图像分别如图 6-9、图 6-10 所示。

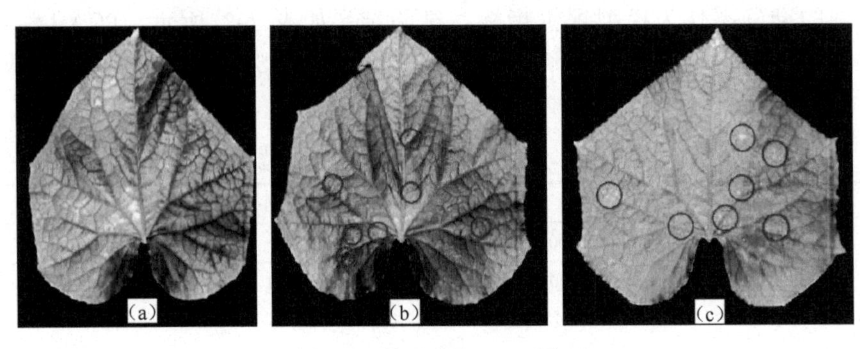

图 6-9　黄瓜叶片 RGB 图

（a）健康；（b）感染轻微病害 1 级；（c）感染轻微病害 2 级

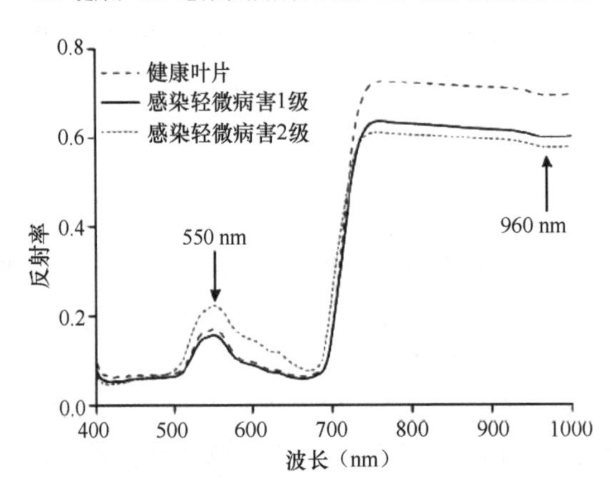

图 6-10　感染 3 种不同严重程度病害的黄瓜叶片的平均光谱曲线

采用单因素方差分析（analysis of variance，ANOVA）对 3 种不同程度早期病害胁迫下过氧化物酶活性值进行统计分析，结果表明不同程度病害胁迫下黄瓜叶片中的过氧化物活性存在显著性差异（P=0.05）。采用 SPXY 方法将样本分为建模集（80 个样本）与预测集（40 个样本）。采用随机跳蛙（RF）和回归系数法（regression coefficient，RC）提取特征波段，并建立过氧化物酶活性值的偏最小二乘回归（partial least square regression，PLSR）预测模型。最终得到的 RF-PLSR 模型具有最佳的预测效果，预测集相关系数为 0.816，预测均方根误差为 11.235（表 6-3）。研究结果表明高光谱结合化学计量学方法可以实现细菌性角斑病早期胁迫下黄瓜叶片中过氧化物酶活性的测定，为植物病害的早期无损诊断提供参考。

表 6-3　基于全谱和特征波段的 POD 值的回归模型

模型	N^e/LVs^f	校正集		验证集		预测集	
		R_c	RMSEC	R_{cv}	RMSECV	R_p	RMSEP
R-PLSR	476/2	0.823	11.709	0.786	12.919	0.792	11.627
RF-PLSR	7/5	0.818	12.003	0.785	12.962	0.816	11.235
RC-PLSR	4/1	0.781	13.040	0.772	13.289	0.780	12.304

注：N^e（number）表示用于简历模型的波段数；LVs^f（latent variable）表示潜在变量

水稻假黑穗病（rice false smut，RFS）是一种严重危害水稻产量和品质的病害。Wu 等（2020）提出了一种基于近红外高光谱成像（NIR-HSI）与病理分析相结合的在线检测 RFS 的方法。用 PCR 方法对不同条件下采集的稻粒感染情况进行标记，采用主成分分析（PCA）方法对健康稻谷与患病稻谷的可分性进行了探讨，建立了基于全波长的多变量定量分析模型，为提高检测性能而提取的特征波长包含与 RFS 感染相关的指纹信息。RF-ELM 模型对健康和不同感染程度的混合稻粒的最佳分类精度在校准集和预测集上分别达到 99.33%和 99.20%。对两个品种田间患病稻粒的检测准确率分别达到 91.07%和 89.38%，并在高光谱图像中可视化单个水稻粒的类别属性，进一步验证了检测模型的实用性。结果表明，NIR-HSI 在现代种子工业中具有良好的在线大规模种子检测潜力。不同品种的水稻籽粒近红外平均光谱如图 6-11 所示。

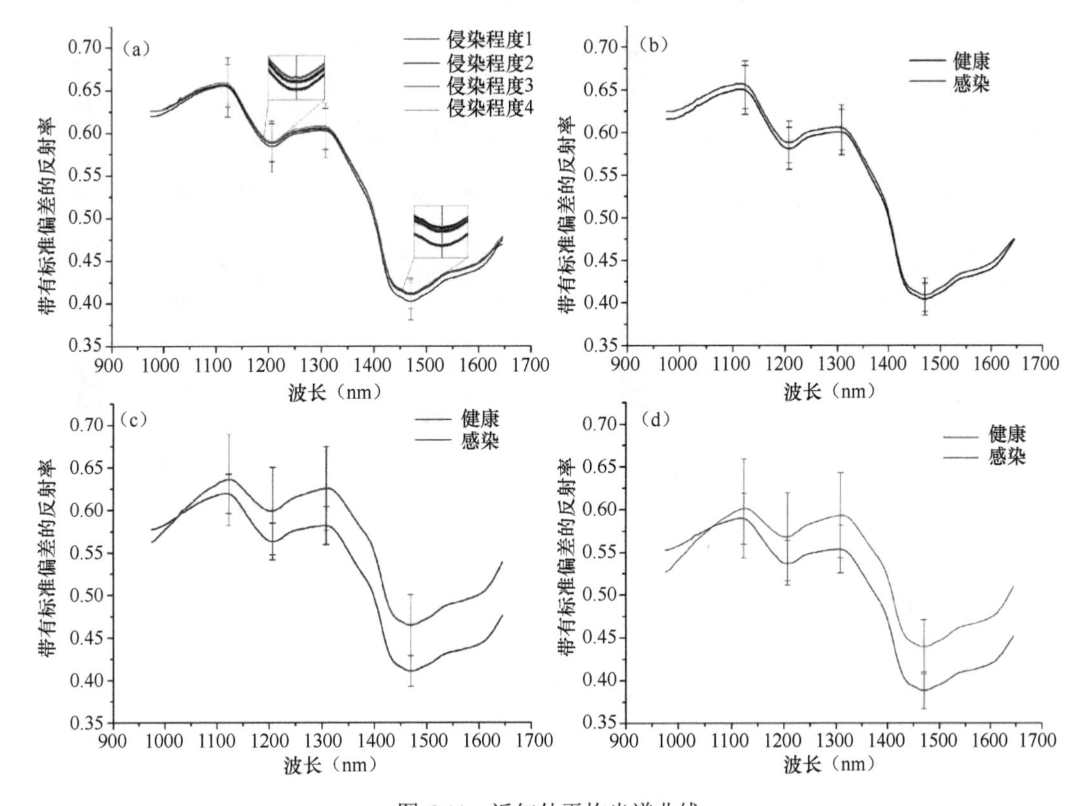

图 6-11　近红外平均光谱曲线

（a）不同侵染程度的实验室接种水稻籽粒的近红外平均光谱；（b）实验室接种的秀水 134 稻粒；（c）田间感染的秀水 134 稻粒；（d）田间感染的浙江 70 稻粒

板栗霉变是造成板栗品质下降、产量损失的主要原因。在优质板栗中去除霉变板栗的传统方法主要依靠人工选择或盐水浮选，效率低下。为了开发一种快速、准确、无损的板栗霉变检测方法，Feng 等（2018）使用近红外高光谱成像系统，在 874～1734 nm 光谱范围内对板栗霉变进行检测，获取的平均光谱图像如图 6-12 所示。首先采用主成分分析（PCA）评分图像，定性直观地区分发霉板栗和健康板栗，分类结果如图 6-13 和图 6-14 所示。

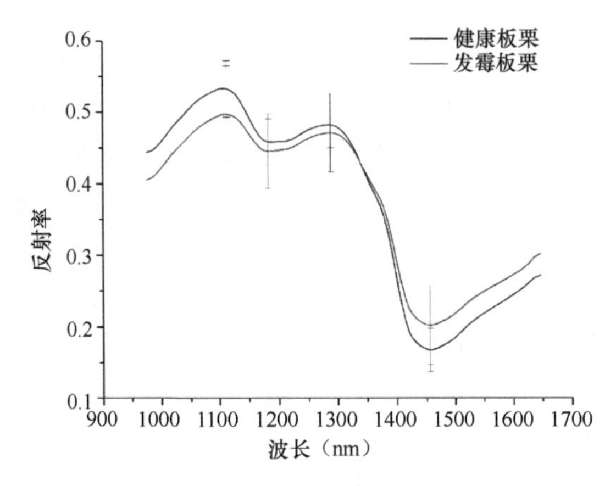

图 6-12　健康板栗与发霉板栗平均光谱曲线

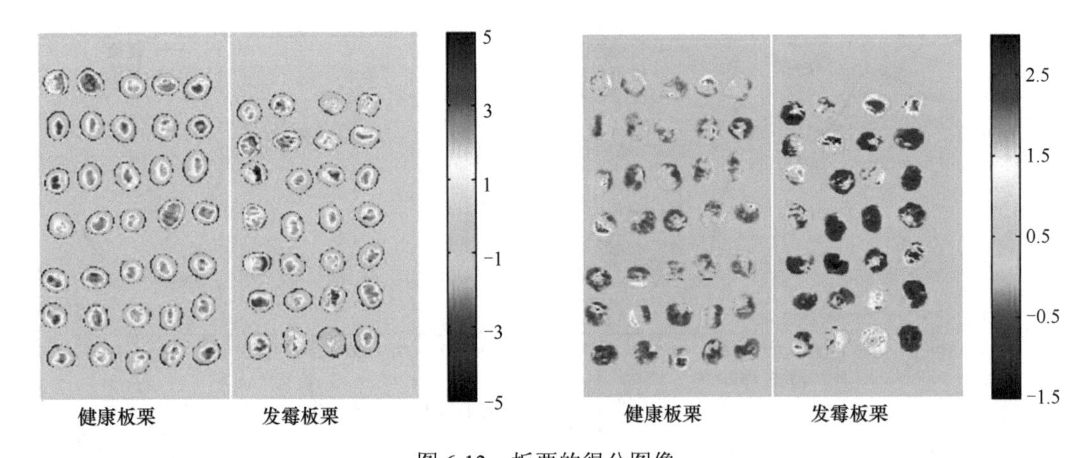

图 6-13　板栗的得分图像

（a）第一主成分的健康板栗和发霉板栗；（b）第二主成分的健康板栗和发霉板栗

从高光谱图像中提取光谱数据，采用连续投影算法（SPA）选择 12 个最佳波长，采用 BP 神经网络、进化神经网络、极限学习机、广义回归神经网络和径向基神经网络等人工神经网络，利用全光谱（full spectrum，FS）和最优波长建立板栗识别模型。使用全光谱和最优波长的 BPNN 和 ENN 模型获得了令人满意的性能，分类准确率均超过 99%。结果表明，高光谱成像技术具有快速无损检测板栗霉变的潜力，有助于开发板栗健康和霉烂病的在线检测系统。

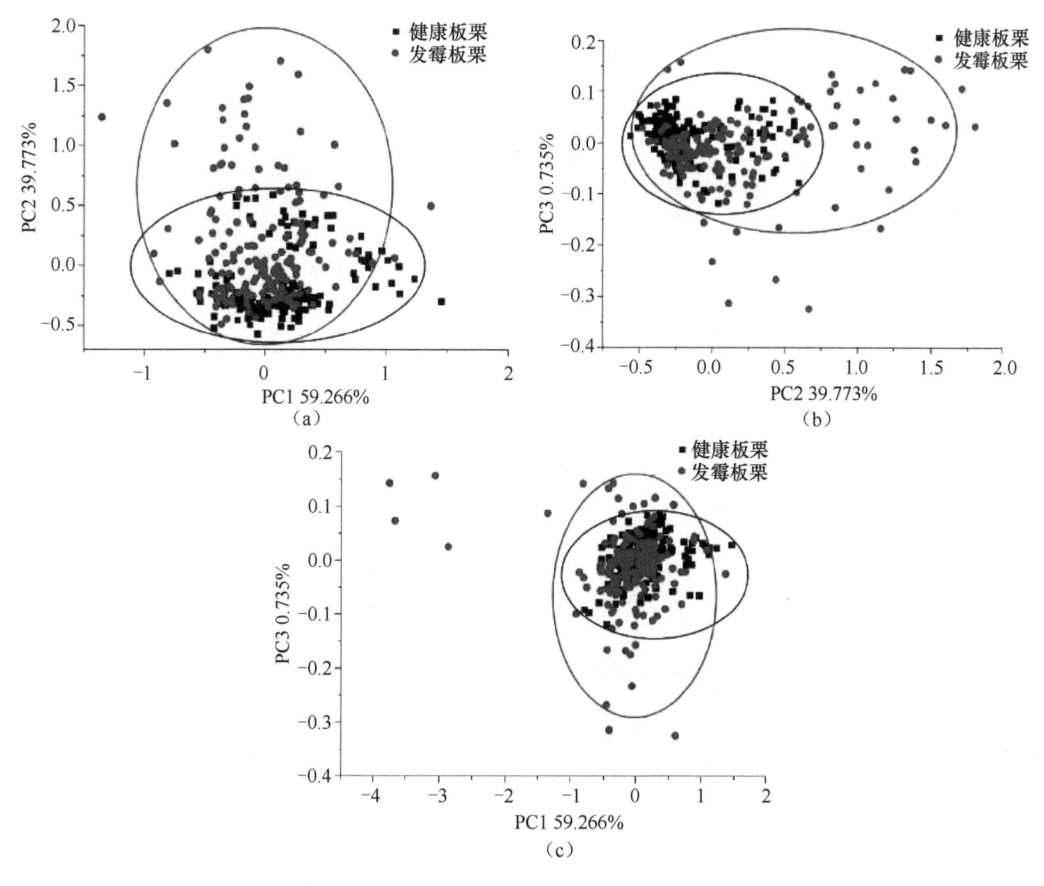

图 6-14　板栗分数散点图

（a）PC1 vs PC2；（b）PC2 vs PC3；（c）PC1 vs PC3

6.2.1.5　中红外光谱检测技术

1. 技术特点

中红外光谱主要研究物质分子的化学键或官能团的基频振动信息。在作物受到病害侵染时，作物体内的生理生化反应会发生变化，同时内部的物质成分会发生变化，物质分子包含的相应的化学键或官能团也会发生变化。中红外光谱可以通过检测这些分子变化，从而实现对作物染病状态的检测。中红外光谱测量预处理简单、快速简便，不需要特殊或者昂贵的试剂，检测成本较低。当前，中红外光谱可用于作物病害或者病害抗性检测。

2. 作物病害检测应用

张初（2016）采用中红外光谱技术检测油菜菌核病病害，通过获取两个样本集油菜健康与染病叶片粉末的中红外透射光谱，采用小波变换对透射光谱进行预处理，同时提取特征波长。分别基于全谱波数和特征波数建立了 PLS-DA、RBFNN、SVM、ELM、KNN、NBC、SIMCA 和 RF 判别分析模型，以对油菜菌核病进行检测研究。

由图 6-15 中健康与染病叶片的平均光谱分析可知，健康样本与染病样本的中红外透射光谱存在差异，故采用中红外光谱对油菜菌核病进行检测具有可行性。基于小波变换（wavelet transform，WT）预处理之后的中红外光谱分别建立 PLS-DA、RBFNN、SVM 及 ELM 模型，其判别效果如表 6-4 所示。在所有模型中，ELM 模型的判别效果最佳，判别准确率达到 92.5%。结果表明，采用中红外透射光谱结合判别分析模型检测油菜菌核病是可行的。

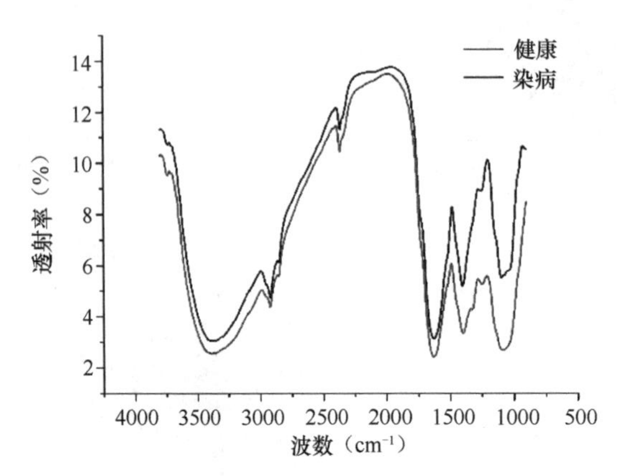

图 6-15　健康和染病样本的平均光谱

表 6-4　基于中红外透射光谱全谱的判别分析模型判别结果

模型	样本集 1			样本集 2		
	Par	Cal	Pre	Par	Cal	Pre
PLS-DA	4	100	85	10	100	100
RBFNN	47	100	85	47	100	95
SVM	(1.7411, 0.0118)	100	80	(84.4485, 0.0039)	100	92.5
ELM	22	100	92.5	60	92.5	90

注：Par. 参数（parameter）；Cal. 定标（calibration）；Pre. 预测（prediction）

6.2.2　基于机器视觉技术的作物病害检测技术

6.2.2.1　机器视觉检测技术概述

机器视觉技术是采用图像处理技术对获取的农作物病害图像进行分析，得到对应的病害特征，这些特征包括颜色、纹理、形状等。机器视觉技术用于农作物病害识别主要也是依赖于特征数据进行统计、分析和预测，需要得到大量的样本以获取相关特征的统计信息，并基于未知样本的特征进行预测。

植物感染病害后，其病症多数可以通过病株的外部特征表现出来，这是利用机器视觉对作物进行病害诊断的前提条件。可采用计算机图像处理和模式识别技术识别病斑的灰度图像、彩色图像、光谱图像和遥感图像等对病害进行定位识别。通过 CCD 相机采集数字图像或将数字图像中的两个波段与一个近红外波段组合，再利用纹理特征分析法、形状特征分析法等，通过计算病斑大小或形状来评价作物的病害严重程度，适用于某已知病害在病斑显现后的病害严重程度的判断（张德荣等，2019）。

6.2.2.2　图像信息处理技术方法

1. 图像增强算法

对图像进行增强操作时，按照处理的需要改善图像的质量，突出图像中的有用信息，削弱作用不大的信息。其结果有利于计算机处理，但是该方法不能增加原始图像数据的信息，只是加深某类信息的辨识力，使处理后的图像比原始图像更利于特定的处理。按照作用域的不同，可将图像增强分为空间域操作和频率域操作两种。空间域操作处理像素的灰度值，频率域操作处理图像的某个频率域，再进行逆变换得到增强后的图像。

（1）灰度变换

灰度变换是通过调整图像的灰度值变化范围或对比度来达到图像增强的目的，它采用一个变换函数，将原图像素的灰度值转化成新的灰度值，可用式（6-9）表示：

$$g(x,y)=T\left(f(x,y)\right) \tag{6-9}$$

式中，$f(x,y)$表示原图中像素的灰度值，$g=T(f)$是变换函数，$g(x,y)$是转化得到的像素的新灰度值。

灰度变换的处理对象是单个像素点，通过增大图像的原始灰度范围使其得到视觉上的改善。根据变换函数的不同，灰度变换可分为线性变换、非线性变换和分段变换。

（2）直方图法

统计出一幅图中每一灰度值像素点的数量，按该统计数据在以像素数为纵坐标、灰度值为横坐标的坐标系上绘制的图形称为灰度直方图。灰度直方图反映了图像的灰度级与每一灰度级出现频率的关系，能反映不同灰度值的像素在图像中出现的次数，能统计图像中某一灰度的概率，但无法反映特点灰度值像素在图像中的位置，因此，能够在某种程度上描述图像的特征。通过修改灰度直方图，也能起到图像增强的目的。直方图拉伸和直方图均衡化算法可归类为空间域操作方法，也称为对比度增强法。直方图拉伸法通过拉伸对比度来变换直方图，增强前景和背景的灰度值差，使对比度得到增强。直方图均衡化方法运用灰度点运算对原图进行直方图变换，使灰度直方图均匀分布，图像得到增强。通过线性或非线性方法均可以实现直方图拉伸，通过累积函数对灰度值进行调整可以实现直方图均衡化。两种方法的宗旨都是尽可能地突出某些对研究有意义的信息，削弱对研究无贡献的信息，提高图像的使用价值，操作中允许忽略图像的保真性。

（3）图像平滑

图像平滑处理属于空间域平滑滤波，目的是去除图像采集和传输过程中掺入的干扰噪声。图像平滑处理的方法可分为三类：线性平滑、非线性平滑和自适应平滑。对图像进行线性平滑，相当于做了一次二维低通滤波，在降噪的同时也会使图像细节变得模糊；非线性平滑是对参与平滑的像素做了一些约定调节，使得满足条件的像素能参与运算，该类方法对孤立噪声点非常有效，但图像边缘较易失真；自适应平滑可以根据实时情况，以不模糊图像边缘为准则进行平滑控制。具体的平滑方法多种多样，包括图像平均法、邻域平均法、中值滤波、空间低通滤波、噪声门限法、掩膜平滑法等。

1）图像平均法是对同一景物摄取的多幅图像取平均，可以消除高频噪声。该法常用于处理视频图像。设$F(x,y)$为带噪声的图像，$N(x,y)$为噪声，$G(x,y)$为原始图像，则三个图像数据的关系可用式（6-10）表示。图像平均法将一系列的$F(x,y)$叠加并平均，参与运算的$F(x,y)$数量越多，平均值就越接近$G(x,y)$。

$$F(x,y)=N(x,y)+G(x,y) \tag{6-10}$$

2）邻域平均法只对图像局部进行空间域处理。假设有一幅$n\times n$的原始图像$G(x,y)$，对其做邻域平均平滑后得到图像$F(x,y)$，图中每个像素的灰度值都由该像素给定邻域的像素灰度值的均值决定。$G(x,y)$与$F(x,y)$的关系可用式（6-11）来表达。

$$F(x,y)=\frac{1}{m}\sum_{i\in s,j\in s}G(i,j) \tag{6-11}$$

其中，x和y分别是1到$n-1$的整数，s是当前被操作像素点的邻域质心的位置集合，m是集合s内位置坐标的总数。

3）中值滤波（median filtering，MF）也是一种针对空间域的非线性平滑技术，比较适合既去除噪声又保护图像边缘信息的处理情况。中值滤波首先选定处理窗口的大小，将窗口内所有像素按灰度值从小到大排序，用排序后的灰度值数列的中间值代替窗口中的所有灰度值，窗口按同一个方向滑动过图像上所有的像素时，中值滤波结束。最早应用在图像处理中的中值滤波方法称为标准中值滤波，它是用固定大小的滑动窗口将原图划分为若干子图像，对子图像做二维滤波，滤波的运算方法与中值滤波相同，需要进行去噪处理的像素点作为当前滑动窗口的中心像素点，窗口通常选择方形，大小根据实际情况确定。带权值的中值滤波方法是对标准中值滤波的一种改进，该方法在对窗口中像素灰度值取排序中值之前，为窗口内像素点加相应权值，权值表达了该像素点在排序时出现的次数。中心权值中值滤波是对带权值中值滤波的又一次改进，该方法设定了加权值规则，规定只为窗口的中心点增加权值，其值为 $2k+1$，窗口中其余像素点权值为1。当$k=0$时，中心权值中值滤波就是带权值中值滤波；当$2k+1$ 大于等于滑动窗口大小时，窗口中值恒等于窗口中心点的灰度值，此时中心权值中值滤波就失去了降噪功能。所以中心权值中值滤波中心点权值的设置非常关键，需设定一个合理的权值才能在具有良好保真性的同时又能有较好的去噪效果。对于脉冲噪声的去除，有学者提出了一种三态中值滤波，它是将一种噪声检测机制引入传染的中值滤波，使得滤波器仅针对带噪声像素点有效。它的主要思想是通过噪声检测机制判断像素是否被噪声污染，如被污染，则滤波器有效，滤波机制与中心权值中值滤波或标准中值滤波相同，反之，滤波器无效，像素点灰度值不变。三态中值滤波可用式（6-12）表达。

$$Y_{ij} = \begin{cases} X_{ij} & T \geqslant d_1 \\ \mathrm{F1}_{ij} & d_2 \leqslant T < d_1 \\ \mathrm{F2}_{ij} & T < d_2 \end{cases} \tag{6-12}$$

式中，X_{ij} 是像素点的原灰度值，$\mathrm{F1}_{ij}$ 是对像素点做中心权值中值滤波的结果，$\mathrm{F2}_{ij}$ 是对像素点做标准中值滤波的结果，阈值 T 表达了像素原灰度值与中心权值中值滤波或标准中值滤波结果的差值。d_1 和 d_2 分别表示原灰度值与中心权值中值滤波和标准中值滤波结果的差值。通过设定阈值可以保留图像细节，采用中心权值中值滤波或标准中值滤波可以去除噪声。去除图像椒盐噪声是中值滤波的一种典型应用。自适应中值滤波是在中心权值中值滤波的基础上改进得到的，该方法反映了窗口灰度值序列中值的前后两个紧邻的数值对去噪效果的影响。

2. 图像边缘提取算法

图像边缘是图像的重要特征，边缘像素的特点是其周围像素的灰度值有阶跃或屋顶变化，边缘线条含有方向、阶跃性质和形状等本质信息，能够刻画图像中的目标物。图像边缘可分为两类。

1）阶跃型：边缘两次的像素灰度值有明显变化，可通过该点的二阶导数为 0 的特点来检测。

2）屋顶型：通常处在像素灰度值从大到小变化的折点上，可通过二阶导数在边缘处为极值的特点来检测。

边缘提取算法是数字图像处理中的重要手段之一。边缘提取算法能够检测出强度非连续的像素，同时能够确定不连续的准确位置。当边缘检测算法受到噪声和模糊的影响，常使检测到的边缘过宽或过窄，甚至断裂。具有一定抗干扰能力的边缘提取算法应该能够找出潜在边缘像素的微分算子，现有的各种边缘检测算子也都是以局部微分算子为基础改进而来的。

（1）边缘算子法

边缘算子法是最早出现的边缘检测方法，包括早期的梯度算子、Roberts 算子、Sobel 算子、Prewitt 算子、Laplacian 算子等。这些算子一般以一阶二阶导数的方法为基础来检测边缘，通常只通过个别的像素点判断边缘的位置。在运算过程中，使用一阶导数时，如果该点的二维一阶导数比指定的阈值大，就定义该点是一个边缘，根据事先定义好的连接准则，相联系的一组边缘点就定义为一条边缘；使用二阶导数时，将边缘点定义为其二阶导数的零交叉点。图像中的一阶导数用梯度计算，二阶导数用拉普拉斯算子计算得到。

对于梯度算子，将二维函数 $f(x, y)$ 的梯度定义为向量：

$$\nabla f = \begin{bmatrix} G_x \\ G_y \end{bmatrix} \begin{bmatrix} \dfrac{\partial f}{\partial x} \\ \dfrac{\partial f}{\partial y} \end{bmatrix} \tag{6-13}$$

向量幅值为

$$\nabla f = mag(\nabla f) = \left[G_x^{\ 2} + G_y^{\ 2}\right]^{1/2} = \left[\left(\frac{\partial f}{\partial x}\right)^2 + \left(\frac{\partial f}{\partial y}\right)^2\right]^{1/2} \tag{6-14}$$

在使用时通常可以在保留其导数性质的前提下简化计算，一般通过省略平方根或取绝对值来取该值的近似值：

$$\nabla f \approx G_x^{\ 2} + G_y^{\ 2} \quad \text{或} \quad \nabla f \approx \left|G_x\right| + \left|G_y\right| \tag{6-15}$$

这里的幅值或其近似值就称为梯度。

如在左图所示的3×3区域的灰度级图像邻域中，z_5点处的一阶偏导可以用交叉梯度算子方便地获得，如式（6-16）所示。

$$\begin{aligned} G_x &= (z_9 - z_5) \\ G_y &= (z_8 - z_6) \end{aligned} \tag{6-16}$$

将右图所示的模板在左图上做空间滤波操作，即可得到整幅图像的导数。

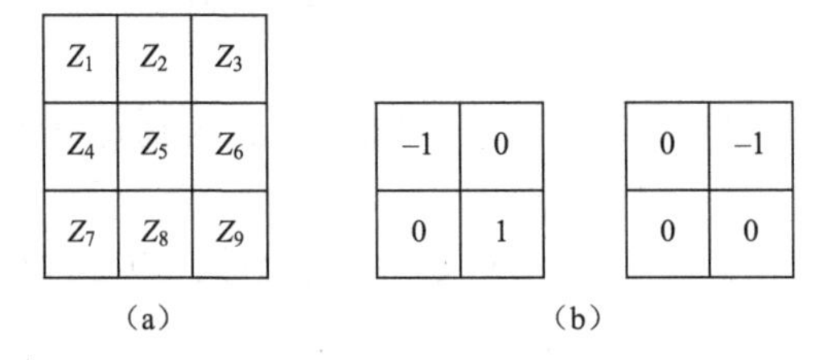

（a）（b）

二维函数$f(x,y)$的拉普拉斯算子是如下定义的二阶导数：

$$\nabla^2 f = \frac{\partial^2 f}{\partial x^2} + \frac{\partial^2 f}{\partial y^2} \tag{6-17}$$

对图（a）的3×3邻域，其二阶导数为

$$\nabla^2 f = 4z_5 - (z_2 + z_4 + z_6 + z_8) \tag{6-18}$$

数字近似法为

$$\nabla^2 f = 8z_5 - (z_1 + z_2 + z_3 + z_4 + z_6 + z_7 + z_8 + z_9) \tag{6-19}$$

目前常用的边缘检测算子中，Roberts算子、Canny算子、Sobel算子和Prewitt算子属于一阶导数算子，LoG算子属于二阶导数算子。

（2）小波变换多尺度分析法

近年来，随着现代信号处理技术的发展，小波变换成为一种热门的边缘提取方法。小波变换具有良好的时频特性，可以调节不同频率成分在时域上的取样间隔，能把图像信号分解成多尺度成分，对不同的尺度成分使用不同的时域采样间隔，逐步递进到图像的微小细节。它的多尺度性能是图像边缘检测的有效工具。

（3）小波包分解法

在小波函数对图像进行分解的基础上发展了小波包分解边缘提取算法。单纯的小波变换图像边缘提取法只对低频子带敏感，无法分解高频子带，因此使用小波变换处理图像会造成一定的高频信息丢失。小波包变换能够同时对图像的低频子带和高频子带进行分解。小波包变换更加精细，可以对不同分辨率子图像进行边缘提取操作，对噪声掺杂的图像，能够起到抑制噪声的作用。

（4）数学形态学方法

数学形态学以数学理论和几何学理论为依据，是一种非线性的滤波方法。数学形态学图像分析研究重点在于分析图像的几何结构特点，采用填放结构元素的思想，根据图像传达信息的不同构造合适的结构元素，使其完成特定的图像分析任务。数学形态学方法通常用来处理二值图像或灰度图像，可将图像中较复杂的形态简化或分解为简单的形状。数学形态学与传统的图像分析法相结合能够识别灰度图的边缘特征像素。

（5）分形理论法

根据图像局部的自相似性构造图像迭代函数，分形几何中的压缩映射定理和拼贴定理是分析理论在图像处理中的核心内容。压缩映射定理可确定迭代函数的收敛性，拼贴定理可将一个完整图像分解成若干分形，这些分形构成一个迭代函数系统。由于迭代函数系统的吸引子与原图存在一定的差异，在用吸引子吻合原图的过程中，处在图像边缘部位的分形失真度最为明显，平坦区或纹理区的分形失真度则相对不明显，因此，该特征被用于提取图像的边缘像素。目前数学形态学方法和分形理论法在图像边缘提取中的研究还不成熟。

（6）神经网络法

神经网络（neural network，NN）凭借其强大的非线性表达力，在许多领域得到广泛应用。基本思想如下。

1）将输入图像映射为一个神经网络。

2）输入一定的先验知识。

3）神经网络训练学习。

4）若神经网络输出结果不收敛，则回到第 3 步继续学习。

神经网络虽然有较强的非线性表达能力，但是将该算法用于提取图像边缘时的一个主要缺陷是运算过程中的第 2 步要求输入一定的先验知识，在许多的研究中先验知识是很难获取的。

6.2.2.3　基于机器视觉的病斑定位变量施药技术

目前，我国近 80%的施药作业仍采用将农药大范围喷洒在作物上的方式，农药利用率只有 20%左右，其余的 80%流失到土壤、水源中，造成了严重的浪费和环境污染，同时也会影响农作物的销售、食用和出口。变量施药是一种新型的农药施用策略，它通过获取农田中不同区域的病害差异性信息，制定不同的施药处方，以达到有效控制病虫害发展、保证生态环境及提高农药利用率的目的。

数字图像处理技术是从获取的测定对象图像中得到大量具有较好适应性和鲁棒性的信息，从而进行分析判别。它在农业生产上的应用研究，始于 20 世纪 70 年代末期，主要进行的是作物种类的鉴别、农产品品质检测和分级等，如根据鸡蛋、黄瓜、玉米、竹笋、西红柿、辣椒、水果和烟叶等的大小、形状、颜色和表面损伤与缺陷进行检测与分级。在病害图像处理中，除了给出被检测对象是什么病害，还要求给出该病害所处的位置和姿态以引导机器人的工作（冯雷等，2013）。

为了最终实现较精准的对靶施药，丁希斌（2015）提出了一种基于立体视觉的植物病斑定位获取技术。使用两台摄像机完成双目立体视觉系统的搭建，在相机标定中，使用了基于 Open CV 的张正友标定法，以及基于 Matlab 的 Bouguet 标定法，比较分析了两者的标定结果；在立体匹配环节，使用了块匹配（block matching，BM）、半全局匹配（semi-global block matching，SGBM）和差分匹配（differential matching，DM）这三种不同的立体匹配算法，并对三者的运行速度和匹配效果进行了分析比较，发现 BM 算法在匹配速度和匹配效果上都要显著优于其余两种算法，结果如图 6-16 所示。该立体视觉系统能够较精确地实现对植株的三维重建、空间坐标获取，将植株的空间坐标传输给机械臂运动控制单元，可以由此确定机械臂末端搭载的执行机构位姿，并且系统的相对定位误差可以控制在 1.65%以内。此研究中对 4 自由度机械臂建立的 D-H 模型如图 6-17 所示。

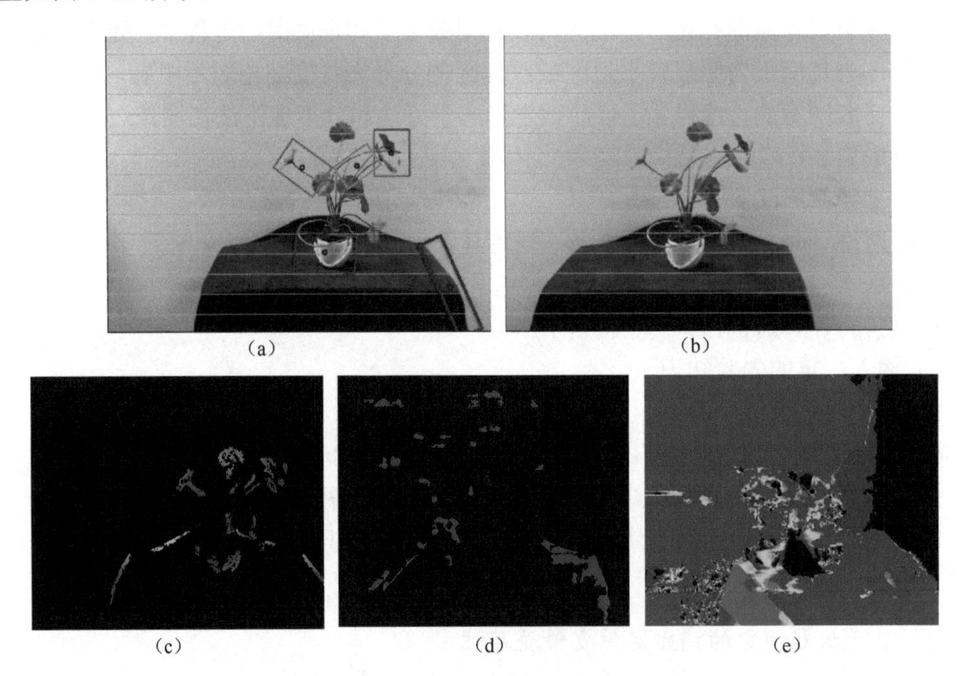

图 6-16　采用三种方法实现立体匹配的结果

（a）（b）分别为双目视觉中左右两个视图；（c）BM；（d）SGBM；（e）VAR

同时，丁希斌（2015）根据该技术还设计了相应的病害信息检测和变量喷施系统。在 Open CV 平台下，通过图像灰度化、图像增强、阈值分割等多种技术手段对叶片图像进行处理，并通过形态学变换，最终从植株叶片上提取了清晰的病斑图像，实现了对病斑所占像素比例的较精确的统计，如图 6-18 所示。可以发现，通过一系列的图像处理，可以较为准确地统计出病斑的面积比例，从而可以根据病斑比例来制定差异化的施药方案。所设计的系统，既可以单独用作一种实施变量喷施作业的设备，也可以作为一个基本框架，配合更多的田间信息检测技术，完成对多种田间信息的获取和农业操作。

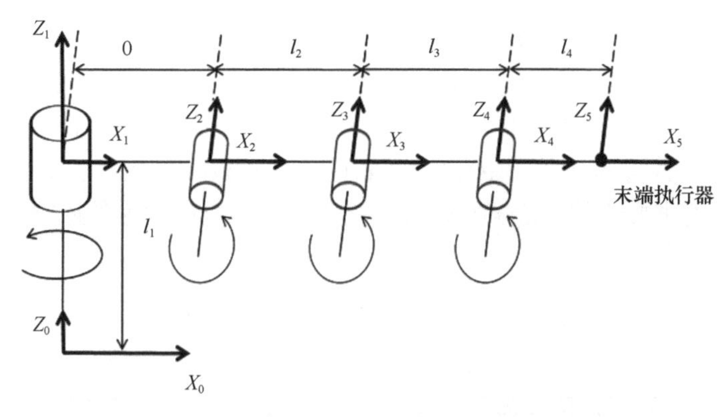

图 6-17　4 自由度机械臂 D-H 模型示意图

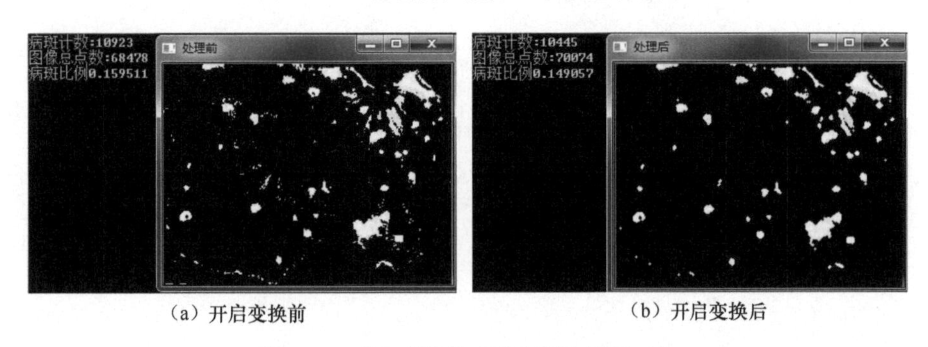

（a）开启变换前　　（b）开启变换后

图 6-18　形态变换前后病斑提取结果对比

6.2.3　基于光谱成像技术的作物病害检测技术

光谱成像技术是光谱分析技术和机器视觉技术的结合，能够同时获取研究对象的光谱和图像信息，从而得到研究对象更为详细和全面的信息。光谱成像技术得到的样本信息，可以对光谱、图像或二者结合进行分析处理，充分利用样本所提供的信息。目前，在农作物病害检测领域，研究应用较为普遍的光谱成像方法包括多光谱成像、高光谱成像、叶绿素荧光成像和拉曼光谱成像及热红外成像等技术。光谱分析技术往往获取的只是单点的光谱信息，而在光谱成像中，图像中每一个像素点上都有多个光谱波段的信息，信息更为丰富详细。

6.2.3.1　拉曼光谱成像技术

1. 技术原理

拉曼光谱是一种基于拉曼效应的散射光谱，拉曼图谱记录的是拉曼位移波数，能够从分子水平上反映样品化学组成和分子结构上的差异，实现分子中化学键和官能团的“指纹鉴别”，因此物质分子的结构和含量等信息均可通过拉曼谱峰的位置、强度和形状来反映，同时还具有样品前处理简单、响应速度快、灵敏性高，以及原位无损检测等特点，这些特点促进了拉曼光谱在植物样本中病害的检测应用（赵艳茹等，2017a）。

随着拉曼光谱学、仪器学、激光技术的发展，由拉曼光谱衍生出多种不同的分析技术，主要包括共振拉曼光谱（resonance Raman spectroscopy，RRS）、傅里叶变换拉曼光谱（Fourier transform Raman spectroscopy，FT-RS）、显微拉曼光谱（micro-Raman spectroscopy，MRS）、表面增强拉曼光谱（surface-enhanced Raman spectroscopy，SERS）和空间位移拉曼光谱（spatially offset Raman spectroscopy，SORS）等。不同的拉曼技术在各自领域发挥着重要作用。表 6-5 列举了这几种拉曼光谱技术的原理和特点（赵艳茹等，2017a）。

表 6-5　拉曼光谱技术的分类原理和特点

种类	原理和特点
RRS	激发光波长接近或落在化合物的电子吸收光谱带内时，拉曼谱带的强度将大大增强。RRS 比普通拉曼光谱法强度提高 10^2～10^6 倍，检测限达 10^{-8} mol/L。主要不足为荧光的干扰
FT-RS	FT-RS 技术以近红外（1064 nm）激光为光源，采用傅里叶变换技术对信号进行收集，具有较强的荧光抑制能力，在生物样品测定方面具有优势
MRS	显微与拉曼光谱技术联用，可以实现样品分子结构及浓度的可视化分布。尤其是 MRS 技术，可以消除杂散光，信号可增强 10^4～10^6 倍
SERS	当一些分子被吸附到某些粗糙金属（Ag、Au、Cu 等）的表面时，其拉曼信号的强度会增加 10^4～10^6 倍。如果 RRS 与 SERS 结合，检测限达 10^{-9}～10^{-8} mol/L
SORS	激光照射到样品的位置与采集拉曼散射光的位置有一定的偏移，不同偏移距离处的拉曼光谱与不同深度层的样品化学信息密切相关，可分离出样品不同深层的光谱

2. 激光拉曼光谱作物病害检测应用

油菜菌核病是由核盘菌引起的植物组织坏死性病害，是一种真菌性病害，不同感染区域下油菜叶片表面显微图如图 6-19 所示。菌核病不仅可以发生于油菜各个生长期，

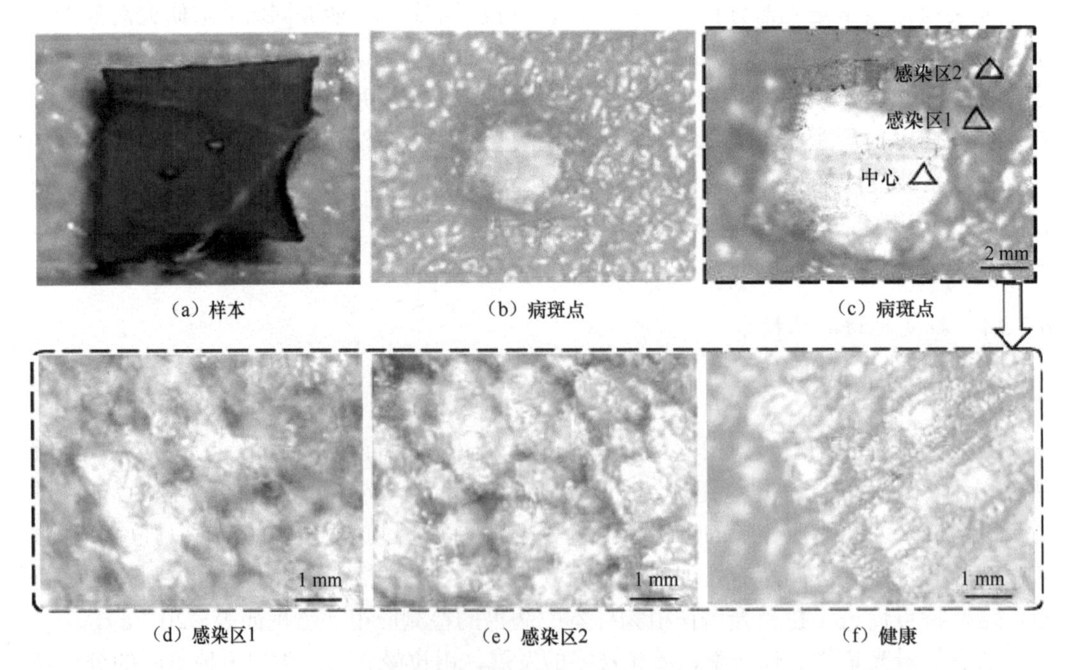

图 6-19　不同感染区域下油菜叶片表面显微图

而且可危害油菜植株的不同器官（如花、叶、茎和果实等），菌核病的暴发严重制约着油菜产业的发展。为了实现油菜菌核病的早期诊断，赵艳茹等（2017b）采用激光共聚焦拉曼光谱对接种核盘菌的油菜叶片进行光谱采集（图 6-20），使用小波变换（wavelet transform，WT）进行拉曼光谱的预处理以去除荧光背景的干扰，然后选择主成分因子（PC1 和 PC2）及特征参量（1006 cm^{-1}、1156 cm^{-1} 和 1522 cm^{-1}）进行样本间的聚类分析，最后分别基于主成分因子和拉曼特征参量建立最小二乘支持向量机（LS-SVM）进行菌核病侵染油菜叶片不同阶段的判别分析。结果发现采用基于 PC1 主成分，1156 cm^{-1} 和 1522 cm^{-1} 处的拉曼强度建立的 LS-SVM 判别模型可以得到 100%的识别率，这说明通过判别分析油菜叶片菌核病病斑不同区域处的拉曼光谱可以实现核盘菌侵染油菜叶片的早期判别。

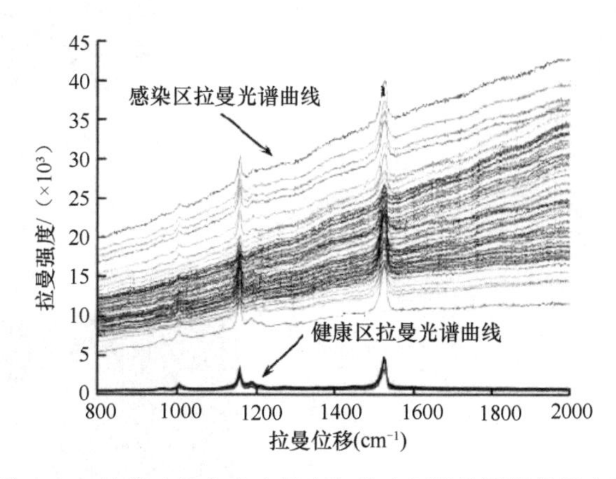

图 6-20　油菜叶片上表皮健康与染病区域的原始拉曼光谱

3. 共聚焦显微拉曼光谱的化学成像研究

植物真菌病害是危害农业生产的主要病害，发病率高，病害种类最多，给农业生产造成的损失较大。对真菌菌丝进行定性识别和定位检测是研究及揭示真菌致病机制的关键。传统真菌检测的方法主要有两种：一种是植物病害制片技术，通过对染病组织进行染色，利用光学显微镜进行观察分析；另一种是荧光蛋白标记法，通过在真菌中插入荧光蛋白分子，借助荧光显微镜，可对活细胞进行实时动态的追踪。但是以上这两种技术存在操作步骤烦琐、对真菌本身影响较大等缺点，所以构建直观、无损的化学成像理论方法对于植物病理学研究具有重要意义。

共聚焦显微拉曼光谱技术是拉曼光谱与显微技术的有机结合，它不仅具有常规拉曼光谱快速无损、样品需求量小、无须预处理等特点，辅以高倍光学显微镜，还能对微观物体进行高空间分辨率（<1 μm）的信号采集，同时可用以生成可视化图像，所以共聚焦显微拉曼光谱技术对单个细胞进行研究是一种全新且可行的技术手段。

李晓丽等（2016）首次采用共聚焦显微拉曼技术对山茶刺盘孢菌的气生菌丝进行原位检测研究，对置于载玻片上菌丝的感兴趣区域进行拉曼光谱面扫描，通过主成分分析法发现面扫描区域中，菌丝和背景两种信号可以明显区分开来，结合主成分的载荷因子图得到了菌丝的两个主要的特征差异峰 1622 cm^{-1} 和 1368 cm^{-1}，1622 cm^{-1} 属于菌丝中几丁质的特征峰，而 1368 cm^{-1} 是来源于菌丝中的果胶多糖。最后通过对几丁质在 1622 cm^{-1} 特征峰波段附近范围积分，绘制了几丁质在菌丝中二维和三维的化学成像图，分析发现几丁质分布在整个菌丝中，并且在菌丝的分支点处含量最多。表明采用共聚焦显微拉曼光谱技术，利用山茶刺盘孢菌中几丁质的特征峰，可以实现真菌的定性定位分析，直观且无损地再现了几丁质在菌丝中的空间分布。几丁质的化学成像过程如图 6-21 所示。

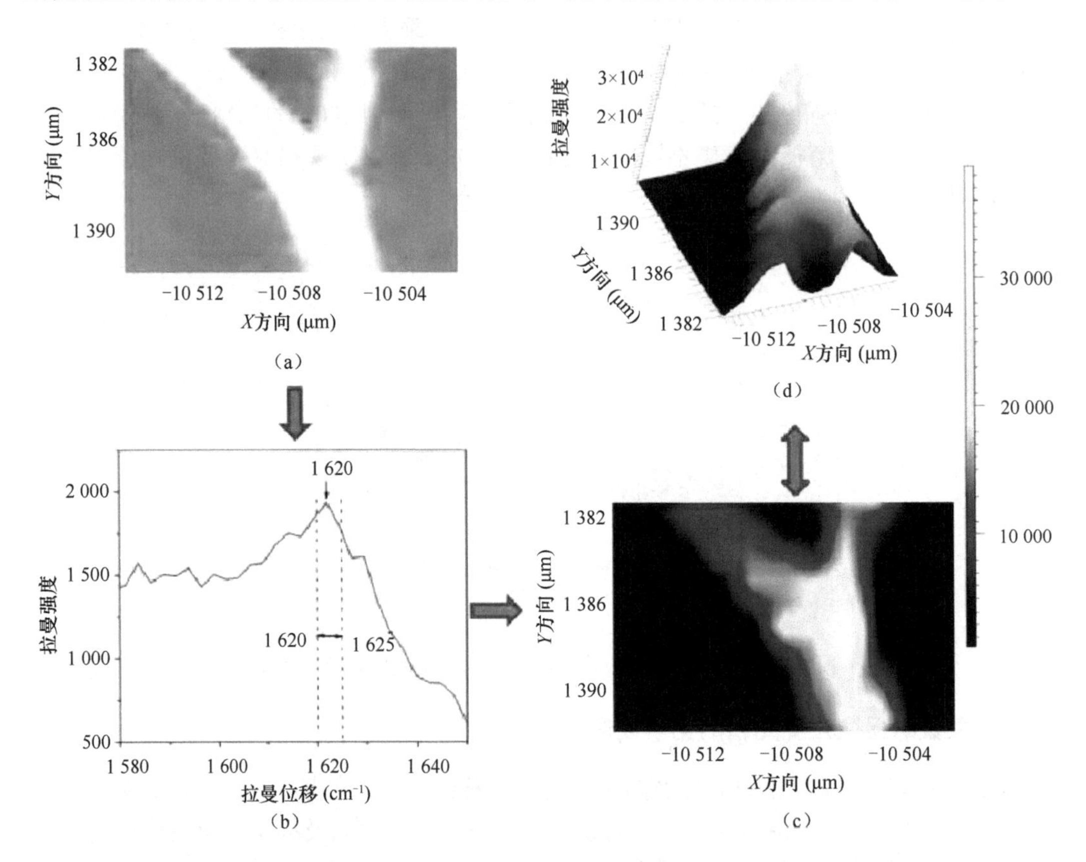

图 6-21　山茶刺盘孢菌在 1620～1625 cm^{-1} 几丁质拉曼光谱上的化学图像

（a）扫描区域；（b）积分范围；（c）二维化学图像；（d）三维化学图像

除此之外，李晓丽等（2014）还采用共聚焦显微拉曼技术，对感染炭疽病的茶叶细胞壁结构和化学成分变化进行了研究。通过透射电镜观察了炭疽病侵染后茶叶细胞超微结构变化，结果如图 6-22 所示。

同时分别对茶叶健康和染病的组织细胞进行显微拉曼光谱扫描，结果显示染病前后细胞壁的拉曼光谱位移和强度都有明显的差异，通过对特征峰进行分析，发现炭疽病侵染导致茶叶组织细胞壁中纤维素、果胶、酯类物质的含量明显下降，木质素的含量有所上升，虽然细胞壁会产生一定程度的木质化以增强抵抗，但是健康的组织细胞壁中纤维素的空间有序结构遭到了明显破坏，形成了染病组织细胞壁中纤维素的松散非均匀状分布。对位于 1145～1165 cm^{-1} 范围内的纤维素 C—C 伸缩振动谱带进行积分，然后对细胞壁上的各点在此波数范围内进行可视化成像，得到如图 6-23 所示的纤维素在健康和染病茶叶细胞壁中的分布图。

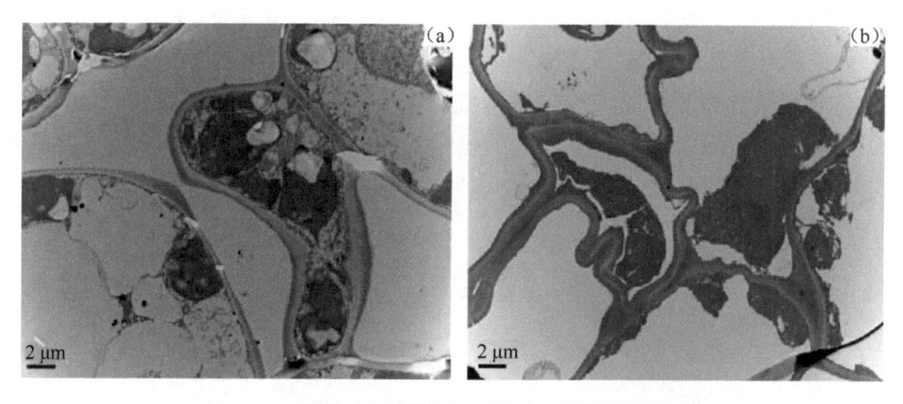

图 6-22　透射电子显微镜下茶叶组织横截面图像

（a）健康组织；（b）染病组织

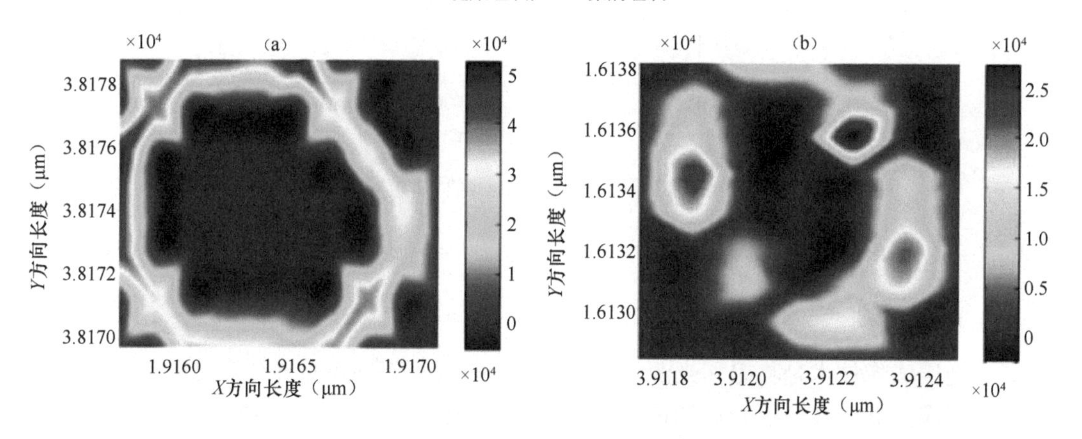

图 6-23　基于细胞-纤维素拉曼光谱（1145～1165 cm^{-1}）的茶叶细胞壁化学图像

（a）健康组织；（b）染病组织

由此可知，共聚焦显微拉曼通过纤维素在细胞壁中的空间分布可视化成像，揭示由炭疽病侵染引起的茶叶细胞壁结构的变化，同时也说明共聚焦显微拉曼光谱技术可以在无须对样本进行复杂的化学预处理情况下实现亚细胞水平上高聚物的定性定位分析，在植物生理学研究中有重要的指导意义。

赵艳茹等（2017b）采用共聚焦拉曼光谱技术结合化学计量学方法对油菜菌核病早期侵染进行判别分析。采用共聚焦拉曼光谱仪采集健康和接种 12 h 核盘菌的油菜叶片表面拉曼光谱，应用小波变换（wavelet transform，WT）进行拉曼光谱预处理以去除荧光背景。并利用基于全谱范围的偏最小二乘判别分析（partical least squares-discriminant analysis，PLS-DA）的回归系数（regression coefficient，RC）进行特征峰的识别，选出 983 cm^{-1}、1001 cm^{-1}、1205 cm^{-1}、1521 cm^{-1}、1527 cm^{-1}、1658 cm^{-1}、1670 cm^{-1} 和 1758 cm^{-1} 共 8 个特征峰用于建立 PLS-DA 模型进行油菜菌核病的早期侵染判别，其识别准确率为 100%。结果表明，拉曼光谱技术结合化学计量学方法能够实现油菜叶片中菌核病早期侵染的检测，这为后续探究核盘菌与油菜叶片互作过程，以及为进一步的病害早期监测和预防提供了理论参考。

张初（2016）采用激光共聚焦显微拉曼光谱对侵染菌核病油菜叶片进行了分析，通过分析油菜染病叶片表面的拉曼光谱特征，对菌核病侵染油菜的变化规律进行检测，为进一步实现油菜菌核病侵染的检测提供基础。实验中获得的拉曼光谱信息如图 6-24 所示。研究油菜叶片表面而不是单个细胞的拉曼光谱，不需要复杂的样本准备，采样时间快，也能够为便携式拉曼光谱检测菌核病的田间应用打下基础。

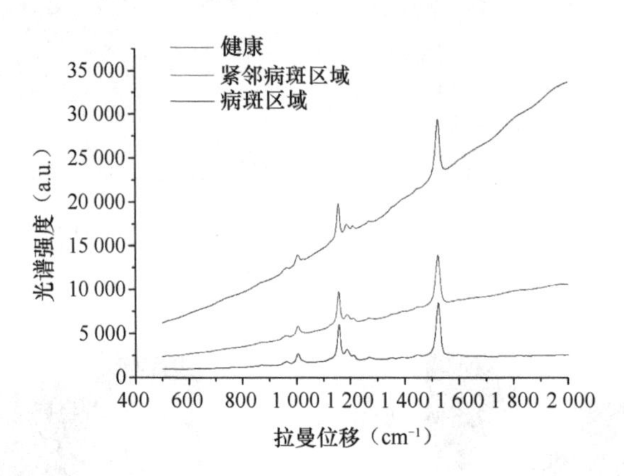

图 6-24　染病叶片健康部分、紧邻病斑区域和病斑区域的平均拉曼光谱

6.2.3.2　多光谱成像技术

1. 技术原理

多光谱成像技术是将摄入光源经过过滤，同时采集不同可见光谱和红外光谱等波段的数字图像，并进行分析处理的技术。它结合了波谱学分析技术（特征敏感波段提取）和模式检测技术（数字图像处理）的长处，同时可以弥补光谱仪抗干扰能力较弱和 RGB 图像波段感受范围窄的缺点。针对错综复杂的外部环境和形状各异的作物品种，利用多光谱成像技术，同时处理可见光谱和红外光谱图像中作物的颜色信息、形状信息及特征信息，对作物生长状况进行了检测和诊断研究，是作物生理学、生物学、生物数学、遥感技术、计算机图像处理技术等多学科交叉而形成的新研究领域。随着计算机软硬件技术、图像处理技术的迅速发展，多光谱成像技术在农业上的应用，尤其在地面近距离对作物信息采集数据研究中有了较大的进展（冯雷等，2013）。

多光谱成像技术可以同时从光谱维和空间维获取被测目标的信息。一幅多光谱图像是由一系列灰度图像组成的三维数据立方体，二维图像记录了样本的形态信息，三维坐标则记录光谱信息。由于多光谱成像技术是利用不同物体的反射光谱或辐射光谱上的差异，在多个波段上分别获取能反映复杂目标差异的图像。所以，可以把这些同一对象不同波段上的图像按一定规则合成，揭示上述差异，从而达到准确可靠地识别目标的目的。

2. 作物病害检测应用

油菜是我国四大油料作物之一，同时又是重要的蛋白作物、饲料作物、能源作物和蜜源作物，具有适应性强、用途广、经济价值高等特点。油菜菌核病是油菜病害中分布最广、危害最为严重的世界性病害，在几乎所有油菜产地包括我国 26 个省（自治区、直辖市）均有发生，长江流域地区冬油菜产区尤其严重，一般发病率为 10%～30%，最高可达 80%，严重影响了油菜的产量与品质。油菜菌核病的诊断多依靠人眼进行判别，主观性和经验性强，尤其在发病早期病斑隐现期，容易诊断不及时，诊断的时效性差，从而错过有效的防治时期，无法满足现代农业生产和管理的要求。因此，急需一种能够快速、准确进行油菜菌核病检测的方法和技术。

孙雪钢等（2013）为了实现油菜菌核病早期快速诊断，应用多光谱成像技术建立了绿光波段、红光波段、近红外波段 3 个通道的油菜叶片图像灰度值与反射率定量关系模型，提取油菜叶片的植被指数，并建立了基于植被指数的油菜菌核病早期快速诊断模型。结果表明，最优模型最小二乘支持向量机（LS-SVM）模型对油菜菌核病的诊断识别率为 100%，获得了满意的预测结果，为油菜菌核病的早期快速诊断和及时有效防治提供了新的方法。

孙光明（2010）应用红、绿、近红外三通道的多光谱图像进行了油菜菌核病的识别方法的研究。对采集到的红、绿、近红外组成的多光谱图像进行了去除背景噪声处理，并提取了 RGB、HSI 颜色空间的 12 个颜色特征和红、绿、近红外三通道图像的 15 个纹理特征，主要运用偏最小二乘回归分析、BP 神经网络及最小二乘支持向量机建立了油菜菌核病的识别模型；比较了所建立的模型的识别效果。发现 MSC 预处理下建立的分别基于颜色特征和纹理特征的神经网络识别模型效果最优，在判别阈值为 0.1 的情况下的识别率达到 100%。为了对 BPNN 模型的适用性进行评价，本节又选择了不同批次 50 个健康样本和 50 个染病样本输入此模型，在 0.1 的判别误差允许范围下预测正确率分别达到 99%、98%，可见这两个模型具有一定的通用性。因此运用多光谱图像技术可以快速、准确地对油菜菌核病进行识别，为实现实时、可靠的植物病害监测与防治提供了一个新方法。

6.2.3.3　高光谱成像技术

1. 技术特点

高光谱成像技术，结合了光谱分析技术与成像技术，具有能够同时获取样本的光谱和空间信息的优势。高光谱成像仪能够得到上百条波段的连续图像，且每个图像像元都可以提取一条光谱曲线，且在每一个光谱波长上均包含一幅灰度图像。高光谱成像系统获取研究对象的图像，并通过自定义感兴趣区域（region of interest，ROI）进行研究。与多光谱图像相比，高光谱图像具有更高的光谱分辨率，精度可达到 2～3 nm，能充分反映光谱信息的细微变化。高光谱成像技术将传统的二维成像遥感技术和光谱技术有机地结合在一起，在用成像系统获取被测物空间信息的同时，通过光谱仪系统把被测物的辐射分解成不同波长的谱辐射，能在一个光谱区间内获得每个像元几十甚至几百个连续的窄波段信息，从而克服多光谱成像系统探测波段有限、谱系断裂等原因造成的光谱信息缺失问题。

高光谱成像技术通过对高光谱图像信息的处理，可提取作物色彩、外形、位置等外部特征，通过对连续光谱信息进行高维数据压缩和特征波长提取，可用于检测作物内部特征；通过图像特征和光谱特征的有效融合，可以克服单纯依靠外在表观特征和光谱特征的不足，显著提高作物病害早期检测和识别的准确度，从而达到根据作物内、外部综合特征进行精确识别病害的目的。

浙江大学生物系统工程与食品科学学院生物系统自动化与信息技术研究所搭建的高光谱图像采集系统由光谱仪、光源、镜头、面阵 CCD 探测器、电控位移台、计算机和采集软件等组成。高光谱成像仪在采集图像的时候是一个线扫描的过程，通过线扫描获取成像物体的空间、辐射和光谱信息，其示意图分别如图 6-25 所示（谢传奇，2015）。高光谱图像数据获取和处理的一般流程如图 6-26 所示。

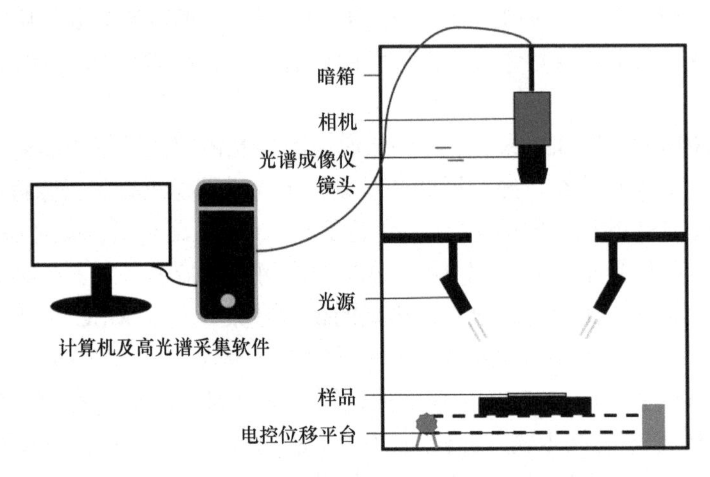

图 6-25　高光谱成像系统示意图

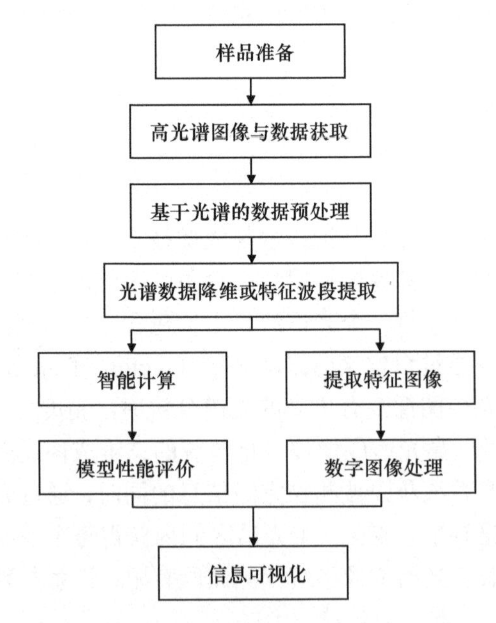

图 6-26　高光谱图像数据获取和处理的一般流程

2. 在病害识别中的应用

鲍一丹（2013）应用概率统计滤波和二阶概率统计滤波提取了感染灰霉病的番茄茎秆高光谱图像的纹理特征信息，建立了判别模型，对预测集样本的正确识别率为 97.37%。通过遗传算法偏最小二乘法（GA-PLS）提取特征纹理，建立了 PLS 和 SVM 判别模型，最优模型 GA-PLS-PLS 对预测集样本的准确识别率为 92.11%。除此之外，作者还建立了基于高光谱图像信息的番茄叶片 3 种病害（灰霉病、菌核病和早疫病）同步诊断模型和两种病害相互识别模型。采用确定特征波长图像，并应用概率统计滤波和二阶概率统计滤波提取纹理特征，系统地比较了 PLS、BPNN、SVM 和 ELM 四种建模方法的诊断识别效果。结果表明，对灰霉病、早疫病和健康叶片的诊断识别，以及对灰霉病、菌核病和健康叶片的诊断识别的正确识别率均大于 90%。

鲍一丹（2013）还以番茄为研究对象，应用高光谱检测技术建立了番茄茎秆灰霉病，以及番茄叶片 3 种病害（灰霉病、菌核病和早疫病）的早期诊断识别方法。系统地比较了不同光谱预处理下的全谱偏最小二乘法（PLS）模型，并应用载荷系数法提取特征波长，建立了番茄茎秆灰霉病诊断识别的优化模型，得出的最优光谱判别模型为特征波长最小二乘支持向量机（EW-LS-SVM）模型，对预测集样本的正确识别率达到 100%。并且提取了高光谱数据在 400～900 nm 的可见近红外光谱信息，系统比较了多种光谱预处理方法、PLS 和极限学习机（ELM）识别模型，得出的最优模型为全谱 ELM 模型，对预测集样本番茄叶片 3 种病害同步诊断的正确识别率达 94.20%。本研究为番茄栽培的精细化管理和病害综合防治提供了新的技术支撑，对番茄精细化生产和种植具有重要意义。

翁海勇等（2018）以脐橙 52 和卡拉卡拉红肉脐橙为研究对象，利用高光谱成像平台（system 1，S1）和携式高光谱成像仪（system 2，S2）分别采集了健康和染病柑橘的高光谱图像，建立了独立的柑橘溃疡病判别模型，并分析了不同预处理方法和判别模型对模型预测性能的影响。结果表明，采用二阶导数结合极限学习机（2nd derivative-ELM）的建模方法，预测性能最佳，基于 S1 和 S2 检测的预测集识别率分别为 97.5%和 98.3%。由于不同型号仪器的响应函数不同，S1 建立的主模型无法直接用于预测 S2 采集到的高光谱图像，因此以 S1 作为源机、S2 作为目标机，利用直接校正算法对目标机获取的高光谱图像进行校正，分析模型传递前后的模型判别能力。结果发现，以 S1 数据建立主模型，对通过直接校正算法校正后的 S2 高光谱图像进行识别，预测集的识别率从校正前的 38.1%提高到了 86.2%。这说明直接校正算法可用于不同型号高光谱成像仪之间的定标模型传递，对于建立稳健可靠的柑橘溃疡病判别模型具有重要意义。直接校正算法流程图如图 6-27 所示。

水稻稻瘟病是水稻种植中流行最广、危害最大的世界性真菌病害，病菌在侵染水稻的过程中主要分为 3 个阶段：侵入期、潜育期与发病期。为了实现稻瘟病的早期检测和防治，杨燕和何勇（2013）连续分时段测定水稻稻瘟病潜育期稻苗的高光谱图像和相对应的稻苗抗超氧化物歧化酶（superoxide dismutase，SOD）酶值，通过对水稻冠层高光谱图像的处理分析（图 6-28），反演出稻瘟病胁迫下水稻冠层相应的 SOD 酶值信息，继

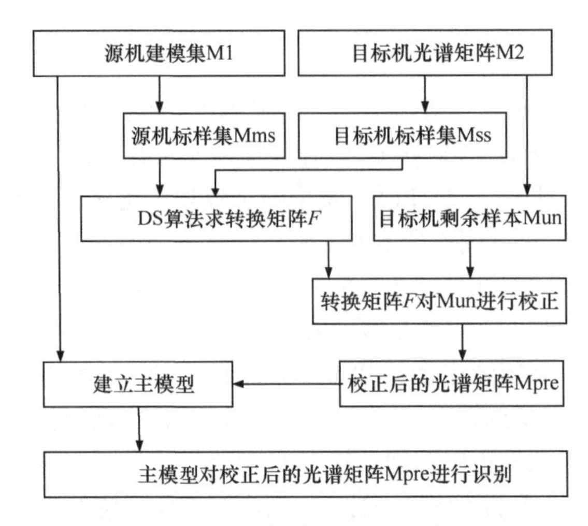

图 6-27 直接校正算法流程图

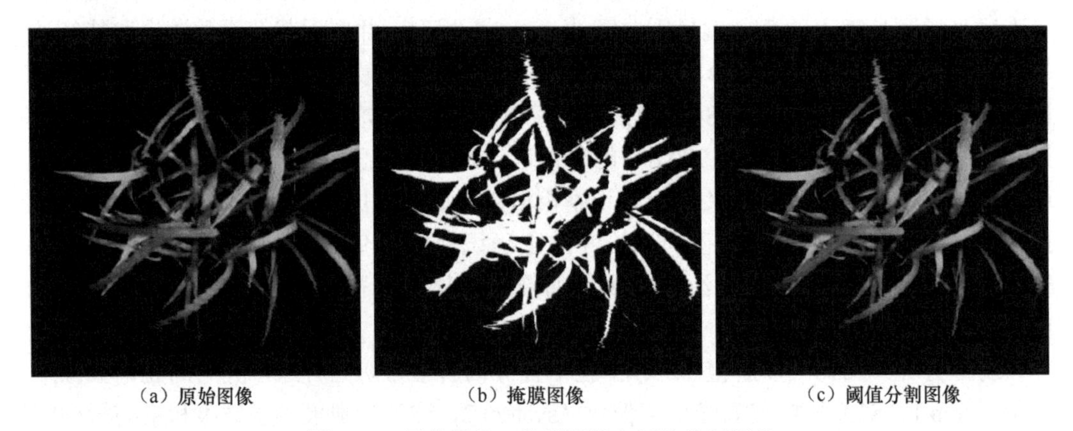

图 6-28 原始图像、掩膜图像和阈值分割图像

而通过 SOD 酶值信息的变化获取水稻潜育期内的早期胁迫信息，建立水稻稻瘟病肉眼可见症状出现之前的检测模型。结果表明，基于全光谱信息建立的 SOD 酶值预测模型具有较好的预测效果，校正集相关系数为 R_C=0.9921，校正集均方根误差为 RMSEC=5.135 U/g；预测集相关系数为 R_P=0.9274，预测集均方根误差为 RESEP=8.634 U/g。出于建立更为广泛应用的稳定的多光谱成像检测系统的需要，基于选定的 6 个特征波长（526 nm、550 nm、672 nm、697 nm、738 nm 和 747 nm）建立了简化的 SOD 酶值预测模型，该模型的 R_C=0.6945，RMSEC=17.92 U/g；R_P=0.5488，RESEP=22.0085 U/g。研究表明，在水稻稻瘟病潜育期内，通过高光谱图像反演相应的 SOD 酶活性信息，推断水稻稻瘟病病害胁迫程度信息是可行的。

灰霉病是当前蔬菜生产过程中一种毁灭性的植物病害，在保护地蔬菜栽培过程中茄子灰霉病尤为严重。该病主要是危害花、叶片及果实，因此会造成极大的损失。为建立基于高光谱成像技术的茄子叶片灰霉病早期检测方法，冯雷等（2012b）利用高光谱成像系统获取 120 个茄子叶片在 380～1031 nm 范围的高光谱图像数据，通过主成分分析（PCA）对高光谱数据进行降维，并从中优选出 3 个特征波段下的特征图像，截取 200×150

的感兴趣区域图像（ROI），并从每幅特征图像中分别提取均值、方差、同质性、对比度、差异性、熵、二阶矩和相关性等 8 个基于灰度共生矩阵的纹理特征变量，通过连续投影算法（SPA）提取 13 个特征变量，利用最小二乘支持向量机（LS-SVM）构建茄子叶片灰霉病早期鉴别模型，模型判别准确率为 97.5%。说明高光谱成像技术可以用于茄子叶片灰霉病的早期检测。

谢传奇等（2012a）对灰霉病胁迫下茄子叶片过氧化氢酶（catalase，CAT）活性，以及番茄叶片叶绿素含量（SPAD）的高光谱图像特征进行了研究。

在过氧化氢酶（CAT）活性的研究中，采用 380～1030 nm 范围的高光谱图像摄像仪获取健康、轻度、中度、严重染病茄子叶片的高光谱图像信息，基于 ENVI 软件处理平台提取高光谱图像中对象的漫反射光谱响应特性，并采用平滑、中值滤波、归一化法等预处理方法提高光谱的信噪比。然后采用偏最小二乘回归（PLSR）、最小二乘支持向量机（LS-SVM）和 BP 神经网络算法来建立叶片高光谱响应特征与 CAT 活性之间的关系模型。在 PLSR 模型中，前 2 个隐含变量能够实现健康、轻度、中度、严重染病茄子叶片的直观定性区分，而基于 PLSR 模型推荐的 9 个隐含变量建立的 BP 神经网络模型的预测集决定系数 R^2 为 0.8930，均方根误差为 2.17×10^3，表明基于高光谱图像特性可以实现灰霉病胁迫下茄子病害程度的有效区分，同时证明基于高光谱图像特性的茄子叶片 CAT 活性的定量检测是可行的。

在灰霉病胁迫下，番茄叶片中叶绿素含量（SPAD）的高光谱图像信息研究中，首先获取 380～1030 nm 波段范围内健康和染病番茄叶片的高光谱图像，然后基于 ENVI 软件处理平台提取高光谱图像中感兴趣区域的光谱信息，经平滑（smoothing）、标准化（normalize）等预处理后，建立了基于标准化预处理的偏最小二乘回归（PLSR）和主成分回归（principle component regression，PCR）模型。再基于 PLSR 获得的 4 个变量建立反向传播神经网络（BPNN）和最小二乘支持向量机（LS-SVM）模型。4 个模型中，LS-SVM 的预测效果最好，其决定系数 R^2 为 0.9018，预测集均方根误差 RMSEP 为 2.5992。结果表明，基于健康和染病番茄叶片的高光谱图像响应特性检测叶绿素含量（SPAD）是可行的。

除此之外，谢传奇和何勇（2017）还提出了应用光谱和纹理特征的高光谱成像技术早期检测番茄叶片早疫病的方法。利用高光谱图像采集系统获取 380～1030 nm 范围内 71 个染病和 88 个健康番茄叶片的高光谱图像，同时采用主成分分析法（PCA）对高光谱图像进行处理。选取染病和健康叶片感兴趣区域（region of interest，ROI）的光谱反射率值，同时分别从前 8 个主成分的每幅主成分图像的 ROI 中提取对比度（contrast）、相关性（correlation）、熵（entropy）和同质性（homogeneity）4 个灰度共生矩阵的纹理特征值，再通过 PCA 和连续投影算法（SPA）结合最小二乘支持向量机（LS-SVM）构建番茄叶片早疫病的早期鉴别模型。建立的 6 个模型中，采用光谱反射率值的 LS-SVM 模型对番茄叶片早疫病的识别率最高，达到 100%。结果表明，应用高光谱成像技术检测番茄叶片早疫病是可行的。

核盘菌（*Sclerotinia sclerotiorum*）是一种严重且普遍存在于油菜植物中的真菌病原，这种真菌会侵染叶子、茎和豆荚，导致油菜种子产量的巨大损失。花瓣的感染通常被认为是油菜生长过程中真菌核盘菌主要的传播途径，Zhao 等（2016）在 874～1734 nm 的光谱区域应用高光谱成像结合化学计量方法，从每个样本的高光谱图像中的感兴趣区域（ROI）中提取反射率来检测油菜花瓣的真菌感染情况。首先，应用主成分分析（PCA）对前几个主成分（PC）进行聚类分析。其次，使用主成分分析（PCA）的 X-loadings 和随机跳蛙（RF）两种算法进行比较以优化波段选择。采用最小二乘支持向量机（LS-SVM）方法建立基于最优和全波段的判别模型。最后，使用接收机工作特征曲线（AUC）下的面积大小来评估这些 LS-SVM 模型的分类性能。发现基于所有最佳波段组合的 LS-SVM 具有最佳性能，AUC 为 0.929，并证明了将高光谱成像技术应用于油菜花瓣真菌感染检测的潜力。

Kong 等（2018a）利用化学计量学方法和高光谱成像方法探索了油菜菌核茎腐病（*Sclerotinia* stem rot，SSR）的快速检测方法，并且评价变量选择、机器学习和校准转移方法对检测性能的影响。在不同的图像采集参数下采集健康和染病油菜叶片的 3 个不同样本集。利用全谱建立了偏最小二乘判别分析（PLS-DA）、支持向量机（SVM）、类比的软独立建模（SIMCA）和 k-最近邻（k-nearest neighbor，KNN）4 种判别模型。并且分别利用主成分分析（PCA）负荷、二阶导数谱、竞争自适应重加权采样（competitive adaptive reweighted sampling，CARS）和连续投影算法（SPA）选择的最优波长构建 PLS-DA 和 SVM 模型。通过 PCA 载荷和二阶导数谱选择的最佳波长显示了不同样本集之间的相似性。直接标准化（DS）成功地减少了不同样本集之间的光谱差异。结果表明，使用高光谱成像与化学计量学用于植物病害检测是有效的，有助于选择最优变量、机器学习和校准转移方法，以快速和准确地对植物病害进行检测。

Xie 和 He（2016）研究了茄子叶片早期枯萎病的光谱特征和纹理特征，获得了 380～1023 nm 波长范围内的健康和染病样品的高光谱图像，4 个特征波长（408 nm、535 nm、624 nm 和 703 nm）对应的 4 种灰度图像能够被准确识别，识别效果如图 6-29 所示。然后将高光谱图像分别转换为 RGB、HSV 和 HLS 图像，从灰度图像、RGB 图像、HSV 图像和 HLS 图像中提取基于灰度共生矩阵（GLCM）的 8 个纹理特征（均值、方差、同质性、对比度、不相似性、熵、二阶矩和相关性）。最后，建立 k-最近邻（KNN）和 Adaboost 分类模型，对健康和感染样本进行检测。所有模型在测试集中均获得了较好的分类结果，分类准确率（CR）均超过 88.46%。结果表明，光谱和纹理特征对茄子叶枯病的早期检测是有效的。

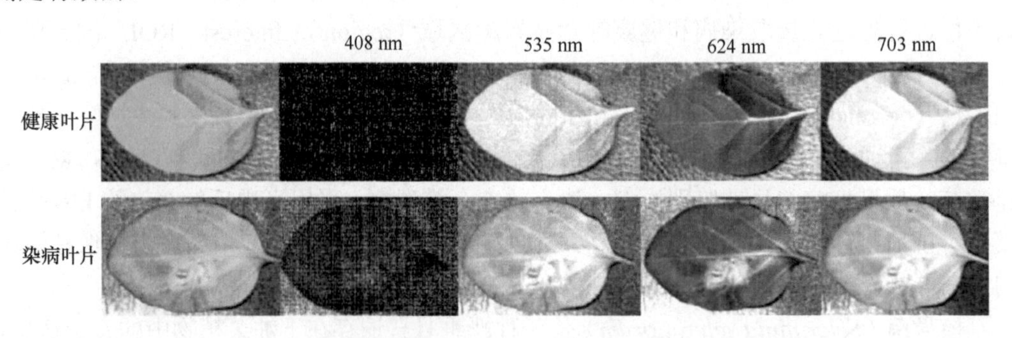

图 6-29 高光谱图像中提取的灰度图像

徐明珠等（2016）为实现马铃薯叶片早疫病的快速识别，达到尽早防治的目的，利用高光谱成像系统连续 4 天采集 375～1018 nm 波段内的健康和染病马铃薯叶片的高光谱数据信息，并用 ENVI 软件提取感兴趣区域的光谱反射率平均值。分别建立基于全光谱（full spectrum，FS）、连续投影算法（SPA）和载荷系数法（x-LW）提取的特征波长的 BP 网络与 LS-SVM 识别模型，其中 FS-BP、SPA-BP、x-LW-BP 模型中预测集识别率分别为 100%、100%、98.33%，LS-SVM 模型的预测集识别率均为 100%；SPA 和 x-LW 提取的特征波长个数均仅占全波长的 1.47%，大大简化了模型，提高了运算速率。实验表明：应用高光谱成像技术可以快速、准确地识别出马铃薯叶片早疫病，且 SPA 和 x-LW 可以作为特征波长提取的有效方法，为田间马铃薯早疫病的在线实时检测仪器的开发提供理论依据。

早期病原体的动态表征对于作物病害监测和症状前早期诊断至关重要，高光谱成像（HSI）技术在跟踪初始感染部位的动态变化及进行症状前诊断方面具有巨大潜力。大麦叶斑病是由麦根平脐蠕孢菌［*Bipolaris sorokiniana*，Bs］侵染引起的叶部真菌病害，严重影响大麦产量与品质。Zhu 等（2022）基于时间序列 HSI 数据分析，研究了感染了叶斑病菌的大麦叶片早期生化响应及指纹光谱特征（FSS）的动态发展。全谱 FSS 具有物理可解释性，可以捕获萎蔫、坏死组织的独特特征及病变进展，从而能够在像素水平上对早期植物-病原体相互作用的时空动态进行原位可视化。此研究中，大麦叶接种真菌 24 h 后便利用 HIS 技术实现了叶斑病的症状前诊断，相比传统的聚合酶链反应（PCR）测定或生化测量识别提前了 12 h。为揭示 HSI 症状前诊断的机制，建立了叶片平均光谱反应与其生化指标（叶绿素、类胡萝卜素、丙二醛、抗坏血酸和还原型谷胱甘肽）之间的定量关系，所建立回归模型的决定系数（R^2）均大于 0.84。整体结果表明，基于 HIS 与植物性状变化的相关性，提取的 FSS 能够成功跟踪大麦病斑的时空动态发展，实现大麦叶斑病的早期诊断。该方法同样在其他植物病害检测方面也得到验证，说明该方法在植物病害的早期控制方面具有显著的推广潜力。

6.2.3.4　热红外成像技术

1. 技术原理

红外热成像是通过记录物体表面的红外辐射来实现对物体的检测。一般红外热像仪对温度的敏感性均优于 0.1℃，能检测物体间较小的温差。红外热像仪通过光学电子系统将物体辐射的红外光经滤波聚集、调制及光电转换变为电信号，并可转换为数字量，经过数字图像技术处理，以伪彩色热图像或灰度图像形式显示物体的温度场。同时，红外热摄像仪能提供视场内任意一点温度，并通过相应的分析软件可以得出温度分布直方图等信息来理解和识别被检测对象，能帮助人们探测肉眼观察不到的事物，从另一种角度来观察人们所熟悉的事物。热红外成像仪及相关图片处理软件如图 6-30 与图 6-31 所示。

热红外成像技术正是利用染病样本和健康样本之间叶片温度差异来对其进行区别分析，近年该技术已多次应用到农作物病害的检测中并取得了显著的效果。作物病害是

图 6-30　热红外成像仪

图 6-31　热红外成像仪的处理软件

致病生物与感病作物之间相互作用的结果，作物受到病原菌侵染后，其局部或全株会产生对入侵者的抵御，即抗病。作物抗病性是作物在形态结构和生理生化等方面综合的表现结果，其生理代谢过程会发生一系列变化，例如，水分平衡失调，叶组织产生萎蔫现象；呼吸速率升高，气孔开闭发生变化；叶绿体结构破坏，叶绿素含量减少，光合作用下降；发生过敏反应（HR）；产生如水杨酸（SA）等信号，例如，在烟草与烟草花叶病毒（TMV）的病症：当感染此病毒后，作物叶子中会产生水杨酸（salicylic acid），在细胞坏死症状出现前，在被感染的叶面温度会上升，因此可以用热成像技术对作物病害进行早期诊断和预测（冯雷等，2013）。利用作物的抗病性并基于红外热成像，研究作物的生理病变过程，加深对寄主-病原物的相互关系的认识，对作物病害进行非破坏性、早期诊断的新技术具有巨大的潜力，前景十分广阔。

2. 作物病害检测应用

陈欣欣等（2019）基于热红外成像技术冠层和叶片两个尺度对菌核病侵染油菜的过程进行检测研究。从冠层尺度分析，首先获取整株样本的原始热红外图片的温度值，其次对采取的热红外图像进行预处理，采用 GrabCut 算法剔除样本周围的环境背景，得到仅包含样本植株的热红外图像，将去除背景的热红外图片进行二值化处理，得到二值图；最后根据温度值和灰度值之间存在的线性关系，得到冠层尺度样本的实际温度值，计算出样本的平均温度和最大温差值。热红外图像处理过程如图 6-32 所示。

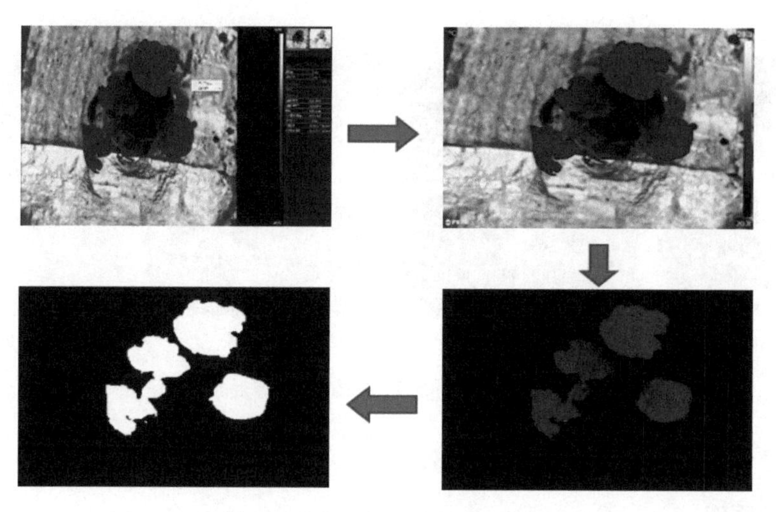

图 6-32　热红外图像的处理过程

菌核病对油菜植株的侵染较快，为了保证完整地检测到菌核病对油菜侵染的全过程，在菌丝接种 24 h 后开始采集油菜样本冠层的热红外图片，对图像进行对比分析，结果如图 6-33 所示。为了对比热红外图像中显现的叶片健康与病斑区域之间的温度差异，采用对健康区域和病斑点划线的方式，提取直线处的像素点，然后根据像素点和温度值之间的关系来确定二者之间的差异，结果如图 6-34 所示。

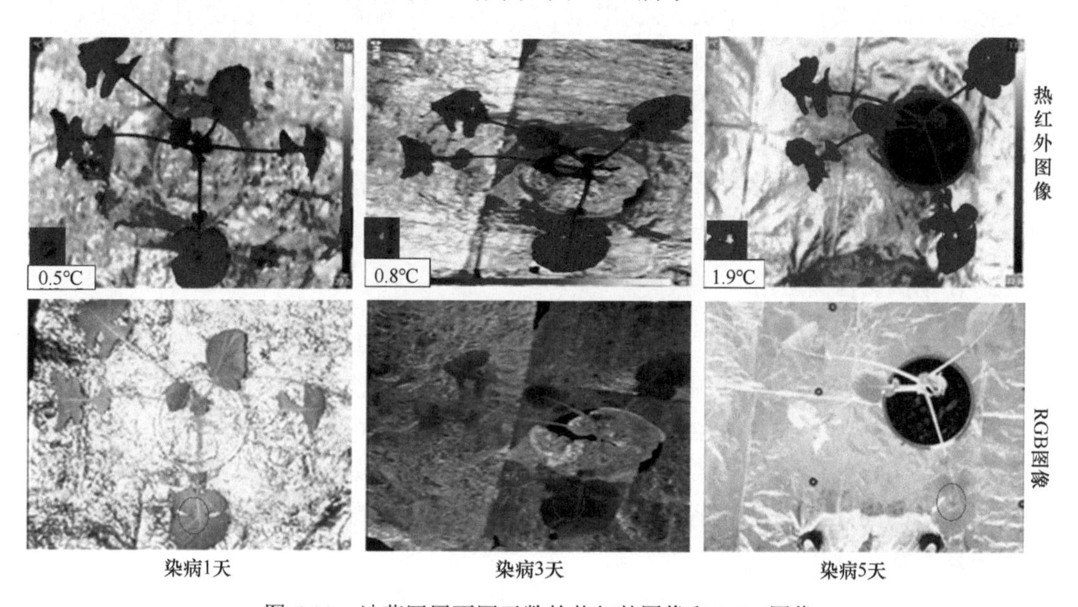

图 6-33　油菜冠层不同天数的热红外图像和 RGB 图像

另外，此研究还将油菜叶片生理指数与叶片温度进行了相关性分析，结果表明染病样本和健康样本可以通过生理指数进行区分，同时对生理指数与叶片温度进行相关性分析，结果显示叶片温度与光合速率、二氧化碳浓度与蒸腾速率之间存在显著相关性，说明利用热红外成像技术可以实现对油菜菌核病的早期识别。

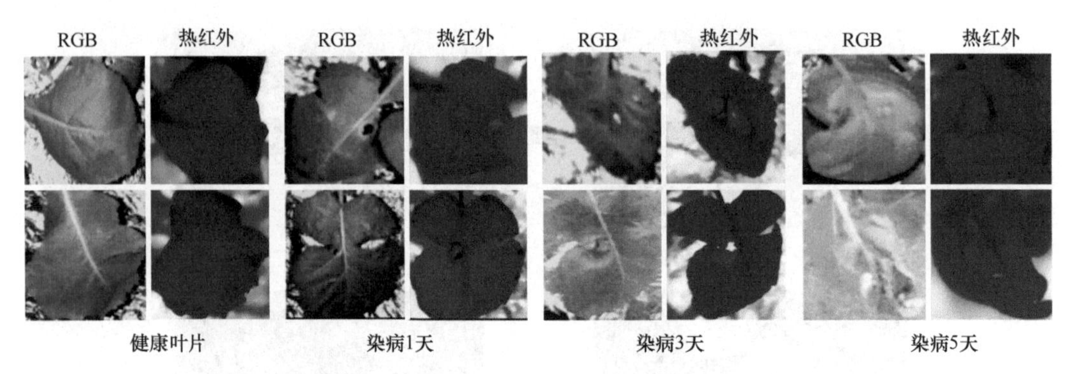

图 6-34 油菜叶片不同天数的 RGB 图像及热红外图像

6.2.3.5 叶绿素荧光成像技术

1. 技术原理

植物在光合作用中，细胞内的叶绿素分子或者天线色素在吸收了光能之后，进入激发态，较高激发状态的叶绿素分子会回到较低激发态，然后较低激发态的叶绿素分子则会回到稳定的状态，在由较低激发态回到稳定状态的过程中，会将吸收的光能重新以荧光的状态发射出去。实际上，叶绿素吸收的光能绝大部分被用来进行光化学反应，产生的荧光较少。植物的光化学反应发生变化时，叶绿素荧光也会发生变化，因此一般将叶绿素荧光看作植物光合作用检测的探针。在逆境条件下，植物光化学反应受到抑制，发射的荧光会发生变化，通过检测叶绿素荧光参数则可以指示植物受到的逆境胁迫。植物体内光化学反应，主要包括两种光反应中心类型，分别是 PSⅠ（photosystem Ⅰ）和 PSⅡ（photosystem Ⅱ），而 PSⅡ的荧光信号要强于 PSⅠ的荧光信号，因此常常采用叶绿素荧光采集仪器采集得到的 PSⅡ荧光信号作为逆境胁迫的指示参数。

2. 作物病害检测应用

油菜在感染菌核病之后，叶绿素 a、叶绿素 b 及总叶绿素含量减少，光合作用减弱。在国内外的研究中，叶绿素荧光成像已被广泛用于检测包括病害在内的逆境胁迫，采用叶绿素荧光检测油菜菌核病侵染在理论上具有可行性。张初（2016）主要从油菜感染菌核病叶片及感染菌核病茎秆两个方面进行分析，通过获取油菜较易受菌核病侵染的组织（叶片和茎秆）的叶绿素荧光图像，探究健康和染病组织叶绿素荧光参数的变化规律。

由图 6-35 可知，基于单个叶片的定性分析表明，叶绿素荧光成像技术可检测出染病叶片健康区域、紧邻病斑区域和病斑区域，即叶绿素荧光成像技术可研究油菜叶片菌核病的检测和早期检测（图中叶绿素荧光参数说明见表 6-6）。

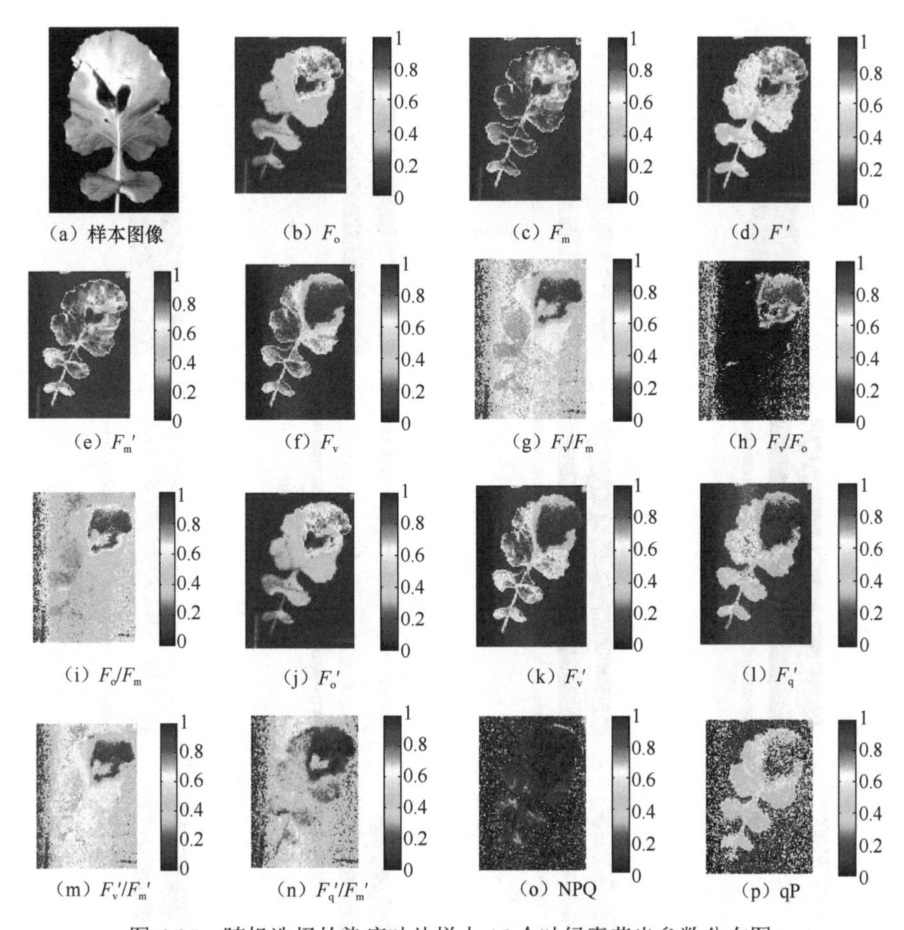

(a) 样本图像　(b) F_o　(c) F_m　(d) F'

(e) F_m'　(f) F_v　(g) F_v/F_m　(h) F_v/F_o

(i) F_o/F_m　(j) F_o'　(k) F_v'　(l) F_q'

(m) F_v'/F_m'　(n) F_q'/F_m'　(o) NPQ　(p) qP

图 6-35　随机选择的染病叶片样本 15 个叶绿素荧光参数分布图

表 6-6　常用的叶绿素荧光参数

参数	释义	备注
F_o	暗适应初始荧光（minimal fluorescence of dark-adopted state）	
F_m	暗适应最大荧光（maximum fluorescence of dark-adopted state）	
F'	稳态荧光（fluorescence in stable state）	
F_m'	光适应最大荧光（maximum fluorescence of light-adopted state）	
F_v	暗适应可变荧光（variable fluorescence of dark-adopted state）	$F_v = F_m - F_o$
F_o'	光适应初始荧光（minimal fluorescence of light-adopted state）	$F_o' = F_o/[(F_v/F_m)+(F_o/F_m')]$
F_v'	光适应可变荧光（variable fluorescence of light-adopted state）	$F_v' = F_m' - F_o'$
F_q'	F_m'与 F'的的差值	$F_q' = F_m' - F'$
NPQ	非光化学淬灭（nonphotochemical quenching）	$NPQ = F_m/F_m' - 1$
qP	光化学淬灭系数（coefficient of photochemical quenching）	$qP = F_q'/F_v'$

由图 6-36 可知，基于单个茎秆的定性分析表明，叶绿素荧光成像技术可用于油菜茎秆菌核病检测，即叶绿素荧光成像技术可研究油菜茎秆菌核病的检测和早期检测。油菜染病茎秆和油菜染病叶片的部分叶绿素荧光参数存在差异，原因可能是油菜茎秆总叶绿素含量并不高，并且油菜茎秆和叶片内部结构不同，在感染菌核病之后，茎秆感染部位的光化学反应变化规律与叶片存在差异。

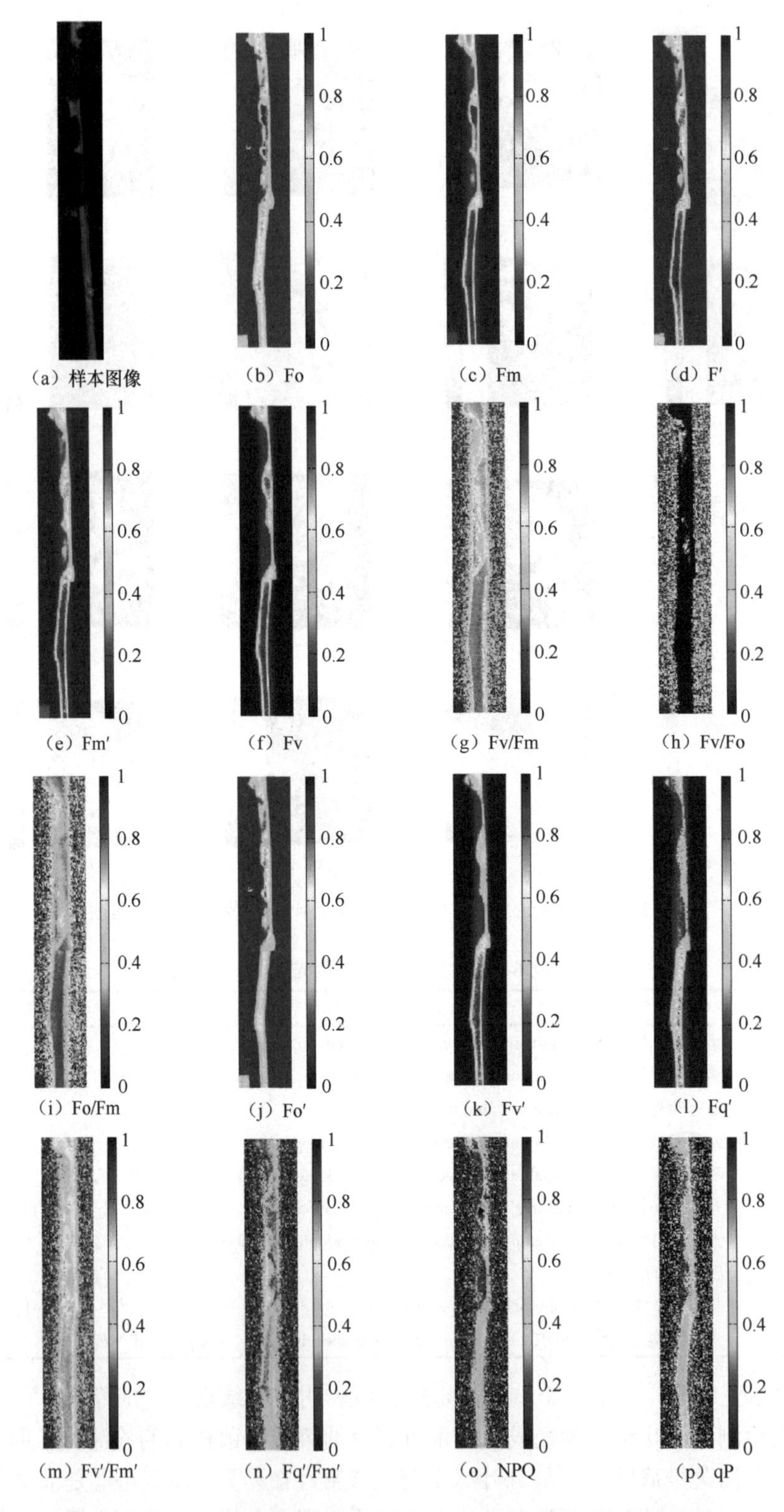

图 6-36　随机选择的染病茎秆样本 15 个叶绿素荧光参数分布图

6.2.4　基于遥感信息分析的作物病害监测技术

遥感监测技术是当前唯一能够实现大范围快速获取空间作物和地表信息的技术手段，其在作物产量估计、品质预测和病虫害检测等方面有着不同程度的研究和应用，具有时效高、监测范围大等特点。农情遥感从高度这一维度可划分为卫星遥感、航空遥感和地面遥感。卫星遥感监测多用于大面积的地块面积估测、生长状况及灾害监测，在小范围田间尺度上应用较少。地面遥感技术主要应用于田间调查，监测范围相对有限。航空遥感包括有人机和无人机遥感技术，目前无人机遥感技术应用较为普遍。无人机遥感相对地面遥感更加机动灵活，且监测范围更广，同时具有成本低、空间分辨率高的特点，成为当前农情获取技术研发和应用的新趋势。

6.2.4.1　无人机低空遥感作物病害信息监测技术

农作物病害是影响作物生长，制约农业生产稳定发展的主要因素之一。农作物病害不仅会造成作物产量减少及农产品品质下降，而且会增加杀菌剂等农药的大量使用，从而引起农产品的安全问题。地面光谱技术因其自身具有的局限性不适用于大面积的病害监测，在作物的生长过程中不能对不同阶段病害的侵染及时给出准确评估。而无人机因其具有质量较轻、灵活性高及便携性好等特点，在农情检测方面具有很大的潜力。

在实验室微观研究的基础上，无人机在农业病虫害中的研究越来越广泛。在研究中以农田作物病害为研究对象，搭载遥感检测传感器，如多光谱相机、热红外相机及机载高光谱相机等，调节无人机飞行时的速度和高度，采用光谱信息分析和数字图像处理技术对获取的作物图像进行病斑分割、特征提取等操作，进而对病害进行诊断，可以取得较好的效果（何勇等，2018）。

6.2.4.2　国内农用无人机信息获取机载装备典型举例

浙江大学数字农业农村研究中心自主研制的八旋翼无人机，机身直径 1.1 m，高 0.35 m，使用锂离子聚合物电池，根据载荷大小续航时间为 15～25 min，最快飞行速度达到 75 km/h，最高可飞 500 m，可挂载 8 kg 设备或药物，使用卡尔曼滤波和 I^2C 交流电机驱动器，攻克了飞行器在不同天气条件不同作业载荷下稳定飞行的技术难关。

多旋翼无人机质轻便携，全身碳纤结构，机身仅重 3.5 kg，可折叠，便于携带和运输。平台可搭载 RGB 相机和多光谱相机实现农田信息采集（图 6-37）。此外，也可搭载喷药装备进行植保作业。

图 6-38 所示为浙江大学数字农业农村研究中心自行研发的农用无人机飞控系统。图 6-38（a）中的飞控板采用了 DSP 与 ARM 的双 MCU（微控制单元）结构，通过中央 MCU 的 PID 闭环控制实现前进、后退、升降等动作。这种设计首先保证了飞控系统运算的精确性和实时性，能够控制飞机对于飞机姿态与外界飞行环境的变化做出及时和有效的响应，从而维持飞机在低空复杂环境中飞行的稳定，提高了安全性。其次，在飞控系统中安装了高可靠性的 MEMS 三轴陀螺仪、加速度计、三轴磁感应器及气压传感器等装置。结合外部高精度 GPS 模块，其可以为无人机农业作业提供准确的经纬度、飞行高度、速度等导航姿态数据。此外，由于农用无人机经常在作业情况较为恶劣的地区

进行飞行，故飞控系统的电路接插件设计摒弃了常用飞控中的杜邦线与排针的组合方式而采用了对于防水与防尘性能更高的航空插头。

图 6-37 浙江大学自主研发的农用多旋翼无人机

（a）无人机飞控板

（b）自动航线规划

图 6-38 浙江大学自主研发的农用无人机飞控系统

另外，由于农用无人机相比通用无人机，更需要高频率的维护和保养。因此，在农业专用飞控系统中设计有可靠的数据存储装置，以保证在每次飞行中对飞机各种姿态信息、传感器信息、电气系统参数、位置信息、任务载荷信息进行实时记录，为农用无人机的维护保养提供可靠的信息与依据。该飞控系统可实现高精度定位、智能避障、仿地飞行、断电续航、智能化操控、任意多边形航线规划［图 6-38（b）］、故障自检等功能。

（1）基于光谱成像技术的无人机遥感平台

浙江大学数字农业农村研究中心研发的低空遥感无人机，由三轴无刷云台搭载 RGB 相机和 25 波段多光谱相机，还有照度信息的 POS 系统，还配备有辐射定标和图传系统（图 6-39），可实现图像的零延时高清回传，以及遥感影像的辐射校正和几何校正，能够有效、准确地获取作物养分、长势、病虫害等农情信息（陈欣欣，2017）。

多光谱相机采用 25 波段快拍式成像技术，可一次获取 25 个波段（600～1000 nm）光谱数据，图像分辨率为 409×216 像素。通过嵌入式系统控制多光谱相机图像采集和存储，同时可根据光照强度调节多光谱相机增益及曝光时间。RGB 相机采用索尼高清数码相机，最高分辨率达 6000×4000 像素。配备高清图传，传输数字信号，空中端质量仅 130 g，发射频率 5.8 GHz，有效传输距 1 km，可以实现图像传输的零延时。云台为三轴无刷云台，云台通过减振橡胶与飞行器平台连接，同时具有自稳控制系统，减少了飞行

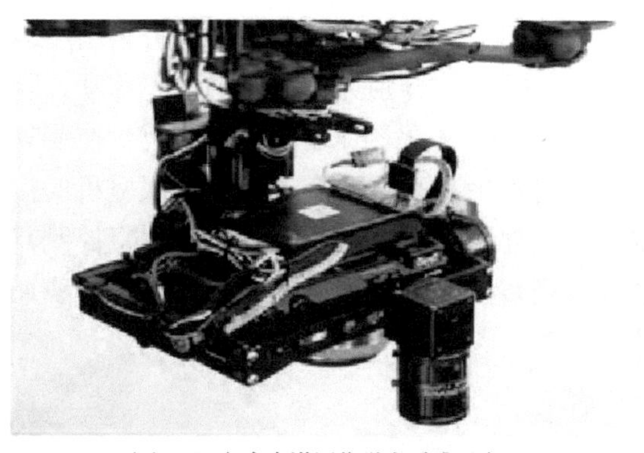

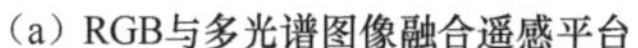

(a) RGB与多光谱图像融合遥感平台　　(b) 地面图传系统

图 6-39　无人机遥感平台

器振动，以及飞行机姿态变化对云台姿态的影响，保证正射图像的获取。本系统通过飞控系统同时触发 RGB 相机和多光谱相机的图像采集，可实现图像数据定点采集。

POS 系统包括控制单元、全球定位系统（GPS）模块、惯性导航单元（IMU）及照度传感器。控制单元具有数据实时采集、处理与存储功能；GPS 模块提供地理坐标（经纬度）与 GPS 高度；IMU 用于提供云台的三个姿态角信息（偏航角、俯仰角、滚转角）及气压高度信息；照度传感器提供环境照度数据。POS 系统通过飞控触发信号与云台搭载的传感器实现同步触发，实现遥感数据 POS 信息及照度信息的实时记录。

（2）无人机低空遥感模拟平台

无人机低空遥感因其灵活且覆盖范围广，未来将会在农情监测中取得较好的应用效果。但是目前国内对于无人机在农情方面的研究尚处于起步阶段，而且对于传感器搭载云台的安全、稳定及续航时间的研究等方面非常欠缺。此外，用于农情信息采集的遥感传感器，由于价格、质量、数据传输等问题在无人机搭载上应用也不多。采用的成像设备（高光谱成像仪和热红外成像仪）利用无人机低空遥感模拟平台模拟室外和低空环境，获取作物的冠层信息，建立相关的分析模型，进而分析在不可控的大田环境下对油菜菌核病检测的可行性。

该系统由浙江大学数字农业农村研究中心搭建，平台实物图如图 6-40 所示。系统硬件部分主要包括：牵引组件、直线导轨、电动缸组件、三轴云台组件、相机传感器。其中导轨长度为 12 m，离地高度 3.8 m，可承重 50 kg，导轨上安装有三轴云台，云台

图 6-40　无人机模拟平台示意图

可依据需求搭载相应传感器，在控制系统作用下可模拟无人机搭载相机实现五自由度运动，包括平移自由度（2 个）和轴向旋转自由度（3 个），分别为沿导轨的水平移动，随电动缸的升降运动及随云台的三轴转动。系统的控制部分采用 MFC 设计上位机控制软件，与主控板 STM32 通过串口进行通信，实现对水平和垂直两个方向上伺服电机的控制，同时采用 CAN 总线和远程操控，可以通过软件进行远程云台的水平和垂直控制，控制界面如图 6-41 所示。该系统能够为多种类型传感器提供前期测试环境，为低空遥感研究提供环境条件可控的实验平台。

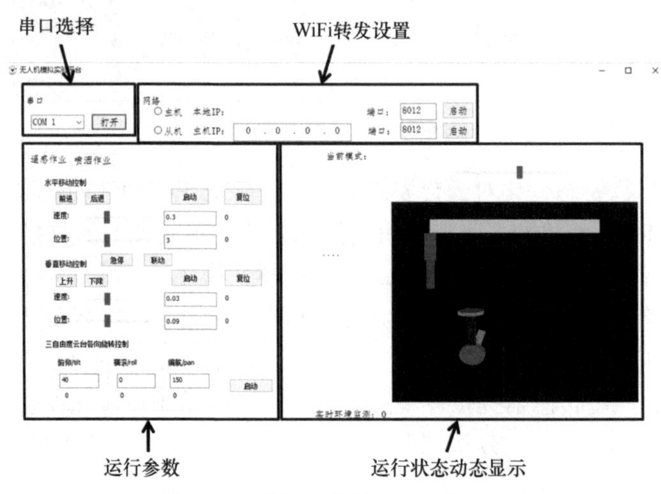

图 6-41　模拟平台的远程操作界面

6.2.4.3　无人机低空遥感技术在作物病害中的应用

1. 基于高光谱成像的遥感检测技术

高光谱遥感是当前遥感的前沿技术，通过高光谱成像技术将样本的光谱和图像信息融合为一体，根据两者信息对地物进行识别，也能够定量地分析物质成分。低空高光谱遥感成像技术与室内高光谱成像技术相比，主要针对作物冠层进行检测，获取地物近似连续的光谱反射率曲线，对作物的物质成分进行识别，属于宏观监测。但其检测精度受到机载高度、采集时间、植株冠层大小、结构和室外光线因素等的影响，造成波谱曲线产生吸收差异，进而影响结果的分析和处理。所以需要对获取的光谱图像和曲线信息进行校正，处理并优化采集参数，找到相匹配的检测物的光谱特征信息，将在实验室得到的样本光谱特征值和普适模型应用到遥感监测中，进而对农作物病害进行检测研究。

陈欣欣（2017）利用无人机平台搭载 GaiaField 便携式高光谱成像仪进行高光谱数据采集。分别采用移动平均法（MAS）、多项式卷积平滑法（SG）、标准正态变量变换（SNV）、多元散射校正（MSC）及去趋势算法对获取到的冠层高光谱数据进行预处理，得到图像中整株样本的光谱反射值。不同光谱预处理结果如图 6-42 所示。

由图 6-43 可知，健康油菜样本与不同染病天数的样本的平均光谱曲线变化趋势较一致，且它们之间存在较明显的差异，尤其在 725～1000 nm 范围内曲线差异最为明显，在此范围内染病油菜光谱曲线明显低于健康油菜。

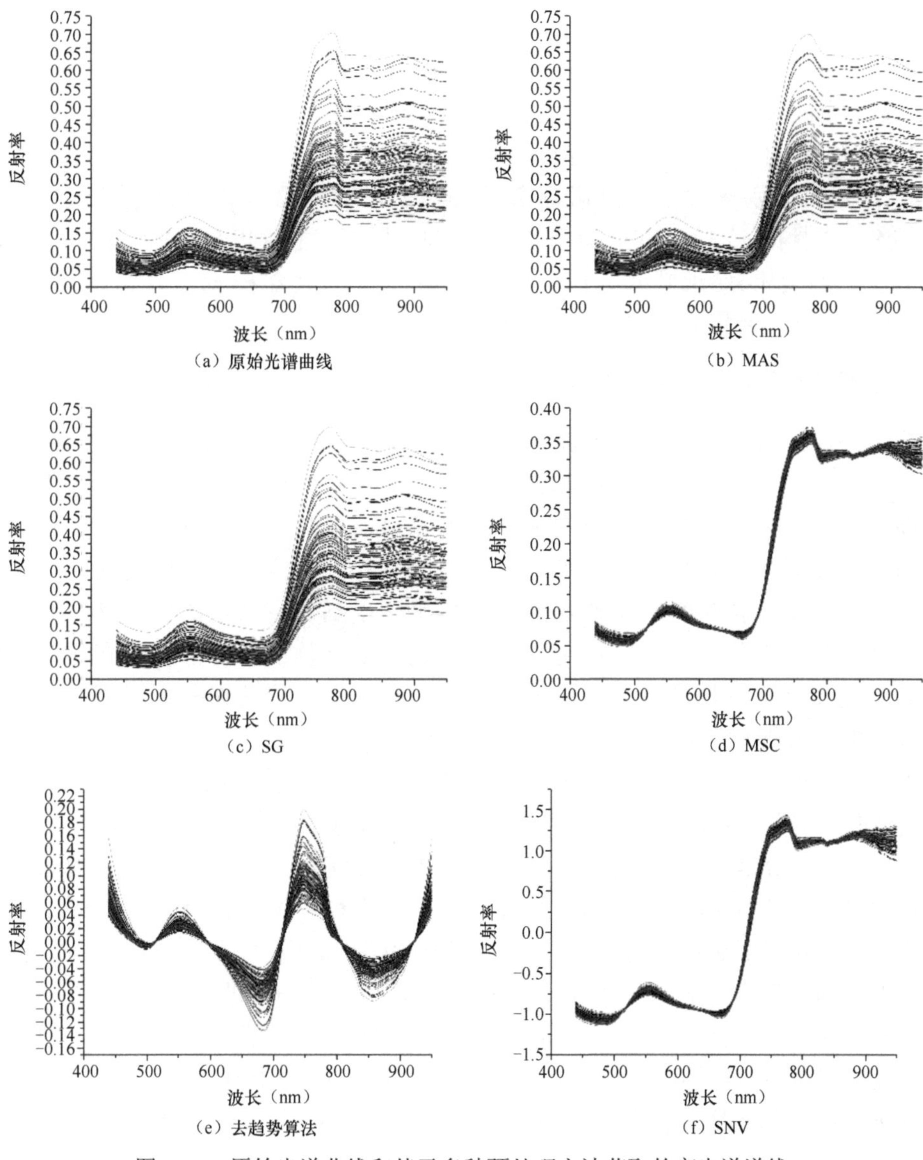

图 6-42　原始光谱曲线和基于多种预处理方法获取的高光谱谱线

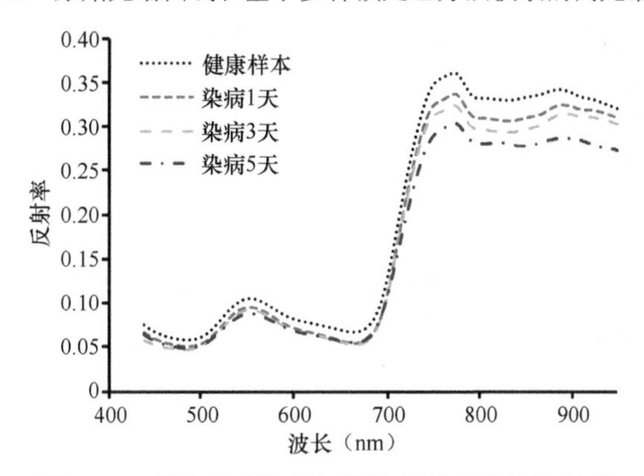

图 6-43　菌核病对油菜冠层的反射光谱特性影响

其后，分别基于全波段和特征波长建立偏最小二乘法（PLS-DA）、支持向量机（SVM）、极限学习机（ELM）、k-最近邻（KNN）模型，进行健康和染病样本的判别分析。在基于全波段信息的分析中，不同预处理方法和建模方法组合性能差异明显，其中采用 MSC 预处理结合 ELM 建模方法得到的分类效果最优，建模集和预测集的结果达到 100%。然后，分别采用连续投影算法（SPA）、二阶导数及遗传算法偏最小二乘法（GA-PLS）进行特征波长提取，并利用提取的特征波长建立 PLS-DA、SVM、ELM 及 KNN 模型进行分析。结果显示基于 SPA 所选取特征波长结合 ELM 模型得到的分类效果最优，建模集和预测集的结果都达到 100%。

2. 基于热红外成像的遥感监测技术

热红外成像技术是一种非接触测量技术，物体在热红外波段（8～14 μm）范围中发射热能，热红外成像技术在此波段内对其进行响应进而进行测量或成像，使物体表面温度的差异可视化，从而实现无损检测目的。热红外遥感图像在作物病害中的应用，主要是基于健康植株和染病植株之间气孔开闭的变化而引起的叶片的温度差异。气孔的开闭情况影响了作物的光合作用，受到病害胁迫的作物其气孔开闭发生异常，导致蒸腾作用、呼吸作用减缓或加速，最终体现在叶片上的变化为失水焦萎。这些变化都可以通过热红外成像仪的监测来获得，使其在病斑未显现时即可监测到叶片的异常变化。

陈欣欣（2017）从冠层尺度获取热红外图像数据，对健康和染病油菜样本进行早期的识别诊断。提取样本冠层尺度的温度值，并对其进行生理指数测量。然后利用平均温度和最大温差区分健康和染病油菜，并进行单因素方差分析。结果表明，健康和染病油菜的最大温差差异明显，且随着天数的变化该差值基本保持不变；健康和染病之间的平均温度差值起初无明显变化，但随着天数的变化差值逐渐增大。其单因素方差分析表明，最大温差在油菜染病后第 1 天即存在显著性差异（$P<0.01$）。进一步地，分析油菜生理指数（气孔导度、光合速率、二氧化碳浓度及蒸腾速率）与染病程度的关系，通过生理指数的变化可以直观检测出菌核病对油菜的染病程度，且发现健康油菜的生理指数高于染病油菜，并对生理指数与温度进行相关性分析。结果显示，光合速率、二氧化碳浓度、蒸腾速率与温度之间存在显著相关性。

曹峰（2019）通过分析无人机遥感图像对油菜冠层病害的检测，构建了油菜病害的可视化反演模型。针对油菜叶片在核盘菌侵染前后不同发病情况（健康、轻微病症和重度病症），基于热红外遥感数据和多源遥感数据（多光谱图像及 RGB 图像）分别建立了支持向量机、k-最近邻、随机森林、朴素贝叶斯模型，结果表明基于多源遥感数据的 SVM 模型分类判别效果最好，总体识别准确率达 90%；对同一批次油菜样本，使用多源遥感数据的分类准确率比只使用热红外遥感数据整体提升了 11.3%。染病不同天数油菜叶片病斑图像及对应的温度变化曲线如图 6-44 所示。热红外遥感图像中叶片温度的差异，能够比传统的可见光遥感更早地检测到油菜植株的发病情况，对于油菜病害的防控具有重要的意义。

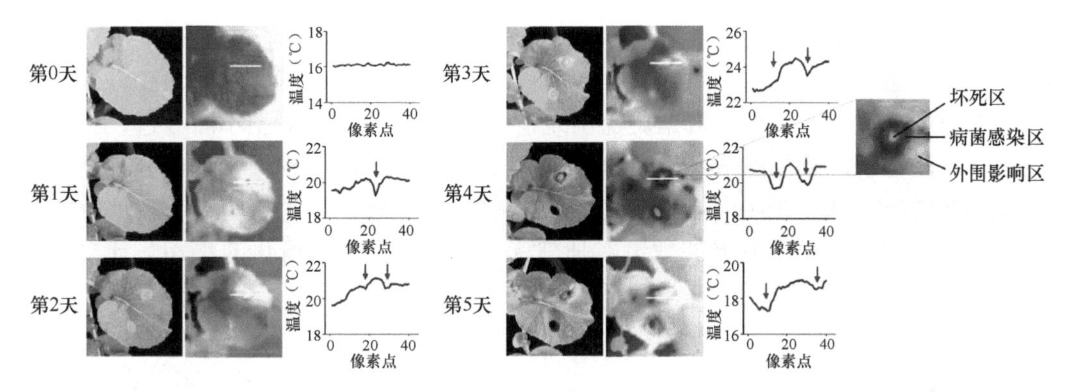

图 6-44　染病不同天数油菜叶片病斑图像及对应的温度变化曲线

6.2.5　基于深度学习的作物病害检测识别技术

6.2.5.1　深度学习简述

深度学习可以视为一个复杂的机器学习算法，目前属于研究的前沿领域，深度学习在图像处理、语音识别、自然语言处理等多个方向都取得了显著的成果，并且与原有的相关技术相比具有更好的效果，深度学习能够使很多复杂的模式识别问题迎刃而解。近几年来，得益于深度学习和图像处理技术的蓬勃发展和广泛应用，一些农业领域的研究人员基于深度学习技术，不断研究作物病害的图像识别，取得了较好的成果。

特征提取与选择在整个病害信息识别过程中至关重要，能够对最终的诊断结果产生直接影响。根据特征提取与选择方法的不同，可以将作物病害自动识别与诊断技术分为传统的机器学习算法与深度学习算法两类。传统的机器学习算法对特征选取主要依靠人工，并且只能对获取的信息进行浅层网络分析，利用表象特征作为自动检测或分类的依据。深度学习算法可通过多层次的网络结构对未加工数据进行底层特征的提取及组合，抽象出更为复杂的非线性高层特征，通过不断筛选特征优化模型，达到自动化识别的效果。深度学习具有多层非线性映射结构，能够完成复杂的函数逼近，可通过逐层学习算法提取输入图像的显著独立特征，还在大数据处理方面具有优异的表现，能够深度挖掘大数据中蕴藏着的深层特征，从而能对大数据进行快速而准确的处理，自动提取有用参数进行总结（周惠汝和吴波明，2021）。

6.2.5.2　深度学习主流算法

在农业作物病虫害检测中主要应用的深度学习网络结构主要包括：卷积神经网络（convolutional neural network，CNN）、受限玻尔兹曼机（restricted Boltzmann machine，RBM）、自动编码器（auto encoder，AE）、稀疏编码（sparse coding，SC）和循环神经网络（recurrent neural network，RNN）等（岑海燕等，2020）。

（1）卷积神经网络

卷积神经网络（CNN）是一种前馈神经网络，是最常见的深度学习方法之一，也是在数据中学习图像特征最有效的模型之一。自 20 世纪 80 年代后期以来，CNN

已应用于视觉识别与分类任务，特别是 LeCun 等在 1998 年提出了 LeNet-5，基于 CNN 的相关研究随即成为研究热点，伴随图形处理器（graphical processing unit，GPU）计算能力的发展和大量标记数据集的出现，CNN 在算法和架构上不断改进，在各个应用场景取得了突破。图 6-45 是 Chen 等（2018）提出的一种用于图像分割的基于 U-Net 的 CNN 架构，图中不同的功能块用不同的颜色标记，对于每个块，其空间维度在底部标记，卷积滤波器的数量在顶部标记，该方法用于蚜虫的识别与计数具有较好的效果。

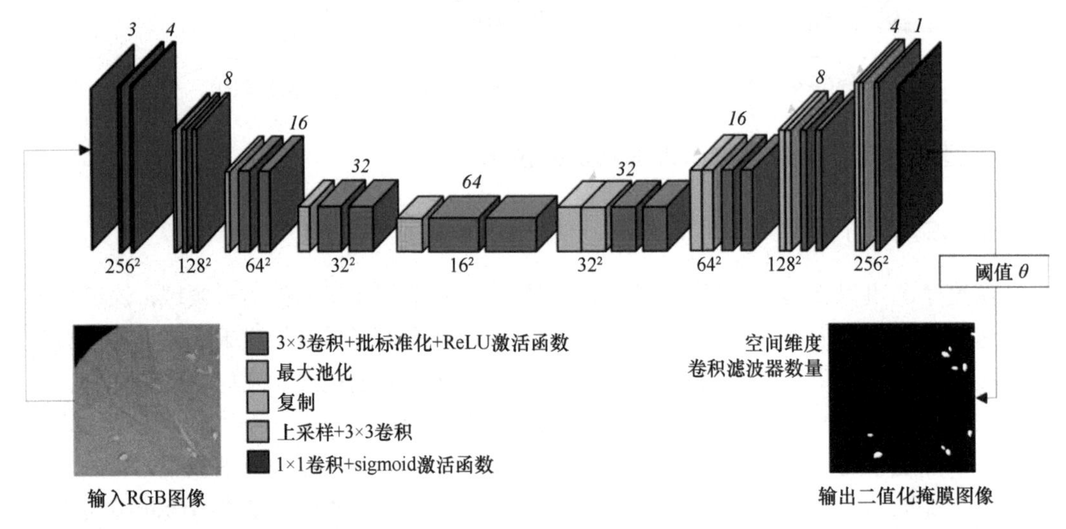

图 6-45　基于 U-Net 的卷积神经网络架构

（2）受限玻尔兹曼机

受限玻尔兹曼机（RBM）是由 Hinton 和 Sejnowski 在 1986 年提出的神经网络模型，具备两层结构、层间全连接和层内无连接的特点，适用于有效地提取数据特征，以及预训练传统的前馈神经网络，可明显提高网络的判别能力。其可见层所描述的是观察数据一个方面或一个特征，约束条件是可见单元和隐藏单元必须构成二分图。这种机制可用于组建更加有效的训练算法，特别是基于梯度的对比发散算法。用 RBM 可以组成以下深层模型：深度置信网络（deep belief network，DBN）、深度玻尔兹曼机（deep Boltzmann machine，DBM）和深能模型（deep energy model，DEM），适用于特征提取、数据编码、构建用于监督学习的分类或回归学习模型，以及初始化神经网络等场景。

（3）自动编码器

自动编码器是一种特殊类型的人工神经网络，用于从数据中学习有效的特征。最初也是由 Hinton 在 2006 年提出的。自动编码器的几个重要变体包括：稀疏自动编码器（sparse auto encoder，SAE）、去噪自动编码器（denoising auto encoder，DAE）和收缩自动编码器（contractive auto encoder，CAE）。在图像处理领域，原始图像像素值作为初级特征表达通常维度很高，且大多情况下存在数据冗余，因此需要采用合适的方法对图像数据进行降维或特征提取等预处理，进而得到更加简洁而有效的特征表达，以提高数据分析效率和精度，自动编码器多用于高维数据的降维处理和特征提取。

（4）稀疏编码

稀疏编码（SC）最早由 Olshausen 和 Field 于 1996 年提出，用于解释大脑中的初期视觉处理（比如边缘检测）。稀疏编码通过训练和学习来构建对输入数据的描述函数，通过训练来找到一组“超完备基向量（an over-complete set of basis vector）”来表示输入数据的算法，超完备基向量能更有效地找出隐含在输入数据内部的结构与模式来重构原数据。稀疏编码的优点主要体现在：①可以使用高维特征，使不同类别的特征更加易于分类；②稀疏性可以捕获图像的显著特性；③具备与生物视觉系统类似的认知方式。稀疏编码算法被广泛应用于语音信号分离、视觉图像处理、生物 DNA（deoxyribo nucleic acid）微阵列数据分类和模式识别等领域。

（5）循环神经网络

循环神经网络（RNN）是一类用于处理序列数据的神经网络，与“人的认知是基于过往的经验和记忆”类似，通过使用特定形式的存储器来模拟基于时间的动态变化，RNN 不仅能考虑当前的输入，而且赋予了网络对前序内容的一种“记忆”功能。这种网络结构能够直接地反映系统动态变化过程中的高度非线性和不确定性，因此适用于对时序数据规律的学习与未来变化趋势的预测，但该方法存在梯度消失与梯度爆炸问题。1997 年，Hochreiter 和 Schmidhuber 提出了长短期记忆（long short-term memory，LSTM）网络，成功解决了这一问题。LSTM 可以保持前序信息的长期存储，在语音识别、信息检索、文本分类等应用中被广泛使用，现已成为实际应用中最有效的序列模型。

6.2.5.3　深度学习在作物病虫害检测中的应用

He 等（2019）提出了一种基于深度学习的油菜害虫检测方法，该方法将平均精度（mAP）提高到了 77.14%，相比于原模型提高了 9.7%。其将该模型迁移到手机平台上，可让农民能够方便地使用该程序，通过该程序实时诊断害虫，为害虫防治提供建议。其设计了 12 种典型油菜害虫的图像数据库，并对 5 种模型的性能进行了比较，最终选择 SSD w/Inception 模型作为最优模型。此外，为了达到高 mAP，作者还使用了数据增强（DA）方法，并添加了一个退出层。实验结果表明，该方法明显优于原始模型，有利于害虫综合治理。它的应用与以往的工作相比，提高了环境适应性、响应速度和准确性，具有成本低、操作简单的优点，适用于无人机和物联网（IoT）的害虫监测任务。此研究中所搭建的油菜籽害虫成像系统如图 6-46 所示。

杨国峰（2020）提出了一种自监督多网络协作的草莓常见病害图像细粒度分类模型，通过使用自我监督机制，可以有效地识别草莓病害图像的病害区域，而不需要人工标注（如边界框）。该模型由 3 个网络组成，包括定位网络、反馈网络和分类网络。并且该模型能够使定位网络在反馈网络的指导下检测到大多数病害区域，而分类网络根据建议的病害区域进行识别分类。将该模型与基于预训练的草莓常见病害图像微调分类模型、基于注意力机制的草莓常见病害图像细粒度微调分类模型，以及在 CUB-200-2011 数据集上实现最佳分类效果的模型进行对比。结果表明，该模型能实现最好的识别分类效果，获得了 92.48%的分类准确率。本研究中基于注意力机制的草莓常见病害细粒度微调分类模型网络结构如图 6-47 所示。

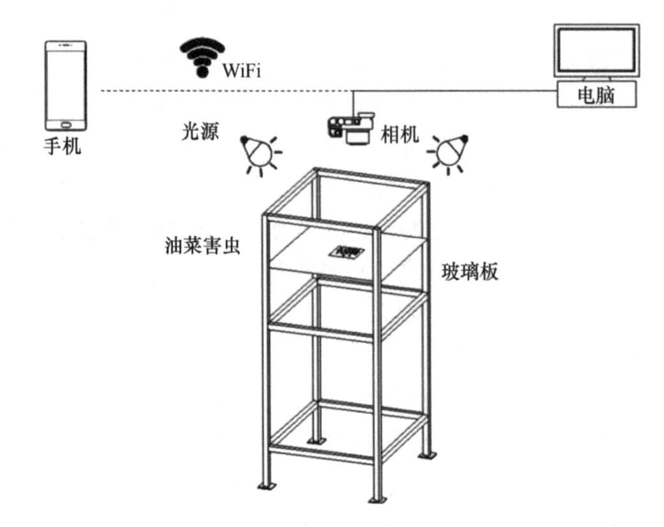

图 6-46　一种油菜籽害虫成像系统

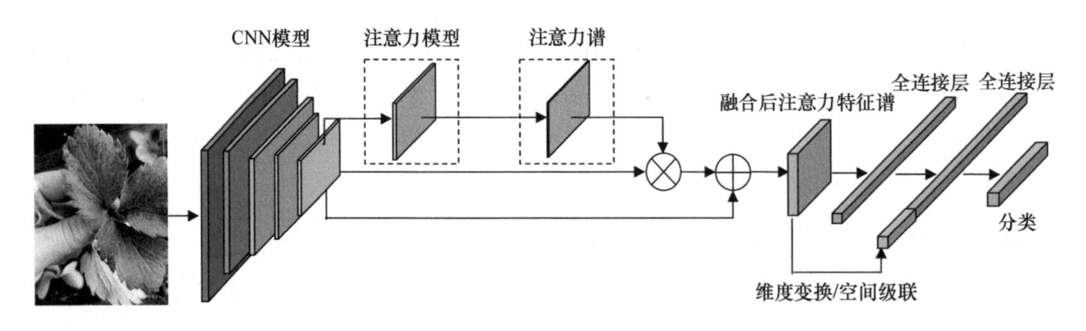

图 6-47　基于注意力机制的草莓常见病害细粒度微调分类模型网络结构

Feng 等（2021）首次将深度学习引入水稻病害检测中，开发了自行设计的 CNN 体系结构作为深度迁移学习的分类模型和基本网络（图 6-48）。结果表明，该方法是一种相对简便、高效的水稻病害检测方法。Deep CORAL 能够将所学到的知识从一个品种转移到另一个品种，在整体性能上优于 DDC（deep domain confusion）。此外，在对三个水稻品种进行联合训练后，再转移到第四个品种时，目标域的准确性得到了提高。这说明多任务迁移策略可以提高迁移性能，增加和丰富了训练数据。研究结果表明，将光谱数据与深度迁移学习相结合用于水稻病害分类是可行的。在未来的研究中，迁移学习方法可以扩展到更多的场景，例如，可以将训练好的模型应用于不同的区域和不同的设备中。迁移学习在水稻病害检测中具有巨大的潜力，将有助于相关研究成果在实际应用中进行有效转化。

针对柑橘叶片病害识别的实际需求，李昊（2021）等以卷积神经网络为基础，综合多种分类网络（Inceptionv3、Xception、ResNet 及 DenseNet），提出了一种基于多路融合卷积神经网络的分类模型，将 DenseNet 和 Xception 融合起来共同提取特征，并引入了迁移学习。通过分析实验结果，建立的分类模型减少了算法训练的时间，提高了检测的准确度，最终模型的平均分类精度达到 96.69%。实验结果表明，建立的算法对于柑橘叶片病害识别率较高，能够满足病害智能识别的基本要求。此研究中提出的一种多路融合卷积神经网络与柑橘不同染病类型图片图像分别如图 6-49、图 6-50 所示。

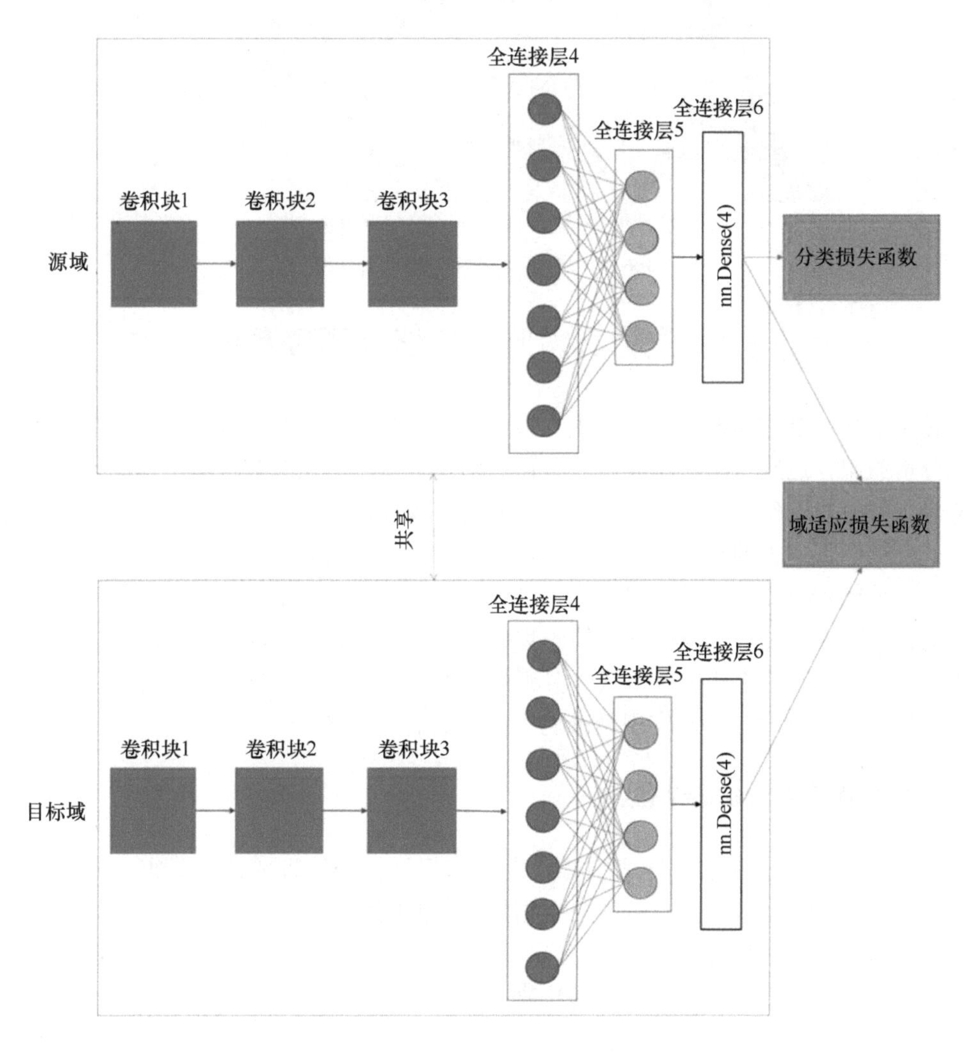

图 6-48　基于 CNN 自主设计的 DDC 架构

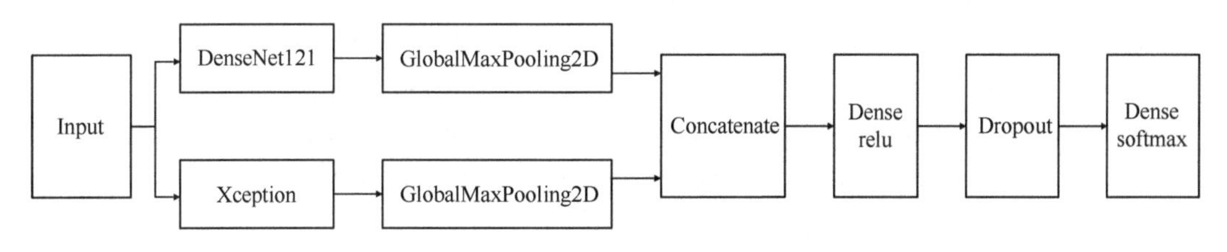

图 6-49　一种多路融合卷积神经网络

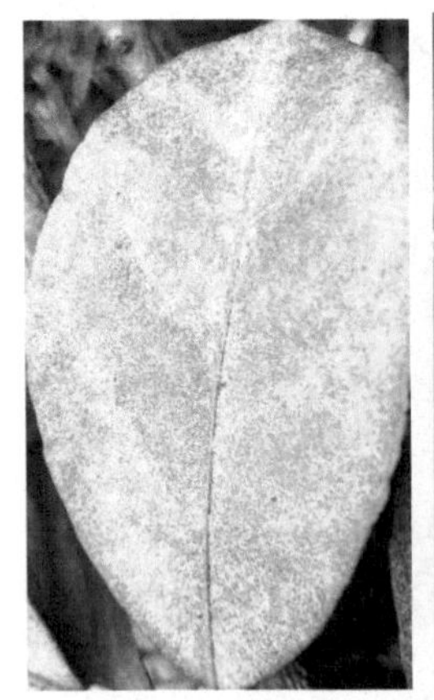
（a）红蜘蛛叶片

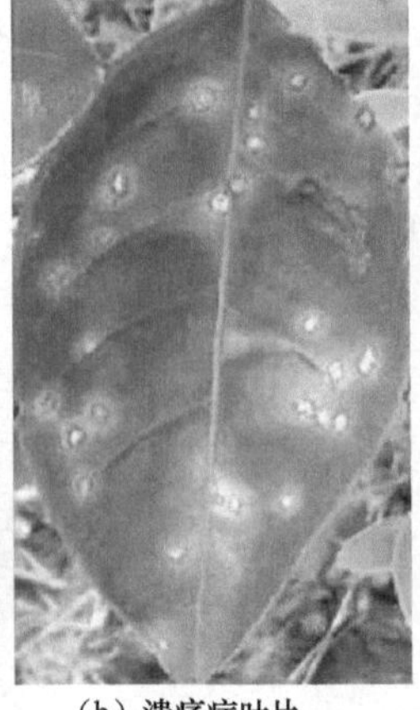
（b）溃疡病叶片

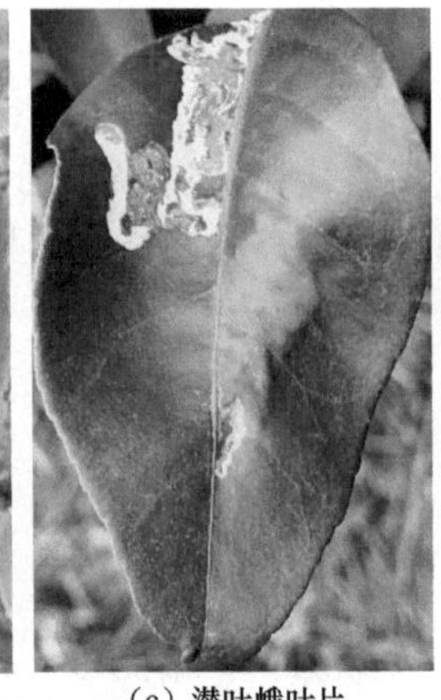
（c）潜叶蛾叶片

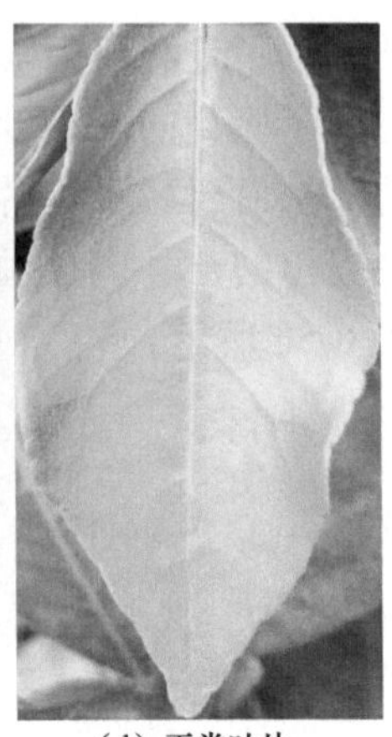
（d）正常叶片

图 6-50　柑橘各染病类别叶片图像

6.3　作物病害监测仪器及预警系统

传统的作物病害监测主要依靠人工调查的方法来获取田间数据，并采用数理统计的方法分析结果，这些方法主观性强，而且效率低下，已无法适应日益严峻的作物病害防治需求。目前对于作物病害监测系统的研究还停留在较为早期的阶段，由于数据源比较单一，很难做到病害的精准检测与预警。此外，目前作物病害监测预警系统的关键决策仍以人工分析或以专家系统决策为主，依赖于人工对于病害的判断，需要耗费大量的人力和物力，同样无法适应日益严峻的作物病害防治需求，难以应用于实际的农业作业管理中。因此，开发基于遥感技术获取多源数据的低成本、可拓展的作物病害监测预警系统对于提升农田管理水平，实现精准病害防控具有重要意义。

6.3.1　作物病害监测仪器装备

浙江大学数字农业农村研究中心研发了基于结构光原理的植物病害三维定位快速测量仪、全波段植物叶片二向反射分布测量仪，为植物病害全方位准确定位诊断提供了新的方法和途径，如图 6-51 所示。

作物病害类别繁多，传统的病害识别方式是人工依靠观察和经验来识别病害类别，速度慢、强度大、主观性强。为了解决这个问题，国内外研究人员采用传统的图像处理和机器学习等技术对作物病害进行识别已经有了较长的历史。随着深度学习技术的发展，近些年研究人员借助深度学习技术，开始从传统的基于计算机和各种硬件终端到尝试基于移动终端（如手机、平板电脑等）进行作物的病害图像识别。例如，浙江大学数字农业农村研究中心基于自监督多网络协作的草莓常见病害图像细粒度分类模型，开发了一款基于微信平台的草莓常见病害识别小程序（图 6-52），经过测试，小程序识别准确率为 90.23%。另外，小程序运行在微信上，用户通过简单的操作就能快速获取准确的草莓病害的识别结果和对应的病害描述及防治方法，在实践中具有很高的指导价值，为我国草莓病害识别的智能化研究与应用提供了重要支撑。

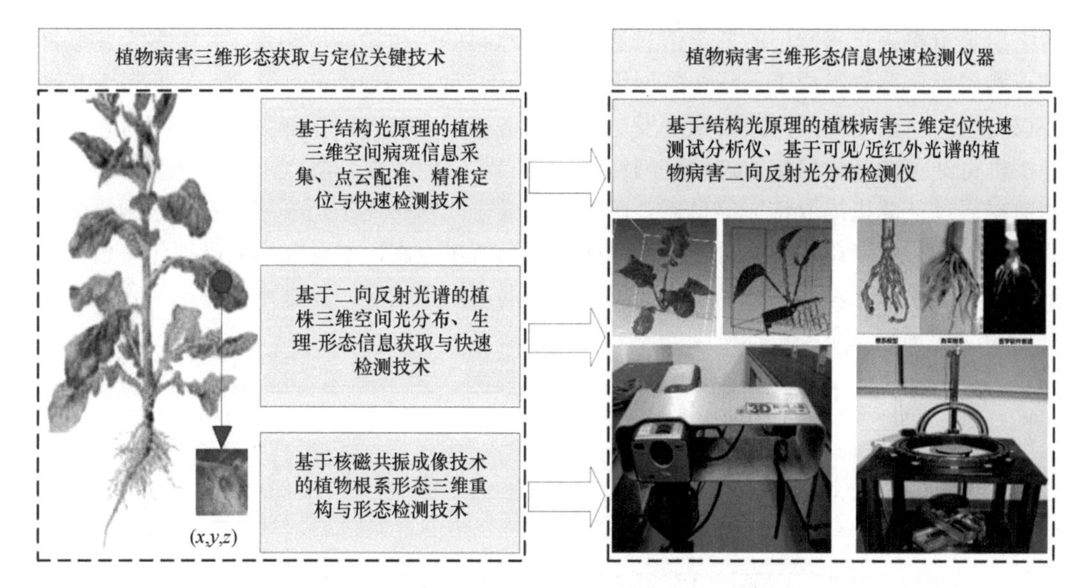

图 6-51　植物病害三维空间分布与精准定位检测方法与仪器

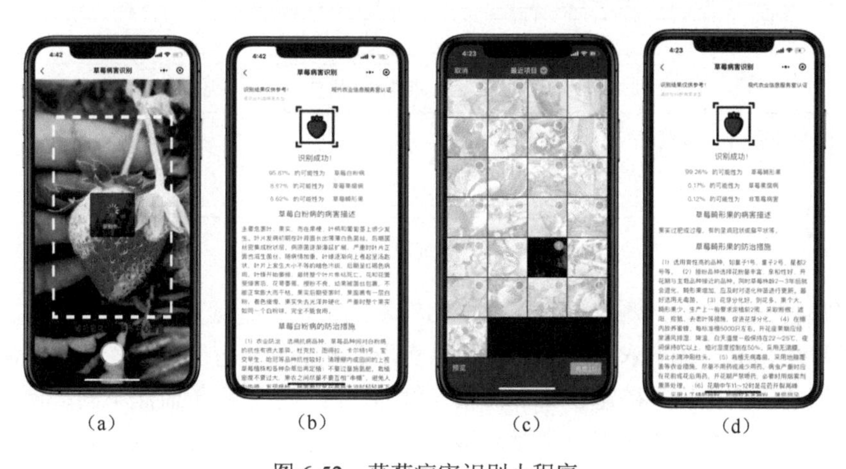

图 6-52　草莓病害识别小程序
(a) 上传识别草莓病害；(b) 草莓白粉病；(c) 上传待识别图片；(d) 草莓畸形果

6.3.2　作物病害物联网监测预警系统

6.3.2.1　系统框架

作物病害物联网监测预警系统是一个典型的物联网系统，按物联网技术的架构可以分为三层：感知层、网络层、应用层。浙江大学数字农业农村研究中心构建了一系列作物病害物联网监测系统。

以油菜病害物联网监测系统为例，感知层负责数据采集，可以利用物联网节点采集油菜周围的生长环境信息（温湿度、土壤温湿度、光照度、CO_2浓度、气压），利用 Android 面积测量软件采集油菜植株的本体信息（叶面积、病斑面积、虫损面积），以及对无人机低空遥感的数据处理后提取油菜冠层的特征信息（多光谱各波段反射率、冠层温度）。

网络层负责将来自感知层的各类信息通过基础承载网络传输到应用层，其中多个物联网节点和采集传感器组成了无线传感网络（wireless sensor network，WSN），通过MESH协议自组网，由物联网网关汇聚后发送至云服务器；安装有面积测量软件的Android智能手机将油菜的叶片信息通过移动网络或WiFi发送至云服务器；无人机低空遥感得到的数据通过计算机提取特征信息后，通过有线或无线网络发送至云服务器。应用层是物联网技术与行业专业系统结合，提供行业的一套解决方案，本系统利用可视化平台实时展示油菜的生长环境信息、生长情况及作物的病害发生情况，并对环境指标和作物病害做出相应的预警。系统总体框架如图6-53所示。

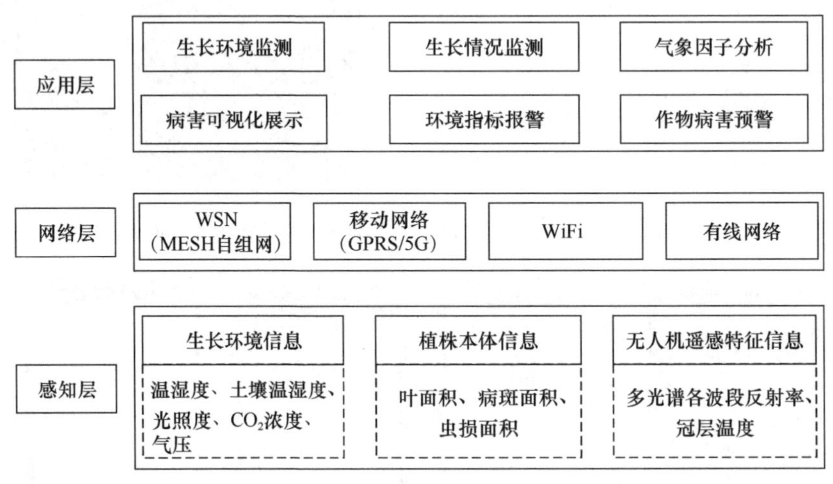

图6-53　系统总体框架图

油菜病害的监测与预测仅依靠气象台站观测的数据是远远不够的，需要搭建更适合作物生长环境信息监测的农业气象节点，以实现监测的站点分布更为密集、监测的要素更多、数据的更新更快。搭建了5个农业气象物联网节点，用于监测不同区域油菜的生长环境信息，包括空气温湿度、土壤温湿度、CO_2浓度、光照度、气压。为了实现对油菜生长环境信息的动态监测，所有数据均由物联网网关上传至云服务器指定的IP和端口，数据上传的间隔设置为5 min。农业气象物联网监测站点的数据由无线采集卡采集后经无线中继器发送到物联网网关，再由物联网网关通过GPRS网络发送到云服务器。系统信息流程如图6-54所示。

无线采集器采用MESH自组网协议，符合工业过程自动化的无线网络（Wireless Network for Industrial Automation，WIA）规范，具有通信距离远、抗干扰能力强、组网灵活等优点，可实现多设备间的数据采集与数据传输。每个物联网节点均配有一个无线采集器，用于连接各类传感器，无线采集器的接口如图6-55所示。

物联网主节点（节点1）配有物联网网关，其内嵌有TCP/UDP协议栈，可方便连接现场无线传感网络与公网（GPRS/4G/以太网），支持固定IP和动态域名解析方式连接数据中心，支持实时在线和触发上传功能。气象数据均由该网关透传至云服务器。透传即透明传送，是指在数据的传输过程中，这组数据不会发生任何形式的改变，仿佛传输过程是透明的一样，同时保证了传输的质量。物联网网关实物如图6-56所示。

图 6-54 系统信息流程图

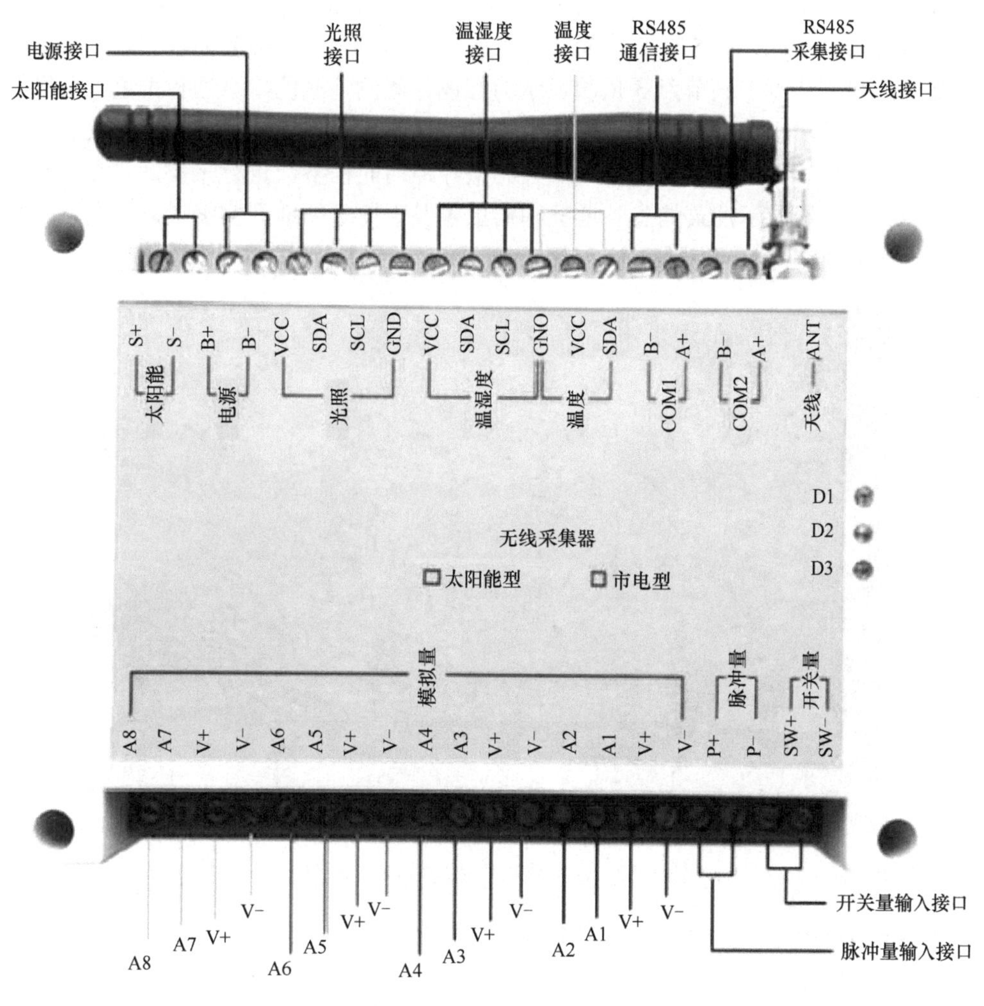

图 6-55 无线采集器接口

图 6-56　物联网网关

6.3.2.2　可视化监测与预警

1. 油菜病害可视化监测系统

图 6-57 显示了油菜病害监测预警系统的主界面图，系统显示了从 2019 年 1 月 26 日 16 时至 2019 年 1 月 27 日 16 时对油菜进行的连续监测。为了对 5 个物联网节点采集的数据进行实时对比，将 5 个节点的同一监测量显示在一个 Graph 面板中，使用不同的颜色加以区分，节点 1 到节点 5 依次显示为红色、蓝色、橙色、绿色和黄色。主界面的右下部分显示了对于油菜叶面积、病斑面积和虫损面积的连续监测。通过开发的植物叶片病斑面积测量软件，每 6 个小时对油菜典型叶片的面积参数进行采集，并实时上传到云服务器中，用于显示油菜的生长情况和病虫害发生情况的地面实测值，为大范围油菜病害的分析提供参考。

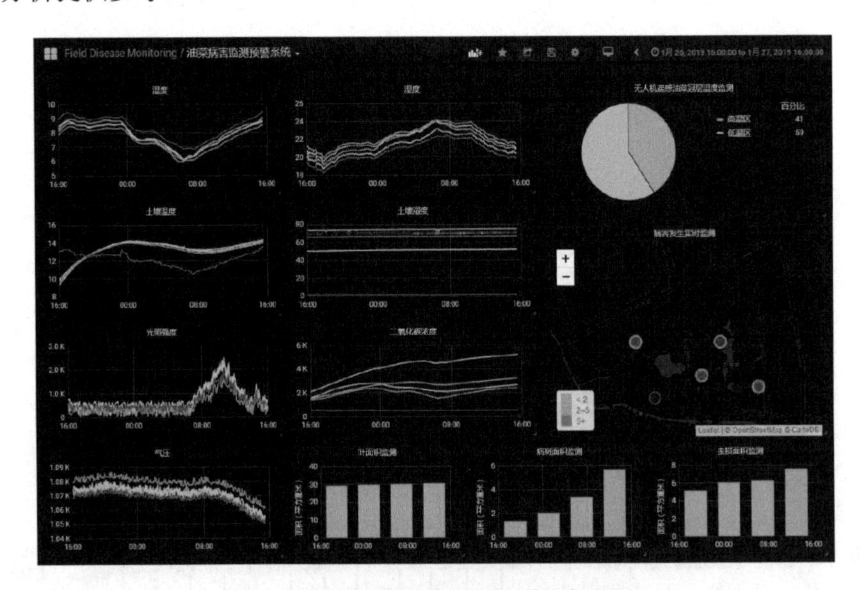

图 6-57　油菜病害监测预警系统主界面

综合油菜的生长环境信息、本体信息和无人机低空遥感的特征信息，初步构建了油菜病害严重程度指数（disease_value），数值越大，代表病害越严重。在实时监测图中设置 3 个阈值：绿色代表油菜生长健康（包括环境对照）（disease_value<2），橙色代表油菜轻微病害（2≤disease_value<5），红色代表油菜严重病害（disease_value≥5）。从图

6-58 中可以看到，监测点 A、B、C 显示为绿色圆圈，测试点 D 显示为橙色圆圈，测试点 E 显示为红色圆圈，与油菜的实际病害情况符合，说明本系统可初步实现对作物病害的可视化监测。

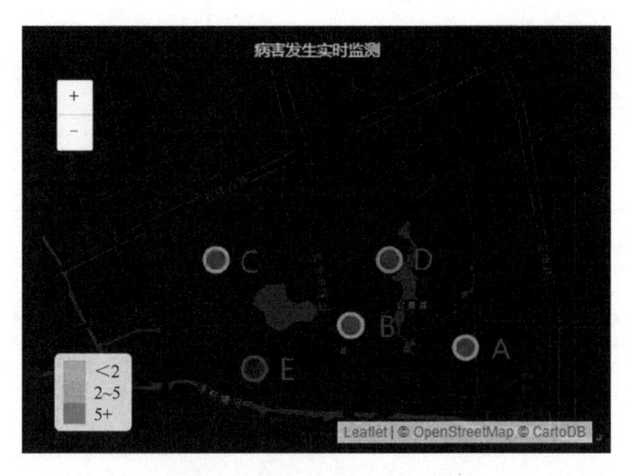

图 6-58　油菜病害发生实时监测图

2. 茄科蔬菜病害可视化检测系统

研发双波段便携式茄科蔬菜冠层灰霉病快速检测仪器，仪器选用 550 nm 和 800 nm 窄带滤光片（带宽 10 nm）。由于仪器强调便携性，采用不常见的枪式外壳，因此光路设计采用了定制分叉光纤，自行设计光学通道，实现了分叉光纤与滤光片固定对接，以及四片滤光片的方便更换（便于采集多波段信息）。仪器采用光敏二极管作为传感器，利用浙江大学何勇教授和聂鹏程博士自主开发的无线传输模块和接收装置进行数据传输，如图 6-59 所示。此外，基于 Visual Basic 设计了上位机控制程序，实现了数据的显示、曲线绘制和 Excel 存储（图 6-60，图 6-61），程序中嵌入了基于 GNDVI 简单线性模型对茄科蔬菜冠层灰霉病进行定性判别。最后，从理论上推导证明两波段及多波段的光谱仪器由于受到太阳光强度和方向角变化，以及天气、检测时间等影响无法精确测量植被指数，但是仪器测量结果与通过白板校正得到的结果相关性极高，如果考虑将检测时间限制在晴朗天气的中午，仪器的测量精度会更高。

图 6-59　农业物联网信息采集仪

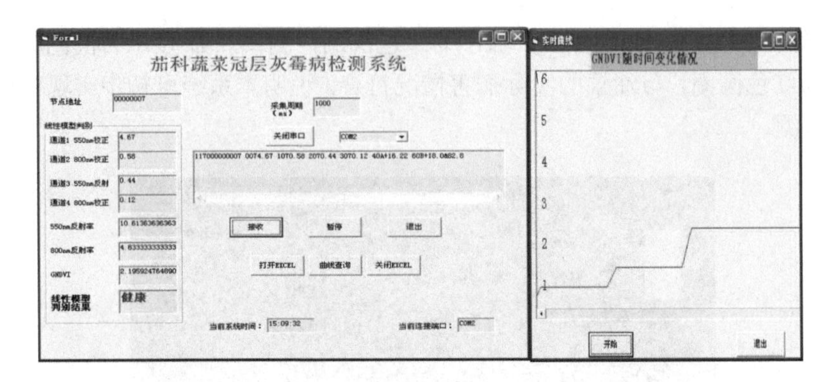

图 6-60　茄科蔬菜冠层灰霉病检测系统上位机软件界面

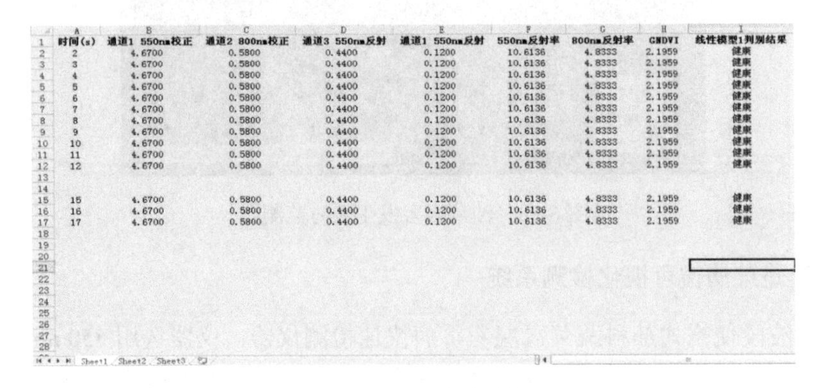

时间(s)	通道1 550nm校正	通道2 800nm校正	通道3 550nm反射	通道1 550nm反射	550nm反射率	800nm反射率	GNDVI	线性模型1判别结果
2	4.6700	0.5800	0.4400	0.1200	10.6136	4.8333	2.1959	健康
3	4.6700	0.5800	0.4400	0.1200	10.6136	4.8333	2.1959	健康
4	4.6700	0.5800	0.4400	0.1200	10.6136	4.8333	2.1959	健康
5	4.6700	0.5800	0.4400	0.1200	10.6136	4.8333	2.1959	健康
6	4.6700	0.5800	0.4400	0.1200	10.6136	4.8333	2.1959	健康
7	4.6700	0.5800	0.4400	0.1200	10.6136	4.8333	2.1959	健康
8	4.6700	0.5800	0.4400	0.1200	10.6136	4.8333	2.1959	健康
9	4.6700	0.5800	0.4400	0.1200	10.6136	4.8333	2.1959	健康
10	4.6700	0.5800	0.4400	0.1200	10.6136	4.8333	2.1959	健康
11	4.6700	0.5800	0.4400	0.1200	10.6136	4.8333	2.1959	健康
12	4.6700	0.5800	0.4400	0.1200	10.6136	4.8333	2.1959	健康
15	4.6700	0.5800	0.4400	0.1200	10.6136	4.8333	2.1959	健康
16	4.6700	0.5800	0.4400	0.1200	10.6136	4.8333	2.1959	健康
17	4.6700	0.5800	0.4400	0.1200	10.6136	4.8333	2.1959	健康

图 6-61　自动存储界面

6.4　作物虫害信息检测技术

农作物害虫是农业生产面临的首要大敌，它不仅危害农作物的生长发育，降低其经济效益，而且对林木和牧草等也有极强的破坏作用。据统计，每年由于虫害和相关连带灾害造成的农作物粮食吞噬率为 15%。在美洲，仅玉米螟一种害虫就造成玉米类经济作物损失 3.5 亿美元，全世界范围内，因螟虫直接或间接造成的水稻病变而导致水稻减产损失达到 100 亿 t，每年单用于防治水稻害虫的费用就高达几十亿元。

为了保证农业生产的可持续发展，实现最大化的经济效益，减少不必要的经济损失和资源浪费，需要采取有效的措施对农作物虫害进行综合防治与治理。目前比较主流的预防和治理方法分为化学方法和物理方法。

化学方法包括：①在虫害发生前用化学药剂对农作物进行喷洒，使其不具备害虫发生的环境；②在虫害发生后对染病的农作物大面积喷洒农药或杀虫剂，彻底将害虫毒杀。

物理方法主要有：利用昆虫的趋光性、趋色性和性信息素引诱等特点，设计相应的捕虫仪器和设备对害虫进行诱杀。

尽管采用化学方法能有效降低虫口密度，具有效率高、见效快等优点，但是也伴随着很多负面影响。首先引发害虫的抗药性。由于连续频繁地使用单一化学农药，对害虫产生非自然的“诱导”或“选择”，使虫体内酶系发生生理结构性变化，对化学农药产生抗药性、交互抗性和多抗性等。其次是杀虫剂或农药残留会严重危害人体健康，即使通过检测技术确定某种农作物的化学残留符合国家标准，但由于食物链的富集作用，也会造成人类所食用的处于食物链高端的肉制品化学农药残留严重超标，严重时会造成各种并发症甚至危及人类的生命。最后是生态失衡和害虫再暴发的问题。由于化学杀虫剂的药效设置、农药喷洒设备的精度不高、喷洒时间的选择不合理等问题，施用杀虫剂会杀死害虫的天敌和相关益虫，使得害虫及其天敌大规模死亡，造成生态环境短时间内严重失衡，同时由于自然生长法则所决定的害虫和益虫的组成比例及害虫顽强的生命特征，势必造成一些害虫种群在短期内迅速繁殖，数量急剧增加，导致害虫再次暴发。

采用物理方法虽然能有效避免杀虫剂或农药残留对人体和环境可能造成的危害，但是目前国内外各种捕虫仪器和设备功能都相对单一，只能满足对昆虫的简单引诱、捕捉和诱杀，多功能和智能化程度较低。仅仅采用物理方法难以实现对虫害的全面防治。因此，需要通过其他方法从两方面应对虫害所带来的影响。

一是预防，通过数学建模和概率推算的方法，对虫害发生的时间进行预测，然后赶在虫害季节性发生之前，采取针对性的防治措施，将虫害的发生规模降低到最小的范围以内。

二是治理，虫害发生以后，根据精细农业的思想施用杀虫剂和布控昆虫诱捕设备，阻止虫害的蔓延，使得农药的施用量最小、受影响农作物面积最少，药效在满足杀死害虫的前提下，对人体的危害降到最低。

自 20 世纪 60 年代提出综合虫害管理（integrated pest management，IPM）后，早期、实时的监测（包括定位、识别）各类害虫并加以统计，对其未来的发展趋势做出评估，可提高施药的针对性和准确性，有效降低上述盲目施药造成的经济、环境和生态损失。然而，尽管 IPM 的理念已经提出数十年，但其实践仍旧面临一些技术上的阻碍。在目前的条件下，虫害监测仍旧依赖于农技人员的人工调查。具有专业知识的农技专家依据害虫的表观特征（如头部、背部、肢体、触角等的形态结构，以及颜色、斑块、条纹等外部纹理），与记录在案的标本进行对比鉴别，来判断害虫的具体类别。长期以来，这种依赖于人工调查的方法面临着一些明显的缺陷：①耗费大量的时间和人力，且进行此项工作的人必须拥有害虫分类知识，同时信息获取的滞后性较强；②同种害虫可能存在种类的变异性问题，异种害虫会存在种间相似性问题，即便是拥有丰富分类经验的专家，也只能依靠肉眼观察、主观认知和工作经验来进行判断，特别是在长时间、高强度的工作之下，分类结果往往被主观情绪所左右，增加了识别准确率的不稳定性；③部分害虫具有一定的隐蔽性，尤其是处于幼虫阶段的害虫，通常习惯躲避于作物叶片背部或是直接依附在作物茎秆内部，准确判断害虫是否存在难度太大。更为重要的是，对害虫识别需求的增多与相应分类专家稀缺的矛盾已日益加剧，因此寻求一种高效、实时、精准的智能化害虫识别系统来代替人工手段完成虫害监测工作，具有十分重要的现实意义。

伴随着统计机器学习等人工智能相关领域的高速发展，国内外专家将这些学科所提出的优秀算法框架与一系列新兴的检测技术相结合，开展了大量自动化虫害监测系统的研究。目前主要应用的检测技术包括声信号检测、雷达观测、光谱信号分析及计算机视觉技术等。声信号检测是通过拾音器获取害虫的飞行、摄食、鸣叫等声电信号并经信号增强、降噪处理后，得到害虫的声频谱从而估计其种类和数量。但由于害虫的声信号通常很弱且受环境噪声干扰较强，有价值的信息常常被淹没，在分辨复合种类、多数量害虫的声信息等方面还很困难。雷达观测利用大量害虫群体所产生的雷达回波现象，在大尺度条件下（高空）对害虫的迁飞进行跟踪，进而对不同地区的害虫暴发进行预测。然而实施长期不间断的雷达监测的成本非常高昂，且该技术观测尺度过大，难以达到对农田等场景内害虫虫情的在线精准检测。由于检测技术本身的局限性，声信号和雷达观测手段目前的价值及实用性都还非常有限。近年来，针对虫害检测的主要研究热点集中在光谱检测技术和计算机视觉技术两个方向，即通过统计机器学习，从作物或害虫的光谱和图像信号中挖掘有效的数据特征，实现对虫害虫情的分析和预测。

6.4.1 基于光谱信息的作物虫害检测技术

高光谱成像技术能够获取传感器视角范围内每一个像素的光谱信息，使油菜植株的空间信息可视化，能使用数字图像技术处理这些空间信息，同时能够获取光谱分辨率比较高的数据，其中包含的波段信息远多于多光谱成像技术，也更能够提取出准确反映油菜植株生理状况的信息。将高光谱成像技术和数字图像处理技术结合，提取农作物受虫害胁迫时的生理信息，研究生理信息与受胁迫程度的相关关系。用高光谱数据的敏感波段来揭示受害植株理化信息与高光谱数据间的相关关系。

赵芸（2013）提出一种基于高光谱成像技术的受虫害轻度危害油菜叶片的叶脉识别方法。用高光谱成像系统采集现蕾抽薹期受虫害轻度危害的油菜叶片，建立了基于主成分分析的轻度虫害油菜叶片的叶脉识别和基于导数光谱的轻度虫害油菜叶片的叶脉识别两种算法。基于主成分分析的轻度虫害油菜叶片的叶脉识别的全过程如图 6-62 所示。主成分分析是全光谱波段参与运算，而导数光谱法是 680 nm 波段和与它相差一个微分窗口大小的另一个波段参与运算，显然主成分充分利用了高光谱成像得到的信息，而导数光谱法利用的信息则少很多，所以可以得出高光谱成像技术比普通单波段灰度图或 RGB 图更能收集有用信息来执行叶脉提取运算的结论。受害虫轻度危害的叶片除了叶肉和叶脉像素有色差，受害的部位因为养分水分的流失，会与健康像素间产生色差，边缘提取时会与叶脉边缘一起被误识别出来，虫孔的边缘也会被误识别。这些非叶脉边缘都属于噪声，可以通过空间滤波和图像形态学处理得以解决。研究结果表明，基于主成分分析的叶脉识别算法提取的叶脉完整性优于基于导数光谱法的叶脉识别算法。

第二种方法（基于导数光谱法的叶脉识别算法）采用单波段图像的一阶导数光谱图像作为图像处理的分析对象，第一种方法（基于主成分分析的叶脉识别算法）使用前三个主成分分量作为分析对象，第一种方法比第二种方法更能收集到足够多的有用信息。这一点可以在求一阶导数光谱和主成分分析的结果中得到验证，对一阶导数光谱图像和主成分分析图像使用同样的自定义阈值 Canny 算子提取边缘后，从结果图中能很明显地观察到第二种方法的叶脉识别率不如第一种方法。尽管完成 Canny 算子检测后，两种方法的噪声都很大，但是这些噪声都是可以通过后续的滤波和形态学处理来剔除的。所以这个步骤需要关注的是叶脉的识别是否完整。第一种方法可以完整地识别叶脉。第二种方法中主脉不够完整的缺陷可以通过 HSI 空间变换得以弥补，但是侧脉的断裂是很难弥补的，这也是第二种方法相对于第一种方法的主要缺陷。

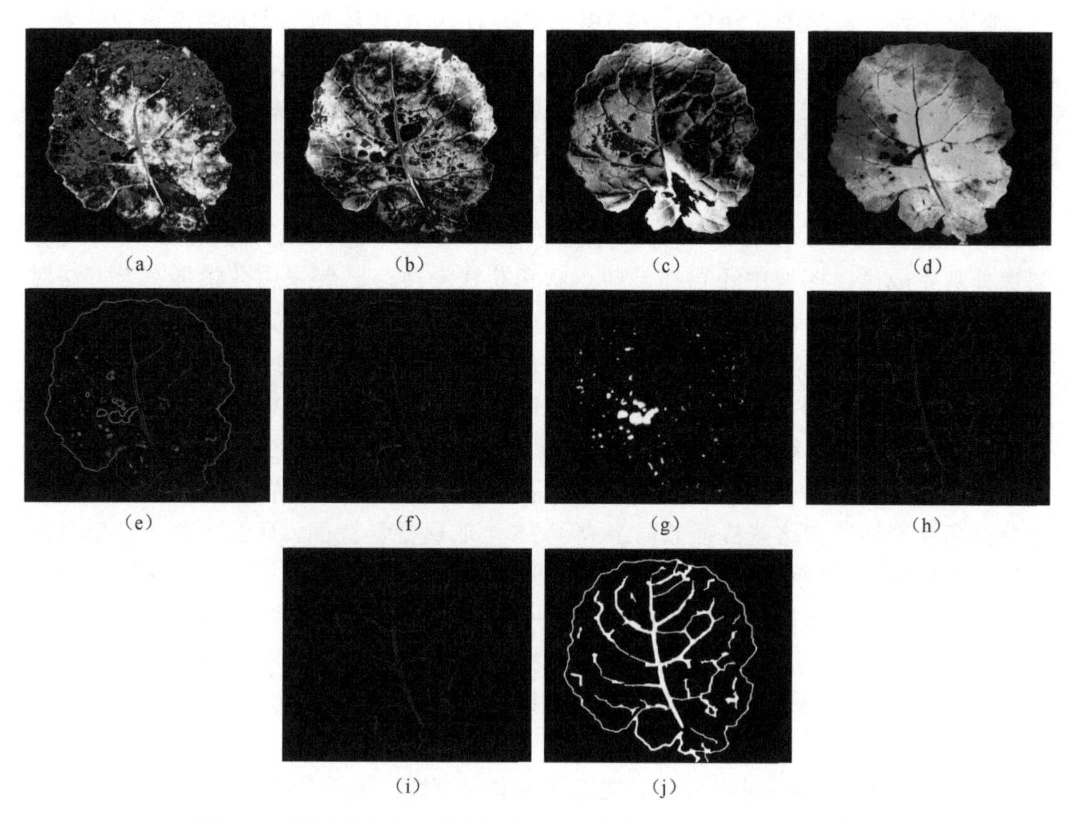

图 6-62　基于主成分分析的轻度虫害油菜叶片的叶脉识别的全过程

6.4.2　基于机器视觉技术的作物虫害检测技术

由于计算机技术的飞速发展，出现了高分辨率的图像采集设备，使得清晰、快速地获取昆虫图像成为现实。昆虫图像提供了昆虫的颜色、形状和纹理等视觉特征，基于图像的昆虫识别技术依据图像的这些视觉特征实现了昆虫的分类和识别。这种识别方法不仅在很大程度上解决了科技人员不足、人工识别难以完成大量昆虫识别的难题，而且能够利用现有的识别系统及时地跟踪害虫的生长状态，从而进行及时有效的防治，降低害虫造成的损失。这类识别方法不仅具有较高的学术价值，而且提高了识别效率，在实际应用中具有很高的实用价值。

韩瑞珍（2014）研究了满足两种需求的害虫采集系统。第一种系统采集了诱捕到的害虫的图像。该系统对象的特点是目标静止、目标到镜头的距离固定、视野范围固定。因此，采用 CMOS 逐行扫描相机、分辨率为 1600×1200、采用 USB2.0 输出方式。设计采用的镜头的焦距为 16 mm、最近物距为 30 cm、视场范围为 11 cm×8.25 cm。第二种系统实时采集了田间害虫的图像。该系统对象的特点是目标运动、目标到镜头的距离可变、视野范围可变。因此，采用 CCD 逐行扫描相机、分辨率为 1600×1200、采用 GigE 千兆网输出。设计采用变焦镜头的焦距为 12～36 mm、最近物距为 20 cm、视场范围为（3.2 cm×2.4 cm）～（9.6 cm×7.2 cm）。

除此之外，韩瑞珍（2014）还提出了基于 HSV 颜色模型的害虫图像分割技术。对害虫的 RGB 原图直接分割时，有较多背景错分为目标，因此，得到的害虫目标比实际目标大，这将大大影响后面的分类识别准确率。为此，她针对害虫图像背景和目标颜色的特点，将基于 HSV 颜色模型的 Otsu 阈值分割方法应用到背景和目标的分割中。在进行图像分割前，将图像的 RGB 模型转换成 HSV 模型，并且将转换得到的 H 分量旋转 180°后利用 Otsu 算法自适应找到阈值，从而实现了背景和目标的分离。图像分割完成后，图像中还存在一些点状和孔状噪声，需要采用数学形态学方法对其进行处理。首先，利用膨胀算法把虫体中一些轻微断裂的地方连接起来；其次，通过腐蚀算法把不需要膨胀的地方复原回去，膨胀和腐蚀采用的结构元素均为 10×10 的方阵；最后，利用寻找和比较最大联通区域的方法填充图像中的空洞，完成了对分割得到的图像的后续处理，为下一步的特征提取打下基础。之后，韩瑞珍（2014）研究了害虫图像多特征提取技术和特征选择技术，提取了目标害虫的形态特征、颜色特征和纹理特征。这些特征共同组成了 35 个低层视觉特征。研究了基于蚁群算法的特征选择技术，将原始的 35 维特征降低到 29 维，识别准确率从 87.4%提高到 89.5%。本研究将近年来图像处理领域的研究热点——SIFT 局部特征的提取方法也应用于害虫图像的特征提取中。害虫的局部特征具有旋转、平移和尺度不变的特性，对光照变化不敏感且不依赖于背景分割，适合提取在自然光和复杂背景下获得的害虫图像的特征值。

荆晓冉（2014）选取水稻田间常见的害虫斜纹夜蛾作为研究对象，研究了它的图像预处理技术。将斜纹夜蛾图像进行 HSV 模型的阈值分割、数学形态学中的膨胀，用寻找和比较最大联通区域的方法，完成了图像的预处理，为下一步的特征提取打下基础。在对特征提取进行研究的基础上，通过对图像的分析，提取了面积、周长、偏心率、形状参数、复杂度、占空比、最大弦、最小弦和 7 个不变矩等 20 个形态学特征作为原始特征，分析选择了其中的 7 个作为最有效特征集。

杨国国（2017）分析了国内外的蝗虫研究现状及害虫识别情况，针对中华稻蝗，采用剪草养殖的方法获得了中华稻蝗不同龄期的活体样本，进而设计了针对中华稻蝗的图像采集系统。该系统对象的特点是具有光诱特性，形态变化较大，尺寸较小。因此，采用固定相机高度的办法，来获取视场范围一致的图像。拍摄环境为白天自然光照，相机距离黏板距离为 20 cm。自然环境下的中华稻蝗样本为人工拍摄。将中华稻蝗活体放置在田埂杂草上进行人工拍摄，以获取姿态各异的田间样本图像。本实验在采集害虫图像时，不采用人工补光。提出了基于 HSV 颜色模型的 S 通道进行图像增强的技术，对黏板诱捕的中华稻蝗进行了较好的分割，并且进行了龄期的快速判别。对于黏板样本直接利用 RGB 图像进行分割，由于背景与目标差别较小，灰度分布重叠等因素，很难将目标害虫分割出来。因此，杨国国（2017）针对中华稻蝗同其他害虫及黏板背景的颜色差别，利用 HSV 颜色的 S 通道的灰度图像补集，对原始图像的灰度图进行增强。明显增加了中华稻蝗和图像其他区域的对比，进而利用 Otsu 算法，自适应寻找阈值，完成图像的初步分割。完成分割后，对得到的二值图像进行了形态学处理，通过形态学腐蚀分开图像的微弱黏连区域，通过形态学膨胀将不需要膨胀的地方复原。最后利用移除前景点、填充小洞等形态学操作，完成对影板上的中华稻蝗图像的分割。然后，根据中华稻蝗前 3 个龄期的形态阶跃性变化，完成对中华稻蝗龄期的简单分类，为中华稻蝗的防治时期提供有效的信息参考。

6.4.2.1　多光谱成像技术

目前最为广泛的光谱检测方法包括多光谱成像技术、高光谱成像技术等，针对作物虫害监测的研究主要集中于作物叶片和冠层两个层面。通过机器学习来构建学习模型，反映光谱特征对于植株生物特性的表达关系，进而达到对作物是否受侵染或侵染程度的刻画。国内方面，陈鹏程等（2007）对健康与受棉叶螨侵染后棉叶叶片的光谱特征进行了研究，结果表明在近红外区域的光谱反射特性与棉叶螨的侵染程度呈现出较强的相关性，利用叶片在近红外区域的反射特性（如红边振幅、最小振幅等）可以检测作物受棉叶螨的侵染程度。针对健康和受稻飞虱侵染后水稻的光谱反射特性进行分析，发现受侵染样本在可见光到近红外的整个光谱区间内反射率均高于健康样本，同时归一化植被指数（normalized difference vegetation index，NDVI）和反射光谱植被指数（ratio vegetation index，RVI）均呈现出较大差异。国外方面，Nigam 等（2016）研究了受褐飞虱侵染的水稻冠层的光谱反射率与褐飞虱密度的关系。相比健康水稻，发现受侵染样本的光谱反射率在不同生长期（乳熟期、籽粒成熟期），分别与近红外区域和可见光区域呈现出显著差异。其研究表明，从高光谱波谱仪中得到特征波段组成的四个光谱参数，与受叶蝉侵害的棉花的严重程度有密切的线性相关关系。

既有研究工作从实验角度阐明了反射光谱和受侵染植株生物特性的相关关系，从一定程度上证实了光谱分析技术对于农作物虫害检测的可行性，有助于监测虫害的发展阶段，进而根据虫害的严重程度进行针对性施药。然而从应用的角度出发，针对受侵染作物的光谱特征表达不仅仅要求对于作物受侵染程度的相关关系描述，更加强调对于虫害早期侵染等特定时期的判别信息提取。光谱信号所携带的信息量十分丰富，对于作物生理特性的刻画非常精细。以近年来研究较为密集的高光谱成像技术为例，通过对检测植株进行成像，并在紫外、可见光、近红外和中红外等大量电磁波波段下获取近似连续的物体光谱曲线（数据立方体），同时提供了光谱域和空间域层面的植株生理信息。这种丰富的信息量为作物特定侵染阶段下的光谱特征区分提供了广阔的算法设计空间。

余俊霖（2014）采用近红外高光谱成像技术对菜青虫的生死状态及死亡时间进行了检测研究。通过提取菜青虫样本光谱数据，以 951.5～1649.2 nm 范围内的菜青虫光谱信息，结合不同的光谱预处理方法，建立 PLS-DA 模型对菜青虫 18 种不同的状态进行判别分析，判别结果较差，表明对菜青虫多种不同状态的判别分析需要进一步研究。在仅考虑菜青虫活与死状态的情况下，基于不同预处理光谱的 PLS-DA 判别效果较好，接近或达到 100%。分别采用 SPA 及 Bw 对菜青虫生死状态的判别选择特征波长，分别得到 17 个和 20 个特征波长，基于特征波长分别建立 PLS-DA、

KNN、BPNN 及 SVM 判别分析模型，取得较好的效果，判别正确率接近或达到 100%。而在对菜青虫不同死亡时间诊断的探究中发现，死亡时间在 120 min 内的检测效果较好。本实验中采用较短的时间间隔进行采样检测，而实际中甚至更长时间之内菜青虫死亡之后的变化可能很小，导致了部分的效果不好。研究结果表明，近红外高光谱成像技术可以有效地对菜青虫的存活与死亡状态进行判别分析，而对不同状态及不同死亡时间的诊断则效果较差。

6.4.2.2 RGB 图像信息获取检测技术

数字化农业和精准化作业是现代农业发展的方向和要求。在作物病情虫情分析方面，数字农业要求快速、准确地获取植物受病虫害侵染的信息，从而指导植物生长过程中的精细化管理。数字农业病虫害精细化管理要求实现精确剂量的农药喷洒，而智能化的植物病虫害实时监测方法可明确定位植物健康部位和受害部位，以及受害程度是实现精确剂量农药喷洒的前提，也是数字农业精细化管理实施的关键。

针对害虫图像环境背景复杂问题，刘子毅（2017）引入图像显著性分析方法，实现了对图像中的害虫目标的准确定位。针对害虫目标纹理丰富，且存在种间近似、种内变化和姿态变化丰富等特点所导致的图像识别难题，结合深度学习思想，对标准 CNN 网络架构 AlexNe 进行优化及理论分析，实现了对重要结构参数和优化策略的有效组合。研究主要结论如下。

1）在图像害虫目标定位阶段，针对图像农田背景颜色分布较为集中，且通常和害虫目标虫体形成颜色高度对比的特点，引入显著性图像区域检测将对比度从全局层面进行量化而构成显著性映射图，通过对显著性映射图作阈值限定，构造迭代最小能量分割算法 GrabCut 的初始化种子区域，完成害虫目标的自动分割；从定位准确性能层面，经验性地确认能够保证 90%以上害虫目标达到 IoU≥0.8 条件下的最优显著性映射图限定阈值，确定在最优阈值下，造成定位偏差的原因主要来自于图像采样过程中的过度聚焦，同时过度聚焦对定位颜色、纹理与邻近环境近似的害虫种类影响更为显著；从定位执行时间层面，通过颜色空间衰减，对图像在颜色空间的描述复杂度进行了大幅度降低。同时，考察区域显著性检测中，不同的最小超像素区域面积对于计算过程的执行时间影响，确认增加最小区域的面积限制为 800 像素时，并不会显著影响定位准确率（损失约 0.02），但可将定位执行时间降低至 142 ms（提升约 30%），并通过超像素区域的可视化验证了在该参数设置条件下，代表害虫虫体和背景的图像部分能够以相互割裂的方式参与显著性检测的计算。

2）在图像害虫目标识别阶段，针对 CNN 负责图像底层特征提取的局部感受野进行优化，确认较小的卷积核尺寸（7×7）能够更为准确地捕获害虫虫体纹理信息，确认合适的卷积核数目（64 个）可以较好地维持对害虫图像数据的拟合能力，合适的卷积步幅能够在模型训练计算成本和识别性能之间达到均衡；引入 Dropout 实现多个子模型的融合来提升 CNN 识别准确率，确认 Dropout 概率为 0.7 时 CNN 性能达到最优，通过在随机遮挡害虫目标的图像数据上作进一步测试，验证了采取 Dropout 策略能够有效地克服图像信息缺失所带来的影响；对比分析 Hinge 损失函数和 Softmax 损失函数，确认

Softmax 损失函数无论对 CNN 模型的收敛速度还是识别性能均更加有益，而 Hinge 损失函数则可能导致模型陷入局部最优解；针对 CNN 中间层参数规模可能存在冗余现象，从 CNN 架构的深度和宽度两方面对中间层参数进行约减，确认 CNN 全连接层实际对 CNN 识别性能的影响较为微弱，而简单地去除卷积层则会显著地影响模型的识别性能。另外，在去除全连接层基础上并保留卷积层深度的基础上，逐步降低各层卷积核数目则能够较好地维持 CNN 识别性能，确认在模型架构为 64-192-192-64 时，识别准确率损失仅为 0.021，但模型内存需求降低至 6 MB（参数和中间数据流内存消耗分别降至 2.8 MB 和 3.2 MB），运行耗时为 0.7 ms，降低 3.3 倍。

3）将所构建的 CNN 模型与传统识别方法进行对比分析。现有害虫识别方法易受限于人工特征较弱的泛化能力，同时也较难确定最优的特征选择方案。同时由于缺乏对所提取特征的高层次表达，因此难以克服害虫识别任务中的种间近似、种内变化及视角差异等问题。针对不同图像特征可能存在的异构特性，引入基于多核学习 MKL 的多特征融合方法，在组合两种特征融合特征 DSIFT（χ^2 kernel）和 2D Gabor 特征（Gaussian kernel）时，识别准确率与 CNN 差别相对较小，在一定程度验证了对于害虫目标的表达需要局部的纹理分布和粗粒度的边缘信息共同描述。

6.5　作物虫害预警系统

6.5.1　昆虫新型计数/监测装备

昆虫计数和种类识别同为虫害防治领域的热门课题，不过前者比后者在实际应用领域中更具有指导和实际意义。因此研究开发一种新型实时的昆虫计数监测装置，提高设备的准确性和可靠性，就显得极为迫切和重要。同时，灯光诱虫是目前最为主流的害虫引诱方式，而基于太阳能的灯光诱虫捕虫器在实际应用中最为广泛，由于具备田间、野外长时间连续作业，以及太阳能供应持续稳定、适用于各种复杂自然环境等诸多优势，深得广大农林业工作者的肯定和推荐。于是对于诱虫灯捕虫器的改进和完善，不管是在指导实际工作方面，还是在推动科学技术进步方面，甚至是在完善灯光诱虫理论方面，都具有十分重要的意义。

余俊霖（2014）以电网式灭虫器为基础，研发了利用电流感应模块和昆虫扑灯识别模块在昆虫扑灯的瞬间完成计数，实现对昆虫的实时监测，简单、准确、高效，并且能够将监测数据按要求通过无线数据传输平台定时发送给监控电脑的新型昆虫检测装置，方便农林业工作者及时掌握虫害信息和监测农作物的生长环境，对现有太阳能灯光诱虫捕虫器在昆虫计数领域起到了补充、完善和改进作用。

浙江大学数字农业农村研究中心研发的虫情检测灯将诱捕与自动识别计数功能集成于一体（图 6-63），可远程设置工作模式，可分时段设置和控制开关灯及识别，通过 PC 端及手机 APP 端能远程自动拍照和手动拍照。所研发的设备可对多种本地病虫害自动识别，至少包含：玉米螟、大螟、二化螟、褐飞虱、白背飞虱、稻纵卷叶螟。

图 6-63　虫情检测灯内部

虫情检测灯内设有图像采集设备，可通过摄像头实时采集传送带上的虫子情况，通过网页端的识别功能进行识别计数，也可通过平台远程进行拍照和工作模式更改等设置。虫情检测灯内置 GPS 定位功能，可在地图中查看设备站点等数据。在 PC 云端地图中查看设备站点等数据，设备被盗可追踪。传送带结构，通过振动将虫体均匀洒落平铺在传送带上使虫子可以均匀，传送带准确将虫体运输到拍照区域内，保证每一个虫体特征都可以拍得清楚，为自动识别及人工矫正打好基础。虫情检测灯晚上自动开灯运行，白天自动关灯（待机），在夜间工作状态下，不受瞬间强光照射改变工作状态。虫情检测灯远程设置现场设备工作模式，实时监控现场设备联网信息，远程对现场设备进行重启与恢复，实时查看现场设备的地理信息，实时查看现场设备的电量信息，远程设置现场设备的采集间隔，可以进行人工分析虫情数量及类型，按时间段进行统计虫情数量及趋势分析等。设备将拍完照后需要保留标本的昆虫保留在储存仓内，人工定期去收集；将不需要标本的虫子直接排出机器外部，避免人工去现场维护。设备还可以通过照片自动识别虫子数量来自动调节拍照间隔时间，系统感应到昆虫数量较多后，设备会自动调节拍照间隔时间。例如，本身设定 30 min 拍照一次，在系统感知虫体数量多后，系统会自动调节拍照间隔时间缩短为 5 min 拍照一次，解决虫体太多产生堆叠的情况。

6.5.2　远程专家诊断系统

基于物联网的害虫远程智能识别系统要解决以下问题。

1）害虫图像的采集：针对害虫的特点和使用的环境设计合适的害虫采集系统。

2）害虫图像分割：需要根据害虫图像的特点，应用有效的图像分割算法，实现害虫目标和背景的分割。

3）目标区域特征提取：根据目标害虫的形态、颜色和纹理等特点，提取目标区域的低层视觉特征；运用 SIFT 算法提取害虫的局部特征。

4）识别模型的建立：基于以上特征，采用模式识别方法，建立识别模型，实现害虫的自动识别。

5）物联网信息传输系统设计：为了实现害虫的远程智能识别，本系统将 3G 无线网络作为物联网信息传输系统，构建了物联网系统。

浙江大学数字农业农村研究中心构建了一系列的作物病虫害物联网监测系统（图 6-64），提出了植物害虫高分辨率和高倍率的图像获取、图像分割去噪、主要害虫智能识别、基于 5G 网络的特征图像分步传输等方法，建立了基于专家系统和 WebGIS 的植物害虫信息动态监测与智能分析处理系统，实现了植物害虫的远程实时监测、统计分析、综合防治、辅助决策等功能。

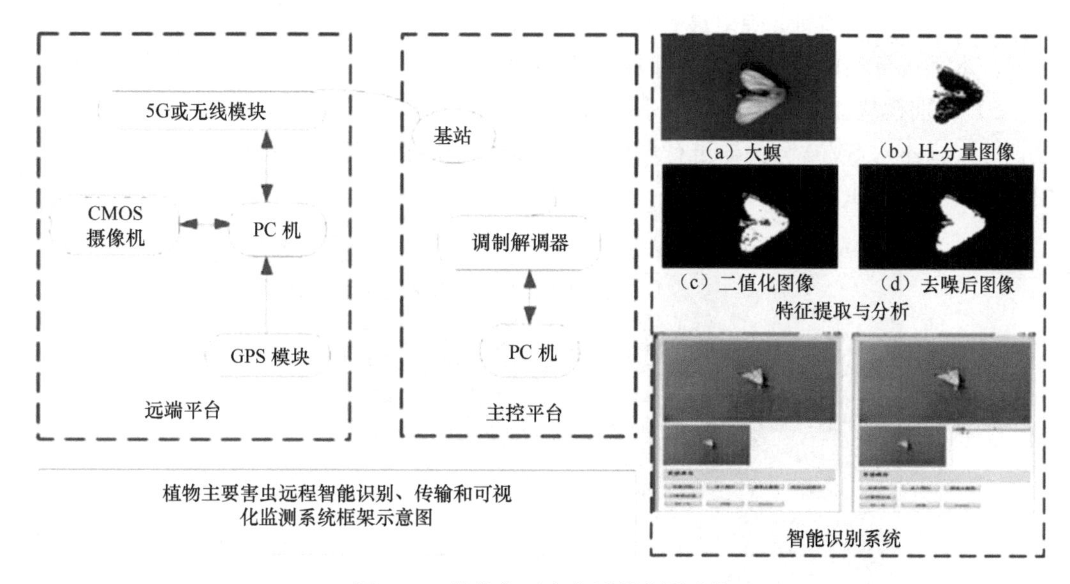

图 6-64　植物主要害虫远程监测系统

韩瑞珍（2014）研究了包括稻纵卷叶螟、斜纹夜蛾、玉米螟、大螟、稻螟蛉、二化螟、金龟子、小地老虎、黄杨绢野螟、蝼蛄、桃蛀螟和白背飞虱等 12 种典型农田害虫的图像分割、特征值提取技术，并利用 SVM 分类器完成了分类识别；在上述研究基础上设计了利用低层视觉特征和局部特征的害虫远程自动识别系统。系统通过 3G 无线网络组成一个主控端和多个远端的分布式识别网络，系统既能够在远端自动识别害虫，也能够在远端将害虫图像压缩后，通过 3G 无线网络将图片传输到主控端，在主控端进行自动识别。从远端传输一幅图片到主控端的传输时间受网速的影响，在带宽为 1 M 时传输时间约为 2.5 s，自动识别一幅图片约需要 1.5 s，实现了快速识别的需求。系统通过读入本地磁盘保存的图片实现了动态扩充样本库的功能。同时系统设计了专家识别的接口，使专家能够识别建立模型时样本库中不存在的害虫种类。

害虫远程自动识别系统分为主控平台和远端平台，包含图像获取、图像分割、图像后续处理、特征提取、传输控制及识别 6 个功能模块，详细说明如下。

1）图像获取模块。图像获取包括相机采集照片和从本地 PC 机硬盘读入照片两种方式。利用相机采集害虫图片时，首先对相机的各参数进行初始化，通过操作函数来启动相机并采集害虫图片。

2）图像分割模块。针对本系统研究的害虫图像的背景和害虫的颜色差别，以及害虫图像光照不均匀的特点，采用基于 HSV 模型的阈值分割技术，实现害虫图像背景和目标的分割。

3）图像后续处理模块。图像分割完成后，将得到的二值化图像先用膨胀把虫体中的一些轻微断裂的地方连接起来，然后用腐蚀把不需要膨胀的地方复原回去，最后采用寻找最大联通区域的方法进行了虫体的空洞填充，形成了完整的虫体。

4）特征提取模块。本系统采用两种方法提取了害虫的特征：低层视觉特征和局部特征，其中，低层视觉特征包括颜色特征、形态学特征和纹理特征。本系统利用蚁群算法优选了低层视觉特征，确定最有利于害虫图像分类的最佳分类特征子集作为分类器的输入。本系统使用的局部特征采用 SIFT 算法获得。

5）识别模块。识别模块包括系统自动识别模块和专家识别模块，自动识别模块通过训练集样本对 SVM 分类器进行训练（图 6-65），得到最终的识别模型。专家识别模块用于识别新的害虫种类。

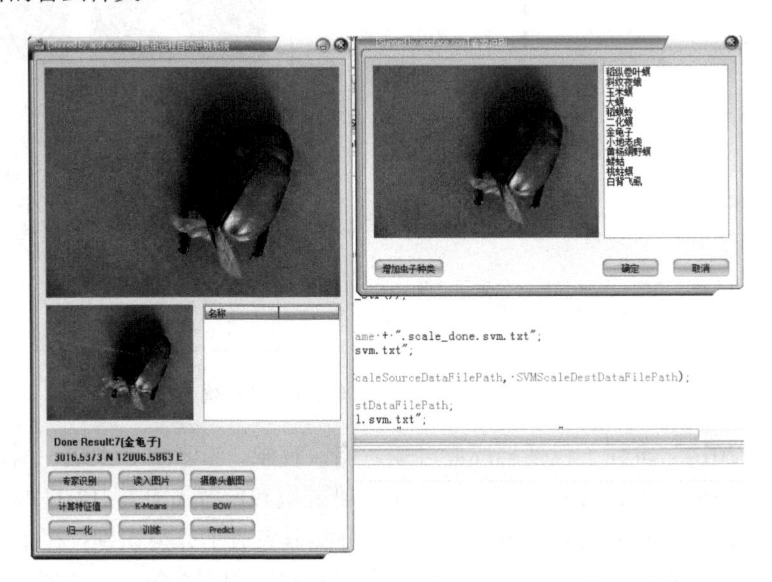

图 6-65　专家识别界面

6）传输控制模块。当远端平台接收到主控端发出的要求——发送图片的命令时，远端平台首先控制相机采集害虫图像，然后采用 JPEG 压缩方法对图像压缩，并调用 3G 传输模块函数将压缩后的图像通过 3G 模块发送到主控平台。

参 考 文 献

鲍一丹. 2013. 番茄病害早期快速诊断与生理信息快速检测方法研究. 杭州: 浙江大学博士学位论文.

曹峰. 2019. 基于多源数据的油菜病害快速诊断方法与物联网监测系统. 杭州: 浙江大学硕士学位论文.

岑海燕, 朱月明, 孙大伟, 等. 2020. 深度学习在植物表型研究中的应用现状与展望. 农业工程学报, 36(9): 1-16.

陈鹏程, 张建华, 李眉眉, 等. 2007. 土耳其斯坦叶螨为害棉叶的生理变化及光谱特征分析. 昆虫知识, 44(1): 61-65.
陈欣欣. 2017. 基于低空遥感成像技术的油菜菌核病检测研究. 杭州: 浙江大学硕士学位论文.
陈欣欣, 刘子毅, 吕美巧, 等. 2019. 基于热红外成像技术的油菜菌核病早期检测研究. 光谱学与光谱分析, 39(3): 730-737.
程帆, 赵艳茹, 余克强, 等. 2017. 基于高光谱技术的病害早期胁迫下黄瓜叶片中过氧化物酶活性的研究. 光谱学与光谱分析, 37(6): 1861-1865.
程术希, 邵咏妮, 吴迪, 等. 2011. 稻叶瘟染病程度的可见-近红外光谱检测方法. 浙江大学学报(农业与生命科学版), 37(3): 307-311.
丁希斌. 2015. 一种基于立体视觉的植物病斑定位获取技术研究. 杭州: 浙江大学硕士学位论文.
冯雷, 陈双双, 冯斌, 等. 2012a. 基于光谱技术的大豆豆荚炭疽病早期鉴别方法. 农业工程学报, 28(1): 139-144.
冯雷, 高吉兴, 何勇, 等. 2013. 波谱成像技术在作物病害信息早期检测中的研究进展. 农业机械学报, 44(9): 169-176.
冯雷, 张德荣, 陈双双, 等. 2012b. 基于高光谱成像技术的茄子叶片灰霉病早期检测. 浙江大学学报(农业与生命科学版), 38(3): 311-317.
韩瑞珍. 2014. 基于机器视觉的农田害虫快速检测与识别研究. 杭州: 浙江大学博士学位论文.
何勇, 岑海燕, 李艺健, 等. 2018. 基于无人机遥感的农田信息获取技术及其机载装备. 农业工程技术, 38(9): 28-32.
黄文江, 师越, 董莹莹, 等. 2019. 作物病虫害遥感监测研究进展与展望. 智慧农业, 1(4): 1-11.
荆晓冉. 2014. 基于图像的害虫自动计数与识别系统的研究. 杭州: 浙江大学硕士学位论文.
李昊. 2021. 基于深度学习的柑橘病害智能在线监测系统研究. 成都: 电子科技大学硕士学位论文.
李晓丽, 罗榴彬, 胡小倩, 等. 2014. 基于共聚焦显微拉曼光谱揭示炭疽病侵染下茶叶细胞壁变化的研究. 光谱学与光谱分析, 34(6): 1571-1576.
李晓丽, 罗榴彬, 周斌雄, 等. 2016. 基于共聚焦显微拉曼的真菌菌丝中几丁质的原位检测研究. 光谱学与光谱分析, 36(1): 119-124.
刘飞, 冯雷, 柴荣耀, 等. 2010a. 基于直接正交信号校正的水稻冠层叶瘟光谱诊断. 光学学报, 30(2): 585-589.
刘飞, 冯雷, 楼兵干, 等. 2010b. 基于组合模拟波段的油菜菌核病早期诊断方法研究. 光谱学与光谱分析, 30(7): 1934-1938.
刘良云. 2002. 高光谱遥感在精准农业中的应用研究. 北京: 中国科学院遥感应用研究所博士后论文.
刘占宇. 2008. 水稻主要病虫害胁迫遥感监测研究. 杭州: 浙江大学博士学位论文.
刘子毅. 2017. 基于图谱特征分析的农业虫害检测方法研究. 杭州: 浙江大学博士学位论文.
孟幼青, 翁海勇, 岑海燕, 等. 2019. 潜伏期柑橘黄龙病宿主糖代谢及近红外光谱特征. 浙江农业学报, 31(3): 428-435.
孙光明. 2010. 基于光谱和多光谱图像技术的油菜菌核病识别. 杭州: 浙江大学硕士学位论文.
孙雪钢, 林蔚红, 刘飞, 等. 2013. 基于植被指数的油菜菌核病早期诊断方法. 农业装备技术, 39(5): 25-29.
翁海勇, 岑海燕, 何勇. 2018. 直接校正算法的柑橘溃疡病高光谱模型传递. 光谱学与光谱分析, 38(1): 235-239.
吴迪, 曹芳, 张浩, 等. 2009. 基于可见-近红外光谱技术的水稻穗颈瘟染病程度分级方法研究. 光谱学与光谱分析, 29(12): 3295-3299.
谢传奇. 2015. 基于高光谱成像技术的茄子叶片色差值检测和早疫病识别方法研究. 杭州: 浙江大学博士学位论文.
谢传奇, 冯雷, 冯斌, 等. 2012a. 茄子灰霉病叶片过氧化氢酶活性与高光谱图像特征关联方法. 农业工程学报, 28(18): 177-184.
谢传奇, 何勇. 2017. 利用光谱反射特性对番茄叶片早疫病害程度的识别. 中国科技论文, 12(6): 671-675.
谢传奇, 何勇, 李晓丽, 等. 2012b. 基于高光谱技术的灰霉病胁迫下番茄叶片 SPAD 值检测方法研究. 光谱学与光谱分析, 32(12): 3324-3328.
谢传奇, 王佳悦, 冯雷, 等. 2013. 应用高光谱图像光谱和纹理特征的番茄早疫病早期检测研究. 光谱学与光谱分析, 33(6): 1603-1607.
谢亚平. 2018. 基于高光谱技术的水稻稻曲病监测研究. 杭州: 杭州电子科技大学硕士学位论文.
徐明珠, 李梅, 白志鹏, 等. 2016. 马铃薯叶片早疫病的高光谱识别研究. 农机化研究, 38(6): 205-209.
杨国峰. 2020. 基于深度学习的草莓常见病害识别研究与应用. 北京: 中国农业科学院硕士学位论文.
杨国国. 2017. 基于机器视觉的中华稻蝗早期蝗蝻的识别和检测研究. 杭州: 浙江大学硕士学位论文.
杨燕, 何勇. 2013. 基于高光谱图像的稻瘟病抗氧化酶值早期预测. 农业工程学报, 29(20): 135-141.
余俊霖. 2014. 昆虫实时捕捉、监测与死亡时间诊断的研究. 杭州: 浙江大学硕士学位论文.
张初. 2016. 基于光谱与光谱成像技术的油菜病害检测机理与方法研究. 杭州: 浙江大学博士学位论文.
张德荣, 方慧, 何勇. 2019. 可见/近红外光谱图像在作物病害检测中的应用. 光谱学与光谱分析, 39(6): 1748-1756.
赵艳茹, 李晓丽, 徐宁, 等. 2017a. 拉曼光谱技术在农作物生理信息检测中的研究进展. 光谱学与光谱分析, 37(5): 1350-1356.
赵艳茹, 余克强, 李晓丽, 等. 2017b. 应用激光拉曼光谱判别油菜叶片核盘菌早期侵染. 农业工程学报, 33(1): 206-211.
赵芸. 2013. 基于高光谱和图像处理技术的油菜病虫害早期监测方法和机理研究. 杭州: 浙江大学博士学位论文.
周惠汝, 吴波明. 2021. 深度学习在作物病害图像识别方面应用的研究进展. 中国农业科技导报, 23(5): 61-68.
Azizpour H, Razavian A, Sullivan J, et al. 2016. Factors of transferability for a generic ConvNet representation. IEEE Transactions on Pattern Analysis and Machine Intelligence, 38(9): 1790-1802.
Barbu A, Lu L, Roth H, et al. 2018. An analysis of robust cost functions for CNN in computer-aided diagnosis. Computer Methods in Biomechanics and Biomedical Engineering: Imaging & Visualization, 6(3): 253-258.
Chen J, Fan Y Y, Wang T, et al. 2018. Automatic segmentation and counting of aphid nymphs on leaves using convolutional neural networks. Agronomy, 8(8): 129.
Feng L, Wu B H, He Y, et al. 2021. Hyperspectral imaging combined with deep transfer learning for rice disease detection. Frontiers in Plant Science, 12: 2040.
Feng L, Zhu S S, Lin F C, et al. 2018. Detection of oil chestnuts infected by blue mold using near-infrared hyperspectral imaging combined with artificial neural networks. Sensors, 18(6): 1944.
He Y, Zeng H, Fan Y Y, et al. 2019. Application of deep learning in integrated pest management: a real-time system for detection and diagnosis of oilseed rape pests. Mobile Information Systems, 2019: 1-14.
Kong W W, Zhang C, Cao F, et al. 2018a. Detection of sclerotinia stem rot on oilseed rape (*Brassica napus* L.) leaves using hyperspectral imaging. Sensors, 18(6): 1764.
Kong W W, Zhang C, Huang W H, et al. 2018b. Application of hyperspectral imaging to detect *Sclerotinia sclerotiorum* on oilseed rape stems. Sensors, 18(1): 123.
Liu X, Sun Q. 2016. Early assessment of the yield loss in rice due to the brown planthopper using a hyperspectral remote sensing method. International Journal of Pest Management, 62(3): 105-139.
Nigam R, Kot R, Sandhu S, et al. 2016. Ground-based hyperspectral remote sensing to discriminate biotic stress in cotton crop. New Delhi, India: SPIE Asia-Pacific Remote Sensing.
Tweedy B G. 1976. Integrated pest management. Environmental Health Perspectives, 14: 165-166.
Wu N, Jiang H B, Bao Y D, et al. 2020. Practicability investigation of using near-infrared hyperspectral

imaging to detect rice kernels infected with rice false smut in different conditions. Sensors and Actuators: B: Chemical, 308: 127696.

Xie C Q, He Y. 2016. Spectrum and image texture features analysis for early blight disease detection on eggplant leaves. Sensors, 16(5): 676.

Zhao Y, Yu K, Li X, et al. 2016. Detection of fungus infection on petals of rapeseed (*Brassica napus* L.) using NIR hyperspectral imaging. Scientific Reports, 6(1): 38878.

Zhu F, Su Z, Sanaeifar A, et al. 2022. Fingerprint spectral signatures revealing the spatiotemporal dynamics of bipolaris spot blotch progression for presymptomatic diagnosis. Engineering, 22(3):171-184.

第7章 农产品智能物流与安全溯源系统

7.1 物流信息化的内涵及主要内容

7.1.1 物流信息的内涵

国家标准《物流术语》（GB/T 18354—2006）中对物流信息（logistics information）定义如下："物流活动中各个环节生成的信息，一般随着从生产到消费的物流活动的产生而产生，与物流过程中的运输、储存、装卸、包装等各种职能有机结合在一起，是整个物流活动顺利进行所不可缺少的。"物流与信息流的不可分割性不仅体现在物流状态的信息化，还体现在信息技术的进步对物流有促进作用。而现代信息设备、处理方式和管理模式间的相互影响对现代物流的发展和效率提升则至关重要。物流企业可根据收集到的信息流实时监测物流状态，并及时调整策略，对商流、资金流和物流做出更合理的配置。因此，信息流在现代物流中的重要性不言而喻。采用物联网、互联网技术，在产品成本、安全和品质控制方面，对包括生产加工、流通消费等物流环节建设的透明供应链技术服务体系称为物流信息化，它可通过提高效率、监控流程、节约成本、感知环境来确保消费、生产和流通环节的安全。

物流信息的主要特征主要包括以下几个方面：一是种类繁多，范围广泛。产品从生产到交付给消费者需经历多个环节，而每个环节都包含众多物流信息。二是复杂性。物流信息需经过复杂的分析处理后才可用于指导物流运行。三是快速变化和时效性。市场情况瞬息万变、用户需求变化多端，物流活动频繁发生，导致信息价值迅速衰减。四是关联性。物流过程中各环节信息间关系密切。五是共享性。生产、物流和商流间需相互协作，资源共享。六是标准化。物流数据通过网络和电子技术进行优化以达到更高效的信息共享和交换。

物流系统正常运转离不开高效的信息系统，而一个高效的物流信息系统需具备以下功能：一是需要加强物流活动间的协调。物流系统作为一个大型经济系统离不开物流信息的传递支持和协调指挥。及时收集传递货流活动中的信息，并对其进行研究量化，才能加强各个物流环节的联系，使物流成为一个有机整体。二是需要强化物流活动的控制。高质量、高效率的物流得益于及时准确的物流信息的实时控制。三是需要缩短物流链条长度，提高物流业务效率。物流信息化极大地优化了物流流程和物流网络，在降低物流成本的同时使供应链总库存水平得到控制。四是需要提高物流决策能力。管理人员可通过对物流信息进行分析评价后再制定战略方案。

物流信息的类型可以从信息来源、加工程度、作用、物流环节等角度进行区分：①从来源的角度看，信息分为物流系统外信息和系统内信息。在物流活动外发生但对物流活动有影响的信息称为物流系统外信息。在物流活动中发生的信息称为物流系统内信息，在保证物流系统各环节协调流畅的同时，对系统内信息的高效传递整合也十分重要。②从加工程度的角度看，信息可分为原始信息和加工信息。物流过程中未经任何加工的第一手权威信息称为原始信息。在原始信息的基础上，通过各式加工手段去除冗杂、高效提炼后的信息称为加工信息。③从作用的角度看，信息可分为计划信息、统计信息、支持信息、控制及作业信息。在物流活动初期处于战略调控地位的目标类信息称为计划信息，其特点是更新慢、稳定。在物流活动结束后提供战略指导意义的总结类信息称为统计信息，其特点是永恒不变。在物流活动期间所产生的，对物流操作具有指导控制作用的信息称为控制及作业信息，其特点是更新快、时效强。与科技、文化相关，可从根本上提高物流操作水平的信息称为支持信息，其特点是隐蔽、涉及面广。④从物流各个参与环节来看，可分为仓储信息、配送信息、物流加工信息、运输信息、装卸搬运信息和包装信息。与货物待储和储存相关的信息称为仓储信息，也称库存信息；与商品采购和供给相关的信息称为采购信息；与货物配送方式、时间、路线等相关的信息称为配送信息；与货物保鲜、计数、贴商标等加工手段相关的信息称为物流加工信息；与货物运输方式相关的信息称为运输信息；与挑选、分类、堆叠货物有关的信息称为装卸搬运信息；与货物包装相关的信息称为包装信息。

7.1.2　农产品物流信息获取技术

在这个物流信息爆炸增长的时代，缓慢的人工信息输入速度无法跟上快速的计算机处理速度，从而极大程度地制约了物流信息采集的发展。因此，现代物流技术的发展需要得到可以高效快速获取农产品采后物流各类相关信息的获取技术和配套装备。特别是高效准确的数据采集对信息管理系统而言至关重要。要确保采集到高质量的数据必须坚持源头采集数据，简化采集过程，以及减少采集延迟的发生。农产品物流信息获取技术包括条形码识别技术、射频识别技术、物流环境信息采集技术、视频监控技术及定位导航技术。

1）条形码识别技术。即通过光电扫描来快速识读条形码数据，并将信息准确导入计算机的一种综合性高新自动识别技术，具有准确、灵活、信息采集量大等优点。条形码是由不同宽度的高光线反射率和低光线反射率的符号按照一定规律构成的。根据编码规则对这些条形码进行识读后转译成二进制和十进制，匹配数据库后即可获取到准确高效的信息。通过光学装置将条形码的条空信息转换为电平信息，再转移成数据信息的设备称为条形码读取设备，包括 CCD 识读设备、影像型红光、光笔和激光扫描仪。条形码按排列方向可分为一维条形码和二维条形码。其中，符号排列形成并只在一个方向上表达信息的条形码技术被称为一维条形码，包括储运单元条形码（ITF-14）、货运单元条形码（UCC/EAN-128 码）、商品条形码（EAN/UPC）等。由某种黑白相间的特定几何图案在水平和垂直两个方向上按一定规律分布以达到储存信息目的的条形码技术被称为二维条形码，包括矩阵式二维条形码、堆叠式/行排式二维条形码。二维条形码具有编码范围广、信息容量大、可靠性高、纠错能力强、成本低廉、保密性好等优点。用于商品标识的条形码主要包括 EAN 商品条形码和 UPC 商品条形码两类，其中 EAN 条形码结构为我国通用。条形码技术常用于标识从生产、仓库、配送、零售等物流各环节的农产品相关信息，从而实现对农产品的高效信息化管理。

2）射频识别技术。在阅读器的作用范围内通过无线射频信号自动读取目标信息的非接触式自动识别技术称为射频识别（radio frequency identification，RFID）技术，或称为无线射频识别技术、电子标签等。如表 7-1 所示，相较于需主动收集条形码信息的条形码技术，RFID 拥有操作简单、储存容量大、识读距离可调、非接触式读写等优势，可以实现商品从生产到销售环节的实时监控，已广泛用于采购、仓储、运输、配送、销售等环节。例如，在仓储环节，当货物从仓库的接货入口通过时，RFID 阅读器即可自动采集到货物的电子标签信息，完成对货物的盘点，并将货物信息存储到数据库中，便于仓库管理人员了解每个商品的状态，及时进行补货，提高库存管理能力，降低仓储成本。而在配送环节，仓库出口处的 RFID 阅读器自动记录出库货物，并将信息与采购单进行核对，完成配送任务，并实现对货物出库的跟踪，减少人工识读成本。

表 7-1　一维条形码、二维条形码与 RFID 电子标签特征对比表

特征	一维条形码	二维条形码	电子标签
耐用性及环境适用性	易损，环境适应性差	易损，对环境要求高	耐用，防水、防磁、防高温
安全性	低（不可加密）	较高（可加密）	高（可加密）
读取距离（m）	0～0.2	0～0.5	无源：0～2 有源：＞10
存储容量	小（一般仅能表示几十个数字字符）	大（一般能表示几百个字节）	大（512 字节至 4 M）
是否可修改	否	否	是
使用寿命	短	短	长
成本	低	低	高

3）物流环境信息采集技术。农产品品质极易受到物流环境因素影响，是一个动态变化的过程。因此，对物流环境中的各种因素，如物流工具、运输距离、环境温湿度、气体成分、微生物、机械力等信息进行监测和控制，是保障农产品在物流环节质量安全的重要抓手。物流环境信息采集技术要求对整个物流过程中的信息实现动态、准确、稳定采集，主要包括物流环境温度监测技术、物流环境湿度监测技术、物流环境气体成分监测技术、物流机械力监测技术等。

温度是物流微环境最重要的指标之一。车厢微环境温度监控系统如图 7-1 所示，常用的温度检测设备可分为接触式和非接触式两种类型。接触式设备通过感温元件与检测对象直接接触来获取温度信息。而非接触式主要通过接收被测对象的热辐射来进行温度的数据采集。随着信息技术的发展，传统的温度传感器也正变得更加集成化、系统化和智能化，从而支撑物流过程温度信息的高效监控。

湿度是物流过程中另一个重要的环境指标。不同农产品对物流微环境的湿度要求有所不同。湿度过高会造成微生物侵染和产品腐败，湿度过低则会加速水分蒸腾，导致农产品失水和新鲜度下降。图 7-2 展示了冷库和冰箱湿度监控系统，物流湿度传感器主要

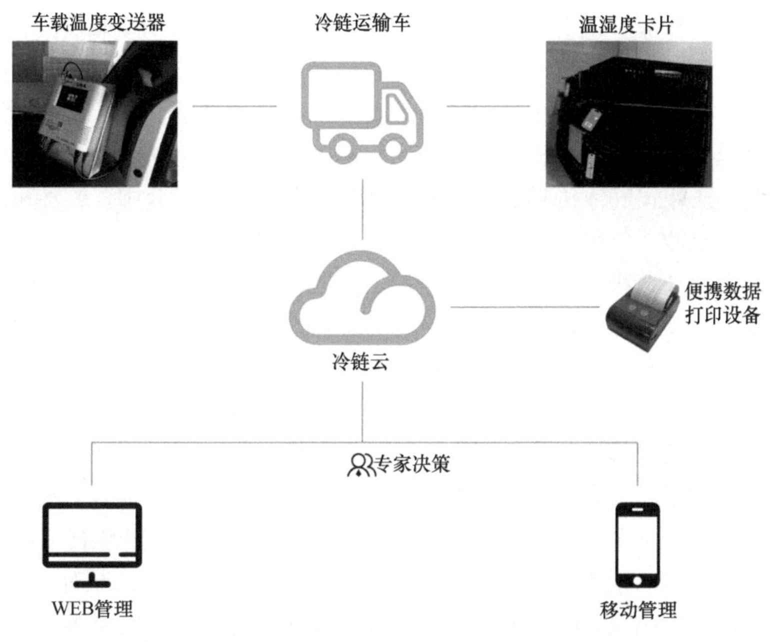

图 7-1　车厢微环境温度监控系统示意图

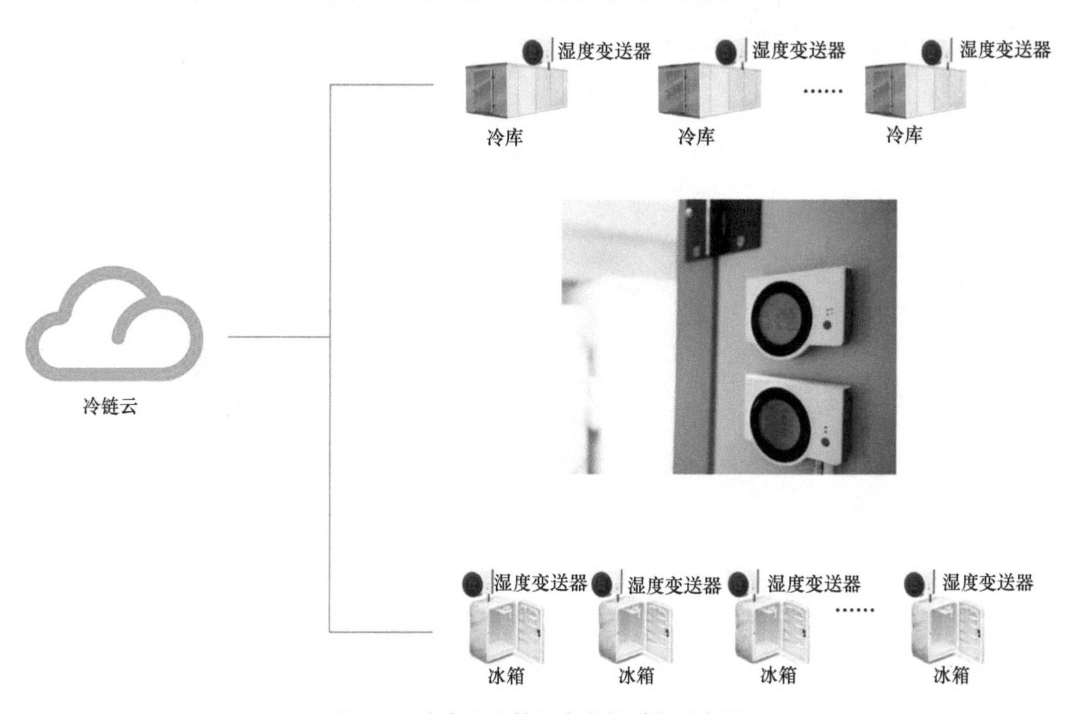

图 7-2　冷库和冰箱湿度监控系统示意图

通过感知空气中的水蒸气含量并转化为数字信号来实现湿度检测的功能。常用的湿敏元件主要包括电阻式和电容式两大类。前者灵敏度高，但线性度差，后者响应速度快，易于小型化，但精度较前者偏低。目前，很多农产品物流湿度传感器都和温度传感器集成在一起。

物流环境的气体成分也会影响农产品在物流过程中的品质劣变和腐败损耗。例如，过高的二氧化碳和过低的氧气浓度可能导致农产品无氧呼吸，而过多的乙烯则会加速果蔬的成熟衰老。物流环境气体成分的感知主要基于气体传感器，也就是将某种气体体积分数转化成对应的电信号。根据工作原理的不同，可分为电化学气体传感器、催化燃烧式气体传感器、红外式气体传感器和 PID 光离子化传感器等。其中，氧气和乙烯的浓度检测通常采用原电池式气体传感器，而二氧化碳浓度检测常用红外式气体传感器。

农产品在流通环节极易遭受振动、碰撞、挤压、摩擦等机械力的影响，导致机械损伤，加速呼吸，引起腐烂。振动方面，不同的运输方式、运输工具、运输速度等都会产生不同的振动强度。例如，铁路运输的振动强度一般低于公路运输。碰撞一般发生在搬运过程及产地处理过程，如清洗分选线上。挤压和摩擦等通常发生于产品在运输箱内放置过于密集的情况及采摘过程。不同农产品对机械损伤的耐受性存在差异。物流过程中机械力的监控有助于减少和避免机械损伤。目前机械力的监测主要针对振动力来进行，包括振幅、速度、加速度等因素。通过监测物流过程垂直、横向和纵向上的加速度，并通过频谱分析，就可以采集到此类振动产生的机械力，并进一步判断对农产品的影响。加速传感器通常由质量块、阻尼器、弹性元件、敏感元件和适调电路等部分组成。根据传感器敏感元件的不同，常见的加速度传感器有电容式、电感式、应变式、压阻式、压电式等。图 7-3 展示了物流振动监测系统。

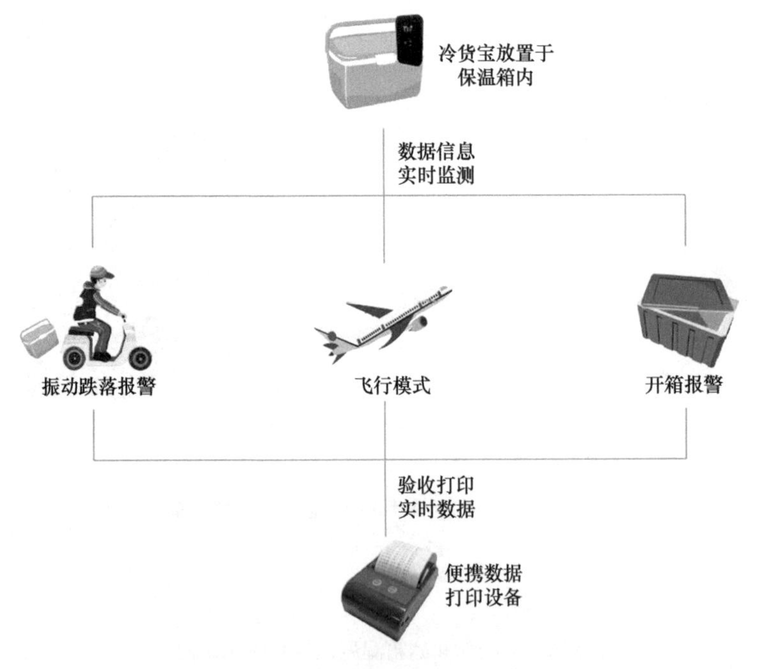

图 7-3 物流振动监测系统示意图

4）视频监控技术。通过摄像装置对监测对象进行集中观察并实时分析的技术称为视频监控技术。随着图像识别技术和人工智能的发展，视频监控技术主要经历了三个发展阶段：一是模拟视频阶段。模拟监控技术以模拟信号的形式来记录传输监控图像。二是数字视频阶段。多媒体终端将采集到的视频模拟信息转换为数字信息。随着硬件技术升级，即便在前端也可实现图像信息的数字化转换。三是网络视频监控技术阶段。数字信号通过 4G、5G 等传播技术实现了点播回放、存储图像和信号管理等目标。随着中心业务平台建立，浏览并调用全网监控资源也得以实现。农产品物流管理中，视频监控技术主要在仓库中进行，实现对仓库过程管理的视频拍摄。此外，在车辆运输、货物搬运等方面也有应用。随着人工智能和图像处理技术的不断进步，除了对物流过程进行视频拍摄，在实时行为分析、动态捕捉、预测预警、无人值守，以及与其他物流信息进行融合分析等方面是主要发展趋势。

5）定位导航技术。基于卫星导航系统准确获知物流过程中运输工具和货物实时位置的技术称为定位导航技术。一般具有快速、连续、高精度、实时性、全天候等特点。我国的北斗卫星导航系统、美国的 GPS 系统、欧洲伽利略系统及俄罗斯 GLONASS 系统是全球主要的定位导航系统。GPS 技术发展得较早，是由美国军方研制的一种全天候的卫星导航系统，目前在全球应用最为广泛，其系统主要包括地面控制部分、卫星空间部分、终端装置部分等，只有上述三个部分协调工作才能实现空间精准定位。北斗卫星导航系统是我国根据国家安全和经济社会发展需要而自主建设运行的全球卫星导航系统。北斗卫星导航系统的定位原理和 GPS 类似，其主要特点包括可以与其他卫星导航系统兼容、高轨卫星更多、抗干扰能力强、可以通过多频信号组合提高服务精度等。与 GPS 系统不同的是，北斗卫星导航系统的所有用户终端位置计算都是在地面控制中心完成的，因此可以保留全部北斗终端用户机的位置及时间信息。北斗导航系统除了定位功能，还有通信功能，可以每次传送 40～60 个汉字。定位和导航技术在农产品物流中的应用，不仅可以实现车辆的导航和定位，实时了解运输工具所在的地理位置，消费者也可以借此查询购买商品的物流进度；同时还有助于物流指挥监控，提前进行最佳道路规划，充分利用运输车辆的运力，降低物流成本。

7.1.3　物流信息传输技术

作为物流活动和供应链各环节间的纽带，物流信息是否能够完整、及时、准确地传输对现代物流管理的效力和产品的品质具有决定性作用。相较于传统的有线传输方式，复杂多样、广泛联动的物流信息更适合于突破空间局限性的无线传输形式，具有传输速度快、支持业务多样、覆盖范围广等特点。

常见的无线传输方式主要包括三大类。

一是无线传感网络技术（wireless sensor network，WSN），可通过自组网多跳的方式连接分散在空间中的一系列传感器单元，借助无线网络传输汇总采集信息，协助监测分散在空间范围的环节状况，并对获得的物流信息（如温度、湿度、气体浓度等）进行一定分析处理。图 7-4 对比了常见无线传输技术的参数，其中 ZigBee 和蓝牙（BLE）是主要的两种 WSN 技术。由多个可互相通信的数传模块组成的短距离、低复杂度无线通信技术称为 ZigBee 网络技术（紫蜂）。在不同的物流应用场景中，ZigBee 会利用其强大的组网能力转换出合适的网络结构。除此之外，ZigBee 技术不仅可以利用网络节点作为监控对象，还可中转其他网络节点的资料数据。ZigBee 具有强大多样的组网能力，如星形、树形和网状网等，可根据不同的物流应用场景选择合适的网络结构，图 7-5 是 ZigBee 网状网结构示意图。蓝牙是一种小范围无线连接技术。其中低功耗蓝牙是对传统蓝牙技术的补充，一般采用 2.400～2.4835 GHz 的 ISM 频带，以及 40 个 2 MHz 带宽的信道，具有缩短无线开启时间、降低收发峰值功耗、快速建立连接等功能。BLE 协议可保证它在非必要时刻彻底关闭射频功能。目前，采用蓝牙低功耗技术的温湿度卡片在冷链物流中运用较为广泛。

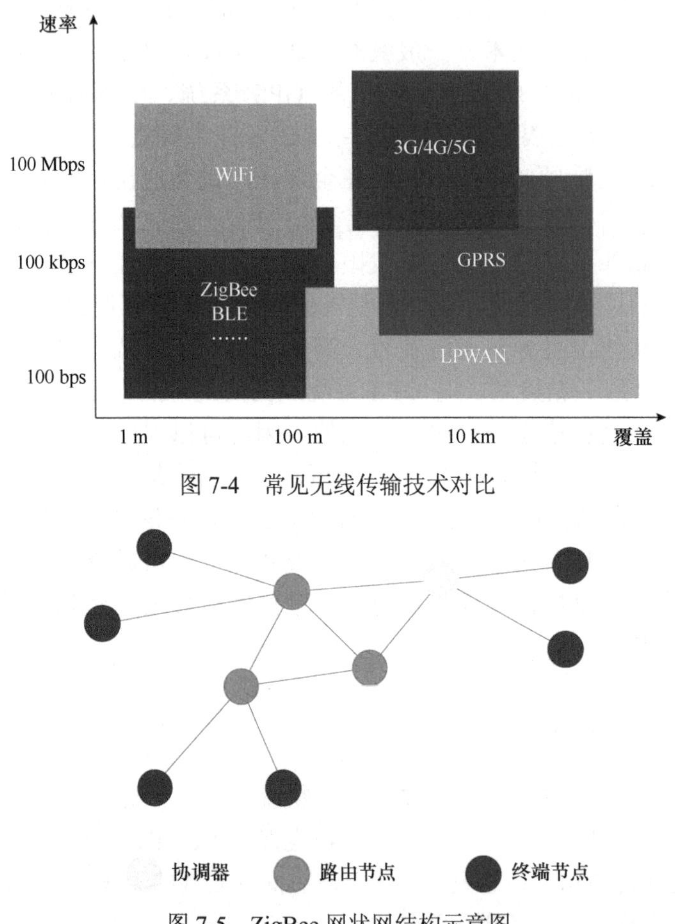

图 7-4　常见无线传输技术对比

图 7-5　ZigBee 网状网结构示意图

二是无线网络，包括蜂窝移动网络、WiFi 等。蜂窝移动网络因各通信基地六边形的信号覆盖构成网络覆盖后呈蜂窝状而得名，包括 1G（第一代移动通信网络）到 5G（第五代移动通信网络）。近年来快速发展的 5G 技术为农产品物流信息化发展带来了有力支撑，将有望在机器人与智能仓储、物流高效优化与跟踪、无人配送与自动驾驶等方面提升物流业的智能化水平。由 WiFi 联盟（WiFi Alliance）持有，基于 IEEE 802.11 标准的终端设备以无线方式互相连接的技术称为 WiFi（wireless fidelity），也就是平时俗称的无线上网，是当今使用最广泛的一种无线网络传输技术，具有覆盖面广的特点，因此被广泛用于物流仓储。只需要通过路由节点，不需要复杂的布线，不依赖物理媒介就可以为物流信息的有效传输提供通信保障。

三是低功耗广域网络（LPWAN）。LPWAN 是一种基于物联网 M2M 通信场景优化的蜂窝汇聚网关远程无线网络通信技术，主要通过电池供电，以星形网络覆盖，具有低速率、超低功耗、低占空比、支持单节点最大覆盖可达 100 km 等特点。代表性的 LPWAN 技术主要包括 NB-IoT 和 LoRa。NB-IoT 是基于蜂窝的窄带物联网，可实现低功耗设备在广域网的蜂窝数连接，其安全性、稳定性和可靠性较高，数据可以直接上云，直接部署于 GSM 网络、UMTS 网络或 LTE 网络。LoRa 是一种基于扩频技术的超远距离无线传输方案。由于其长寿命、大系统容量和远距离通信能力，在农产品物流领域具有广阔的应用前景。

7.1.4　物流信息管理技术

7.1.4.1　ERP 系统

企业资源计划系统（enterprise resources planning，ERP）是指建立在信息技术基础上以系统化的思想为企业及员工提供决策服务的管理平台。ERP 方案有效地实现了企业内外部的资源规划和信息管理。当面向企业内部，ERP 提供与采购销售、项目财务、生产人力等相关的软件模块；而当面向企业外部，ERP 则提供与客户关系、供应链等相关的功能模块。在物流领域，一方面，ERP 可以利用计算机网络技术和 GPS 增强监控功能和双向信息，实现降低运输成本、网络化运输管理，以及提高货车配置效率的目标；另一方面，ERP 可以利用质量管理、销售分销、生产计划等核心模块完成对企业物流的整体改善。

7.1.4.2　EDI 系统

通过通信网络将商业文档在企业间自动处理和传输的系统称为电子数据交换（electronic data interchange，EDI），它以 ANSI X.12 和 EDIFACT 为主要执行标准，主要包括用户、格式转换、通信、报文生成和处理四个模块。EDI 采用计算机自动处理传输格式化的标准文件，且该文件同时具有保密功能和法律效力。在物流领域，EDI 可通过催款对账单、引入出货单等方式进行数据传输和改善作业流程。

7.1.4.3　OMS 系统

订单管理系统（order management system，OMS）是以订单为主线，全面优化调度物流具体执行过程的系统。OMS 拥有物流成本结算、仓储计划制订、订单可视化、事件与异常管理等功能，是物流 IT 系统的核心模块。通过与物流执行系统（FMS、WMS、CDS、TMS 等）的紧密结合，OMS 订单管理系统可有效降低物流成本、提升供应链物流的执行效率、实现供应链执行的持续优化，极大地支持了企业的决策分析和统一管理。

7.1.4.4　WMS 系统

仓储管理系统（warehouse management system，WMS）是以运算法和业务规则为基础的实时运行软件系统。WMS 以精确性和有效产出为指导要求，对行为、信息、分销运作等作业过程进行规范管理，在降低成本的同时，提高管理透明度和仓库效率，保证作业准确性。

7.1.4.5　TMS 系统

运输管理系统（transportation management system，TMS）是以运输作业为系统核心，确定任务执行状况，以系统管理为技术支持，以财务管理促进运输决策，以信息管理建立运输决策知识库的统一的调度管理平台（图 7-6）。TMS 作为车辆和整车零担调度中心，可通过 GPS 车辆定位系统、配载作业、基本信息维护、人员管理、配载作业等模块针对性地进行调度管理，在降低运输成本的同时提高运作效率。

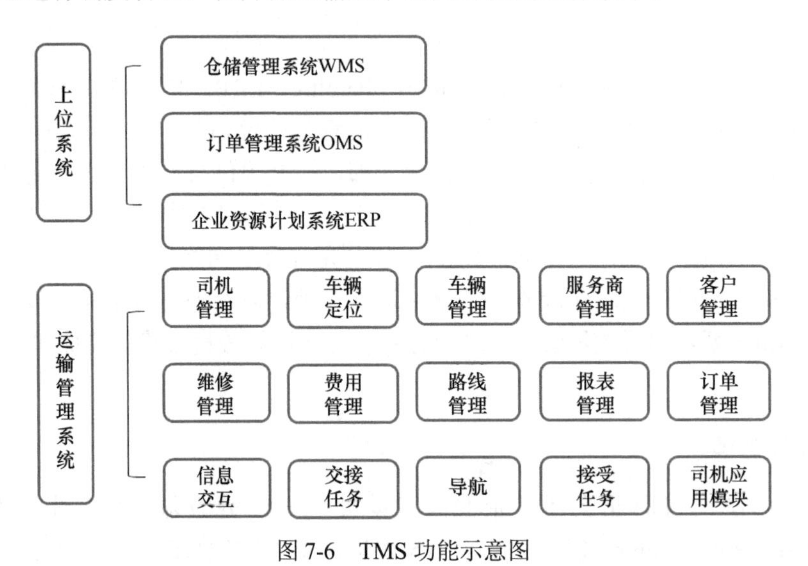

图 7-6　TMS 功能示意图

7.1.4.6　GIS 技术

通过计算机硬、软件系统对整个或部分地球表层空间中的地理分布数据进行管理和可视化表达的特定空间信息系统称为地理信息系统（geographic information system，GIS），也称“地学信息系统”。在物流领域中，GIS 的网络和空间分析功能、空间互查功能、地图制图与可视化功能可有效地帮助物流系统实现物流中心选址、车辆跟踪和导航、最佳配送路线，以及配送区域划分的目标。

7.1.4.7　物流数据挖掘与管理

从海量原始信息挖掘出对企业有潜在的价值，并且可为企业提供决策支持模式和规则的交叉学科称为数据挖掘，它涉及机器学习、人工智能、数据库、企业管理及统计学等方面的知识。在物流领域，不论是以用户信用度来筛选订单的智能化订单管理技术，还是合理选择配送路径并实时追踪的智能化运输管理技术，数据挖掘的加入使更加科学、灵活的物流管理模式成为可能。数据挖掘技术可以依据企业各种运营目标在海量数据库中提取出知识规则或者模式，从而提高企业管理能力和市场竞争力。

7.2　农产品物流物联网技术

7.2.1　物联网概述

利用红外感应器、全球定位系统、射频识别装置、激光扫描器等各类信息传感设备在互联网的基础上遵从一定协议将用户端从人延伸到物品的一种网络称为物联网，其具有技术性、联通性、智能性、嵌入性等特点。图 7-7 展示了冷链物联网结构。物联网技术作为“信息化”时代的重要发展阶段，可通过信息交换和通信智能化监控、识别、管理、定位物品，被称为世界信息产业发展的第三次浪潮。

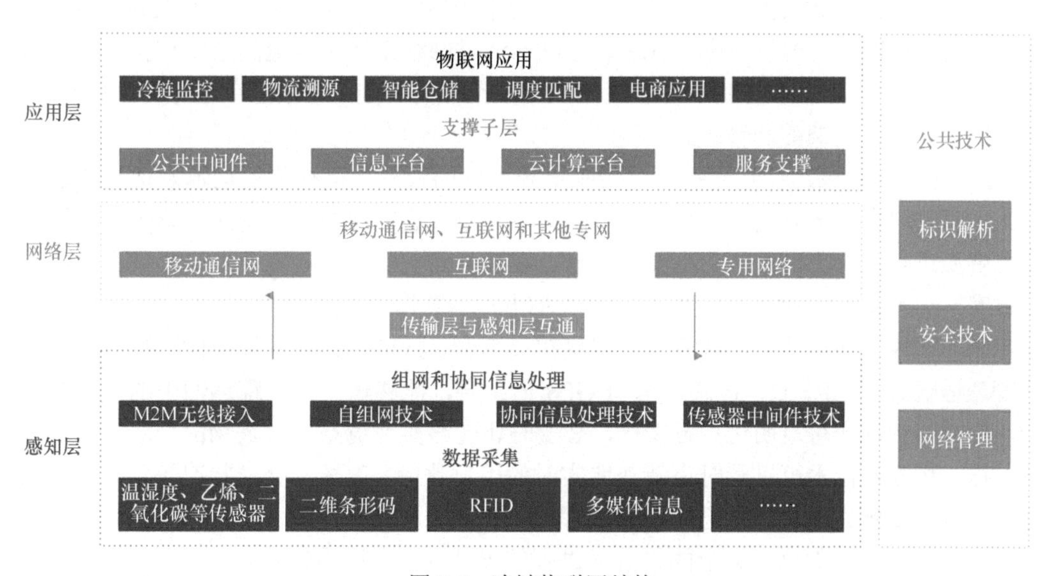

图 7-7　冷链物联网结构

在农产品流通中物联网技术发挥着以下作用：一是简化流通环节。相较于运输环节耗时久、采后农产品损耗严重、农产品运输效率低下的传统物流方式，物联网技术的引进极大程度地减少了批发代理环节的数量、在缩短运输时间和保证产品质量的同时达到了降低流通成本的目标。二是实现零库存管理。物联网技术的引进降低了农产品对仓库的依赖度，集散和分拣完成的产品可直接由配送中心配送给消费者。三是减少资源浪费。物联网技术实时监测物流微环境的环境参数（温度、湿度等），并智能优化配送路线和方案，极大降低了因物流环境不适宜而产生的农产品损耗。四是稳定产销关系。农产品流通能够借助智能平台实现信息共享，及时根据实际生产情况和市场需求采取对应措施。五是安全追踪溯源。由于物联网技术的引进，顾客可通过扫描相关农产品的二维码追踪各个供应环节获取有关信息，切实维护消费者权益、及时溯源排查、消除安全隐患。

7.2.2 物流领域的物联网技术应用

物联网技术能够实时监控物流过程、跟踪易腐货物并进行智能警报，极大地降低了物流过程中的人力和监控成本。物联网与互联网、RFID、产品电子代码（electronic product code，EPC）等技术的结合能够快速自动地处理物品信息并完成信息共享，同时还能够分析信息，提供并优化决策建议，最终实现供应链的高效管理。

1）在仓储领域，物联网技术不但能够降低成本，还可实现仓储物流水平的提高及仓储业务自动化。主要表现在以下方面：一是自动分拣货物。通过物联网感知技术快速自动识别货物，获取库存实时信息以完成降低库存、记录各商品需求模式、快速供货的目标。二是出入库智能化管理。利用 RFID 读写设备识别具有 RFID 标签的货物，可以实现入库时自动将货物信息存入数据库，以及出库时自动匹配货物信息与相关订单。三是自动化盘点。智能扫描器可通过扫描产品的电子标签数据，对货物进行准确、高效的自动化盘点。四是“虚拟仓库”管理。互联网通过网络系统将各地的仓库连接起来，形成了“虚拟仓库”。“虚拟仓库”在扩大货物集散空间的基础上，方便库存的优化和处理，以实现仓库的统一调配和管理。

2）在运输领域，物联网技术可带来更智能化的管理、可视化的运输及透明化的信息。主要表现在以下方面：一是制定运输方案。通过物联网技术，物流信息平台能够对信息资源进行强有力的整合、高效的传递，以及智能化的分析研究，最终提供合适的运输方案。二是提高作业效率。利用 EPC、RFID 等技术对产品进行识别编码，不但能够避免因人工输入而造成的出错率，还能够提高装卸、入库、盘点等环节的工作效率。三是管理运输过程。RFID、传感技术和 GPS 的结合，能够识别和跟踪运输中的车辆及货物，使道路管理变得透明化、可视化，必要时还能够实现道路上对货物的控制。四是运输配送。物联网技术可以及时更新获取实时的用户数量、需求及交通状况等信息，并根据这些信息制定智能化配送方案，极大程度上提高了配送效率。五是运费结算和审计。计价系统智能识别货物标签上的信息并进行结算处理，审计确认后自动扣除运费，使交易过程变得简化明了。

3）在车辆监控领域，基于物联网技术的物流车辆监控管理系统可实现实时监控车辆，以及对车辆信息进行存储、管理与分析等功能。车载终端和数据库系统主要负责驾驶员和监控中心的互相联系及数据的存储。监控中心是物流车辆监控管理系统的主体，监控人员通过监控中心对车辆下达指令或掌握车辆信息。例如，监控人员可通过 GPS 对车辆进行实时定位，通过 RFID 技术对车辆进行跟踪查询，通过 GPRS 的语音功能实现消息的实时传送。图 7-8 展示了基于物联网的冷藏车监控系统。

4）在港口物流领域，物联网技术在采集港口物流信息的同时，还可以利用互联网整合港口码头作业、陆路客货运输等港口物流系统，从而为口岸管理部门及企业提供各类信息、完成各类业务。主要作用表现为以下几方面：一是提高管理水平。物联网技术

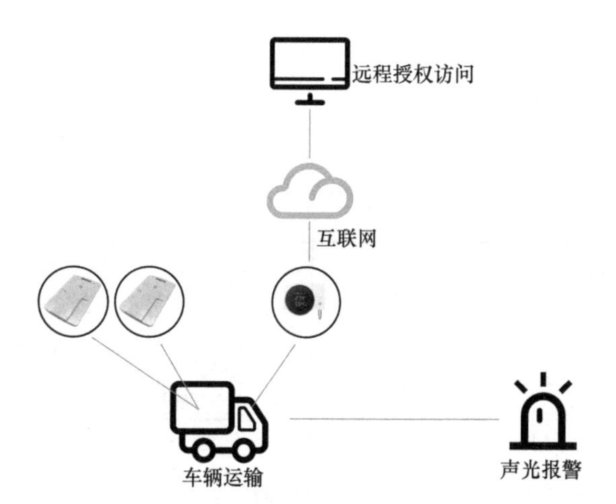

图 7-8　基于物联网的冷藏车监控示意图

能够为管理决策提供数据依据，并利用先进的算法监控和分析各种参数，最终提供智能化的作业安排。二是码头业务管理。包括丰富的网站服务、船舶的集中调度、堆场智能管理，以及场馆、计费、设备等方面的管理。三是安全生产效应。例如，减少中转作业以保证货物安全，缩短在途时间以减少交通事故发生的概率，简化人工检查以提高安保效率等。四是良好的经济效益和社会效益。在经济效益方面，物联网能够提高物流操作效率以降低港口作业成本，提高港口吞吐能力以扩大收入；在社会效益方面，物联网能够统一指挥作业以提高管理效率，监控和预警以规避风险。

5）在配送领域，物联网通过影响配送方案的多种因素进行采集和有效反馈，以形成动态的配送方案，从而及时解决问题。主要措施如下：一是制定动态的配送方案。实现配送动态化的关键在于制定合适的配送方案。首先通过互联网进行有效源头信息的获取，其次通过网络传输，结合系统进行科学处理，最终完成方案的制定。二是自动配装配载。货物在重新配装配载时，可利用物流信息管理系统中的数据实现自动化的分货、配装配载。三是客户动态服务。互联网技术可以实现企业和客户的实时沟通，并对双方交换的信息做出及时的分析处理以调整相应的服务。

6）在销售领域，RFID 技术被广泛用于批发市场或超市等销售场所，以实现对冷柜温度和产品新鲜度的实时监控。通过安装能够提供产品类型和价格信息的电子阅读器，消费者可以在推着购物车通过出口时自动结账。此外，根据产品的供给信息给出储备量不足等自动反馈，便于及时补货。通过监测产品的状态，并在出现异常情况时发出警报，确保安全。

7.3　农产品智能仓储

7.3.1　智慧仓储及常用仓储装备

智慧仓储系统主要包括入库识别、货物搬运、存储上架、分拣出库等作业内容，每项作业都由相应的设备完成，如图 7-9 所示。智慧仓储系统通过系统集成技术，以及现代化的计算机、机电控制、通信信息与管理等技术的运用，达到操作控制仓储设备的目的，从而实现自动化、无人智能化甚至无人化的仓储物流。其中，立体仓库、高位叉车、堆垛机都是常用的仓储自动化设备。

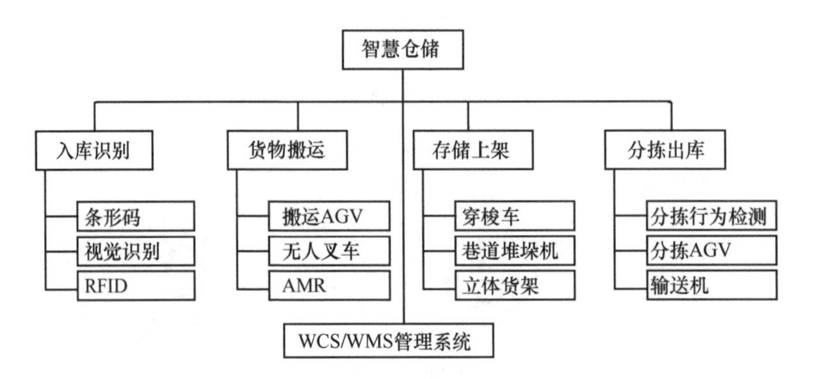

图 7-9　智慧仓储系统的组成

RFID. 射频识别；AGV. 无人搬运机器人；AMR. 自主移动机器人；WCS. 仓库控制系统；WMS. 仓储管理系统

立体仓库：采用专门的仓储作业设备，将货物存储于高层立体货架中，并利用计算机控制管理进行存取作业的仓库，如图 7-10 所示。作为仓储物流自动化的主要形式，立体仓库是现代物流配送中心规划建设的重要内容。立体仓库相较于传统仓库而言，具有空间利用率高、物流系统先进、建设成本低，以及进出库效率高等优势。

图 7-10　大型立体仓库

堆垛机：一般由货叉机构、上横梁、立柱、下横梁、运行机构、起升机构和电气控制系统等构成。根据立柱数量可将其分为单立柱堆垛机和双立柱堆垛机两种，如图 7-11 所示。通过 WCS、WMS 软件管理控制堆垛机在巷道内进行水平往复直线运动、垂直升降、货叉左右伸缩叉取等协调动作，从而实现存储单元货物的自动化出入库作业流程，具有自动化程度高、仓库利用率高、设备稳定性好，以及工作效率高等优势。堆垛机一般采用电缆连接或红外通信方式与立体货架进行通信。

高位叉车：门架工作高度在 10 m 以上的叉车，如图 7-12 所示。高位叉车形式多样，如高位拣选叉车、高位驾驶三向堆垛叉车、前移式叉车、低位驾驶三向堆垛叉车等。其中，窄巷道堆垛叉车和前移式叉车作为常见的高位叉车，配备有高位作业用的门架，可用于港口的搬运作业及室内的高位立体仓库搬运。

智能叉车与无人叉车：人工成本的不断上涨和无人仓技术的普及，带动了智能物流

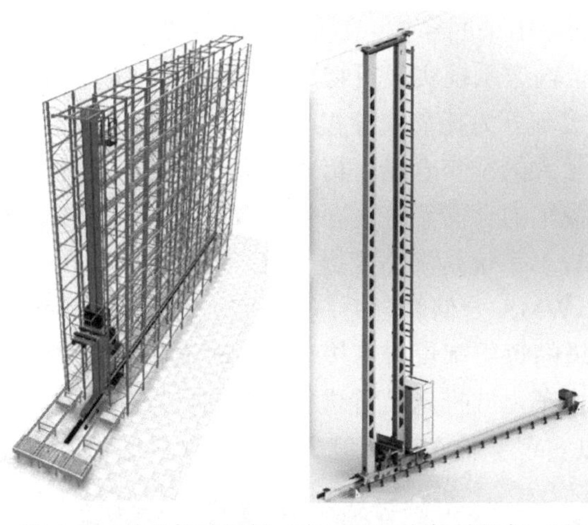

图 7-11　单立柱堆垛机（左）和双立柱堆垛机（右）

图 7-12　高位叉车

技术设备中智能型叉车的发展。智能型叉车的技术优势与特点有以下几个方面：一是各类感知采集技术的集成。例如，车载 RFID 射频识别/读写技术可以快速识别出相应的货物、巷道位置及货物标识标签，完成入库系统的自动确认。二是人机交互界面的个性化设置，可通过指令进行快捷、精确的调度，提高搬运效率。配备的多种传感器可以有效地检测叉车行驶速度、质量、加速度、位置和方位等的参数，也可以实时监测叉车的充电电量和地理位置等运行状态的参数。比如，可以通过距离探测雷达、激光雷达和摄像头等装置自动判断是否发生碰撞，以确保车辆的安全运行和预警，同时，还可以通过网络进行车辆运行状态的远程监控。三是大数据分析和数据挖掘技术会根据上传至"智能车辆调度与监控云平台"的信息对所管理的叉车进行远程运行管理与监控，实现动态调度，减轻管理工作量。相比于具有人工智能技术特征的智能化叉车，无人化叉车最大的特点是无人化操作，图 7-13 展示了一种无人叉车。无人叉车在叉车上装配多种导航方式，以提高其安全性和精确性，如 UWB+IMU（惯性测量单元）、激光导航+UWB（超宽带无线电定位）等，并通过系统内部构建地图和各种调度优化算法，同时辅以碰撞、干涉探测技术，保障叉车的无人化作业。

图 7-13　无人叉车

穿梭车：可在密集的箱式货架或立体仓库中来回穿梭，在提升机或堆垛机的配合下，自动完成上下架作业，并通过辊道或传送带输送系统实现货物出/入库任务的装置，如图7-14所示。根据运输载体的不同，可将穿梭车分为托盘式穿梭车和箱式穿梭车。托盘式穿梭车适用于货物品种少，但各个品种批量大的密集仓储。箱式穿梭车适用于货物品种多，但需拆零分拣的仓储。目前，基于穿梭车的仓储系统主要包括双向穿梭车系统、子母车系统、四向穿梭车系统等。①双向穿梭车系统是由高度提升机、若干辆穿梭车、输送辊道及立体货架等物流装备构成，并由 WMS 仓储管理系统、WCS 仓库控制系统等软件对仓储进行管理和调度。立体仓库巷道的每层都设有穿梭车运行轨道和位置检测装置，穿梭车完成纵深方向的物料移动后，由车上的推送装置进行物料的推送和收取。穿梭车运行轨道的两端与提升机相连，可以实现穿梭车在高度方向上的物料搬运。双向

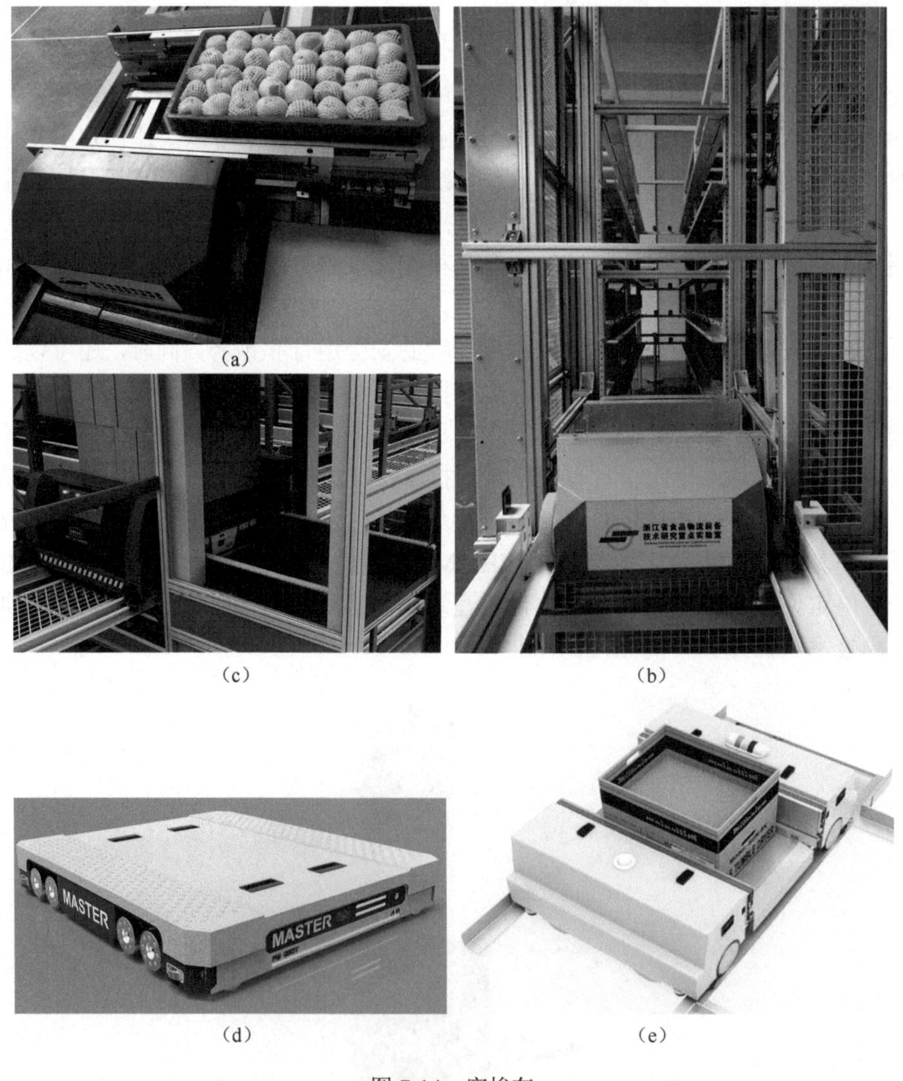

图 7-14　穿梭车

(a) 双向穿梭车运输水果；(b) 穿梭车进入提升机；(c) 子母穿梭车在货架中运行；(d) 托盘式四向穿梭车；(e) 箱式四向穿梭车

穿梭车系统作业效率稳定，适用于出/入库率不高且稳定的仓库。②子母穿梭车在仓储系统构架和作业调度上与双向穿梭车类似。与双向穿梭车最大的不同在于子母穿梭车由穿梭子车和穿梭母车构成，穿梭子车实现横向的物料搬运，而穿梭母车完成纵向的车辆运动，适用于未来需要场地及作业拓展的应用场景。③四向穿梭车在系统构架和运行调度上与双向穿梭车系统类似。四向穿梭车的两套轮系分别负责纵向和横向的运动，是可以完成“前后左右”运行的穿梭车。四向穿梭车场景适应性强，可以在立体仓库的同一层实现高密度存储和作业，也可以通过打穿的墙体和架设的廊桥将分隔开的库区联系成一个有机整体。在仓库中，系统会根据不同库区、不同层间、不同巷道的负荷高度，对四向穿梭车进行优化调度，以实现高效运行的目的。

无人搬运机器人 AGV：AGV 是拥有先进导航方式和灵活行驶路径的搬运载体，具有高度自动化、项目实施速度快、系统柔性强、投资低、回报周期短等优点。随着科技的发展，AGV 在应用场景和技术上日趋成熟。在应用场景方面，AGV 由单一的搬运载体变为智能的装配工具、分拣设备和服务工具；在技术方面，AGV 可以自动完成分拣、搬运等操作工作，适用于库存保有量大、商品数量多的随机存储与拆零拣选场景。为了进一步提高物流拣选的准确率和效率，降低物流成本和配送错误率，同时减轻作业强度，诞生了两种不同的基于 AGV 的物料拣选解决方案。一是“货到人”解决方案。该方案的核心是举升式 AGV，通过地面二维码或激光雷达导航，AGV 潜入货架底下，通过顶升结构货架运送至拣选站。该方案要求 AGV 具有较高的导航精度和搬运能耗，同时“货到人”方案的存储密度较低。二是“订单到人”（“料箱到人”）解决方案。为了降低劳动强度和运营成本，继“货到人”方案之后，出现了以货箱或订单为运载单位的“订单到人”或“料箱到人”仓储机器人解决方案。在该方案中，夹取式 AGV 从固定货架上成批取出料箱，进行长距离行走、运输，“料箱到人”方案具有改造难度小，存储密度高、SKU（stock keeping unit，是库存进出计量单位，可以是件、盒、盘等，用来管理、统计商品库存的单位）多元化、物流作业精细化的优点。同时，可采用一次操作多个料箱或优化调度算法的方式来解决“料箱到人”方案中一次拿货的种类比“货到人”要少的缺点，无人搬运机器人见图 7-15。

（a）

（b）

图 7-15　无人搬运机器人 AGV

（a）AGV 外观；（b）“料箱到人”方案

7.3.2 智慧仓储应用案例

某著名电商公司的物流中心采用大量 AGV 作业的物流设备，极大地提升了运营效率、降低了人工强度、提高了挑选速度。该物流中心的经典作业流程如图 7-16 所示。

图 7-16 物流中心货品处理经典流程

1）收货作业：包装箱通过车辆装卸区的传送线输送至仓库门口收货区的可伸缩式辊道传送线上。扫描包装箱的编码后，根据货物品类，准备进行拆零分拣。在作业区人工拆除包装箱，并对箱内货物分类粘贴条形码，然后采用手持式条形码枪进行扫描，将货物信息录入系统。随后人工将料箱或推车中的货物送至入库区，放置于入库传送带上，通过传送带和物料搬运系统送至仓储区的相应货位上。

2）上架作业：首先由 AGV 将货架驮送至入库操作站，工作人员挑选出对应的货物放置到仓储货架的空置货位，同时用扫描枪读取货物的条形码信息及存储货位的条形码信息，系统会自动将两者的信息编号一一对应。同一个货位上可以存放不同的货物。当货架装满后，AGV 将其运送至系统指定的空位存放，放下货架后，AGV 从货架底下穿行返回，等待系统的下一条命令。

3）拣货作业：工作人员通过显示屏阅读作业信息，AGV 接收到指令后，自动将货架运送至指定区域，同时上方的显示屏同步显示要拣选货物的信息。工作人员通过显示屏上的作业流程和要求进行操作，作业完成后，按确认指令。AGV 将运行到下一工作区，直至所有货物被全部拣选。

4）包装作业：出库的货物通过传送带运送到包装作业区，工作人员将料箱取下，用扫描枪扫描货物条形码或 RFID 电子标签，并根据显示屏上的订单信息、包装箱内货物名称和数量、包装箱的尺寸大小等信息，将货物放入对应大小的包装箱内进行包装。然后将打印出的商品订单信息标签贴在包装盒指定位置，放到出库传送带上。安装在出库传送带上方的 Slam 激光扫描包装盒货物信息，并进行称重。系统自动将获得的数据信息与订单信息进行匹配，并自动打印、粘贴快递标签。而不合格的包装盒会被剔除，要求重新检测。

5）出货作业：众多不同的传送带将各式各样的包装盒汇总到传输带主线，不同的包装盒根据配送地点进行优化归类，通过不同的辊道机、分送皮带机、分拣滑道，进行最后的排序分拣工作。将分类好的包装盒，通过伸缩皮带机、滑块分拣机输送到对应的装卸车位传送带，进行装车作业。

7.4 农产品质量安全追溯技术

7.4.1 追溯技术发展与应用

追溯主要包含两个含义：一个是跟踪，即跟随商品流向的能力；另一个是溯源，即识别商品来源的能力。目前，国内围绕商品追溯体系的技术产品和相关配套服务蓬勃发展，追溯服务业呈现出具体化、规模化、产业化的发展趋势。

7.4.2　追溯系统概述

7.4.2.1　追溯关键技术

物联网技术和追溯关键性技术是追溯的两大主要技术。按照对追溯信息处理方式的不同，可将追溯技术分为追溯信息的标识技术和追溯信息的识别技术。而根据追溯信息编码方式的不同，可以将追溯技术分为一维条形码、二维条形码、无线射频识别技术及字母数字码等。

7.4.2.2　追溯系统的功能需求

追溯系统实现了企业对农产品全程追溯数据平台的普遍性、可扩展性和多层次的需求，确保了从生产、加工、储存、运输到销售全过程的信息透明。随着条形码技术、RFID 和 EPC 物联网的应用，每个农产品都被贴上了条形码或 RFID 标签存储器，有关农产品的各种信息被写入标签。消费者和政府监管部门可以获取这些信息，以便追踪农产品的生产来源和事故责任。当农产品出现问题时，该系统可以追溯到流程的每一个步骤，为农产品安全提供有效的监管。

例如，用于农产品 1+*N* 追溯的系统模型中，1 是指一个通用的数据平台，*N* 是指多个专用的数据收集模块。其中，数据平台负责数据的查询、存储和传输。专用数据模块负责农产品的储存、生产、加工、运输等过程。1+*N* 追溯体系模式，分开了追溯体系的通用部分和专用部分区，这不仅解决了分工重复、不明确的问题，还解决了追溯体系覆盖品类单一的问题。该追溯系统主要包括政府、消费者、企业管理和系统管理这四个模块，它的最终目的是实现企业、政府和消费者之间的信息共享，建立起一个面向企业、消费者和政府监管部门的服务平台。

7.4.2.3　系统架构

农产品追溯系统是指依托系统集成、网络通信及数据库应用等技术，同时利用 RFID、EPC 等信息技术建立的一套信息化监管平台。该系统可以全程跟踪和追溯农产品从整个产业链到终端消费的各个环节。政府监管部门可以对农产品流通产业链各个环节进行有效的监控，并及时进行数据统计。消费者也能够全程追溯查询所购买的农产品相关信息。具体执行过程中，每一个农产品都粘贴有 RFID 标签储存器，该标签内记录着相应农产品的各种信息，所有信息都统一采用 EPC 编码管理方案，以保证农产品的唯一性。不论何时何地，只要消费者在网络上输入溯源码，就可以查询到所购买的农产品所有相关信息。

追溯数据平台在追溯系统构架中是一个可拓展、可分布式的开放平台。政府部门负责构建追溯平台和维护追溯信息。节点企业负责维护和建立企业自身的信息，以及注册 EPC。消费者可以利用溯源码通过平台，查询到所购买的农产品的所有相关信息。溯源码确保每一个物品在物联网中都有自己唯一的编码。网络架构提供物品编码解析、数据发现、网络管理等服务。利用各种感知设备，数据层获取到农产品产、加、储、运、销过程的数据。各个企业可以建立自己的 PML Server 作为分布式信息的存放点来存放自己的农产品数据，并自己管理。构架中的 ONS 为物品提供解析服务，DS 为物品提供发现服务，并通过组织索引管理农产品信息，具有功能可扩展、规模可伸缩的优点。

供应链上的节点企业将产品信息通过 RFID 等相关技术保存到企业自身的 PML 服务器上，并把 PML 服务器地址注册到本地 ONS 服务器中，又把本地的 ONS 服务器地址注册到本平台根服务器上。因此，消费者只需要在平台上输入产品的溯源码，就可以通过平台根 ONS 服务器找到企业的本地 ONS 服务器地址，再通过本地 ONS 服务器访问 PML 服务器，最终获得产品的所有相关信息。

7.4.3 基于区块链的追溯技术及系统

区块链的本质是一种去中心化的分布式账本数据库。区块链技术通过多方共识算法建立互联网上的信任，并通过智能合约实现服务流程的自动化。区块链技术通过密码学方法将区块相关联起来，每个数据块包含了一定时间内的系统全部数据信息，并生成数字签名，以验证信息的有效性，然后链接到下一个数据块，从而形成一个主链。区块链技术的主要特点有以下几方面。

1）去中心化。在区块链的系统中没有中央部署的软硬件系统，因此区块链并不需要依赖中心化的人为管理机构，其所有的计算和存储节点的权利和义务都是一样的，整个系统的运行依靠分散的客户端节点共同参与和维护。

2）不可篡改性。区块链通过采用单向哈希算法，同时每个新产生的区块严格按照时间线性顺序推进，因为时间的不可逆性，任何试图入侵篡改区块链内部数据的行为都很容易被追溯。

3）开放透明。一方面，区块链整个系统的代码都是开源的，每个用户都可以阅读其逻辑原理，另一方面，整个区块链系统的数据和接口都对所有用户开放，任何人都可以通过公共接口查看区块链数据，并在此基础上进行二次开发，除非交易双方的个人私有信息是加密的。

4）机器自治和匿名性。区块链节点之间通过遵循一套公开透明的算法来实现数据交换，这种交换是在信任的环境下进行的，整个过程完全依靠客户端节点自治进行，同时交易双方完全可以在匿名的环境下进行交易，从而既可以高效可靠安全地进行交易，又可以保护交易双方的个人隐私。

区块链的这些特点，使得很多应用场景都希望能够加快推进区块链技术的应用。而在农产品安全溯源体系中引入区块链技术可以高效、低成本地解决安全领域存在的信用难题。将区块链技术与溯源追溯体系有效结合，充分发挥两者的优势，以达到以下目的：一是区块链具有去中心化和不可篡改的特点，从而保证现有的追溯体系数据的有效性，避免数据在存储、运输、展示等环节被篡改。二是将物联网及其传感技术与区块链相结合，从而使得物流各个环节的数据可以完全依赖机器采集和信任，而不会被人为的选择性所干扰。三是通过区块链来支撑农产品物流过程的透明和机器自治，使得消费者、生产者、政府监管部门等物流各环节参与主体都可以对追溯系统中的数据完全信任，从而提升整个社会的农产品物流供给智能化应用水平。四是由于隐私数据及信息通过区块链加密算法处理，可以更高效维护信息的安全，当农产品安全事故发生时，个人和消费者信息可以被保护，从而有效避免群体事件的发生和网络暴力的过度化。当农产品安全事故发生时，个人和消费者信息可以被保护，从而有效避免群体事件发生和网络暴力的过度化。

近年来，随着科学技术的发展和研究的不断深入，区块链技术的不可篡改性为农产品溯源防伪提供了新的工具。将所有信息利用可信的技术手段记录在“公共账本”上，可以有效地解决传统溯源防伪业务中的“信任问题”，能够帮助农产品行业建立一个可追溯、透明化的体系。中国首个安全食品区块链溯源联盟，就是利用区块链技术，实现食品供应体系的全链条溯源，使数字产品信息与相应的食品建立起数字化关联。利用区块链技术进行溯源系统性建设工程，极大地提高了数据的准确性和可信度。而所有食品供应链参与方共享交易记录也在一定程度上增强了参与方之间的信任与协作。因此，区块链技术在农产品供应链追溯中，能够提高农产品供应链各个环节的透明度、验证农产品安全数字化存储平台的可靠性，还能够完成单个农产品高效快速的召回工作，以及实现农产品全链条的可追溯性。例如，由趣链科技、工商银行等共同打造的基于区块链的趣农道农产品溯源服务平台，以数字技术瞄准农产品的现代化品牌建设，解决数据存储安全性低、溯源标准不一、溯源体系不完善、缺乏公信力等问题。平台通过技术手段可以增强品牌形象、支撑产品质量安全建设，并拓宽监管渠道。目前，已在云南、上海、重庆等地就中药材、黑山羊、普洱茶等当地特色农产品实现了落地，带来了良好的经济效益，也有利于农村社会信用系统的建设。

参考文献

冯贺平, 吴梅梅, 杨敬娜. 2017. 基于 ZigBee 技术的果蔬冷链物流实时监测系统. 江苏农业科学, 45(6): 219-221.

黄怡, 胡恒, 江霞, 等. 2018. 基于蓝牙 4.0 的智能物流监控系统设计. 测控技术, 37(5): 66-70.

姜方桃, 邱小平. 2019. 物流信息系统. 西安: 西安电子科技大学出版社: 123-125.

李波, 王谦, 丁丽芳. 2019. 物流信息系统. 2 版. 北京: 清华大学出版社: 325.

李学工. 2020. 冷链物流管理. 2 版. 北京: 清华大学出版社: 152.

梁雯. 2019. 物流信息管理. 北京: 清华大学出版社: 118-120.

刘娜, 窦志武. 2019. 浅谈 5G 时代下智能物流仓储的信息化发展. 物流工程与管理, 41(6): 1-3, 7.

刘子政. 2018. 基于 ZigBee 技术的果蔬仓储物流温度监控系统研究. 仪器仪表用户, 25(3): 19-21.

冉学文, 宋志兰. 2010. 物流管理信息系统. 北京: 科学出版社: 25.

孙红霞, 李源. 2020. 冷链物流管理. 北京: 清华大学出版社: 38-40.

汪利虹, 冷凯君. 2019. 冷链物流管理. 北京: 机械工业出版社: 59.

王洪伟. 2020. 物流管理信息系统. 北京: 北京大学出版社: 258.

王先庆. 2019. 智慧物流: 打造智能高效的物流生态系统. 北京: 电子工业出版社: 296-300.

王义勇. 2018. 基于 WSN 的农产品冷链物流监测平台设计与实现. 计算机时代, 5: 56-57.

温泽. 2013. 基于 GPS 和 GPRS 物流实时定位系统. 呼和浩特: 内蒙古大学硕士学位论文.
翁心刚, 安久意. 2015. 鲜活农产品冷链物流管理体系研究. 北京: 中国财富出版社: 41.
谢如鹤. 2013. 冷链运输原理与方法. 北京: 化学工业出版社: 89.
熊静, 张旭, 喻钢. 2017. 物流信息管理. 北京: 国防工业出版社: 75.
杨业娟, 胡孔法. 2011. 基于 RFID 的物流仓储管理系统分析与设计. 现代电子技术, 34(22): 199-201, 210.
叶健恒. 2018. 冷链物流管理. 2 版. 北京: 北京师范大学出版社: 100.
于胜英, 郭剑彪. 2016. 智慧物流信息网络. 北京: 电子工业出版社: 58.
俞巧君, 梁丰研, 潘瑾, 等. 2016. 基于北斗与蓝牙的物流监测系统设计. 测控技术, 35(1): 50-52.
张丹. 2017. 基于 4G 物联网的智能型配送箱的设计. 无线互联科技, 8: 53-54.
张晓明, 孙旭. 2019. 物流信息化与物联网发展背景下的农产品冷链物流优化研究. 北京: 经济管理出版社: 74.
赵超, 陈寿元, 邵增珍, 等. 2014. 基于RFID, GPS, GPRS 的物流追踪系统的研制. 电子设计工程, 22(5): 147-149, 153.
郑少峰. 2019. 现代物流信息管理与技术. 北京: 机械工业出版社: 63-75.
周杰, 席兵, 张治中, 等. 2018. 基于物联网的物流车辆管理系统的设计. 信息通信, 3: 61-64.

第 8 章　智慧农业信息化平台建设

8.1　农业信息化平台

8.1.1　概述

农业作为我国的第一产业，在国民经济中发挥着重要的作用。在信息化飞速发展的今天，“大数据”“云计算”“互联网+”等概念不断兴起，并且渗透到包括农业在内的各个行业中，对人类生产生活的进步产生了深刻影响。信息化技术能够为农业生产保驾护航，对多种先进生产技术进行高效整合，促进了农业生产效率的提高，以及农民增收。

农业信息化平台是基于大数据等现代化信息技术，搜集、分析、利用农业信息数据，实现农业信息数据高度共享的平台。海量的数据资源是农业信息化平台建立的基础，其中包含了专业农业数据、动态农业数据、共享农业数据、涉农企业数据等。高效的信息分享系统可以打破政府、企业和农民群众间的信息孤岛状态。平台将宏观经济与国家权威发布的政策中与农业相关的数据全面收集，高效地为用户提供更加全面的实时资讯。同时收集来自涉农企业和农民群众的数据，既为政府的决策提供参考依据，也帮助涉农企业与农民群众进行更加精准的定位分析和市场分析。平台为用户提供多层次、多角度、多维度的农业数据在线分析功能，使用数据挖掘技术实现专业全面的分析。同时，由于农民群众的受教育程度一般较低，农业信息化平台需要有可视化的操作界面，以及简单便捷的操作方式，以便用户更加轻松地查询数据、分析数据并获取分析结果。此外，平台还可以设立互动模块，提供评论、点赞、关注等功能，以便不同类型的用户都可以发表自己的意见与建议，实现了用户之间的高效沟通，使农业信息化平台同时具有知识共享、交流与传播的作用（李杰，2018）。

8.1.2　农业信息化平台特点分析

首先，从服务领域来看，农业信息平台以农业领域为核心，涵盖种植业、林业、养殖业等行业，并从宏观上逐步拓展为与农林水产相关的上下游产业，全面收集、整合各行业相关经济数据。内容主要包括统计数据、价格数据、进出口数据、气象数据、生产数据等。其次，从地理范围上看，农业信息平台以区域农业数据为核心，借鉴其他省份和国际农业数据，参考资料不仅包括当地乡、市、省的农业数据，也包括国家级的农业数据，为精确的区域研究提供了坚实的基础。最后，从专业角度来看，农业信息平台构建了层级化的实施结构。首先构建农业领域的专业数据资源，然后逐步构建与农业相关的各行业数据资源，并对各行业相关的数据资源进行高效监控（李杰，2018）。

8.1.3 农业信息化平台核心技术

8.1.3.1 云计算技术

在传统的计算模式下，农民、涉农企业或相关专业合作组织建设农业信息化应用平台不仅需要购买相关硬件等基础设施，还需要相应软件许可证的支持，并且需要专业的技术人员对平台进行维护。当生产规模进一步扩大时，只有软硬件升级才能满足平台扩容的需要。对于普通用户来说，软硬件的购买、维护和升级成本过高。如果一个农业信息服务可以为用户提供所需的硬件和应用系统，而用户只需支付少量的租金甚至完全免费，就可以享受到相应的应用服务和计算资源，这将带来极大的便利。

云计算的基本原理是利用非本地或远程的分布式或集群计算机，将各种信息服务（计算、存储、软硬件服务等）提供给互联网用户。云计算可以将普通服务器和个人计算机连接成一个服务集群，从而获得超级计算机的计算和存储能力。云计算的出现为普通互联网用户提供了高性能的并行计算，使并行计算的优越性不再仅仅由专业人士或科学家专享。当用户需要使用云平台资源的时候，他们不用关心真实服务器在哪里，也不需要知道云平台内部是如何工作的。通过高速互联网，他们可以快速使用各种计算和信息资源。通过云计算技术，互联网服务提供商可以在很短的时间内处理数千万甚至上亿条信息，提供与“超级计算机”同等强大效率的网络应用服务（杨国才，2012）。

8.1.3.2 大数据技术

1. 大数据处理技术

传统的数据主要是结构化的数据，关系数据系统可满足它的存储和管理需求，但是大数据往往以半结构化和非结构化的数据为主，各种大数据应用一般需要对不同类型的数据内容进行检索、交叉比对、综合分析和深度挖掘，传统的数据管理技术无法胜任。传统的关系数据库是固定的对象集合，难以支持非结构化数据的存储，在支持系统扩展和数据碎片存储方面存在局限性。关系数据库必须满足 ACID 原则，即原子性、一致性、隔离性和持久性。由于在大数据时代，用户需要访问大量的运营数据，而关系数据库很难满足海量数据存储和实时分析处理的需求。

为了满足不同的大数据处理场景，大数据处理技术可以分为多种模式。按照加工时间的分类，可分为离线处理和实时处理。实时处理意味着计算可以在现场完成，“实时”有不同的定义，数量级从毫秒到秒不等。离线处理意味着处理所需的时间不受严格限制，允许在任何地方从几个小时到几天不等。按处理方式可分为流处理方式和批处理方式。前者是直接处理模式，后者是存储-处理模式。实时计算可以是任何满足实时要求的处理模式，而不一定是流计算。传统的计算方法也可以通过缩短批处理间隔来达到实时计算的效果。

批处理是指数据在处理前积累到一定量，不会一直占用计算资源。该模式适用于已积累且可以离线处理的数据。批处理是在对数据的全面性和准确性要求较高但对实时性要求较低的应用场景中比较常见的处理方式，典型的批处理平台包括 Hadoop 和 Spark。

流处理的应用场景主要是对动态生成的数据进行实时计算和结果反馈，一般对结果的准确性要求不高。典型场景有互联网搜索引擎、金融银行实时监控、社交网络环境监控、物联网等。流处理通常在很长一段时间内持有一定数量的计算资源，以确保数据一到达就能被处理，因此它适合于持续到达且需要立即处理的数据。典型的流媒体平台是雅虎的 S4 和推特的 Storm（冯阳，2016）。

2. 大数据挖掘技术

数据挖掘就是从海量数据中挖掘出未知的、隐藏的、有潜在价值的模式、关系和趋势，并利用挖掘出来的信息建立模型，为决策提供支持。它是一个利用各种分析工具在大量数据中挖掘关系的过程。数据挖掘的过程包括目标数据的选择、数据清洗与预处理、数据分析与建模、结果输出与评价等。

数据挖掘应用可以分为三类：关联、预测和聚类。

关联用于揭示数据之间隐藏的关联关系，包括序列模式分析和关联规则。序列模式分析需要考虑时间，并关注数据前后的因果关系。然而，关联规则用于揭示一件事物与另一件事物之间的相互依赖或相关性，而不考虑时间因素。

预测包括回归、分类和时序模式。回归是利用历史数据预测未来趋势；分类就是建立一个分类模型，将具有特定特征的数据映射到给定的类别中。时序模式是指基于时间或其他序列的趋势进行建模，包括序列发现和序列分析。

聚类是在类别未知的情况下，利用相似距离将数据划分为几个类别的方法。聚类是根据组间尽可能不同、组内尽可能相似的原则，根据预先指定的特征相似性来划分的（冯阳，2016）。

8.1.3.3　IPv6 地址技术

物联网的发展与 IPv6 密切相关，因为每一个连接到物联网的对象都需要一个 IP 地址作为标识码。然而，目前的 IPv4 地址已经不能满足现代农业发展的实际需要。IPv6 具有更大的地址空间，可以满足物联网中节点识别的实际需求。另外，IPv6 采用无状态地址分配方式，可以有效地处理大量的地址分配。无状态地址分配后，网络不需要维护地址的更新周期，而是存储节点的地址状态，从而简化了地址分配的过程。IPv6 除了满足物联网的地址需求，还可以适应物联网节点的移动性和冗余需求。因此，IPv6 具有许多适合物联网大规模应用的特点，已经成为物联网应用的基础网络技术（杨功元，2013）。

8.1.4　农业信息化平台构建

在农业生产过程中，为进一步促进农业经济优化，实现农业可持续发展，我们应不断调整农业产业结构，进一步推进智慧农业建设进程，及时、全面把握农业发展动态。为了实现这一目标，我们需要依靠大数据技术和相关的数据分析技术来构建农业信息化平台。

8.1.4.1 构建农业云平台

农业云平台建设是实施现代农业大数据共享的基础，该平台从云存储、云计算、云服务三个方面入手，重点围绕农业农村发展现状，解决数据分析、数据挖掘、数据应用的个性化需求，以及客户端种粮大户、农业生产大户、农业企业、农业合作社的个性化信息需求问题，这样，农业信息化平台才能更好地发挥互联互通的作用，提高平台的适应性。

8.1.4.2 数据库建设工程

数据库是农业信息化平台的主要组成部分，它是长期存储在计算机上的大量有组织的、可共享的数据集合。因此，实施农业数据库建设项目主要是为了解决与农业发展相关的数据资源的有序管理和共享问题。平台数据库的建设重点在于对农业数据进行科学分类，高效地收集和整理数据，从而实现数据信息的科学管理。

8.1.4.3 大数据共享工程

农业信息化平台的一个重要功能就是实现农业数据共享。因此，在平台建设过程中应积极开展大数据工程建设。实现农业共享数据的标准化是农业大数据共享项目建设的基础。只有建立起数据标准化体系，才能建立省、市、县乃至国家数据中心共享的应用平台和数据资源中心。通过大数据共享项目的建设，可以实现农业数据科学分类，从而构建完善的农业数据科学框架体系。

8.1.4.4 数据服务工程

建立农业信息化平台是为了加强农业相关数据和资源的收集，实现资源与农业生产的有效整合。因此，数据收集的最终目标是更好的应用。利用农业大数据技术，从数据采集到数据应用，需要经过数据选择、存储、挖掘、分析和集成等一系列技术环节。为了更好地构建数据服务工程，有必要开发相应的数据分析软件，并构建数据分析模型。

8.1.5 国内外农业信息化平台应用案例

8.1.5.1 哈尔滨市农业信息化平台

哈尔滨市农业信息化平台包括哈尔滨市“互联网+农业”运营服务中心和“互联网+农业”综合监督指挥调度中心。据了解，平台建设的主要内容是哈尔滨市农业云计算综合支撑服务体系建设、“互联网+农业”运营服务中心和综合监管指挥调度中心建设。其中，“互联网+农业”运营服务中心主要服务于哈尔滨市农业信息化应用成果，包括哈尔滨市农业信息网、公共信息服务平台的建设和运营，包括专家远程 4G 视频诊断系统、农业专家服务支撑平台、农产品质量跟踪平台、农村集体产权监督管理平台；“互联网+农业”综合监督指挥调度中心包括农业应急指挥调度系统、“互联网+设施农业”物联网管理系统、“互联网+水产”物联网管理系统等。

安全农业信息化平台建设项目将实施顶层设计、互联网综合应用、移动互联网、云计算、物联网、智能控制、智能决策、精准农业，采用卫星遥感等现代信息技术，引进先进的管理机制和管理模式，建立全面的农业管理和服务信息系统，实现农业生产信息化、农业经营信息化、农业管理信息化和农业服务信息化，以及全产业链规划、全价值链考量、城乡一体化，提高政府部门监督决策效率和为“三农”服务的能力，提高和加强农业企业的生产经营能力，提高农民获取知识和信息的能力，实现科学种养。

8.1.5.2　湖南省岳阳市屈原管理区农业物联网管理平台

屈原管理区农业互联网管理平台为全区农业互联网示范点提供数据接入、网络平台、信息服务、行政监管和成果展示等服务。通过监测中心示范试点项目的传感器可以采集环境信息、视频信息、气象信息等，对感知设备基础数据进行集中存储、处理、汇总、分析和挖掘，并具有预警、报警等功能，可通过网络实现作为 3G/GPRS/宽带传输设备的远程信息共享，为远程管理和科研提供服务平台。

其主要采用大屏幕视频感知与控制系统，将显示技术与设备、屏幕投影墙面拼接技术、多种图像处理技术、多通道信号切换技术、GIS 技术等应用集合为一体，使系统成为一个拥有高亮度、高清晰度、高智能化控制、操作方法先进的大屏幕拼接显示系统。通过大屏幕拼接显示系统，可以对养殖业感知信息及相关设备进行实时演示、监控和智能管控，使演示和展示更加直观、高效。

物联网控制中心成立后，将实施该项目的技术框架。以下是健康生猪养殖物联网框架结构的说明。该框架的每一层都采用了适用的物联网技术，其效果和设计理念体现了可视化、智能化、个性化和集成化的特点。健康生猪养殖物联网系统基于物联网技术，在湖南农业云的基础上构建了感知层、传输层和应用层三个模块。其中，应用层主要由视频监控系统、养猪场环境智能监控系统和质量追溯系统三个模块组成。通过在线监测猪的生长环境信息，调节猪场生长环境条件，实现猪的健康生长和繁殖，从而提高母猪的生产率，提供优质的猪肉、猪毛等产品，提高农民的经济效益（刘波等，2013）。

8.1.5.3　山东省智慧农业云平台

为有效解决山东省农业相关数据资源分散、孤立的问题，提高山东省农业信息化服务水平。智能农业云平台为顶层设计提供依据，建立农业标准体系，整合收集全省涉农数据资源，形成数据资源中心，在统一用户管理的基础上实现用户权限的分级管理。通过建设共享交换系统，实现农业信息资源的互联互通；开展农业综合决策分析，形成专题分析的“地图”，为农业生产、经营、管理和服务提供有效的数据支持。详细介绍如下。

1. 农业数据资源中心

农业数据资源中心依托云计算技术，按照集约化的理念，实现统一管理、分级授权，通过基础软硬件资源的整合和架构的重构，实现数据资源的按需分布和综合利用。通过对全省各类农业资源数据的整合和收集，构建了 12 个学科数据库，实现了数据的统一标准和规范化管理，促进了各系统数据资源的实时在线查询和服务。

2. 十大平台业务系统加载

现有业务系统分为十个平台，涉及应急调度和信息服务、地理信息、科技服务、质量监督、经营管理、精准生产、咨询服务、农机、畜牧、兽药，这十个平台相互整合。通过权限管理，每个业务系统的单点加载和登录可以互联，每个业务应用系统共建共享，可以实现一站式服务省、市、县（区），解决了制度建设的问题隔离，实现了业务协作，使业务流程更加优化合理，为各级农业部门决策提供可视化服务和业务处理支持。

3. 农业信息资源共享交换

农业信息资源共享交换系统提供共享交换环境，建立信息资源目录和交换系统。横向上，可实现与省级共享平台的数据交换，有利于及时、方便地获取其他部门的信息资源，更好地发展农业信息化应用服务。纵向上，可实现各级农业部门跨层次、跨区域的涉农信息资源共享与交换。推动数据集中、共建共享、业务协同，形成山东省统一开放的涉农数据共享平台。

4. 农业综合决策分析系统

农业综合决策分析系统以农业数据中心的主题数据库为基础，对各类业务主题进行专业分析，实现业务数据的多层次展示和跨年、跨地区、跨行业的多维度分析，并支持在线显示和下载统计结果。该系统为各主管单位和涉农单位开展“专题应用数据”后续建设提供开发平台支持，有效利用统一的数据平台资源，促进应用业务的发展。

5. 主题分析“一张图”展示

从宏观层面上，“一张图”可以实现对全省基础农业数据、农业生产和农业经济信息的汇总和全面把握。主要展示内容包括：基础数据、地理空间、农情、农业资源、环境等。多种灾害、水土、农业经济科目所涉及的各种原始数据和信息的文字、图形等，综合利用面、柱、线等各种图表，动态、直观地显示统计分析结果，实现基于 GIS 的在线区域地图搜索定位、钻孔和联动。方便对农业生产、农产品溯源、农产品市场交易、农业合作等相关情况进行动态、直观的控制，协助领导决策。

6. 统一用户管理

农业云平台的后台管理以基础支撑平台为底层技术框架，以业务应用管理为导向，为用户提供一站式的业务管理服务平台。统一用户中心管理提供组织管理、权限管理和用户管理功能，实现三权分立、单点登录和以用户为中心的融合桌面。用户管理中心实现了对各种具有不同权限的用户的统一管理，包括：组织管理、用户注册、分权管理、个人中心等。

7. 农业标准体系建设

根据国家和省电子政务工程建设项目管理暂行办法的要求，制定了一批相应的农业大数据标准和规范，涉及数据标准、技术标准、管理标准、工作标准等方面，是围绕农业云建设中信息资源、数据和系统应用的实际需求制定的。包括《农业大数据分类与编码规范》《农业大数据数据采集规范》《农业综合决策分析系统基本功能规范》等地方标准，可有效避免不同业务系统之间信息获取的重复，以及名称、类型、数据格式、数据同步更新不及时（郑勇等，2018）。

8.1.5.4　日本千叶县 GRA 智慧草莓生态温室

日本耕地少，土地资源贫瘠，自然灾害频繁，过去，全年依靠从世界市场进口粮食。随着粮食危机的迫近，日本农民的年龄越来越大，数量也越来越少。如何获得足够的资源来发展农业，是国家生存的基础，也是历届日本政府最关心的问题。在近 10 年的探索过程中，随着高科技的日益成熟和成本的不断降低，日本得出的结论是：日本农业的根本出路是利用一切现有的高新技术，发展专业化、集约化的智慧农业经营，提高农业产业的科技含量，降低农业对基本土壤、气候等自然环境的依赖，运用先进技术，构建现代农业生态新模式。

日本农业科技一直以“安全、安心”为最高追求，千叶县 GRA 智能草莓生态温室，已开始广泛应用云计算、物联网、无土全营养液种植技术等前沿技术种植有机原生态草莓。这种高端草莓在日本的售价至少为 50 元人民币，但仍然供不应求。智能农业云平台不仅可以通过网络实现对灌溉水肥一体化系统的监控和运行，而且可以使用特定的 ID 密码来监视和控制特定的温室，同时，可以将日志数据存储在服务器上。为了操作温室设备，其使用专门的机器连接到温室，从而控制设备的运行和电源的自动开关。灌溉控制传感器采集数据，灌溉水肥一体化系统计算出每棵草莓幼苗所需的水和营养液为 300 ml，每天 3～5 次，每次 3～5 min，使每棵草莓幼苗都能合理吸收养分和水分。第一年，每家草莓厂每株草莓可以生产 300 g，售价为 100 元/kg。由于水肥一体化是一个生态循环系统，第二年草莓幼苗的营养会更充足，每株产量将在 400～500 g，经济效益非常可观。智慧农业云平台提供最适合蔬菜水果生长的环境和所需要的养分，采用冷棚可以在夏天种植草莓，智慧农业云平台帮助实现了全年种植草莓的可行性。通过智慧农业云平台可以显示哪些位置应该播下种子、应该播下什么种子、菜苗应该移到什么位置等。工作结束了，工人会在系统上进行登记。这么做不仅可以防止工作遗漏问题的出现，统一掌握工作进度，还能确认温度、湿度、营养液、pH 等栽培室的环境数据（向国春和王磊，2016）。

8.1.5.5　美国智慧农场系统

在美国，农业大数据与精准农业概念相结合，已经应用于大部分农场并产生理想收益。通过对农业生产全过程的精准化、智能化管理，可以极大程度地减少化肥、水资源、农药等投入，提高作业质量，农业经营变得有序化，从而为转向规模化经营打下良好基础。

在美国，一些大的种子公司已经意识到，大数据的出现需要对传统商业模式进行转型。孟山都先后收购了 Precision Planting 公司和 Climate Corporation 公司。作为世界上最大的种子供应商，孟山都拥有世界上最大的资源和量产数据。随着植物环境分区和精细的品种数据的可用性，农民可以获得更多的实际信息。例如，他们的农场属于哪个种植区，什么样的种子在什么条件下生长得最好等。而另一位种业巨头杜邦先锋公司依托其优质种质资源与研发技术，也已先行结合农业大数据促进精准农业。它的种子部门与农业机械制造商约翰迪尔合作，向农民提供种子和肥料方面的建议。无论是约翰迪尔的Farm Sight，孟山都的Climate Pro、Field Scripts还是先锋的Field360，它们都已经被广泛应用于农业大数据系统。这些系统与Climate Cloud结合，整合农民机械化农具的种植和产量数据，以及气象、种植区划等多样化数据，从而获得更详细的种植决策、更精准的农业生产，帮助农民提高产量和利润。

农业大数据可以让农民通过移动设备对农场进行管理，实时掌握土壤、温度、作物状况等信息，提高农场管理的准确性。然而，再好的决策，也需要硬件去实施。在有效合理利用农业生产过程的前提下，农地信息的管理与分析显得尤为重要。试想在田间生产中，即使两块田相距两三米，土壤的水分、营养和作物的生长也可能完全不同。在过去，农民不知道如何区分这些差异，他们会在相同的距离种植相同的品种。现在，在农业大数据分析的帮助下，可以在高肥力地区密集种植，而在低肥力地区则较少种植，可以改变适合的种子品种，这些都是自动化的，随播种一起进行。合理的种植分析，可以给玉米每亩带来百余千克的增产。天宝提供了完整的农场运营集成解决方案“网络农场系统”，能够通过无线模块进行无线网络通信，连接整个农场的软硬件设备，使信息在室内计算机之间进行传输和处理，从而使信息在室内电脑、农机车辆、其他终端间进行传输和处理。该管理系统基于地理信息系统（GIS）开发，提供全面的农业解决方案，包括农场地图的浏览与编辑、农业产业收入的计算与管理、精准农业数据的处理与分析等。

8.1.6 浙江智慧农业云平台

浙江农业信息化经过近20年的建设，在基础网络、硬件设备、软件开发、应用水平等方面有了较大的发展，信息应用已基本涵盖了生产、流通、管理和服务四大领域，在掌握生产动态、开展为农服务、强化行政监管、提高工作效率等方面发挥了积极作用。在渐进的信息化建设过程中，各业务部门的垂直信息系统比较多，由于建设时缺乏统一的顶层设计、技术架构和数据标准，导致标准不一，数据分散。浙江省智慧农业云平台建设之目的就是要把各系统数据整合起来，实现动态更新，数据共享应用。

8.1.6.1 浙江省智慧农业云平台架构思路

根据《浙江省现代农业发展“十三五”规划》的要求，建设一个省级现代农业数据中心。按照“硬件集中、设备共用、软件衔接、数据共享”的原则，做大做强信息化在现代农业中的各项应用，促进现代农业与信息化深度融合发展。浙江省智慧农业云平台的主要架构思路如下。

1）依据农业信息化建设和应用中存在的问题为改革创新导向，建立顶层化平台设计、垂直化系统管理、专业化更新运维、扁平化数据共享机制。

2）以地理空间信息为基础，农业物联网与视频监控点布设为重点，历年农业统计和实时业务数据为核心，在地理信息上叠加各项空间与属性数据应用，常用数据集中在数据仓，通过数据联动的方式调用到各项应用中。

3）以农业各业务系统数据为基础，重点解决各业务系统数据与平台的对接，突出融合创新，强化标准规范、资源整合和数据共享，通过信息技术采集、加工和处理数据，建立浙江省智慧农业云平台。

8.1.6.2　浙江省智慧农业云平台核心功能

浙江省智慧农业云平台是借助新一代物联网、大数据、3S 等信息化技术，整合省、市、县各级涉农信息资源，顶层设计“一个平台一个中心 *N* 个应用”，即智慧农业云平台，现代农业数据中心，农业生产动态监测、农产品监测预警、农产品质量安全、农业行政许可管理、农业生态监控等 *N* 个应用。目前，浙江省智慧农业云平台的建设，主要有四大核心功能。

1）现代农业数据中心。将省技术标准分发市、县，整合省、市、县各类涉农数据资源，建立农业数据库，实现全省涉农数据共建共享。

2）农业物联网接入。接入多个物联网监测信息点，集成多个信息系统的数据，整合全省物联网应用基地及生产数据，实现集中管理。

3）现代农业综合管理。平台应用根据实际工作需要接入，成熟一块接入一块，各市、县还可在此基础上扩建本级农业行政监管业务，并与现有业务系统无缝对接，不仅实现资源共享，而且实现信息系统的集约化建设和低成本统一管护。

4）应急指挥和防灾减灾。依托网络化、可视化、空间网格化等手段，通过大数据分析，结合全省视频会议系统，开展应急指挥预警决策，实现可视化远程监控和指导处理，实现全省农业应急联动和统一指挥。

8.1.6.3　浙江省智慧农业云平台集成方式

浙江省智慧农业云平台已对接整合了农业物联网、生态循环、农业产业化、种植业生产、农产品质量安全、农村经营、农业机械管理、畜牧业管理、应急预警、农技推广等十大农业资源数据库，初步形成了农业大数据，对科学指导农业生产经营管理、农业行政监管决策和社会公众服务发挥出了积极的作用。

1）农业物联网：对全省物联网应用点进行集中展示和统一管控，实时掌握物联网的建设情况。了解作物的长势长相、病虫的发生危害情况、自然灾害预防和受灾程度等。

2）生态循环：对全省农业环境监控点进行不间断的实时监控、可视化管理和集中展示，异常情况及时预警。掌握农村能源、秸秆利用、生态循环等数据。

3）农业产业化：集成农业两区、农业产业化、休闲观光农业、农业现代化评价、农产品市场监测预警、全产业链等产业数据，反映我省农业现代化整体水平。

4）种植业生产：对我省粮食生产和主导产业的种植面积、产量、产业分布、市场行情、经营主体等发展状况和种子种苗、土壤肥料、植物保护工作情况进行全方位分析和展示。

5）农产品质量安全：将农业生产主体、农资经营主体和“三品一标”农产品纳入监管，实现农产品的正向监管和逆向溯源。

6）农村经营：集成全省农村基层组织、人口、收益、负债、土地流转、专业合作社数据，直观地展示农村的过去、现状的变化趋势。

7）农业机械管理：集成农机相关业务和数据，为农机调度和决策管理提供科学依据。

8）畜牧业管理：集成全省畜牧生产、流通、屠宰加工和无害化处理等业务系统，实现畜牧业的资源整合、数据共享和业务协同。

9）应急预警：采用物联网技术，实时了解灾害或疫情发生情况和影响范围，实现灾变预警和应急处置。

10）农技推广：通过公共服务中心、科技示范基地、农技专家等数据，反映我省农技推广体系建设情况。

8.1.7 小结

当前，我国农业发展面临着资源、环境、市场等多重制约。发展农业信息化是我国农业突破制约、实现产业升级的根本途径。农业云计算以其强大的优势，已成为加快农业信息化建设的必要手段。

8.1.7.1 提高认识，加强领导

云计算与现代农业的发展密切相关，符合未来农业发展的趋势。政府部门要高度重视公共服务水平的提高和公共服务平台的建设，对“三农”综合信息服务平台进行全面规划、总体设计和制度创新。加强领导机制建设，建议以农业农村部为主体成立专门的农业云领导小组，加强顶层设计，与有关部委共同研究建设需求，打造全国共享的综合云，避免重复建设和资源浪费。

8.1.7.2 加大投入，重点倾斜

农业云建设属于社会公益事业，作为一种新的思路和算法，包括基础设施、设备平台、用户终端、基础软件和应用软件。全国农业云平台建成后，将根本解决农业信息化“最后一公里”问题，能够使信息化薄弱的中西部实现跨越式发展。从整体社会效益的角度来看，还可以解决重复建设的问题。建议国家优先支持国家农业云平台建设，形成稳定的长期投资机制，确保项目建设的可持续性。

8.1.7.3 整合资源，统筹协调

目前，农业、发展和改革委员会、商务、科技、工业、信息等部门都参与了农业信息化建设，建立了独立的信息服务体系。在农业农村部的各个行业也建立了一些独立的信息系统。通过建立统一的全国农业云平台，将内外分离的状态彻底打破，整合资金和经营机制，理顺内部关系，最后由一个部门牵头，全面推进国家农业云平台建设。在实现的过程中，需要遵循“循序渐进，逐步发展”的原则，不仅要抓住占领知识产权高地的好机会，而且要稳步前进，特别是要配合我国农村无线宽带

的建设和农业物联网的发展。

8.1.7.4　整体规划，资源共享

未来“三农”综合信息服务方向应坚持以提升数据规模、质量和价值为核心的平台互动、资源汇聚、应用协同、系统集成、模式多元化的“四大一多”战略。抓住当前有利时机，在中央层面构建统一的农业云平台，实现部、省各级平台间计算存储资源互联互通共享。农业农村部平台与各涉农部门平台和产业平台互联互通，中央平台和市场化平台相互支持、相互配合。

8.1.7.5　挖掘核心，重点应用

采用大数据技术对数据进行深入挖掘和分析。力争形成“321”核心资源：3 个户口，即土地“户口”（土地资源数据）、农户经营型“户口”（农户实名产业数据）、投入型“户口”（生产数据）；2 个档案，即农民诚信档案、农业生产流通档案（含认证、监管资料）；1 个溯源，即农产品质量安全可追溯性。在生产、营销、商务、溯源、社交等领域，开展专业化、多元化、个性化、便捷化应用。加强管理应用，支持公益应用，推进商业应用市场化，引导各类应用相互配合。

8.1.7.6　创新机制，弥补短板

近年来，我国信息化水平有了很大的提高，但地区之间、城乡之间的差距仍然很大。制定对西北缺水、东北缺热的补贴和优惠政策，加快中西部欠发达地区基础设施建设。利用现有财政补贴计划，将农业生产需求大、售后服务高效、智能化的各类信息技术产品和农业智能装备纳入财政补贴范围。在有条件的情况下，可以考虑对“宽带下乡”和信息消费进行补贴，提高农民使用信息技术的积极性。减免农业信息服务部门互联网接入租赁和农民互联网接入通信费用，鼓励农村扩大互联网用户，提高信息传播能力（农业部农业信息化专题研究班课题组，2013）。

8.2　智能农机管理平台

8.2.1　概述

农业机械化是提高我国农业发展水平的重要环节，对建设中国特色现代化农业具有重要支撑作用。随着近几年农用技术的飞速发展，农业机械不断向专业化、高效化、自动化、信息化与智能化的方向快速发展。智能化农机所要达到的目的是实现工作效率化、作业标准化、农机舒适化、人机交互人性化、操作简单化等。目前智能化农业机械装备已成为当今世界农业装备发展的新潮流，是近几年来国际上农业科学研究的热点之一。

农机的信息化与智能化不仅体现在农机具作业实施过程中信息技术的应用，也体现在农业及农机作业管理中的信息化与智能化。即将“智慧农机”与“大数据”技术进行

结合，对农业生产的耕种管收等主要环节进行全过程的数字化与信息化，对生产环节的全程数据进行采集、分析、统计、显示及描述等，为管理部门、农业生产的各组机构提供全方位的数据服务。智能农机管理平台，利用物联网技术，在农机上安装位置传感器、作业传感器等，充分发挥各种农业机械的效率与作用，更好地实现精细作业及节能环保的要求。随着智能农机管理平台中数据类型的增多、数据量的增加，智能农机管理平台将在一定程度上成为农机智能化的核心，通过对农机作业全程的管理，逐步形成大数据分析应用、数据驱动服务。

8.2.2 智能农机管理系统现状

智能农机管理平台与农机作业及农机管理密切相关，因此，智能农机管理平台具有很强的地域性特点，与国内外的管理平台有显著的不同。国外的农机管理平台只注重与生产直接相关的管理，以精准作业、成本计算、农机选择、作业规划等为主。而国内的农机管理平台，在关注生产过程技术问题的同时，还重点解决了政府监管困难、农忙时间农机资源分配难以协调、农机实际运行效率难以度量等问题。

8.2.2.1 国外智能农机管理系统

美国等发达国家已先于中国逐步构建了基于 GPS 的智能农机系列产品及相应的智能管理系统，这些系统已在他们的农业生产中发挥了重要作用。起源于美国的精确农业，利用农机遥感监测系统（RS）、全球定位系统（GPS）、智能化农机具系统、农机地理信息系统（GIS）、环境监测系统、农业专家系统、系统集成、网络化管理系统和培训系统等，对农作物进行精细化的自适应喷水、撒药和施肥，使农业整体水平得到了有力的提高。自 20 世纪 80 年代开始，美国、日本、澳大利亚等国基于精细农业的构想，逐步构建基于计算机网络、全球定位系统（GPS）的智能农机系列产品，实现了播种、收割、施肥、灌溉等农业作业的精细化作业与管理，在考虑环境影响的前提下，大幅度提升了大面积作业下农业机械的工作效率，同时也带来了极为可观的经济效益，确保了农业的可持续发展。

农业机械性能和利用率受多种条件的限制，不仅受农业机械持有率、配置和状态的限制，还受作物生长、气候变化等因素的限制。只有在一个农场或地区形成高效的农业生产经营网络，对农机具进行智能化管理，才能充分发挥各种农业机械的效率和作用。农机具的智能化管理包括农机具的智能化配置、农机具的状态监控、实时调度和维护等（郑文钟，2015）。目前在美国，超过 50%的农民已经将互联网与农田相连，超过 20%的农民使用直升机进行农业播种、施肥、灌溉和其他农业管理。许多中型农场和几乎所有大型农场的农业机械都安装了 GPS 定位系统，可以通过自主导航系统实现联合收割机的自动操作。更重要的是，在机械操作过程中可以准确、连续地记录单位面积上的粮食产量等耕地信息，传输到计算机上，绘制出粮食产量分布图，为以后选择种植作物品种和种植密度提供参考。McKinion 等（2004）研究了一种无线局域网络技术，提高了多光谱图像的传输速度，达到了实际应用的要求，并通过无线信息技术将棉花采摘机、喷洒设备、变量施肥设备和田间手持计算机连接，实现数据的快速双向传输。Wang 等（2006）采用无线传感技术和传感器网络快速获取来自摘棉机、智能农业喷洒装置和变量施肥装置的数据，并建立了一个基于无线网络的数据存储服务器对这些数据进行存储和分析。

在智能农机的管理方面，美国的农业生产已达到规模化农场的机械化生产阶段，农业机械的经营也以自购自用模式为主，辅以专业化的定制服务和租赁服务。美国约翰迪尔公司的一些农机在作业时，利用配备的信息采集仪器和发送仪器，可以对操作进行检测，然后发送到卫星，卫星在对信息进行存储后，绘制图像，将土地产量、肥料和药品情况等通过图像的形式发送给农民，使农民对第二年的耕种情况有准确的估计。欧洲的一些大农场已经建立和开始使用一套信息管理系统，该系统能在农场办公室和移动作业农机间进行无线通信和数据交换，不仅可以制定详细的农场作业方案和机械作业计划，驾驶员还可以根据设备的相关数据，调整机械工作负荷和速度，以确保机组能够在较好的条件下运行。同时，通过系统计算和处理，利用运行过程中采集的数据，即可得到油品的耗油率和产量。Butani 和 Singh（1994）开发了一套农机决策支持系统，能够以作物和种植的方法、农场特征、农业设备尺寸，以及地区差异性等信息为依据，为农户提供开展农业作业的决策信息。日本洋马株式会社的农机“智能助手”不仅支持自动农业机械作业，还可与第三方公司提供的农业云应用程序“face farm 生产履历”配合使用，进一步提高效率，目前“智能助手”已在日本全国推广应用。日本农民受到其传统的乡村社会特点和强大的农民合作组织体系的影响，其农业机械化在户均耕地面积较小的情况下仍是以自购自用为主，同时开展农户之间的共同利用与受托经营的合作方式。韩国的农业机械利用主要包括合作利用和个人利用两种模式。其中，农业合作社发挥重要作用，其作用半径通常根据所在地区耕作规模来确立。

世界主要发达国家农业机械化的经营管理模式并不具备跨区域特点，各类研究人员也更注重各种新技术在农机上的应用。国外占主流的是较为独立的智能农田监测平台，主要负责一个农田或一个大农场范围内的特定农业操作的数据智能管理，监测农机在一个特定地区作业，通常可针对特定地区完成历年各类数据积累与分析。从实际应用角度，国外农机管理平台通常是特定大型农机企业为了更好地使用农机而开发的专用农机使用平台，而不是全面地从政府、合作社、农户全方位地考虑不同需求的平台。另外，由于国外的农机管理平台由特定农机企业开发，平台的通用性不强而不适合在中国广泛应用。

8.2.2.2　国内智能农机管理系统

中国农机行业在经历了近十年的快速发展期之后，正处于从传统农业向现代农业转型的关键时期。在国家“863”计划、“数字农业”等重大专项和地方政府的支持下，近几年在农业装备智能化、农业系统远程监控及农业信息化等方面也获得了较快发展。在远程深松作业监测与收获作业统计方面，刘碧贞等（2015）研发了基于北斗/GPS 的谷物收割机作业综合管理系统，实现了谷物收割机作业数据的采集；收割机作业数据包括谷物产量测量（简称测产）、收割面积和收割机作业地理位置信息等，利用这些数据可以绘制产量分布图和收割机的行走线路图。在农机管理及农机作业管理方面的管理平台领域，刘振宇和梁建平（2018）研发了基于 BDS 的农机调度与作业平台，实现了农机调度和作业监控管理的全流程服务，广泛应用于百余家农机合作社 6000 余台农机。叶文超等（2019）和张俊艺等（2018）研发了基于共享农机模式的农机调度与管理平台，拓宽了农场主和机手之间的信息共享渠道，实现了农机信息采集与智能调度。刘娜（2020）等引入智慧城市快递系统，研发了农机信息化综合服务平台，实现了农田地块规划、农机导航定位、农机调度分配及信息反馈等综合智能化服务。王春山等（2018）研发了地主和机手为服务对象的智慧农机调配管理平台，集成了农机智能调度算法和农机作业面积测量，提高了机手收益并减少了作业面积测量成本。姚强等（2018）开发了农业机械远程管理信息系统，实现了机手、农机信息在线远程管理和农机维修保养在线记录功能；便于在线远程调度管理，可随时了解农机养护情况。

现阶段农机管理及农机作业管理平台，通常为政府、农户或农机作业的某个方面的管理进行服务（刘文娜，2015；刘阳春等，2016）。然而，农机管理平台应是为农户、合作社、农机企业、政府协同服务的，并适用于各种不同农机作业的更加灵活的管理系统，即希望平台可以做到如下几方面。①从农机管理部门角度来讲，如何落实农机购置补贴机具的监管问题，全面系统了解农业机械作业信息情况，尤其是实施水稻机械化插秧、油菜机械化收获作业环节补贴面积核实问题。②从农机生产企业和农机经销商角度来讲，如何加快市场化和信息化的融合，更好地服务于用户，依托数字农机管理系统，发布产品信息，采集用户分布信息、机具使用信息、售后服务信息等数据资源。③从农机生产企业和农机经销商角度来讲，供需双方信息不对称现象一直比较突出，从而导致现今农机对接效率不高，大量农机手及其器械闲置，造成资源浪费；农户无法及时找到农机手进行耕种收，导致耕种收割效率降低，影响农户收入；因此，需要加快市场化和信息化的融合，更好地服务于用户，依托数字农机管理系统，发布产品信息，采集用户分布信息、机具使用信息、售后服务信息等数据资源。

这些问题迫切需要利用高效的信息化手段来改善和解决。为加快农机化和信息化技术的融合，更好地服务于“三农”，农机化管理部门依托数字农机管理系统，整合农机综合信息化服务网络、农机综合监测网络、农机综合调度三大服务网络资源，利用云平台和大数据处理技术，实现农机化业务管理和社会化服务的有效融合。农业信息化技术将在“大力发展现代农业、提高农业综合生产能力”方面发挥越来越重要的作用，基于“数字农机”资源库的智能农机现代化管理越来越受到人们的重视。

8.2.3 智能农机管理关键技术

8.2.3.1 农机终端及传感器的集成

丰富的农机作业传感信息是农机作业管理平台与一般的车联网系统的主要区别之一，也是将来大田农机大数据服务系统的基础。目前，由于国内农机领域的传感技术较为落后，能直接集成的传感器较少，最为常见的是深松作业传感器，以及部分的喷施作业信息的集成。

1. 农机作业传感器信息的集成

（1）深松传感技术及数据集成

深松传感技术的最终目标是精确测量出深松深度，深松传感也是目前已有较大范围应用的一种农机作业检测技术，有采用不同的深松检测原理的多种深松传感器。例如，专利 CN207123272U 公开了一种深松机耕深检测装置，包括箱体、转轴、连杆、触地机构、角度传感器和数据处理器。通过设置在深松机上的触地机构与耕地的接触带动连杆摆动，最终将触地机构的仿形运动转化到转轴的转动，并通过角度传感器检测到最后转轴的实时转角，数据处理器根据几何关系得出耕深。其触底机构为半圆形的仿形板或滚轮，以顶端的小圆弧对应测量臂扫过的大角度，分辨率较低，容易受到地面的起伏、倾斜等外界因素干扰。专利 ZL201921520361.3 公开了一种机械式仿形测量方法，对测量臂的外形进行了建模运算。在测量时，当测量臂接触地面并滑动转过一定角度时，角度传感器实时测出角度值，通过设定的比例系数得出农具下降的高度，由此测出耕深。

从平台的角度来说，平台可以集成多种不同的深松传感器数据。因此，农机智能管理平台主要的关注点在于：传感器将一个与角度有关的电信号转为深度变化信息。其次，平台需要记录随时间、经度、纬度变化的深度信息，并与作业及农机基础数据相关联。因此，集成的动态数据主要是：时间、经度、纬度、深度。在数据处理上，由于实际的农田中，土块高低有一定的变化，需要在数据处理上进行一定的平滑处理，如常见移动平滑、中位值平均算法、SG（Savitzky-Golay）卷积平滑、最小二乘拟合等数据平滑算法。

（2）变量喷施技术及数据集成

变量喷施是现代农业中的一项基础作业，通过变量喷施作业实现作物的按需作业，在保证喷施效果的同时，减少环境污染与肥料或农药的浪费。基于 GNSS 定位系统的变量作业技术，可以根据作业速度快慢调整作业量、控制压力或流量，流量的调整可以通过调节回流量，保证系统中的流量大小，具体能够实现作业速度快则喷量自动增大，作业速度慢则喷量自动减少，作业停止则停止喷施。

由于大田喷施作业机构复杂，通常包括多个区段，每个区段均可控制开关和流量，从系统集成的角度，也增加了一定的复杂性，一个典型的变量喷施部分参数如表 8-1 所示。

表 8-1 大田喷施作业参数示例

参数名称	英文名称	描述
喷雾类型	Spray type	分为液力喷雾、静电喷雾、离心力喷雾
药液类型	Liquid type	分为水基、油基
区段数	Sections	3、5、7、9 等区段个数值
区段长度（cm）	Section width	n=区段数量，每个字节顺序表示区段长度，1–n
喷头编号	Nozzle type	正在作业喷头的编号值
平均药量（L/667 m^2）	Avgrate	一次作业过程的平均药量

续表

参数名称	英文名称	描述
作业总流量（L）	Total flow	一次作业过程的总流量
作业总行程（m）	Total distance	一次作业过程中喷洒的总行程
作业总面积（667 m^2）	Total surface	一次作业过程总的覆盖面积

2. 基于无线传感器农机作业监控

传统的农业环境监测技术主要采用有线通信技术、现场总线或串行总线实现。该系统具有较强的抗干扰能力和互操作性，但仍无法摆脱维护成本高、扩展困难、部署复杂、可靠性低的影响，在设施农业领域具有一定的局限性。无线传感器网络（WSN）可以实现无中心节点的全分布需求。通过实践测试，该系统具有扩展灵活、可靠性高、安装方便、性价比高、能耗低、精度高等优点，能够克服传统环境监测的缺点，有效满足设施农业环境监测的要求。它可以实现对农业设施环境的实时、远程、精确的自动监测，包括相关的土壤参数、CO_2浓度、空气湿度、温度等，为农业生产带来极大的方便（夏建林，2017）。

针对农机数据的远程通信问题，设计专门的农机数据通信终端。通信终端支持多种常用的农机数据接口 CAN/RS232/RS485，可汇集各种农机定位、状态和作业信息；并采用 TCP/IP 协议，通过 GSM/GPRS/4G 移动通信模块实时将定位、状态、作业传感信息发送到远端云平台；使农机相关人员可以通过手机端 APP、Web 端实时了解到农机的实际运行状态。其中，CAN 是 ISO 国际标准化的串行通信协议；RS232 是数据终端设备和数据通信设备之间串行二进制数据交换接口技术标准；RS485 采用平衡发送和差分接收方式实现通信。

另外，当大量终端同时上线同时对接到平台时，平台在策略上采用了多服务器自动均衡用户量的做法，可以随着用户量的增加，增加服务器，并对服务器做好负载均衡，以满足农忙时期大量终端同时上线的要求。

图 8-1 所示为一种典型的农机终端上线过程、终端与农机作业传感器、终端与农机通信服务器的一部分交互过程。如图 8-1 所示，终端在通信服务器上通过各种验证之后，首先要定时向通信服务器发送心跳包，然后终端也会启动外设查找，即查看是否有农机作业传感器的挂接，如果有则外设通过终端与服务器的透传建立联系，同时启动了位置服务。通信服务器端定时查看终端是否仍在活跃状态，如果通信超时，则结束与终端的连接。作业传感器的信息通过终端透传到服务器上，因此终端可以适应各种传感器的应用需求。

8.2.3.2 农机位置信息获取与分析

农机作业面积计算是作业管理平台的主要功能之一，通常采用 GNSS 实现农机定位并计算。如果采用基于实时动态载波相位差分（real time kinematic，RTK）技术的 GNSS，可以得到厘米级的高精度定位结果，没有累积误差。该技术非常适用于农机自动导航过程，但由于价格较高，无法大量地用于普通的农机作业管理中。农机作业管理系统中多采用米级定位精度的 GNSS，由此产生了低精度的定位精度对农机作业管理的影响，下面主要分析了一般的作业面积计算方法，并对其面积精度进行一定的分析。

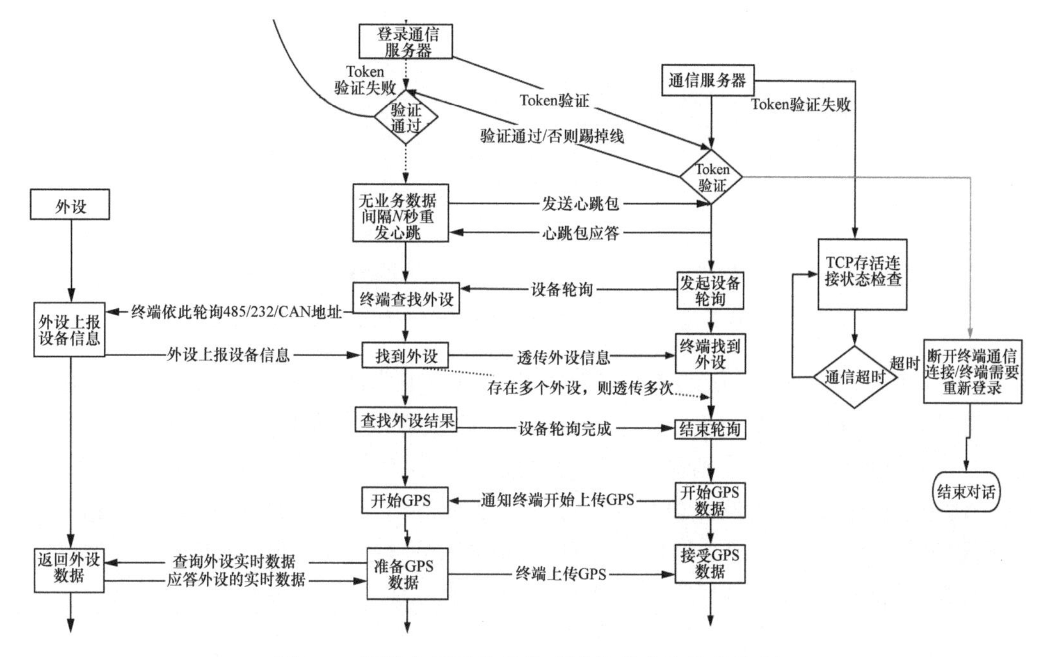

图 8-1　终端上线及作业传感器信息获取部分流程

1. 基于栅格法的面积计算

使用栅格法进行地块的面积计算时，栅格的大小决定了面积计算的精度。算法的具体思路为首先将农机作业经纬度信息转为平面坐标，根据地块所在的范围，确定地块所在的栅格空间，将相邻两点的轨迹线结合农机的幅宽，并标记被幅宽覆盖过的栅格。最后累计所有被覆盖过的栅格，作为作业面积。

基于栅格的面积计算，算法精度由栅格大小、GNSS 定位系统的精度决定，且通过标记某个栅格被重复记录的次数，找到重复作业的区域，使作业面积不会重复计算，也有利于打药等作业的重复区域的判别，且可以较为便捷地扣除并标记出没有被作业覆盖的区域。

2. GNSS 精度引起的农机作业面积估算误差分析

米级精度的 GNSS 是农机管理平台最常用的位置传感器，由于精度较低，在农机作业面积测量与估算时（图 8-2），假设用一个 GNSS 接收机测量一个边长为 A 的正方形地块，由于 GNSS 的误差，最后的 GNSS 轨迹落在虚框所在的区域，仅以外侧虚框（假设边长为 B）为例进行分析。

假设地块边界从 30～100 m 变化，不同的 GNSS 信号误差分为：0.03 m、0.05 m、0.2 m、0.4 m、0.6 m、1 m、1.5 m 和 3 m，通过计算可以得到最终的最大面积误差与地块边长、GNSS 误差之间的关系。大田测量时，通常要求测量误差小于 5%。由图 8-2

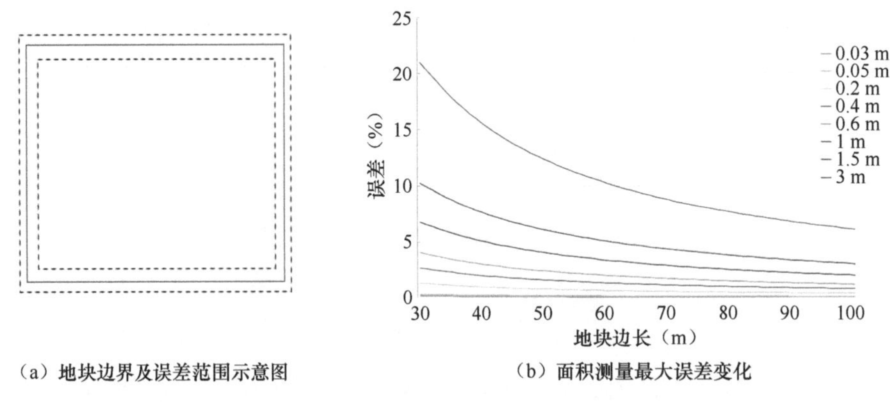

（a）地块边界及误差范围示意图　　（b）面积测量最大误差变化

图 8-2　不同边长地块在不同精度 GNSS 信号下的面积测量误差变化

可见，当采用 RTK 精度等级的 GNSS 时，面积精度非常高，可以在任何大小的地块上做精确测量；误差如果要小于 5%，所用的 GNSS 的精度应达到 0.4 m。大部分的普通农机上的定位系统还无法达到这样的精度；采用目前应用最广的 GNSS 米级定位系统，如以小块的正方形地块为例，被测地块边长应在 40 m 以上，总面积约为 1600 m^2 以上时，面积测量误差可小于 5%。如果采用的 1.5 m 误差的 GNSS 信号，则需在大于 3600 m^2 以上的地块面积测量中，才能取得较为稳定的结果。

8.2.3.3　农机作业调度

对有较大农机保有量的农场，还应提供适用于大量农机作业管理的一些算法，如农机调度算法。在现在大部分的农机管理平台中，农机调度大都设计为：操作人员通过主动观察现在的农机作业情况，通过电话、微信等人工的方式，进行农机的宏观调度。在本系统中，前述的订单模块加以一定的修改实现类似的宏观调度。但也有一些研究提出了一些自动化的调度模型，即已知当前的作业需求、可得到的农机数量等，通过建立一种带时间窗的农机调度模型，来自动安排一个合作社内全部的作业顺序及农机与作业的配对，在模型所需数据可以得到的前提下，可用于部分辅助农机调度决策的生成。下面简述一种带时间窗的农机调度模型（朱登胜等，2020）。

带时间窗的农机调度模型针对的是以农机合作社为代表的面向订单的典型农机服务模式，由作业的订单产生了调度的需求，由现有的农田位置、农机的功率、作业效率等产生现在的可分配的资源，通过分析农田作业点、农机库及农机、空间、时间等多个影响因素，结合现有车辆调度问题的研究，建立一种基于遗传算法（Seyyedhasani and Dvorak，2017；孟庆宽等，2014）的带时间窗的农机调度模型，在遗传算法框架中，对染色体进行了合适编码，进化过程包括精英保留、选择、交叉、变异和个体优化等步骤，设计了多个变异算子和邻域搜索算子。模型适用于以合作社为主导的农机调度模式和面向作业订单的农机调度模式（王文权，2019），算法的主要阶段性步骤如下。

1）将车库中的农机按照作业能力由高到低排序。

2）逐一对每一台农机的调度路径进行规划，开始一条空路径 r_0。

3）在所有未规划的任务点中，随机选择一个任务点作为种子，将它插入到路径 r_i。

4）如果所有任务点都已规划好，跳到第 7 步。

否则：

如果当前路径 r_i 不满足四大可行性评判准则（时间窗可行性准则、农机作业匹配准则、最大资源限制准则、调度路径完整性准则），则跳至第 6 步；

否则：

对于每一个未规划的任务点，找出该任务点在 r_i 的最佳插入位置。

5）如果没有可行的位置用于插入，跳至第 6 步。选择最佳任务点，将其插入到路径 r_i，更新车辆状态。跳至第 4 步。

6）开启一条新路径 r_{i+1}，$i=i+1$，跳到第 3 步。

7）返回当前解。

针对合作社的农机调度算法，主要考虑了单个或多个车库的情况，实现算法首先要确定车库的位置、地块的位置及每个地块上的作业需求，生成一个作业需求表；针对这样的作业需求表，设计了调度目标：如调度成本最低、完成作业计划所需要的农机数量最少或是完成作业的时间要求最高等三个方面。针对某一个调度目标，设计相应的目标函数，通过遗传算法优化农机作业过程的总成本最优，同时考虑农机在不同地块上作业的时间成本、油耗成本、转移成本等，最终为管理人员提供作业顺序建议方案。

8.2.4　智能农机管理平台架构

8.2.4.1　平台设计的基本原则

大田农机作业管理平台的主要设计目标是实现所有大田农机作业相关信息的管理；其服务对象为所有与农机作业有关的人员，包括：政府各级相关管理部门、合作社、农机手、农户、农机企业，这是一个专业领域内的服务平台，其设计应遵循以下几方面的原则。

1）专业化：即平台所管理的参数应包括农机作业相关参数，这些参数有鲜明的专业化特点，参数的确定需要经过农机行业有关专业人士的认可。

2）标准化：平台使用的数据采集终端应采用标准化的通信协议，如 TCP/IP 等；农机作业参数也有一定的标准，在没有通用标准发布前，可以建立最小化的核心数据集，以保证通用性；另外，平台应能通过标准化的交互协议，与其他同类型的平台交互通信，以保证最大程度的数据共享。

3）云平台：平台应采用云平台形式提供服务，通过大型云服务提供商，在保证安全性前提下，可快速扩展存储空间与流量，支持农机平台上线量从数百台至数万台的平稳过渡。

4）模块化：通过模块化的设计，可灵活组合、定制模块功能，使平台能无缝支持省、市、县模式的现有农机管理机制，并能支持不同管理部门的个性化定制；也能够支持不同角色（农户/合作社/政府等）的个性化定制。

5）开放性：平台应设计开放的通用性强的通信协议，可以对接多种实时农机传感装置；深松传感器和植保喷施流量、压力传感器是最为常用的农机作业传感器，但在将来会出现更多的作业传感器，平台应能支持不同类型、不同品牌的传感信号。

8.2.4.2 典型智能农机管理平台的功能模块

农机管理平台在功能上主要针对政府管理部门、农机合作社、农机手、农户，实现了基于 WebGIS 的农机信息库及农机位置服务、农机作业实时监测与管理、农机作业管理、农田基础信息管理、订单信息管理、田间作物基本信息管理、农机调度管理、农机补贴管理，其中较为核心的模块如下所述。

1. 农机信息库及农机位置服务

农机信息库分为农机静态信息库、农机作业动态信息库。静态信息库管理基本是农机基础数据，如农机名称、作业幅宽、生产厂家、功率等，并按农机分类标准进行分类管理；而对农机作业过程、农机作业供需信息等动态信息，采用农机动态服务库记录并管理，建立了基于 WebGIS 的农机位置服务、农机作业轨迹服务、农机作业订单服务、农机调度服务等动态服务体系；服务体系分别采用手机 APP 与 Web 端两种方式体现，为农户、合作社、农机手、农机企业及农机政府人员及时管理并掌握农机静态信息与动态信息，解决农忙时期农机应用紧张、农机服务需求信息不对称等问题。

2. 农机作业实时监测与管理

针对农机作业信息难记录、农机作业质量难监管的问题，对部分典型的农机作业，如插秧作业、打药作业、施肥作业、收获作业、烘干过程等，支持其专业传感设备，如此便可对作业过程中的关键参数进行测量与记录；并设计具有开放性的数据协议，支持任何一种潜在的农机作业传感数据的实时接入；并可根据不同的要求，支持农机作业图像或视频信息的实时传送。通过对农机作业的监测，逐步提供科学的农机作业质量评价方法。

3. 农机作业管理

针对海量的农机实时位置信息与传感数据信息，在远程采集了所有农机信息及农机作业有关信息（如农机位置、作业状态、作业面积、作业实时图像、作业质量等）后，则可依据得到的数据，进行日、周、月的农机作业统计、作业回顾等，针对农机服务与管理特点，设计大数据分析模块，分析农机作业效率、作业时间预测等。并将数据分析与处理模块以不同的形式嵌入到不同用户版本的手机 APP 及 Web 管理平台中，以协助有关农机人员的各种形式与场合下的管理工作。

对有较大农机保有量的农场，还可提供适用于大量农机作业管理的一些算法。例如，带时间窗的农机调度模型可用于辅助农机调度决策的生成。对实际问题求解出高效可行的农机调度方案。

4. 订单信息管理

农机管理系统中的订单是指有作业需求但没有农机的农户可通过平台发布作业需求，成为农机作业订单；而农机作业服务机构可以通过平台完成订单任务。订单管理可以查询订单的订单日期、作业类型、预估金额、订单状态等信息，用户以地区、作业类型、订单状态、用户名或者合作社等条件进行筛选自己需要查找的订单；订单管理为农忙时期的农户、农机手、管理人员的信息不对称问题提供了解决方案。

8.2.4.3　农机管理平台中的软件技术

平台采用多服务器架构，通过负载均衡服务，为终端分配物联网通信服务，完成通信、存储与计算；前端有农机管理应用平台及系统支撑平台两部分，系统支撑平台主要负责消息总线、分布式缓存管理、服务发现等；农机管理应用平台主要负责与业务直接相关的功能模块，如用户服务、作业管理服务、地块服务、农机服务等。

智能农机管理平台在架构和部署上可采用多种主流的软件技术。例如，采用微服务提供基础的服务；云存储技术完成动静态数据的存储；通过 Saas 为 Web 与 APP 提供数据服务，并通过多种技术融合的数据存储体系保证数据稳定可靠和响应时效；配置管理可采用 Consul 技术，负载均匀采用 Nginx 技术；身份认证采用 Identity server 4 技术及人脸识别技术等；缓存技术可采用 Redis，数据库采用 Mysql、MongoDB 等；前端设计可以采用 Angular、Reactor、Typescript、JavaScript、Less 等；移动端设计采用 DCloud、MUI 技术，确保安卓、IOS 同步支持等。

8.2.4.4　智能农机管理软件设计

软件架构为软件系统提供了一个结构、行为和属性的高级抽象，由系统构成元素的描述、这些元素之间的相互作用关系、指导元素集成的模式，以及这些模式之间的约束组成。也就是说，软件架构是业务系统的一个结构，该结构由软件元素（组件）、元素的外部可见属性及其之间的关系组成。

从农机管理系统的使用场所考虑，既有行政管理人员 PC 端的浏览查询，也有农机手在田间现场的应用；从数据的需求考虑，同类型的数据对不同的用户有不同的应用，不同用户对数据进行不同的解读。例如，对于普通的农机作业，政府管理人员比较关心统计类数据，农户比较关心作业的质量效果；对于由农机服务组织协助农户完成的作业，双方都对作业面积比较关注，而往往作业需求方还会更加关注作业质量；另外，无论是哪一种情况，农机企业都会关注农机的实际作业时长、农机的实际工况信息等。因此，农机在作业过程中的数据具有一定的通用性，但不同用户的侧重点又有不同。在具体的操作时，有可能在室内，也有可能在室外。

系统总体上采用 B/S（Browser/Server）：浏览器/服务器结构。B/S 区别于传统的 C/S 模式，在这种结构下，通过 W3 浏览器完成所有的操作，主界面以网页的形式展开，网页上一般通过一些 JS 等处理一些前端（Browser）的逻辑，但主要的逻辑通过网络发送到服务器端（Server）进行处理，并展示服务器的处理结果，形成三层（3-tier）结构。这样的瘦客户端应用模式，减少了对客户端安装要求，且客户端几乎免维护，所有的维护工作都在服务器端完成，降低了用户的使用条件；也使得一个应用服务的推广只需通过网络就可以远程完成，一定程度上降低了一个应用服务的推广、安装、维护成本；但同时也存在着网络数据的安全性问题，对网络的传输效果提出了更高的要求，也增加了用户个性化难度。另外，考虑到很多农户长期在野外工作，基于 B/S 架构下的手机 APP 移动端应用更有利于农户、农机手及其他在室外工作的用户的使用。

8.2.5 智能农机管理平台发展趋势

智能农机的管理系统未来将向两个方向同步发展。

1）在农业生产事务管理上：可通过对大量农机进行智能化的引导和科学的管理调度，推进我国的农业现代化进程。农机管理部门可建立覆盖省、市、县、乡镇四级的农机管理、农机推广和农机化综合服务管理信息系统，全面提升农机化管理和服务水平。农机生产企业和经销商可发布产品信息、售后服务信息，指导用户正确使用。农民和农业生产经营组织依托数字农机管理系统，了解生产企业、农机产品、服务组织等信息，同时可发布作业需求信息，有效提高农业机械有序流动，进而提高作业效益。

2）在农业生产过程管理方面：智能农机管理除了作业面积、位置，还可通过各类智能传感设备采集如产量、农机的其他作业信息、农田含水量、温度、光照强度等各类农田作物与环境信息。最终实现在同一个系统中，以农田管理为核心，支持农田地块、农机服务信息、农机作业信息的协同管理，把分散的农业设施、分散的农田信息、分散的农机服务需求信息、分散的农机作业信息，通过农田（地块）将所有的信息连成统一的、互有因果的整体，形成农机作业、平台监管的新模式及流程，实现农机资源及农田资源的自动化、智能化、精准化与统一化的分析与管理。要实现这样的生产过程管理，需要在农机传感器、农机作业信息标准化等方面有进一步的提高。

目前在农机作业上可使用的传感器十分有限，常见的有深松检测传感、谷物水分传感、流量传感、转速传感等，这部分传感技术只能覆盖农机作业中的一部分参数。且有些作业信息需要设计专门的传感机构或装置进行检测，有些作业参数目前还难以检测，如实际的插秧深度、实际的喷施作业效果等。传感技术限制了目前农机管理系统上的数据来源，需要在相关的传感技术上有较大发展，而平台需要在此过程中不断地支持新的传感器的集成。另外，这类综合性的农机作业管理平台还需要与各种企业配套的专用农机或农机管理平台配合，目前，很多农机生产企业已有了适合自己本企业的农业管理平台，并建立了一定的标准接口协议，协同完成大田农机作业的管理。

随着农机作业管理平台的大规模应用及大量农机作业传感数据的集成，农机管理平台的应用有利于真实的管理数据的获取，减少人为因素对数据的干扰；大量农机作业数据也有利于农机作业的行为分析、农机工况分析等，最终将有助于农户、农机手、农场管理者及农机企业提高管理效率、提升产能；也完全可以实现通过平台去控制农机，当 5G 技术逐渐应用普及时，农机作业管理平台将逐渐成为大田农机作业的管理中心及大田数字农业中心，实现精细农业按需作业目标，最终在保护环境的前提下，保证大田农业的可持续发展，并使每个农产品消费者从中获益。

8.2.6 应用实例

下面以浙江省重点研发项目中设计的浙江省农机智能管理平台为例简单说明。其系统框架如图 8-3 所示。

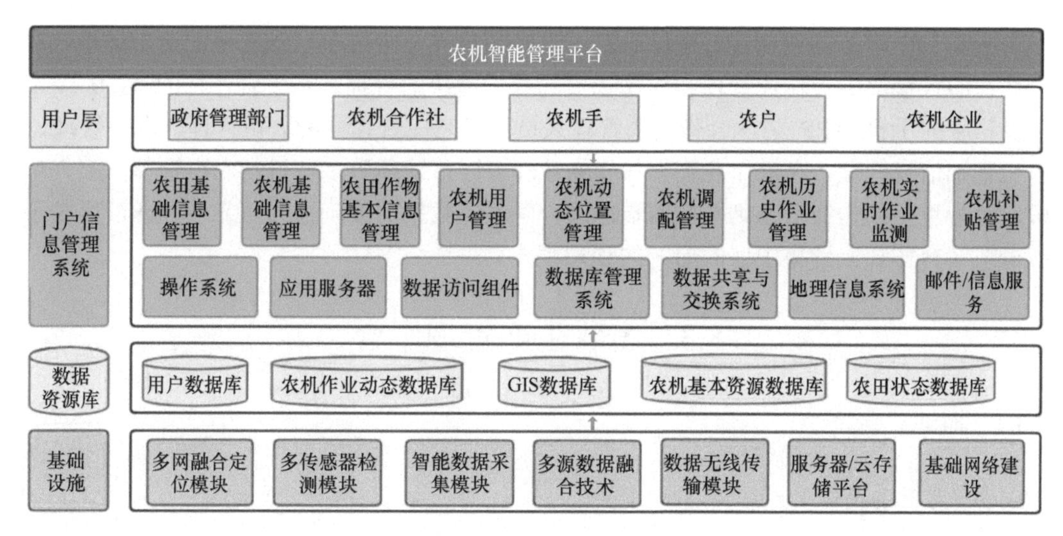

图 8-3　系统框架图

图 8-4（a）所示为浙江省级的一个农机管理的政府端平台。可以看到全省范围内农机的分类、全省各市的实时在线农机数量、全省各市的累计作业面积等；图 8-4（b）是经过定制的县级农机管理平台，除了管理县级的农机动态，还增加了部分当地管理人员较为关心的各类统计信息。政府管理人员所看到的信息，都来自于合作社、农场中的农机运行数据的汇集与统计。因为合作社作为一线的农业管理层，平台又为其做了增强型的设计，使其有自己独特的管理 Web 端与功能全面的手机 APP，如图 8-5 所示。

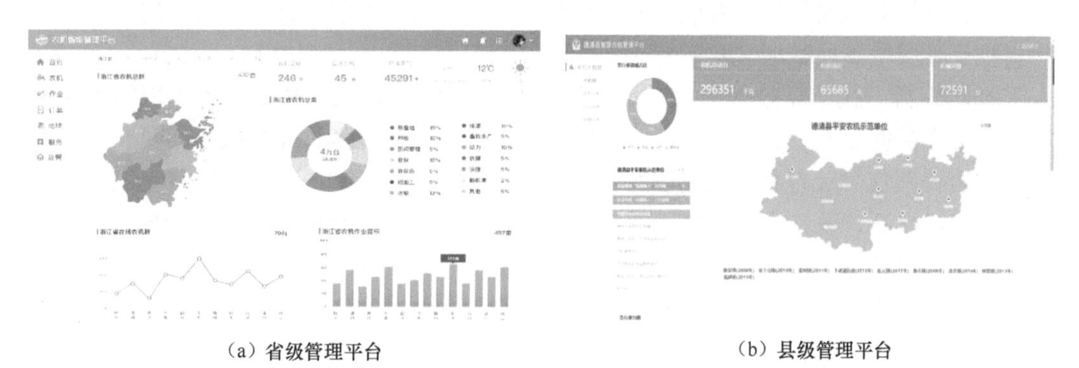

（a）省级管理平台　　　　（b）县级管理平台

图 8-4　省级与县级管理平台系统界面图

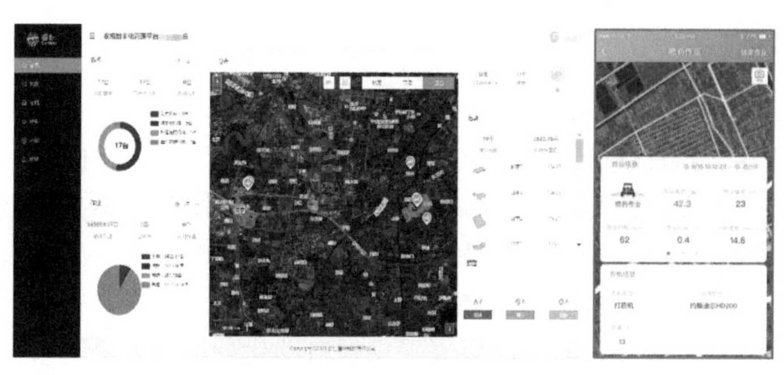

图 8-5　合作社农机管理平台 Web 端与手机 APP

图 8-5 的 Web 端视图中，在以遥感图为底图的界面中显示了该农场的所有地块，在合作社的各模块中，作业管理和作物管理都基于地块的管理。基于合作社的 Web 端设计及相应的手机 APP 中，合作社的管理人员可以完成合作社的人员管理、农田管理、农机基础信息管理、农机作业管理与作物管理、订单管理等多种日常农事管理，部分对政府较为重要的作业信息则与政府端联通，以保证数据的准确性与可靠性，真正形成了从分散（合作社）到集中（政府）的管理模式。

8.3 畜牧生产管理平台

8.3.1 概述

8.3.1.1 背景与简介

畜牧业是关系国计民生的重要产业，肉蛋奶是百姓“菜篮子”的重要品种。经过 70 多年发展，我国畜牧业规模化、标准化、产业化程度稳步提升，综合生产能力不断增强。作为农业生产的重要组成部分，畜牧业在保障国家食品安全、繁荣农村经济、促进农牧民增收等方面发挥了重要作用。然而，目前我国畜牧业产业发展质量效益不高、支持保障体系不健全、抵御各种风险能力及资源环境保护能力偏弱等问题依旧突出。提高畜牧业整体竞争力、供应保障能力、风险抵御能力，充分考虑资源环境承载，实现资源节约、环境友好的畜牧业高效、可持续发展，是我国畜牧业高质量绿色发展的重点。

促进畜牧业高质量绿色发展，应紧跟科技创新步伐，同科技深度融合，用科技为现代畜牧业高质量发展赋能。近年来，以互联网、5G、物联网、区块链、云计算、大数据、人工智能等新一代信息技术为核心的智慧畜牧生产管理系统在畜牧养殖领域的深入应用，推动着畜牧业的不断迭代升级。畜牧生产管理系统通过多种先进技术实时获取并汇集各方面养殖信息（包括动物检验检疫、用药情况、饲料使用情况和养殖户信息等），实现对农场状况、设施设备性能、牲畜状态、疫病防控等重要信息的监测调控，为管理决策、生产决策提供依据。此外，畜牧生产管理系统还可利用大数据的综合信息资源，通过网络共享方式将相关信息发布到各信息终端，并通过农民和畜牧从业者易于接受和操作的直观方式开展信息传播和服务，从而实现系统的多级管理、内容的专业集成、信息的权威发布及数据的实时更新。

8.3.1.2 存在问题

（1）数据质量有待提高

当前畜牧业在养殖过程管理、疫情防控等诸多关键环节中产生的数据仍以人工上报形式为主，缺乏动态实时数据、物联网监测数据和相关数字化设备反馈数据等关键数据类型。因此，畜牧业生产管理中数据质量的及时性、完整性和准确性有待提高。

（2）生产管理系统简洁性有待提高

生产管理系统的复杂性，如生产数据采集的自动化程度低、手动填报生产表格参数繁杂且费时费力、生产管理界面操作人性化低等，直接限制了生产系统的功能和优势。

生产系统的“傻瓜”程度，直接关系到一线员工对于系统操作的效率及使用频率，进而影响畜牧生产的管理效果。因此，生产管理系统的简洁性有待提高。

（3）业务模块协同有所不足

当前畜牧养殖管理系统各业务数据和模块未形成闭环。主要表现如下：生猪等畜禽安全管理系统数据和模型缺乏；畜禽舍环境数据类型单一；畜禽生长及生理异常数据监测模块缺乏；部分养殖过程管理模块仍存在技术层面和机制层面对接不畅导致的重复录入、多头录入问题。因此，在养殖过程管理系统和平台中应进一步促进各业务模块的协同。

（4）数据支撑决策能力弱

当前管理系统缺乏预设的判断模型，且畜牧养殖管理系统和平台无法根据实时数据进行模型的迭代优化，导致数据整体的决策能力弱。因此，在养殖过程管理的主要环节中，数据可信度、全视频接入、全信息导入、可视化指挥、预判模型及实时构建模型算法等均有待加强。

（5）畜牧数据监测缺乏精准性

现有的畜牧生产系统对于环境调控、畜禽生长监测，以及水料供给精准度欠佳。畜禽养殖过程中，针对环境的评估和调控措施的实施主要以畜禽舍内少数测量点作为依据；在动物生长监测上则以整体生长情况评判为主；此外，水料供给也难以实现根据畜禽个体情况精准供给，无法保证畜禽健康生长的均匀性。因此，为实现精准畜牧，在养殖生产管理系统上所监测的数据应更精准。

（6）畜牧生产管理系统重展示缺管理

目前畜牧生产管理系统侧重展示而非管理，系统更多的是被用于展示环境、畜禽行为及水电料等实时数据，而对于生产中出现的实际问题，并不会提供自动化的智能调控措施，而是需要人工作为主要管理核心。

（7）对于畜牧生产管理系统的使用者缺乏培训

一线工作人员缺乏对于系统使用重要性的认识，且一线工作人员缺乏系统使用及互联网的相关知识，使得生产管理系统无法将其作用完全发挥出来。

8.3.2　畜牧生产管理平台关键技术

8.3.2.1　畜禽精准饲喂技术

畜禽精准饲喂技术有助于保证畜禽生长的均匀性。畜禽精准饲喂技术由以下技术组成：一是个体识别技术，通过 RFID 及畜禽脸部识别技术识别畜禽个体；二是畜禽体尺体况识别技术，通过畜禽图像分析确定畜禽个体的体尺体况是否达标；三是自动饲喂系统，根据畜禽个体的营养情况供给饲料和水，以保证不同畜禽个体的营养需求。

8.3.2.2　畜禽疫病快速诊断技术

畜禽疫病快速诊断技术可及时诊断畜禽的生理异常情况。常用来监测的畜禽行为和生理指标有：发声、采食、生长情况和体温等。及时发现畜禽疫病情况并且快速处理可有效降低疫病发生给畜禽养殖企业造成的经济损失。

8.3.2.3 畜禽舍环境评估及精准调控技术

畜禽舍环境准确评估是科学缓解畜禽冷热应激的前提条件，根据动物对于环境的反应（生理、行为及生长）建立环境评估模型，通过模型评估及精准环控技术对畜禽所处环境进行精准调控，从而提高动物热舒适度，改善动物福利，增强畜禽生产力，并降低疾病发生风险。

8.3.2.4 非接触式畜禽信息感知技术

畜禽的生理信息对于判断畜禽生长情况至关重要。传统的生理信息获取方式主要是将传感器固定在畜禽身上，容易造成动物应激，而且应激下的畜禽信息的真实性和准确性都将受到影响。随着科技的进步，各类非接触式的畜禽信息感知技术日渐成熟，对畜禽信息感知方式也变得更为精准。

（1）非接触式畜禽呼吸率的测量

动物的呼吸率直接反映动物所处环境的热舒适情况。目前常见的用于监测动物呼吸率的图像技术主要有以下三类：①利用图像识别动物腹部起伏，以监测动物呼吸率；②使用光流法计算视频帧图像中动物腹部像素点的相对运动速度，通过动态计算速度方向曲线的周期来监测动物呼吸率；③通过检测血液对透射光线吸收的周期性变化，得到对应的光电容积脉搏波信号，以监测动物呼吸率（周振宇，2020）。

（2）非接触式畜禽核心与体表温度的测量

动物的核心温度直接反映出动物健康的基本情况，而表皮温度可表现出动物的热应激情况。目前常用红外热像仪监测动物的核心与体表温度。畜禽表皮温度可以通过红外热像仪直接监测，而核心温度只能通过动物的热窗温度（眼睛、耳根及阴户等区域）进行一定的估测。通常动物的热窗与核心温度相关性较高，利用红外热像仪拍摄热窗，并根据热窗与核心温度相关性预测畜禽的核心温度（张在芹，2019；赵海涛，2019；孟祥雪，2016）。图 8-6 为生猪的表皮红外图像。

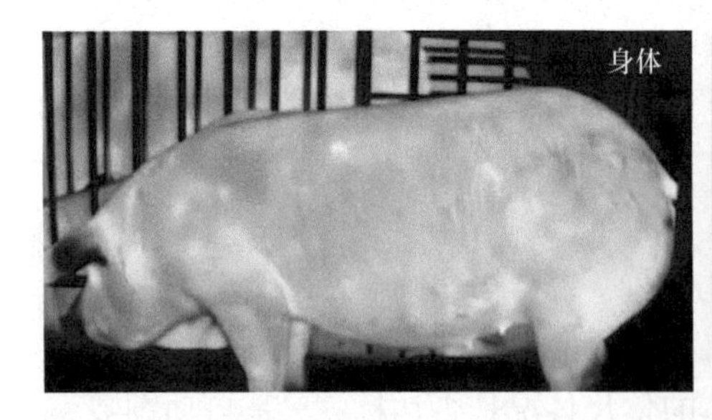

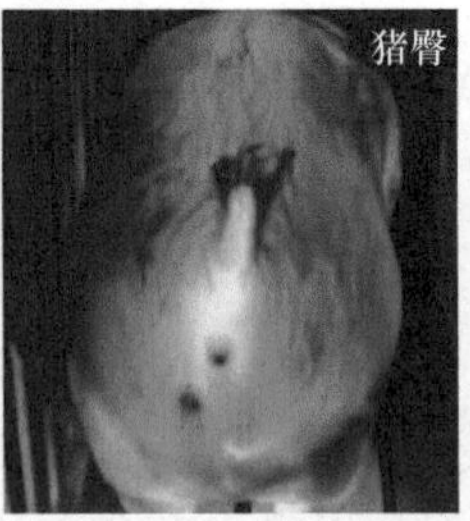

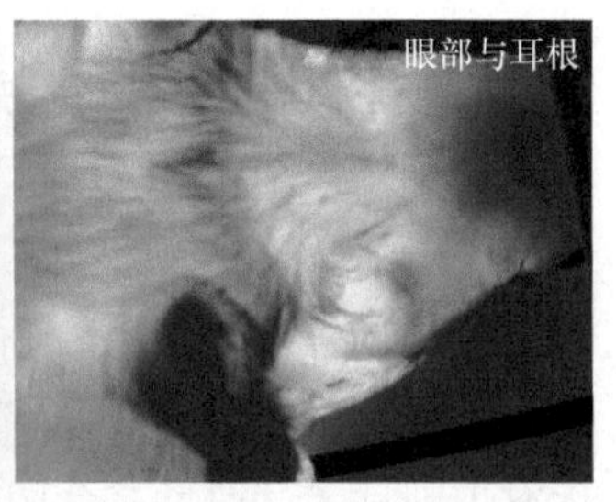

图 8-6 生猪的表皮红外图像

（3）非接触式异常声音监测

当畜禽生病时会发出咳嗽声，惊恐时会发出尖叫声。动物和人一样，不舒适的时候，发出的声音和正常情况会有所不同，因此，畜禽的音频声常被作为畜禽疫病，以及应激监测的重要参考依据（杜晓冬等，2019）。图 8-7 为蛋鸡不同声音类型的声谱图。

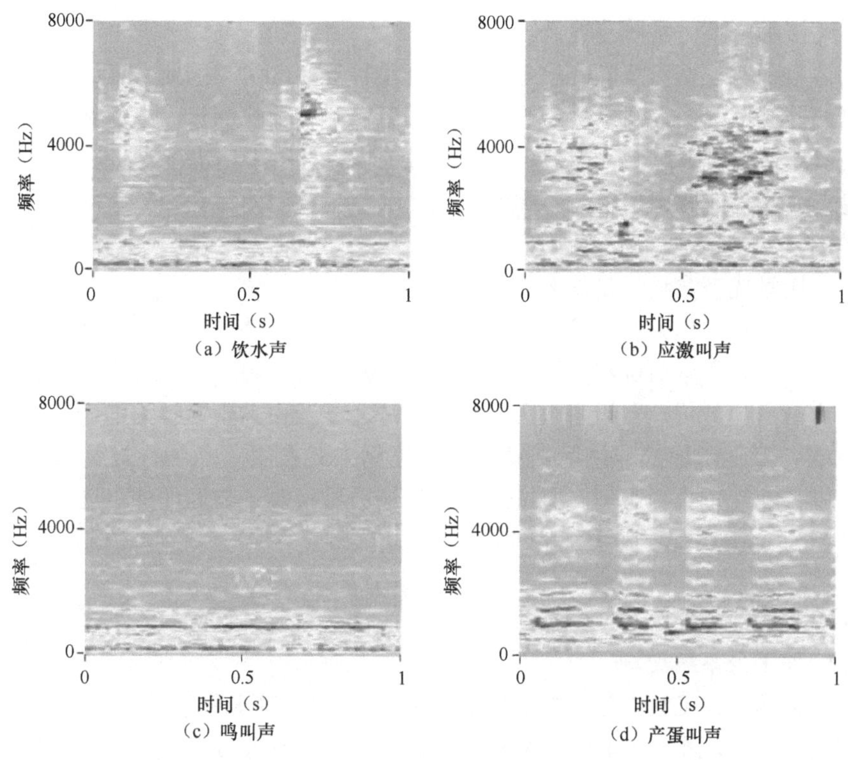

图 8-7　蛋鸡不同声音类型声谱图

（4）非接触式畜禽体尺测量

畜禽的体尺与畜禽体重是显著相关的，可以通过畜禽体尺预测出动物体重，因此体尺可以反映出畜禽的生长情况。常规的动物体重测量方式为使用电子秤称重，但是该方式不仅消耗人工，还容易造成畜禽强烈应激反应。近年来，随着深度相机的推广，基于机器视觉方法的动物体重预估得到了一定应用。其基本流程为使用基于双目视觉技术的深度相机获取畜禽的体尺信息，再根据体尺与体重的相关性模型预测出动物体重（Shi et al.，2016）。生猪体尺识别过程如图 8-8 所示。

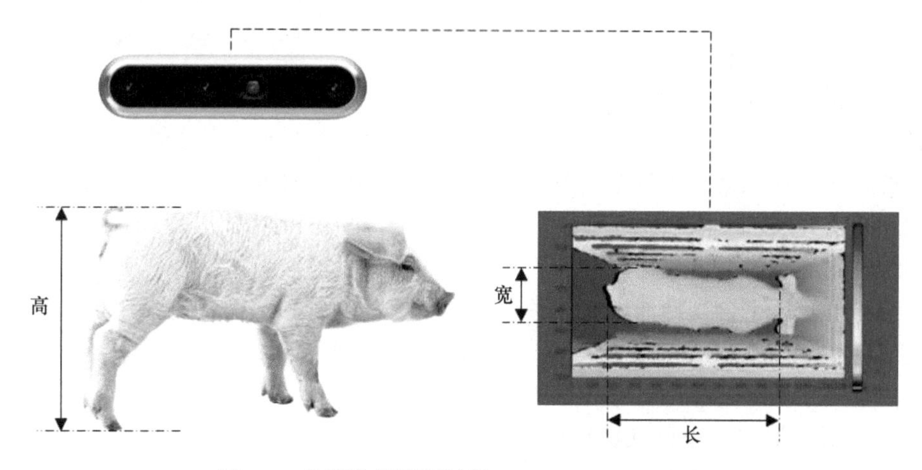

图 8-8　生猪体尺识别过程（Zhang et al.，2021）

（5）非接触式畜禽背膘厚度测定

畜禽体尺体况与畜禽背膘厚度等生理特征呈极显著相关。因此，可通过畜禽体况预测出畜禽的肥胖情况。常规方式是给动物剃毛后使用背膘仪测量。但是该方式不仅消耗人工，还容易造成畜禽应激。为减少动物应激，研究人员采用深度相机获取体尺体况信息，并建立动物臀部曲率半径与背膘的关系，以预测动物的背膘厚度及肥胖情况（滕光辉等，2018）。

（6）非接触式畜禽运动量的测量

畜禽的运动量常作为畜禽健康和畜禽某种特殊生理行为（如发情、分娩等）发生的判断依据，因此畜禽运动量常被监测。常规监测方式是使用三轴加速度传感器，但是该方式需要给畜禽穿戴传感器设备，影响畜禽的舒适度及畜禽正常行为的表达，因此基于常规图像或者深度图像的非接触式动物运动监测方式被用于动物行为及运动量的监测中。以母猪趴卧行为监测为例，通过深度相机拍摄母猪躯干与地面的高度，即可判断母猪的趴卧行为（Lao et al.，2016）。

8.3.2.5 畜牧生产管理软件组成

（1）管理平台系统架构

随着大数据、人工智能等科技的发展，传感网、5G 等多种信息技术应用于畜牧业，辅助养殖生产管理，畜牧业将不断实现智慧化。管理平台系统架构多样，一般可分为 4 个层次：感知层、传输层、规则层、应用层。各层具体功能如下。

感知层：包含电子耳标、称重系统、智能饲喂系统等底层模块化畜禽身份信息、生理信息及行为信息采集装备。

传输层：包含各种用于数据传输的有线网络、无线网络。

规则层：主要由畜禽养殖规则、数据规则组成。

应用层：由数据层和服务层组成，其中数据层由畜禽养殖企业的动物饲养信息、生产性能等数据组合而成。服务层由系统管理、终端用户、移动终端、远程视频/会议、智能报表发送、监测预警、决策支持等应用模块组成，是整个管理平台系统的门户，具有信息交互作用。

设施养殖智能控制云平台的架构如图 8-9 所示。

（2）微服务架构

微服务就是一些协同工作的小而自治的服务。微服务很小，专注做好一件事情，可将这一理念应用在独立的服务上，根据业务的边界来确定服务的边界。一个微服务就是一个独立的实体。它可以独立地部署，也可以作为一个操作系统进程存在。服务之间均通过网络调用进行通信，这样加强了服务之间的隔离性，避免紧耦合。

畜牧生产管理平台支持通过微服务架构以支撑不同的外部业务场景定制，开发相应 API 和功能，并使用 API 网关对外发布，支持 Java 语言实现微服务的治理，并实现不同系统开放不同数据和功能，进行相应的授权和管控。

支持微服务架构，设计 EUREKA 统一注册发现机制，统一配置管理机制，设计 GATEWAY 统一 API 网关提供服务。将现有业务进行统一拆分管理，内部使用平台自带的日志、监控、认证系统。

图 8-9　设施养殖智能控制云平台

（3）支持容器镜像部署

畜牧生产管理平台各个核心业务组件均采用容器化方式部署。大部分组件仅需关注逻辑上的部署，无须指定具体部署的实际服务器。同时 Docker 容器比基于 hypervisor 的虚拟化少了两层，取消了 hypervisor 层和 GuestOS 层，使用 Docker Engine 进行调度和隔离，所有应用共用主机操作系统，因此在体量上，Docker 较虚拟机更轻量级。

（4）开源采集工具

Logstash 是一款开源的日志采集处理组件，可以方便地把分散的、多样化的日志搜集起来，并进行自定义的处理，然后传输到指定的位置，比如某个服务器或者文件。

Logstash 在技术上使用管道方式进行日志的搜集处理和输出，有点类似*NIX 系统的管道命令 xxx|ccc|ddd，xxx 执行完了会执行 ccc，然后执行 ddd。它包含了输入（input）、处理（filter）（可选）和输出（output）三个阶段，如图 8-10 所示。

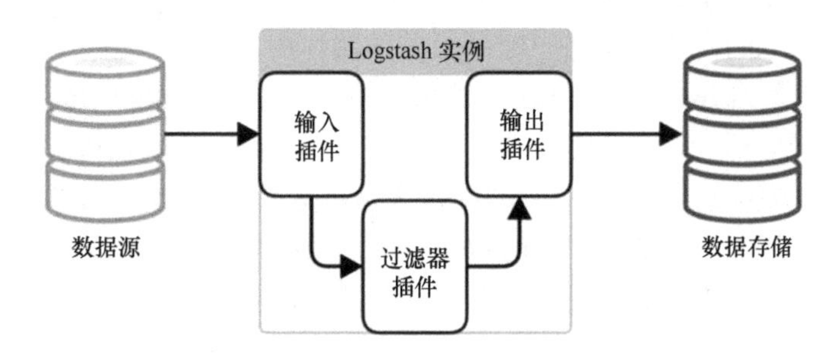

图 8-10　Logstash

（5）使用数据仓库技术

数据仓库提供了一系列的工具，用来进行数据抽取、转换、加载，所涉及的数据操作主要是数据查询。数据仓库是面向主题的，包含大量的历史数据，是在较高层次上将数据库中的数据综合、归类并进行分析利用。每一个主题对应一个分析领域，排除了对于决策分析无用的数据，可以提供特定主题的简明视图，为决策分析提供各类定量分析、多维分析、预测、预警。

（6）使用云计算技术

云计算是整合资源及方式提供服务，它主要在三个层面体现技术和服务。一是硬件基础设施层面：为硬件资源及方式提供服务（客户要硬件环境资源，登录资源池自己定制，然后交钱，最后获取资源，用多少付多少钱。付费对象是应用开发者、企业 IT 管理者、应用平台供应商等）。二是应用平台层面：为应用平台及方式提供服务（供应商提供软件平台，平台可以开发、部署、管理、监控应用。付费对象是应用开发者）。三是应用层面：为应用及方式提供服务（应用开发商把应用部署在应用平台，用户可以使用这些应用，按方式享受服务和付费。付费对象是终端消费者）。

（7）使用面向服务架构（SOA）

使用面向服务架构（SOA）向应用系统提供调用，为以后的扩展打好基础。在不改变部门原有应用系统的情况下实现不同应用系统之间的资源共享。在基于 SOA 架构的系统中，具体应用程序的功能是由一些松耦合并且具有统一接口定义方式的组件（也就是 Service）组合构建起来的。

8.3.3 畜牧生产管理平台近期进展

近年来，传统畜牧业逐渐转向现代畜牧业方向发展，信息化程度不断提高。畜牧业领域的业务统计、监测、监管系统不断被开发并得到应用，为推动行业发展提供了新的思路与手段。在强化行业监管的同时，政府还需要起到引导和服务的作用。基于信息技术，搭建畜牧信息便民服务类平台，与便捷高效的终端服务相结合，对推动传统农业向现代畜牧业发展起到重要的作用。

随着物联网、云计算、人工智能、大数据、自主芯片和移动互联网等关键技术的发展，智慧畜牧管理平台的发展也十分迅速。常见畜牧管理平台一般包括畜禽良种管理、防疫检疫管理、畜禽产品质量监测等功能。不同地区根据自身特色，开发了不同的畜牧管理平台，在畜牧业的高质量发展中起到了关键的作用。

新疆维吾尔自治区建立了畜牧兽医大数据系统。将自治区畜牧兽医局网站功能进一步完善，规模进一步扩展，与全国各省（自治区、直辖市）互联互通，加快畜产品的流通并保障畜产品的安全。借助“移动互联网+大数据分析+手机客户端”的技术手段，实现了存栏数据实时抓取、养殖场户实时定位、防疫数据实时记录、各类数据实时汇总的功能，推进了畜牧业的稳步、高质量发展（热夏提·阿里木和阿赛提，2021）。为了数据采集的全面性与完整性，规范了畜牧兽医监管检测报表制度，统一格式，填写简单方便。对畜牧生产的各个环节信息进行统一管理，实行“一个码”畜产品溯源，溯源码可查询畜产品的整个形成过程，只要扫描溯源码，就能知道牛、羊、猪、鸭、鸡等畜禽产品的养殖、防疫、检疫信息，比如是否用了违禁药品、禁止的饲料添加剂等，从而保障了畜产品的品质与安全。此外，还开发了动物检疫电子出证系统，在原有电子出证系统的基础上新增了定点屠宰场备案、调运监管、落地监管、电子出证系统绑定与运输车辆备案等功能，优化了检疫数据汇总、统计、查询等功能。动物检疫电子出证系统可以实现电脑端与手机端的无缝对接，降低了基层动物检疫人员的工作强度，提升了动物卫生检疫监督的工作效率。

河南省建设了“河南省畜牧业综合信息系统”，该系统功能完善，主要由 GIS 地理信息系统、内部办公系统、饲料综合管理系统、重大动物疫情应急指挥调度系统、奶业监管服务系统、畜禽良种管理系统、畜禽养殖监管服务系统、动物卫生监督管理系统、动物疫病预防控制管理系统、畜产品质量安全管理系统、防疫检疫综合管理系统、畜产品质量监测检验系统、草原监管服务系统等近 20 个子系统构成，各子系统内还设置了相关业务的各种功能模块，河南省畜牧兽医系统的所有业务几乎都可以在该系统上进行。该系统具有信息的综合性和关联性强、功能全面的特点（窦立静，2016）。

河北省开发了“河北省动物卫生监督信息化管理系统”手机 APP，由屠宰场、饲养场监控、动物及动物产品 GPS 卫星定位、动物检疫信息管理、动物卫生证章标志信息管理、动物防疫监督信息管理、动物卫生监督机构信息管理、跨省调运动物、卫生监督检查站信息管理、动物卫生监督风险评估信息管理等 15 个功能模块构成，为各级动物卫生监督机构提供共享信息，各级动物卫生监督机构及人员根据管辖权限和职能权限实现对业务数据的输入、查询、统计管理。该系统具有构建统一的特点，各业务功能模块都集成在同一个系统，访问、登录等操作十分便捷，各业务模块之间有极高的关联，避免了数据库的重复和冲突，在功能上特别注重痕迹化管理和过程的监管，具有畜禽免疫、检疫、运输，以及畜禽产品屠宰、运输、销售等全过程监管追溯的功能（窦立静，2016）。

浙江省在推进畜牧产业转型升级的过程中，十分重视畜牧业数字化建设，应用电子信息技术、物联网技术、大数据技术等，探索构建了浙江省智慧畜牧云系统，并全力推进以大型猪场等为主体的数字化管理体系建设，研发并应用了调入动物及产品流通监管系统、能繁母猪预警体系、动物标识及动物产品追溯系统，集成智慧畜牧云系统等，在畜牧产业高质量发展中起到了关键作用。

8.3.4　应用举例

本节以浙江省的浙里牧畜增产保供应用为例，介绍畜牧生产管理平台的应用。具体从以下几个方面进行介绍。

8.3.4.1　建设内容

围绕“整体智治，数字赋能”目标，按照“业务办理一朵云、主体管理一个码、治理信息一张图”要求，充分利用全省畜牧业数字化转型成果，进一步推进畜牧兽医业务流程重塑，推进数字场景应用，实现省、市、县三级管理高效协同，管理数字化和主体数字化有效衔接。全省数字畜牧应用系统全面升级优化，一体化智能化数据仓基本构建完成,“浙农码”畜牧版推广到主要畜禽品种，按数字化改革要求完成核心业务梳理。推动部门侧、企业侧数字化汇聚共享，构建高质量保供产业数据链，基本实现数字畜牧整体智治，并纳入党政机关整体智治系统。其中，“浙农码”是以二维码、NFC、RFID 等为标识载体，通过数字孪生，为浙江全省涉农领域的人、物、组织建立统一的数字身份。

围绕“三个聚焦”实现“一个码、多场景、一张图”管理，聚焦全环节，打通五个业务链，见图 8-11，实现一证通全程的闭环追溯场景；聚焦保供给，集成省、市、县、场一贯到底到边的目标任务协同场景；聚焦防风险，汇聚全流程治理信息，形成主体画像，实现一码知安全。

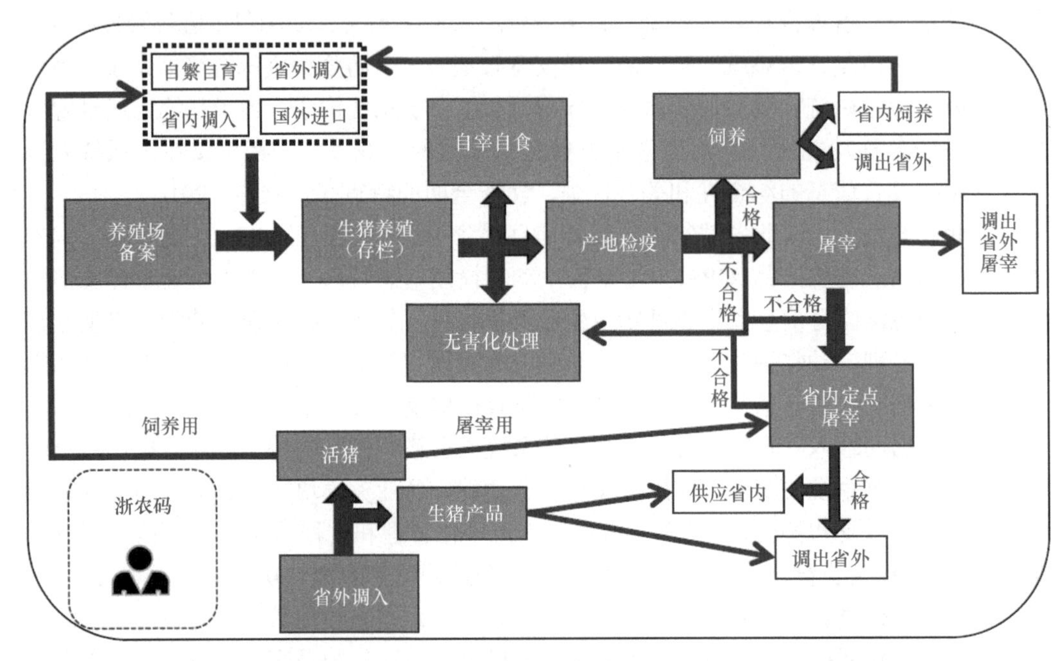

图 8-11　业务链

运用数字化手段，打通养殖、防疫检疫、屠宰、调运、无害化等全环节业务流和数据流，实现生猪全周期全流程服务管理，并重构生猪养殖、屠宰、防疫检疫、饲料兽药、无害化等业务闭环流程，打造保险、贷款、产销、重大风险防控等精密智控体系。

在服务应用侧，面向全省 9000 多个牧畜主体，以浙里办（一款基于浙江政务服务网一体化平台能力的 APP）为入口，承载养殖、防疫、检疫、无害化、屠宰、调运、兽药、饲料等全环节服务。在治理侧，开发数字政府应用，省、市、县三级全贯通，以电脑端（Web）及手机（浙政钉）为载体，实现对全省 11 个地市 90 个区县牧畜增产保供的实现目标任务、基本情况、增产保供，以及监测预警（价格预警、产能预警、风险预警）大数据监测分析。

在业务协同上，统筹建设全省 11 个地市 90 个区县数字驾驶舱，聚焦生猪增产保供、重大动物疫病防控等目标，构建省、市、县一级驾驶舱，掌握省、市、县生猪存栏量、产地检疫量、省外调入量，以及猪肉供应量等数据。实现省、市、县三级全环节、全流程管理及数据分析，涵盖养殖、检疫、调运、屠宰、风险等环节，并以浙政钉（浙江省政府协同办公 APP）为载体，构建便捷化、移动化的三级数据分析功能，以及贯穿牧畜管理全流程三级业务模块。构建全省畜禽遗传资源保种监测平台、良种登记及质量监测平台，以及种畜禽生物信息库三个平台，对全省 40 家保种主体的年度保种效果进行数字化监测、管理。有资质且已授权的宠物医院、诊所或乡镇防疫站提供包含客户管理、宠物信息查询、免疫记录、疫苗管理和系统配置等服务。实现与农业农村部、省农业农村厅、市县先行试点，以及企业进行相关系统数据全面对接、融合，形成上下协同、多跨场景、环节互通机制。

在稳产稳价稳供方面，针对后备、配怀、产房等猪舍的母猪，构建畜牧智能耳标物联网采集子系统，进行数据采集、分析、预警。实时监测养殖场能繁母猪存栏情况，并与市场需求及供应数据进行联动，对母猪产能及淘汰等情况进行持续监测、预警，实现早调微调。监测全省产能情况，综合分析实时预警，避免发生产能波动、价格波动，预警波动造成的影响，并提供辅助性决策。以二维码为载体，按不同颜色对全省养殖场产能情况进行管理，并对可能发生的风险情况进行及时处置。

在信息安全和系统维护上，根据等保 2.0（网络安全等级保护 2.0）要求，对平台进行网络安全、数据安全、应用安全及配套信息安全制度建设，在项目验收之前，达到等保二级标准。对平台进行性能监测、日志管理、故障管理、安全管理等，建立运维队伍及不同方式的专人运维渠道，包括线上客服及驻场服务。

8.3.4.2　应用系统设计

通过共享养殖、防疫、检疫、屠宰、无害化、流通等主要模块系统的数据、抽取新加工获得需要的数据，以及新界面或终端采集的、新导入的、新对接接口的数据，汇聚成为数据资源。建设数据共享交换子平台，构建政务信息资源共享交换体系，系统具有交换目录管理、数据交换配置、数据交换监控、数据交换传输、数据交换统计等功能。

系统软件操作系统选用 CentOS 7.2，数据库及数据仓库选用 SQL SERVER 系列。软件体系结构采用以中间件为基础框架的 B/S 结构来构建业务软件整个体系，以及基于 J2EE 体系的 Java 编程实现应用与支撑平台的无关性，提升系统的可移植性。系统之间的接口采用 WebService 接口，对于大数据量的通信，采用 Socket 或者 ftp 的模式进行接口。采用面向服务架构（SOA）向应用系统提供调用，实现不同应用系统之间的资源共享。

1. 服务侧应用

以浙里办为载体，贯穿省、市、县三级，实现服务统一接入与多级协同，包括养殖服务、防疫服务、检疫申报、无害化处理服务、屠宰服务、调运服务、兽药饲料服务等模块。

其中养殖服务模块包括“我的场”、政策服务和企业画像三个子模块。“我的场”模块用于养殖场新增自繁或调运补栏、批次动物合群或转群管理、死亡动物无害化处理和每日上报存栏等基础数据。政策服务模块可将省厅的政策文件及市场行情等推送给养殖场查看。企业画像模块可与各模块协同，自动抽取企业的关键指标数据形成企业画像。

防疫服务模块包含佩标管理、疫苗管理两个子模块。佩标管理模块用于登记按批次耳标佩戴情况和撤标补标管理；疫苗管理模块用于通过兽药二维码扫码进行库存登记管理，自动统计疫苗总量。

检疫申报模块包含产地检疫申报、屠宰检疫申报和跨县分销三个子模块。其中，产地检疫申报模块用于养殖场线上产地检疫申报，以及查看上报记录和电子产地检疫 B 证；屠宰检疫申报模块包括入场申请、违禁药品和非洲猪瘟自检，以及 AB 证、准宰通知书查看；跨县分销模块包括换证申请，以及进度查询、新证查看等。

无害化处理服务包括养殖环节处理、收集环节处理、无害化处理环节三个子模块。养殖环节处理模块包含病死动物储存和病死动物报告，养殖场需对病死动物测量长度或质量，并拍照后存放在冷库里，养殖场户通过手机报告病死动物情况，通知收集人员上门收集处理；收集环节处理模块包含收集管理和调运管理两部分，收集人员登记病死动物收集单，养殖场或收集点登记病死动物调运单；无害化处理环节模块包含入库管理、处理管理和残余物销售三部分，无害化场登记病死动物入库单、处理单和残余物销售单，进行入库登记操作管理，登记处理数据。

屠宰服务模块包含入场申请、非洲猪瘟自检、待宰管理三个子模块。入场申请模块允许自行登记入场动物信息，支持多张产地检疫证明批量登记。在非洲猪瘟自检模块中，屠宰场对生猪进行非洲猪瘟自检，并上报检查结果，等待并查看检疫人员对非洲猪瘟检查确认结果。在待宰管理模块中，屠宰场自行屠宰检疫申报并等待检疫人员受理。对待宰环节发现的死亡动物进行登记。

调运服务模块包含调运备案、隔离观察确认和信息维护三个子模块。调运备案模块用于对外省调运动物及产品进行备案审批；隔离观察确认模块用于到达目的地后的隔离观察；信息维护模块用于企业信息维护和供货方管理。

兽药饲料服务模块包含出入库管理、库存管理和兽药查询三个子模块。其中，出入库管理模块可进行兽药二维码扫码出入库登记；库存管理模块可用于根据入库和出库记录自动统计库存信息，可进行退库；兽药查询模块用于通过二维码查询兽药生产及流通信息。

2. 治理侧应用

治理侧应用即省、市、县数字政府，分为电脑端和手机端，包含了目标任务分析、基本情况分析、增产保供分析和监测预警等模块。其中，目标任务分析模块可统计省、市、县三级生猪月度存栏数据，结合年度存栏目标，系统自动计算完成率。基本情况分析模块可统计省、市、县每日猪肉供应量、生猪产地检疫量、生猪省外调入量、动物检疫签证数、不同畜种场数占比及存栏场数汇总。增产保供分析模块可展示猪肉储备、新建产能场数占比情况。监测预警模块分为价格预警、产能预警、风险预警三部分。价格预警用于统计省、市、县待宰活猪价格及预警，猪肉价格及每日猪肉供应量；产能预警用于统计省、市、县生猪和能繁母猪存栏量，设定目标任务线和极端预警线，直观查看生猪及能繁母猪存栏所处预警区间；风险预警用于统计省、市、县红黄绿码场数，查看三色码的占比，近期的红码、黄码场数变化情况。

3. 业务协同

省、市、县三级协同分为电脑端和手机端两部分，包含了“数字驾驶舱”和省、市、县全环节数据分析模块。“数字驾驶舱”通过大数据可视化，将全省及地市生猪存栏量、产地检疫量、省外调入量，以及猪肉供应量等数据一手掌握。省、市、县全环节数据分析模块包括了数字政府，养殖、检疫、调运、屠宰和风险管理环节的基础数据分析。其中，数字政府即实现省、市、县三级贯通，实现保供任务和价格、产能、风险三个预警，以及畜牧生产情况一贯到底。

业务协同的另一部分涉及畜禽种业监测保护。在良种登记企业端，系统首页大屏显示全省种畜禽资源场分布、资源分布、品种资源数量、品种志介绍等，以地图形式展示资源分布情况。场区基本信息模块显示良种场基本信息维护、地址、联系人、种畜禽经营许可证、品种资源、核心群数量、家系数、成年公畜禽数量、后备群数量、年更新率、群体有效含量、近交系数等。

在良种登记管理端，有自繁良种登记、引进良种登记、性状分析、良种场信息管理、良种交易信息查询和良种性状分析等模块。自繁良种登记分为良种信息登记和性能登记两部分，前者登记个体编号、系谱信息、性别、选留时间等基本信息，后者针对不同品种资源，详细登记品种的成长信息、生产信息、繁殖信息。引进良种登记同样包含以上两部分，并且增加了良种引进证明，即引种证明、疾病检验报告、销售单位的种畜禽经营许可证。性状分析模块对性状分析结果进行公示，性状趋势、性状（同品种）之间对比分析、排名。良种场信息管理模块可进行良种场基本信息查询，如地址、联系人、种畜禽经营许可证、品种资源、核心群数量、家系数、成年公畜禽数量、后备群数量、年更新率、群体有效含量、近交系数等。良种交易信息查询模块可进行良种交易、引进等方面的动态信息查询，如交易企业、交易数量等。良种性状分析模块可对同品种之间的生长性状、生产性状、繁殖性状等对比分析，对良种品种、数量分布、交易信息等进行分析。

在种畜禽生物信息库管理系统移动端，首页展示样本库统计信息，包括样本种类的数量（冻精、胚胎、体细胞、血液）、容器类型和数量、容器使用率、样本使用情况等。样本检索模块可以根据位置信息查询样本，也可以根据品种、样本类型进行检索和统计，并能定位到库位信息。实时监控可以查看样本库的实时监控。安全管理包括门禁管理报警、火警报警等，安全管理信息可以在移动端进行查看。

在生产管理系统端，包含了场区信息维护、原始数据录入、统计汇总和留种/选育模块。场区信息维护模块具有保种/选育场基本信息：保种/选育场名称、地址、保种数量等信息的记录功能及修改功能。原始数据录入模块可以针对核心群和后备个体，通过系统自动生成的 Excel 数据模板，填报所有个体数据信息，直接导入系统，系统判断数据正确性后，录入数据库，永久保存。统计汇总模块针对保种和选育过程中表格多样化管理需要，利用录入系统的数据进行自动化整理统计分析，实现所有个体的性能统计分析，家系个体的汇总分析，世代个体的汇总分析，系谱查询等功能，并将查询结果导出生成Excel表格，用于打印纸质材料上报。留种/选育模块能够根据需要直接将繁育个体进行保种选留；或按照个体性状育种值、选育综合指数进行个体综合选留，无须人工计算，实现高效和专家式的育种功能。

在市区县管理端、专家考评端、厅级管理端和财务管理端，首页大屏与企业端的显示类似。保种企业填报审核模块用于对保种企业填报的信息（如保种方案、经费、总结、保种信息、照片、自评及其他资料）进行审核，如不合格信息可进行修改和退回。考核结果查询模块可对最终考核结果进行查询。其中财务管理端还有经费拨发管理模块，根据最终考评结果，财务分批拨发保种经费，对拨发信息进行管理。

在管理维护端，包含用户管理、畜牧云平台对接、专家管理、编码管理和日志管理五个模块。用户管理模块用于用户管理、角色管理、权限管理、密码管理和安全管理等。畜牧云平台对接模块可提供登录授权信息对接、权限对接、数据接口服务。专家管理模块可进行专家库资源管理、专家数据权限和考核权限管理。编码管理模块可对企业编码、品种编码、性状编码等标准和术语进行管理。日志管理模块可进行系统登录、增删改查等日志管理。

8.3.4.3 基础设施与应用支撑设计方案

1. 基础设施

在省浙里牧畜增产保供应用架构下，基于省电子政务云平台建设，共享电子政务云平台的计算资源、存储资源、服务支撑、安全保障等共性基础资源。

2. 应用支撑

（1）统一身份认证

对接省政务服务网统一用户认证，政务外网或互联网相关应用将接入统一用户认证，互联网政务服务门户各服务渠道、政务服务管理平台、业务审批平台等采用单点登录技术，实现“一号登录、合网漫游”。

所有应用系统共享一个身份认证系统。统一的认证系统是单点登录（SSO）的前提之一。认证系统的主要功能是将用户的登录信息和用户信息库相比较，对用户进行登录认证；认证成功后，认证系统应该生成统一的认证标志（ticket），返还给用户。另外，认证系统还应该对ticket进行校验，判断其有效性。

所有应用系统能够识别和提取ticket信息。要实现SSO的功能，让用户只登录一次，就必须让应用系统能够识别已经登录过的用户。应用系统应该能对ticket进行识别和提取，通过与认证系统的通信，能自动判断当前用户是否登录过，从而完成单点登录的功能。

单点登录分为互联网用户和内部办公用户单点登录，如图8-12所示。

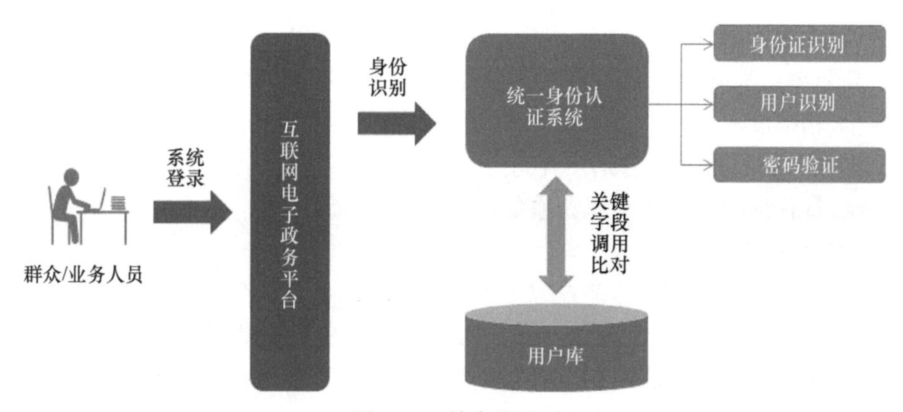

图 8-12　单点登录

互联网用户主要是办事人员依托于统一身份认证平台，使用注册账号实现访问各个功能模块的便捷操作。

内部办公用户单点登录用交汇平台提供的单点登录功能进行身份认证，认证成功后，交汇平台将返回工作人员所在的机构、姓名、账号、身份证号码、联系电话、变动情况等信息给一体化政务服务平台，再由一体化政务服务平台进行角色分配及权限配置，进行相关的业务功能操作。

（2）可信存证

可信存证是分布式数据存储、点对点传输、共识机制、加密算法等计算机技术的新型应用模式，其是利用块链式数据结构来验证与存储数据、利用分布式节点共识算法来生成和更新数据、利用密码学的方式保证数据传输和访问的安全、利用由自动化脚本代码组成的智能合约来编程和操作数据的一种全新的分布式基础架构与计算方式。由于数据可以被无限复制，可信存证承载的大数据共享交换业务无须解决现有代币交易系统的“双花”问题，因此采用了有向无环图的结构，实现数据全生命周期状态存证监管。数据链实现了超高的吞吐量，并且随着节点数量的增加，吞吐量线性扩容，能够满足大数据业务的大规模吞吐量，且可以实现基于分布式基数估计的快速统计，基于可容错生成树的快速查询。采用树形广播和结算的可扩展查询算法，通过对高容错和负载均衡的树形结构进行广播和汇总，保证在节点数量和存证吞吐量增加的情况下，快速查询的可扩展性。

（3）异构数据同步建库

实现异构数据同步建库，以创新的运行时体系结构重构技术，通过反射模型快速重建出业务系统的数据访问及业务功能接口，实现了实时数据挖掘和功能扩展重组，颠覆了传统数据融合方式，为数据开放、融合与增值创新提供了先进、可靠、高效的平台支撑。从业务系统的表现层重构出数据接口，实现一门式受理门户与各业务系统的对接，与传统的对接方式相比，具有如下优势。

1）无障碍：无须协调源系统开发者，无须源码，无须详细了解业务逻辑，所有环节沟通无障碍。

2）低成本：将跨部门跨机构的沟通成本降到最低，将人员开发成本降到最低，将项目交付时间成本降到最低。

3）高效率：大幅度提升工作效率和开发进度，大幅度提高沟通有效性，大幅度提炼客户需求精准度。

4）零风险：数据读写与源系统完全一致，保证数据安全，开发复杂性极低，不对用户系统进行任何改写操作，对源系统造成的风险趋近于零。

（4）安全支撑

建立系统安全保障体系，通过以下多种措施保障信息安全。

1）双向身份认证：以平台为基础，对所有应用系统提供统一的认证方式和认证策略，以识别用户身份的合法性和应用服务器身份的合法性。支持双向身份认证，保证用户端与服务器端通信过程中，对双方身份的确认。

2）数据加密和签名：客户端提交的认证请求均由服务器端返回的服务器证书进行数字信封加密处理，只有相应的服务器私钥才能解密。如果认证请求中含有机密信息，则截获加密的认证请求将毫无意义，从而确保了机密信息的保密性。

3）数据安全策略：数据备份及恢复，实现数据备份功能，对网络中每台机器的系统程序、应用程序、配置文件及数据库数据加以保护，能在灾难发生时对系统进行恢复，使损失减至最小。能够高速备份其他服务器的全部数据；能够做真正的系统全备份，保持备份数据的完整性；支持主服务器和其他服务器的灾难恢复，简单、快速、方便地恢复出现故障的服务器；数据备份后，能保障在灾难发生后可完全恢复系统数据。

4）系统安全策略：将用户划分为用户组或角色，可以配置不同的安全策略，减轻管理员的工作量。安全策略支持用户 IP 地址策略、管理 IP 地址策略、时间策略、口令策略设置，以及身份识别、密码强度和访问控制。

5）系统安全审计：可记录系统范围内的安全和系统审计信息，有效地分析整个系统的日常操作与安全事件数据，通过归类、合并、关联、优化、直观呈现等方法，使管理员轻松识别应用系统环境中潜在的恶意威胁活动，可帮助用户明显地降低受到来自外界和内部的恶意侵袭的风险。系统具有实时监控功能，可随时了解用户当前操作的内容，监控用户的操作，及时发现潜在的危险操作或违法操作，便于第一时间处理。

8.3.4.4 模块详细介绍

贯穿省、市、县三级，并实现与农业部门、横向部门数据对接，实现业务多层级协同，开发手机端内容，具体模块介绍如下。

（1）养殖管理

养殖生产管理模块主要用于养殖场档案的建立和养殖生产数据实时统计，包括大规模养殖场的日常生产管理；同时实现与上级监管部门防疫、检疫业务的互动，能按照上级部门需要，将必要的生产、防疫等数据上传与共享。

此模块的数据为监管部门要求必须上报的数据。

养殖生产管理模块包括多个子模块，如图 8-13 所示。

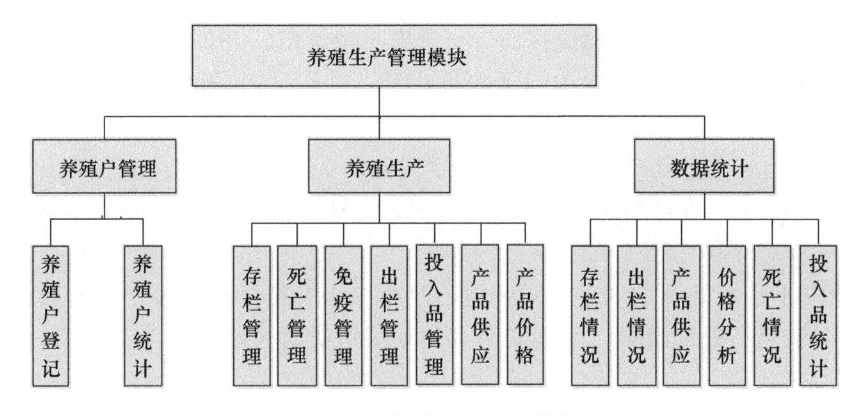

图 8-13　养殖生产管理模块

（2）防疫管理

防疫管理主要实现了各级管理员查看养殖场佩标和免疫记录情况，分为佩标管理、免疫记录和统计分析功能。

（3）检疫管理

把官方兽医和养殖企业工作内容通过系统录入，将申报受理、工作记录、开证环节的信息进行痕迹化管理，强势推进“不申报不受理”，反过来推动了养殖企业和屠宰企业在使用平台的过程按要求做好每一步，实行以检促防，保证各链条为各自的工作内容承担起相应的职责。同时，电子化流程和批量开证功能极大地提高了检疫开证的效率。

（4）无害化管理

无害化管理主要功能包括乡镇监督员查看照片、死畜头数、签字审核、退回重审等功能，以及市县管理员每日台账查看统计等功能。

（5）屠宰管理

1）入场查验核查。产地检疫点将产地检疫信息推送到屠宰检疫点。屠宰检疫点进行入场查验，直接或者从产地检疫点推送过来的信息中查证验物，将动物入库。不合格动物进入无害化处理环节，部分需观察动物进入隔离观察环节。

2）药物抽检核查。检疫人员对违禁兽药检查结果进行抽检。

3）检疫申报受理。动物检疫人员接到检疫申报后，根据相关情况决定是否予以受理。受理则及时实施宰前检查；不予受理的说明理由，该批动物退回到屠宰场入场库存。

4）宰前检查。屠宰前，检疫人员按照《产地检疫规程》中的“临床检查”部分实施检查，合格的准予屠宰（出具准宰通知书），不合格的出具检疫处理通知单。检查后登记宰前检查工作记录，包括入场查验信息。入场查验信息主要是查验入场（厂、点）畜禽的《动物检疫合格证明》和佩戴畜禽标识。

5）准宰通知书。对于宰前检查后合格的动物，动物检疫人员会开具准宰通知书。主要包括合格头数、准宰头数等信息，在准宰效期内，通知书可修改或作废。

6）宰后同步检疫。对于屠宰产生的动物产品进行宰后同步检疫。记录宰后同步检疫结果，如检疫合格数量、检疫不合格的数量、肉品品质检验合格证号、动物产品检疫合格证号等。

7）产品开证。检疫员开具检疫证，交予肉品销售商。开具产品 AB 证。A 证用于跨省流通，B 证用于省内流通。B 证无纸化出证，推送至肉品销售方，进行扫码核验。B 证主要包括货主信息、动物种类、数量及单位、起运地、起运时间、目的地、检疫证明有效期、运输信息等，系统实现所有字段自动关联均可修改，可保存开证或保存并开证，或是作废。作废后该条记录将会被退回到检疫记录中等待重新检疫。支持批量出证。

8）检疫不合格处理通知单。对于检疫过程中不合格的动物及产品开具检疫处理通知单，主要包括处理数量、处理场所（自动关联处理中心名称）、处理时间、法律依据等。

（6）调运审批

流通监管系统实现了根据省农业农村厅对于外省调运的动物及产品备案及调运审核要求，实现了动物及产品备案申请、备案审批、网上报验、落地报告、目的地核查等完整的调入流程，并实现了风险管控及调运数据的统计汇总。系统包括省、市、县及公路检查站用户使用的监管平台。

主要涉及的用户角色和功能流程见图 8-14。

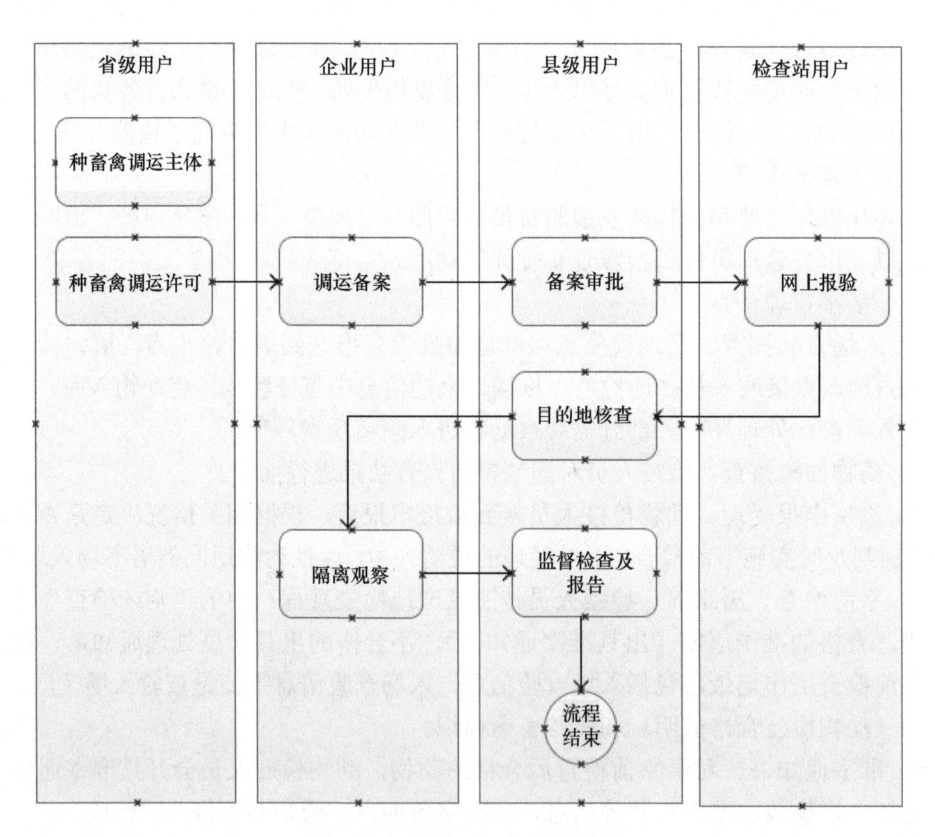

图 8-14　用户角色和功能流程

（7）兽药饲料监管

面向省、市、县三级管理角色，主要包括饲料生产企业、兽药生产企业、兽药经营企业的基本信息、主要产品生产能力、主要产品实际生产情况的报送功能，将饲料生产企业、兽药生产企业、兽药经营企业的基本信息统一整合到数字畜牧应用权限用户管理基础库中，重点功能为通过国家兽药追溯二维码实现省级兽药经营企业的出入库管理和自动汇总分析，省、市各级管理员实现兽药预警、产品抽检、假劣产品及通知发布等。

8.4　农业气象业务系统

8.4.1　概述

浙江农业生产类型多样，多元化种养、多模式栽培特色突出，形成了蔬菜、茶叶、果品、畜牧、水产养殖、竹木、花卉苗木、蚕桑、食用菌、中药材等十大农业主导产业，农业规模化、合作化、产业化快速发展。但农业“靠天吃饭”的局面没有根本性改变，农业依然是对气象灾害和气候变化最为敏感的行业之一。浙江处于欧亚大陆与西北太平洋的过渡地带，属典型的亚热带季风气候，季风显著，四季分明，年气温适中，光照较多，雨量丰沛，空气湿润，雨热季节变化同步，气候资源配置多样，气象灾害繁多。据统计，浙江气象及其次生灾害造成的损失占自然灾害损失的 90%以上，造成的经济损失占 GDP 的 1%～2%。

随着现代农业的快速发展，农业气象服务的内涵也在不断发生变化，其中利用现代信息技术直接为用户提供准确、及时、全面、个性化的农业气象信息服务已成为提高服务质量的关键内容。农业气象服务产品与业务呈现出精细化、多样化、系列化的发展趋势。浙江现代农业的快速发展对农业气象服务能力不断提出新的要求，农业专业大户、专业合作社、农业企业等针对性气象服务需求十分旺盛。

为了避免或减少气象灾害对农业造成的损失，促进农业经济稳定发展，更好地服务浙江现代农业发展，满足农业领域日益增长的气象服务需求，亟需建立现代农业气象业务系统，通过互联网信息技术与农业气象学的有机结合，推进农业气象信息服务便捷化、智能化发展，促进农业气象灾害监测预报、农用天气预报等实时信息服务与农业产业链的各个环节有效对接，为实现传统农业向现代农业跨越发展提供气象技术支持。

8.4.2　农业气象业务系统建设现状

近代农业气象业务的研究起步于 19 世纪后半叶的欧美，之后各国农业气象业务经历了各种波折和不平衡的发展。进入 20 世纪 90 年代，随着计算机的大量普及和信息技术的逐渐成熟，发达国家利用自身的技术和资源优势，开展了现代农业气象业务研究。为了减轻极端天气气候事件对农业生产的影响，美国各州利用计算机网络技术，建立了中尺度气象监测网络平台（Mesonct），以自动气象观测站为基础，通过因特网向社会和公众提供多种服务。其中，科罗拉多州将其称为州农业气象网，它可以为农业灌溉、作物病虫害综合治理提供决策信息，农业专家还利用农业气象信息网络对作物发育速度、程度和最终产量形成进行了一系列的预测（Doesken et al.，1998）。美国威斯康星大学根据地球同步环境卫星（GOES）信息和实时天气信息，以及大气和土壤-冠层环境预测模式，进行作物灌溉计划、霜冻预测预防和作物病害发生发展的监测预测，并通过互联网对用户进行服务（Luijten and Jones，1997）。美国佛罗里达州立大学将作物模拟模型（DSSAT）与地理信息系统（GIS）结合在一起，建立了农业环境地理信息系统（AEGIS），根据大范围不同天气、土壤和管理条件评价不同区域环境对农业生产力的影响，为制定区域性农业政策和进行农业决策提供科学依据（Sridhar et al.，1998）。

欧盟建立了基于作物模型 WOFOST 的作物生长监测系统（CGMS），在区域和国家尺度上开展农作物长势监测和产量预测业务。欧盟联合研究中心（JRC）长期从事农业遥感监测研究，每年多次发布农业气象业务产品 MARS Bulletin，为农业生产提供技术指导，主要内容是产量预测和灾害预警（王建林和毛留喜，2010）。法国是欧洲最大的农业国家，拥有强大的农业气象信息系统，开发的综合气象预报预警平台实现了对农业气象灾害和病虫害的预报预警，为用户提供及时可靠、多样化的农业气象服务（方圆，2014）。欧美等发达国家和地区在农业气象业务领域处于领先地位，其技术优势表现在农业气象观测设备先进、农业气象监测的自动化和网络化程度高、计算机和卫星遥感等信息技术成熟等。国外的农业气象业务已进入产业化发展阶段，相关产品已在农业生产和经营管理中得到广泛的应用。

我国的农业气象业务始于 20 世纪 50 年代，至 60 年代，我国已初步建立了国、省、市、县四级布局的农业气象业务服务体系。目前我国农业正处于由传统农业转向优质、高产、生态、可持续的现代农业的关键时期，对现代农业气象业务服务提出了更高的要求。国家级现代农业气象业务系统已取得明显成效。近年来，国家气象中心研发的现代农业气象业务综合平台（CAgMSS）成为全国农业气象业务系统的重要品牌。该平台以农业气象指标、作物模型、卫星遥感、GIS、大数据等技术为核心，包括农业气象评价、作物产量气象预报、农业气象灾害监测评估等 10 个子系统和 60 余个模块，功能涵盖了农业气象监测、评估、预报、预警，已在全国各地推广应用。

省级方面，浙江、安徽、福建、广东等陆续开展了现代农业气象建设。为了将气象灾害预报及时发送到农民手中，并提出切实可行的防灾减灾措施，指导农业一线生产，农业气象灾害预警系统正在随着新技术的出现而不断地研发与完善，取得了较好的成果。安徽省气象局以安徽省重大农业气象灾害的气候规律分析及遥感监测方法为基础，综合气候分析、遥感监测、地理环境影响评判等方法，建立了包括安徽省干旱、洪涝及低温冷害的基本数据库，以及灾害监测评估模型和应急反应及决策服务系统。福建省气象局建立了“基于 GIS 的福建省气候监测与灾害预警系统”。广东省气象局利用自动气象站测得的数据，按照各种灾害的特点建立灾害指标库，针对番禺区粮食作物以水稻为主、经济作物以香蕉为主的特点，建立了番禺区农业气象灾害监测业务系统。广东省气象局还开展了基于 GIS 的荔枝冷害监测预警研究，利用 GIS 技术和气候模型，综合土地利用、海拔、坡度、坡向等地理信息，对平均气温和最低气温数据进行高空间分辨率的地理校正，实现对广东省寒冷灾害发生、发展、强度和范围的实时动态监测和预警（肖承雄和欧阳帮基，2013）。

近年来浙江省气象部门立足现代农业发展服务需求，建立了较完善的农业气象观测体系和农业气象灾害监测预报系统，实现了对主要农业气象灾害的实时监测和预警，开展了针对主要农业农事季节的农用天气预报。但随着农业气象服务对空间精度和时间尺度的更进一步要求，数字化、网格化、精细化成为现代农业气象服务的方向之一。浙江省气象部门通过气象现代化建设，已基本实现全省地面气象监测资料的网格化、精细化，并建立了针对业务服务的现代农业气象业务系统和针对公众服务的“智慧农业气象”手机客户端平台，实现了基于 WebGIS 的网格化气象数据服务及预警信息推送。

8.4.3　现代农业气象业务平台

现代农业气象业务平台是快速接收处理各类农业气象信息、分析农业气象条件、运行农业气象模型、绘制农业气象图形（图像、表格）、制作农业气象业务产品的重要保障。综合规范的农业气象业务平台能够通过网络系统，将综合数据库、专业农业气象处理分析系统和多功能图形制作系统结合在一起，提高业务服务效率。其中，综合数据库是基础，用于管理现代农业气象业务所需要的各种数据资料，包括专业农业气象处理分析系统生成的数据资料；专业农业气象处理分析系统是核心，用于运行现代农业气象业务的各种模型、处理满足服务需求的各种信息；图形制作系统是重点，用于生成规范的现代农业气象业务图形（图像、表格）（王建林，2010）。具体包括以下三方面内容。

综合农业气象数据库：利用现代数据库管理软件，建立相关气象数据库、农业气象观测资料数据库、农业气象指标数据库、农林病虫害数据库、农业经济数据库、基础地理数据库，以及专业农业气象处理分析系统所产生的各类数据的数据库。

专业农业气象处理分析系统：开发具有处理、分析农业气象情报、农业气象预报、农业气象灾害等现代农业气象业务所需要的各类信息的功能模块，满足现代农业气象业务产品生成的需要。通过网络直接与综合数据库连接，而不与图形制作系统发生关系，涉及传统种植业、特色农业、设施农业、林业、畜牧业和渔业等现代农业各个领域。

多功能图形制作系统：在 GIS 软件支持下，利用综合数据库中的数据资料，开发规范的多功能图形、图像、表格制作系统，通过网络直接与综合数据库连接。

浙江农业气象业务平台建设较早，数字化、网格化、网页化是农业气象业务平台的设计与实现方向之一。WebGIS 是 Internet 和 WWW（world wide web）技术应用于 GIS 开发的产物，是基于浏览器/服务器（browser/server，B/S）架构来进行空间数据浏览、专题图制作、空间信息检索和空间数据分析。WebGIS 为地理信息和 GIS 服务通过 Internet 在更大范围内发挥作用提供了新的平台。气象观测站点分布较离散，且山区和高海拔地区分布稀疏，不能实现任意地区的农业气象服务信息提取。基于 GIS，耦合地理信息、气象观测信息、作物发育信息和农业气象指标库，生成网格数据，借助 B/S 架构，将数据推送给不同的用户，进而实现数据的分布式管理。基于 WebGIS 的农业气象业务平台建设在部分省份已有研究，但投入业务应用的报道很少。针对加强面向用户直接服务、加快服务方式转变的现代农业气象业务需求，以全省地面气象监测资料为基础，基于 WebGIS，设计和研发浙江省、市、县三级应用的农业气象业务平台，为开展主要农作物的全程性、多时效、多目标、定量化、精细化的现代农业气象信息服务提供技术支撑，为现代农业气象服务体系建设提供重要保障。

8.4.3.1 功能需求和架构设计

1. 功能需求

基于 WebGIS 的农业气象业务平台建设的总体目标是实现数字化、网格化、网页化，以及适用于省、市、县三级的现代农业气象业务系统。它立足高分辨率的气象监测、预报格点数据、作物分布和行政区划信息、多样性指标库（包括 14 类农业气象灾害监测预报指标、6 种作物 7 类农用天气预报指标和作物气候评价模型）和农业气象观测网络（人工和自动气象站监测），采用 SQL Server 建立农业气象数据库；使用 C# 进行数据处理，采用 ASP.net 平台和 JavaScript、Html 等计算机语言进行网站搭建，研制基于 WebGIS 的农业气象业务平台。系统使用 OpenLayers 3 来组织、发布与浏览地图，其中 OpenLayers 3 是一个专为 WebGIS 客户端开发的 JavaScript 类库包，支持 WMS（web mapping service）和 WFS（web feature service）等网络服务规范。利用 OpenLayers 3 自带的瓦片技术建立适用于农业气象的业务底图，客户通过 Internet 或 Internet 服务器发出请求时，OpenLayers 3 通过 OGC（open geospatial consortium）服务形式将请求发布的地图数据加载到客户浏览器，并将已处理好的瓦片地图存储在 Memcached 缓存组件中，以提高服务器处理性能和 Internet 访问速度。平台技术路线如图 8-15 所示（肖晶晶等，2017）。

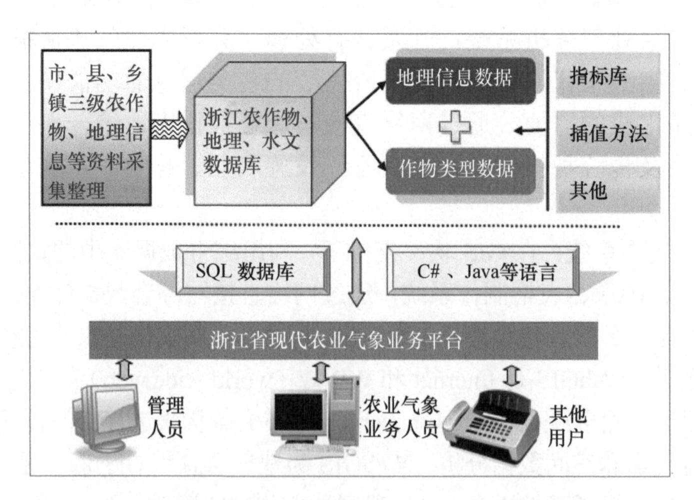

图 8-15 平台技术路线

2. 架构设计

（1）逻辑结构

平台基于 WebGIS，采用 B/S 架构和 ASP.net 开发平台，遵循 SOA（service-oriented architecture，面向服务的体系结构）架构原则，平台框架如图 8-16 所示。平台包括 IT 基础设施层、开发基础软件层、数据层、技术支撑层和应用层。IT 基础设施层和开发基础软件层是平台开发所需的硬件和软件；数据层包括基础数据（地面气象观测数据、农业气象指标数据、灾损数据、作物生育期、地理基础数据等）、系统配置数据和产品数据等；技术支撑层是指平台主要用到的软件、算法、协议等；应用层是整个系统的应用部分，包括农气监测、农气预报、气候资源等。

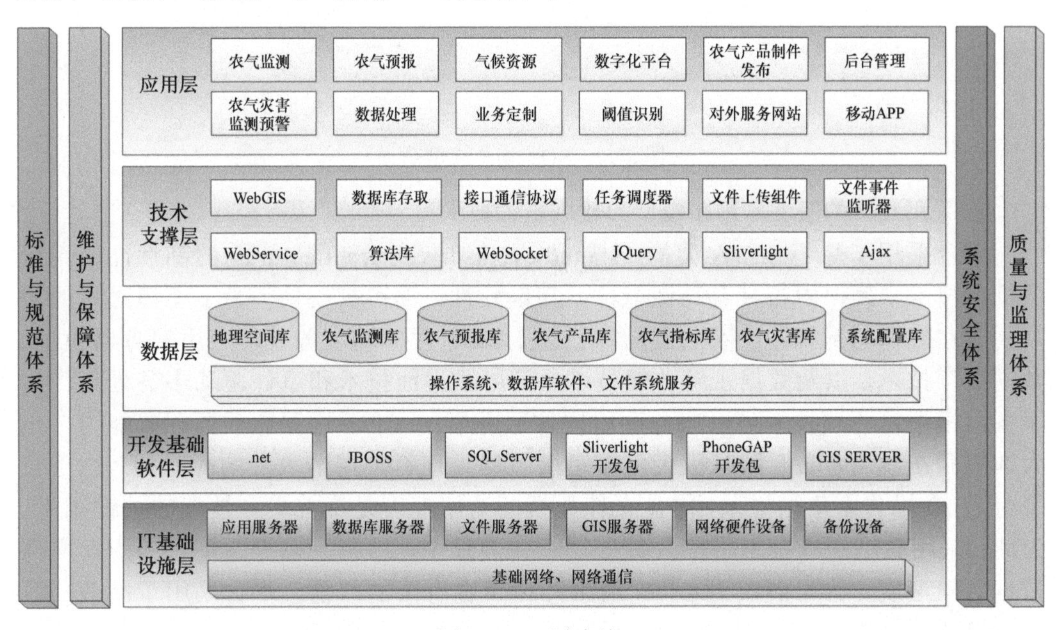

图 8-16　平台框架

（2）功能结构

平台建设依托一套完整基于 JavaScript 语言的 OpenLayers 组件，实现地理数据展示、图形绘制等功能，后台地图服务采用 REST 技术架构。依托 GIS 平台提供数字化的农业气象产品展示和服务。平台以 1∶5 万的浙江省市县行政区划图、地市名称、一二级河流和农业气象站点分布及名称为基本背景图显示，显示比例放大到一定程度时，再显示 1∶1 万的乡镇行政区划图。平台实现的功能主要包括图形操作、农业信息查询与统计、农业气象条件诊断分析、专题图制作分析等。

（3）关键技术

i. 基于面向服务 SOA 的分布式应用程序架构

与传统架构相比，SOA（面向服务架构）为信息资源之间定义了更为灵活的松散耦合关系。利用开发标准的支持，采用服务作为应用集成的基本手段，SOA 不仅可以实现各项资源的重复使用和整合，而且能够跨越各种硬件平台和软件平台的开放标准，如图8-17 所示。SOA 能够无缝整合气候中心各种平台资源，构建一个面向服务的具有可扩展性的综合信息处理平台。整体采用分布式平台架构，各个子平台支持平台集群部署，如浙江省延伸期预报系统。

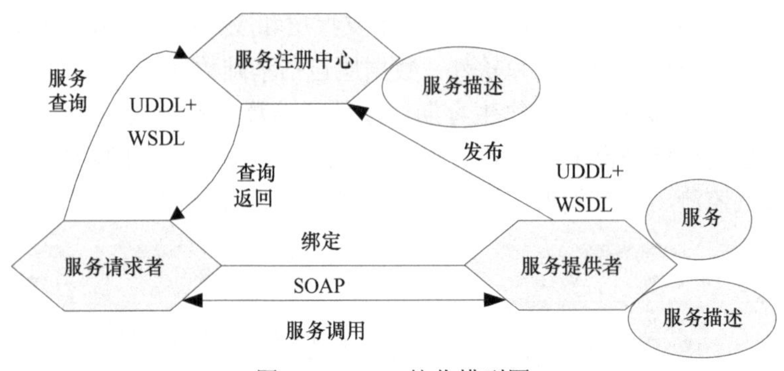

图 8-17　SOA 协作模型图

ii. 采用高效的服务器程序模型和数据压缩技术

平台采用了基于 SEDA 架构（staged event-driven architecture）的高性能应用服务框架技术，确保内核具有高性能性、高健壮性、高可扩展性。为了支撑大量的用户同时在线访问数据，平台采用了线程池技术、事件驱动事务处理应用服务器模型、数据缓存技术，以及数据压缩传输技术。采用线程池技术和事件驱动事务处理应用服务器模型这两项技术可以充分利用硬件服务器的 CPU 运算和数据存取能力，极大地提升在线用户数，同时极大地缩短服务器处理客户端请求的响应时间。由于该平台是 IO 操作密集型平台，磁盘文件数据的访问速度是影响平台性能的关键因素。为此，采用数据缓存技术将部分数据缓存在内存中，这将大幅提升平台的磁盘文件数据访问速度。为了解决 Internet 网络环境带宽有限的问题，平台采用了高效的数据压缩传输技术。

iii. 动态指标引擎研发

当气象因子的变幅和周期超过农作物正常生理活动的要求时，就会发生农业气象灾害。浙江地势地貌错综复杂，农田小生境多样。此外，由于农作物品种、地理位置和抗逆性等不同，农业气象灾害对农作物的影响不一样。例如，2013 年 4 月 7 日，浙江发生罕见的早春霜冻天气，低山缓坡和平地正在萌芽的春茶受冻严重，但浙南受冻程度小于浙北，高山茶叶影响小于平地。因此，动态指标引擎研发利于提高平台适用性。系统引入“判断条件”“运算关系”“持续天数”“精度”四个条件。判断条件即判断单个要素、单个界限值、单一符号，如“降水量≥15 mm”；运算关系包括逻辑运算（L）和算术运算（C），逻辑运算包括逻辑与（AND）、逻辑或（OR）等，算术运算包括加（+）、减（–）、乘（×）、除（÷）、指数（^）等；持续天数是在指定计算关系下当天之前日期连续出现的天数，如连阴雨的判定；精度与持续天数相反，是在指定计算关系下当天之后日期连续出现的天数，一般用于农用天气预报。用户通过指标算法交互界面完成具体指标设置，系统自动进行判别转化成相应的 SQL 语句，生成对应的指标（图 8-18），以连阴雨为例利用指标引擎进行等级设置、模型编辑的页面如图 8-19 所示。

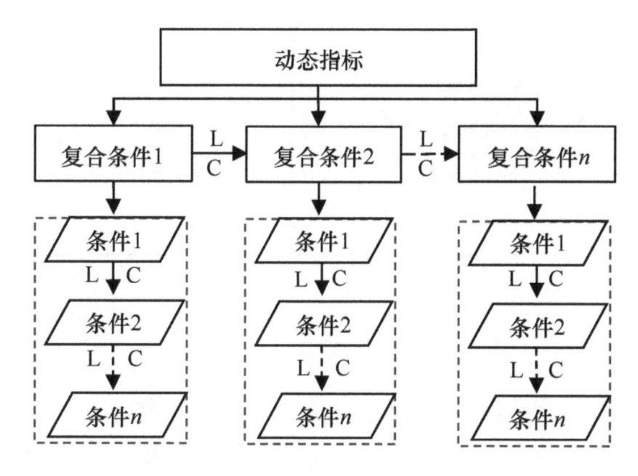

图 8-18　动态指标编辑流程

图 8-19　指标引擎编辑农业气象指标（连阴雨）

iv. 省、市、县三级权限配置

为了保证平台正常运行，为省、市、县三级管理员分配了不同的权限，主要做以下设置。

1）系统管理：包括组织机构管理、用户和角色管理及其权限分配、密码修改等，省、市、县三级管理员均有权限对各辖区域的用户进行管理。

2）基础数据管理：包括地区管理、站点管理、指标管理、指标订正等。当行政边界、行政地名、乡镇代表站、作物等基础信息发生变化时，各地区可对此类基础信息进行编辑，但不能越级、越区修改；各地基础指标由省级统一设定，各地区可以根据地区特点对指标进行增加、修改和删除，修改后不影响省级和其他地区。

3）业务管理：包括产品模板、产品制作和产品上传管理。各地区根据当地业务需求设定模板，全省所有的农业气象业务产品统一上传到服务器指定路径，各地区可以根据需要任意查看、下载全省所有的农业气象业务产品。

（4）开发环境

平台数据处理和后台服务开发使用的语言是 C#，Web 前端开发使用 Html、JavaScript 等语言，其他的开发工具见表 8-2。

表 8-2　平台开发工具

开发工具	名称	开发工具	名称
源代码管理工具	SVN	数据库	SQL Server
开发 IDE	Visual Studio	数据库建模工具	Power Designer
网页开发	Adobe Dreamweaver CS	压力测试工具	Load Runner
UML 建模工具	Enterprise Architect	单元测试	Unit Test Generator
原型设计工具	Axure	缺陷管理工具	JIRA

8.4.3.2　模块

现代农业气象业务平台包括农业气象灾害监测预报、农用天气预报、在线分析系统、病虫害气象等级预报、农业气象观测监测、农业气候资源、农业气象服务产品、后台等功能模块。其中农业气象灾害监测预报为前一天的农业气象灾害监测、当天和未来 7 天的农业气象灾害预报；农用天气预报为当天和未来 7 天的农事活动适宜度等级预报；在线分析系统包括实时和预报气象指数分析、生长适宜度指标分析等；病虫害气象等级预报主要为稻飞虱、稻瘟病等病虫害发生气象等级的监测预报；农业气象观测监测包括农田小气候、作物发育期、设施农业观测等数据显示；农业气候资源包括光、温、水、初终日、积温等资料的统计；农业气象服务产品模块是农业气象服务产品的展示和交互平台；后台为平台数据运营的基础（姚益平等，2019）。下面介绍各模块的主要功能。

（1）农业气象灾害监测预报模块

基于浙江地面气象观测数据和精细化城镇预报数据，耦合农业气象灾害指标，对浙江主要农作物生产中可能遭受的主要农业气象灾害进行监测对未来 7 天进行预报。结合 sufer、vb 等程序生成格点为 0.01 度的 MICAPS 4 类数据，生成灾害分布专题图，并自动生成灾情概述文字。目前农业气象灾害监测预报模块涵盖作物包括早稻、晚稻、油菜等大田作物，以及茶叶、柑橘、杨梅等经济林果。灾害种类包括连阴雨、暴雨、局地洪涝、倒春寒、春寒、大小麦烂耕烂种、五月寒、茶叶霜冻、早稻移栽期僵苗、早稻高温逼熟、杂交晚稻抽穗扬花期低温、常规晚稻抽穗扬花期低温、柑橘冻害、杨梅冻害等 14 类农业气象灾害。

（2）农用天气预报模块

农用天气预报模块聚焦在双季早稻播种、双季早稻收割、晚稻收割、柑橘采摘、茶叶采摘、杨梅采摘、油菜收割等 6 种作物 7 类农事关键期的农事活动适宜度等级预报，主要是针对大田作物、经济林果等作物生长关键期的农事活动进行的专业农业气象指导预报，为省市县农业气象服务提供技术支撑。同时，预报结论将作为农业大户服务的参考依据。平台以前期天气条件、中短期天气预报为基础，针对作物生长发育进程及关键农事活动，建立农用天气预报模型，将农用天气预报指数统一划分为适宜、较适宜和不适宜 3 个等级，预报时段为当天和未来 7 天。

（3）在线分析系统模块

在线分析系统是针对农业气象精细化服务的需求而构建的一个集信息采集、查询、分析、监测、评价、预测、发布于一体的综合信息处理平台，以达到科学、系统、合理、智能、高效处理农业气象信息的目的。

在线分析系统是基于农业气象信息在线分析处理系统（agrometeorological information online analytical processing system, AIOLAPS），移植其在线分析的理念，利用气象实时数据和精细化预报数据，分析作物生长环境变化及未来预测，实现对作物生长环境和全生育期的监控和预测，及时预防各种气象灾害对作物的可能影响，并根据监测结果开展相应的农业气象服务。

（4）病虫害气象等级预报模块

稻飞虱（主要为褐飞虱）是影响浙江水稻生产的主要害虫之一，属于典型的气候型害虫，其生殖生长与气象要素密切相关。针对浙江气候敏感性与水稻病虫害频发、重发的实际情况，耦合全省长年代气象、虫情资料，构建基于当前病虫害标准的单一、多项气象要素的病虫害发生气象等级模型，实现对浙江病虫害发生气象等级进行监测和预报。

（5）农业气象观测监测模块

农业气象观测监测模块采用数字化地图展示各类农田观测站的农业气象立体监测信息，包括农业气象观测站（人工）和农田小气候站(自动)信息。监测数据实时显示数据包括农田土壤水分数据、农田小气候数据、特种农业观测数据等。

（6）农业气候资源模块

农业气候资源模块是分析当前和历史农业气候资源的分布特征、时空变化的重要手段。其要素包括平均温度、最高温度、最低温度、降水量、降水日数、日照时数、活动积温、有效积温、初终日、初终日积温等。初终日包括各站逐年 0℃、5℃、10℃、15℃、20℃的初终日的变化情况。在统计农业气候资源时段时可以按照旬、月、年和任意时间尺度进行单点和区域进行统计。

（7）农业气象服务产品模块

农业气象服务产品模块是农业气象业务产品展示和省市县农业气象业务交流的模块。农业气象服务产品类型包括农业气象灾害监测预警、农用天气预报、一周农事、农田旱涝分析、旬报、月报、年报、农业气象专题分析、农业气象会商等 12 类。

（8）后台模块

后台模块是对现代农业气象业务平台的支撑和管理，包括系统管理、基础数据管理、数据服务、业务管理等功能。后台是农业气象业务平台的重要组成部分，也是农业气象业务平台正常运行的保障。

8.4.3.3　系统应用

（1）省市县一体化

现代农业气象业务平台在浙江气象内网实现全省共享（http://10.135.30.151/nongqi），并在省市县气象部门业务使用。与传统的 GIS 相比，基于 WebGIS 的农业气象业务平台访问更加便捷，数据的实时性增强，且支持数据在多组织协调下的分布式管理，大大降低了平台的开发和维护成本。平台基本满足了省市县农业气象的业务需求，且具备强大的后台支撑，为开展主要农作物的全程性、多时效、多目标、定量化、精细化的农业气象信息服务提供了重要技术支撑。

（2）市县应用

浙江省市县农业气象服务（尤其是特色农业气象服务）对象不一、服务重点各有差异。为了更好地支持市县业务，实现与省级一体化、协同工作，平台实现了以下三方面功能。①页面本地化：市县网页结构与省级一致，通过地区切换功能，网页的标识、图、表、文字等信息随之改变；②后台本地化：市县通过登陆本地管理用户可以实现对地理信息、行政信息、站点信息等的本地化设置；③指标本地化：市县可以对农业气象指标进行编辑、增删等处理，而后采用增加“计划任务”的方式与省级指标同步运行，计算结果在前端分类显示，指标本地化后作为新增指标存入省级指标库。

8.4.4 智慧农业气象 APP

精准、及时获取权威发布的农业气象服务信息，对农业防灾和农民增收意义明显。依托浙江气象数据与农业气象服务指标，采用分层架构、模块化方式研制智慧农业气象APP，融合手机移动定位技术（LBS）和精细化格点数据，实现基于位置的农业气象服务信息精准推送。

8.4.4.1 运行机制

浙江智慧农业气象系统以安卓、苹果手机客户端的形式对外发布，依托气象观测数据、地理基础数据和农业气象产品数据，开发了包括农场天气实况、农业气象灾害预报、农用天气预报、农业气象灾害灾情上报等功能。前后台数据交互通过 Ajax 跨域调用后台 JsonP 接口实现。

8.4.4.2 系统及软件支撑

浙江智慧农业气象系统包括数据采集系统、数据处理系统、数据发布系统、地图服务系统、实时发布系统，采用以下相关技术实现。

系统主体框架基于 Android SDK 搭建，内部嵌入 Html5 页面与 LeafLet 地图类库，各模块可快速迭代更新。

服务器端操作系统：服务器端拟采用 GNU/Linux、Windows 操作系统，主要为 RedHat Enterprise 5 版本和 WIN2008 版本。

数据存储：数据存储服务程序采用 C/C++/Java 等编程语言进行开发，数据库采用 SQL Server 数据库软件构建。

数据通信：采用 C#进行开发，底层监控系统的异步消息队列接口采用基于内存的消息队列（zeromq），前端采用 Ajax 跨域调用 JsonP 数据服务接口。

移动端开发：为高效支持安卓、苹果手机客户端，使用原生+Html5页面的方式进行APP 开发，安卓版在 Windows 操作系统下采用 Java 语言搭建框架，iOS 版在 Mac 操作系统下采用 Object-c 语言搭建框架。内嵌的 Html5页面采用性能优越的开源 JavaScript 库 LeafLet，支持 Html5和 CSS3框架及 ArcGIS API 接入。系统的数据和信息流程分为四个环节：数据信息采集、数据处理、服务管理和数据接口发布，四个环节呈递进关系，并相互关联（李建等，2017）。

8.4.4.3　系统构成

浙江智慧农业气象系统总共包含以下五个子系统：数据采集系统、数据处理系统、数据发布系统、地图服务系统、实时发布系统，各系统业务流程如图 8-20 所示。

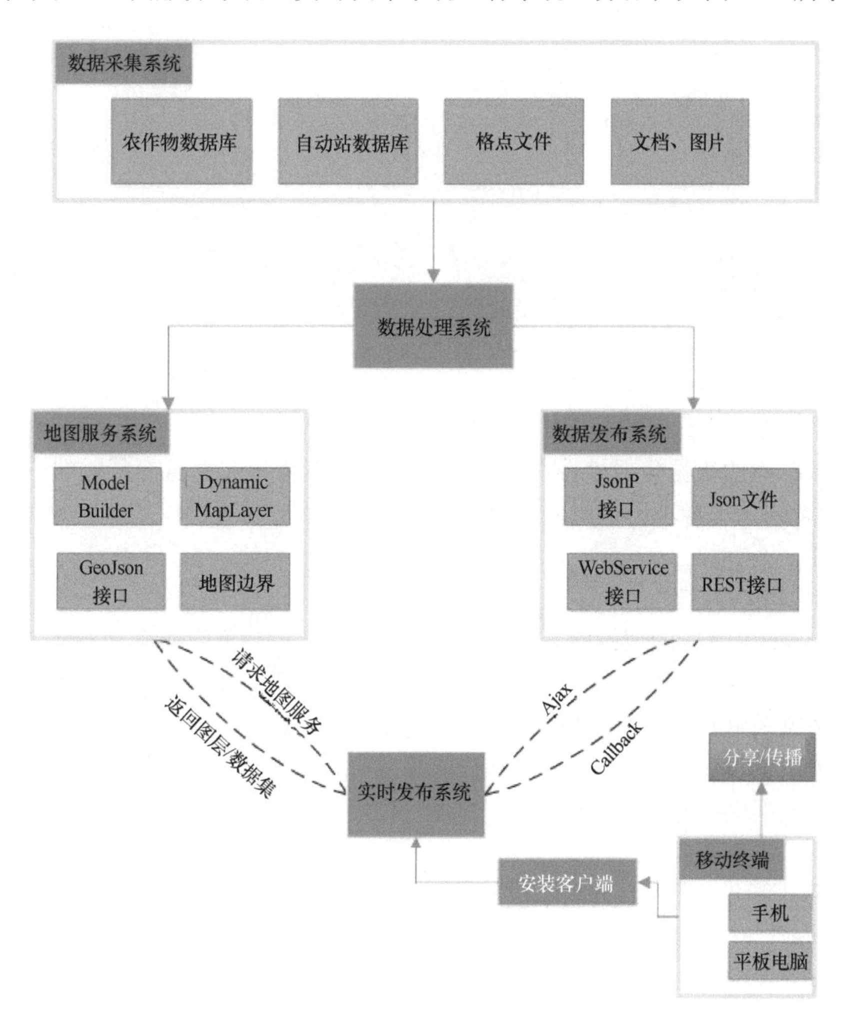

图 8-20　浙江智慧农业气象系统结构流程图

（1）数据采集系统

数据采集系统基于省级农业气象产品数据建设，数据主要包括全省自动站实况数据、气象预报格点数据、农业气象灾害监测预警数据、农用天气预报数据等。农作物信息数据采集与管理平台收集来自不同数据源的气象数据和产品，系统对接收到的数据进行解包、解码、文件名校验等标准化处理，处理后的数据与产品实时同步至数据处理服务器进行加工处理，并在文件服务器中进行备份保存。

（2）数据处理系统

数据采集系统获得的数据上传至数据处理系统，基于不同产品的规格分别进行实时处理，并同步至数据发布服务器和地图处理服务器。对应数据处理系统结构如图 8-21 所示。

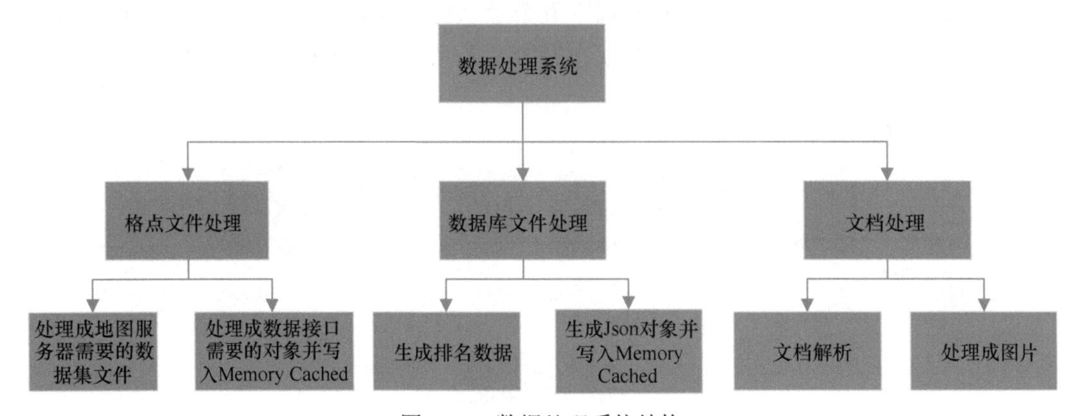

图 8-21　数据处理系统结构

系统将农作物数据库的数据实时处理成 LeafLet API 所需要的点、线、面集合，将农业气象数据库的数据生成地图服务系统需要的点集合和前端页面所需的分类排名集合数据，并将各类气象格点数据文件统一处理成地图服务系统可以处理的 MICAPS 4 类或 2 类文件。

（3）地图服务系统

基于 ArcGIS10.2 的地图服务系统实现了将农业气象数据发布到动态地图服务层和地图属性界面。经过数据的插值填色处理，基于地理信息的图形数据产品可以轻松快速地返回。系统采用的 ArcGIS Model Builder 是构造地质过程工作流和脚本图形化编程工具，集成了三维、空间分析、地理、统计学等空间处理工具，可以将各种格点数据产品和基础地理数据进行空间叠加分析。建模器可以简化复杂空间处理模型的设计，并使用直观的图形语言表达具体的建模过程。简单模型包括模型输入、输出分析或处理工具。复杂的分析过程可以由一系列简单模型组成。使用建模器构建的模型可以自动执行已定义的操作功能。一旦模型被验证并正确执行，便可以保存它以备需要时使用。该模型可以灵活地建立和应用，并可被多个用户共享。

此外，建模器还提供了一种先进的方式，即通过创建模型并将它们作为工具共享来扩展 ArcGIS 功能，甚至可以用于将 ArcGIS 与其他应用程序集成。地图服务系统模型构建如图 8-22 所示。

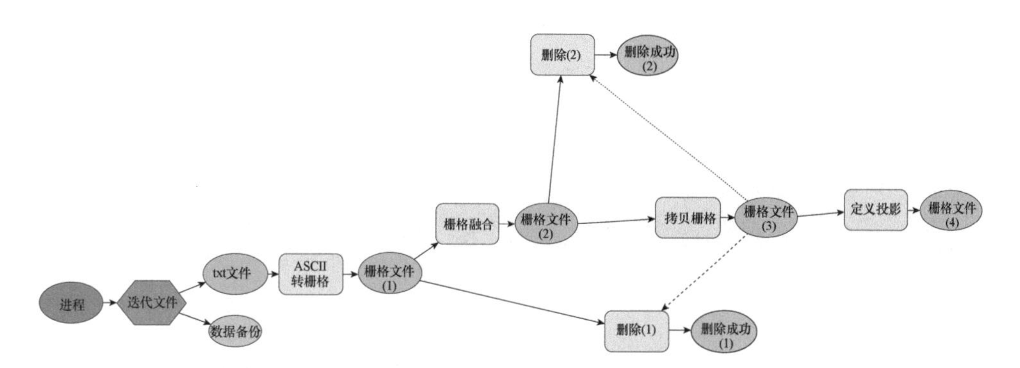

图 8-22　地图服务系统模型构建

（4）数据发布系统

数据发布系统的功能是将经过数据处理系统预处理的数据发布成可供前台实时调用的 WebService 接口。由于前端实时发布系统采用 Html5 和 JavaScript 框架，为了便于跨域访问，统一将数据接口封装为 JsonP 格式，通过 Ajax 调用服务器的 URL Service，通过解析返回的 Callback 功能对象获取诸如预报点、未来天气等实时数据。数据发布接口如图 8-23 所示。

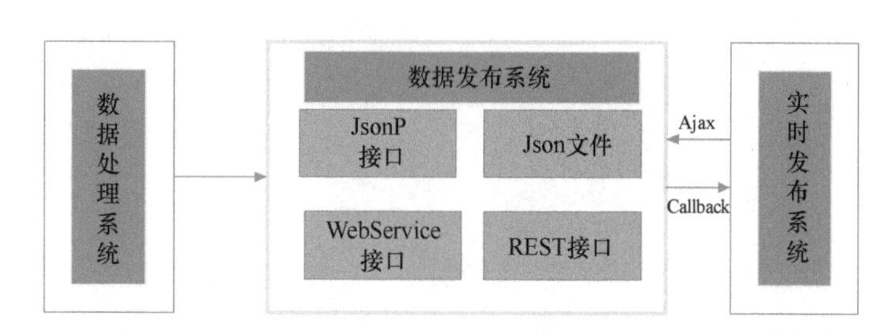

图 8-23　数据发布接口

（5）实时发布系统

实时发布系统作为整个智慧农业气象系统的最前端，包括实况天气、预报天气、农事预报、农业气象灾害预报、作物监控、地图服务等多个功能模块，在系统架构上，主要包括基础地理信息（边界、底图）、动态气象图层、实时气象信息、系统辅助功能、交互分享等功能模块。系统选用了 Html5 的技术框架，并使用 ArcGIS 旗下的 LeafLet 轻量级地图类库实现地理信息的显示、分析。经过优化处理，系统体量非常小。系统在加载大量数据的前提下还能保证超快的访问速度，首先得益于 LeafLet 对 ArcGIS JavaScript API 的优化，整个 JS 代码只有 33 k，但是功能强大，提供 140 余种地图插件服务，显示 3 万条数据仅需 0.6 s，完全可以满足普通的地图显示、交互功能。其次，系统将所有的气象数据图层发布成动态地图服务（DynamicMapServiceLayer），该服务直接将所要展示的数据在服务器端发布成一个 MapService，在客户端根据地图缩放比例及屏幕范围，调用 ArcGISDynamicMapServiceLayer 获取服务器动态生成的一张图片（图 8-24），即可进行展示。另外，可以使用 Identify/Find/Query Task 实现查询功能。

图 8-24　动态图层获取

（6）基于位置的农业气象服务系统

基于位置的农业气象服务系统作为实时发布系统的核心功能之一，渗透实况天气、预报天气、农事预报、农业气象灾害预报、作物监控、地图服务等多个功能模块，结合手机客户端 GPS 定位功能，开展基于位置的定向农业气象服务技术研发。通过实时分析将气温、降水、日照、风速等气象要素的自动站资料进行网格化处理，结合作物气象指标、气候适宜度评价模型、农业气象灾害指标研制全程性、多时效、多目标、定量化、精细化的现代农业气象情报库，并结合手机定位技术进行位置获取，最终通过两者结合向用户进行基于位置的农业气象灾害预报、农用天气预报及灾害性天气预警等农业气象信息服务，帮助用户规避灾害性天气的不利影响。

8.4.4.4　系统硬件架构

浙江智慧农业气象系统依托于“智慧气象”服务器，同时实现了功能扩展、负载均衡及数据备份等相关功能。利用磁盘阵列保护核心产品数据的物理安全，其中 Web 数据和 ORACLE 核心数据均通过光纤交换机直接存储在磁盘阵列中；前端采用 Web 集群设备 F5-LTM 的 Web 接入，实现网络负载均衡，Web 服务采用多台服务器（可根据用户实际访问情况增加 Web 服务器），解决了 Web 服务的负载均衡、多链路访问和服务器的热备功能，保证了 Web 服务的有效性。浙江智慧农业气象系统总体硬件架构如图 8-25 所示。

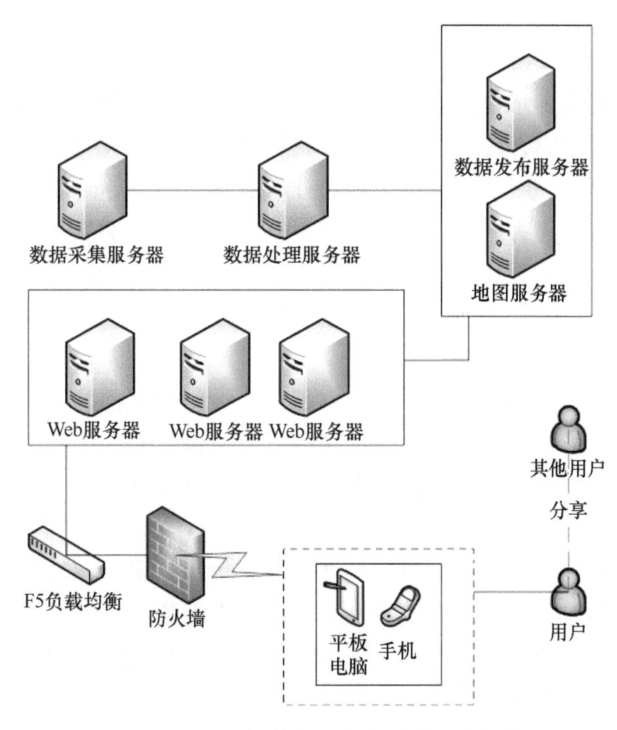

图 8-25　浙江智慧农业气象系统硬件架构

8.4.5　小结

以互联网信息技术应用为基础，整合气象信息资源、农作物气象指标、农用天气预报模型、气候适宜度模型、农业气象灾害评估模型等，建立一个综合农业气象公共服务平台，依托三网融合的高速信息服务通道，面向“百万农户、万家企业”两大服务主体开展服务，对加快推进农村信息化建设具有重要意义。

为了更好地守好“气象防灾减灾第一道防线”，浙江省气象部门重点开展精细化农业气象灾害监测预报和关键期农用天气预报技术研究，在构建现代农业气象指标体系的基础上，充分应用现代农业气象技术，建立农业气象灾害监测预报模型、农用天气预报模型、气候适宜度模型等，集成现代农业气象业务系统，实现作物生长全程的农业气候资源实时监测预报、农业气象条件定量化评价、农业气象灾害监测预报、主要农作物生长季和关键农时的农用天气预报等，面向农户和企业开展直接服务。

浙江省气象部门立足现代农业气象服务需求，以现代气象自动观测网络数据、精细化数值预报产品、农业气象指标和农业气象诊断评价体系为基础，应用 WebGIS 等技术，建立农业气象灾害监测预报模型和农用天气预报模型，研发新型的现代农业气象业务平台，为开展主要农作物的全程性、多时效、多目标、定量化、精细化的现代农业气象信息服务提供技术支撑，为现代农业气象服务体系建设提供重要保障。主要建设成果包括以下几方面。

一是构建现代农业气象多源信息数据库，建立气象信息数据集、农业气象指标集、农用天气预报指标集、农业气象观测信息数据集、农业统计数据集、农业气象服务知识集、综合农业气象数据库及其管理系统。

二是农业气象灾害定量化监测预警技术研究，基于农业气象观测和田间试验数据，分析确定产生农业气象灾害的临界气象指标，构建农业气象灾害监测预报模型；基于网格化的历史气象数据、中短期天气预报和农业气象灾害指标，研制农业气象灾害监测预报模块；开展农业气象灾害应急管理模式研究，制定农业气象灾害预警业务规范。

三是农用天气预报关键技术研究，综合主要农作物生育期、关键农事、农业生产活动、管理措施，建立农用天气预报指标模型；基于数值天气预报产品和农用天气预报指标，研制农用天气预报功能模块。

四是农业气象条件诊断评估技术研究，基于农业气象观测和田间试验数据，研制主要气象要素对作物的影响评价指标；构建以指数模型为主的农作物生长发育影响预测和影响评估模型；基于气象数据与评估模型，开展农业气象条件动态诊断评估，研制在线分析系统功能模块。

五是构建现代农业气象业务平台，实现如下功能：主要农业气象灾害监测预警，逐日滚动输出网格化的农业气象灾害图表数据；主要作物全生育过程农业气象条件实时监测和诊断评估，气温、降水、日照、积温等气象要素的实时监测及其对主要作物的适宜性影响预测和评估；关键农事季节和关键生长期的农用天气预报，逐日滚动分析农事活动适宜指数；依托三网融合的高速信息服务通道向用户推送服务信息。

六是研制“智慧气象”手机客户端，采用分层架构、模块化方式研制智慧农业气象APP，基于浙江网格化的气象观测数据、预报数据与农业气象产品数据等，构建全程性、多时效、多目标、定量化、精细化的现代农业气象情报库，利用 GIS 空间分析与建模技术将上述数据与用户信息进行叠加处理，最终实现客户端精细化农业气象灾害监测预报和农用天气预报等服务信息精准推送。

参 考 文 献

包云轩, 刘维, 高苹, 等. 2012. 气候变暖背景下江苏省水稻热害发生规律及其对产量的影响. 中国农业气象, 33(2): 289-296.

陈端生, 龚绍先. 1990. 农业气象灾害. 北京: 北京农业大学出版社.

池红, 刘强, 胡旭, 等. 2017. 四川数字农业发展现状及存在问题. 四川农业科技, (6): 60-62.

崔一鸣. 2015. 低温冷害研究进展. 现代农业科技, (24): 240-241.

丁琳, 陆建定, 蒋永健. 2020. 浙江数字畜牧业的探索与对策. 中国畜牧业, (19): 35-36.

窦立静. 2016. 赴河南、河北两省学习观摩“互联网+畜牧”平台建设的考察报告. 新疆农垦科技, 39(12): 72-73.

杜晓冬, 滕光辉, Tomas N, 等. 2019. 基于声谱图纹理特征的蛋鸡发声分类识别. 农业机械学报, 50(9): 215-220.

樊引琴, 蔡焕杰. 2002. 单作物系数法和双作物系数法计算作物需水量的比较研究. 水利学报, 33(3): 50-54.

方圆. 2014. 农业生态园区气象服务平台构建研究. 南京: 南京农业大学硕士学位论文.

冯德花. 2011. 安徽省高温热害分布规律及其中稻产量风险研究. 合肥: 安徽农业大学硕士学位论文.

冯阳. 2016. 大数据技术在农技推广中的应用研究. 北京: 中国农业科学院硕士学位论文.

高懋芳, 邱建军, 刘三超, 等. 2008. 中国低温冷冻害的发生规律分析. 中国生态农业学报, 16(5): 1167-1172.

郭建平, 田志会, 张涓涓. 2003. 东北地区玉米热量指数的预测模型研究. 应用气象学报, 14(5): 626-633.

黑龙江日报. 2016. 哈尔滨市启动农业信息化平台建设. 农业工程技术, (36): 77.

姬江涛, 郑治华, 杜蒙蒙, 等. 2014. 农业机器人的发展现状及趋势. 农机化研究, 36(2): 1-4, 9.

居煇, 许吟隆, 熊伟. 2007. 气候变化对我国农业的影响. 环境保护, (6A): 71-73.

李德, 孙义, 孙有丰. 2015. 淮北平原夏玉米花期高温热害综合气候指标研究. 中国生态农业学报, (8): 1035-1044.

李加林, 曹罗丹, 浦瑞良. 2014. 洪涝灾害遥感监测评估研究综述. 水利学报, 45(3): 253-260.

李建, 郑伟才, 邓闯, 等. 2017. 基于移动互联网的浙江台风信息发布系统研发与应用. 气象科技, 45(2): 254-260.

李杰. 2018. 农业大数据应用-农业云平台. 农民致富之友, (4): 20.

李帅, 王晾晾, 陈莉, 等. 2013. 黑龙江省玉米低温冷害风险综合评估模型研究. 自然资源学报, 28(4): 635-645.

李新建, 毛炜峄, 杨举芳, 等. 2005. 以热量指数表示北疆棉区棉花延迟型冷害指标的研究. 棉花学报, 17(2): 88-93.

李祎君, 王春乙. 2006. 基于多种预测模型的玉米低温冷害预测集成模型. 灾害学, 21(4): 1-7.

李祎君, 王春乙. 2007. 东北地区玉米低温冷害综合指标研究. 自然灾害学报, 16(6): 15-20.

刘碧贞, 黄华, 祝诗平, 等. 2015. 基于北斗/GPS 的谷物收割机作业综合管理系统. 农业工程学报, (10): 204-210.

刘波, 郭平, 沈岳, 等. 2013. 湖南农业云物联网建设对策分析. 物联网技术, 3(6): 76-79.

刘布春, 王石立, 庄立伟, 等. 2003. 基于东北玉米区域动力模型的低温冷害预报应用研究. 应用气象学报, 14(5): 616-625.

刘辉, 黄康, 徐荣. 2017. 农业机械智能化发展现状及趋势. 信阳农林学院学报, 27(3): 86-89.

刘金龙, 陆祥, 陆康. 2017. 农机智能化及发展趋势. 科技与创新, 59(7): 123-124.

刘明辉. 2017. 浅谈农业机械智能化及其中国农业现状分析. 城市建设理论研究(电子版), (8): 224.

刘娜. 2020. 农机信息化综合服务平台设计——基于智慧城市嵌入式快递系统. 农机化研究, 42(5): 196-200.

刘文娜. 2015. 农业机械远程控制管理与农机化信息服务. 河北农机, (4): 35.

刘亚岚, 王世新, 魏成阶, 等. 2000. 利用星载 SAR 快速监测评估我国的洪涝灾害. 遥感信息, (1): 32-35.

刘阳春, 苑严伟, 张俊宁. 2016. 深松作业远程管理系统设计与试验. 农业机械学报, 47(S1): 43-48.

刘振宇, 梁建平. 2018. 基于 BDS 的农机精确调度和高效作业平台设计与应用. 中国农机化学报, 39(10): 97-102.

马树庆. 2003. 水稻障碍型冷害损失评估及预测动态模型研究. 气象学报, 61(4): 507-512.

马树庆. 2015. 北方水稻低温冷害指标持续适用性检验与比较. 气象, 41(6): 778-785.

马树庆, 刘玉英, 王琪. 2006. 玉米低温冷害动态评估和预测方法. 应用生态学报, 17(10): 1905-1910.

毛钧, Inman-Bamber N G, 陆鑫, 等. 2018. APSIM-Sugar 模型在云南半湿润半干旱蔗区的适应性研究. 西南农业学报, 31(12): 2506-2513.

孟庆宽, 张漫, 仇瑞承, 等. 2014. 基于改进遗传算法的农机具视觉导航线检测. 农业机械学报, 45(10): 39-46.

孟祥雪. 2016. 红外热像仪在母猪皮温现场检测中的应用. 哈尔滨: 东北农业大学硕士学位论文.
农业部农业信息化专题研究班课题组. 2013. 借鉴发达国家经验构建农业信息化高地的思考与建议. 世界农业, (9): 3-5.
潘敖大. 2010. 基于海温的江苏省水稻高温热害预测. 应用生态学报, 21(1): 136-144.
裴志远, 杨邦杰. 1999. 应用 NOAA 图像进行大范围洪涝灾害遥感监测的研究. 农业工程学报, 15(4): 203-206.
齐尚红, 王冰洁, 武作书. 2007. 农业生产与温度的关系. 河南科技学院学报(自然科学版), 35(4): 20-23.
权畅, 景元书, 谭凯炎. 2014. 高温热害对华北地区冬小麦灌浆和产量的影响. 河南农业科学, 43(1): 28-32.
热夏提·阿里木, 阿赛提. 2021. 浅谈新疆畜牧兽医大数据平台建设. 新疆畜牧业, 36(3): 44-46.
任义方. 2010. 江苏高温热害对水稻的影响及成因分析. 自然灾害学报, 19(5): 101-107.
阮仁超, 陈惠查, 游俊梅, 等. 2007. 籼型杂交水稻低温障碍型耐冷性研究. 西南农业学报, 20(6): 1157-1161.
孙欣. 2017. 基于 MODIS 数据的东北地区气温反演及玉米冷害监测研究. 沈阳: 沈阳农业大学硕士学位论文.
汤昌本. 2000. 浙江早稻高温危害研究. 浙江气象, (2): 14-18.
汤日圣, 郑建初, 张大栋, 等. 2006. 高温对不同水稻品种花粉活力及籽粒结实的影响. 江苏农业学报, 22(4): 369-373.
滕光辉, 申志杰, 张建龙, 等. 2018. 基于 Kinect 传感器的无接触式母猪体况评分方法. 农业工程学报, 34(13): 211-217.
王春山, 张璠, 滕桂法, 等. 2018. 智慧农机调配管理平台设计与实现. 中国农机化学报, 39(1): 61-68.
王建林. 2010. 现代农业气象业务. 北京: 气象出版社: 156-167.
王平, 黄河, 吴玮. 2014. 基于支持向量机的湖北省洪涝农业损失预测模型. 湖北农业科学, 53(18): 4437-4440.
王文权. 2019. 带时间窗农机调度问题模型及算法研究. 杭州: 浙江大学硕士学位论文.
夏建林. 2017. 无线传感器网络技术在农业环境监控中的应用. 现代制造技术与装备, (7): 74-75.
向国春, 王磊. 2016. 日本利用一切高科技发展智慧农业. 植物医生, 6: 6-8.
肖承雄, 欧阳帮基. 2013. 利用人力资源提高气象防雷企业竞争力. 民营科技, (1): 68, 70.
肖晶晶, 姚益平, 金志凤, 等. 2017. 基于 WebGIS 的农业气象业务平台的设计与实现. 气象与环境科学, 40(4): 132-139.
徐永明, 覃志豪, 沈艳. 2011. 基于 MODIS 数据的长江三角洲地区近地表气温遥感反演. 农业工程学报, 27(9): 63-68.
阳园燕, 何永坤, 罗孳孳, 等. 2013. 三峡库区水稻高温热害监测预警技术研究. 西南农业学报, 26(3): 1249-1254.
杨邦杰, 王茂新, 裴志远. 2002. 冬小麦冻害遥感监测. 农业工程学报, 18(2): 136-140.
杨功元. 2013. 基于物联网技术的农业信息化管理平台的构建. 中国农机化学报, 34(4): 222-225.
杨国才. 2012. 农业农村信息化云服务平台集成关键技术研究. 重庆: 西南大学博士学位论文.
杨太明. 2007. 江淮之间夏季高温热害对水稻生长的影响. 安徽农业科学, 35(27): 8530-8531.
姚强, 郭彩霞, 吕斌, 等. 2018. 基于 3S 的农机调度算法设计. 农业网络信息, 4: 25-28.
姚益平, 肖晶晶, 金志凤, 等. 2019. 现代农业气象业务系统研制与应用. 北京: 气象出版社.
姚玉璧. 2007. 气象、农业干旱指标综述. 干旱地区农业研究, 25(1): 185-189.
叶宏宝, 石晓燕, 李冬, 等. 2016. 气候变化对浙江水稻生产影响的集合模拟分析. 浙江农业学报, 28(7): 1183-1192.
叶文超, 张小花, 廖东东, 等. 2019. 基于 Android 的农机调度与管理平台设计与应用. 仲恺农业工程学院学报, 32(3): 53-57.

喻莎, 陆魁东, 谢佰承, 等. 2016. 高温时数和热积温对超级早稻结实率的影响. 中国农业气象, 37(4): 454-463.

袁静, 许吟隆. 2008. 基于 CERES 模型的临沂小麦生产的适应措施研究. 中国农业气象, 29(3): 251-255.

袁文平, 周广胜. 2004. 干旱指标的理论分析与研究展望. 地球科学进展, 19(6): 982-991.

张桂香, 霍治国, 吴立, 等. 2015. 1961-2010 年长江中下游地区农业洪涝灾害时空变化. 地理研究, 34(6): 1097-1108.

张国锋, 肖宛昂. 2019. 智慧畜牧业发展现状及趋势. 中国国情国力, (12): 33-35.

张俊艺, 冯泽佳, 高磊, 等. 2018. 基于 Android 系统的农机调度管理平台的设计与开发. 中国农机化学报, 39(5): 91-96.

张在芹. 2019. 基于红外图像的种猪体温检测方法研究. 天津: 天津农学院硕士学位论文.

赵东杰. 2017. 高温热害气象指标对成熟期烟叶的影响评估. 中国烟草科学, 38(5): 62-68.

赵海涛. 2019. 基于红外热成像技术的猪体温检测与关键测温部位识别. 武汉: 华中农业大学硕士学位论文.

郑文钟. 2015. 国内外智能化农业机械装备发展现状. 现代农机, (6): 4-8.

郑勇, 王光华, 杜鹏飞. 2018. 山东省智慧农业云平台建设研究. 信息技术与信息化, 222(9): 158-161.

中文互联网数据资讯中心. 2016. 中美两国农业大数据对比与思考. 农业工程技术, 36(30): 63-64.

周振宇. 2020. 基于光电容积脉搏波描记法的生猪呼吸率检测. 北京: 中国农业大学硕士学位论文.

朱登胜, 方慧, 胡韶明, 等. 2020. 农机远程智能管理平台研发及其应用. 智慧农业, 2(2): 67-81.

朱强. 2007. 基于网格的洪水损失计算模型. 武汉大学学报(工学版), 40(6): 42-46.

朱珠, 陶福禄, 娄运生. 2013. 1980-2009 年江苏省气温变化特征及水稻高温热害变化规律. 江苏农业科学, 41(6): 311-315.

Ali A, Quadir D A, Huh O K, et al. 1989. Study of river flood hydrology in Bangladesh with AVHRR data. International Journal of Remote Sensing, 10(12): 1873-1891.

Allen R G, Jensen M E, Wright J L, et al. 1989. Operational estimates of reference evapotranspiration. Agronomy Journal, 81(4): 650-662.

Blaney H F, Criddle W D. 1950. Determining water requirements in irrigated areas from climatological and irrigation data. Journal of Water Resource and Protection, 96: 48.

Butani K M, Singh G. 1994. Decision support system for selection of agricultural machinery with a case study in India. Computers and Electronics in Agriculture, 10(2): 91-104.

Conti M E, Palma R M, Arrigo N, et al. 1992. Seasonal variations of the light organic fractions in soils under different agricultural management systems. Communications in Soil Science and Plant Analysis, 23: 1693-1704.

Deutsch M, Ruggles F. 2010. Optical data processing and projected applications of the ERTS-1 imagery covering the 1973 Mississippi River Valley floods. JAWRA Journal of the American Water Resources Association, 10(5): 1023-1039.

Diepen C A V, Wolf J, Keulen H V, et al. 2010. WOFOST: a simulation model of crop production. Soil Use & Management, 5(1): 16-24.

Doesken N J, Duke H R, Hamblen B L, et al. 1998. The Colorado agricultural meteorological network (CoAgMet)–a unique collaborative system supporting Colorado agriculture. 23rd Conference on Agriculture and Forest Meteorology, 1998: 2-6.

Doorenbos J, Pruitt W. 1977. Crop water requirement: food and agriculture organization of the United Nations. FAO Irrigation and Drainage Paper, 24: 144.

Hargreaves G H. 1974. Estimation of potential and crop evapotranspiration. Multidimensional Systems & Signal Processing, 17(4): 1-12.

Horie T, Nakagawa H N, Centeno H G S, et al. 1995. The rice crop simulation model SIMRIW and its testing. Modeling the Impact of Climate Change on Rice Production in Asia: 51-66.

Jones J W, Hoogenboom G, Porter C H, et al. 2003. The DSSAT cropping system model. European Journal of Agronomy, 18(3-4): 235-265.

Lao F, Brown-Brandl T, Stinn J P, et al. 2016. Automatic recognition of lactating sow behaviors through depth image processing. Comput Electron Agric, 125: 56-62.

Luijten J, Jones J. 1997. AEGIS+: a GIS-based graphical user-interface for defining spatial crop management strategies and visualization of crop simulation results. Anaheim, CA: Proceedings 89th Annual Meeting of the ASA/CSSA/SSSA.

Matsui T, Omasa K. 2002. Rice (*Oryza sativa* L.) cultivars tolerant to high temperature at flowering: anther characteristics. Annals of Botany, 89(6): 683-687.

Matsui T, Omasa K, Horie T. 2000. High temperature at flowering inhibits swelling of pollen grains, a driving force for thecae dehiscence in rice (*Oryza sativa* L.). Plant Production Science, 3(4): 430-434.

McKinion J M, Turner S B, Willers J L, et al. 2004. Wireless technology and satellite internet access for high-speed whole farm connectivity in precision agriculture. Agricultural Systems, 81(3): 201-202.

Moran M S, Clarke T R, Inoue Y, et al. 1994. Estimating crop water deficit using the relation between surface-air temperature and spectral vegetation index. Remote Sensing of Environment, 49(3): 246-263.

Penman H L. 1948. Natural evaporation from open water, bare soil and grass. Proceedings of the Royal Society of London. Series A. Mathematical and Physical Sciences, 193(1032): 120-145.

Seyyedhasani H, Dvorak J S. 2017. Using the vehicle routing problem to reduce field completion times with multiple machines. Computers and Electronics in Agriculture, 134: 142-150.

Shi C, Teng G H, Li Z. 2016. An approach of pig weight estimation using binocular stereo system based on LabVIEW. Computers and Electronics in Agriculture, 129: 37-43.

Sridhar S, Hoogenboom G, Georgiev G. 1998. Linking a pest model for peanut leafminer with the peanut crop simulation CROPGRO. Preprints 23rd Conf. Agricultural and Forest Meteorology. American Meteorological Society, Boston, MA.: 73-76.

Sumner D M, Jacobs J M. 2005. Utility of Penman-Monteith, Priestley-Taylor, reference evapotranspiration, and pan evaporation methods to estimate pasture evapotranspiration. Journal of Hydrology, 308(1-4): 81-104.

Tholey N, Clandillon S, Fraipont P D. 2015. The contribution of spaceborne SAR and optical data in monitoring flood events: examples in Northern and Southern France. Hydrological Processes, 11(10): 1409-1413.

Wang N, Zhang N Q, Wang M H. 2006. Wireless sensors in agriculture and food industry-recent development and future perspective. Computers and Electronics in Agriculture, 50(1): 1-14.

Zhang J L, Zhuang Y R, Ji H Y, et al. 2021. Pig weight and body size estimation using a multiple output regression convolutional neural network: a fast and fully automatic method. Sensors, 21(9): 3218.

第9章 数字乡村

9.1 乡村振兴战略背景

在全面建成小康社会的决胜时期，党的十九大首次提出了乡村振兴战略。从字面意思解读，“乡村”和“城市”是一组相对的概念，乡村地区是受城市或是城镇影响较小的分散式定居区域，主要包括广义的农业（农林牧副渔）产业、农村居民、农村社会生活、农村生态环境、乡村文化五大元素，以山、水、林、田、湖、草、沙等生态为基础，生产为主干，生活为内涵，生命为灵魂，总体构成“四生一体”格局。不同于以农业为主的农村，乡村更加突出区域概念，既包含“三农”（农业、农村、农民），又更加突出了地区性、社会性、文化性。从战略总体要求解读，“产业兴旺、生态宜居、乡风文明、治理有效、生活富裕”，是站在新时代背景下，对2005年提出的新农村建设的总结、延续、超越与升华，充分体现了农业农村发展到新阶段的必然要求，以及党中央对“三农”问题的再思考、再出发、再部署。乡村振兴战略所体现的“五位一体”（经济建设、政治建设、文化建设、社会建设、生态文明建设）总体布局在中国乡村地区的贯彻落实，正是实现中华民族伟大复兴中国梦的一个关键组成部分。从战略主要目标解读，农业农村现代化是国家现代化建设的一个重要方面，体现了中国共产党把“三农”问题归并于我国经济社会发展不平衡不充分的表现，党紧抓习近平新时代中国特色社会主义主要矛盾的主要方面，以更高要求、更广视角，将农业农村现代化工作放在了与城镇化、工业化、现代化建设同等重要的位置。

根据乡村振兴战略“三步走”实现乡村振兴战略的道路是不断发展与嬗变的，是同时代进步的且愈加完备、充分的。习近平总书记在党的十九大报告中指出：“推动互联网、大数据、人工智能和实体经济深度融合，在中高端消费、创新引领、绿色低碳、共享经济、现代供应链、人力资本服务等领域培育新增长点、形成新动能。”在加快推进乡村振兴战略建设农业农村现代化的进程中，要善于利用互联网、大数据、人工智能等技术，加快推进数字乡村建设，不断提升乡村治理的信息化、智慧化、现代化水平。近几年，在实现新时代数字农村建设的美好愿景过程中，我们已经有了良好的开端。

1）科学的顶层设计。农业农村的发展对国家的兴旺发达意义深远，尤其在城乡发展不均衡的大前提下。长期以来，我国城镇现代化进程较快，乡村的现代化发展颇为缓慢，“三农”问题已然成为全面建成社会主义现代化强国最突出的短板。走进新世纪以来，为按期圆满实现农业农村现代化及中国梦，国家从不同层面出台了一系列政策以规范化推进乡村治理工作，初步建立了数字农业农村建设的政策体系。所实施的信息进村入户工程截至2019年已覆盖26个省份，全国三分之一的行政村建立了益农信息社。同时，国家打造了一批如数字农业建设试点、农业农村大数据试点、国家物联网应用示范等可供复制推广的典型样板。此外，各地区结合本地实际情况也相应出台了一系列支持政策，积极推动农业生产的智能化、信息化管理服务。

2）坚实的数字条件基础。2019 年，全球网民数量已经达到了 44.37 亿，全球社交媒体用户达到 35 亿；目前全球手机用户数超过 51 亿，智能手机占所有设备的 2/3 以上；全球 98%的社交媒体用户通过移动设备访问社交平台。人们已经生活在虚拟与现实交互链接的生活方式当中。互联网权威统计数据显示，2019 年全球 51%的人活跃在线上，总计 38 亿人次。国外某知名视频社交网站活跃人数达 56 亿；全球互联网在线活跃数据庞大背后，是数据技术引领的结果。过半数的消费者已经被引领到线上，各种线上特有的如视频交友、线上工作、线上购物等习惯已经形成。中国电子商务交易总额，从 2008 年的 3.14 万亿元增长至 2018 年的 31.63 万亿元，网上零售规模猛增到 9 万亿元。中国已连续多年成为全球第一大网络零售大国。在这样的背景下，以大数据、物联网、区块链为主的新一代科学信息技术发展迅速，正在加速渗透、融合到第一、二、三产业之中，新产业新业态得以竞相涌现，其中以正处于蓬勃发展阶段的农产品电子商务为代表。同时，这些也正在由浅入深地影响着人们的生产生活方式，极大便利了农民的衣食住行。信息技术为中国乡村建设发展注入了全新活力，大力推动着农业农村的现代化建设，正在慢慢改变农民的生活水平，提高农民的幸福感。

3）明显改善的乡村信息基础设施。习近平同志强调："要走城乡融合发展之路，向改革要动力，加快建立健全城乡融合发展体制机制和政策体系，健全多元投入保障机制，增加对农业农村基础设施建设投入，加快城乡基础设施互联互通，推动人才、土地、资本等要素在城乡间双向流动。"据《中国数字乡村发展报告（2020 年）》中统计，全国行政村通光纤率和 4G 覆盖率均超过 98%。农村宽带接入用户数达到 1.39 亿户，相比 2019 年末净增 488 万户，比 2019 年同期增长 8%。农业遥感、导航和通信卫星应用体系初步确立，用于农业观测的高分辨率遥感卫星"高分六号"也已成功发射。随着物联网设施加速推广，应用于农机耕整地作业面积累计超过了 1.5 亿亩。在现有设施基础水平上，加之数字经济技术的赋能，数字化逐步成为乡村振兴战略中数字乡村创新发展新高地。

数字科技的赋能为乡村振兴战略积累了宝贵经验。在 2018 年习近平同志就指出："进入 21 世纪以来，全球科技创新进入空前密集活跃的时期，新一轮科技革命和产业变革正在重构全球创新版图、重塑全球经济结构。科学技术从来没有像今天这样深刻影响着国家前途命运，从来没有像今天这样深刻影响着人民生活福祉。"同时，研究发现，数字科技赋能可从"以民为本"的治理理念、多元化的治理主体、协作化的治理机制和数字化的治理方式四个层面来构建数字化乡村治理系统。可见，数字科技赋予乡村以可持续内生发展动力，促使着数字乡村治理呈现快速上升发展趋势，其在乡村振兴战略中的发展潜力令人振奋。

9.2 数字乡村概念与发展模式

9.2.1 政策回顾

"乡村兴则国家兴"。建设数字乡村既是乡村振兴的战略方向，更是建设数字中国的重要内容。自 2017 年 10 月 18 日，习近平同志在党的十九大报告中提出乡村振兴战略以来，中央高度重视农村信息化建设，作为重要抓手的数字乡村建设正在整体带动和提升农业农村现代化的发展，成为数字中国和乡村振兴战略实施的重要结合点，表 9-1 列举了部分与数字乡村建设相关的政策文件。

表 9-1 数字乡村相关政策汇总

发布时间	文件名称	发布部门	部分内容
2018.01	《中共中央 国务院关于实施乡村振兴战略的意见》	中共中央、国务院	推动农村基础设施提档升级，实施数字乡村战略，做好整体规划设计
2018.09	《乡村振兴战略规划（2018—2022 年）》	中共中央、国务院	构建现代农业生产数字化监测体系，制定实施数字农业农村规划纲要，发展数字田园、智慧养殖、智能农机，推进电子化交易
2019.01	《中共中央 国务院关于坚持农业农村优先发展做好“三农”工作的若干意见》	中共中央、国务院	推进重要农产品全产业链大数据建设，加强国家数字农业农村系统建设
2019.05	《数字乡村发展战略纲要》	中共中央办公厅、国务院办公厅	要将数字乡村作为数字中国建设的重要方面，加快信息化发展，整体带动和提升农业农村现代化发展
2020.01	《数字农业农村发展规划（2019—2025 年）》	农业农村部和中央网信办	到 2025 年，数字农业农村建设取得重要进展，有力支撑数字乡村战略实施
2020.05	《关于印发〈2020 年数字乡村发展工作要点〉的通知》	中央网信办、农业农村部、国家发展改革委、工业和信息化部	推进乡村新型基础设施建设，推动乡村数字经济发展，推进乡村治理能力现代化
2020.07	《关于开展国家数字乡村试点工作的通知》	中央网信办、农业农村部等七部门	开展数字乡村整体规划设计，完善乡村新一代信息基础设施，探索数字乡村可持续发展机制
2020.11	《中国数字乡村发展报告（2020 年）》	中央网信办信息化发展局等三部门	加强规划布局，谋划“十四五”数字乡村发展，激发内生动力，接续推进网络扶贫与数字乡村建设
2021.02	《关于全面推进乡村振兴加快农业农村现代化的意见》	中共中央、国务院	实施数字乡村建设发展工程，发展智慧农业，建立农业农村大数据体系，推动新一代信息技术与农业生产经营深度融合

2018 年 1 月 2 日，中共中央、国务院发布了《中共中央 国务院关于实施乡村振兴战略的意见》，这是 21 世纪以来第 15 个指导“三农”工作的中央一号文件。该文件全面贯彻党的十九大精神，以习近平新时代中国特色社会主义思想为指导，围绕实施乡村振兴，讲意义、定思路、定任务、定政策、提要求。文件在提升农业发展质量、培育乡村发展新动能中，强调夯实农业生产能力基础，大力发展数字农业，实施智慧农业林业水利工程，推进物联网试验示范和遥感技术应用。在提高农村民生保障水平、塑造美丽乡村新风貌中，强调推动农村基础设施提档升级，实施数字乡村战略，做好整体规划设计，加快农村地区宽带网络和第四代移动通信网络覆盖步伐，开发适应“三农”特点的信息技术、产品、应用和服务，推动远程医疗、远程教育等应用普及，弥合城乡数字鸿沟。

2018 年 9 月 26 日，中共中央、国务院印发了《乡村振兴战略规划（2018—2022 年）》，对实施乡村振兴战略做出阶段性谋划，分别明确至 2020 年全面建成小康社会和 2022 年召开党的二十大时的目标任务，细化、实化工作重点和政策措施，部署重大工程、重大计划、重大行动。文件在第四篇加快农业现代化步伐中，提出要大力发展数字农业，实施智慧农业工程和“互联网+”现代农业行动，鼓励对农业生产进行数字化改造，加强农业遥感、物联网应用，提高农业精准化水平。把构建现代农业生产数字化监测体系，制定实施数字农业农村规划纲要，发展数字田园、智慧养殖、智能农机，推进电子化交易，开展农业物联网应用示范县和农业物联网应用示范基地建设，全面推进村级益农信息社建设，改造升级国家农业数据中心，加强智慧农业技术与装备研发，建设基于卫星遥感、航空无人机、田间观测一体化的农业遥感应用体系等农业综合生产能力提升重大工程。在第七篇繁荣发展乡村文化中，文件指出要推动城乡公共文化服务体系融合发展，增加优秀乡村文化产品和服务供给，活跃繁荣农村文化市场，为广大农民提供高质量的精神营养。更具体地，如完善农村新闻出版广播电视公共服务覆盖系统，推进数字广播电视户户通，探索农村电影放映的新方法新模式，推进农家书屋延伸服务和提质增效，继续实施公共数字文化工程，积极发挥新媒体作用，使农民群众能便捷获取优质数字文化资源。在第九篇保障和改善农村民生中，文件强调加强农村基础设施建设；夯实乡村信息化基础；实施数字乡村战略，加快物联网、地理信息、智能设备等现代信息技术与农村生产生活的全面深度融合，深化农业农村大数据创新应用；坚持就业优先战略和积极就业政策，健全城乡均等的公共就业服务体系，不断提升农村劳动者素质，拓展农民外出就业和就地就近就业空间，实现更高质量和更充分就业。更具体地，健全覆盖城乡的公共就业服务体系，提供全方位公共就业服务，开展农村劳动力资源调查统计，建立农村劳动力资源信息库并实行动态管理，加快公共就业服务信息化建设，打造线上线下一体的服务模式。同时在农村教育事业方面，文件要求优先发展，积极发展“互联网+教育”，推进乡村学校信息化基础设施建设，优化数字教育资源公共服务体系。由此可见，数字乡村是伴随网络化、信息化和数字化在农业农村经济社会发展中的应用，以及农民现代信息技能的提高而内生的农业农村现代化发展和转型进程。

2019 年 1 月 3 日，《中共中央 国务院关于坚持农业农村优先发展做好“三农”工作的若干意见》中再次指出要实施数字乡村战略。深入推进“互联网+农业”，扩大农业物联网示范应用。推进重要农产品全产业链大数据建设，加强国家数字农业农村系统建设。继续开展电子商务进农村综合示范，实施“互联网+”农产品出村进城工程。全面推进信息进村入户，依托“互联网+”推动公共服务向农村延伸。文件还强调要加强农村基层基础工作，构建乡村治理新体系，探索以网格化管理为抓手、以现代信息技术为支撑，实现基层服务和管理精细化精准化。可见，当前我国农业农村正在步入数字化时代，数字赋能乡村振兴正当时。

2019 年 5 月 16 日，中共中央办公厅、国务院办公厅印发了《数字乡村发展战略纲要》，指出立足于新时代国情农情，要将数字乡村作为数字中国建设的重要方面，加快信息化发展，整体带动和提升农业农村现代化发展。进一步解放和发展数字化生产力，注重构建以知识更新、技术创新、数据驱动为一体的乡村经济发展政策体系，注重建立层级更高、结构更优、可持续性更好的乡村现代化经济体系，注重建立灵敏高效的现代乡村社会治理体系，开启城乡融合发展和现代化建设新局面。纲要还明确了加快乡村基础设施建设、发展农村数字经济、建设智慧绿色乡村、繁荣发展乡村网络文化、推动网络扶贫、统筹城乡信息化融合发展等十大项重点任务，涵盖创新农村流通服务体系、提升乡村生态保护信息化水平、加强农村网络文化阵地建设、统筹发展数字乡村与智慧城市、分类推进数字乡村建设等近三十项具体任务。

2020 年 1 月 20 日，农业农村部和中央网络安全和信息化委员会办公室（简称“中央网信办”）发布《数字农业农村发展规划（2019—2025 年）》，对新时期推进数字农业农村建设的总体思路、发展目标、重点任务作出明确部署，擘画了数字农业农村发展新蓝图。文件要求以产业数字化、数字产业化为发展主线，着力建设基础数据资源体系，加强数字生产能力建设，加快农业农村生产经营、管理服务数字化改造，强化关键技术装备创新和重大工程设施建设，全面提升农业农村生产智能化、经营网络化、管理高效化、服务便捷化水平，以数字化引领驱动农业农村现代化。到 2025 年，数字农业农村建设取得重要进展，有力支撑数字乡村战略实施。农业农村数据采集体系建立健全，如天空地一体化观测网络、农业农村基础数据资源体系、农业农村云平台基本建成。数字技术与农业产业体系、生产体系、经营体系加快融合，农业生产经营数字化转型取得明显进展，管理服务数字化水平明显提升，农业数字经济比重大幅提升，乡村数字治理体系日趋完善。

2020 年 5 月 9 日，中央网信办、农业农村部、国家发展改革委、工业和信息化部联合印发了《关于印发〈2020 年数字乡村发展工作要点〉的通知》，明确了 2020 年数字乡村发展工作目标：农村信息基础设施建设加快推进，基本实现行政村光纤网络和 4G 普遍覆盖，农村互联网普及率明显提升。农村数字经济快速发展，农业农村数字化转型快速推进，遥感监测、物联网、大数据等信息技术在农业生产经营管理中广泛应用。乡村信息惠民便民不断深化，乡村数字普惠金融覆盖面进一步拓展。网络扶贫行动目标任务全面完成，巩固提升脱贫成果。工作要点共部署了 8 个方面 22 项重点任务。

1）统筹做好农村疫情防控和经济社会发展工作。主要任务有：充分利用互联网、大数据、人工智能等技术，为乡村疫情防控提供信息化支撑；运用互联网实时发布农资、农产品需求等涉农信息，积极应用远程智能农机装备、无人机植保技术，做好春耕备耕，加强企业与农村地区的用工信息对接，鼓励用工单位采用线上招聘、线上培训等方式，引导农民工安全有序外出务工，助力复工复产有序开展。

2）推进乡村新型基础设施建设。主要任务有：推进乡村信息基础设施建设，持续实施新一代信息基础设施建设工程，深入推进电信普遍服务试点，加快农村地区的宽带网络和 4G 覆盖；深入实施学校联网攻坚行动，改善学校网络接入和宽带条件，探索采用卫星通信等多种手段实现偏远乡村学校联网覆盖；提高乡村基础设施数字化水平，深入推进信息进村入户工程，加快完成农村电网改造升级，推进智慧水利建设，加快农村物流三级节点网络建设。

3）推动乡村数字经济发展。主要任务有：推动农业生产数字化转型，推进数字农业、重要农产品全产业链大数据建设，构建农业农村大数据平台；围绕智慧农业、智能农机装备等开展关键技术攻关和创新应用研究，促进人工智能技术与农业的深度融合；

畅通农村电商物流体系，实施“互联网+”农产品出村进城工程，深入推进电子商务进农村。培育壮大乡村新业态，注重新模式、新业态对农村地区消费的拉动作用，挖掘新的消费增长点，深入挖掘乡村旅游资源，培育乡村旅游重点村；深化农村普惠金融服务，提高农村数字普惠金融覆盖面。

4）促进农业农村科技创新。主要任务有：推进农业遥感应用，为农业农村建设提供高精度、高时效性的空间遥感数据；提高农机装备智能化水平，加快实施“智能农机装备”重点专项，持续提升农机服务信息化水平；完善农业科技信息服务，推进农村创业孵化载体和农业科技社会化服务体系建设，促进科技成果向农业农村转化。

5）推进乡村治理能力现代化。主要任务有：提升乡村治理信息化水平，推动“互联网+”乡村治理；推进“互联网+村级公共服务”，加快村级公共服务综合信息平台建设；完善民生保障信息化服务，依托“金民工程”项目，推进社会救助系统在全国的应用推广；依托全国农村“三留守”人员信息管理系统、残疾人两项补贴信息系统，开展精准帮扶、发放补贴等关爱工作；扎实推进乡村教育信息化，完善国家数字教育资源公共服务体系；深化“互联网+医疗健康服务”，加快建立健全统一权威、互联互通的全面健康平台，加快推进全国统一标准的医保信息系统建设。

6）建设绿色智慧乡村。主要任务有：完善农业生产经营监测能力，完善农业投入品电子追溯监管体系，完善农药、种子质量追溯系统与肥料登记审批系统；强化土壤墒情监测；推进快递行业绿色发展；完善农村生态环境监管能力，建立国家永久基本农田数据库；加快生态保护和修复信息化应用体系建设。

7）激发乡村振兴内生动力。主要任务有：巩固和提升网络扶贫成效，开展网络扶贫深度行动，推进网络扶贫东西部协作，加大对网络扶贫项目的信贷支持力度；打造乡村网络文化阵地，全面推进县级融媒体中心建设；加快建设中国历史文化名镇、名村数字博物馆，构建乡村文物资源数据库；继续推进非遗记录工程，运用数字化手段加强成果利用；加强乡村文化网络宣传，营造良好氛围；积极培育高素质农民，加强农村实用人才信息技术和电商技能培训。

8）加强数字乡村发展的统筹协调。主要任务有：健全数字乡村建设发展统筹协调机制，加强部门协同和上下联动，组织实施《数字农业农村发展规划（2019—2025年）》；开展国家数字乡村试点，加强统筹规划和分类指导，创新建设发展模式，整合运用已有设施资源，探索形成可持续发展机制；推动涉农信息服务资源整合与共享，研究编制农村信息服务资源整合共享规范，推动集约化建设和应用。

2020年7月，中央网信办、农业农村部、国家发展改革委等七部门联合印发的《关于开展国家数字乡村试点工作的通知》以完善乡村新一代信息基础设施，探索乡村数字经济新业态和数字治理新模式为工作重点。文件中数字乡村的试点工作内容包括以下几方面。

1）开展数字乡村整体规划设计。根据乡村振兴“产业兴旺、生态宜居、乡风文明、治理有效、生活富裕”的总要求，结合乡村实际，因地制宜编制数字乡村建设规划。明确数字乡村的建设目标、任务、实施步骤，完善配套政策措施，统筹推进数字乡村和智慧城市建设。

2）完善乡村新一代信息基础设施。加强基础设施共建共享，打造集约高效、绿色智能、安全适用的乡村信息基础设施。针对农村光纤宽带、移动互联网、数字电视网和下一代互联网发展，提升4G网络覆盖水平，探索5G、人工智能、物联网等，加快其基础设施的建设及应用。加快推进农村水利、公路、电力、冷链物流、农业生产加工等传统基础设施的数字化、智能化转型，推进智慧水利、智慧交通、智能电网、智慧农业、智慧物流建设。

3）探索乡村数字经济新业态。加强技术研发，推动农业生产智能化、经营网络化，提高农业土地产出率、劳动生产率和资源利用率。强化农业农村科技创新供给，推动信息化与农业装备、农机作业服务和农机管理融合应用。推进农业生产环境自动监测、生产过程智能管理，探索农业农村大数据管理应用。

4）探索乡村数字治理新模式。促进乡村治理与信息化的结合。利用信息化补齐乡村治理的短板，强化了乡村智能治理，乡村治理精细化，有利于提升乡村治理的专业水平。特别是在疫情期间，信息化的数字治理模式可以及时监测分析甚至预警疫情，在突发公共事件上的处理能力增强。探索“互联网+党建”、智慧党建等新模式，探索建设“网上党支部”“网上村（居）民委员会”，健全党组织领导的自治法治德治相结合的乡村治理体系。向乡村推动“互联网+政务服务”，促进涉农服务事项在网上办理，提升人民满意度。

5）完善“三农”信息服务体系。根据农民生产生活的实际需求，积极采用适用“三农”特点的信息终端、技术产品、移动互联网的应用软件，提升精细化管理和人性化服务水平。针对落后的农村医疗条件，利用“互联网+医疗健康”，把远程医疗协作推至广大落后乡村地区。同时，信息化的发展，可以进一步改善农村地区的教育、生态环保、文化服务、交通运输、快递物流等。

6）完善设施资源整合共享机制。利用信息化技术，整合现有的涉农信息系统，以及县级部门业务资源、空间地理信息、遥感影像数据等涉农政务信息资源。充分运用农业农村、科技、商务交通运输、通信等部门在农村地区的站点资源，整合利用系统、人员、资金、站址、服务等要素，统筹建设乡村信息服务站点，推广一站多用、一机多用。

7）探索数字乡村可持续发展机制。乡村的发展需要社会各界的支持。抓好网络扶贫行动与数字化乡村发展战略的无缝衔接，探索建立与乡村人口知识结构相匹配的数字乡村发展模式。激发市场的积极性，建设新农民新技术创业创新中心，推动产学研用合作，培育基层干部及农民信息素养培训，开展数字乡村专题培训，支持农民工和返乡大学生运用网络和信息技术开展创业创新。由此可见，开展数字乡村试点是深入实施乡村振兴战略的具体行动，是推动农业农村现代化的有力抓手，也是释放红利催生乡村发展内生动力的重要举措。通知也明确指出，到2021年底，试点地区数字乡村建设取得明显成效，城乡数字鸿沟明显缩小，乡村数字经济快速发展，农业生产智能化、经营网格化水平大幅提高，依托互联网开展的农村创业创新繁荣发展。经各省、自治区、直辖市和新疆生产建设兵团推荐、专家评审及复核，北京房山区、平谷区等117个县（市、区）入选国家数字乡村试点地区名单。通过试点地区在整体规划设计、制度机制创新、技术融合应用、发展环境营造等方面形成一批可复制、可推广的经验，为全面推进数字乡村发展奠定良好基础。

2020 年 11 月，由中央网信办信息化发展局、农业农村部市场与信息化司指导，农业农村信息化专家咨询委员会编制的《中国数字乡村发展报告（2020 年）》全面总结了我国数字乡村建设的政策举措、发展进程和阶段性成效，记录了各地区、各部门推进数字乡村建设工作的重要进展和经验探索，对 2020 年我国数字乡村建设发展总体情况进行了集中呈现。

2021 年 2 月 21 日，中共中央、国务院《关于全面推进乡村振兴加快农业农村现代化的意见》指出，民族要复兴，乡村必振兴，连续三年聚焦数字乡村建设，提出了更加明确的“加强乡村公共服务、社会治理等数字化智能化建设”目标，指明数字化是农村现代化的行动方向。

9.2.2　数字乡村概念解读

《数字乡村发展战略纲要》中对数字乡村的概念进行了简要阐述，即“数字乡村是伴随网络化、信息化和数字化在农业农村经济社会发展中的应用，以及农民现代信息技能的提高而内生的农业农村现代化发展和转型进程，既是乡村振兴的战略方向，也是建设数字中国的重要内容”。由此见得，数字乡村的提出是建立在网络通信、大数据、物联网等技术高度发展及其在涉农领域中广泛应用的基础之上，用于进一步推进农业农村现代化发展和转型。

2020 年习近平总书记在考察浙江余村的时候提出，“全面建设社会主义现代化国家，既要有城市现代化，也要有农业农村现代化。”同时还提出，“要在推动乡村全面振兴上下更大功夫，推动乡村经济、乡村法治、乡村文化、乡村治理、乡村生态、乡村党建全面强起来，让乡亲们的生活芝麻开花节节高。”因此数字乡村建设是立足于全面乡村振兴与农业农村现代化发展的战略要求下提出的，既是解决中国在乡村发展不平衡不充分问题的战略导向，也是解决农业农村发展效率低、产出少、劳动力短缺等问题的现实要求。其内涵与范围都超越了以往的智慧农业、农村信息化等方向。

在数字乡村模式下，大范围推广应用新技术、新设备而取代落后的生产方式，以新一代信息通信技术为助推剂，信息化赋能加速第一、二、三产业相互融合而形成数字化的乡村产业体系，乡村相互独立的元素也因数字相关技术的应用而相互关联，形成有机整体，实现 1+1>2 的效果，使得乡村的产业体系愈加完备，乡村的治理能力、生态建设等愈加丰富，乡村居民的生活水平、职业选择、生涯规划愈加多元。数字乡村不仅仅是一种新时代乡村发展模式，更是代表未来先进乡村发展方向的意识形态。因此，我们可以将数字乡村的关键要素概括为以下四点。

1）数据——集中数据资源，构建互联互通的数据协同共享机制。完善乡村资源数据库，利用卫星遥感、无人机、物联网等技术将乡村地理面貌、资源分布情况、居民生活场景以数据的形式存放于云端，实时记录当前乡村，清晰还原以往乡村的历史数据，便于乡村资源的统一调配；汇聚政府、社会、互联网、农业组织等数据资源，不断优化乡村治理体系；整合乡村各个单品的关键链路产业链数据，为追踪溯源提供依据，推进乡村产业发展。

2）产业——构建现代化的产业发展体系。数字乡村的核心建设内容是要基于大数据面向产业的诊断分析，通过系统化的数字化建设，为乡村产业发展提供有效的“抓手”，赋能乡村产业，实现传统农业生产、经营、交易的数字化转型，提升生产效率、优化产品供给结构。以数字化串联品牌、营销、渠道、人才等产业发展核心要素，建设土地、金融、培训、农业机械（包括无人机植保）等社会化服务，推动产业融合，构建现代化的产业发展体系。

同时也可以推动直播带货与短视频、乡村文旅民宿，以及普惠数字金融等农村信息消费新模式、新业态、新供给的创新实践，打破城乡经济机会在地理上分布不均的障碍。

3）发展——推动农业发展规模化、标准化。以品质、价格、收益撬动农业发展规模化、标准化；利用物联网、大数据、人工智能、3S 技术推进精准生产、精细化管理和精确估产评估收益；合理利用社会资源带动乡村产业集群化发展。

激活传统农业发展的活力，重新挖掘数字视角下乡村的多元化价值，构建更有活力、更有创意、更有品质的乡村可持续化发展模式。

4）民生——惠及农民，建设安居乐业的美丽乡村。建立乡村生活服务体系，培育和提高农民数字化素养，真正做到信息惠民；改善居住环境，推进乡村厕所革命，紧抓生态文明建设；利用当地文化资源，激发内生动力，发展乡村旅游业，迎合当代人对健康舒适生活的追求，最终促进城乡的协同发展与共同富裕。

不同于农村信息化，数字乡村的内涵特点更加丰富。第一，数字乡村具有更加全面的主体，是集“三农”（农业、农村、农民）问题与数字技术的有机整体，有别于从事传统农业和农民居住的地理区域的农村，乡村是一个新型的综合地理空间，不仅承载着农业，还留有“非农”的活动空间，诚然，这也正是国家的考量之一。第二，数字乡村具有更加广泛的覆盖面，数字乡村打破了以往更多关注如何将信息技术应用于农业生产过程中的模式，把信息技术与“三农”问题的融合延伸至乡村居民的生活领域，更加关注农村的生态文明保护和绿色发展。第三，数字乡村拥有更加先进的信息技术手段，大数据、云计算、人工智能、区块链、物联网等新兴信息技术相互交叉融合，在“三农”领域得到了深度应用。

所以，数字乡村已经成为解决“三农”问题的历史机遇和时代要求。

首先，数字乡村是乡村振兴的新阶段。基于新一代信息技术应用和数据资源价值挖掘的数字化发展趋势已日益显现在农业农村发展的方方面面。简言之，一是网络化、信息化和数字化在农业农村发展中日益得以体现和应用；二是农民现代信息技能和素养不断提高；三是农业农村现代化的历史命题和现实任务对数字经济理念、技术和模式提出了新要求。因此，要顺应数字经济发展趋势，直面数字经济发展带来的机遇和挑战，将数字经济理念、技术和模式应用到乡村振兴的各个方面，推进乡村振兴走向数字乡村新阶段，开创乡村振兴新局面。

其次，数字乡村是乡村振兴的新形态。在技术、数据、平台等赋能下，数字乡村作为乡村振兴的创新形态可能有两种表现方式：一种是伴随数字经济理念、技术和模式在农业农村发展中的逐步应用，多元相关主体基于新的技术和制度收益空间，构建出新的组织或者主体形态，进行基于技术和制度溢价的共享和分配，呈现市场驱动的鲜明特性；另一种是伴随农业农村经济社会发展的阶段性政治任务，由政府主体基于某一项重大现实任务对乡村数字化转型进行政策培育和扶持，进而催生出某些兼具公益功能和市场功能的数字化创新组织或者制度形态，呈现出政策驱动的鲜明特性。

最后，数字乡村是乡村振兴的新引擎。具体来看，数字乡村是数字经济理念及新一代信息技术发展、渗透和应用于农业农村发展各方面的结果，是乡村振兴全面插上“数字化翅膀”的直接表现形式，从而激活主体、激活要素、激活市场，不断催生乡村发展内生动力，形成乡村振兴的数字化新引擎。简言之，数字乡村建设发展必将助推农业产业数字化转型，助推形成乡村经济新业态，助推实现乡村有效治理，助推乡村公共服务便捷高效，助推乡村生态环境智能治理，助推农产品销售精准高效。

尤为重要的是数字乡村是实现共同富裕的现代化基本单元。农村是共同富裕的洼地，乡村振兴是共同富裕的必经之路。加快数字乡村建设，以信息流带动技术流、资金流、人才流、物资流向乡村地区流动，促进资源配置优化，促进农村全要素生产率的提升。以 5G、大数据、人工智能为代表的新一代信息技术深入赋能农业农村各个领域和环节，促进一、二、三产业深度融合，带动乡村产业链条的延伸来促进共同富裕的实现；基于大数据倒逼农业供给侧结构性改革，有效带动了现代农业、创意设计等相关产业的全面崛起，催生了电商企业、微商、农民专业合作社、种植大户、农产品加工企业等多个行业的就业岗位，带动中小农户持续增收，实现共同富裕；基于数字化发展绿色生态农业、低碳循环农业，通过电商平台、社交网络、在线旅游和外卖平台等渠道宣传推广乡村生态产品，推动生态资源价值化，带动偏远地区实现共同富裕；建设数字化为支撑的美丽宜居乡村推进城乡基础设施同规同网，加快数字乡村建设，实现所有乡镇及重点行政村 5G 信号全覆盖，完善教育、医疗、养老、文化等城市优质服务资源向农村覆盖。以数字化推进城乡基本公共服务同质同标，建立健全基本公共服务标准化体系；推进乡村治理体系和治理能力的现代化建设，完善党组织领导的自治、法治、德治、智治“四治融合”乡村治理体系。以数字化保障农业农村各项改革措施深化落实，促进共同富裕。

9.2.3 数字乡村发展模式

数字乡村建设是指按照“产业兴旺、生态宜居、乡风文明、治理有效、生活富裕”的总要求，基于乡村信息基础设施建设，以信息化、数字化、网络化为重要载体，实现乡村产业数字化、治理数据化、服务信息及生活智慧化，重构乡村现代经济发展形态，打造乡村治理信息化新模式。值得注意的是，数字乡村不是智慧城市的复制版，我们要根据中国乡村的发展实际，深刻把握农业农村发展的客观规律，因地制宜，积极探索乡村数字化转型和发展的新模式。

文件《乡村振兴战略规划（2018—2022 年）》第九章指出，乡村振兴不能一刀切，不同的村庄有着不一样的发展现状、区域条件、资源概况、文化底蕴等，在此过程中，要顺应乡村自身的发展规律及其演变趋势，按照集聚提升、融入城镇、特色保护、搬迁撤并的思路，分类推进乡村振兴。同样地，数字乡村也并不是所有村庄千篇一律，万村一面，按照同一个模板示范来建设，而是应该根据不同乡村的产业发展水平、信息化程度、资源禀赋及所处的城乡关系，分类设计发展的具体内容，实现“百花齐放”。借鉴《乡村振兴战略规划（2018—2022 年）》对村庄类别的划分，我们将数字乡村的发展模式归并为以下四类。

1）基础薄弱类数字乡村。我国多数乡村自然资源条件不够充足，信息基础设施不够全面，网络覆盖率不高，乡村经济发展滞后，多处于完善信息服务站点建设、网络基础设施搭建阶段。基础薄弱类数字乡村的发展重点是深化信息惠民服务（推动乡村教育信息化、完善民生保障信息服务）、加快乡村信息基础设施建设（大幅提升乡村网络设施水平、完善信息终端和服务供给、加快乡村基础设施数字化转型）、推动网络扶贫向纵深发展（强化对产业和就业的扶持、巩固提升网络扶贫成效）等。

2）基础完备类数字乡村。这类乡村网络覆盖率高于全国乡村的平均水平，物流、水利、电力、道路等基础设施较为完备，乡村产业发展良好，数字技术正在融入乡村的方方面面，处于全面发展的阶段。其发展重点在于强化农业农村科技创新供给（推动农业装备智能化、优化农业科技信息服务）、建设智慧绿色乡村（推广农业绿色生产方式、提升乡村生态保护信息化水平、倡导乡村绿色生活方式）、繁荣发展乡村网络文化（加强农村网络文化阵地建设、加强乡村网络文化引导）、激发乡村振兴内生动力（支持新型农业经营主体和服务主体发展、大力培育新型职业农民、激活农村要素资源）等。

3）城乡融合类数字乡村。这类乡村邻近城市，具有向城市转型的条件和优越性。凭借着地理优势，乡村的信息基础设施和信息服务与城市实现共享，正处于在形态上保留乡村风貌，在治理上追求城市水平的阶段，其发展重点在于统筹推动城乡信息化融合发展（统筹发展数字乡村与智慧城市、分类推进数字乡村建设、加强信息资源整合共享与利用）。

4）特色保护类数字乡村。这类乡村以历史文化名村、传统村落、特色景观旅游村为主，蕴含丰富独特的历史文化资源，由于信息化水平不够，农产品的特色和知名度未能走进大众视野，当前正处于以信息化赋能保护、利用、发展当地文化的阶段，其发展重点在于加快乡村信息基础设施建设（大幅提升乡村网络设施水平、完善信息终端和服务供给、加快乡村基础设施数字化转型）、推动网络扶贫向纵深发展（强化对产业和就业的扶持、巩固提升网络扶贫成效）、发展农村数字经济（夯实数字农业基础、创新农村流通服务体系、积极发展乡村新业态、激活农村特色要素资源）。

9.3　数字乡村建设标准及评价

9.3.1　数字乡村建设标准体系

数字乡村建设，作为一个新生事物，亟待解决标准化这个难题。近年来，我国数字农业标准体系建设取得了一定成效，先后出台了一批国家和行业标准，为推动数字农业和智慧农业发展提供了重要支撑。但是，这些标准仅局限于农业本身，是行业的局部标准，数字乡村标准体系整体建设还较为滞后，与全面推进乡村振兴的要求相比还相差较远。数字乡村标准体系建设作为数字乡村相关技术标准规范研制任务中的先导性和基础性工作，在数字乡村建设初期阶段尤为重要，直接关系到乡村振兴战略的整体实施效果。在这一过程中，既要加强对数字乡村标准体系的顶层设计，包括标准体系的总体框架、技术标准等，又要有科学的时序安排和切实可行的实施机制，更好地满足数字化标准的普遍要求和在农村地区的特殊诉求。数字乡村标准的制定主体必须是多元的。政府、企业、行业协会和互联网平台等都应参与标准的制定，从而取得最大公约数，确保标准的科学性、有效性和可行性。要充分发挥标准化建设的“制高点推荐示范”作用，加快数字乡村示范试点的“复制与推广”。标准化体系的建设可以让众多的乡村在发展过程中寻找到解决共性问题的有效手段，从而快速复制，推动数字乡村的战略落地。

9.3.1.1 数字乡村标准编制原则

1. 现实与前瞻相结合

标准编制应充分考虑当前数字乡村建设现状，以省内现有建设经验和技术成果为基础，在使用上具备普适性和可操作性。编制时要考虑未来发展规划，侧重指南标准要求，在制定上具备一定的前瞻性。

2. 目的导向性

在标准要素的选取上，遵循目的导向原则：明确文件的对象为数字乡村建设，目的为构建数字乡村标准体系建设蓝图，为加强相关技术标准制定工作的统筹协调提供引导性支撑。

3. 协调性和一致性

在文件的表述上遵循一致性、协调性和易用性原则：相关的技术内容与国家和省（自治区、直辖市）所发布的政策、技术文件及通用标准相一致。

9.3.1.2 数字乡村标准体系建设指南参考

由浙江大学数字农业与农村研究中心牵头编制的全国首个《数字乡村标准体系建设指南》（下称《指南》）于 2021 年 4 月 15 日发布。《指南》给出了数字乡村标准体系建设总则、技术参考模型和标准体系模型搭建等方面的建议，不仅详细介绍了相关通用规则，数字乡村标准体系建设所需基础设施、核心技术、数据资源、应用场景，还对评价改进机制进行了细致说明，适用于数字乡村标准体系建设的指导。

标准全文如下。

1. 范围

本文件给出了数字乡村标准体系建设总则、技术参考模型和标准体系模型搭建等方面的建议。本文件适用于数字乡村标准体系建设的指导。

2. 规范性引用文件

下列文件中的内容通过文中的规范性引用而构成本文件必不可少的条款。其中，注日期的引用文件，仅该日期对应的版本适用于本文件；不注日期的引用文件，其最新版本（包括所有的修改单）适用于本文件。

3. 术语和定义

下列术语和定义适用于本文件。

数字乡村（digital villages）——在农业农村经济社会发展中应用网络化、信息化和数字化技术，促使农业高质高效、乡村宜居宜业、农民富裕富足的现代化乡村。

4. 总则

（1）前瞻性

坚持数字化改革理念，立足产业数字化、管理高效化、服务在线化和应用便捷化，发挥网络、数据、技术和知识等新要素作用，通过数字赋能，实现乡村振兴，推进流程再造和制度重塑。

（2）协调性

坚持全面成套、层次适当、划分清楚的原则，发挥乡村各级资源要素高效配置和高效协同作用，实现全要素、全产业链、全价值链的全面链接。

（3）适用性

坚持需求导向、问题导向原则，以有用好用为前提，以急需领域为重点，建立与乡村人口知识结构、经济水平相匹配的数字乡村标准体系。

（4）系统性

坚持动态维护更新原则，加强数字乡村建设全过程的统计监测、绩效评估和监督检查，不断优化数字乡村建设体系。

5. 技术参考模型

依据信息系统分层设计原则搭建数字乡村技术参考模型，技术参考模型分为基础设施层、核心技术层、数据资源层、应用支撑层、应用呈现层，以及安全、评价体系。具体模型如图 9-1 所示。

1）基础设施层包括运用于数字乡村建设的各类数字化基础设施。

2）核心技术层是指运用在数字乡村建设过程中的现代数字技术，包括物联网、移动互联网、人工智能、智能计算基础技术、北斗定位、生物识别技术、视觉技术、区块链技术等。

3）数据资源层是指通过数据归集与整理、数据交换与开放、数据分析与利用等构建的一体化公共数据库。

4）应用支撑层是指已有的、可直接运用于数字乡村建设的支撑性技术集成。

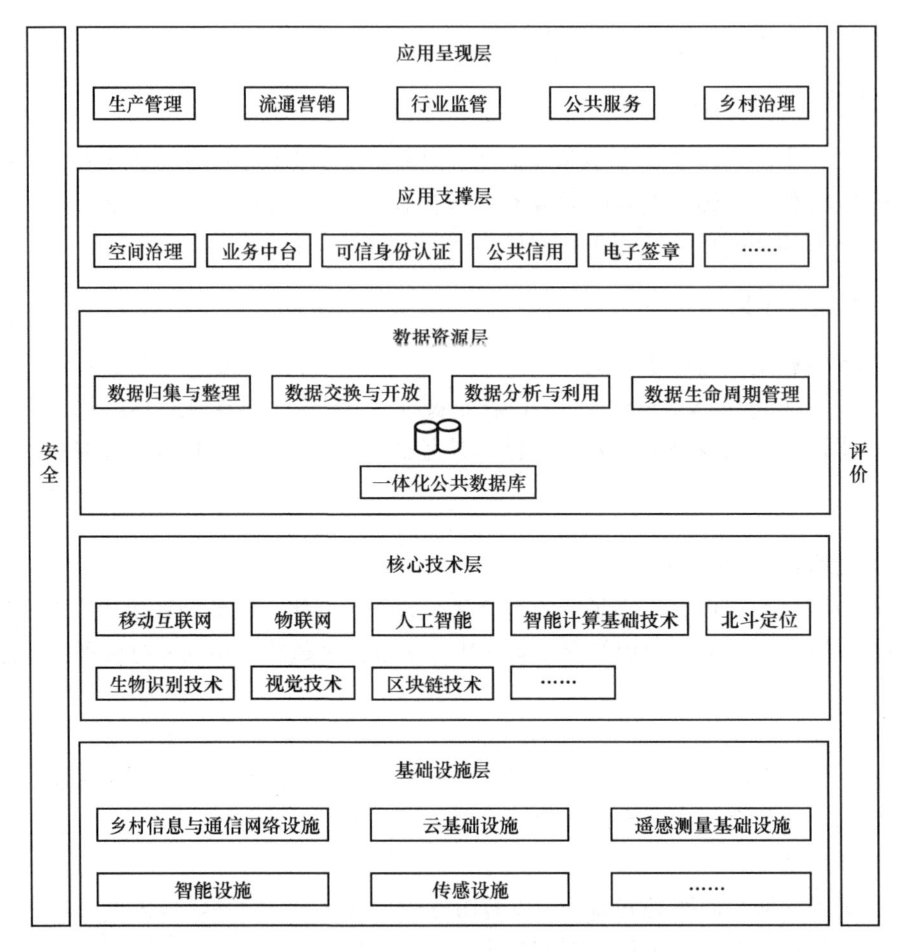

图 9-1 数字乡村技术参考模型

5）应用呈现层是数字乡村建设与管理的内容载体，旨在基础设施、核心技术和数据资源的支撑下，形成生产管理、流通营销、行业监管、公共服务、乡村治理五大领域的业务应用体系。

6）安全、评价体系贯穿基础设施层、核心技术层、数据资源层、应用支撑层、应用呈现层，保证各层都有相应的安全保障和评价管理。

6. 标准体系模型

（1）体系架构

数字乡村标准体系架构依据技术参考模型给出，覆盖技术参考模型各个层面，同时分析各层面内容之间的关联，将其分为通用规则、基础设施、核心技术、数据资源、应用场景和评价改进六大模块。体系架构图如图 9-2 所示。

（2）体系框架

数字乡村标准体系框架是在遵循《标准体系构建原则和要求》（GB/T 13016—2018）规定的基础上，给出了体系架构六大模块可涵盖的个性和共性标准类目，具体如图 9-3 所示。

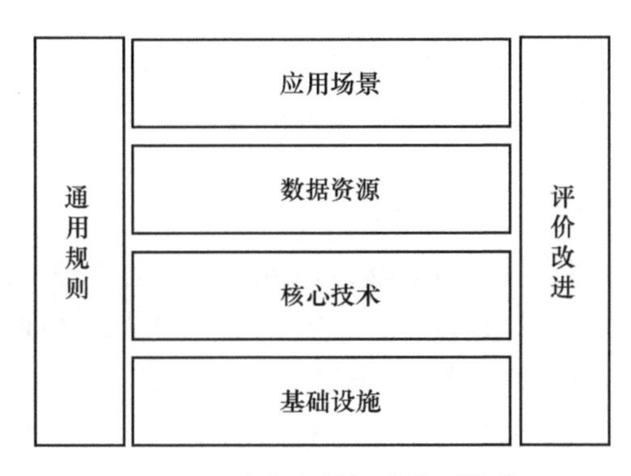

图 9-2 数字乡村标准体系架构

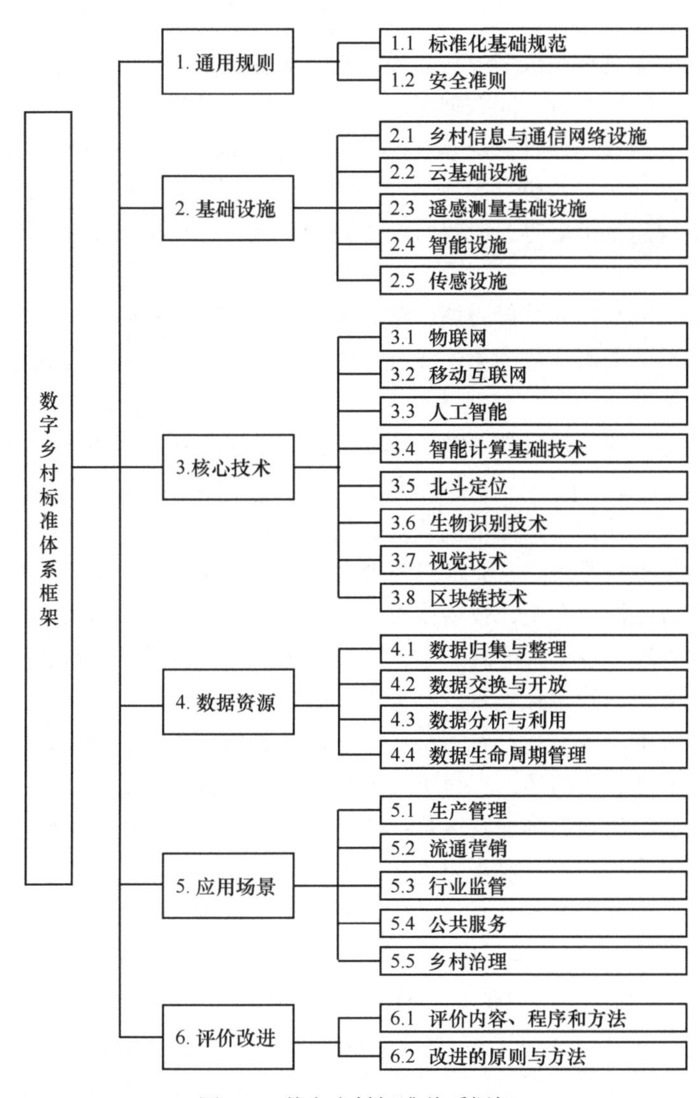

图 9-3 数字乡村标准体系框架

（3）子体系搭建

通用规则类标准是指数字乡村建设中所需的标准化基础规范和用于保障信息技术

及乡村数字化应用安全性的通用准则，包括标准化基础规范（标准化导则、术语、符号与标志等）和安全准则（信息安全技术、信息基础设施安全保护、公共数据和个人信息安全保护等）。

基础设施类标准是指用于指导数字乡村基础设施的规划与建设的标准，一般包括设施设备技术规范和安装、建设规范等。其包括乡村信息与通信网络设施（互联网、广电网、电信网、5G 基站等）、云基础设施、遥感测量基础设施（地理地质远程监测、乡村环境感知、动植物生理特性监测识别）、智能设施、传感设施。

核心技术类标准是指数字乡村建设过程中所应用的信息技术规范。其包括物联网、移动互联网、人工智能、智能计算基础技术、北斗定位、生物识别技术、视觉技术、区块链技术。

数据资源类标准是指在数字乡村建设过程中对数据进行归集、交换、开放、利用，以及支撑实现多个数据平台之间数据资产管理、应用、运营的相关技术规范。其包括数据归集与整理（数据技术属性、结构化和半结构化数据的抽取、转化和加载等）、数据交换与开放（数据接口、数据共享等）、数据分析与利用（数据分析方法、单一领域或跨领域数据模型构建及扩展等）和数据生命周期管理（分级存储管理和数据管理组织架构等）。

应用场景类标准是指在基础设施、核心技术、数据资源和应用支撑下，结合数字乡村建设共性及个性需求而形成的生产管理、流通营销、行业监管、公共服务、乡村治理五大应用领域类标准。

生产管理类标准覆盖传统农业数字化转型、涉农加工和农资生产业数字化改造、乡村数字服务业等。例如，数字化农业机械与设备、农业生物信息系统、农作物生长模型、动植物数字化虚拟设计技术、数字化栽培、数字化病虫害监测、农业问题远程诊断、农业专家系统与决策支持系统、农业远程教育多媒体信息系统、嵌入式手持农业信息技术产品、温室环境智能控制系统、数字化农业宏观监测系统、渔船精密智控、数字化加工设备、智慧能源管理、员工智能复制系统、数字化的预防性维护、自适应测量、服务运营平台、数字化支付、数字化展示、体验系统等。

流通营销类标准覆盖乡村产销对接、电子商务、新零售等。例如，数字化市场，包括农资经营和小商业、小门店、小集市等数字化建设、管理；数字化供应链，包括智慧物流、数字化仓储等建设、管理及运营；电子商务，包括电子商务平台搭建、营销服务等；新零售，包括直播电商、私域电商等。

行业监管类标准覆盖乡村自然资源（包括饮用水水源、垃圾分类、生活及养殖污水数字化监测管理等）、人居环境、房屋信息（包括农村房屋、土地数字化监测系统建设、管理等）、农产品质量安全（包括农产品质量安全追溯、农业投入品管理、合格证管理的系统建设与管理），以及政府购买服务模式下的第三方数字化协作监管工作规范等。

公共服务类标准覆盖乡村基础公共服务、经济公共服务、公共安全服务和社会公共服务等。

乡村治理类标准覆盖自治、德治、法治、智治等。

评价改进类标准是对数字乡村发展水平进行评价，从而保障数字乡村建设的合理性、有效性和创新性而制定的标准，一般可包括评价的内容、程序、方法和改进的原则与方法等。

9.3.2 数字乡村发展评价机制

在全面推进乡村振兴战略的过程中，数字乡村建设是重要途径之一，国家文件虽然对数字乡村的概念和具体内容进行了阐述，但是数字乡村建设的衡量标准尚不明朗。此外，《关于开展国家数字乡村试点工作的通知》中要求，各试点地区坚持因地制宜、注意分类指导，结合本地实际和资源禀赋，积极探索不同类型乡村的数字化转型路径和发展模式。由此可以看到，数字乡村建设是没有统一的规范化标准化模板的，生搬硬套同一种发展模式的方法是不切实际、不合常理的。据作者了解，全中国乃至全球尚且没有一套完全成熟的可被借鉴模仿的案例。面对层层阻碍，是不是说明数字乡村建设是没有标准及评价指标的呢？答案显然不是。“无规矩不成方圆”，在数字乡村建设过程中，评价标准便是“规矩”，使数字乡村建设变得有章可循。虽然不同类型乡村的数字化建设内容各不相同，但是国家相关文件中具体建设内容却又何尝不是评价标准的另一种体现呢。

近年来，不少学者对数字乡村建设的评价标准进行了深入探讨。例如，周栋良（2019）遵循科学性、一致性、独立性和可操作性4个原则，建立了以产业兴旺、生态宜居、乡风文明、治理有效、生活富裕为准则层，下设25个单项指标的乡村振兴评价体系，并找出了乡村治理短板。方迎君和张奇琦（2020）从科技农业、智慧农民、数字经济、网络政务、智慧环境、信息惠民、数字基础设施7个方面出发，共设置了20个二级评价指标。张鸿等（2020）就数字乡村发展的就绪度展开了评价研究，提出了数字乡村宏观环境、数字乡村基础设施支持、数字乡村信息环境、数字乡村政务环境、数字乡村应用环境5个一级指标和29个二级指标。王宇晨等（2020）通过对2018年浙、滇、豫三省农业信息化数据进行分析，建立了由农业基础设施、农业信息化技术发展、农民信息知识和技术掌握3个一级指标和15个二级指标构成的农业信息化评价指标体系。

数字乡村内容丰富、项目众多，如何精简而又全面地选取指标是科学评价数字乡村建设的关键。这里我们遵循四个总则：一是科学性原则，所选取的指标具有足够的代表性，能够全面反映数字乡村内涵，与乡村振兴战略、农业信息化等既具有联系又有区别，同时与之相关联指标应保持一致性，避免不同政策相同内涵指标间的冲突和矛盾；二是适用性原则，坚持需求导向、问题导向，以有用好用为前提，以急需领域为重点，构建与乡村人口知识结构，经济水平相匹配的数字乡村评价指标，兼顾数据的可获得性和计算的可操作性；三是协调性原则，坚持全面成套、层次适当、划分清楚的理念，发挥乡村各级资源要素高效配置和高效协同作用，实现全要素、全产业链、全价值链的全面链接，且各指标间相互独立，互不包含，各有侧重；四是前瞻性原则，坚持数字化改革理念，立足产业数字化、管理高效化、服务在线化和应用便捷化，选取深度融入网络、数据、技术和知识等新要素的指标，在一定程度上推进流程再造和制度重塑。

根据上述评价指标体系的选取原则，结合《数字农业农村发展规划（2019—2025

年)》《数字乡村发展战略纲要》等文件，参考专家学者已发表的研究成果，最终确定数字乡村评价指标体系（表 9-2）。数字乡村评价指标体系包括农业信息化、经济数字化、农民受惠度、政务网络化、生态宜居度和基础设施完备度 6 个一级指标和 32 个二级指标。

表 9-2 数字乡村评价指标体系

一级指标	二级指标
农业信息化（4 个）	农业智能化装备数量
	农业机械化比重
	农业科技进步贡献率
	非农产业从业人员占劳动力人数比重
经济数字化（5 个）	农业生产总值
	乡村服务业总产值
	二、三产业收入占农民总收入比重
	特色产业收入占农民总收入比重
	农产品网络零售额
农民受惠度（8 个）	农民常住居民受教育程度
	农村常住居民人均可支配收入
	每百户村民接入互联网的电脑拥有量
	农村电商人数
	宽带网络覆盖学校数量
	农村养老院数量
	城乡居民医保异地就医结算量
	大型医疗器械数量
政务网络化（6 个）	党务网上公开次数
	村务网上公开次数
	财务网上公开次数
	乡村治理村民参与率
	村规民约覆盖率
	乡镇社会工作站覆盖率
生态宜居度（4 个）	河湖信息化管理率
	农村污水处理率/水质达标率
	农田土壤数字化监测覆盖率
	农村绿化覆盖率
基础设施完备度（5 个）	乡村互联网覆盖率
	农村电商服务站
	新能源公交车数量
	农村自来水普及率
	乡村邮政和快递点网点数量

1）农业信息化指标。第一产业农业是我国的强国之基，信息化体现着新时代的技术导向，为消除乡村与城市之间的数字鸿沟指明了新方向。农业信息化是运用云计算、互联网、物联网、北斗导航系统、区块链、人工智能等先进数字化手段武装传统农业，

实现农业资源的优化配置，从而降低农业生产成本，提高农作物的单位面积产量和原材料和农产品的质量。因此，选取了 4 个二级指标：农业智能化装备数量、农业机械化比重、农业科技进步贡献率、非农产业从业人员占劳动力人数比重。该类指标用来反映数字信息技术对乡村传统农业改革的赋能程度与进展情况，从而加快农业发展从量变到质变的飞跃。

2）经济数字化指标。经济数字化指标选取农业生产总值，乡村服务业总产值，二、三产业收入占农民总收入比重，特色产业收入占农民总收入比重和农产品网络零售额共 5 个二级指标。农业生产总值反映农村第一产业的基础地位的稳固性；乡村服务业总产值，二、三产业收入占农民总收入比重和特色产业收入占农民总收入比重体现了乡村产业结构优化程度和农村传统经济转型的表现；农产品网络零售额一方面反映乡村的电商平台发展规模，另一方面又可作为衡量某一农产品电商化的发展潜力与销售前景。

3）农民受惠度指标。农民是我国数字乡村建设的主体，对于乡村振兴战略的推进有着决定性作用，具体表现在以下几个方面：如果农民的科学文化水平较低，那么将制约先进农业装备与技术在乡村农业生产中的广泛应用；农民的思想道德素养，尤其是封建迷信现象，直接影响到乡村深厚先进文化底蕴的传播；乡村农民经济收入水平较低，制约先进设备的购进，从而影响农业生产效率和产量；因为生存环境地理位置等因素的限制，乡村信息获取途径相对单一，多数农民难以第一时间获取国家形势与政策，且教育、医疗、养老等较为落后，这些直接关系到农民的生活幸福感。因此，我们选择了农民常住居民受教育程度、农村常住居民人均可支配收入、每百户村民接入互联网的电脑拥有量、农村电商人数、宽带网络覆盖学校数量、农村养老院数量、城乡居民医保异地就医结算量、大型医疗器械数量，共 8 个二级指标。农民受惠度指标体现了乡村服务于农民的资源数字化程度和现代化水平，从而反映数字乡村建设下农民可利用资源的多样性和生产生活的舒适度、幸福度。

4）政务网络化指标。这类指标主要体现在数字乡村推进过程中，数字化、现代化技术在乡村政务公开、基层组织建设和乡村民主治理上的应用程度。我们选取了党务网上公开次数、村务网上公开次数、财务网上公开次数、乡村治理村民参与率、村规民约覆盖率和乡镇社会工作站覆盖率，共 6 个二级指标。其中，前 4 个指标衡量乡村民主管理和依法治理程度，后两个分别反映乡村自治与德治情况，以及社会组织能力与完善程度。

5）生态宜居度指标。互联网技术和环境信息化的有机结合，不仅能够实现乡村生态系统的监测，还能对乡村的环境做出更加精细的动态实时管理和决策。因此，该类指标主要用来衡量数字乡村建设过程中农业污染和人居环境的整治情况。我们选取了 4 个二级指标：河湖信息化管理率、农村污水处理率/水质达标率、农田土壤数字化监测覆盖率和农村绿化覆盖率，从水源、土壤和植被三个方面来反映乡村建设中生态水平和人居环境现状。

6）基础设施完备度指标。乡村地区的基础设施是所有乡村发展的载体和必要条件，信息基础设施达不到要求便会制约数字乡村建设的步伐，反之，则会加速乡村的数字化转型，补齐农业农村的发展短板。乡村的信息基础设施包括广播电视网络设施、农村电网设施、水利设施、公路设施、乡村智慧物流设施，因此，我们选取了乡村互联网覆盖率、农村电商服务站、新能源公交车数量、农村自来水普及率和乡村邮政和快递点网点数量 5 个二级指标。其中，乡村邮政和快递点网点数量体现了乡村商品流通的程度和服务体系的完善程度，同时，这也是“快递最后一公里”问题是否妥善解决的表现，换言之，只有快递行业在农村末端扎稳扎牢，才能说明快递物流行业已于全国范围内打通。

9.3.3 数字乡村建设案例

9.3.3.1 浙江省杭州市临安区：数字产业融合发展样板区

近年来，临安区高度重视“数字乡村建设”，通过一大批数字农业项目的实施，创新了众多“互联网+X”应用，部分应用在全省乃至全国走在前列。2020 年，临安区成功入选国家数字乡村试点区，农业农村部“互联网+”农产品出村进城工程试点县，并获得了“2020 全国县域数字农业农村发展先进县”等荣誉称号。2020 年 9 月，中央网信办等七部委公布国家数字乡村试点地区名单，临安区成功入选，成为全省四个试点地区之一。

临安以“135N”为数字乡村建设“四梁八柱”，完成临安数字乡村核心框架搭建工作；通过“天目云农”一张图建设，集成各部门数字乡村特色应用，并通过乡村经营、乡村治理和乡村服务进行数字化管理，目前已归集数据 4886 万条、图层 30 个，对接数据接口 312 个，形成特色应用场景 25 个，规划并实施青山湖“城乡融合”全域治理、高虹龙门秘境数字景区、太湖源“天目雷笋”产业融合、於潜“云上耕织图”数字田园、昌化“未来乡村”等五大模式示范区建设。

临安区高度重视数字农业示范基地（园区）建设，通过一大批数字农业项目的实施，粮油、蔬菜、畜牧等产业，规模种植基地和养殖基地已基本完成数字化转型升级。同时，不断深化农产品电子商务发展优势，建立跨境电商产业园，培育众创空间、淘宝镇、淘宝村和各类电商服务站点，打造完备的农产品电商产业体系，形成了以“互联网+山核桃”为特色的临安电商模式，该模式为具备相应电商基础的地区开展数字乡村建设提供了范本。

9.3.3.2 贵州省：“贵州数字乡村 APP”助力治理水平和文化传播

贵州省住房和城乡建设厅乘上信息化数据化快车，结合村镇建设工作实际，开发建设了“贵州数字乡村建设监测平台”，并同步开发了平台手机客户端“贵州数字乡村 APP”，助力贵州省脱贫攻坚、农村危房改造和住房保障工作有序开展。

在乡村治理上，数字乡村监测平台通过区域化系统管理，分级别进行权限管理，省、市、县级分别管理辖区数据的方式，让村民参与到乡村的管理与建设，不仅能助力脱贫攻坚，同时也拉动了乡村旅游，也推动了精细化管理、治理能力和治理水平的提升，开启了全面系统现代化建设的新局面。同时，“贵州数字乡村 APP”和“贵州数字乡村建设监测平台”打通了小程序、公众号等多渠道，实现了移动网络多终端覆盖，工作人员移动办公、实时监测、高效监督，通过 APP 便能掌握全部情况，一个 APP 集建设乡村、治理乡村、游览乡村等多功能于一体，手机成为乡村振兴的移动互联网数字工具。实现了乡村建设一张图、一体化、集成式管理，为各项民生工程的落实起到了强有力的推进和监管作用。

在文化传播方面，结合脱贫攻坚农村危房改造和住房保障工作的开展，工作人员通过 VR 技术 360°搜集和储存贵州农村风光风貌，将其完整、全面地数字化保存，用户可以在家使用数字乡村 APP 的“传统村落数字博物馆”体验贵州乡村的美景风貌，实现在家不出门便能游览贵州乡村的风光。

9.3.3.3　山东省泰安市肥城市：打造“数字乡村”便民惠民

山东省泰安市肥城市抓住入选首批国家数字乡村试点地区的机遇，利用与华为公司合作开发的“数字底座”，深入实施“数字经济战略”，以“数字农业”示范项目为引领，打造“数字小镇”示范镇，“掌上村庄”示范村，推动数字惠民便民，书写数字乡村建设的“肥城答卷”。

在肥城市桃园镇桃产业智慧农业示范园里，每棵果树都有自己的数字生长档案。依托遥感、定位系统、网络技术、自动化技术，果园里有自动巡检机器人对果树的生长情况进行巡检，还有山东农业大学的专家远程提供“全链条”生产指导。肥城市在先行先试的基础上打造“肥桃数字小镇”等数字示范镇，在特色农产品的生产、加工、销售上加快提升数字化水平。2020 年，肥城市网络零售额达 10.7 亿元，同比增长 16.8%，快递进出港总量 4449 万件。

肥城市五埠村依托“肥城文旅云”智慧服务平台，建成数字景区，不仅能对人员、车辆进行远程管理和调度，还能实时监控游客流量。通过开发全程数字化服务 APP，实现了景点推介、网上预约、网红带货、网上下单、及时互动等“一机统揽”。最重要的是，依托景区数字化服务管理系统，有力维护了景区秩序的稳定。

肥城市还运用大数据对乡村治理工作进行创新探索。通过推动“互联网+政务服务”向乡村延伸覆盖。基本政务服务基本实现了少跑快办，政务服务效率大幅提升。肥城市还建设了“互联网+智慧教育”项目，集成了 120 余万个涵盖普通中小学所有学科教材版本的在线资源，在 30 所学校建成 3D 打印创客工作室，19 所学校建成机器人实验室，所有学校建成创客活动室。此外，以服务新型农业工人为目标，肥城市打造了“服务建安 APP”新型农民数字化服务亮点项目，构建起集党员管理、人才交流、职业培训、法律援助、信息沟通、返乡创业等功能于一体的数字平台。

从上述 3 个数字乡村建设实例，我们可以看出，数字化技术的应用，解决了乡村中长期难以攻克的难题，有效提高了村域治理水平，便捷了村民的生活，拓宽了村民的职业选择，丰富了乡村文化的传播途径，实现了广大农村实体产业与市场的数字化对接，有效推进了乡村数字经济的发展，为共同打造美丽数字乡村做出了卓越的贡献。

9.4　数字乡村的建设方向

根据《数字乡村发展战略纲要》《数字农业农村发展规划（2019—2025 年）》《关于印发〈2020 年数字乡村发展工作要点〉的通知》等文件的主要内容，数字乡村建设包括乡村信息基础设施、农村数字经济、科技创新供给、智慧绿色乡村、乡村网络文化、乡村治理、信息惠民、激发乡村振兴内生动力、网络扶贫、城乡信息化融合十大重点任务。数字乡村总体框架应围绕产业数字化、管理高效化、服务在线化、应用普及化，构建数字乡村业务应用体系、应用支撑体系、数据资源体系、基础设施体系，加快推进乡村数字化转型。随着 2020 年中央网信办等国家七部委启动了数字乡村国家级试点工作，各地也纷纷在自身资源基础上开展探索和实践。目前，全国各地数字乡村建设已成百花齐放之势。其中，浙江大学数字农业农村研究中心率先提出了“1+1+6+*N*”的总体设计理念，第一个“1”是指一个数字乡村顶层设计体系，包括数字乡村建设规划、数字乡村发展指数、数字乡村标准建设 3 个方面；第二个“1”是指建设 1 个乡村智脑，利用人工智能、大数据、物联网等先进技术，基于乡村所产生的数据资源，进行大数据的分析和整合；“6”是指构建数字化产业、数字化治理、数字化生态、数字化服务、数字化运营、数字化人才六大体系；“*N*”是指六大场景的 *N* 个应用，如智慧旅游、产业大脑、智慧生产、智慧党建、垃圾分类等。

数字乡村的建设方向可归纳为以下几点。

（1）深入推进乡村数字基础设施发展

搭建完善的数字乡村支撑软硬件体系，形成安全、成熟、高效的数字乡村基础设施建设思路，坚持安全防护与系统建设同步进行，构建网络安全综合防御体系，保障关键信息系统和公共数据安全，确保数字乡村健康可持续发展。以实现乡村全面数字化为导向，积极开发、拓展、应用乡村关联传感器、智能设备的应用，打造好乡村资源要素数字化底座，以 GIS 地理信息技术为基础，建立完善的乡村地形、农田等场景要素数字化模式，建设乡村数据仓，建立乡村产业“数字大脑”，共同实现产业质量变革；充分挖掘产业数据价值，发展未来乡村新业态；打造感知体验、智慧应用、要素集聚、融合创新的智慧生态圈。

（2）深化乡村数据资源链路建设

把握区（县）牵头、街（镇）负责、村（社区）建设的整体思路，抓住实验试点机会，构建区县级乡村一体化数据资源平台，实现数据资源的横向整合与汇总，提升区域数字乡村建设的规模效应。充分发挥区县数字城市、数字政府等建设优势，主动对接乡村数据平台，推进数字资源纵向双连接，构建县域城乡融合发展数据资源池，以“目标一致、协同共进”的思路，缩小城乡数字场景应用、发展差距，消弭城乡“数字鸿沟”。以城乡融合发展为核心，借助数字信息技术，实现城市物流、公共服务、数字消费、数字公共资源向村镇的拓展，缩减数据共享环节，建设以农产品生产流通、城乡文旅为代表的产业数据融合范例，以信息通路保障数据通路，以产业数据延伸带动一、二、三产业融合发展，为实现城乡共同富裕打下数字基础。

（3）深入推进共同富裕理念落地实施

以数据融合为契机，完善城乡公共服务共享机制建设，加快城镇公共服务数字场景在农村地区的应用，促进城乡公共服务均等化发展，结合乡村公共服务需求特点、人群特点，融合网格化管理、数字乡村建设工作，重塑乡村公共服务格局，优化公共服务共享流程。开通、完善乡村旅游客运线路，深度连接城市交通。推广投放共享单车、共享电动车等绿色出行，完善慢行交通智能设施；建立乡村智慧物流体系，通过智能交通系统提高交通效率和物流能力。以数字医疗为核心，加速推进县域医联体建设与乡村医疗保健服务融合，整合城乡医疗资源，充分释放城乡医疗数字化效能。建立环境与健康监测系统，搭建5G网络诊疗平台和智能化终端服务系统，实现线上问诊、疾病预防、大病养护、在线预约等智慧医疗功能建设；将中医服务体系纳入乡村服务序列；打造数字共享医疗、慢跑绿道、健身场所等智慧健康新业态。建立以居家为基础、社区为依托、机构为补充的多层次农村养老服务体系；招引乡村康养产业项目，为老年人提供更多实惠、高品质的生活服务。探索城乡养老服务资源统筹发展的新模式，充分释放数字乡村在养老产业的空间、资源优势，以乡村养老为主题，加快城乡消费场景融合。以数字教育为支撑，实现教育共同体与乡村、社区教育的融合，整合城乡教育资源，建设虚拟共享课堂、在线实验室等一批具有代表性的数字教育共享场景，充分减小城乡教育资源差异，实现共同发展。推进农民教育信息化，从文化、技术、销售等多方面提升农民创业、致富的能力；通过人才引育和数字乡村专家指导等模式培养产业数字化专业人才；在电商、直播服务中加强农民信息素养培训，增强农民网络安全防护意识和技能。

（4）繁荣数字乡村精神文化建设

结合城镇社区志愿服务数字化经验，加快城乡志愿服务资源融合，以新时代志愿服务工作理念为核心，打通城乡志愿服务场景，打造城乡志愿互助的典范。充分发扬乡村文化、民俗文化优势，建设一批具有代表性的民俗文化场景，盘活乡村民俗特色文化资源，以数字理念打造标签化特色文化节目，健全乡村公共文化服务体系，以“乡愁记忆”为核心实现乡村文化向城市文明的深度哺育，促进城市文明与乡村文明的融合发展。深入推进城市创客文化在乡村的场景应用，以数字平台为基础建设，打造企业主导、政府帮扶的数字农业产业联盟；建设智慧农业创业孵化中心等创业创新园区（基地），大力培育数字新农人、数字农创客，实现城市文明向乡村文化的反哺。

（5）推进乡村治理现代化数字化建设

打造基层治理数字平台等一批数字化治理应用场景，提升智慧党建、“微嘉园”等数字治理能力，实现乡村生产、管理运行现代化；通过数字化畅通多元主体参与渠道，创新村民自治模式。以数字乡村为底座，结合乡村地理、地形特点，建立完善的乡村应急预警救援管理体系，补齐应急管理短板，提升自然灾害、疫情防控等应急场景的反应效率及管理效能。依托“未来社区”建设经验，推动数字社区在乡村的实现，构建新时代乡村邻里互助、贡献、声望等积分体系平台，明确积分换服务制度；制定村民参与乡村治理机制，建设礼堂、舞台、广场等邻里共享空间。

（6）构建数字乡村可持续发展机制

着力打造“乡村振兴”课堂，结合专家、乡村能人、乡贤、改革先锋等领军人物实施新型职业农民素质培训工程，创新培训组织形式，探索田间课堂、网络教室等新型培训方式。以“双碳”发展理念为核心，打通城乡低碳生活场景，应用零能耗建筑，建设“光伏建筑一体化+储能”供电系统；推进生活垃圾等有机废弃物收集、处置、转化、利用的数字智慧化体系建设，实现城乡“双碳”目标的协调发展。

9.5 数字乡村基础建设场景集成

基础设施数字化、网络化、智能化是数字乡村发展的重要支撑。“十四五”时期，农业农村大数据中心等新型基础设施建设将加快推进，北斗、5G、物联网将加速布局，为提升数字乡村基础设施智能化水平打下坚实基础。要加快乡村基础设施数字化、网络化、智能化转型步伐，深入实施信息进村入户工程、5G 和光纤网络建设的农村全覆盖，推动实现农村地区水利、公路、电力、冷链物流、农业生产加工等基础设施的数字化、智能化转型，推进智慧水利、智慧交通、智慧农业、智慧物流在农村的布局和普及，加快实现新技术、新业态的商用建设步伐。

9.5.1 新一代信息基础设施

推进城乡网络一体化建设，将通信基站、管道、杆线、机房等建设全面纳入乡村建设规划，率先统一城乡网络规划、建设、服务等标准，尽快实现农业主体信号全覆盖。加快乡村信息基础设施升级换代与普及覆盖，有序推进 5G 网络建设应用和基于 IPv6 的下一代互联网规模部署，加快推广北斗卫星导航系统和遥感技术在农业农村中的应用。建立乡村信息基础设施，建设网络安全快速联动工作机制，落实网络安全等级保护措施。

9.5.2 乡村传统基础设施数字化改造

利用互联网、物联网、云计算、大数据、5G、人工智能、区块链等新一代信息技术，加快推动乡村水利、公路、电力、渔船等生产生活基础设施数字化改造，高水平推进“四好农村路”建设，持续推动城乡一体化和农村规模化供水，积极推广天然气、太阳能等清洁能源。在统筹利用已建自动感知终端设备的基础上，构建广覆盖感知网络。例如，针对山区洪涝、台风等自然灾害多发等特点，浙江省通过增强通信、电力、气象等网络布点，加密地质灾害隐患感知设施，消除信息获取盲点，提高应急预警能力，保障农业生产安全和农民群众生命安全。

9.5.3 农村智慧物流体系

整合交通、邮政、商务、农业农村等部门现有资源，推进农产品仓储保鲜冷链物流智慧基础设施建设，打通农产品出村进城“最先一公里”和“最后一公里”。依托“浙冷链”冷链食品追溯系统，支持建设集在线交易、信息发布、位置跟踪、质量追溯、技术咨询、产业动态分析等功能于一体的区域性、第三方冷链物流资源公共信息服务平台，扩大农村冷链物流产品监控和追溯覆盖范围，提高设施利用率和流通效率。支持农产品冷链细分领域的第三方数字化服务平台向乡村延伸，整合农村中小冷链企业资源，深度应用物联网、人工智能、区块链、5G 等新技术，实现冷链运输全程监控、冷链产品温控追溯和全程管理信息共享。到 2025 年，基本实现农村“冷链成网”。

9.5.4　乡村智脑公共数据平台

乡村智脑公共数据平台，是利用人工智能、大数据、物联网等先进技术，基于乡村所产生的数据资源，通过对大量数据的分析和整合，对乡村进行全局的即时分析、指挥、调动、管理，最终实现对乡村的精准分析、整体研判、协同指挥，是支撑未来乡村可持续发展的全新基础设施。

9.5.4.1　数字乡村全域地理信息一张图

以“空天地”一体化数据采集系统为抓手，GIS 地理信息作为载体，对乡村空间数据及运行事件进行宏观呈现，是数字乡村各子应用建设的平台核心建设需求。根据数据共享共建原则，建立区域高分遥感卫星影像数据库、高分辨率倾斜三维数据库，直观、形象、动态地显示区域农业资源、小气候属性、气象灾害风险、农林主导产业、生产主体、农村集体“三资”、农村承包耕地、农村宅基地、村落景区等的空间分布状况及变化趋势等，可视化关联农业物联网、视频监控、土壤墒情、农业气象等在线监测数据等，实现区域地理信息数据共享、时域可溯。从而，形成数字乡村“一张图”应用框架，提供“一张图”展示、“一张图”统计分析、“一张图”决策支持等服务，并以数据开放模式向数字乡村子系统参建方开放，杜绝全域乡村建设过程中数据资源的重复建设。

9.5.4.2　农业农村基础资源数据仓库

乡村要素资源包括基础地理数据、农业土水气资源、农业“两区”、农业“一区一镇”、生产经营主体、主导产业与品牌、农产品市场价格、农村“三资”、农村承包耕地确权管理、农业专业人才、种子种苗、农村党员数据和公共服务等内容。通过标准化的要素分类、数据标准化，将不同来源、不同类型、不同应用的乡村要素资源进行规范、整合，构建形成标准化、规范化和可扩展性的乡村要素资源目录体系对于建设数字乡村是十分重要的。通过新一代信息技术对资源合理数字化以便于进行统一管理。建设完善乡村数据资源目录，通过深入分析挖掘、有序共享开放，建立乡村大数据资源体系。按照统一集中式架构，将乡村源数据转换成标准应用数据，形成乡村核心数据资源库，完善数据资源共享服务体系。数据资源分类、分层、分级管理，按需归集、按时更新各类数据，加强数据清洗、分类、评估，提升数据真实性、准确性、完整性，并实现省、市、县三级联动对接与数据开放共享。

9.5.4.3　数字乡村智能驾驶舱

智能驾驶舱作为多应用统一入口，围绕信息化、数字化、智慧化的价值坐标，遵循安全、智慧、开放和创新的建设原则，构建全局集成业务平台。智能驾驶舱打破纵向子应用系统的信息壁垒，通过对接多源数据，利用大数据分析技术，以直观、明了、简洁的可视化呈现方式，宏观展示数字乡村建设成果，并让乡村的每一项决策均有数据支撑，综合构建村级战略指挥中心和事件调度中心。让乡村变得更“聪明”，达到“可看、可用、会思考”的目标，帮助管理者提高乡村运营管理水平，将驱动乡村管理走向精细化，实现管理智慧化、服务人性化、应急快速化、决策科学化。

坐标：浙江省

主题：数字乡村“三农”协同平台

按照“覆盖全省、互联互通、开放共享”的要求，浙江省由农业农村厅牵头启动开发了数字“三农”协同应用平台建设。围绕政府管理数字化、服务网络化、决策科学化的目标，整合业务数据和信息资源，对接城市大脑、基层治理“四平台”等现有平台，完善建设数字“三农”协同应用平台，涵盖1个农业农村数据仓、1张全域地理信息图、1个数字化工具箱、五大领域核心业务应用，提升全省农业农村数字化管理与服务能力，助力现代农业转型升级和乡村振兴。到2025年，数字“三农”协同应用平台数据标准体系、应用体系和技术服务体系将全面建成。

1）农业农村数据仓构建。按照数字化改革协同要求和一体化智能化公共数据平台建设要求，开展数据资源规划，形成全省统一的“三农”数据资源相关标准规范。编制完善的数据资源目录，建立数据共享机制，制定数据共享交换标准规范，形成完善的数据质量管理、安全管理和运维管理机制，实现数据安全高效运行。开展数据采集、治理、归集，形成标准化、高质量的数据仓，确保数据实时归集、同步更新。

2）“三农”地理信息图绘制。通过对农业农村土地利用、农业主导产业、特色产业发展、示范基地建设、菜篮子工程、农业经济主体、水产养殖禁养限养区划定和管理、畜牧养殖主体、耕地、土壤、水环境要素等的分层次、多维度描述，集成农业农村社会经济发展要素，构建各类农业专题空间数据库，结合农业生产实时监控与农情监测体系等，对接省域空间治理数字化平台，统筹提供全省“三农”“一张图”服务，实现全省农业产业、农村资源等业务信息的空间分布、图形化展示、地图定位、统计分析和监测预警等功能。按不同的类型、不同的业务，建立“三农”专题图层。

3）数字化工具箱建设。依托一体化智能化公共数据平台应用支撑体系，构建数字“三农”协同应用数字化工具箱，抽取、整合通用业务功能，构建符合农业农村特点的通用组件，为各类业务提供统一应用支撑。

4）五大领域核心业务应用集成优化。紧紧围绕生产管理、流通营销、行业监管、公共服务和乡村治理等五大领域，根据工作需要，整合迭代一批实用、管用的业务系统，新开发一批急需的业务系统，有序推进乡村重要产品全产业链大数据分析、数字畜牧管理、“肥药两制”改革、智慧农机服务、乡村休闲旅游管理、产销一体化信息管理、乡村自然资源管理、农村宅基地审批、乡村生态环境管理、农村集体“三资”管理，以及“互联网+”各类乡村公共服务等全省通用的重要业务应用系统建设，不断扩大业务应用。

5）推广应用浙农码。以二维码为标识载体，通过数字孪生，为全省涉农领域的乡村、主体、要素、产品建立统一的数字身份，为万物互联提供身份保障。从各部门、各系统中采集信息，根据不同监管、服务要求设计数字化标签，提供精准化的数据管理，实现面向主体对象的“一站式”“一对一”码上查询、码上办事、码上服务、码上营销、码上监管等功能。同时，积极拓展产品追溯、畜牧养殖、渔业渔政、精准帮扶、乡村治理等行业应用，打造成为标识码、监管码、追溯码。争取到2025年，浙农码赋码量达150万次以上。

总结：浙江省紧紧围绕“覆盖全省、互联互通、开放共享”的理念，完善建设数字“三农”协同应用平台——构建农业农村数据仓以确保数据实时归集、同步更新；绘制“三农”地理信息图以建立不同类型、不同业务的“三农”专题图层；建设数字化工具箱以构建符合农业农村特点的通用组件，为各类业务提供统一应用支撑；整合优化迭代业务系统以推进生产、经营、销售、公共服务、乡村治理的高效运转；推广应用浙农码，为万物互联提供身份保障。全面提升全省农业农村数字化管理与服务能力，最终助力现代农业转型升级和乡村振兴。

9.6 数字乡村生产经营场景集成

在乡村振兴战略背景下，数字农业是重要抓手，对于以第一产业农业为经济发展主体的农村，推动农村产业的数字化转型是解决“三农”问题的必经之路。解读相关国家文件发现，数字化转型的核心在于不断加强新一代的信息技术与农业生产的融合度，依托大数据、物联网、云计算、人工智能等先进技术对农产品的生产经营过程实行智能化细致化监测、调控，从而实现更加精准、高效的生产管理及提升生产效率、经营效益，保证农产品质量的安全性、可靠性和消费者的信赖度。

9.6.1 产业大脑

目前，农户自营的种植场和养殖场，多以传统经验、人工管理为主，对于成功案例复制难度大，常常抓不住问题的关键之处。而数字乡村建设面向特色产业的数字化应用可以利用专家系统、卫星遥感、航空遥感、地面物联网等手段，实现农作物土壤墒情、作物长势、灾情病情虫情的动态监测，提升种植业生产管理的自主化信息化水平；通过集成应用电子识别、精准上料、畜禽渔业粪污处理等数字化设备，实现畜禽渔业养殖环境的智能监管；通过汇聚生产经营数据，以及种子、农药、肥料、饲料等监督检查、行政处罚、田间施用情况等数据，实现投入品的监管溯源与数据采集机制，规范优化市场。这些依托数据的技术手段大大减轻了农民的负担，同时也降低了对于农民种植养殖销售等经验知识储备的要求，为农民节省了大量机械化劳作时间。因此，多行业多领域的数据融合和服务拓展加快了以互联网为基础的新业态多元化的成熟。

以安吉白茶产业为例，安吉县针对自身特色搭建了全产业链云服务平台，以“数字赋能、三产融合”为原则，以主体需求和产业痛点为导向，以打造数字产业大脑平台为目标，全面覆盖特色产业种植、加工与流通环节，通过建设数字示范基地，铺设虫情、土情、气象等传感器，线上与电商平台、食品安全监管平台、投入品监管平台对接，采集全产业链数据，实现数据互联互通，科学解决特色产业中可能存在的生态治理、病虫害防治、质量管控、品牌营销、涉农资金周转等问题。

坐标：临安

主题：山核桃产业大脑

服务于山核桃全产业链的“数据大脑”——临安山核桃特色产业云平台已上线。平台背后，是一场数字化的浪潮涌过一片片山核桃林，透过一个个具有前瞻性的数字化应用场景，临安山核桃产业的未来模样正渐渐清晰起来。

（1）数据更清晰：大数据为消费者画像

根据山核桃云平台上4870家临安本地电商的数据，2021年2月，临安山核桃在淘系平台（淘宝、天猫平台）销售额较去年同期增长29%。销售区域排名前三的仍然是浙、沪、苏，其中浙江占了50%以上。但在山东、北京、四川、广东等地，销售增长非常快，这意味着可以在这些区域加大品牌推广力度，提高省外的知名度和销售量。

这就是大数据描绘的消费者画像一角，这样的分析报告每月一次。数据来源于淘系平台接口，由平台开发者杭州闻远科技有限公司提供分析报告，再通过山核桃协会发布给产加销大户。未来，还将接入京东等线上销售数据，以及杭州姚生记食品有限公司等企业线下销售数据。

“原来我们只知道自己家的山核桃卖到哪了，卖得最好的口味是什么。这份报告展示的则是临安山核桃整体的数据，等于共享了其他卖家的信息，会更有指导意义，特别是在开发新客户和新产品上有了方向。”龙岗镇一位微商大户告诉记者。

（2）监管更可视：6个基地接入数据大脑

2020年底，临安区6个山核桃数字赋能示范基地相继安装了气象站、土壤监测仪、虫情测报仪、智能监控等物联网设备，可以实时监测基地农户的喷药、施肥等日常生产经营管理活动，还可以实时传送和保存基地的土情、林情、树情，以及病虫害、气象等数据。根据这些数据，技术人员可以判断山核桃病虫害发生与土壤温度之间的关系，及时发布病虫害预警。可以说，这6个基地所采集的数据，将为政府科学决策提供更多的技术支撑。

而对基地负责人来说，所有数据汇总而成的“数字证书”，还有额外红利。位于龙岗镇的示范基地——康之林山核桃专业合作社负责人吴向阳告诉记者，“数字证书”好比基地山核桃面积、树情、病虫害、产量的“身份证”，具有真实性，将来可以作为抵押贷款的依据，银行放款更便利。“同时，它还能指导绿色生产，比如病虫害的预警与防治成效检测，产量预估、测土配方的参考等。”

山核桃数据大脑的建设和启用，是数字乡村集成示范创新的“代表作”之一，它实现了全产业链数字化融合运用，生产端可精准指导农民按时按需开展病虫防治，销售端实时分析电商大数据，为加工端研发满足消费者喜好的新产品提供参考依据。农林技术推广中心副主任顾晓波介绍，系统上线不久，可使用的诸多功能中，有些数据还要进一步丰富，比如接入物联网设备的山核桃基地要增加；有些还要进一步融合，比如接入应急管理局的端口，提供地质灾害预警。总的说来，我们的山核桃产业必须要转型升级，无论是生态化治理还是精准销售、品牌建设，都能在这个数字平台上找到技术支撑。

总结：临安山核桃全产业链的“数据大脑”向销售者提供了更为全面的数据报告，为新客户和新产品开发提供了可靠的数据支撑，利于科学决策；同时，基于引进的物联网设备，实现了临安区6个山核桃基地的气象、病虫害、树情、产量等数据的采集，利于山核桃基地的可视化监管。为临安山核桃基地的生态化治理、精准化销售、品牌化建设提供了有力支撑。

9.6.2 数字农业工厂

产业振兴是乡村全面振兴的基础，生产加工信息化是数字乡村建设的关键环节。要通过利用物联网、大数据、人工智能等技术，将农业信息化与农业生产技术深度融合，实现农业产值和利润的稳步提升。在数字乡村建设中，以现代农业产业园区、特色农业产业基地、规模化种养基地为载体的数字农业工厂是筑牢数字乡村产业转型升级的创新模式。其主要做法是推动物联网、大数据、区块链、人工智能和种植业、畜牧业、渔业、农机作业和农产品加工业等深度融合，创新孵化5G智慧农业核心科技企业。

数字农业工厂作为“智慧农业”的体现应运而生，主要有数字植物（育种）工厂、数字牧场、数字渔场等三类。不同类型数字农业工厂试点各有侧重，比如数字植物（育种）工厂建设，重点推进设施农业环境监测、智能控制、智能灌溉等装备和技术应用；数字渔场建设则围绕水体环境实时监控、精准化饲喂管理、病害监测预警、循环水装备控制、网箱升降控制等的应用。数字农业工厂主体则将着力提升数字化应用水平，在生产环境、生产过程、流通营销、质量安全、生态保护等环节，推进数字技术装备的系统集成与综合运用，发挥数字技术综合效能。其核心目的是以工业化的发展思维推进农业生产智能化、管理数据化、服务在线化，提高土地产出率、资源利用率、劳动生产率。

比如，在水产养殖方面，传统的粗放水产养殖方式，采用人工观察，单纯靠经验进行水产养殖的方法，很容易在养殖过程中造成调控不及时，反馈较慢，从而造成重大的经济损失，上述方法已经不能满足现代水产业精准化和智能化的发展要求。在设施水产养殖中通过应用物联网等技术，可对水产养殖环境关键因子（温度、pH、溶解氧、氨氮、盐度和氧化还原电位等）快速检测，经过自供电、自组织无线传感网络系统和可视化视频监控系统，结合水产养殖专家系统和经验设定，自动控制水产养殖的增氧机、抽水泵、取样电磁阀等终端，减少水产养殖过程中人力、物力投入。通过信息监控系统，结合预警预报系统，可极大地避免因人为管理不当造成的经济损失，从而实现了水产养殖的智能化控制和管理，综合减少成本 20%以上，对发展规模化、高度集约化、高效生态安全的现代水产养殖业具有重要意义。在设施果蔬方面，目前设施果蔬生产过程的控制和管理基本由人工经验操作或半自动化作业，耗时费力，无法满足现代设施农业发展的需要。通过应用设施果蔬智能物联网智能监控系统，可实现信息监测、无线传输和智能控制的一体化智能作业。通过获取果蔬生长过程的养分信息（N、P、K 等）、生理生态信息、病虫害等胁迫信息、环境信息（温度、湿度、光照、土壤水分、pH 等）的定位化实时动态信息，经过优化布局和低功耗节能的无线传感器网络将信息进行汇总，结合专家系统，实现设施环境下光照、温湿度、湿帘、风机、卷帘、地热线、加热器等终端的智能化控制。建立设施果蔬信息感知—无线传输—智能肥水喷滴灌控制和可视化监控一体化监控作业系统，对实现设施果蔬生产的规模化、集约化和产业化发展具有重要意义，可提高设施果蔬生产效率，降低生产成本，减少环境污染，增加农民收入，具有良好的经济效益、社会效益和生态效益。

坐标：上海市农业科学院

主题：葡萄绿色标准化种植

根据上海市农业科学院农业科技信息研究所与上海江链网络科技有限公司合作研究的可复制推广的马陆葡萄绿色标准化种植方案，将物联网技术、光谱技术、智能控制技术、安全追溯技术等融合应用至葡萄种植过程中，为葡萄的生长创制了全程可监控的可能，使葡萄品质的评价有了强大的数据支持。具体来说，每个葡萄果串均配备了二维码标牌，标牌中保存有葡萄的各种信息，大到产地、品质、生长情况和生长过程，小到所用肥料、农药的信息。

（1）“侬有数”智能+生产管理云平台

嘉定马陆“23°”葡萄种植基地是上海市农业科学院农业科技信息研究所与上海江链网络科技有限公司开展智慧农业合作的国家级农业科技示范展示基地，自 2018 年以来，该基地完成了 150 亩连栋棚的自动化改造及 4000 m^2 温室的智能化改造。150 亩连栋棚内安装了卷膜器和电磁阀，可实现温度的自动化控制和自动化灌溉，较改造前节约了 90%以上的人工。基地内安装了摄像头和各类传感器，运用物联网技术，时刻监控着葡萄的生长情况，基地的空气温湿度、土壤温湿度、光照强度、二氧化碳浓度、土壤 pH、土壤电导率等环境参数也能实现全面采集。通过“侬有数”智能+生产管理云平台，专家可以通过数据、图像、视频等多种形式检测葡萄的生长环境和葡萄的生长情况，经由平台分析后，会以短信的形式将农情提示、预警信息和决策建立推送给种植人员。

（2）葡萄溯源系统

由相关介绍可知，每一串葡萄在初期就会被挂上“RFID+二维码”的溯源标牌，随着葡萄的长大成熟，该标牌会牢牢镶嵌在葡萄果粒之间，当消费者将葡萄果粒从葡萄串上剥离时，标牌才得以显现。农事作业、葡萄生长路径情况均被记录在标牌内，故出入库可以实现非接触式盘点，在一定程度上节省了人力成本。总之，该溯源系统的应用，在使消费者放心安心食用的同时，也大大提高了精准化管理水平。

总结：上海市农业科学院农业科技信息研究所与上海江链网络科技有限公司，通过将信息化手段应用于葡萄的产业链中，一方面实现了葡萄种植的智能化自动化管理，节约了人力成本和时间成本，提升了葡萄的产品质量；另一方面，基于“RFID+二维码”的溯源系统，保证了葡萄生长的全程在线可追溯性，有利于在广大消费者心中打造良好形象，树立品牌影响力，传播产品文化。此外，双方合作的内容所需成本低，易于投入实际种植生产中，落地可执行性强，真正做到了让利于民。

坐标：内蒙古自治区兴安盟扎赉特旗

主题：现代农业产业园

2017年9月，扎赉特旗正式获准创建现代农业产业园，是内蒙古自治区第一家国家级现代农业产业园，是我国目前占地面积最大的现代农业产业园，共覆盖了2个乡镇的33个行政村，水稻和甜叶菊的种植规模（分别是45万亩和12万亩）和技术均处于全国领先水平。

依托科学技术建设农业信息发展新高地。园区在国家政策的帮助下，积极引进植物无人机、水稻收割机、拖拉机等先进农机装备，以及北斗自动导航、溯源视频监控、产量估测、精准喷药等智能设备。目前10万亩农田配备了600套田间各类感知设备。产业园物联网+智慧农业科技服务中心通过对来自智能装备的数据进行分析处理后做出科学决策。

开发新模式，建立利益联结机制。①园区开发稻鱼、稻鸭、稻虾等“稻田+”生态立体式农业共养模式，以及“我在扎赉特旗有一亩田”私人定制认领活动，不仅提高了水稻有机化程度，还有效减少了化肥、农药的公害，同时实现了水稻纯绿色生产，提高了农业生产的附加值，满足了人们对有机水稻的需求。②园区采用“合作社+农户+龙头企业”的模式，以内蒙古裕丰粮油食品有限公司和谱赛科（江西）生物技术有限公司为依托，以农民入股和反租倒包的方式，进行统一管理，走订单农业和智慧农业之路。③园区建立了资金互助型的裕丰“助贷”模式，形成了“产业园管理中心+担保机构+人民银行+商业银行”的良好合作机制，在企业、合作社、农民之间建立了一条稳定的资金链，快速推动产业发展，实现多方共赢。

大力发展“互联网+”。园区在淘宝、京东等电商平台有50余种农产品的进驻，同时还建立了“我在扎赉特旗有一亩田”电商推介平台，消费者可以通过该平台实时监控所定制的农产品。

总结：在国家、地方相关政策的支持下，扎赉特旗现代农业产业园积极响应数字农业建设，积极引进互联网、智能农机装备等先进技术，并进行多种模式的创新，基本建成了数字农业模式，实现了产供销一体化。

9.6.3 农村电商

农村电商的兴起与繁荣，正是互联网赋能乡村振兴的体现。在传统的农村经济发展中，农产品的交易场所多限制于本村和相邻村，商品和产业较为单一，随着农村电商平台的建立，①农民有机会将本村具有特色的优质农产品向更广的范围推广，进而带动乡村其他产业的发展，促进生产结构的优化。②农民对电商平台有了更深的了解，在某种意义上，他们对计算机和网络也有着不同程度上的理解，获取信息的途径也更加开阔了，科学文化水平相应也得到了提升，这些促进了乡村治理与社会化建设。③电商的发展带动了电子行业的壮大，与此同时，农村物流系统又带动了运输行业的发展、乡村基础设施的完善，最终带动了整个行业体系的良性循环。通过农村服务站，农民可以在农村电子商务平台购买所需的工业品，同时，城镇居民也可以通过城市社区商超在农村电子商务平台上购买优质绿色健康的农产品。

坐标：吉林省通榆县

主题：“三千禾”品牌农产品电商平台

吉林省通榆县农产品颇为丰富，是典型的以第一产业为主的农业大县，但是受制于人才、物流、网络、基础设施等因素，农产品流通范围较小。针对该种情况，通榆县政府积极“引进外援”，与杭州常春藤实业有限公司建立了系统性合作关系，为通榆农产品打造了“三千禾”品牌，同时配套建立了电商公司、线下展销店、绿色食品园区等，初期通过网上超市“1号店”等渠道向全国销售农产品，后期开展全网营销，借助电子商务全面实施“原产地直销”计划，把本地农产品销往全国。并且，销售期间，为彻底打消消费者对农产品质量的顾虑，通榆县委书记和县长联名写了一封面向全国消费者的信挂在淘宝聚划算首页，这一真诚的做法赢得了网购消费者的一致肯定，很大程度上提升了消费者对“三千禾”的好感与信赖。

总结：通榆政府全面掌握当地农产品现状后，整合资源，当机立断系统性委托有足够能力的公司全力推广农产品，最终收获了好结果。总体来说，当地政府、农民、企业、消费者及电商平台共同创造价值、分享价值，既满足了各方的价值需求，又带动了农村地区的经济发展，为乡村振兴战略贡献了一份力量。

坐标：河北省清河县

主题：电子商业群体

在传统产业时代，河北清河羊绒产业发展不够景气，2007年在淘宝平台上尝试卖羊绒，意外收获成功，随即清河县紧紧抓住该机遇，加大力度，建设电子商务产业园、物流产业聚集区，以及仓储中心等一大批电子商务产业聚集服务平台。目前，“电商”成为清河县最具有特色的商业群体，清河县也因此成为全国最大的羊绒制品网络销售基地。

总结：河北清河“在爆发中顺势而为”，一是协会+监管+检测，维护正常市场秩序；二是孵化中心+电商园区，转型升级，全线出击，建成新百丰羊绒（电子）交易中心，吸引国内企业进行羊绒电子交易；三是建立B2C（business to customer，商对客）模式的“清河羊绒网”、O2O（online to offline，线上到线下）模式的“百绒汇”网；四是实施品牌战略。

9.6.4 乡村新业态

《数字乡村战略发展纲要》把积极发展乡村新业态列为重点任务，为进一步发展农业农村新产业新业态指明了方向。近年来，全国乡村积极推动互联网与特色农业深度融合，推进各类新业态与新产业发展，规范有序发展乡村共享经济。

积极推进“互联网+”农村经济创业创新，开展特色农产品、农村工艺品、民宿餐饮、乡村旅游线路直播宣传推介，发展体验农业、众筹农业、定制（订单）农业、共享农业、云农场等“互联网+农业”新业态新模式。推动美丽休闲乡村（渔村、农庄）、农家乐（民宿）、乡村康养和文创基地等开展在线经营，大力发展乡村体育休闲、户外运动等产业，培育发展沉浸式乡村旅游、冰雪运动、数字体育、数字健康民宿等新业态新场景，推动农文科康旅融合发展。开展清新空气（负氧离子）监测网络建设，加快新型服务业、休闲旅游等数字化建设，培育数字乡村新业态。

以产业、文化、科技统筹发展为核心指导，结合当地的区域文化背景和资源优势，打造以乡村文化数字经济综合体，融合当地乡村文化要素，打造以“可查、可听、可视、可触、可传承、可交易”为主要产业方向的上下游产业链，形成数字科技文化产品和产业，推动文化消费升级。

其中，乡村旅游业正如火如荼地开展，作为乡村新业态的新热点，是最具有潜力与活力的旅游板块之一。当前来看，乡村旅游已打破并超越农家乐的形式，向着集观光、休闲、度假、生活于一体的模式转变，个性化休闲时代的到来，意味着以旅游业为首的乡村第三产业进入了创意化、精致化的新发展阶段。在推动乡村旅游的过程中，为避免同质化竞争，全国乡村紧紧把握“一村一品”“一户一业态”的差异化发展策略，深度挖掘本村特色，激发乡村资源潜力，推出更具特色化、精品化的新业态。例如，曾入选全国首批乡村旅游重点村的山西省晋城市司徒村，它最核心的吸引力在于以小剧场的形式再现风俗人情，有农民原创、农民导演、农民编剧、农民演艺的《千年铁魂》实现了晋城市煤铁文化的传承，还有再现了晋商家族、走西口、大移民等历史的《又见老山西》。"情景式旅游、怀旧式体验、家庭式消费、会员式待遇"，司徒小镇顾问专家如是总结道。再如由俄罗斯建筑师在卡卢加州地区的小村落设计的农村劳动力博物馆，这是一个融入自然和当地文化记忆的小结构体，博物馆呈塔形造型，墙面上安置着从周边各个农村收集来的劳作工具，用以强调劳动的意义与土地的意义，体现人类最为重要的生存依托。

坐标：浙江省温州市

主题："互联网+"认养农场

在温州，一批 90 后创业青年将"开心农场"游戏变成"猴集"平台，吸引着越来越多的城镇人口参与体验，消费者通过"猴集"预售平台认定一只鸡苗后，便有机会透过镜头实时查看鸡的生长情况，同时还能获得一定收益。这种结合"互联网+"的"认养农业"模式，实现了农业智能化生产，为农民增产增收打开了新渠道，也逐渐带动一股城乡互动的新风尚。

1）远程养鸡，乐趣收益双收。城镇人口的生活环境多不允许他们自己圈养土鸡，只能在菜市场购买成熟的土鸡，难以判断土鸡的真实性——即是否真正为散养模式。而"猴集"平台恰恰打消了消费者这一顾虑，消费者可以通过该平台的预售栏目，亲身参与到土鸡的饲养过程，从鸡苗认领开始，全程监控，养殖周期结束，消费者便可将远程看着长大的土鸡带回家，当然，如果在养殖过程中，消费者因为某些原因不再需要这只鸡，也可以在平台上进行转卖，成功后获得相应的增值收益。认养模式彻底打破了传统养殖模式，提高了生产投入与市场需求之间的匹配度。从生产者角度看，鸡舍的每只鸡都有了主人，彻底打消了生产者的销售担忧，饲养时便更加有了动力，同时还能够降低养殖过程中生产成本的投入。从消费者角度看，互动体验和源头追溯等环节，弥补了城镇居住环境带来的养殖空白，参与认养活动在收获乐趣的同时，还获得了一定的收益。

2）认养模式迅速推广。"猴集"平台的成功案例，在温州引领了一种新风尚。越来越多的项目借鉴认养模式促进营销。泽雅镇黄山村以本土文化为依托，推行"互联网+农业+文旅+地产"项目改造。村民不仅把低效番薯园开发成"智能休闲体验农业"，通过种植不同时令的蔬菜瓜果和花木，打造了"山水田园旅游综合体"。而且，还通过"土地流转"方式归置了 1082 亩土地，用以引进外资创办"大源溪休闲农业开发有限公司"，发展"认养农业"新模式，消费者可以认养认种黄山村的地块，通过手机线上查看作物生长情况，还可以线下实地了解所认领地块的农产品生长情况，真实地还原了"开心农场"。在平阳县鳌江镇荆溪村草池的平阳仙池都市农业休闲园内，所种植的东魁杨梅树也可供消费者以个人或单位的名义认养，同时还定期邀请认养个人和单位到休闲园内亲身体验杨梅树的管理过程，当然，杨梅成熟后，可组织家人、单位员工进行采摘，分享农业丰收的喜悦。

总结：认养农业模式实质上是共享经济在农业领域的全新尝试，打破了农业生产的固有模式，融入了旅游、文化、休闲、娱乐，甚至养老等新元素，有力推动了乡村发展转型升级。同时，作为共享经济的一种表现形式，在生产者与消费者之间建立了更加透明可靠的风险共担、收益共享的生产方式，运用互联网技术向大众介绍并推广认养农业，将产业链由过去的“生产供应销售”转变成“销售促进生产”，直接实现了“农田”到“餐桌”的对接。于生产者而言，有更多的精力培育品质更优的农产品，无须过多担心销路问题。于消费者（尤其是城镇居民）而言，减轻了“货比三家”的负担，可根据需求直接认养，远程监控农作物，同时，还可以线下实地考察，何尝不是一种休闲减负的方式呢！

坐标：四川省三道堰镇青杠树村

主题：“旅游+农业”数字化营销

以前的青杠树村是个水陆码头，来往车船商客频繁，集市贸易颇为活跃，但是多次火灾的发生严重影响了集市贸易，由此，集市贸易日渐衰落。然而，如今的青杠树村已然是“四川省乡村旅游创客示范基地”，因为其积极落实国家相关政策，按照“高端项目为龙头，农家旅游为配套，都市现代农业为基础”的产业发展模式，依托得天独厚的自然环境和配套基础设施，以田园为基础，旅游开发为方向，做好了环境美化和旅游配套设施的建设。

1）数字化营销模式。青杠树村在网络平台打造了集电子导览、电子导游、电子商务、经典宣传介绍于一体的，涵盖食、住、行、游、购、娱的全方位旅游服务体系。通过简单的二维码扫一扫，为游客提供免费的语音讲解服务。迄今为止，青杠树村已成功举办了20余次“踏青节”“端午节”等节庆活动。

2）“旅游+农业”融合发展。青杠树村按照“农民主体，政府引导，市场运作”的模式，运用“小规模，组团式，生态化，微田园”的理念，将分散的村落进行组团后，及时完善基础设施，科学配置耕作半径，成立粮食合作社，保证农民不离乡、不离土，有组织、有规模地发展绿色有机农业，以及结合当地传统技术手艺工艺，生产土米、菜籽油、豆瓣酱等特色农产品和三编、蜀绣等手工艺品。以乡村旅游为主攻方向，利用节约出的集体建设用地，规划引进“酷菜智慧农场”“汀香（乡村）度假酒店”“蜀绣民俗博物馆”、水上高尔夫、“和境国际马术俱乐部”等，形成高端服务业集群，为农民提供充足的就业机会。此外，利用农户富余的房源，通过公司化运作，发展连锁乡村客栈、农家私房菜等产业项目，为农户带来财产性和经营性双重收益。

总结：青杠树村以生态为本，展现田园风貌，始终把生态作为最宝贵的资源来保护和利用，一切乡村规划以“不改变田园肌理，不破坏河流沟渠，不砍伐成型树木”为准则，构建原生态景观效果+舒适度高的美丽乡村；以文化为魂，展现乡村风貌，乡村的建筑在形态上以原本的川西居民为主基调，融入现代生活的功能化需求要素，在传承水乡文化的同时，便捷村民的生活日常；以民生为要，展现以人为本，当地政府坚持问计于民，问需于民，问效于民，始终把民生放在落实推进乡村振兴战略的重要位置。

据《中国数字乡村发展报告（2020年）》指出，随着数字乡村战略进一步落地实施，各地区数字乡村建设发展取得良好成效。

1）乡村信息基础设施方面：乡村网络设施大幅提升，全国行政村超 98%的比例实现了光纤、4G 进村，有效保障了农村群众的上网用网需求；乡村广播电视台网络覆盖率达 98.84%，基本实现了农村广播电视村村通；电信网络诈骗等违法犯罪行为逐步遏制，有效保障了农村人民群众的合法权益和社会稳定；乡村基础设施，如电网改造情况、水利网信水平、农村公路数字化改造情况、乡村智慧物流建设均取得新进步。

2）乡村数字经济新业态方面：截至 2020 年，全国一共涌现 5425 个淘宝村，淘宝村的年交易额已经突破 1 万亿元，其中 745 个村过亿元，在广东甚至出现了一个破百亿的淘宝村；由此可见，互联网与乡村特色产业的深度融合，极大发展了农村电子商务、智慧云端旅游、创新创业等新业态，尤其在 2020 年新型冠状病毒肺炎疫情的强烈冲击时期，电商平台更是凸显了其创新快、应对及时有效、可实现无接触配送等特点，涌现出直播带货等新模式，引领农产品网络营销进入新阶段，走向多元化，成为乡村振兴战略中经济发展的内动力。

3）乡村数字化治理方面：在“互联网+政务服务”“互联网+党建”建设的持续推进下，农业行政审批制度愈加优化，乡村政务、党务、村务管理愈加透明便捷，疫情防控工作也愈加高效。

4）乡村信息服务方面：截至 2020 年上半年，全国共建成运营益农信息社 42.4 万个，累计培训信息员达 106.3 万人次，开展便民服务 3.1 亿人次，实现电子商务交易额 342.1 亿元，初步形成了纵横联通的信息服务网络体系；农业生产经营在线服务能力、乡村公共服务数字化水平的不断提升，使得农民掌握信息的主观能动性得以释放，形成了乡村信息服务全面触网、深度渗透、相互借力的良好局面。由此可见，在农村生活信息服务建设方面，我国农村已取得一定的成效。

9.6.5 乡村品牌经营数字化

当前在城乡融合发展的新格局下，乡村空间正在由不断收缩向基本稳定转变，乡村资源的稀缺性进一步显现，乡村的功能也从承担农产品保障供应功能向承担多元复合功能转变，由承担附属功能向承担核心功能转变。

我国农业农村经济进入高质量发展的新阶段，乡村振兴战略的全面实施，产业兴旺成为必然选择，而农业品牌战略一直以来是推动现代农业发展的动力，代表着农业供给结构升级的方向。区域公用品牌是农业品牌化的重要模式之一，在提升农产品竞争力、促进农民增收、助力乡村振兴等方面具有重大作用。2017 年 10 月 18 日中央一号文件首次提出推进农产品区域公用品牌建设，并将 2017 年确定为“农业品牌推进年”。

数字化的技术特征改变了人们的基本生活方式，同时也扩大了人们的生活范围与生产范围。根据联合国发布的《2019 年数字经济报告》显示，数字经济扩张的驱动因素是数字数据和数字平台。这就意味着，在品牌营销中起核心作用的人、货、场三要素都将以数字数据和数字平台进行重构和连接。

没有以品牌化为核心，未来的乡村产业就无法在互联网时代迅速与消费者建立联系，也无法在竞争激烈的互联网营销大战中实现溢价。传统的品牌营销和渠道建设已经无法满足当前消费者多样化的需求，若不善用数字化发展理念和数字化工具，将很难促进品牌的传播与推广。品牌化和数字化应该如何协同发展，互相依存呢？

第一，应该构建乡村品牌化与数字化“双轮驱动”发展模式，从乡村产业的可持续发展出发，以区域公用品牌为抓手，以乡村产业的现状为核心切入点，基于产业相关大数据进行系统性的诊断分析，通过系统化的品牌建设，为乡村产业发展提供有效的“抓手”，赋能乡村产业。第二，在产业相对完善、品牌有策可依的基础上，通过面向互联网的持续营销推广提高品牌的“知名度”，促进产品的销售转化；通过电子商务等销售渠道的建设，提高产品销售，提升产品溢价水平，最终实现乡村产业的可持续发展。第三，在乡村产业建设中，始终离不开专业人才的支持，有效的人才团队是乡村产业可持续发展的有效支撑，也是区域公用品牌建设的有效保障。因此，应基于品牌化、数字化两个关键核心要素来带动产业、营销、渠道、人才 4 个核心要素下的产业发展的生态闭环模式。

首先，数字化思维的培育是前提。我们要深刻地认识到数字化不再简单地是一种技术或工具，而是意味着一个全新时代的到来。这个时代是互联网综合技术应用创新的一个时代，是人与技术共同进化的一个时代，也是一个实体经济跟虚拟经济高度融合的新时代，是从线性思维转向生态思维的时代，这个时代必须要确立数字化认知与思维。我们必须要利用数字技术打破边界，重构产业面向客户体验流程；要利用数字化技术，搭建数字化平台，实现农业产业的数据协同，精准地调配资源，提高产业的运营效率和决策准确度。要重构产业的产品和服务的创新流程，创新商业模式。

其次，数字化技术准备是基础。数字化让 5G、人工智能、区块链、大数据、物联网、数据中心成为新型基础设施，此时数据成为关键生产要素，算法算力成为新型生产力。当“新基建”在更多的行业落地应用后，将开始倒逼上下游产业链上的产业主体进行数字化转型，从这时候开始，整个产业数字化转型进程，才开始正式加速。因此，立足数字化农村一、二、三产业融合发展中存在的内部各产业主体转型升级动力不足，深加工水平不足，与服务业融合深度不够等问题，发展数字化技术是数字化转型极为重要和必要的驱动力。

再次，数字化的品牌建设是重点。过去，品牌的建设是不依赖于数字化的平台与工具的，特别是农业的品牌，更多的是利用传统的销售模式和渠道，通过线下完成与消费者的对接，也无须考虑更多的消费者的个性化需求。而在当前的数字化背景下，品牌形象的塑造、品牌价值表达、品牌消费维护、品牌沟通互动，几乎全部依赖互联网，品牌产品的营销最终也要靠电子商务解决。所以当前品牌的建设要依托数字化发展理念，基于大数据的精准定位，实现从流量引导，到人群运营和效果导向的精细化投放，以及向真正的“品效一体”发展。并基于大数据分析量化结果反馈，推动线上线下整合运营，沉淀数字化资产。

最后，实现数字经济价值是目的。当今时代，数字经济已成为拉动经济增长的强大动力，大数据技术加速向农业农村延伸和渗透，为促进数字经济与乡村振兴融合提供了有效途径。推动品牌化与数字化互动发展的核心目的是用数字化思维，多层次多维度赋予农产品价值开发，联动数字化生活，创造品牌影响力。以品牌化为目标，数字化技术为手段，产生最好的品牌溢价，实现“三农”发展的数字经济价值。同时解决农村因信息贫困、技术贫困和文化贫困而引发的低质量发展矛盾，突破数字贫困锁定的路径依赖，实现数字技术与乡村各产业的深度融合。

坐标：西藏自治区当雄县

主题：精准扶贫

当雄县，是西藏自治区拉萨市的纯牧业县，平均海拔 4300 m，位于西藏自治区中部，藏南和藏北的交界地带，面积 10 036 km^2，人口 4 万人，主导产业为牦牛、水和旅游等，这里坐拥“雪域圣湖”纳木措，背靠“藏地神山”念青唐古拉山，有姆蓝雪山、廓琼岗日冰川、阿热湿地公园、羊八井地热温泉等众多知名景点，以得天独厚的区位优势，荣获“藏北明珠”的美名。

2018 年开始，以当雄县委县政府为主导，实施当雄县全域乡村产业的转型升级，作者受邀为该县做服务，集中打造区域公用品牌“极净当雄”，并推动数字化营销，实现了线上和线下的渠道全覆盖，目前在天猫、淘宝、京东、一条、网易严选、云集等几十个平台进行产品销售，并以每年 30%的增长率在增长。整个产品销售形成良性循环。以此为抓手，统筹当雄县的牦牛、水及旅游等产业发展。经过三年多的发展，当雄的乡村产业实现了大发展，品牌建设取得了良好的成效，“拉萨模式 · 当雄实践”的模式定位成为当雄发展经济的一张新名片，在西藏自治区乃至全国成为产业发展的新标杆。2021 年，求实杂志社主办的《小康》杂志发布专刊《全面小康 极净当雄》，全面报道了当雄县的相关工作和成果。当雄以品牌化、数字化为引领，深化营销推广、渠道、人才等核心要素建设，以极净当雄区域公用品牌为抓手的当雄乡村产业建设实施以来取得了较大的成效。

总结：西藏自治区当雄县凭借自身的地理优势和生态优势，实施本县全域乡村产业的转型升级，以打造区域公用品牌为主要内容，统筹当地的牦牛、水和旅游等产业发展，全面推进乡村品牌产业的数字化建设。

9.7 数字乡村治理场景集成

基层治理是国家治理的基石，统筹推进乡镇（街道）和城乡社区治理，是实现国家治理体系和治理能力现代化的基础工程。2021 年 4 月 28 日，中共中央、国务院《关于加强基层治理体系和治理能力现代化建设的意见》发布，提出要提高基层治理社会化、法治化、智能化、专业化水平。

数字乡村治理场景以构建乡村数字治理新体系为重点，在体系平台、技术应用、政策制定、制度设计、发展模式等方面，扎实推进乡村治理，探索建立与乡村产业发展、行业管理服务能力、农民生产生活水平相匹配的数字乡村发展模式。加快信息技术在乡村治理领域的推广应用，开发实用、好用的乡村特色应用场景，深化“三农”高效协同治理改革模式，建立健全上下贯通、横向联动的全方位、立体化、闭环式基层数字治理网格，切实提升乡村治理能力，构建党建统领“四治融合”的现代农业农村治理体系。

数据赋能乡村治理是通过跨地域的资源流动、跨层级的数据交换和跨时空的交流互动，突破治理的空间区隔；通过促进农民的话语权回归、整合基层的权力碎片和有效监督小微权力运行，突破治理的权力区隔；通过强化乡村的情感联结、经济联结和政治联结打造乡村治理共同体，突破治理的利益区隔。同时也应看到，数据赋能从“以民为本”的治理理念、多元化的治理主体、协作化的治理机制和数字化的治理方式四个层面来构建数字化乡村治理系统，旨在将数字化思维和技术赋能到乡村治理场域，以期更好地打造数字化乡村治理格局。

乡村治理数字化的主要工作为：加强基层“互联网+党建”平台建设，完善党员远程教育内容，推动党务、村务、财务网上公开，畅通民意。深化乡村“互联网+政府”服务，打通市、县、乡、村四级数据互通，强化网上审批服务体系，实现农民群众“办事不出村”“零跑腿”。推动“互联网+社区”向农村延伸，构建“互联网+社区”综合信息平台，大力推动乡村建设和规划管理信息化，提高村级综合服务信息化水平。完善乡村网格化管理平台，确保“大事全网联动，小事一格解决”。深入推进互联网+公共法律服务体系建设，完善线上线下联动的公共法律服务机制，打通线上服务和线下服务的新通道。整合公共法律服务资源，通过公共法律服务平台将司法机关、法律工作者、农民等联结起来，不断提升农村公共法律服务的专业化、个性化程度和农村公共法律服务质量。

9.7.1 乡村生态文明治理

“绿水青山就是金山银山”，构建生态文明现代化治理体系，全面落实绿色发展理念，要以建设智慧绿色乡村为重点任务之一，推广农业绿色生产方式，提升乡村生态保护信息化水平，以及倡导乡村绿色生活方式。《中国数字乡村发展报告（2020 年）》分别就生产、生活、生态三个方面对智慧绿色乡村建设的进展情况做了详细报告，即在生产方面，农田生态数字化监测工作不断推进，农产品质量安全追溯平台得到全面推广应用，农业绿色生产示范区成效显著；在生活方面，农村人居环境基础设施建设持续推进，乡村水利数字化监管持续加强，乡村环境网络监督不断拓展；在生态方面，水土流失信息化动态监测手段不断升级，农村河湖信息化管理不断加强。

以上说明，在农村生态环境保护和农村人居环境治理方面要善于引进数字信息化手段，帮助人们达到智慧绿色乡村建设的预期目标。例如，利用航空航天遥感、卫星导航系统等，基于全域国土空间基础信息平台，完善农村耕地、水域、农业气象、农业生物、林业、渔业等资源数据体系，推进乡村资源多规合一，强化乡村资源保护、利用和监管。推进数字化技术在农村生活垃圾分类处理、水源污染治理、大气污染治理、农业面源污染治理及厕所革命中的应用，构建农业土地资源、环境卫生、河道管理、生态保护等信息库，搭建农村生活污水、饮用水源、渔业水域、养殖污水、绿化等网络监测平台，推进人居环境数字化管理，提升农村人居环境水平。创新“农民建房一件事”改革，建立市、县、镇、村四级宅基地数字化管理网络体系，推进宅基地分配、使用、流转、纠纷仲裁管理和宅基地合理布局、用地标准、违法用地查处，指导闲置宅基地和闲置农房利用等工作。

坐标：贵州省

主题：数字乡村建设监测平台

为响应国家相关政策，贵州省结合村镇的实际情况，搭乘信息化数据化快车，开发建设了“贵州数字乡村建设监测平台”，并同步开发了手机客户端——“贵州数字乡村 APP”，推进农村人居环境治理，建设美丽乡村。

“贵州数字乡村建设监测平台”主要包含三个板块：一是村镇生活垃圾收运板块，以实现全域农村生活垃圾收运设备的全自动管理，动态监测收运车辆的运行情况，促进服务和管理水平的提升；二是乡镇生活污水处理板块，以在线监控污水处理设备，自动获取重要指标，实时展示基本数据，并自动生成报表为主要功能；三是传统村落建设管理和传统村落数字博物馆板块，致力于将贵州特色民族文化和传统建筑直观地传递，做到随时随地、不限设备地广泛传播。

总结：贵州数字乡村建设监测平台与“贵州数字乡村 APP”的建设，充分体现了互联网技术和信息技术在规范化乡村环境综合治理方面的应用潜力。网络平台和手机客户端的相互配合，既能满足政府部门有序化开展环境监测和防污治污管理的需要，又能让广大群众在通过网络更加便捷直观地监督政府环境整治工作情况的同时，提高个人的环境保护意识。因此，数字化平台建设是一种绿色发展的新模式，实现了广大农村实体产业与市场的数字化对接，有效推进了乡村数字经济的发展，为共同打造美丽乡村做出了卓越的贡献。

坐标：黑龙江省五常市

主题：智慧绿色农业示范园区

黑龙江省五常市现代农业产业园因率先集成应用互联网、物联网等现代科技，推进绿色农业发展与工业、旅游业等深度融合，发展适度规模经营，构建了利益联结机制，完善了组织管理体系，而被评为国家现代农业产业园。

2017年，五常市现代农业产业园建设了农业物联网服务中心，充分应用物联网技术，设立智慧农业监控室，实现稻米等农作物高度智能化生产，将病虫害检测、田间水位检测、水质检测等传感器应用于稻田建设，组成新型数字化监控网格，实现了对园区稻田的全方位、多维度实时监控，通过各类信息和实时视频图像及时监测稻田的“四情”——苗情、墒情、病虫情、灾情。在五常市现代农业产业园的智慧农业监控室内，不仅可以观看到223.6万亩的稻田实景，了解稻田的水位、含氧量、水温等指数，还能够对稻米收获、运输等信息进行汇集、传输、分析、决策等，实现了对五常大米的生产全程监控（包括自动化监测、精细化作业、数字化管理、智能化决策、信息化服务）、田间管理远程控制、农业技术远程服务及五常大米全程溯源防伪。

五常市国家现代化农业产业园建设了数字农业示范园5万亩、有机精准农业种植基地1.2万亩。园内已实现绿色水稻种植全覆盖，有机食品认证个数达59个，绿色食品认证个数达58个，绿色、有机认证农产品比重达100%。园区还构建“稻田观光+稻米体验+稻米加工+稻米品鉴+稻米营销”的四季全产业链开发体系，打造五常大米农业旅游品牌，一、二、三产业得到深度融合，实现了相互带动的良好局面。

总结：黑龙江省五常市通过集成应用现代化科技，推进绿色发展，促进一、二、三产业的深度融合，发展适度规模经营，构建利益联结机制，完善组织管理体系，主要从数字化建设和绿色发展两个方面，在保证农业朝数字化、现代化、智能化转型的同时，不断推进绿色农业发展，从而形成了深度融合的示范性工农复合型循环经济产业链，加快了智慧绿色乡村建设进程。

9.7.2　乡村“四治”平台

乡村治理要深化推进自治、法治、德治、智治“四治融合”平台建设。坚持以数字化思维和手段，加强农村“四治融合”，推进乡村治理数字化应用，构建现代乡村治理体系，推行村级权力运行数字监督，创新农村集体资金、资产、资源管理，推动党务、村务、财务网上公开，更好发挥农村基层党组织在“四治融合”中的领导核心作用，开展“一肩挑”后基层治理体系变革落实年活动。完善基层民主协商制度，推广掌上“随心问”“随手拍”等应用，丰富村民参与民主选举、民主协商、民主决策、民主管理、民主监督的载体与形式，推动基层治理主体多元化、方式智能化。加强乡村法治宣传教育线上化，健全农村公共法律服务体系，建设乡村数字法治服务驿站，实现法律咨询、法援申请、律师远程服务等功能，着力提升乡村治理法治水平。推进平安乡村建设，推动农村地区开展立体化、信息化治安防控体系建设，不断延伸“雪亮工程”建设覆盖面，实现重点公共区域视频监控全覆盖、全联网。优化建设“基层管理协同指挥”系统，打造网上网下事件处置联动体系。推进新时代文明实践中心建设，建设“文明大脑”综合数字平台，打造移动端网络传播主阵地。推进农村地区信用体系建设，大力推广“积分制”做法，培育优良家风，构建涵盖乡村治理的公共信用评价和信用联合奖惩体系。着力解决“数字鸿沟”带给老年人、残疾人等特殊群体的生活不便，防止滥用生物识别技术对广大人民群众和政府监管带来信息安全风险，实现共建共治共享，不断提高乡村综合治理效能。

坐标：天津市王顶堤村

主题：“三网融合”服务机制

为推进党建工作的顺利深入开展，提高党建工作的信息化水平，天津市西青区西营门街道王顶堤村积极探索服务党员群众的新途径、新方法，着眼于提高广大村民党员的思想文化素质，创建了“三网融合”服务机制。

在已有的乡村网站添加党建专题模块。王顶堤村在本村的网站上将党建主题信息归并后单独设置一个模块，用于及时准确地向全村党员和群众发布时事政治、上级文件精神、乡村党政建设目标、阶段任务和本村党委的重要工作信息，用以充分调动党员群众对党建工作参与的积极性，为村党委和党员群众提供了一个公开透明的交流平台。

通过短信等媒介进行基层党员管理。王顶堤村党组织会按期以手机短信的方式给全体党员发送党务信息，提前发送党日活动、党员远程教育学习计划的通知，充分做好村党务工作信息的提醒工作，从而确保党日活动的出勤率。不仅如此，王顶堤村还会坚持给党员发送学习材料，做好深度学习党史大事件的宣传工作，以此督促全村党员加强党务知识学习。

依托远程教育网开展党员学习活动。村党组织充分利用市、区远程教育网络平台的资源，落实党员集中教育学习、培训制度。结合远程教育视频课件，加强对全村党员的党性教育的引导。同时，结合党员需求，开展个性化点播学习，为党员集中学习和自行学习教育活动提供规范化的服务平台。且在每周班子例会和每月的党日活动前，全体党员都会集中学习远程教育网上的“两学一做”相关内容。

充分发挥村有线电视台的作用。除了积极引进网络平台促进党建工作，王顶堤村考虑到村里文化程度较低的老人，重拾传统信息传播方式——有线电视台。以广播的方式向全村党员群众播报上级党委的指示精神和本村党建工作的重大事项。以电视直播的形式，传达上级的重要批示和重大事项，公开宣传党的政策、法律法规、社会公德、文明礼仪等。同时，村党组织还会根据党员群众对农业技术知识和文化娱乐方面的需求，有针对性地为他们选播相应主题的电视栏目，党员群众在知识学习的同时，思想觉悟也得到了提升。

总结：王顶堤村的基层党建工作特色在于打造了一个集远程教育网、集团网站、通信网于一体的教育培训基地，这一信息模式全方位地满足了本村不同层次的党员群众的需求。最为重要的是，对于打造的全新数字化党建模式，村党组织不断借助此平台开展常态化的工作日常更新和维护，规避了许多党建信息化工作中可能存在的建而不用的问题，而且王顶堤村紧紧依靠群众，广泛听取村民的意见与建议，及时对党建内容、党建制度流程等做出相应调整，以满足党员群众的精神文化需求，这正是基层党组织深入贯彻全心全意为人民服务宗旨的最佳体现。

坐标：浙江省浦江县薛家村

主题：乡村治理数字化管理平台

浙江省浦江县薛家村在保留传统农业产业的同时，还依托当地资源优势，建造了“生态乐园”“农耕文化园”和“沙滩公园”，大力发展乡村旅游业。鉴于产业日渐丰富，全村需要管理的事务也逐渐繁杂。为提高工作效率，以更好的姿态推进乡村振兴战略和数字乡村建设，引进高科技设备帮助村民进行村务管理是薛家村急需落实的任务。

作为开展乡村治理数字化管理平台的试点乡村，薛家村力图通过大数据、图像识别和物联网等技术，实现村情村貌、乡村宜居、乡村发展、乡村自治、基层党建等多方面的实时数据采集、分析和反馈，实现乡村治理数字化、现代化。具体实施中，薛家村将本村在籍人口、特殊人群、集体资产、集体荣誉、村规民约等基础信息上传至乡村治理数字化管理平台进行可视化展现，以方便后续的人口管理、资产管理、村务公开等信息的及时公布，为乡村治理体系的完善提供了数据保障。平台共分为垃圾分类、河道治理、美丽池塘、美丽公路、村口安导、污水处理六个板块，运用图像处理技术、模式识别技术、传感检测技术、定位系统等，实时监测乡村各场景的情况，尤其是异常突发紧急情况，村委据此为专岗负责人规划工作路线，保障乡村生态环境与基础设施的常态化维护和精细化管理，提高乡村数字化治理能力，提升农村社会综合治理精细化、现代化水平。此外，针对本村产业多元化特性带来的流动人口管理难点，试点平台增加了流动人口统计板块。该板块能够根据相应旅游业景点通行情况自动采集和更新人口流通数据，方便进行流动人口的监测和管理。而且平台还将打造生态园、美丽田园、农家乐、生态餐厅、民宿、公交站等数字化应用场景，为生态农旅注入数字元素和动力。以生态园为例，通过该平台可以清楚地查看各个地块的种植信息、土壤生态信息、产品销售信息和预估产值信息等，从而为农产品生产与供应提供安全优质的数字保障。

在薛家村的试点中，浦江县根据全县乡村信息化基础现状与发展需求，对数字乡村的体系平台、技术应用、政策制定、制度设计、发展模式等方面进行探索和优化，重点建立数字乡村资源库，建设2个管理服务平台（乡村决策分析管理平台、惠农综合服务平台），开发多套针对性的应用系统，逐步实现乡村资源数据规范化、乡村产业监管数字化、乡村治理智慧化、乡村惠民服务一体化，扎实建设数字乡村，推进乡村振兴战略。

总结：针对本村突出的村内事务繁杂及一、二、三产业多元丰富的特点，薛家村乡村治理数字化管理平台应运而生，平台服务范围较广，基本满足了薛家村的需求，大大提高了乡村事务治理效率，充分体现了乡村社会综合治理的全面数字化、网格化、精细化、现代化等特点。最重要的是，薛家村在应用乡村治理数字化管理平台的同时还注重平台应用情况的总结和问题的及时反馈与整改优化，做到了服务平台与乡村治理的共同进步，即平台功能愈加完备，切实补齐了薛家村基层管理短板，乡村治理愈加便捷高效，村民更加信赖依赖政府，充分切合为人民服务的工作宗旨。

9.7.3 乡村便民政务服务

如何利用数字化让老百姓“小事不出村”，享受到便利的政务服务是数字乡村治理的核心功能。利用云计算、大数据、移动互联网及空天地一体化技术，建设数字便民服务中心，关联组织、公安、民政等部门数据，对基层网格内的人、地、事、物等要素进行多维分析，建立“数字网格+智慧治理”模式，开展“最多跑一次”向乡村延伸，变“群众跑”为“数据跑”，实现诉求在线直达、服务在线落地，让老百姓在家门口就近办事。

实施数字化网格管理。网格化管理是乡村治理的一种创新模式，它将管理区域划分为若干个网格，以网格为单位，每个网格内配备网格管理员，数字化技术将网格管理员紧密地联系起来，网格管理员依据上级指示，传达政策法规。负责管辖区域内的信息采集，依托网络信息管理系统，及时反映网格动态，解决农村出现的问题，提供村民需要的服务。

坐标：内蒙古集宁区马莲渠乡大十号村

主题：“互联网+”智慧乡村治理模式

集宁区马莲渠乡大十号村依托集宁区“智慧乡村云平台+为村”，将乡村人口、党建、脱贫攻坚、便民服务等各个方面有机地结合在一起，着力打造信息化、现代化、智能化的新农村，取得了显著成效。

1）织密服务管理网格，夯实“数字乡村”基础。大十号村综合考虑该村地理布局、辖区人口、服务半径等因素，依托集宁区“智慧乡村云平台”，在村委会建立智慧乡村工作站。运用“一长多员”，即“网格指导员（包村或包片领导）—网格长（村支部书记）—网格管理员（大学生社工）—监督员（村务监督委员会或老党员）—网格信息员”的管理体系管理本村智慧平台。整个行政村划分为两个服务网格，设立2名网格管理员，每个网格包括4个自然村。每个自然村指定网格信息员1名，由各个自然村村长担任，主要负责村民信息数据的采集。采取“上门登记、资料托管、全程代办、结果答复”的工作流程，建立、健全网格化管理服务工作机制，服务常住村民。通过走访入户、微信、“为村”平台等方式及时了解村民的迫切需要，由网格长下达指令，网格管理员和网格信息员第一时间落实问题，并在规定时间内办结，全程由监督员进行监督指导。

2）快速处置村民问题，服务流程方便快捷。利用“为村”平台、微信群、走访排查等方式，发现村民有亟待解决的问题时，工作人员会利用智慧云平台的服务流程模块，将村民的问题及时上报。村委会可以解决的，村委会着手解决，村委会无法解决的通过系统上报，分级进行办理。系统会按照紧急程度，解决时限分为6 h、24 h等。上报之后，区、乡两级的智慧乡村云平台指挥中心会对事件的解决过程进行及时跟进和全程监管。自2019年9月以来，村代办员已为村民办理社保、养老金资格认证、水电费、话费代缴等代办服务2229件，通过“下往上”无纸化办公的代办服务向村延伸，真正实现了让村民“办事不出村”，在家中就可以享受到智慧平台带来的实惠，也让村民从中获得更多的幸福感。

3）有效监测人口信息，为精准施策提供技术支撑。云平台管理类型细致准确，条件筛选丰富便捷，通过“每人必访、每户必到”的原则录入信息，极大方便了数据调取、查询、统计、分析工作。一是在推进脱贫攻坚战中，通过云平台充分掌握了该村贫困家庭的经济状况和家庭结构，实现“线上”和“线下”紧密结合，让纸质版的“明白卡”跃然于平台。工作人员可通过贫困户的即时状态调整帮扶措施，跟进农户当年收支情况。例如，通过系统筛选出有劳动能力的村民，驻村工作队、村两委及时联系村民，将有意愿工作的村民输入到脱贫车间、林果采摘园、赛诺羊养殖基地等，2019年以来共实现在村有劳动能力者200余人就业。同时与察汗营滑雪场积极沟通，申请滑雪场内安保、后勤、保洁等岗位，优先招聘大十号村民，2019年冬季，大十号共输出到滑雪场40余名劳动力，人均收入在3000元以上。二是在疫情防控初期，利用平台流动人口筛选功能，将流入和流出人群定位为重点目标人群，重点监控，有效解决了人口流动性大、难以监控的难题。同时对划分出的残疾人、五保户等重点人群作为疫情期间的重点必访对象，党支部全面关注他们的生活需求，作为代办服务的重点对象。为在第一时间内有效采取措施、实现有效监控夯实了坚实的数据基础。

4）突出参与互动功能，激发村民乡村治理热情。通过云平台载体，全面公开村务信息。大十号村将“智慧乡村云平台”和“为村”平台结合起来，将行政管理改为行政引导+村民参与引导，“智慧乡村云平台”中形成的三务公开、民情日志、村规民约等通过“为村”平台发布出去，村民可实时实地查看，共同参与并监督乡村事务，真正做到党务、村务、财务阳光、透明、公开。此外，“智慧乡村云平台+为村”实现了智慧平台人口信息与智慧乡村建设的完美衔接。在人口信息模块中加有技能、宗教信仰、土地面积等内容，为后期美丽乡村建设中培养乡土人才、精细化管理宗教事务、发展壮大村集体经济等工作的开展提供了翔实的基础材料。

总结：内蒙古集宁区大十号村充分利用紧邻市区交通便利、信息发达的优势，依托集宁区“智慧乡村云平台+为村”，以党建网格为基础，探索建立集人口信息查询、网上办事、脱贫攻坚、三务公开等功能于一体的网上工作系统，实现了对该村所辖各自然村的民情信息和服务管理过程的全覆盖，有效提升了党建引领下服务群众的精准性、时效性。

坐标：杭州市萧山区

主题：数字化赋能乡村治理

在浙江省杭州市萧山区浦阳镇灵山村，有一“徐氏祠堂”，外在古色古香，内里却别有一番天地，有着当地的“三小”监管（O2O），英文名为 online to offline，即“线上线下”。徐氏祠堂内有一块大型电子屏幕，上面记录着“三小”监管和“三务”公开情况，所谓的“三小”指的是小微权力、小型工程、小额资金。村民可以通过电视，足不出户地了解乡村家底和财政出入情况，对于外出的村民也可以通过手机扫码，进入“乐水灵山·青海家园”小程序，将村中大小事务“一网打尽”。这样一来，通过将村情村务公布于智能化信息平台上，打消了大家对由信息不对称带来的不解与疑虑，一方面，村干部可以更加安心工作，另一方面，有了老百姓的监督，风清气正的廉洁乡村得以迅速打造，村内各项事务均朝着现代化方向发展。

灵山村只是萧山区的小小缩影，近年来，在区纪委的指导下，萧山区农业农村局梳理绘制了 48 条村级小微权力清单和运行流程图，创新性地提出了数字加码，变“码上知”为“码上治”，村民只需扫码便可实现“一码在手，村务尽知，诉求一键直达”，形成诉求办理全链条闭环式管理。作为“城市大脑·萧山平台”的先行试点镇街，瓜沥镇围绕基层治理和公共服务的痛点、热点，推出由镇、村、户三级体系构成的“沥家园”，利用“区块链+网格化”手段，设置了数字身份、数字互动、数字公益、数字信用、数字福利和数字服务六大板块，在实现全民覆盖的同时，又兼备容易上手的优点。

八里桥村是“沥家园”的首个试点村，在3天内便完成了全村642户人家的账户注册，随后的村务通知便通过小程序推送，村子还经常举办公益活动，村民参加便能获得公益积分，后期可以凭积分兑奖，极大调动了村民的积极性。现如今，公益活动推送十分钟内就能完成人员招募。同样地，戴村镇推出了“工分宝”小程序，村民们只要参加活动就有工分奖励，不仅如此，“工分宝”还有自己的独特之处，通过与其他小程序“映季”联袂，向村民提供更加标准专业的指导，带领村民开发更高品质的农产品，如数字化养鸡、标准化种菜等，以产业促发展，以发展促治理。

总结：浙江省萧山区将数字化技术广泛应用于乡村治理中，大力推进乡村治理方式的数字化改革，通过先试点后推广创新的方式，夯实乡村振兴的数字化基础，加快缩小城乡数字差距，进一步细化适用于当地的数字乡村政策。借助“互联网+小程序”等措施营造了村务足够透明、村民足够积极的局面，同时又优化了政府办公体系，实现了村民与政府之间的无障碍交流与共同进步。

9.7.4 乡村数字党建

新时代坚持和加强党的全面领导，就是要用数字化的手段将党的领导往更深处扎根、在全领域落实，从而提振乡村信心、汇聚乡村民心。一方面，运用大数据分析牢牢把握乡村群众网络化生活方式，不断巩固壮大党的舆论阵地，将党的领导根植于人民群众之中，切实维护意识形态领域安全。另一方面，借助云平台优势深度创新党内网络化治理模式，把好乡村振兴战略的政治方向，将党的领导根植于社会治理最末梢，强化系统上下联动、各支部横向协同的党建机制建设，强化党组织在乡村振兴中的核心地位。

9.7.4.1 智慧党建

打造乡村智慧党建系统，通过线上平台实现党建管理、宣传、服务、考核、监管、互动、学习的功能，让党建工作插上互联网的翅膀。建设党建管理平台，提供党建工作和组织工作所需的标准化功能模块，为各级党组织自主快速构建党建工作平台提供底层技术支撑；建设党建宣传平台，权威发布中央、省、市、县、镇乃至基层村党支部的党建工作信息、工作动态、三务公开等；建设党建考核平台，通过考核积分等方式，联动平台所有考核相关的功能模块，进行党员网上考核工作；建设党建监管平台，党组织可实时对组织内党建工作进行全程监督管理，及时了解掌握组织运行情况，加强工作管理和督促，提高工作效率和质量；建设党建学习平台，为广大基层党组织、党员提供一个教育学习、交流互动的平台，拓宽党员群众学习的渠道，推动以党课、慕课、学习强国为核心的在线人才教育，为乡村致富能力和治理能力赋能加码，实现多平台全方位资源共享；建设党建互动平台，建立网上互动平台，推动党建和组织工作与互联网、物联网、移动终端结合，通过信息化手段，优化党建工作流程，为各级党组织和党员群众提供各类互动服务。

9.7.4.2 数字清廉村居管理

当前，科技反腐是完善纪检监察和推动廉政治理的重要支撑。要发扬新时代“枫桥经验”，用数字化改革助力乡村纪检监察规范化建设，奋力打造数字化清廉村居。通过村级事务、公共项目、权力运行的监督与管理，不仅体现了基层治理体系和治理能力现代化的要求，也彰显了全面从严治党和满足群众需求的有机统一。

一是推进数字化村务管理，乡村事务管理涉及村务决策、村务公开、村务监督、财务管理、便民服务等多个内容，只有运用信息技术，才能够大大提高村务管理效率、让村务信息足够透明、足够公开公平公正，才能让村民更加信服政府。

二是建设农村集体“三资”数字系统。建设省、市、县、乡、村五级联网的农村集体经济数字管理系统，打造和提升农村集体“三资”管理应用。围绕农村财务管理信息化、资产管理动态化、分析预警即时化目标，集成基础信息数据库及其管理、财务管理、资产（资源）管理，以及统计分析、监督预警等功能，建设基础数据、农村财务管理、移动审批、集体资产管理、统计分析等核心模块，通过五级联网，搭建起多级互通平台，构建动态管理、实时监管、全程留痕、关联分析、智能预警的执行链，打造运行流畅、管理规范、监督高效的农村集体“三资”应用场景。切实解决村级财务流程不透明、“微权力”监督难、报账效率低等难题，以数字赋能严防基层小微权力越界运行，让群众随时能参与监督，让监督更及时灵敏，促使基层监督效果“立竿见影”。

三是实现“小微权力”的数字化监管。以规范化、标准化、数字化为牵引，大力推动监督下沉、监督落地，探索从决策环节强化科技监督。对照小微权力清单和流程图，统筹设置现有村级事项权力运行预警阈值，对村（社）录入信息发生的权力运行流程倒置、相关额度超标、资产发包超限、项目该招未招、公开审核不到位等规范性问题进行自动预警，并同步跟进乡镇（街道）职能条线严格审核，确保村社组织照章办事、村社监察工作联络站按图监督，助推决策科学规范化。

9.7.5 农村信息应急管理建设

对于突发事件的处理，我国政府及职能部门基本上采用“应急管理”这一说法。米切尔·K.林德尔等在《应急管理概论》一书中写道，应急管理是应用科学、技术、规划与管理，对能造成大量人员伤亡、带来严重财产损失、扰乱社会生活秩序的极端事件的处理。威廉·L.沃认为应急管理的价值在于适应并协调社会与环境或者技术危险因素，同时能够有效地对环境、技术危险因素所造成的灾害进行处理。在国内，学者张成福对应急管理进行了较为系统的研究，认为应急管理是以政府为主体，预防、处理和化解危机，具体地，对当前正在发生和将来可能发生的危机根据不同阶段的特点而采取的动态化管理，包括危机信息的甄别、预警、预防和准备工作、危机响应、恢复重建和灾后总结与完善。

在我国农村地区，由于农民的知识水平普遍较低，老龄化现象愈加严重，在经济建设、基础设施、福利保障等方面，相较于城市地区，仍有较大的提升空间，并且，农民面对突发公共事件存在认识不到位、解决应对能力不够、日常防范意识不高的问题。因此，加强农村地区的应急管理建设，是农村地区政府部门的主要工作任务之一，是全面实现乡村振兴的关键一步。随着数字化信息技术的成熟，依托科技，将为农村的应急管理建设提供无限可能。

9.7.5.1　公共安全

网格化管理，是指将具有明确边界的大范围区域划分为多个小区域，分别进行专管专治的精细化高效管理模式，本质在于针对不同网格的情况对症下药，从而达到社会资源的整合共享和多组织间的业务协同，最终实现管理效率的提升。据了解，网格化管理在城市中已经取得了不错的成效，一个良好的城市网格化管理模式需要多元角色（如以社区党组织为核心，居委会为自治主体，市场业主委员会负责监督且与物业公司通力合作，公民主动参与）互动。若运用至乡村地区，多元角色的互动则应该是以乡镇（街道）党组织为领导核心，村委会平衡行政权和自治权，村民齐心协力，主动投身于对应的网格化管理范围之内。

例如，新型冠状病毒肺炎疫情期间，安徽省芜湖市鸠江区沈巷镇双河村的村党委带领广大党员群众，一同推行“网格化管理”，以确保疫情防控工作无死角、无覆盖。该村凭借着本村党员数量多，党组织坚强有力，党群关系融洽的优势，将防控工作进行了“三个细化”，探索出一条农村疫情防控的“双河工作法”。具体地，双河村依托现有的“三网共治”平台和第七次人口普查的相关数据，将现有的 6 个网格细化，以各自然村的村民组为主单元，将全村进一步细化为 36 个二级网格，同时精选一批责任心强、熟悉周边情况、身体素质好的党员同志、生产队长、教师到各二级网格开展工作。为了进一步提高工作效率，双河村特地招募了一批会使用智能手机的志愿者下派到各网格担任联络员，至此，双河村各二级网格均组成了“党员+群众+志愿者”的 3 人小组并深入村民家中开展防控工作。以“一日一摸排，一日一汇报”为原则，每位二级网格员“认领”本网格内约 20 户村民，在每天上午 8:00～10:00，在自己的责任区内，佩戴上“双河防疫”红袖标，逐户上门了解情况，将每户是否有新增返乡人员、是否有拟返乡人员、返乡人员是否做到居家接受健康监测等实施情况登记在册，在每天上午 11:00 前将相关信息报送至一级网格员处。再由一级网格员负责将变动信息进行核实，无误后上报至镇政府，同时安排新增返乡人员尽快接受核酸检测。通过该工作模式，显著提高了信息摸排的工作效率和准确度。

2020 年 3 月 4 日，在中共中央政治局常务委员会上，提出在新基建的背景下，政务领域要加速对大数据、云计算、5G 等新兴技术的应用，从而推动社会各层面的数字化和智能化应用，应对诸如新型冠状病毒肺炎疫情的危机和不确定性事件。目前，各大运营商已经逐步将 5G 网络向农村地区部署，移动网的广覆盖性和灵活性使得远程医疗的覆盖范围向医疗资源相对薄弱的边远农村区域延伸，解决了基层医卫人员负担重、部分地区医疗资源紧张的问题，满足人员安全和优化资源配置的双重要求，实现高效、无接触式诊治，尤其是公共安全卫生突发事件、自然灾害等情况。

9.7.5.2　生产经营

现阶段我国乡村地区仍然是以第一产业为主，因此，对农产品的信息分析预警十分重要，如种植业中灾情虫情的检测和数字质保防御、畜牧业中动物疫病疫情的精准诊断、渔业中病害监测预警，以及农产品经营的追溯管理和风险预警等。基于物联网、互联网等技术的应用，农业领域产生了大量的数据，为信息分析预警奠定了坚实基础。

水产类病害监测预警与诊断平台（图 9-4）主要包括病害大数据分析与诊断子平台，以及预警和应急处置子平台。在监测地域，分多次、多地点采集信息，结合软件功能和云服务器的大数据，通过平台聚集的大量养殖能手和农业技术专家，为相关的养殖户提供智能诊断、农业技术专业远程问诊，以及养殖病害预测预警。对出现病害区域的养殖户进行信息的传输、融合和创新利用，将病害大数据与互联网技术结合，应用手机终端等设备进行快速的传递，从而降低养殖户的损失。

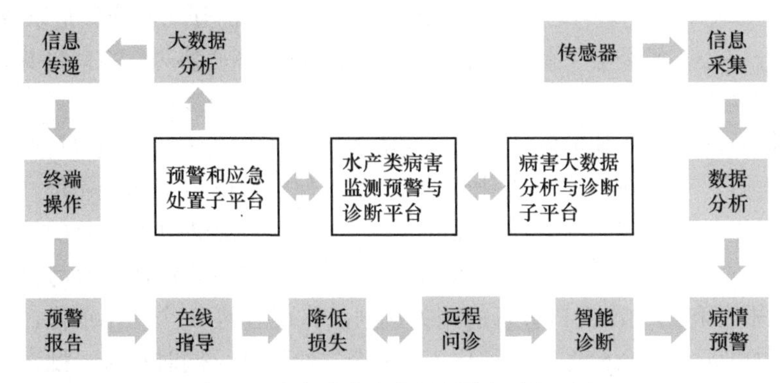

图 9-4　水产类病害监测预警与诊断平台

植保病虫监测和绿色防控系统由现场病虫数据采集装置、数据传输与移动互联设备、农作物病虫监测与分析平台系统和用户办公设备四部分组成。该系统可通过对虫情、墒情、苗情、灾情的实时监测数据和积累的历史数据，结合最新的农作物种植信息，在建立农作物病虫专家知识库的基础上，通过专家系统实时进行病虫的分析预测并进行适当的信息发布。植保自动化监测系统架构如图 9-5 所示，农作物病虫监测预警指挥系统如图 9-6 所示。

在我国，苹果单品种率先引入了大数据应用，以期为苹果产业合理规划和营销渠道拓展提供决策支持，维护果农切身利益，稳定价格市场，促进产业健康发展。九次方大数据信息集团有限公司受国家农业农村部委托建设了苹果单品种大数据平台。该平台立足于国家农业部门所积累的苹果产量、面积数据、成本收益、气象数据等，基于全产业链，深化苹果大数据在苹果生产、加工、贸易、市场流通、消费等产业环节的应用，能够较好地服务于政府部门决策和市场主体生产经营决策。具体表现在：苹果单品种大数据平台凭借在线数据挖掘和产业形势分析，预测预报苹果市场动向，提出优质苹果品种结构与区域布局的建议及对策，帮助相关部门优化苹果种植布局，促进其向优势产地集中。

访问界面层
手机
网站
电话
……
应用层
农作物病害预测
农作物病害预警
……
应用支撑平台
模型库管理
数据采集
维护组件
……
基础信息层
农产品种植知识库
疾病诊断知识库
会诊信息库
专家信息库
……
基础硬件层
系统软件支撑平台
硬件支撑平台（服务器、存储、其他）
网络支撑平台（GSM、PSTN）

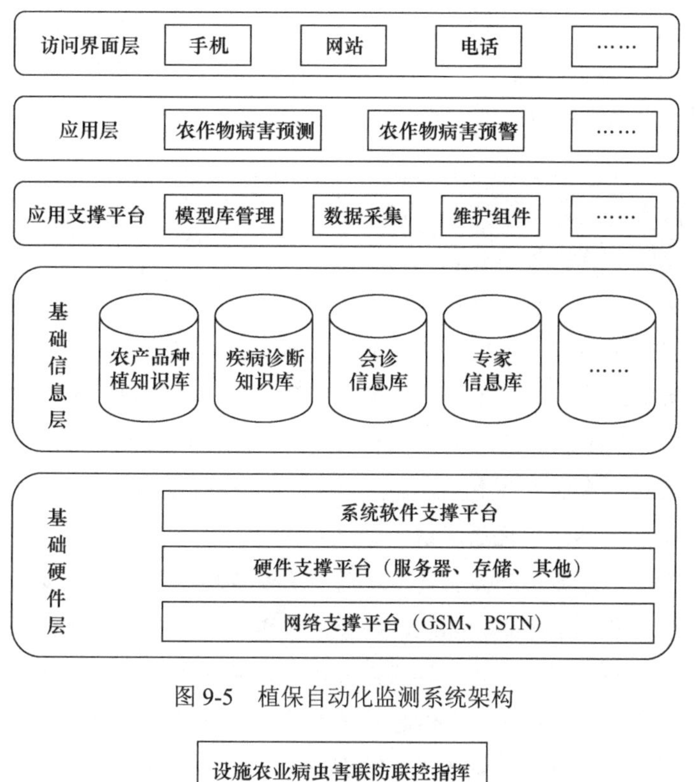

图 9-5　植保自动化监测系统架构

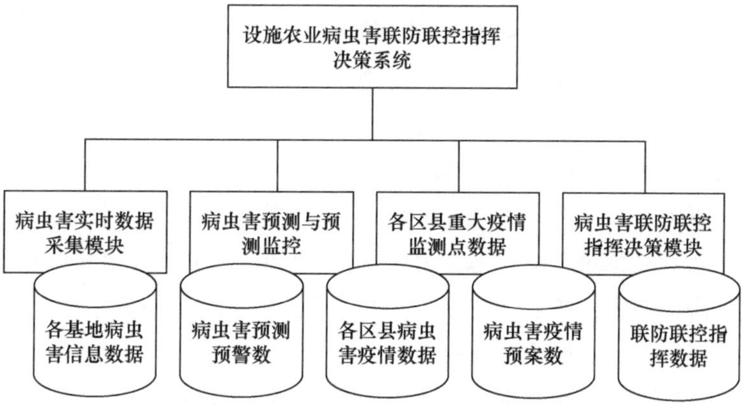

设施农业病虫害联防联控指挥决策系统
病虫害实时数据采集模块
病虫害预测与预测监控
各区县重大疫情监测点数据
病虫害联防联控指挥决策模块
各基地病虫害信息数据
病虫害预测预警数
各区县病虫害疫情数据
病虫害疫情预案数
联防联控指挥数据

图 9-6　农作物病虫监测预警指挥系统

平台建立了苹果气象灾害预测预警及灾害评估模型，为农民提供及时精准的气象灾害预警服务，降低农民的种植风险，同时为产量预估、价格预测提供数据支持。平台通过地方试点监测苹果产销数据，建立供需平衡和产销结构数据体系，为产业从业者提供决策支持，避免出现各大产区苹果扎堆上市、恶性竞争的现象。平台通过对消费数据的采集挖掘，可以为苹果销售者提供消费画像、精准营销及差异化定价的决策支持。通过对不同销售区消费群体的分析，科学划分与准确把握不同消费群体对苹果品种、等级、大小、价位、口感、甜度等的不同需求特点与特征，做到供需之间的适销对路和市场营销的有的放矢。平台助力组建苹果大数据产业联盟，通过整合全产业链生产和经营主体、政府监管部门、科研院所等资源，融合产业数据，最终为产业链主体提供服务，实现大数据成果开放共享机制。平台以苹果为切入点，形成可复制、可推广、可持续的单品种大数据应用模式，推进大数据在农业生产、经营、管理、服务等各环节、各领域的应用，在引导市场预期和指导农业生产中发挥重要作用。

坐标：广东省

主题：农业信息监测体系建设

为贯彻落实《全国农业农村信息化发展“十二五”规划》（农市发[2011]5号）关于农业信息监测预警要求，针对农产品市场波动频繁的问题，利用现代信息技术强化农业信息监测预警，对农产品生产、流通、库存、加工、消费、价格等进行全方位监测、预警和发布，引导农产品均衡生产和均衡供给、保障农民和消费者的利益，广东省农业农村厅启动广东农业信息监测体系建设，主要内容如下。

（1）应用数据标准，实现数据统一采集

应用数据标准，完善农产品生产、流通、消费各环节信息监测要素，明晰农产品产供销内在关系，将“行情-品牌-科技-经营”的横向数据与监测产业纵向管理数据从产业分析方面进行整合衔接，通过数据标准化协同从技术上实现多产业、分条块和多终端的数据统一采集，建立农产品信息资源目录，在保证数据一致的同时有效实现信息聚合共享，有效解决数据来源多头、存储分散、产业链数据不连贯等问题。

（2）生产流通协同，建立农业信息监测体系

理清农产品流通与价格形成路线图，以监测产品为主线，以产业链协同为导向，广东农业信息监测体系实现“生产基地为点、流通市场为线、县（区）管理为面、种养大户为产业驱动”立体式信息监测部署，监测点覆盖全省345个省级菜篮子生产基地、50个农产品批发市场、40个基点县、200位种养大户；调查内容包括价格、成本、收益、生产意向、产能、产量、交易量、经营等；采集周期分日、周、旬、月、年及重要农时等类型；采用政府购买服务方式，引入具备“三农”信息服务资质的专业团队开展体系管理运维，通过专业化分析提供更为高效准确的数据支撑；建立监测点评价与奖补机制，实现监测体系高效运行。通过组织方式与运行机制创新，有效解决数据来源参差不齐、时断时续、会商分析不全面等问题。

（3）随手拍大家说，创新交流互动会商模式

建立微信群，以产业热点驱动，让“信息员-产业专家-种养大户-分析师-管理者”实现便捷高效沟通，通过APP应用实现“随手拍、大家说、一起看”等多种形式，通过线上线下的快捷互动交流实现定期会商与随时交流融合，逐步形成“信息培训+产业交流+专家会商+远程视频+连线大户”的互动会商模式，让农业信息监测预警有“声音”，有效提升信息员数据采集能力，深化产业在生产流通的交流，通过专家会商及时研判产业态势。

（4）高效信息发布，实现部省数据支撑服务

按照农业农村部农业调查数据工作要求，按时保质保量完成各项监测统计工作任务，以农业农村部监测统计工作为驱动，实现省级信息监测体系的有效数据支撑。同时通过数据深入解剖各产业发展趋势，实现数据分析与专家观点相融合，定期编制《市场信息快报》《广东农业经济信息手册》《广东省主要农产品生产供应分析报告》，上报农业农村部。强化专题化、图形化表达，支持多终端阅读，做好“周有快讯、月有快报、季有总结、年有图说”，通过农业农村厅 OA 系统为各产业管理部门提供数据支撑；通过广东农业信息网、南方日报、微信号等纸质和网络媒体进行公开发布，通过信息公开更好促进广东农业信息监测体系健康发展，有效解决报告滞后、产业服务面窄等问题。

总结：广东省建立的农业信息监测体系，可让农业管理部门更加快捷及时地掌握各地农产品生产、流通和供应情况，在引导农业生产和稳定供应、保障农民和消费者利益方面发挥了重要作用。通过农业信息监测体系建设及业务化运维，为产业专家提供翔实、连续、贯穿产业链的数据支撑，通过“数据+经验”让专家更准确开展分析研判、通过“远程交流+产业互动”更清晰梳理产业发展的态势，专家笑称以前是“拍脑袋讲大概”现在是“上系统再把脉，分析研判署名轻松实在”。手机 APP 等应用可让信息员更便捷地开展数据采集工作，自媒体式的互动让信息员更积极主动地参与体系运行；多渠道的信息发布及简明清晰的产业发展预测，让生产者更简单地获得有效的信息服务，有效解决生产者对信息“看不见、听不懂、用不上”造成盲目生产、集中上市滞销的局面，图形化的分析报告更容易让生产者理解消化。每周的流通速报和本省供应预判可让市场信息员更为准确地把握产品价格动态，更好地进行产品调运和交易疏导。

9.7.5.3 管理服务

为了更高质量地服务于农民，数字乡村模式下，通过构建农业农村大数据平台，构建相关知识库，推进管理服务线上线下结合，促进数据融合和业务协同，建立健全农业农村管理决策支持技术体系，提高宏观管理的科学性；紧紧抓住人们对食品健康问题高度关注这一现象，完善农产品生产全过程和市场流动信息的监测系统，健全重要农产品全产品链监测预警体系；农业信息的预警监测在管理服务方面，主要体现在市场预警和全产业链监测预警两个方面。二者的共同点在于农产品从种植生产到市场销售全程质量安全的可追溯性，均服务于政府监管-市场管理-消费者追溯。

四川省宜宾市农业农村局委托公司建成了农产品质量安全追溯系统，依托现代科技云计算、云服务和云处理技术，建成集“管、防、控”于一体，结合 ISO22000、HACCP 等食品质量控制体系标准和四川省农产品质量安全追溯系统平台标准，注重

关键流程、关键要素的管控，运用高新技术解决宜宾市农产品目前存在的瓶颈技术问题，通过四川省农产品质量安全追溯系统统一的平台接口规范，与行业管理部门、检测单位、农产品企业（生产企业、加工企业、仓储企业、物流企业、销售终端）的系统接口整合得以建成。该农产品质量安全追溯系统于 2015 年 4 月正式在全市运行，从示范效益来看，系统将全市八县两区大部分“三品一标”企业纳入追溯系统，对农产品的“田间-市场-餐桌”整个环节进行实时监控，对农产品生产过程中的活动记录进行电子数据记录，实现了农产品生产监督，为之后的质量安全溯源提供可靠依据，是宜宾市建立的第一套能够长期有效地监测农产品质量安全的信息体系。从社会效益层面来看，消费者在购买农产品时，可通过手机扫描二维码、电脑终端输入 20 位二维码码段、手机编辑短信等方式，对农产品的生产信息进行全面了解，包括种植（来源）、生产加工、农事（生产）活动记录等信息，让消费者清楚知道农产品的由来，增强消费信心。同时，政府监管部门通过该系统，对辖区农产品进行数据信息化管理，许多工作不用到企业实地就能够实现大部分信息了解，极大提高了工作效率。相关记录以信息数据的方式进行存储，方便随时查看。从经济效益层面来看，追溯系统的广泛使用，对于企业等农产品生产者来说，是一种逐步将农产品生产过程正规化的管理手段和方式。通过该方式，不断增强企业的自我规范意识，提高农产品的质量水平。此基础上，农产品生产者能够通过有效的手段来展示自己的产品与其他产品的差异，进而适当调控市场价格，增强市场竞争力，实现更多的市场价值。

9.8 数字乡村公共服务场景集成

以互联网、物联网、大数据、云计算、人工智能等为代表的数字技术蓬勃发展，对公共服务转型提出了新的挑战和更高的要求。互联网的广泛开放、物联网的高度感知、大数据的“实时、全样、巨量”数据分析、人工智能的特征提取等特质在乡村数字化公共服务的合理应用，将有效打破组织壁垒和信息壁垒，促进服务内容和方式的创新，提高管理服务的即时性、匹配性、精准性、有效性、透明性，激活乡村的生态服务功能和文化传承功能。

数字乡村建设要积极地提升农村地区公共服务智能化、信息化的可及性，提升农民生活数字化服务水平。通过技术赋能和数字化转型，建立健全乡村治理体系，为乡村居民提供高质量、智慧性的生态、治安、文化、教育、医疗、养老和社会救助等全方位的社会公共服务，并不断提升农村基本公共服务的标准和水平，实现城乡公共服务的均等化，整体提升乡村居民对乡村生活的幸福感和满意度，进而激发乡村居民参与公共事务的积极性，通过数字乡村建设带动乡村全面振兴，从而让农业和乡村成为实现人与自然和谐共生的现代化及科技创新自强自立的基础载体、应用场景和前沿阵地。

坐标：山东省威海市文登区

主题：优质医疗下乡解决村民对好医疗的需求

在医疗条件相对薄弱的农村地区，如何让农民群众同城镇群众一样，便捷地享受到更加优质、高效、便捷的医疗服务，吃上方便药、放心药，是全国亟待解决的重大民生问题。

威海市文登区立足县域实际和群众需求，推动优质医疗资源向基层下沉，让专家坐诊带教、医生下乡入户、药品直送家门，农民群众“近不出村、远不出镇”，在家门口就能看好病、吃好药。

为了让农村群众在“家门口”就能看“专家号”，文登区组织区内5所区直医院、16处镇卫生院，与国内知名大型医院组建多种形式的医联体，依托其优质的医学资源、专家资源、技术资源和科研成果，通过专科联盟、远程会诊等形式，把先进的医疗技术送到农村群众身边。为了提高镇村医疗机构心电诊断能力，文登区组织区人民医院与北京远程心界医院管理有限公司合作，建立远程心电会诊系统，通过互联网，上联国内顶尖心血管专业机构——中国医学科学院阜外医院，下接镇卫生院、村卫生室，构建了一条从常规心电图到动态心电图的完整远程会诊网络，实现了北京专家帮文登农村群众看病。各基层医疗机构与威海市中心医院建立远程心电诊疗系统，将在诊疗中发现的疑似心梗患者，直接转诊至中心医院胸痛中心，开通绿色通道，使患者在第一时间得到确诊和针对性治疗，极大提高了农村心梗患者的救治率。针对镇卫生院影像专业人才短缺、看片水平不高的问题，依托文登整骨医院和区人民医院，分别设立1处远程骨科放射影像诊断中心和2处远程综合放射诊断中心。对没有影像医师的镇卫生院，可将其拍摄的X光片、CT片等影像资料实时传送到诊断中心，由诊断中心医师在最短时间内进行阅片诊断，做出诊断报告，再实时传送回去；对有影像医师的镇卫生院，可将其拍摄的不能确诊的影像资料实时传送到诊断中心，帮助阅片诊断；对疑难病例，组织专家通过PACS平台进行会诊讨论，帮助农村群众把病看准。

为解决村医越来越少的问题，文登区在省内率先探索启动基层巡诊服务模式，投资500多万元为全区16处镇卫生院全部配备专业化巡诊车，车上设置全科医生工作站，配齐常用检查设备。各镇卫生院成立基层巡诊服务队，每天巡回辖区各村尤其是偏远村庄，开展医疗服务，打造了“流动卫生室”，进村入户为农村群众诊病治疗。

为解决农村群众取药不方便的问题，文登区联合区邮政公司，开展“惠民送药、邮递到家”服务，在家庭医生团队到村巡诊时，群众看完病需要用药的，家庭医生会回去开出处方交由医院药房工作人员配药，并详细注明用法和剂量，每天早晨邮政快递员到药房取药，当日就可为群众送药到家；平时如有用药需求，也可直接与家庭医生联系，医院会在第一时间将药品快递到群众手中。整个服务只收药品费，不收快递费。

为解决长期卧床和慢创患者治疗及护理的问题，区人民医院医联体 17 个组成单位全部成立“白求恩居家护理服务队”，联合家庭医生团队，为居家卧床患者进行慢创清创、压疮等治疗，以及预防指导、造口护理及指导、导尿管更换、鼻饲插管、静脉采血等服务。整个过程只收成本费，不收出诊费，对低保、五保患者实行免费治疗，让患者足不出户就能享受到专业的治疗和护理服务。

为解决农村老年人的医养难题，各镇卫生院还成立居家养老健康服务中心，为辖区有医疗需求的居家老人设立家庭病床，签订服务协议，建立健康档案。

为了让群众用上质量有保障的中药，文登区探索创新中药集中配送模式，成立人民医院医共体中药配送中心，实现了中药饮片区级统一采购、加工和销售。针对部分农村群众重治轻防的问题，文登区大力推广中医适宜技术、普及中医保健知识，充分发挥中医“治未病”的独特优势，努力让广大群众不得病、少得病、不得大病。

总结：文登区依托现代技术手段，整合国内优质专家资源，有效降低了医疗服务提供成本，提高了优质医疗服务的可及性，加强了城乡医疗服务体系的有效衔接。通过配备巡诊车和送医送药下乡，有助于充分利用优质医疗资源，提高农村常见病、慢性病的早期诊断、干预和预防，有助于控制和减少患者后期治疗成本和身心痛苦，减轻基层政府未来的医疗财政负担。总之，文登区做法为满足农村看好医、看病易、吃好药需求提供了新思路。

坐标：广州市从化区

主题：立体化农村公共服务体系

针对当前农村面临的村民和党员流动性大、乡村治理手段创新不足等问题，广州市从化区从打造移动化农村综合服务平台入手，通过线上和线下“两条腿”走路，云平台和村民议事大厅有效互动将农村综合公共服务提升到新的水平。

广州从化创建的“仁里集”云平台设有“我要知道”“我要说话”“我要投票”“我要办事”“从化特产”“智慧党建”“我们互助”“群防共治”“我找代表”等功能模块，村民只需在手机上动动手指就能享受到覆盖全面的服务项目，实现了“指尖上”的便利化。

“党建+便民服务”是广州从化线上线下一体化农村综合服务体系的重要特色。通过“仁里集”平台推进县、乡镇、村（社区）三级便民服务网络体系建设，形成以党建带便民服务、以便民服务促党建的良好格局。在“仁里集”平台功能中，广州从化建立了“我是党员（党员管理）”板块。对村中的每一个群众的资料进行系统收集和整理，通过党员联系群众的形式，每个党员都负责对口的村民，充分了解村民所需，解决村民所难，充分发挥党员的先锋带头作用。开展云平台试点，有效加强了党员干部与群众之间的良性互动，提升了党员服务群众意识。通过农村党员干部挂钩联系农户等制度，从化对全区农村居民实行网络化全覆盖管理。在挂钩联系农户服务工作中，摸清每一户村民具体情况，采集农户信息包含所属经济社、户主姓名、出生年月、文化程度、年人均纯收入、房屋结构、房屋建筑面积、耕地面积、家庭电话、家庭成员情况等 40 多项数据。农户信息采集和更新内容随时与乡镇（街道）、区级“仁里集”挂钩联系服务群众大数据平台无缝对接，确保高效运转。同时，利用“仁里集”云平台，推动群众参与，打通了村民向政府咨询、投诉、参与公共活动，以及区政府、镇（街道）、村（社区）向村民征询意见的渠道，村民可以通过互联网平台对农村土地突出问题治理工作提出意见和建议，对解决拖欠被征地农民征地补偿费工作进行监督，对农村土地“三乱”问题进行民意投票、参与决策等。此外，“仁里集”平台运用先进的互联网技术将涉及村民的公共服务搬到云端，创新打造“村级直办”功能，将 7 类 23 项与村民日常生活息息相关的业务融入云平台，实现村级证明在线零距离即时办；接入广东政务服务网，群众可以在线查询 800 多项服务事项，实现“让数据多跑路，让群众少跑腿”。

“仁里集”云平台对全区农村居民实行网络化全覆盖管理，对各户村民信息做了详细了解和记录，利用大数据平台摸清村情民情，为更高效全面服务群众提供了指导信息。平台采取村民实名在线注册，根据村民所在地区推送相关的政务政策和各项惠民信息，使群众能及时了解到和自己切身相关的政策变化，将为民服务落到了细处。同时，“仁里集”通过领导挂钩、党员挂钩等制度，加强了领导干部与基层群众的联系，打通了村民反映问题的渠道，村民可以通过该平台反映生活中大大小小需要解决的切身问题，也能对各项工作参与决策、表达意见，有效提升了村民参与村务建设的积极性。“仁里集”云平台已收集群众建议和意见 4816 条，帮助群众解决生产生活问题 5618 件，有效解决了群众生产生活中的一些急难问题。通过“仁里集”云平台，村民可以参与公共活动，以及区政府、镇（街道）、村（社区）的公共事务，上级党委可以通过平台了解重点项目的推进情况及民众的反馈意见。据统计，借助“仁里集”云平台，重点解决了拖欠被征地农民征地补偿费共 16 宗 1.49 亿元，解决 2967 亩征地留用地历史遗留问题，以及全区农村土地“三乱”问题。“仁里集”的“我要买卖”功能，为村民提供了简单便捷参与电子商务交易的服务，成功拓宽了农产品销售渠道，让贫困农户在家就能实现增收致富。“仁里集”云平台上线以来，村民在线发布农副产品信息 2 万多条，成功销售农副产品 6540 件。

总结：广州从化创新性地将云处理技术应用于农村的家长里短、农业生产与基础设施建设、农村环境建设之中，使乡村公共服务的能力得以延伸，服务方式得以现代化，有利于加快农村基层治理体系和治理能力现代化建设进程。

9.8.1 乡村文化服务数字化

推进乡村文化振兴是实施乡村振兴战略的重要内容。我国对乡村文化建设越来越重视，在《关于加强和改进乡村治理的指导意见》中提到，“加快乡村文化资源数字化，让农民共享城乡优质文化资源”，充分体现了乡村文化建设的重要性。随着数字经济向广大乡村地区渗透速度加快，数字乡村建设给乡村经济发展带来了新的机遇。通过运用现代信息技术，乡村文化资源可以很好地记录和保存。数字化让乡村传统文化的创作力、表现力、传播力和影响力均得到了提高，使得乡村文化建设展现出新气象、新活力，赢得了大众的青睐。

数字化技术为数字乡村建设提供了坚实的技术支撑。不同于传统媒介，数字媒介在传播方式上具有更加便捷快速、智能多样、互动感强、信息丰富等优势，能够充分满足乡村建设中信息化快速发展的要求，夯实乡村文化自信。更具体地来说，数字媒介可以加速城乡文化资源要素的流动，突破乡村文化资源局限，形成城乡文化融合发展的优良局面。数字化技术可以拓展乡村文化发展的领域与范围，改变乡村文化发展局限于乡村演出、乡村旅游、节庆文化等传统模式，推动数字内容、数字出版、数字表演、数字教育等新型文化业态在乡村落地生根，丰富乡村文化范围和内涵。数字技术还为乡村“文化+产业”的全面融合提供了可能。传统乡村文化振兴模式常常是简单的“文化搭台，经济唱戏”，乡村经济与文化产业之间的融合不够强，且较少涉及经济层面。而数字技术最大的特点是渗透、融合、跨界，不仅可以为乡村社会经济发展提供动力，也可大大增强乡村文创发展的黏性和自我更新的能力，赋予乡村文化以新形态和新动能，使整个乡村经济文化成为可能。

根据上述分析，数字化技术能够极大拓展乡村文化的内涵和外延，突破乡村文化资源的局限，促进乡村文化与经济的全面融合。主要实施方式可从以下几方面考虑：一是借助数字化技术，充分挖掘和展示乡村文化。乡村文化是最为原始的文化形态，是了解中国文化的最佳入口之一，可挖掘发展的空间较大，多蕴含着中国优秀的传统文化。借助最新的数字化技术，能够将静态的生态风光、农业生产、邻里关系等转化为动态生动的信息流和超文本，依托微博、微信、短视频、直播、影视等跨媒介、立体化传播，充分挖掘和展示乡村美丽、朴实、原生态的特质。例如，曾与袁隆平院士同时成为首批中国农民丰收节推广大使的李子柒，她就是通过短视频的方式，传播中国乡村田园生活场景，唤起大众对农村的深入了解和喜爱，以及对农产品的消费热情。李子柒借助移动互联网和短视频，将数字化应用于农业生产中，催生了一种促进乡村经济增长的新模式。二是开发数字创意产品，提升乡村文化附加值。中国乡村文化的传统呈现方式以静态陈列展示为主，难以获取年轻人的充分关注和兴趣激发，这就导致了许多文化遗产面临失传的风险。而乡村文化数字化可以将文化内容以数字化的形式呈现，通过对乡村文化进行创新性转化，打造数字文化产品，为大众带来丰富别样的文化体验。三是壮大数字化人才队伍，激发乡村文化创新活力。乡村“数字化贫困”的本质是农民数字化知识、素养和技能不足导致其对数字社会经济的参与不足，要让乡村经济享受“数字红利”，前提是有一批数字化人才队伍。数字文化产业不仅需要创意，更需要各类“新乡贤”“文化创客”“数据分析师”等参与进来，将符合乡村实际和市场需求的新技术、新思维带到乡村，引领乡村发展潮流。因此，需要通过留住一批、培养一批、吸引一批人才投入到广大乡村建设中，让更多有志于乡村振兴的青年投身乡村数字文化产业，不断提升乡村地区整体数字工具使用能力，激发乡村文化创新活力，赋予乡村文化创新、创意、创业的新动能。

坐标：山东省淄博市淄川区

主题：“淄川文化云”公共文化服务数字工程

山东省淄博市淄川区把文化作为老工业区转型发展的新动能，围绕群众需求供给侧改革，创新实施了互联网公共文化服务数字工程——“淄川文化云”平台，着力转变公共文化供给方式，提升公共文化服务质量和效率，满足人民对美好生活的需求。

“互联网+文化”云平台助力公共文化服务上云端。淄川区通过调研发现，政府主导的文化供给和群众实际文化需求之间存在一定程度的脱节。例如，群众不清楚文化服务活动的举办时间和举办地点，政府不清楚群众喜欢去的地方和喜欢的文化活动主题，存在结构性过剩和有效供给不足等问题。为解决该类供需不对等的问题，淄川开辟了“互联网+文化”运作新路径，实践“百姓点单、专业制单、政府买单、志愿送单”的模式，整合全区文化资源，设置近期活动和附近活动两个搜索引擎，设立文化活动、文化场馆、近期活动、我要点单、精彩回顾共五个栏目，线上线下相结合，精准满足群众的文化需求，为群众提供了按需共享的公共文化服务平台。最重要的是，通过对“文化云”产生的大数据进行分析，既可以全面准确掌握群众的文化需求状况，又可以作为文化管理部门、文化机构的效能考评依据，为加强与改进公共文化服务提供了决策参考。

整合共建共享的基层公共文化资源。淄川成立了区公共文化服务中心，强化镇办综合服务文化站功能，从文化、教育、社会组织，以及老教师、民间艺术家中招募文化志愿者，建立了教师资源库，每个村民明确一名文化管理员。在“文化云”的基础上，以“百姓之家，有事来说”为主题，建设了“百姓之家淄川云”，分类呈现各类学习资源，深入推动习近平新时代中国特色社会主义思想。此外，针对群众对技能性文化培训的强烈需求，在原来设置的书画、舞蹈、戏曲、摄影等 20 余项课程的基础上，针对农民群众、贫困群众，积极开展刺绣、编织、烹饪等劳动技能培训，帮助群众武装自己，为脱贫致富提供资本。

完善“15 分钟公共文化服务圈”，促使志愿服务组织接地气。淄川着力构建“15 分钟公共文化服务圈”，确保城乡群众就近享受优质的公共文化服务。在市区新建了区文化中心、群艺馆、图书馆、文化馆等，不断完善中药文化基础设施功能。在镇村，以镇办文化站提档升级、村居综合性文化服务中心建设为重点。淄川还按照“活动-阵地-志愿服务队”的模式，就近安排志愿服务队。

总结："淄川文化云"公共文化服务平台紧紧围绕群众个性化文化精神需求，举办了丰富多彩的文化活动、文化培训、技能培训，创新性地提供了多种文化服务模式，不仅满足了基层群众对美好生活的向往，还提升了群众的劳动技能，为他们开辟了脱贫致富的新途径。

坐标：重庆市南川区

主题："互联网+文化乡村"建设

在乡村基础设施建设中，重庆市南川区基本落实到位，村子和社区都设有图书室、文化室，在乡镇综合文化站里，电子阅览室等现代化网络设备也一应俱全。但是，由于基层服务对象较为分散，对文化的需求也各不相同，这些设施基本处于闲置状态，并未真正发挥作用。乡村政府透过现象发现，问题实质上是公共文化服务与群众的需求并未有效对接，才导致"最后一公里"的路难以畅通。在村级领导和村民反复讨论交流后，决定引入公共文化服务，实施"互联网+文化乡村"，以打通"最后一公里"。

南川区所实施的"互联网+文化乡村"，是依托乡镇（街道）、村（社区）综合文化服务中心、文化中心户的阵地和设施，将互联网的文化创新成果与经济社会各领域深度融合，拓展公共文化物联网、数字图书馆、基层文化共享工程等文化内容，以及技术应用、平台终端、创意人才的共享融通，形成一体化、多维度的公共文化服务运行机制，建立"1 云+5 网+N 端"的全覆盖平台。具体内容是利用文化服务这块"云"，扩展到"互联网+数字文化""互联网+电商文化""互联网+农业文化""互联网+旅游文化""互联网+综合服务"。

在"互联网+文化乡村"的"云"建成的基础上，联通到乡镇和村的数字文化网"文化乡村"也很快上线，南川文化物联网已覆盖到所有乡镇（街道），乡镇（街道）文化站长也严格按照文化馆总管理员、文化站分管理员的标准和要求，配合上级管理员参与点单、配送、场地安排等文化服务工作。居民纷纷表示赞许，并表示再也不用花大量时间去图书馆，也不用花时间找书了，通过"文化乡村"就可以实现足不出户下载到心仪的电子书和完成图书的预约借阅，而且网站上丰富的资源基本满足了全村人民的文化需求。

总结：南川村的"互联网+文化乡村"平台很好地将基本文化服务中心和文化中心里的阅览室、各类文化培训、文化活动等资源激活，使各类阵地设施和文化服务项目与老百姓的文化需求有效地对接起来，不仅提升了村民的文化水平和工作技能，更为数字乡村建设，实现乡村振兴奠定了坚实基础。

9.8.2 乡村健康养老数字化

健康、养老，关乎国计民生。数字乡村建设要完善农村公共卫生信息服务。推进“互联网+医疗健康”建设，建设一批互联网医院，要实现家庭医生签约服务县域全覆盖，加快推动远程医疗服务乡镇全覆盖。持续提升城乡居民基本医疗保险异地就医直接结算质效，加快医保公共服务信息平台建设，实现医保关系转移接续等公共服务“网上办、掌上办”。同时优化升级中医馆健康信息平台服务功能，提高农村基层中医药服务能力。

党中央、国务院高度重视农村养老服务工作，《国务院关于加快发展养老服务业的若干意见》明确提出，要加大对基层和农村养老服务的投入，统筹城市和农村养老资源，促进基本养老服务均衡发展；通过健全服务网络、拓宽资金渠道、建立协作机制等多种措施，切实加强农村养老服务，取得积极进展。在此背景下，乡村养老服务应当依靠健康管理、医养结合的专业机构和专业团队，以互联网、智能互联设备等技术为手段，以医养结合为运营核心，以农村社区为支点，以家庭为服务主体，以老龄人群为服务对象，打造集健康管理、医疗服务和智慧养老服务于一体、线上线下一体化运营的健康医养综合服务平台，共同构建健康管理与医疗服务、养老服务、生活服务的闭环生态。通过统一管理、协同服务，将互联网+护理服务、互联网+医疗服务、互联网+生活服务、互联网+娱乐服务送上门，实现健康预警、跟踪定位、智能呼救（呼叫）、健康数据监测、用药提醒、八助服务等功能。

坐标：山东省青岛市西海岸新区藏马社区

主题：乡村智慧养老

该项目位于青岛市西海岸新区藏马社区，是藏马乡村振兴示范的重要组成部分。社区居家养老服务驿站采用“政府引领、企业经营”的方式，围绕“医养康护食乐”，进行服务能力规划和功能配置。开展以“六助”（助医、助餐、助洁、助乐、助急、助浴）为基本服务内容的社区居家养老服务项目。为老人提供助老食堂、健康管理、中医康复、日间托养、居家护理、亲情陪护、心理咨询、娱乐活动于一体的综合养老照护服务。

同时，该项目还开发了爱邻里智慧医养平台。通过先进的物联网、智能呼叫、移动互联网、GPS定位等技术，创建“系统+服务+老人+终端”的智慧医养服务模式。老人运用智能设备（如老人机、腕表、无线传输的健康检测设备）实现与子女、服务中心、医护人员的信息交互。老人不必住在养老院中被动接受服务，在家就可以挑选、享受专业化的养老服务，如生活帮助、康复护理、紧急救助、日间照料、人文关怀、精神慰藉等“医养”结合的服务项目。

总结：藏马社区分别于线上线下推进乡村智慧养老服务。在线下，藏马社区为老人提供以“医养康护食乐”为中心的综合养老照护服务；线上则是积极应用先进的物联网、移动互联网等技术，搭建爱邻里智慧医养平台，为出行不便的老人提供了极大便利。这种线上线下相结合的方式充分体现了对老人群体的人文关怀与身心慰藉。

坐标：江西省南昌市

主题：农村养老服务体系

近年来，南昌市强化农村基层党组织工作的政治功能和服务功能，围绕建立完善县、乡、村三级农村养老服务体系，采取“普惠”与“特惠”相结合的方法，大力提升农村养老服务质量，促进农村养老从“场地结合”到“功能融合”、从“传统养老”到“智慧养老”、从“一人养老”到“一起养老”，让农村老年人有了更多的获得感、幸福感和安全感。

南昌市在农村养老各个环节中充分发挥党建引领作用，优先解决农村特困人员和经济困难的高龄、失能老年人照料护理服务需求，广泛构建农村留守老年人关爱服务体系，逐步构建惠及所有农村老年人养老服务需求的基本公共养老服务体系，适当兼顾广大农村老年人社会化养老服务需求。该市以市县倡导、乡镇引导、村级主导为着力点，完善“党建+农村养老服务工作”政策和考评制度，全面实现农村“颐养之家”政府补助、老人自助、亲友赞助、邻里互助、社会捐助的“五助”可持续模式。

精心布局，推动功能融合。南昌市在农村“颐养之家”选址上，注重靠近党群服务中心、基层卫生服务站、综合性文化服务中心等。对辖区范围较大、自然村较分散的建制村，采取1+*N*模式，在村民相对集中的自然村建设集中服务站和若干个小型活动点，打造15分钟“党建+养老”服务圈。在对农村“颐养之家”实施建设、运营补助的基础上，增加助餐服务补助，采取“政府补一点、老人出一点、社会捐一点”的形式，保障“颐养之家”持续运营。对于留守、困难、失能老人，在个人自缴不少于50%的基础上，由市、县（区）两级财政各补贴100元，解决老人用餐难问题。采取“两院同址”形式，推动农村敬老院与县级福利院管理资源、场地设施共享，对于服务质量差、整改不力的敬老院进行撤销，对于入住老人数量少、护理人员不足的敬老院进行合并或打造成农村“颐养之家”，对于服务设施落后、老年人入住数量多的敬老院进行提升改造，对于农村养老床位需求供给不足的敬老院进行扩建。并且，以县（区）为单位，建立集中失能照护机构，委托给专业的社会力量运营，合同约定安排一定比例的床位给乡镇兜底保障老人入住。

精致研发，打造智慧基地。南昌市采取政府、银行、企业三方合作方式，建设智慧养老平台。开发为老服务数据、呼叫中心、长者服务、爸妈商城、时间银行等九大模块，通过各模块功能，实时监控农村“颐养之家”运营情况、精准收集老人服务需求。积极推动形成市级统筹指导、县（区）监督管理、乡镇服务运行、社区采集信息的互联互通、信息共享运营模式，并且开通12349服务热线，为老人提供助医、助浴、助急、助行等“20助”服务内容。积极研发设计尊老卡，将金融科技融入养老服务，提高资金发放使用效率，推动线上线下无缝对接。智能设备的普及提高了“颐养之家”

的服务效率，老人通过“刷脸”或“刷卡”就可以鉴别身份，享受助餐服务，用餐的人数和次数不用人工计算，通过大数据便可直接测算政府补助标准。

总结：南昌市从小处，从实处，积极完善当地县、乡、村三级农村养老服务体系的整体架构和各个环节，一直走在探索优化的道路上。值得一提的是，南昌市充分发挥党建引领作用，采用政府、银行、企业三方合作方式，为广大老年群体切实享受到新模式带来的福利提供了最大可能性。

9.8.3 乡村人才教育培养数字化

提升乡村数字化水平，需要更多“数字人才”在帮助村民提升信息化水平上发挥推动作用，也就需要更加重视数字人才的引进、留住、培养和使用问题。要加快实施农业农村数字技术人才培育提升工程，鼓励支持各地加强与高校、科研院所协同合作，培养一批数字农业农村领域科技领军人才和高水平复合管理团队，进一步提高“三农”干部数字化管理水平。要把互联网、数字化知识技能纳入新型农民教育培训体系，提高基层工作人员、新型农业经营主体、农村实用人才、新型农民的数字化应用能力和知识素养，壮大乡村数字化人才队伍，为数字乡村建设增强后劲。

同时，也要利用数字化技术加快乡村教育信息化。提升乡村中小学“宽带网络校校通”水平，互联网接入带宽按需提升至1000 Mbps以上。推进数字校园、智慧校园建设，促进信息技术与教育教学融合创新。优化乡村智慧教育云平台，构建数字教育资源公共服务体系。推进名师空中课堂、城乡结对互动课堂、网络名师工作室常态化按需应用，帮助乡村学校开好开齐国家课程。

坐标：浙江省桐庐县莪山畲族乡

主题：数字教育

10月20日，莪山民族小学正式启动数字VR教学计划，真正用VR技术辅助日常学科教学。“利用VR技术，从视觉在场到身临其境，改变了课堂的互动模式，丰富了教学多样性，老师们也受益匪浅。”莪山民族小学校长蒋金亮表示。

2020年开学以来，受益于在当地政府的大力支持和数字乡村建设，桐庐县莪山民族小学开启全国首个数字VR常态化教学计划，是首所5G-VR课程应用教学大纲学校，目前共引进40套VR设备，建设VR专用教室，设计教学大纲同时协助技术方开发课程，课程涵盖1～6年级包括语文、美术、科学、活动课等科目，其中6个班固定每周1节VR课。

以往，农村教育发展水平远落后于城市，改善教学环境是缩小城乡教育鸿沟的重点。在莪山民族小学，相隔百里的山里娃和杭州的名优教师隔空上课、互动早已不是新鲜事，并且体验越来越多元化，教学质量越来越高。“随着5G与VR教育方式的不断普及，孩子们的学习兴趣越来越浓，想象力也被进一步激发。”蒋金亮表示，“传统的教学方式，对他们来说有所束缚，先进的网络和信息化技术给孩子们带来了全新感受，让他们见识和了解了更多新事物。”

数字教育是莪山畲族乡打造“数字莪山”的落地应用场景之一，莪山计划从“产业、民生、治理”三个维度出发，建设民族地区数字乡村建设样板地、5G数字乡村区域综合应用先行地，成为全国数字乡村建设示范乡。

总结：莪山民族小学，作为第一批将虚拟现实技术和5G技术引进校园教学中去的乡村学校，从教学环境方面缩小了城乡教育鸿沟，这种全新的教学模式给贫困的乡村地区带来了优质的教学资源，拓宽了孩子们的眼界，提高了乡村地区的教学质量，村民自然也更加愿意带着孩子留在本地，共同建设所在乡村，全力推进乡村振兴战略。

坐标：云南省罗平县

主题：乡村数字化人才培育

罗平县“培训+助农创业创新”数字乡村人才培育模式通过引进国内前沿网络创业培训技术，对电商创业意识、技能及服务等分阶段、分人群进行培训，并采用“线上+线下”的培训模式，实现对罗平县乡村创业就业人才的常态化、实效化培养。

（1）加强数字乡村培训

配合罗平县商务局强化培训体系建设，加大数字乡村人才培训力度。采取“走出去，请进来”的方式，着力培养出丰富的知识，有想法、有能力的优秀乡村人才团队，打造“大众创业，万众创新”的乡村创业局面。培训内容结合地域特色产业和市场需求，通过县乡村服务体系在线培训、下乡巡回培训、手把手操作指导等方式进行，已在罗平县构建覆盖全县的乡村振兴人才培训网络，累计开展电商培训63期7433次，其中专业性培训38期4062人次。

（2）盘活农村双创环境

结合罗平县油菜节、首届“一县一业”小黄姜淘宝直播大赛系列活动，充分发挥农业龙头企业的带动作用，采取“走出去，请进来”的方式进行分批、分类培训。探索“电子商务公共服务中心+农业龙头企业+合作社+贫困户”的模式延长产业扶贫链，利用直播带货销售农产品，加大学员培训跟踪服务和后续扶持力度，营造了“大众创业，万众创新”的电商创业局面。

（3）加大后续创业服务

加大教材培训跟踪服务和后续扶持力度，建立空间化、智能化的新型乡村信息综合服务网络“丰村在线”，为罗平县乡村人员提供就业信息指导，开展县域农业企业孵化，开发社会化服务、市场化孵化服务、孵化成果展示等模块服务，通过平台的数据共享、设施共用、资源条件保障、专业技术服务、行业检测服务、基地协作、创业孵化等功能，持续开展电子商务技术指导、网络营销服务、创客孵化培育等电商创业服务，通过培训、帮带、运营、培育等方式，推动线上线下一体化，实现前中后端全链条孵化，培养出具有较强创业能力、较大发展前景和较高专业技能的罗平县数字农业创新型农业创业人才5000余人。

总结：云南省罗平县紧紧围绕乡村产业，开展乡村人才培训，以“线上+线下”的方式，盘活乡村地区“大众创业，万众创新”的双创环境，同时借助新型乡村信息综合服务网络，孵化县域农业企业，加大后续创业服务，最终实现对罗平县乡村创业就业数字化人才的常态化、实效化培养和管理。

参考文献

方迎君，张奇琦. 2020. 浙江省数字乡村评价指标体系构建及应用. 乡村科技, (11): 14-16.

王宇晨，刘凤，魏岚星，等. 2020. 以数字乡村战略引领河南省新时代发展研究——以河南省鹤壁市农业信息化发展为例. 中国商论, (21): 153-161.

张鸿，杜凯文，靳兵艳. 2020. 乡村振兴战略下数字乡村发展就绪度评价研究. 西安财经学院学报, 33(1): 51-60.

周栋良. 2019. 乡村振兴评价指标体系构建研究. 湖南生态科学学报, 6(3): 60-64.